C#从0到1

语法详解与案例实践

洪锦魁 著

清华大学出版社
北京

内 容 简 介

本书从初学者角度，通过通俗易懂的语言、贴近生活的实例，详细介绍了使用 C# 进行程序开发需要掌握的知识和技术。全书共 38 章，内容包括 C# 简介、数据类型与变量、表达式与运算符、输入与输出、程序的流程控制、窗口设计、控件设计、图像设计等。书中所有知识都结合具体实例进行分析，案例的程序代码讲解详细，可以使读者轻松领会 C# 程序开发的精髓，快速提高开发技能。

本书适合所有对 C# 感兴趣的读者阅读，也可以作为院校和培训机构相关专业的教材。

图书在版编目（CIP）数据

C# 从 0 到 1：语法详解与案例实践 / 洪锦魁著 .

北京：清华大学出版社，2024. 8. -- ISBN 978-7-302
-67149-7

Ⅰ. TP312.8

中国国家版本馆 CIP 数据核字第 20246KS339 号

责任编辑：杜　杨
封面设计：郭　鹏
版式设计：方加青
责任校对：胡伟民
责任印制：沈　露

出版发行：清华大学出版社
　　　　　网　　址：https://www.tup.com.cn，https://www.wqxuetang.com
　　　　　地　　址：北京清华大学学研大厦 A 座　　　　　邮　　编：100084
　　　　　社 总 机：010-83470000　　　　　邮　　购：010-62786544
　　　　　投稿与读者服务：010-62776969，c-service@tup.tsinghua.edu.cn
　　　　　质 量 反 馈：010-62772015，zhiliang@tup.tsinghua.edu.cn
印 装 者：河北鹏润印刷有限公司
经　　销：全国新华书店
开　　本：170mm×240mm　　　印　　张：37　　　字　　数：1055 千字
版　　次：2024 年 9 月第 1 版　　　印　　次：2024 年 9 月第 1 次印刷
定　　价：168.00 元

产品编号：103772-01

前　言

约 20 年前，Microsoft 公司推出了 C# 1.0 版，笔者就想提笔撰写相关书籍，但一直忙碌而耽搁至今。这 20 年来，整个 C# 的界面与功能已经完全翻新，如今终于完稿，笔者内心是喜悦的。

多次和计算机教育界的朋友闲谈，大家公认 C# 是非常重要的程序语言，也是计算机系的学生或相关领域的工程师必备的程序语言。大家也一至觉得 C# 不容易学习，许多人学习 C# 都感到很辛苦，原因如下：

（1）市面上的书籍没有从 C# 基础语法开始介绍。

（2）C# 已经进化到顶级语句 (Top-Level Statement) 观念，很少有书籍介绍或说明。

（3）C# 其实是面向对象的语言，很多书籍对此观念讲解太肤浅。

（4）C# 博大精深，很多书籍在读者尚未了解 C# 时，就使用窗口程序做介绍，导致读者理解不扎实。

（5）C# 已经进化到 10.0 版，许多书籍没有介绍新的语法，读者花时间辛苦阅读，好像书中内容都会了，但学完无法进入 C# 实战世界，看到专家所写的程序通通不懂。

本书则是从最新语法的 C# 程序设计入门开始，讲解面向对象的程序设计、系统资源及高阶语法。本书总共用了 28 章介绍 C# 的语法与基本应用，当读者了解这些内容后，第 29 章才开始介绍窗口程序设计，之后也会讲解文件的输入与输出、语音与影片、LINQ、多窗体设计等进阶应用。

为了帮助读者掌握 C#，本书讲解语法时加入了许多项目实操案例，如 BMI 指数系统设计、银行贷款系统设计、咖啡馆销售管理系统设计、订房系统设计等。书中的案例代码、附录及习题解答，可以扫描下方二维码查看。

案例代码　　　　　　　　　　附录　　　　　　　　　　习题解答

笔者写过许多计算机书籍，本书沿袭笔者著作的特色，程序实例丰富。相信读者依照本书学习后可以快速精通 C#。本书虽力求完美，但谬误难免，尚祈读者不吝指正。

洪锦魁

2024 年 8 月

目　录

第 1 章
C# 和 Visual Studio

C# 可以念成 c sharp，也是本书的主体内容。

1-1 认识 C#

1-1-1 C# 的起源

C# 是由美国微软（Microsoft）公司在 2000 年推出的基于 .NET 框架的程序语言，这是一个面向对象 (object oriented) 的程序语言，主要由 C 和 C++ 衍生而来。C# 继承了 C 和 C++ 的强大功能，但是也减少了一些复杂性，目前已是 C 语言家族中一个功能强大、广受喜欢的程序语言。

微软先前发表这个程序语言主要是其希望可以替换 Java，不过每个程序语言各有特色，C# 和 Java 已彼此竞争共存超过 20 年。

注 由于微软期待 C# 可以替换 Java，又希望其可以像 Visual Basic 一样方便好用，因此，尽管此语言是由 C 和 C++ 衍生的，但其也受 Visual Basic 和 Java 影响。

1-1-2 认识 C# 的开发者

C# 的开发者是安德斯·海尔斯伯格 (Anders Hejlsberg，1960 年 12 月—)，原籍丹麦的计算机专家，其早期在丹麦拥有一个名为 Poly Data 的公司，在这里他编写了 Compass Pascal 编译程序核心，该编译程序核心后来改名 Poly Pascal。

1986 年安德斯·海尔斯伯格认识了 Borland 公司的创办人 Philippe Kahn，然后将 Compass Pascal 编译程序核心授权给 Borland 公司，同时加入了 Borland 公司，成为首席研发设计师。通过使用 Compass Pascal 编译程序核心，Borland 公司成功地发表了当时广为计算机科学界使用的 Turbo Pascal 和 Delphi。

注 笔者也曾经在 1994 年左右撰写《Turbo Pascal 入门与应用彻底剖析》，香港经销商告知笔者这本拙作是当时香港信息人员考试的指定教材。

1996 年安德斯·海尔斯伯格加入微软公司，据说微软创办人比尔·盖茨也加入了"挖墙角"行动，在微软他获得了充分的资源与支持，先后主持了 Visual J++、.Net、C# 和 TypeScript 的开发。

注 1997 年微软公司开发了 J++，当年发表时，Sun 公司控诉其违反 Java 开发平台的中立性，并且对微软提出诉讼。在 2000 年 6 月 26 日，微软公司发表了 C#，主要是为了替换 Visual J++。

图片取材自下列网址
https://zh.wikipedia.org/zh-tw/%E5
%AE%89%E5%BE%B7%E6%96%
AF%C2%B7%E6%B5%B7%E5%B
0%94%E6%96%AF%E4%BC%AF
%E6%A0%BC#/media/File:Anders_
Hejlsberg_at_PDC2008.jpg

1-2　认识 .NET

1-2-1　.NET 是什么

.NET 可以念成 dot net。简单来说，.NET 是一个框架，也就是一个跨操作系统的程序开发环境，其支持目前我们所有可能会用的系统，如 Windows、Mac OS、Linux 等。在 .NET 上我们可以开发 C#、C++、Visual Basic、F#、Java、Python 等程序，然后可以再在不同的系统上执行。

1-2-2　.NET 的版本演变

Microsoft 公司在 2002 年 1 月发表了 .NET Framework 1.0，有关 .NET 与 C# 语言相对应发展表，读者可以参考下表。

版　　本	发 表 日 期	.NET 框架版本	Visual Studio 版本
C# 1.0	2002 年 1 月	.NET Framework 1.0	Visual Studio .NET 2002
C# 2.0	2006 年 6 月	.NET Framework 2.0	Visual Studio 2005
C# 3.0	2007 年 11 月	.NET Framework 3.0	Visual Studio 2008
C# 4.0	2010 年 4 月	.NET Framework 4.0	Visual Studio 2010
C# 5.0	2012 年 8 月	.NET Framework 4.5	Visual Studio 2012/2013
C# 7.0	2015 年 7 月	.NET Framework 4.6	Visual Studio 2015
C# 7.0	2017 年 3 月	.NET Framework 4.6.2	Visual Studio 2017
C# 8.0	2019 年 9 月	.NET Framework 4.8	Visual Studio 2019
C# 9.0	2020 年 9 月	.NET 5	
C# 10.0	2021 年 11 月	.NET 6 / .NET 6.1	Visual Studio 2022
C# 11.0	2022 年 11 月	.NET 7	

注　.NET 目前由微软员工通过 .NET 基金会开发，在美国麻省理工学院 (MIT) 认证下发行。

1-2-3　认识 .NET Framework、.NET Core、.NET

❑ .NET Framework

所谓的 .NET Framework 是一个软件框架，在这个框架下，可以对你所设计的 C#、C++、Visual Basic 计算机程序进行编译。只要你正确地使用此框架所提供的 API，你不必研究内存的使用、硬件的底层操作，程序就可以在 Windows 操作系统上执行。

.NET Framework 从 2002 年 1 月开始发行，最后一个版本是 2019 年 9 月发表的 4.8 版，未来也将永久停留在 4.8 版，Microsoft 公司已经承诺会持续安全更新。

注　.NET 基金会建议，已经在 Framework 开发的软件，不需要迁移至新版的 .NET，但是如果是新开发者，建议使用最新版的 .NET 开发软件，笔者撰写这本书时最新版是 .NET 6。依照基金会规划，.NET 的版本发表时程如下：

.1NET 7：2022 年 11 月，发表时程已经有延误。

.NET 8：2023 年 11 月。

❑ .NET Core

.NET Core 开发的目标是成为一个跨 Windows、Mac OS、Linux 的应用程序开发框架，未来还会支持 FreeBSD(一种开放原始码的 Unix 系统) 和 Alpine(一种以安全为理念的 Linux 系统)。.NET Core 本身包含了 .NET Framework 的类库，但是和 .NET Framework 不同的是，.NET Core 采用包化 (Package) 的方式管理，应用程序只需要安装所需要的组件即可。下面是 .NET Core 开发的版本细节。

版　　本	发 表 日 期	Visual Studio 版本
.NET Core 1.0	2016 年 6 月 27 日	Visual Studio 2015
.NET Core 2.0	2017 年 8 月 14 日	Visual Studio 2017
.NET Core 3.0	2019 年 9 月 23 日	Visual Studio 2019 Version 16.3
.NET Core 3.1	2019 年 12 月 3 日	Visual Studio 2019 Version 16.4
.NET 5	2020 年 11 月 10 日	Visual Studio 2019 Version 16.8
.NET 6	2021 年 11 月 8 日	Visual Studio 2022 Version 17.0
.NET 7	2022 年 11 月	Visual Studio 2022 Version 17.65
.NET 8	计划 2023 年 11 月	

❑ .NET

其是 .NET Core 的下一个版本，第一版称为 .NET 5，笔者写这本书时最新版本是 .NET 7，读者可以想成这是跨平台的开发环境。

1-3　C# 从编译到执行的概念

1-3-1　传统程序从编译到执行

一般程序语言在不同的操作系统会有不同的编译程序 (Compiler)，程序在撰写完成后，被编译程序编译时会依据不同的操作系统产生不同的机器码，其所产生的机器码只能在所属的操作系统下执行，无法在不同的操作系统环境执行。

一般程序语言在不同环境的编译与执行图

1-3-2　认识微软 .NET 的跨平台概念

在微软 .NET 跨平台的构想中，编译程序会将程序转译为公共中间语言 (Common Intermediate Language，CIL)，其实操作系统仍无法执行此公共中间语言，未来需将此公共中间语言交给公共语言运行环境 (Common Language Runtime，CLR)，将其转成适当平台的机器码，可以参考下图来理解。

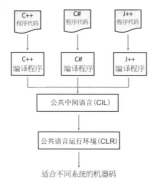

Microsoft 中 C# 的公共中间语言是 MSIL(Microsoft Intermediate Language)，所以我们可以使用下图来更完整地表达上述概念。

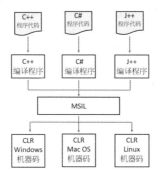

1-4　认识 / 下载 / 安装 Visual Studio

Visual Studio 是一个智能型的整合环境系统，其最让人喜欢的是 IntelliSense 智能感知功能，除了协助调试、解释错误原因、协助校正外，还同时具有智能协助撰写程序代码功能，甚至在复杂的类设计中，我们只要写了对象名称，Visual Studio 就会判断你的想法，自动协助撰写代码，同时自动列出你可能需要的属性或方法。这个智能感知功能，让我们在学习 C# 的路上倍感亲切、得心应手。

1-4-1　认识 Visual Studio 的版本

笔者撰写此书时其最新版是 Visual Studio 2022，此 Visual Studio 2022 的版本有下列 3 种：

1.Visual Studio Community 2022. 免费的版本，也是本书撰写的主要依据。

2.Visual Studio Professional 2022. 专业版，需要付费购买。

3.Visual Studio Enterprise 2022. 企业版，需要付费购买。

下面是 Microsoft 公司提供各版本功能的差异。

支持功能	Visual Studio Community 免费下载	Visual Studio Professional 购买	Visual Studio Enterprise 购买
⊕ 支持的使用方案	●●●○	●●●●	●●●●
开发平台支持 [2]	●●●●	●●●●	●●●●
⊕ 集成开发环境	●●●●	●●●○	●●●●
⊕ 高级测试与诊断	●●○○	●●○○	●●●●
⊕ 测试工具	●○○○	●○○○	●●●●
⊕ 跨平台开发	●●○○	●●○○	●●●●
⊕ 协作工具和功能	●●●●	●●●●	●●●●

如需更进一步了解不同版本的差异，建议可以参考下列微软公司的网址。

https://visualstudio.microsoft.com/zh-hant/vs/compare/

1-4-2 下载 Visual Studio

有关 Visual Studio 下载的知识请参考附录 A-1。

1-4-3 安装 Visual Studio

有关 Visual Studio 安装的知识请参考附录 A-2。

1-4-4 安装 Visual Studio 其他模块

长时间使用 Visual Studio 后，需要做进阶功能设计时可能发现当初没有安装这些模块，此时可以参考附录 A-3，安装 Visual Studio 其他模块。

1-4-5 卸载 Visual Studio

如果感觉自己未来不需要使用 Visual Studio 了，想要卸载来释放内存空间，此时就可以参考附录 A-4。

1-5 方案、项目和程序

1-5-1 认识方案、项目和程序

早期的计算机环境系统比较单纯，不用考虑操作系统，一个程序语言只供一个操作系统使用，因此程序设计就是设计一个程序，没有方案 (solution)、项目 (project) 的概念。现今的程序设计考虑了解决多平台，同时一个工作是由多个程序组织而成，因此有了方案与项目的概念，而我们设计的程序则是在项目下面，整体概念如右图所示。

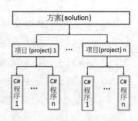

上述图表说明了以下概念：一个方案就是我们程序设计的目标，此方案可以由多个项目组成，而每一个项目又可以由多个程序组成，

这本书是介绍 C# 的，所以一个项目是由一到多个 C# 程序所组成的。

本书主要介绍 C# 程序设计，所以我们会从一个方案只有一个项目，并且这一个项目只有一个 C# 程序说起，然后逐步带领读者使用 C# 设计完美的方案。

1-5-2　方案、项目和 C# 程序的默认扩展名

下列是方案、项目和 C# 的默认扩展名。

方案的默认扩展名：.sln。

项目的默认扩展名：.csproj。

C# 的默认扩展名：.cs。

1-5-3　本书所设计的方案重点

本书是 C# 的入门到进阶设计的书籍，主要介绍下列两大类的程序设计：

1. 控制台应用程序。

2. Windows Forms 应用程序。

1-6　控制台的应用程序类

控制台的应用程序大体上分为 .NET Framework 4.8 和 .NET 7.0，这两种控制台应用程序的差异如下。

❑ .NET Framework

其适用于 Windows 平台，目前版本是 .NET Framework 4.8，如前所述其是微软公司所支持的最后一个版本，但是未来也将持续得到支持。

```
1   using System;
2   using System.Collections.Generic;
3   using System.Linq;
4   using System.Text;
5   using System.Threading.Tasks;
6
7   namespace proj1_1
8   {
        0 个引用
9       internal class Program
10      {
            0 个引用
11          static void Main(string[] args)
12          {
13          }
14      }
15  }
```

❑ .NET 7.0

其适用于跨平台，可以看到如下的 C# 的默认程序代码。

```
1   // See https://aka.ms/new-console-template for more information
2   Console.WriteLine("Hello, World!");
3
```

从上述可以看出在 .NET 7.0 的环境下，新版 C# 程序架构因为采用了 C# 10.0，整个程序代码简洁许多，这将是本书撰写的主要基础之一。上述程序代码简洁许多，这种简洁语法称为顶级语句 (top-level statement)。

1-7 本书的项目内容

本书在撰写时主要会创建下列两种不同类型的项目。

1. 控制台应用程序：这时可以使用命令行来输入与输出文字内容。

2. Windows Forms 应用程序：可以得到窗口的控件，其又称窗体，用来执行输入与输出。

本书的内容会先带领读者在控制台应用程序概念下学习 C#，当读者有一定的 C# 基础后，再讲解窗口设计。

1-8 创建、关闭与打开方案实例

这一节会介绍创建、关闭与打开方案的步骤。

1-8-1 创建控制台应用程序 .NET Framework 4.8 方案

方案 ch1_1.sln：创建控制台应用程序 .NET Framework 4.8 方案。

1. 启动 Visual Studio，请单击"创建新项目"。

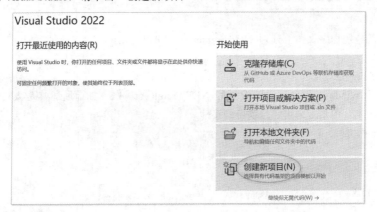

2. 创建新项目时，语言选择"C#"，平台选择"Windows"，项目类型选择"控制台"，接着请选择控制台应用（.NET Framework），然后单击右下方的"下一步"按钮。

默认情况下，在输入项目名称时，方案名称会同步使用相同名称，这时我们可以使用方案的扩展名 .sln，项目的扩展名 .csproj 来做区分，因为这是 C# 入门的书籍，刚开始笔者用不同的名称，读者可以更容易区分。未来笔者还会解说使用相同名称的情况。

上述对话框有一个将解决方案与项目放在同一目录中的复选框，为了有所区分，笔者使用系统默认设置，也就是不设定此框，让解决方案与项目放在不同目录。

注　本书前半段程序实例选择将方案与项目放在不同目录，后半段程序实例则将方案与项目放在相同的目录。

在上述对话框请分别设定项目名称为 proj1_1、位置为 C:\C#\ch1、解决方案名称为 ch1_1、架构为 .NET Framework 4.8。

3. 最后单击"创建"按钮，就可以得到下列 ch1_1 方案，如下所示。

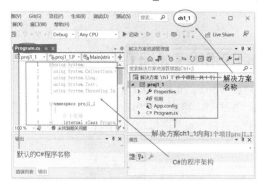

注　方案 ch1_1 创建成功后，会在步骤 3 所选的文件夹 ch1 下方创建以方案名称命名的文件夹 ch1_1，所有的方案内容皆在此文件夹内，这部分将在 1-10-1 解说。

在上述 Visual Studio 窗口的右侧可以看到解决方案资源管理器窗口，由此窗口可以知道方案 ch1_1 内有 1 个项目，项目名称是 proj1_1，在 proj1_1 内系统自动产生以下几个文件：

Properties：可以由此设定项目的相关属性。

引用：下面有 App.config，可以设定相关组态信息。

Program.cs：这是 C# 程序的默认文件名称，其中 C# 的扩展名是 .cs。Program 是默认的主要文件名称，未来我们可以更改此名称，不过使用默认即可。

1-8-2　关闭方案

执行"文件"→"关闭解决方案"，可以关闭目前 Visual Studio 窗口的方案。

这时只是关闭了方案，Visual Studio 窗口并未结束，可以看到没有数据的 Visual Studio 和执行作业窗口。

注　执行作业窗口界面可以参考 1-8-3 节。

1-8-3 打开方案

打开执行作业窗口后，可以使用两种方式打开方案。

❏ 打开最近使用的内容

基本上可以在执行作业窗口看到最近使用的方案，读者可以单击此方案，就可以将其打
开，例如，此时单击 ch1_1.sln，就可以打开此 ch1_1.sln
方案。

❏ 打开项目或解决方案

如果是比较旧的方案，在最近打开项目内找不到，
这时可以单击"打开项目或解决方案"按钮，可以看到
"打开项目 / 解决方案"对话框，然后可以选择适当的文
件夹，再选择方案，最后单击"打开"按钮。

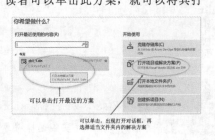

可以单击，出现打开对话框，再
选择适当文件夹内的解决方案

1-9 创建 .NET 7.0 的方案

1-8 节已经介绍了如何创建控制台应用程序 .NET Framework 4.8 的方案，这一节将讲解如何
创建 .NET 7.0 的方案。

1-9-1 创建控制台应用程序 .NET 7.0 的方案

方案 ch1_2.sln：创建控制台应用程序 .NET 7.0 的方案。

1. 启动 Visual Studio，单击"创建新项目"，语言选择"C#"，平台选择"Windows"，项目
类型选择"控制台"，接着请选择控制台应用，然后单击右下方的"下一步"按钮。

2. 配置新项目时，分别设定项目名称为 proj1_2、位置为 C:\C#\ch1、解决方案名称为 ch1_2，
然后单击"下一步"按钮。

3. 框架默认使用 .NET 6.0，这个版本可以获得长期的 Microsoft 公司支持。最新的版本 .NET 7.0 则是标准期限支持，读者可以自行选择，本书采用最新版的 .NET 7.0。

4. 请选择 .NET 7.0 架构。

注　.NET 常常改版，读者可以选择阅读此书时的最新 Visual Studio 版本。最后单击"创建"按钮，可以得到下列 .NET 7.0 的 Visual Studio 窗口。

从上述窗口左边的 Program.cs 可以看到，和先前架构相比 .NET 7.0 的架构已经有很大的简化与改良，这种架构称为顶级语句，第 2 章会继续解说顶级语句，那将是本书的重点。

1-9-2　创建 Windows Forms 方案

方案 ch1_3.sln：创建控制台应用程序 Windows Forms 项目。

1. 启动 Visual Studio，请单击"创建新项目"。语言请选择"C#"，平台选择"Windows"，项目类型请选择"桌面"，接着请选择"Windows 窗体应用"，然后单击右下方的"下一步"按钮。

2. 配置新项目时分别设定项目名称为 proj1_3、位置为 C:\C#\ch1、解决方案名称为 ch1_3，然后单击"下一步"按钮，接着架构请选择 .NET 7.0。单击右下方的"创建"按钮，就可以创建

Windows Forms 的方案了。

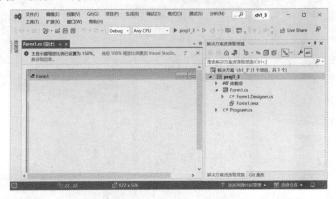

下面是设计窗口程序，当读者熟悉 C# 后，笔者将完整介绍这方面的知识。

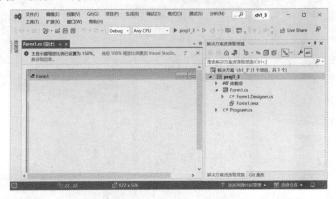

1-10　查看方案文件夹

1-10-1　查看 .NET Framework 4.8 的 ch1_1 方案

本节将查看 .NET Framework 4.8 的 ch1_1 方案，读者可以了解方案创建完成后，在文件夹内有哪些文件产生，下面是 ch1_1 文件夹的内容。

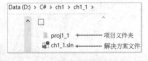

从前述可知 ch1_1.sln 是方案文件，proj1_1 是项目文件夹，请双击 proj1_1 进入 proj1_1 项目文件夹，可以看到以下内容。

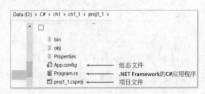

1-10-2　查看创建控制台应用程序 .NET 7.0 的 ch1_2 方案

本节将查看控制台应用程序 .NET 7.0 的 ch1_2 方案，读者可以了解方案创建完成后，在文件夹内有哪些文件产生，下面是 ch1_2 文件夹的内容。

从前述可知 ch1_2.sln 是方案文件，proj1_2 是项目文件夹，请双击 proj1_2 进入 proj1_2 项目文件夹，可以看到下列内容。

1-10-3　查看 Windows Forms 的 ch1_3 方案

本节将查看 Windows Forms 的 ch1_3 方案，读者可以了解方案创建完成后，在文件夹内有哪些文件产生，下面是 ch1_3 文件夹的内容。

从前述可知 ch1_3.sln 是方案文件，proj1_3 是项目文件夹，请双击 proj1_3 进入 proj1_3 项目文件夹，可以看到以下内容。

上面几个重要的程序说明如下：

Form1.cs：窗口的逻辑类的程序，主要存放控件的处理方法。

Form1.Designer.cs：窗口控件的名字和属性都存储在这里。

Form1.resx：存放窗口的资源，如窗口的图标等会出现在这里。

Program.cs：项目程序的入口。

如果读者目前感觉上述描述不易理解，没关系，因为本书未来会用程序实例解说。

1-10-4　方案和项目有相同的名称

前面创建方案时为了让读者区分方案和项目，所以笔者让方案与项目使用不同的名称，以下是让方案与项目使用相同名称的实例。

方案 ch1_4.sln：重新设计 ch1_2.sln，创建控制台应用程序 .NET 7.0 方案，但是让方案与项目有相同的名称。

1. 启动 Visual Studio。

2. 请单击"创建新项目"。

3. 创建新项目时语言请选择"C#"，平台选择"Windows"，项目类型请选择"控制台"，接着请选择"控制台应用程序"，然后单击右下方的"下一步"按钮。

4. 配置新项目时分别设定项目名称为 ch1_4、位置为 C:\C#\ch1、解决方案名称为 ch1_4，然后单击"下一步"按钮。

注 项目名称和方案名称都是 ch1_4。

5. 请选择 .NET 7.0 架构。

注 .NET 常常改版，读者可以选择阅读此书时的最新 Visual Studio 版本。单击"创建"按钮，可以得到 .NET 7.0 的 Visual Studio 窗口。

如果我们现在查看 C:\C#\ch1\ch1_4 文件夹，可以看到以下界面。

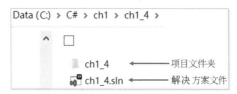

从前面可以看出 ch1_4.sln 是方案文件，ch1_4 是项目文件夹，请双击 ch1_4 进入 ch1_4 项目文件夹，可以看到以下内容。

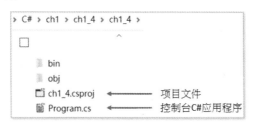

我们在不同层次的文件夹可以看到 ch1_4.sln 和 ch1_4.csproj，最后必须根据扩展名来判别是方案文件还是项目文件。

1-10-5　方案和项目在相同的文件夹

以下是让方案与项目使用相同的名称并在相同的文件夹的实例。

方案 ch1_5.sln：重新设计 ch1_4.sln，创建控制台应用程序 .NET 7.0 方案，但是让方案与项目有相同的名称和在相同的文件夹。

1. 启动 Visual Studio。

2. 请单击"创建新项目"按钮。

3. 创建新项目时语言请选择"C#"，平台选择"Windows"，项目类型请选择"控制台"，接着请选择"控制台应用程序"，然后单击右下方的"下一步"按钮。

4. 配置新项目时，分别设定项目名称为 ch1_5、位置为 C:\C#\ch1、解决方案名称为 ch1_5，接着请勾选将解决方案与项目置于相同目录中的复选框，此时解决方案名称会变为无法更改，然后单击"下一步"按钮。

注　项目名称和方案名称都是 ch1_5。

5. 请选择 .NET 7.0 架构。

注 .NET 常常改版，读者可以选择阅读此书时的最新 Visual Studio 版本。最后单击"创建"按钮，可以得到 .NET 7.0 的 Visual Studio 窗口。

如果我们现在查看 C:\C#\ch1\ch1_5 文件夹，可以看到以下界面。

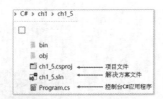

从上述界面可以看到 ch1_5.sln 是方案文件，ch1_5.csproj 是项目文件，这时将不再有 ch1_5 项目文件夹。

注 其实让程序变得简单，例如，一个方案内只有一个项目，这也是简化文件夹的方式。

在撰写本书时，笔者设置项目与方案为相同的名称，前半段项目与方案在不同目录，后半段则处于相同的目录，读者可以自行体会。

第 2 章
设计第一个 C# 程序

2-1 解析 .NET Framework 的 C# 语言结构

2-1-1 先前准备工作

请参考 1-8-1 节创建方案 ch2_1，此方案的项目名称是 proj2_1，可以得到的 .NET Framework 4.8 的 C# 语言结构如下所示。

```
1  Using System;
2  using System.Collections.Generic;
3  using System.Linq;
4  using System.Text;
5  using System.Threading.Tasks;
6
7  namespace proj2_1          默认使用项目名称
8  {                          当作命名空间的名称
9      0 个引用
10     internal class Program
11     {
12         0 个引用
13         static void Main(string[] args)
14         {
15         }
16     }
17  }
```

2-1-2 引用命名空间的类

在创建 .NET Framework 4.8 的 C# 语言后，可以在程序前面看到下列 Visual Studio 自动创建并引用的命名空间的类。

```
1  Using System;
2  using System.Collections.Generic;
3  using System.Linq;
4  using System.Text;
5  using System.Threading.Tasks;
```

上述程序代码其实是关键词 using 加上类所组成的，然后类右边加上分号 (;)，上述程序代码实际上是用 using 关键词引用了 5 个设计 C# 时常用的类，这是 using 指令的用法，using 另一种用法是应用在语句中，34-3-3 节还会说明。在这里 using 关键词有两个好处，分别如下。

❑ 方便引用类

假设我们设计一个类 MyClass.Testing.Sample，此类内有方法 A，如果没有使用 using 关键词引用此类，在程序内部引用方法 A 时，需使用下列程序代码：

```
MyClass.Testing.Sample.A
```

如果在程序前面使用 using，程序代码可以直接使用 A，即可以引用如下：

```
using MyClass.Test.Sample

    ...

A
```

❑ 避免名称冲突

假设有 MyClass.Testing.SampleA 和 MyClass.Testing.SampleB 两个类，且这两个类均有 Test 类，如果我们使用下列方式引用类：

```
using MyClass.Testing.SampleA;

using MyClass.Testing.SampleB;
```

那么在程序设计使用 Test 类时，会有名称冲突的问题，这时可以使用下列方式引用类：

```
using ma = MyClass.Testing.SampleA;

using mb = MyClass.Testing.SampleB;
```

这样就可以用 ma.Test 表示引用 MyClass.Testing.Sample 的类 Test；用 mb.Test 表示引用 MyClass.Testing.SampleB 的类 Test。

2-1-3　C# 的基本结构

下面是 Visual Studio 自动创建的 C# 程序代码基本结构。

```
7    namespace proj2_1
8    {
          0 个引用
9        internal class Program
10       {
              0 个引用
11           static void Main(string[] args)
12           {
13           }
14       }
15   }
```

上述 namespace proj2_1 中 proj2_1 是命名空间的名称，Visual studio 默认使用项目名称 proj2_1 作为命名空间的名称，这个名称是可以修改的。上述默认程序代码内有中文，表示可以在这些中文的位置增加程序代码。其实我们可以将 C# 程序结构用下图表示。

如果读者观察 C# 程序，可以看到程序代码有缩排设计，这个缩排设计可以让整个程序的结构更完整。注：上述默认情况下一个程序有一个自定义的命名空间 (namespace)，在实际的复杂程序设计时，一个 C# 可以有多个命名空间。

2-1-4　类 class

类的关键词是 class，在面向对象的程序设计的概念中，一个命名空间内可以有多个类，我们可以依据程序的功能自行为类命名。

```
9    internal class Program
10   {
          0 个引用
11       static void Main(string[] args)
12       {
13       }
14   }
15
```

在 Visual Studio 的默认环境下，一个命名空间有一个类，目前默认的类名是 Program，读者也可以自行编辑类的名称。

2-1-5　Main( ) 函数

C# 是从 C 和 C++ 语言衍生而来的，C 和 C++ 语言的入口点是 Main( ) 函数，对于 C# 而言其则是一个项目的入口点，不过 C# 语言中的 Main( ) 函数有下列特性：

1. 必须在一个类内。

2. 必须是静态 (static) 的 \。

3.Main( ) 可以不回传结果，也就是回传 void。其还可以回传整数 (int 类)，正常执行结果是回传 0。

4. 在 C/C++ 语言中 main( ) 的 m 是小写，在 C# 语言中 Main( ) 的 M 是大写。

```
11       static void Main(string[] args)
12       {
15       }
```

2-1-6　方案 ch2_2 – C# 程序的体验

请参考 1-8-1 节创建方案 ch2_2，此方案的项目名称是 proj2_2，同时在 Main( ) 函数内增加下列程序代码：

```
Console.WriteLIne(" 我的 .NET Framework 4.8 程序 ");
```

注1　C# 指令用 "；" 当作结尾字符。

注2　WriteLine( ) 函数，可以将双引号内的数据当作字符串输出，同时输出后换行，未来如果还有输出，可以在下一行输出。

上述程序输入后可以看到程序左边有黄色的框线标记，此标记区记录自己设计的，但尚未存储的程序代码，Visual Studio 自行产生的程序代码是不带标记的，此时界面内容如下所示。

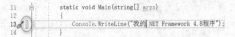

程序设计后，可以单击 📄，或执行 "文件" ｜ "保存 Program.cs" 存储此文件，这时黄色框线标记变为绿色长条标记，如下所示。

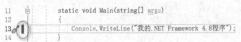

2-1-7　执行方案

程序创建完成后，可以同时按 Ctrl+F5 键或是执行 "调试" ｜ "开始执行 (不调试)" 指令来执行此方案。

在 Visual Studio 窗口下方的输出窗口，可以看到如下所示的此项目的信息。

从上面可以看到 1 成功，0 失败，此外，会有一个命令行的窗口，输出如下所示的程序执行的结果。

2-2　解析 .NET 7.0 的 C# 语言结构

Visual Studio 2022 版的 .NET 7.0 支持 C# 11，此版本的 C# 简化许多，本节将进行说明，这也是本书后文主要的 C# 程序结构。

2-2-1　准备方案 ch2_3

请参考 1-9-1 节创建方案 ch2_3，此方案的项目名称是 proj2_3，程序名称是 Program.cs，可以得到的 .NET 7.0 的 C# 语言结构如下所示。

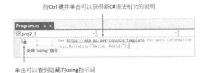

从上面可以看到程序代码简化许多，这类程序代码称为顶级语句，这类程序代码相当于是脱掉 Program 类和 Main( ) 方法的外壳，省略了外层直接撰写程序代码，所以在顶级语句下，C# 的程序结构如下所示。

上述 1 或 3 是可选选项，2 则是必选的，如果将 2 和 3 的顺序颠倒，则编译时会出现错误。本书第 1 章～第 28 章所述内容都采用了顶级语句，所以 1 和 3 大都省略了。对于上述程序 Program.cs 而言，下列语句就是顶级语句。

```
1  // See https://aka.ms/new-console-template for more information
2  Console.WriteLine("Hello, World!");
```

注1　旧版的 C# 程序仍可以在 C# 11.0 内执行。

注2　第 3 ～第 28 章我们所设计的程序，就称为顶级语句。

注3　项目默认的程序名称是 Program.cs，cs 是 C# 默认的程序扩展名。

2-2-2　网址参考与批注符号

2-2-1 节中的 "//" 符号是程序的批注，其右边的字符串不会被编译，程序第 1 行主要是告知读者按 Ctrl 键并单击此超链接可以进入微软公司的说明网页。

注1　C 语言的程序批注 "/* … */" 在 C# 仍可以使用。

注2　/* … */ 批注还有一个好处是可以进行多列批注，当有 "/*" 符号时，此区间的内容会被认为是批注，直到 "*/" 符号，整个批注才算结束，可以参考以下实例。

```
/*
    设计输出字符的函数
*/
void PrintChar(int loop, char ch)
{
    …

}
```

上述 /* … */ 中的内容都是批注。

2-2-3　隐式 using 引用命名空间

在 C# 8.0(含) 以前，C# 默认需要使用 using 引用类到命名空间，C# 11.0(9.0 起) 表面上是省略了此部分，但其实没有省略，只是用隐含方式存在，如果单击程序左上方的图标 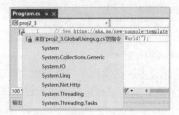（此图标称为全局 using 指令），就可以看到 C# 11.0 隐式引用的类。

从上述可以看到隐式 using 引用命名空间的声明，已经是用文件方式存在，此文件名称是 proj2_3.GlobalUsings.g.cs，以下是此文件所在文件夹。

如果在要在 Visual Studio 显示此文件内容，步骤如下。

1. 在解决方案资源管理器窗口单击工具栏的显示所有文件图标 。

2. 请单击展开 obj。

3. 请单击展开 Debug。

4. 请单击展开 net7.0。

5. 此时可以看到 proj2_3.GlobalUsing.g.cs 文件，请单击此文件。

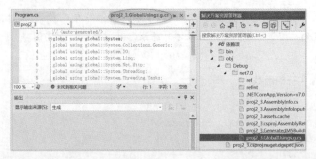

从上面我们看到 C# 10 虽然简化了程序的设计，但只是用隐性全局 global using 方式，将常用类引用到命名空间，这个动作会在程序编译的时候处理。如果我们要在程序中使用 using 引用命名空间，需要将此 using 写在程序前面。

具体如下所示：

```
using System.Text;                          // 写在程序前面
    ...
Console.WriteLine("…");
```

注1　Console 是 System 命名空间的 Console 类，所以也可以写成 System.Console.WriteLine( )。

注2　程序设计时，如果所使用的类的命名空间在默认环境中没有引用，则需使用 using 先引用此命名空间。

2-2-4　Main( ) 不见了

在 2-1-5 节提到，C# 是从 C/C++ 语言衍生而来的，C/C++ 语言的入口点是 Main( ) 函数，但是在 .NET 7.0 环境下新版的 C# 默认程序同时也省略了 Main( )。

注　其实从 C# 9.0 开始就已经不需要在控制台的应用程序内写 Main( ) 方法了。

对于小型的应用程序，可以将读者要写的程序代码降到最低，在这种情况下，编译程序会产生程序的应用类和 Main( ) 方法的进入点。读者可能会感到奇怪，那如何定义程序的入口点？微软的官方文件指明，一个项目必须有一个最上层文件，这通常是 Program.cs，所以程序的入口点就是此文件的开头指令。这相当于程序编译时会依据 Program.cs 的内容自动产生应用类，同时由此程序产生入口点。

2-2-5　转换成 Program.Main 样式程序

在 Visual Studio 窗口程序代码左边可以看到图标✐，如下所示。

请单击再选择"转换为'Program.Main'样式程序"，可以看到原始的 C# 程序样貌。

2-2-6　执行 C# 的方案

程序创建完成后，执行方式和 2-1-7 节步骤相同。可以同时按 Ctrl + F5 或是执行"调试"→"开始执行（不调试）"来执行此方案。在 proj2_3 项目的 Program.cs 程序第 2 行已经有默认的 Console.WriteLine( ) 的输出，执行此方案后可以得到以下结果。

注　建议使用"开始执行（不调试）"指令执行 C# 方案，可以节省调试的时间。

2-3 不使用顶级语句

在 Visual Studio 环境下设计 C# 11 的程序时，我们看到了简化的 C# 默认程序代码。其实在创建 C# 方案时，可以勾选不要使用顶级语句复选框，可以恢复 C# 程序默认码为含有 Main( ) 入口的程序代码。

请参考 1-9-1 节创建 .NET 方案 ch2_4.sln，但是在步骤 4，勾选不使用顶级语句的复选框，如下所示。

然后按右下方的创建按钮，可以得到同样是 C# 程序，但变成默认有 Main( ) 入口的 C# 程序代码，这也是 C# 9(不含) 以前默认的程序架构，如下所示。

从上面可以看到含有 Main( ) 入口的默认程序代码，本书大体上采用最新的语法设计，所以可以大大地增进学习效率。

2-4 认识 C# 的可执行文件

请参考 ch2_3.sln 的执行结果界面。

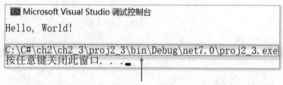

这是告诉我们执行 D:\C#\ch2\ch2_3\proj2_3\bin\Debug\net7.0
文件夹内的 proj2_3.exe 档案

如果打开文件资源管理器进入指定文件夹可以看到 proj2_3.exe 文件，它是可执行文件。

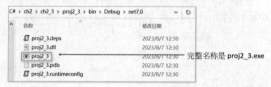

其实我们可以双击此 proj2_3 在控制台执行此程序，可是如果读者真的双击 proj2_3 执行此程序时，控制台只是闪一下就结束了。为了让程序在此环境下执行，可以在程序末端增加以下两行代码，让界面冻结。

```
Console.WriteLine("Press any key to exit."); // 输出字符串
Console.ReadKey( );                          // 等待输入
```

注　未来 6-3-2 节还会正式说明 Console.ReadKey( ) 函数，现在读者只需要知道这个函数是等待键盘输入，有冻结屏幕界面的效果就可以了。

方案 ch2_5.sln：冻结界面重新设计 ch2_3.sln。

```
1  // project proj2_5
2  Console.WriteLine("Hello, World!");
3
4  Console.WriteLine("Press any key to exit.")
5  Console.ReadKey();
```

执行结果

```
C:\C#\ch2\ch2_5\proj2_5\bin\Debug\net6.0\proj2_5.exe
Hello, World!
Press any key to exit.
```

按任意键后可以得到下列结果。

```
Microsoft Visual Studio 调试控制台
Hello, World!
Press any key to exit.

C:\C#\ch2\ch2_5\proj2_5\bin\Debug\net6.0\proj2_5.exe
按任意键关闭此窗口. . .
```

再按一次任意键，才可以关闭上述控制台窗口。不过读者如果再次直接启动 proj2_5.exe，就可以看到界面冻结，如下所示。

```
C:\C#\ch2\ch2_5\proj2_5\bin\Debug\net6.0\proj2_5.exe
Hello, World!
Press any key to exit.
```

上述按任意键此界面就会结束，注：后文中的所有实例，基本上都省略了上面两行让界面冻结的步骤。

习题实操题

注　本章的习题解答中方案与项目有相同的名称，后续章节也将如此。

方案 ex2_1.sln：请设计控制台应用程序，使用 .NET Framework 4.8 输出下列数据。(2-1 节)

```
C:\Windows\system32\cmd.exe
明志工专
机械系
一年级
洪锦魁
请按任意键继续. . .
```

方案 ex2_2.sln：请设计控制台应用程序，使用 .NET 7.0 输出下列数据。(2-2 节)

```
Microsoft Visual Studio 调试控制台
   *
  ***
 *****
*******
*********

C:\C#\ex\ex2_2\ex2_2\bin\Debug\net6.0\ex2_2.exe
按任意键关闭此窗口. . .
```

第 3 章
数据类型与变量

学习程序语言最基础的工作是认识数据的类型，这一节会介绍 C# 的数据类型，同时也介绍设定变量的概念。

3-1　变量名的使用

所谓的标识符 (identifier) 是一个名称，这个名称可以应用在变量、常数、函数、类等的标识上。如果其用在变量上就称为变量名称，如果用在常数上就称为常数名，如果用在函数上就称为函数名。这一节主要是讲解变量，所以其称为变量名。

3-1-1　认识 C# 语言的变量

程序设计时，所谓的变量 (variable) 就是将内存内的某个区块保留，供程序放入数据使用。早期使用 Basic 设计程序时是不需要事先声明变量的，这样虽然方便，但也造成程序调试的困难，因为如果变量输入错误，就会被视为是新的变量。而 C# 语言事先声明变量，让我们可以方便有效地管理及使用变量，减少程序设计时语意的错误，需要事先声明变量的程序语言称为静态语言。

为了让程序易于阅读，建议使用有意义的名称作为变量名称，例如用 salary 当作薪资的变量名称。C# 语言对变量名称的使用是有一些限制的，它必须以下列 4 种字符做开头：

1. 大写字母。

2. 小写字母。

3. 下画线 (_)。

4. 汉字，不过在国际化趋势下，不建议使用。

至于变量名称的整体则由下列 5 种字符所构成：

1. 大写字母。

2. 小写字母。

3. 下画线 (_)。

4. 阿拉伯数字 0 ～ 9。

5. 汉字，不过在国际化趋势下，不建议使用。

Microsoft 官方手册建议的命名习惯如下：

1. 结构、类、方法、函数名的首字母大写。

2. 使用容易辨别的标识符，例如 HorizontalAlignment 比 AlignmentHorizontal 更容易阅读。

3. 勿使用下画线。

4. 避免使用与关键词相同的标识符。

5. 勿使用缩写字，例如 GetWindow 要比 GetWin 要好。

实例 1. 下列均是合法的变量名称。

```
SUM
Hung
_fg
x5
y61
```

实例 2. 下列均是不合法的变量名称。

```
sum,1          // 变量名称不可有 "," 符号
3y             // 变量名称不可由阿拉伯数字开头
x$2            // 变量名称不可含有 "$" 符号
```

另外要注意，在 C# 语言中大写字母和小写字母代表不同的变量。

实例 3. 下列 3 个字符串，分别代表 3 个不同的变量。

```
sum
Sum
SUM
```

有关变量使用的另一限制是，有些字为系统保留字 (又称关键词 key word)，这些字在 C# 编译程序中代表特别意义，所以不可以使用这些字作为变量名称。C# 语言的关键词如表 3-1 所示。

表 3-1　C# 语言的关键词

abstract	event	namespace	static
as	explicit	new	string
base	extern	null	struct
bool	false	object	switch
break	finally	operator	this
byte	fixed	out	throw
case	float	override	true
catch	for	params	try
char	foreach	private	typeof
checked	goto	protected	uint
class	if	public	ulong
const	implicit	readonly	unchecked
continue	in	ref	unsafe
decimal	int	return	ushort
default	interface	sbyte	using
delegate	internal	sealed	virtual
do	is	short	void
double	lock	sizeof	volatile
else	long	stackalloc	while
enum			

注　如果真的想用关键词作为变量名称，可以在变量名称前面加上 @ 字符。

3-1-2　认识不需事先声明变量的程序语言

有些程序语言的变量在使用前不必声明它的数据类型，这样可以用比较少的程序代码完成更多工作，增加程序设计的便利性，这类程序在执行前不必经过编译过程，而是使用直译器 (interpreter) 直接直译 (interpret) 并执行 (execute)，这类的程序语言称为动态语言 (dynamic language)，有时也可称这类语言是文字码语言 (scripting language)，如 Python、Perl 和 Ruby。动态语言执行速度比经过编译后的静态语言执行速度慢，所以有相当长的时间动态语言只适合用于短程序的设计，或是将它作为准备数据供静态语言处理，在这种状况下也有人将这种动态语言称为胶水代码 (glue code)，但是随着软件技术的进步，直译器执行的速度越来越快，已经可以用它执行复杂的工作了。

3-2　变量的声明

3-2-1　基本概念

在 3-1 节中已经说过，C# 中的任何变量在使用前一定要先声明，变量的声明语法是由变量

的数据类型与变量名称组成的，语法如下：

　　数据类型　变量名称；

　　实例 1. 若是想将 i，j，k 三个数声明为**整数**，则以下 3 个声明方式均是合法的。

　　方法 1. 各变量间用逗号 "," 声明用 ";" 结束。

```
int i, j, k;
```

　　方法 2. i 和 j 之间用 "," 号间隔，所以是合法的。

```
int i,
j, k;
```

　　方法 3. 分成 3 次声明，每一次声明完成都用 ";" 做结束，所以是合法声明。

```
int i;
int j;
int k;
```

　　经上述声明后，内存中会产生地址，供以后的程序使用，如下所示。

　　另外，你也可以在声明变量的同时，设定变量的值。

　　实例 2. 将 i 声明成整数，并将其设定成 7。

```
int i = 7;
```

　　声明变量时，也可以直接设定公式。

　　实例 3. 声明变量 s = a + b；

```
int a = 5;
int b = 10;
int s = a + b;
```

3-2-2　var 变量的声明

　　如果程序设计初尚未决定变量的类型，可以先使用 var 来声明，以后编译程序可以由赋值来了解此变量的类型。

　　实例 1. 使用 var 声明变量。

```
var x = 100;              // 回传 .NET 数据类型变量 System.Int32
var y = 5.5;              // 回传 .NET 数据类型变量 System.Double
```

　　注 1　var 的概念也可以应用在其他数据类型，如字符、字符串、结构 (struct)、类等。

　　注 2　C# 还有一个特有数据类型称为匿名数据类型，也使用 var 来声明，其细节可以参考 3-16 节。

3-2-3　GetType( )

　　当使用 var 来声明变量后，有时我们可能不知道此变量的数据类型，我们可能不知道回传值的数据类型，这时可以使用函数 GetType( ) 回传变量的 .NET 数据类型。

方案 ch3_1.sln：了解变量的数据类型。

注 本章起笔者将方案与项目设置为了同一名称，因此可执行文件的名称为 ch3_1.exe。

```
1  // ch3_1
2  var x = 100;
3  var y = 5.5;
4  Console.WriteLine(x.GetType());
5  Console.WriteLine(y.GetType());
```

执行结果

Microsoft Visual Studio 调试控制台
System.Int32
System.Double

C:\C#\ch3_1\ch3_1\bin\Debug\net6.0\ch3_1.exe
按任意键关闭此窗口...

上述回传的数据类型是 .NET 数据类型，其在 3-3 节会说明。

3-3 基本数据类型

C# 语言的基本数据类型有：

int：整数，可参考 3-4 节。

float：单精度浮点数，可参考 3-5 节。

double：双精度浮点数，可参考 3-5 节。

decimal：高精度十进制浮点数，可参考 3-5 节。

char：字符，可参考 3-6 节。

string：字符串，可以参考 3-7 节。

bool：布尔值，可以参考 3-8 节。

object：对象类型，可以参考 3-9 节。

dynamic：动态数据类型，可以参考 3-10 节。

以下几节将分别说明。

注 上述数据类型属于 System 命名空间。

3-4 整数数据类型

3-4-1 整数基本概念

最常见的整数是 int，此外还有其他整数的概念，可以参考表 3-2。

表 3-2 C# 整数数据类型表

C#	.NET 类型	长　度	值 的 范 围
sbyte	System.Sbyte	8	−128 ～ 127
byte	System.Byte	8	0 ～ 255
short	System.Int16	16	−32,768 ～ 32,767
ushort	System.UInt	16	0 ～ 65,535
int	System.Int32	32	−2,147,483,648 ～ 2,147,483,647
uint	System.UInt32	32	0 ～ 4,294,967,295
long	System.Int64	64	−9,223,372,036,854,775,808 ～ 9,223,372,036,854,775,807
ulong	System.Uint64	64	0 ～ 18,446,744,073,709,551,615

注1　表 3-2 中长度的单位是位 (bit)，8 个位等于 1 个字节 (byte)。

注2　表 3-2 最左侧的字段，是 C# 的数据类型，又称 .NET 的别名。例如，整数在 C# 的数据类型是 int，其实在 System 命名空间下，其类名称是 System.Int32。程序设计时用 int 声明变量和用 System.Int32 声明变量，意义是一样的，这个概念可以应用到其他数据字段。

短整数 (short) 的长度是 16 位，相当于两个字节。整数 (int) 的长度是 32 位，相当于 4 个字节，可以用下图表示。

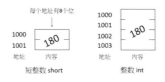

声明 int 整数，其语法如下：

```
int 整型变量 ;           // 也可以使用表 3-2 中从 sbyte 到 ulong 的关键词来声明
                        其他类型的整数
```

此外，还可以在声明整数时设定整型变量的初始值，其实 C# 语言是鼓励程序设计师在声明变量时同时设定变量的初始值的，当然没有给初始值程序也不会错误。

实例 1. 系列整数 int 的声明。

```
int i = 1;          // 声明整数 i = 1
int x, y;           // 声明整数 x 和 y 但是没有给初始值
```

在上述整数的声明中，如果加上"u"，如 ushort、uint、ulong，则代表此整数一定是正整数。注：byte 也是正整数。

值得注意的是，由于整数 int 所占内存空间是 32 位，因此，其最大值是 2,147,483,647，如果你有一指令如下：

```
int x = 2147483647;
x = x + 1;
```

那么经上述指令后，x 并不是 2,147,483,648，而是 –2,147,483,648，通常此种情况称为溢位 (overflow)，所以选择变量时一定要很小心。

方案 3_2.sln：用程序来真正地了解短整数溢位的概念，同时认识到 int 与 System.Int32 概念是相同的。

```
1  // ch3_2
2  int x1, x2, x3;
3  x1 = 2147483647;
4  x2 = x1 + 1;
5  x3 = x1 - 1;
6  Console.WriteLine("x1 = " + x1);
7  Console.WriteLine("x2 = " + x2);
8  Console.WriteLine("x3 = " + x3);
9  System.Int32 x4 = 10;
10 Console.WriteLine("x4 = " + x4);
```

执行结果

```
Microsoft Visual Studio 调试控制台
x1 = 2147483647
x2 = -2147483648
x3 = 2147483646
x4 = 10

C:\C#\ch3\ch3_2\ch3_2\bin\Debug\net6.0\ch3_2.exe
按任意键关闭此窗口...
```

上述程序的执行结果完全验证了表 3-2 的概念，原 x1 是 int 整数，其值是 2,147,483,647，常理推知，若将 x 值加 1，x 值应变成 2,147,483,648，但由程序可知 i 值变成 –2,147,483,648，这就是溢位的概念。

注　上述第 9 行使用 .NET 类型定义变量，这和使用 int 声明变量的方法相同，这个概念可以应用在其他数据类型。

3-4-2　整数数据类型的属性

表 3-2 中的每个整数数据类型皆有 MinValue 和 MaxValue 属性，此属性可以显示该整数数据类型的最小值和最大值。

方案 ch3_3.sln：列出整数 int 和长整数 long 的最小值和最大值。

```
1  // ch3_3
2  int minx = int.MinValue;
3  int maxx = int.MaxValue;
4  long minlx = long.MinValue;
5  long maxlx = long.MaxValue;
6  Console.WriteLine("int MinValue = " + minx);
7  Console.WriteLine("int MaxValue = " + maxx);
8  Console.WriteLine("long MinValue = " + minlx);
9  Console.WriteLine("long MaxValue = " + maxlx);
```

执行结果

```
Microsoft Visual Studio 调试控制台
int MinValue = -2147483648
int MaxValue = 2147483647
long MinValue = -9223372036854775808
long MaxValue = 9223372036854775807

C:\C#\ch3\ch3_3\ch3_3\bin\Debug\net6.0\ch3_3.exe
按任意键关闭此窗口. . .
```

3-4-3　不同进制的整数

C# 语言的整数除了我们从小所使用的十进制，也有二进制和十六进制，程序设计时十进制和我们的习惯用法并没有太大的差异。下列是二进制系统、十进制系统和十六进制系统的转换表。

十进制系统	十六进制系统	二进制系统
0	0	00000000
1	1	00000001
2	2	00000010
3	3	00000011
4	4	00000100
5	5	00000101
6	6	00000110
7	7	00000111
8	8	00001000
9	9	00001001
10	A	00001010
11	B	00001011
12	C	00001100
13	D	00001101
14	E	00001110
15	F	00001111
16	10	00010000

十进制是我们熟知的系统，其他进制系统基本概念如下。

1. 十六进制系统：数字到达 16 就进一位，所以单一位数是 0 ～ 15，其中 10 用 A 表示，11 用 B 表示，12 用 C 表示，13 用 D 表示，14 用 E 表示，15 用 F 表示。

2. 二进制系统：数字到达 2 就进一位，所以单一位数是 0 ～ 1。

在 C# 语言中，凡是以 0b 或 0B 为开头的整数都被视为二进制数字。

实例 1. 说出 2 进制 0b110001 和 0B1110 的十进制值。

0b110001 等于十进制的 49；

0B1110 等于十进制的 14；

在 C# 语言中，凡是以 0x 或 0X 开头的整数，皆被视为十六进制整数。

实例 2. 说明十六进制 0x1A 和 0x20 的 10 进制值。

0x1A 等于十进制的 26；

0x20 等于十进制的 32；

在十六进制的表示法中，0x1A 和 0x1a 意义一样的。

方案 ch3_4.sln：分别列出二进制和十六进制值的设定，加总后输出。

```
1  // ch3_4
2  int x1 = 0b110001;
3  int x2 = 0B1110;
4  int total;
5  total = x1 + x2;
6  Console.WriteLine($"x1     = {x1}");
7  Console.WriteLine($"x2     = {x2}");
8  Console.WriteLine($"Total = {total}");
9  int y1 = 0x1A;
10 int y2 = 0X20;
11 total = y1 + y2;
12 Console.WriteLine($"y1     = {y1}");
13 Console.WriteLine($"y2     = {y2}");
14 Console.WriteLine($"Total = {total}");
```

执行结果

```
Microsoft Visual Studio 调试控制台
x1     = 49
x2     = 14
Total = 63
y1     = 26
y2     = 32
Total = 58

C:\C#\ch3\ch3_4\ch3_4\bin\Debug\net6.0\ch3_4.exe
按任意键关闭此窗口. . .
```

注　第 6 行的 WriteLine( ) 函数内参数字符串前方有 $ 字符，在这种状况下，可以使用大括号来内含变量，就可以输出变量内容，其他行的 WriteLine( ) 概念一样。

在 C# 的十六进制整数概念中 0x1A 和 0x1a 概念是一样的，本书代码资源中所附的方案 ch3_4_1.sln，就是将第 9 行的 0x1A 改为 0x1a，读者可以加载执行，可以获得一样的结果。

3-4-4　千位分隔符

比较长的数字，不易于理解，这时可以使用 "_" 作为千位分隔符，适度使用千位分隔符可以让表达的数字比较易于理解。

方案 ch3_5.sln：将千位分隔符应用在二进制和十进制数据上。

```
1  // ch3_5
2  int x1 = 0b1_0011_0001;
3  int x2 = 0B10_1110;
4  int total;
5  total = x1 + x2;
6  Console.WriteLine($"x1     = {x1}");
7  Console.WriteLine($"x2     = {x2}");
8  Console.WriteLine($"Total = {total}");
9  int y1 = 1_000_111;
10 int y2 = 5_333_666;
11 total = y1 + y2;
12 Console.WriteLine($"y1     = {y1}");
13 Console.WriteLine($"y2     = {y2}");
14 Console.WriteLine($"Total = {total}");
```

执行结果

```
Microsoft Visual Studio 调试控制台
x1     = 305
x2     = 46
Total = 351
y1     = 1000111
y2     = 5333666
Total = 6333777

C:\C#\ch3\ch3_5\ch3_5\bin\Debug\net6.0\ch3_5.exe
按任意键关闭此窗口. . .
```

3-4-5　整数的后缀字符

如果一个整数的后缀字符是 u 或 U，则表示此值的类型是 uint 或 ulong，C# 编译程序会由数值大小判断此值的类型，如果此值是在 uint 可以容纳的范围则此值的数据类型是 uint，否则此值是 ulong。

如果一个整数的后缀字符是 l (小写的 L) 或 L，则表示此值的类型是 long 或 ulong，C# 编译程序会由数值大小判断此值的类型，如果此值是在 long 可以容纳的范围则此值的数据类型是 long，否则此值是 ulong。注：英文字 l (小写的 L) 容易和阿拉伯数字 1 混淆，所以建议使用 L。

3-4-6　sizeof( )

函数 sizeof( ) 可以回传数据类型的内存大小，所回传的单位是字节 (Byte)。

注　参数不可以使用变量名称，必须是数据类型。

方案 ch3_6.sln：列出以下整数数据所需的内存大小。

```
1  // ch3_6
2
3  Console.WriteLine($"byte的长度    = {sizeof(byte)}");
4  Console.WriteLine($"short的长度   = {sizeof(short)}");
5  Console.WriteLine($"int的长度     = {sizeof(int)}");
6  Console.WriteLine($"uint的长度    = {sizeof(uint)}");
7  Console.WriteLine($"long的长度    = {sizeof(long)}");
8  Console.WriteLine($"ulong的长度   = {sizeof(ulong)}");
```

执行结果

```
Microsoft Visual Studio 调试控制台
byte的长度   = 1
short的长度  = 2
int的长度    = 4
uint的长度   = 4
long的长度   = 8
ulong的长度  = 8

C:\C#\ch3_6\ch3_6\bin\Debug\net6.0\ch3_6.exe
按任意键关闭此窗口. . .
```

3-5 浮点数数据类型

程序设计时，如果需要比较精确地记录数值的变化，即需使用小数点以下数值时，则建议使用浮点数来声明此变量，如平均成绩、温度、里程数等。在其他高级语言中，人们习惯称此数为实数，浮点数有两种，float 是单精度浮点数、double 是双精度浮点数，另外 C# 又多了一般程序语言没有的 decimal（高精度十进制）类型的浮点数。

3-5-1　浮点数基本概念

由于 double(双精确度浮点数) 和 float(单精度浮点数) 之间，除了容量不一样之外，其他均相同，所以在此节我们将其合并讨论，表 3-3 展示了浮点数数据类型的概念。

表 3-3　C# 浮点数数据类型表

C#	.NET 类型	长　　度	数 值 范 围	精 确 度
float	System.Single	32	$\pm 1.5 \times 10^{-45} \sim \pm 3.4 \times 10^{38}$	6 ～ 9 位数
double	System.Double	64	$\pm 5.0 \times 10^{-324} \sim \pm 1.7^{308}$	15 ～ 17 位数
decimal	System.Decimal	128	$\pm 1.0 \times 10^{-28} \sim \pm 7.9228 \times 10^{28}$	28 ～ 29 位数

注　表 3-3 中长度的单位是位 (Bit)，8 位等于 1 个字节。

上述数据类型中 decimal 的精确度最高，其特色是由小数点右边的数字数目决定数值的精确度，此类型的数据常被用在财务程序、货币金额 (如 $350.00) 或利率 (如 2.5%) 上。此外，decimal 数的另一个特色是会保留小数点右边的 0，读者可以参考 3-5-3 节的项目 ch3_7。以下是单精度浮点数与双精度浮点数的说明。

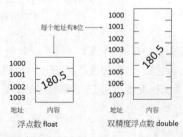

另外，若是有一个数字为 0.789，我们可以省略 0，而直接将它改写成 .789。

3-5-2　浮点数数据类型的属性

表 3-3 中的每个浮点数数据类型皆有 MinValue 和 MaxValue 属性，此属性可以显示该浮点数数据类型的最小值和最大值。

方案 ch3_6_1.sln：列出浮点数 float、double 和 decimal 的最小值和最大值。

```
1  // ch3_6_1
2  Console.WriteLine($"float   的最大值 : {float.MaxValue}");
3  Console.WriteLine($"float   的最小值 : {float.MinValue}");
4  Console.WriteLine($"double  的最大值 : {double.MaxValue}");
5  Console.WriteLine($"double  的最小值 : {double.MinValue}");
6  Console.WriteLine($"decimal 的最大值 : {decimal.MaxValue}");
7  Console.WriteLine($"decimal 的最小值 : {decimal.MinValue}");
```

执行结果

```
Microsoft Visual Studio 调试控制台
float   的最大值 :  3.4028235E+38
float   的最小值 : -3.4028235E+38
double  的最大值 :  1.7976931348623157E+308
double  的最小值 : -1.7976931348623157E+308
decimal 的最大值 :  79228162514264337593543950335
decimal 的最小值 : -79228162514264337593543950335

C:\C#\ch3\ch3_6_1\ch3_6_1\bin\Debug\net6.0\ch3_6_1.exe
按任意键关闭此窗口. . .
```

3-5-3　浮点数的后缀字符

如果一个含小数点的数值没有后缀字符，或是说没有 D 或 d 后缀字符，则表示此数值是一个双精度浮点数。

实例 1. 设定 pi 是 3.14159。

```
double pi = 3.14159;      // 没有后缀字符，所以 3.14159 是双精度浮点数
```

如果一个含小数点的数值，其后缀字符是 F 或 f，则此数是单精度浮点数。以下会有错误产生，因为 3.14159 是双倍精度浮点数，单精度浮点数变量 pi 空间不足。

```
float pi = 3.14159;               // 错误！
```

我们可以将其改写为如下：

```
float pi = 3.14159F;              // 正确
```

或

```
float pi = 3.14159f;              // 正确
```

如果一个含小数点的数值，其后缀字符是 M 或 m，则此数值是 decimal 浮点数，如前所述 decimal 数的特色是会保留小数点右边的 0。

方案 ch3_7.sln：认识 float、double 和 decimal 数字。

```
1  // ch3_7
2  float pi1 = 3.14159265359000f;
3  double pi2 = 3.14159265359000;
4  decimal pi3 = 3.14159265359000m;
5  Console.WriteLine($"float pi1   = {pi1}");
6  Console.WriteLine($"double pi2  = {pi2}");
7  Console.WriteLine($"decimal pi3 = {pi3}");
```

执行结果

```
Microsoft Visual Studio 调试控制台
float pi1   = 3.1415927
double pi2  = 3.14159265359
decimal pi3 = 3.14159265359000

C:\C#\ch3\ch3_7\ch3_7\bin\Debug\net6.0\ch3_7.exe
按任意键关闭此窗口. . .
```

从上述执行结果，读者可以看到单精度浮点数 pi1 输出了 7 位的有效位数。双精度浮点数可以保留 15 位的有效位数，所以可以输出所有位数。高精度十进制浮点可以保留 29 位有效位数，所以 pi3 保留了右边的 3 个 0。

3-5-4　科学记数法

实例 1. 若有一数字是 123.456，则我们可以将它表示为：

```
1.23456E2
```

或

```
0.123456e3
```

或

```
123456E-3
```

在上例的科学记数法中，大写 E 和小写 e 意义是一样的。

方案 ch3_8.sln：科学记数法的应用。

```
1  // ch3_8
2  double d = 0.535e2;
3  Console.WriteLine(d);
4
5  float f = 123.45E-2f;
6  Console.WriteLine(f);
7
8  decimal m = 1.2300000E6m;
9  Console.WriteLine(m);
10
11 double ff = 123456E-3;
12 Console.WriteLine(ff);
```

执行结果

```
Microsoft Visual Studio 调试控制台
53.5
1.2345
1230000.0
123.456

C:\C#\ch3\ch3_8\ch3_8\bin\Debug\net6.0\ch3_8.exe
按任意键关闭此窗口...
```

3-5-5 千位分隔符

3-4-4 节整数千位分隔符的概念也可以应用在浮点数中：比较长的数字，不易于理解，这时可以使用 "_" 作为千位分隔符，适度地使用千位分隔符可以让所表达的数字比较易于理解。

方案 ch3_9.sln：将千位分隔符应用在浮点数中。

```
1  // ch3_9
2  float f = 50_666.8f;
3  Console.WriteLine(f);
4  double d = 3.1_415_926;
5  Console.WriteLine(d);
6  decimal money = 123_456.50m;
7  Console.WriteLine(money);
```

执行结果

```
Microsoft Visual Studio 调试控制台
50666.8
3.1415926
123456.50

C:\C#\ch3\ch3_9\ch3_9\bin\Debug\net6.0\ch3_9.exe
按任意键关闭此窗口...
```

3-5-6 sizeof( )

3-4-6 节所介绍的 sizeof( ) 函数也可以用于取得浮点数的长度，其所回传的单位是字节 (byte)。注：sizeof( ) 函数的参数不可以使用变量名称，必须是数据类型。

方案 ch3_10.sln：列出表 3-3 中浮点数数据类型所需的内存大小。

```
1  // ch3_10
2  Console.WriteLine($"float长度    = {sizeof(float)}");
3  Console.WriteLine($"double长度    = {sizeof(double)}");
4  Console.WriteLine($"decimal长度 = {sizeof(decimal)}");
```

执行结果

```
Microsoft Visual Studio 调试控制台
float长度    = 4
double长度    = 8
decimal长度 = 16

C:\C#\ch3\ch3_10\ch3_10\bin\Debug\net6.0\ch3_10.exe
按任意键关闭此窗口...
```

3-5-7 认识 float 和 double 的 NaN 和无限大

双倍精度浮点数或是单精度浮点数的运算也可以产生下列 3 种数值：

Double.NaN：非数值   // 也可应用在 float

Double.PositiveInfinity：正无限大 ∞   // 也可应用在 float

Double.NegativeInfinity：负无限大 − ∞   // 也可应用在 float

方案 3_11.sln：输出非数值、正无限大 ∞ 和负无限大 − ∞。

```
1  // ch3_11
2  double x = 0.0 / 0.0;
3  Console.WriteLine(x);
4  Console.WriteLine(Double.NaN);
5  double inf = 5.0 / 0.0;
6  Console.WriteLine(inf);
7  Console.WriteLine(double.PositiveInfinity);
8  double ninf = -5.0 / 0.0;
9  Console.WriteLine(ninf);
10 Console.WriteLine(double.NegativeInfinity);
```

执行结果

```
Microsoft Visual Studio 调试控制台
NaN
NaN
∞
∞
-∞
-∞

C:\C#\ch3\ch3_11\ch3_11\bin\Debug\net6.0\ch3_11.exe
按任意键关闭此窗口. . .
```

3-6　字符数据类型

字符数据类型是指单引号之间的符号，单引号如下所示：

' '

表 3-4 所示为字符数据类型的概念。

表 3-4　C# 字符数据类型表

C#	.NET 类型	长　　度	数 值 范 围
char	System.Char	16	Unicode 0 ～ 65535

声明字符变量可以使用 char 关键词，每一个 char 所声明的变量占据的内存空间是 16 位，即两个字节 (Byte)。因为 2^{16}=65536，所以每个字符 char，可代表 65536 个不同的值。在 C# 语言系统中，这 65536 个不同的值是依据 Unicode UTF-16 字符生成的，值的范围则是 0 ～ 65535。 其中前 256 个不同的值是根据 ASCII 码的值排列的，而这些码的值包含小写字母、大写字母、数字、标点符号及其他一些特殊符号，读者可以参考附录 B。

声明字符变量需使用 char 关键词，其语法如下：

char 字符变量；

实例．以下是在声明一字符变量 x。

```
char x1 = 'A';                    // 设定字符变量 x1，同时设定内容是 'A'
var x2 = 'B';                     // 设定字符变量 x2，同时设定内容是 'B'
```

注　第 10 章会介绍更多字符数据的应用。

3-6-1　使用 sizeof( ) 函数列出字符长度

方案 ch3_12.sln：使用 sizeof( ) 函数列出字符长度。

```
1  // ch3_12
2  Console.WriteLine(sizeof(char));
```

执行结果

```
Microsoft Visual Studio 调试控制台
2

C:\C#\ch3\ch3_12\ch3_12\bin\Debug\net6.0\ch3_12.exe
按任意键关闭此窗口. . .
```

3-6-2　设定字符的常值

设计 C# 程序时可以使用以下 3 种方式创建 char 值。

1. 字符常值：'A'。

2. Unicode 的序列值：'\u' 后面接 4 个十六进制的值。

3. 十六进制序列值：'\x' 后面接 4 个十六进制的值。

'\u' 与 '\x' 使用上仍有区别，对于字符 A 而言，Unicode 的十进制码值是 65，十六进制码值是 '\u0041' 或 '\x0041'。在使用十六进制序列值时可以省略数值前的 00，例如，以下表示是允许的。

```
'\x41'                    // 允许
```

在使用 Unicode 的序列值时，以下表示是不允许的。

```
'\u41'                    // 不允许
```

实例 . 声明一字符变量 x，将其码值设为十六进制的 '\u0041'。

```
char x = '\u0041';
```

或是

```
char x = '\x0041';
```

或是

```
char x = '\x41';
```

方案 ch3_13.sln：设定字符的应用。

```
1  // ch3_13
2  char x1 = 'A';
3  char x2 = '\u0042';
4  char x3 = '\x0043';
5  Console.WriteLine($"x1 = {x1}");
6  Console.WriteLine($"x2 = {x2}");
7  Console.WriteLine($"x3 = {x3}");
8  char x4 = '\x44';                    // 另一种写法
9  Console.WriteLine("{0} {1} {2} {3}", x1, x2, x3, x4);
```

执行结果

```
Microsoft Visual Studio 调试控制台
x1 = A
x2 = B
x3 = C
A B C D

C:\C#\ch3\ch3_13\ch3_13\bin\Debug\net6.0\ch3_13.exe
按任意键关闭此窗口. . .
```

上述程序第 9 行主要是让读者体会，在同一行输出多个变量的另一种方法，在大括号内的数值参数可以指定所对应的变量位置。

3-6-3　输出一般符号

在使用 C# 时，如果想要输出中文常用的符号，只要知道此符号的 Unicode 码，就可以直接使用上述方案 ch3_13.sln 的概念输出。

方案 ch3_13_1.sln：输出星号，实体星号的 Unicode 是 '\u2605'，空白星号的 Unicode 是 '\u2606'。

```
1  // ch3_13_1
2  char x1 = '\u2605';
3  char x2 = '\u2606';
4  Console.WriteLine("{0} {1}", x1, x2);
```

执行结果

```
Microsoft Visual Studio 调试控制台
★ ☆

C:\C#\ch3\ch3_13_1\ch3_13_1\bin\Debug\net6.0\ch3_13_1.exe
按任意键关闭此窗口. . .
```

3-6-4　转义字符

另外在 Unicode 的字符内，有一些无法打印的字符，这些字符的特性是含有 "\" 符号，如 '\0'，我们又称这些字符为转义字符 (Escape character)，表 3-5 所示为这些字符。

表 3-5　转义字符表

整 数 值	转 义 字 符	Unicode 序列值	字 符 名 称
0	'\0'	'\u0000'	空格 (null space)
7	'\a'	'\u0007'	响铃 (bell ring)
8	'\b'	'\u0008'	退格 (backspace)
9	'\t'	'\u0009'	标识 (tab)
10	'\n'	'\u000A'	换行 (newline)
12	'\f'	'\u000C'	送表 (form feed)
13	'\r'	'\u000D'	回车 (carriage return)
34	'\"'	'\u0022'	双引号 (double quote)
39	'\''	'\u0027'	单引号 (single quote)
92	'\\'	'\u005C'	倒斜线 (back slash)

方案 ch3_14.sln：测试转义字符 '\n' 可以换行输出，'\t' 类似按 Tab 键可以标记新位置输出。

```
1  // ch3_14
2  char x1 = 'A';
3  char x2 = '\u0042';
4  char x3 = '\x0043';
5  char x4 = '\x44';                          // 另一种写法
6  Console.WriteLine("{0}\t{1}\t{2}\t{3}", x1, x2, x3, x4);
7  Console.WriteLine("{0} {1}\n{2} {3}", x1, x2, x3, x4);
8  Console.WriteLine("{0} {1}\u000A{2} {3}", x1, x2, x3, x4);
```

执行结果

```
Microsoft Visual Studio 调试控制台
A      B      C      D
A B
C D
A B
C D

C:\C#\ch3\ch3_14\ch3_14\bin\Debug\net6.0\ch3_14.exe
按任意键关闭此窗口. . .
```

C# 程序设计师有时还是会习惯组合回车字符 ('\r') 和换行字符 ('\n')，产生输出换行的效果。读者可以参考本书所附方案 ch3_14_1.sln。

```
1  // ch3_14_1
2  char x1 = 'A';
3  char x2 = '\u0042';
4  char x3 = '\x0043';
5  char x4 = '\x44';                          // 另一种写法
6  Console.WriteLine("{0}\t{1}\t{2}\t{3}", x1, x2, x3, x4);
7  Console.WriteLine("{0} {1}\r\n{2} {3}", x1, x2, x3, x4);
8  Console.WriteLine("{0} {1}\u000D\u000A{2} {3}", x1, x2, x3, x4);
```

3-7　字符串数据类型

字符串 string 是由 1 到多个字符组成的，在 C# 概念中这是引用数据类型 (Reference Type)，字符串没有 NULL('\0') 结尾字符。在 C# 定义中字字符串的关键词是 string，这是 System.String 在 .NET 中的别名，如果要设定字符串可以用双引号 (")，将字符串放在两个双引号之间即可。

注 1　尽管是引用数据类型，但是仍可以用 "=="（相等）或 "!="（不相等）做字符串的比较，细节可以参考方案 ch7_1.sln。

注 2　字符串内容是不可变的，如果我们重新设定字符串的变量内容，编译程序实际是在执行下列两个动作：

1. 将新的内存内容赋值给字符串变量。

2. 原先存放内容的内存空间会被系统回收。

实例：字符串设定实例。

```
string str1 = "I like C#";          // 设定字符串 I like C#
var str2 = "I Iike C#"  ;            // 设定字符串 I like C#
```

注 3 第 10 章会介绍更多字符串数据的应用。

3-7-1 字符串内含有转义字符

若是字符串内有转义字符，必须多加一个 "\\" 字符。

实例 1. 假设有一个字符串是 This is James's ball。

```
string str1 = "This is James\'s ball";// 设定字符串 This is James's ball
```

实例 2. 含转义字符的字符串声明。

```
string str1 = "D:\\Python\\ch1";        // 设定字符串 D:\Python\ch1
```

3-7-2 @ 字符与字符串

如果一个字符串内部有转义字符，且在字符串双引号左边加上 @ 字符，则可以防止转义字符被转译。

实例 1. 假设有一个字符串是 This is James's ball。

```
string str1 = @"This is James's ball";// 设定字符串 This is James's ball
```

实例 2. 含转义字符的字符串声明。

```
string str1 = @"D:\Python\ch1";         // 设定字符串 D:\Python\ch1
```

方案 ch3_15.sln：字符串设定与输出。

```
1  // ch3_15
2  string str1 = "I like C#";
3  var str2 = "I like C#";
4  string str3 = "This is James\'s ball";
5  string str4 = @"This is James's ball";  // 另一种写法
6  string str5 = "D:\\Python\\ch3";
7  string str6 = @"D:\Python\ch3";          // 另一种写法
8  Console.WriteLine(str1);
9  Console.WriteLine(str2);
10 Console.WriteLine(str3);
11 Console.WriteLine(str4);
12 Console.WriteLine(str5);
13 Console.WriteLine(str6);
```

执行结果

```
Microsoft Visual Studio 调试控制台
I like C#
I like C#
This is James's ball
This is James's ball
D:\Python\ch3
D:\Python\ch3
C:\C#\ch3\ch3_15\ch3_15\bin\Debug\net6.0\ch3_15.exe
按任意键关闭此窗口. . ._
```

3-7-3 撰写多行字符串

如果要撰写多行字符串，则语法如下：

```
string str = @" ";                              // 空格内的字符串有多行
```

方案 ch3_16.sln：撰写多行字符串的实例，读者要留意第 2 ～ 第 4 行之间跨行的字符串。

```
1  // ch3_16
2  string str = @"My name is Jiin-Kwei Hung.
3  I was born in Hsinchu.
4  I graduated from Ming-Chi Institute of Technology.";
5  Console.WriteLine(str);
```

执行结果

```
Microsoft Visual Studio 调试控制台
My name is Jiin-Kwei Hung.
I was born in Hsinchu.
I graduated from Ming-Chi Institute of Technology.

C:\C#\ch3\ch3_16\ch3_16\bin\Debug\net6.0\ch3_16.exe
按任意键关闭此窗口. . ._
```

3-8 布尔值数据类型

在 C# 定义中布尔值 (boolean) 的关键词是 bool，表 3-6 所示为布尔值数据类型的概念，长度单位是位。

表 3-6　C# 布尔值数据类型表

C#	.NET 类型	长　度	数 值 范 围
bool	System.Boolean	8	true 或是 false

方案 ch3_17.sln：布尔值数据的设定与输出。

```
1  // ch3_17
2  bool check1 = true;
3  bool check2 = false;
4  Console.WriteLine(check1);
5  Console.WriteLine(check2);
```

执行结果

```
Microsoft Visual Studio 调试控制台
True
False

C:\C#\ch3\ch3_17\ch3_17\bin\Debug\net6.0\ch3_17.exe
按任意键关闭此窗口. . .
```

3-9 object 数据类型

3-9-1　object 数据类型

object 数据类型是 System.Object 在 .NET 中的别名，即引用数据类型 (Reference Type)，栈空间 (Stack) 存储的是 32 位对象的地址，此地址指向的空间所存储的数据内容可以是整数、浮点数、字符串等，甚至可以是后文会介绍的数组、类等。以下是一个 object x 存储 100 的内存图形。

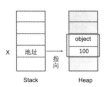

注　这一章我们介绍了 C# 所提供的数据类型，除了字符串和 object 外，都是值数据类型，所谓的值数据类型是当我们声明值数据类型的变量时，编译程序会配置一个固定的内存空间存储此变量。因为每一个变量皆是独立的，所以变量内容不会互相影响。所谓的引用数据类型，是变量指向一个内存空间，如果设定两个引用型的变量相等，则其实是指这两个引用型变量指向相同的内存地址，未来内存地址内容变更时，这两个变量内容将同步变更，在后文读者学习更多 C# 知识时，笔者会以实例解说，详情可以参考 16-4 节。

3-9-2　Value Type 数据类型

值数据类型使用栈空间进行存储，如 int、double 等都属 Value Type 数据类型。右图是一个 int x 存储 100 的内存图形。

3-9-3　装箱

程序设计时可以将任何类型的实值赋值给 object 数据类型的变量，如果将一个值数据类型转换成 object 数据类型则称为装箱 (Boxing)，例如：

```
int x = 100;

object o = x;
```

这个在 C# 编译程序中的动作称为装箱 (Boxing)，其主要原理是一般来说值 (Value) 的数据是存储在栈空间内的，当将数据转成引用型数据时是将值存储在堆空间 (Heap) 中，然后栈空间有一个内存存储该值的地址，这就是引用型数据的意义。例如：当将 x 值 100 设定给 object o 时，此 100 存储在堆内存空间，在栈内存空间有一个 o，此 o 所存储的是堆空间内 object 100 内容所在地址，可以参考下列说明图。

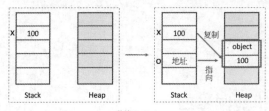

装箱(Boxing)

3-9-4　拆箱

将 object 数据类型转换成值数据类型，称为拆箱 (Unboxing)，例如：

```
int x = 100;
object o = x;               // 将值数据类型转成 object 类型，称为装箱 (Boxing)
int y = (int) o;           // 将 object 数据类型转成 int 类型，称为拆箱 (Unboxing)
```

这个在 C# 编译程序中的动作就称为拆箱 (Unboxing)，其主要原理是将堆空间 object 100 的内容复制至栈空间 y 内，y 所存的就是 100 的内容，可以参考下列说明图。

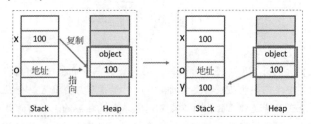

拆箱(Unboxing)

3-9-5　拆箱/装箱与泛型

对于一般读者而言拆箱与装箱很便利，但当读者逐步变身 C# 高手，需考虑到设计程序的绩效时，如果程序频繁使用拆箱/装箱，读者就会发现程序效能变得比较差，C# 提供泛型功能可以比较有效地处理这类的问题，读者可以参考 21-1-2 节和 21-2-1 节的实例解说。

3-10 dynamic 数据类型

关键词 dynamic 数据类型是一种动态数据，在编译阶段 (compile-time) 不对此变量名称做数据类型的检查，直到程序运行时间 (run-time) 才对此变量做数据类型的检查，定义动态变量时使用 dynamic，方法如下：

```
dynamic myVar = 5;
```

C# 编译程序在编译阶段是将此动态变量当作 object 变量做编译，实际运行时间 (run-time) 时才可以知道此变量的数据类型。

方案 ch3_18.sln：输出动态变量的数据类型。

```
1  // ch3_18
2  dynamic myVar = 5;
3  Console.WriteLine(myVar.GetType());
```

执行结果

```
Microsoft Visual Studio 调试控制台
System.Int32

C:\C#\ch3\ch3_18\ch3_18\bin\Debug\net6.0\ch3_18.exe
按任意键关闭此窗口. . .
```

动态变量可以在运行时间 (run-time) 根据所设定的值来实时更改数据类型。

方案 ch3_19.sln：更改动态变量的数据类型，同时输出。

```
1  // ch3_19
2  dynamic dyVar = 50;
3  Console.WriteLine($"值 : {dyVar,-10}, Type: {dyVar.GetType()}");
4
5  dyVar = "DeepMind";
6  Console.WriteLine($"值 : {dyVar,-10}, Type: {dyVar.GetType()}");
7
8  dyVar = true;
9  Console.WriteLine($"值 : {dyVar,-10}, Type: {dyVar.GetType()}");
```

执行结果

```
Microsoft Visual Studio 调试控制台
值 : 50        , Type: System.Int32
值 : DeepMind  , Type: System.String
值 : True      , Type: System.Boolean

C:\C#\ch3\ch3_19\ch3_19\bin\Debug\net6.0\ch3_19.exe
按任意键关闭此窗口. . .
```

动态数据也可以和其他数据使用隐式转换，可以参考方案 ch3_20.sln。

方案 ch3_20.sln：动态数据与隐式转换的观察。

```
1  // ch3_20
2  dynamic dyVar = 5;
3  int i = dyVar;
4  Console.WriteLine($"i : {i.GetType()}, dyVar : {dyVar.GetType()}");
5
6  dyVar = "C# and Python";
7  string s = dyVar;
8  Console.WriteLine($"s : {i.GetType()}, dyVar : {dyVar.GetType()}");
```

执行结果

```
Microsoft Visual Studio 调试控制台
i : System.Int32, dyVar : System.Int32
s : System.Int32, dyVar : System.String

C:\C#\ch3\ch3_20\ch3_20\bin\Debug\net6.0\ch3_20.exe
按任意键关闭此窗口. . .
```

注 第 12 章函数章节还会有 dynamic 数据类型的实例解说。

3-11 变量的默认值 default

定义变量时可以使用 default 设定默认值，如下：

```
int  x1 = default(int);        // 定义 x1 整数变量的默认值
float x2 = default(float);      // 定义 x2 浮点数变量的默认值
char x3 = default(char);        // 定义 x3 字符变量的默认值
bool x4 = default(bool);        // 定义 x4 布尔值变量的默认值
```

有关上述变量的默认值可以参考表 3-7。

表 3-7　C# 的 default 默认值

数 据 类 型	默 认 值
整数类型数据	0
浮点数类型数据	0.0
bool	false
字符	'\0'
string	null
object	null

上述 null 是 Nullable 数据类型，更多概念将在 3-14 节解说，其代表空值。

方案 ch3_21.sln：验证不同数据的默认值。

```
1  // ch3_21
2  int x1 = default(int);
3  double x2 = default(double);
4  char x3 = default(char);
5  bool x4 = default(bool);
6  string x5 = default(string);
7  object x6 = default(object);
8  Console.WriteLine($"int      默认值 = {x1}");
9  Console.WriteLine($"double   默认值 = {x2}");
10 Console.WriteLine($"char     默认值 = {x3}");
11 Console.WriteLine($"bool     默认值 = {x4}");
12 Console.WriteLine($"string   默认值 = {x5}");
13 Console.WriteLine($"object   默认值 = {x6}");
```

执行结果

```
Microsoft Visual Studio 调试控制台
int      默认值 = 0
double   默认值 = 0
char     默认值 =
bool     默认值 = False
string   默认值 =
object   默认值 =

C:\C#\ch3\ch3_21\ch3_21\bin\Debug\net6.0\ch3_21.exe
按任意键关闭此窗口...
```

注　上述第 4 行默认的字符是空格（'\0'），所以第 10 行没有看到输出数据。第 6 和第 7 行的 x5 和 x6 是 null，打印时没有内容，主要用于程序 if 的条件判断，有关 if 的更多细节将在第 7 章解说。

3-12　数据类型的转换

目前我们已经学习了整数类型数据，如 sbyte、byte、ulong 等 (可以参考 3-4-1 节)；浮点数类型数据，如 float、double 和 decimal(可以参考 3-5-1 节)；以及字符数据 char，可以参考 3-7 节。这些数据可以互相转换，这就是所谓的数据类型的转换。所以数据类型的转换概念是将一种数据类型转换成另一种数据类型，有隐式转换 (implicit conversion) 和显式转换 (explicit conversion) 等两种转换方式。

3-12-1　隐式转换

所谓的隐式转换是指不需要声明就可以进行转换，这种转换编译程序不需要进行检查。转换的特色是可以从比较小的容量数据类型，转移到比较大的容量数据类型，在转换过程数据不会遗失。隐式转换表如表 3-8 所示。

表 3-8　隐式数据类型转换表

来源数据类型	目的数据类型
sbyte	short、int、long、float、double、decimal、decimal
byte	short、ushort、int、uint、long、ulong、float、double、decimal
short	int、long、float、double、decimal
int	long、float、double、decimal

续表

来源数据类型	目的数据类型
char	ushort、int、uint、long、ulong、float、double、decimal
float	double、decimal
long	float、double、decimal
ulong	float、double、decimal

方案 ch3_22.sln：将 byte、short 和 char 转换成 int 整数。

```
1  // ch3_22
2  byte by = 123;
3  int x = by + 1;              // 隐式转换，byte转int
4  Console.WriteLine($"x = {x}");
5  short sh = 18;
6  x = sh;                      // 隐式转换，short转int
7  Console.WriteLine($"x = {x}");
8  char ch = 'A';
9  x = ch;                      // 隐式转换，char转int
10 Console.WriteLine($"x = {x}");
```

执行结果

从上述第 8 ～ 9 行可以看到字符 'A' 将转成 65，这类似于将字符转成 Unicode 码值。

3-12-2　显式转换

显式转换又称强制转换，这种转换需要转换运算符 (casting operator)，也就是在程序代码中使用下列语法转换：

变量 = （新数据类型）变量或表达式　　// 新数据类型就是 casting operator

这类转换是强制转换，转换的特色是可以从比较大的容量数据类型，转移到比较小的容量数据类型，在转换过程有时会造成数据遗失，表 3-9 所示为可以显式转换的数据类型表。

表 3-9　显示数据类型转换表

来源数据类型	目的数据类型
sbyte	byte、ushort、uint、ulong、char
byte	sbyte、char
short	sbyte、byte、ushort、uint、ulong、char
ushort	sbyte、byte、short、char
int	sbyte、byte、short、ushort、uint、ulong、char
uint	sbyte、byte、short、ushort、int、char
long	sbyte、byte、short、ushort、int、uint、long、char
char	sbyte、byte、short
float	sbyte、byte、short、ushort、int、uint、long、ulong、char、decimal
double	sbyte、byte、short、ushort、int、uint、long、ulong、char、float、decimal
decimal	sbyte、byte、short、ushort、int、uint、long、ulong、char、float、double

方案 ch3_23.sln：使用显式转换将 float 和 double 转换成 int。

```
1  // ch3_23
2  double d = 12345.6789;
3  int x = (int)d;             // double 转成 int
4  Console.WriteLine($"x = {x}");
5  float f = 1234.567F;
6  x = (int)f;                 // float 转成 int
7  Console.WriteLine($"x = {x}");
```

执行结果

从浮点数 double 或是双倍精度浮点数 double 转换成整数 int 的显式转换中，读者可以看到小数点部分被舍去了。

注 6-5-3 节笔者会介绍使用 Convert 类相关的数值转换函数。

3-13　const 常量

在 3-2 节笔者介绍了变量的概念，变量是可以更改内容的。这一节将介绍 const 常量，此常量特色如下：

1. 以 const 开头。

2. 创建此常量时需设置初始值。

3. 未来此常量值不可以修改。

const 常量的数据类型可以是 sbyte、byte、short、ushort、int、uint、long、ulong、float、double、decimal、char、string、bool 等。

实例 . 定义 const 常量 pi 为 3.14159。

```
const double PI = 3.14159;
```

方案 ch3_24.sln：输出半径为 10 的圆的面积。

```
1  // ch3_24
2  const double PI = 3.14159;
3  double r = 10.0;
4  double area = PI * r * r;
5  Console.WriteLine($"圆面积 = {area}");
```

执行结果

```
Microsoft Visual Studio 调试控制台
圆面积 = 314.159

C:\C#\ch3\ch3_24\ch3_24\bin\Debug\net6.0\ch3_24.exe
按任意键关闭此窗口. . .
```

3-14　? 与 null

C# 语言其实鼓励程序设计师在声明变量时，同时声明变量的初始值。

在 .NET 的架构下，有 System.Nullable 类，此类提供 null 值。如果声明值类型的变量时，不想设定初始值，可以先将其设定为 null，这时变量声明需搭配 ? 符号，就可以设定为 null(Nullable 结构)，但下列是错误语句：

```
int x = null;                    // 少了 ?
```

如果声明数据类型加上 ?，则表示此类的变量可以是 null，这代表是空的值，所以下列是正确的语句。

```
int? x = null;
```

上述概念可以应用在除了 string 以外的其他数据类型，因为 string 是引用数据类型，本身就可以空，例如，下列程序是正确的。

```
string x = null;                 // string 本身就是可以空 (null) 的类型
```

在后文读者还会学习许多引用数据类型，想要设定这些变量的初始值为 null，可以参考字符串方式直接声明即可。

3-15 值数据类型与引用数据类型

3-9-1 节笔者有对值数据类型与引用数据类型作解说，以下是所有 C# 数据的分类整理。

❑ 值数据类型

下列系统默认数据类型 int、long、float、double、decimal、char 和 bool 都是值数据类型，另外，自定义数据类型 struct(第 13 章)、enum(第 14 章) 和 DateTime(第 15 章) 也是值数据类型。

❑ 引用数据类型

系统默认的 string、object 和数组都算是引用数据类型。此外，自定义数据类型 class(第 16 章)、interface(第 20 章) 和 delegate(第 26 章) 则算是引用数据类型。

3-16 匿名数据类型

匿名类型 (Anonymous Type) 的数据是一种只读数据，其内容不可更改，使用 var 声明，下列是声明实例：

```
var score = new { Math = 80, Physics = 92, English = 95};
```

未来可以在 score 和各考科间使用逗号 "." 链接取得的数据。

方案 ch3_25.sln：匿名类型数据的应用。

```
1  // ch3_25
2  var stu = new { ID = 1, Name = "Jiin-Kwei Hung" };
3  var score = new { Math = 80, Physics = 92, English = 95 };
4  var sum = score.Math + score.Physics + score.English;
5  Console.WriteLine($"编号:{stu.ID} 姓名:{stu.Name} 总分是:{sum}");
```

执行结果

```
Microsoft Visual Studio 调试控制台
编号:1 姓名:Jiin-Kwei Hung 总分是:267

C:\C#\ch3\ch3_25\ch3_25\bin\Debug\net6.0\ch3_25.exe
按任意键关闭此窗口. . .
```

匿名类型的数据内也可以有匿名类型数据，可以参考下列代码：

```
var stu = new
{
    ID = 1,
    Name = "Jiin-Kwei Hung",
    score = new { Math = 80, Physics = 92, English = 95 }
};
```

上述 stu 是一个匿名类型的变量，score 则是 stu 之内的匿名类型的数据，使用方式可以参考下列实例。

方案 ch3_26.sln：匿名类型的数据内有匿名类型的数据的实例。

```
1  // ch3_26
2  var stu = new
3  {
4      ID = 1,
5      Name = "Jiin-Kwei Hung",
6      score = new { Math = 80, Physics = 92, English = 95 }
7  };
8  var sum = stu.score.Math + stu.score.Physics + stu.score.English;
9  Console.WriteLine($"编号:{stu.ID} 姓名:{stu.Name} 总分是:{sum}");
10 Console.WriteLine($"各科成绩如下 : ");
11 Console.WriteLine($"数学 : {stu.score.Math}");
12 Console.WriteLine($"物理 : {stu.score.Physics}");
13 Console.WriteLine($"英文 : {stu.score.English}");
```

执行结果

```
Microsoft Visual Studio 调试控制台
编号:1 姓名:Jiin-Kwei Hung 总分是:267
各科成绩如下 :
数学 : 80
物理 : 92
英文 : 95

C:\C#\ch3\ch3_26\ch3_26\bin\Debug\net6.0\ch3_26.exe
按任意键关闭此窗口. . .
```

习题实操题

方案 ex3_1.sln： 列出不同类型整数的 .NET 类型。(3-4 节)

```
Microsoft Visual Studio 调试控制台
C#        .NET类型
sbyte  = System.SByte
byte   = System.Byte
short  = System.Int16
ushort = System.UInt16
int    = System.Int32
uint   = System.UInt32
long   = System.Int64
ulong  = System.UInt64

C:\C#\ex\ex3_1\ex3_1\bin\Debug\net6.0\ex3_1.exe
按任意键关闭此窗口...
```

方案 ex3_2.sln： 列出不同类型浮点数的 .NET 类型。(3-5 节)

```
Microsoft Visual Studio 调试控制台
C#        .NET类型
float   = System.Single
double  = System.Double
decimal = System.Decimal

C:\C#\ex\ex3_2\ex3_2\bin\Debug\net6.0\ex3_2.exe
按任意键关闭此窗口...
```

方案 ex3_3.sln： 请创建两个字符串，可以输出下列结果。(3-7 节)

```
Microsoft Visual Studio 调试控制台
Column 1       Column 2       Column 3
Row 1
Row 2
Row 3

C:\C#\ex\ex3_3\ex3_3\bin\Debug\net6.0\ex3_3.exe
按任意键关闭此窗口...
```

方案 ex3_4.sln： 列出 "洪" "锦" "魁" 的十进制 Unicode 码值。(3-12 节)

```
Microsoft Visual Studio 调试控制台
洪的 Unicode = 27946
锦的 Unicode = 38182
魁的 Unicode = 39745

C:\C#\ex\ex3_4\ex3_4\bin\Debug\net6.0\ex3_4.exe
按任意键关闭此窗口...
```

方案 ex3_5.sln： 扩充 ch3_23.sln，增加列出圆面积。(3-12 节)

```
Microsoft Visual Studio 调试控制台
圆面积 = 314.159
圆周长 = 62.8318

C:\C#\ex\ex3_5\ex3_5\bin\Debug\net6.0\ex3_5.exe
按任意键关闭此窗口...
```

第 4 章
表达式与运算符

4-1 程序设计的专有名词

本节笔者将讲解程序设计的相关专有名词，便于未来读者阅读一些学术性的程序文件时，理解这些名词的含义。

4-1-1 程序代码

一个完整的指令称为程序代码，若是有一个指令如下：

```
x = 9000 * 12;
```

则上述整个语句称为程序代码。

4-1-2 表达式

使用 C# 语言设计程序，难免会有一些运算，这些运算就称为表达式 (expression)，表达式是由运算符 (operator) 和操作数 (operand) 所组成。

若是有一个指令如下：

```
x = 9000 * 12;
```

上述等号右边"9000 * 12"就称为表达式。

4-1-3 运算符与操作数

和其他的高级语言一样，等号 (=)、加 (+)、减 (-)、乘 (*)、除 (/)、求余数 (%)、递增 (++) 或是递减 (- -) 等，是 C# 的基本运算符号，这些运算符号又称运算符 (operator)。在后文学习更复杂的程序时，还会学习关系与逻辑运算符。

简单来说运算符 (operator) 指的是表达式操作的符号，操作数 (operand) 指的是表达式操作的数据，这个数据可以是常数也可以是变量。

若是有一个指令如下：

```
x = 9000 * 12;
```

上述"*"就是所谓的运算符，上述"9000"和"12"就是所谓的操作数。

若是有一个指令如下：

```
x = y * 12;
```

上述"*"就是所谓的运算符，上述"y"和"12"就是所谓的操作数。至于等号左边的 x 也称为操作数。

4-1-4 操作数也可以是一个表达式

若是有一个指令如下：

```
y = x * 8 * 300;
```

其中"x * 8"是一个表达式，计算完成后的结果称为操作数，再将此操作数乘以 300(操作数)。

4-1-5　指定运算符

在程序设计中所谓的指定运算符 (assignment operator)，就是"="符号，这也是程序设计最基本的操作，基本概念是将等号右边的表达式 (expression) 结果或操作数 (operand) 设定给等号左边的变量。

变量 = 表达式 或 操作数；

实例 1. 指定运算符的应用 1。

x = 120;

x 就是等号左边的变量，120 就是所谓操作数。

实例 2. 指定运算符的应用 2。

z = x * 8 * 300;

z 就是等号左边的变量，"x * 8 * 300"就是所谓表达式。

4-1-6　C# 语言可以一次指定多个运算符为相同的值

C# 语言可以一次指定多个变量为相同的值。

方案 ch4_0.sln：一次设定多个变量为相同的值，可以参考第 3 行。

```
1  // ch4_0
2  int a, b, c;
3  a = b = c = 0;              // 多个变量的设置
4  Console.WriteLine($"a = {a}");
5  Console.WriteLine($"b = {b}");
6  Console.WriteLine($"c = {c}");
```

执行结果

```
Microsoft Visual Studio 调试控制台
a = 0
b = 0
c = 0

C:\C#\ch4\ch4_0\ch4_0\bin\Debug\net6.0\ch4_0.exe
按任意键关闭此窗口. . .
```

4-1-7　单元运算符

在程序设计时，有些运算符号只需要一个操作数就可以运算，这类运算符称为单元运算符 (unary operator)。例如，++ 是递增运算符，-- 是递减运算符，以下是使用实例：

i++

或

i--

上述 ++(执行 i 加 1) 或 --(执行 i 减 1)，由于只需要一个操作数即可以运算，因此就是所谓的单元运算符，有关上述表达式的说明与应用后面小节会做实例解说。

4-1-8　二元运算符

若是有一个指令如下：

x = y * 12;

对乘法运算符号而言，它必须要有两个运算符才可以执行运算，我们可以用下列语法说明。

operand operator operand;

y 是左边的操作数 (operand)，乘法"*"是运算符 (operator)，12 是右边的操作数 (operand)，这样需要有两个操作数才可以运算的符号称为二元运算符 (binary operator)。其实同类型的 +、-、*、/ 或 % 等都算是二元运算符。

4-1-9　三元运算符

在程序设计时，有些运算符号 (? :) 需要三个操作数才可以运算，这类运算符称为三元运算符 (ternary operator)。例如：

```
e1 ? e2 : e3;
```

上述 e1 必须是布尔值，含义为 e1 如果是 true 则传回 e2，如果是 false 则传回 e3，有关上述表达式的说明与应用后面章节会做实例解说。

4-2　算术运算

4-2-1　基础算术运算符

C# 语言算术运算基本符号如下。

❏ 加号

在 C# 语言中的符号是 "+"，主要功能是将两个值相加。

实例 1. 有一个 C# 语言指令如下：

```
s = a + b;
```

假设执行前，a = 10，b = 15，s = 20

则执行完后，a = 10，b = 15，s = 25

> 注 1　执行加法运算后，原变量值 a, b 不会改变。

> 注 2　"+" 加号也可以执行字符串连接，10-4-5 节会有更详细的说明。

❏ 减号

减号在 C# 语言中的符号为 "-"，主要功能是将第一个操作数的值，减去第二个操作数的值。

实例 2. 有一个 C# 语言指令如下：

```
s = a - b;
```

假设执行前，a = 1.8，b = 2.3，s = 1.0

则执行完后，a = 1.8，b = 2.3，s = -0.5

> 注　执行减法运算后，原变量值 a, b 不会改变。

❏ 乘号

乘号在 C# 语言中的符号为 "*"，主要功能是将两个操作数的值相乘。

实例 3. 有一个 C# 语言指令如下：

```
s = a * b;
```

假设执行前，a = 5，b = 6，s = 10

则执行完后，a = 5，b = 6，s = 30

> 注　执行乘法运算后，原变量值 a, b 不会改变。

❏ 除号

除号在 C# 语言中的符号是 "/"，主要功能是将第一个操作数的值除以第二个操作数的值。

实例 4：有一个 C# 语言指令如下：

```
s = a / b;
```

假设执行前，a = 2.4，b = 1.2，s = 0.5

则执行完后，a = 2.4，b = 1.2，s = 2.0

> 注　执行除法运算后，原变量值 a，b 不会改变。

❑ 求余数

求余数在 C# 语言中的符号是 "%"，主要功能是将第一个操作数的值除以第二个操作数，然后求出余数。注：这个符号只适用两个操作数皆是整数。

实例 5：有一个 C# 语言指令如下：

```
s = a % b;
```

假设执行前，a = 5，b = 4，s = 3

则执行完后，a = 5，b = 4，s = 1

> 注　执行求余数运算后，原变量值 a，b 不会改变。

方案 ch4_1.sln：加、减、乘、除与求余数的应用。

```
1  // ch4_1
2  int s, a, b;
3  a = 10;
4  b = 15;
5  s = a + b;
6  Console.WriteLine($"s = a + b = {s}");
7  a = (int) 1.8;
8  b = (int) 2.3;
9  s = a - b;
10 Console.WriteLine($"s = a - b = {s}");
11 a = 5;
12 b = 6;
13 s = a * b;
14 Console.WriteLine($"s = a * b = {s}");
15 a = (int) 2.4;
16 b = (int) 1.1;
17 s = a / b;
18 Console.WriteLine($"s = a / b = {s}");
19 a = 5;
20 b = 4;
21 s = a % b;
22 Console.WriteLine($"s = a % b = {s}");
```

执行结果

```
Microsoft Visual Studio 调试控制台
s = a + b = 25
s = a - b = -1
s = a * b = 30
s = a / b = 2
s = a % b = 1

C:\C#\ch4_1\ch4_1\bin\Debug\net6.0\ch4_1.exe
按任意键关闭此窗口. . .
```

4-2-2　负号（-）运算

除了以上 5 种基本运算符之外，C# 语言还有一种运算符——负号（-）运算符。这个运算符号的表达方式和减号（-）一样，但是意义不同，前面已经说过减号运算符号一定要有两个操作数搭配，而这个运算符只要一个操作数就可以了，由于它具有此特性，所以这个运算符号也是单元（unary）运算符。

实例 . 有一个 C# 语言指令中变量 a 的左边是负号，如下：

```
s = -a + b;
```

假设被执行前，a = 5，b = 10，s = 2

则执行完这道指令后，a = 5，b = 10，s = 5

> 注　与前面范例一样，操作数在执行时本身的值不改变。

方案 ch4_2.sln：负号的运算。

```
1  // ch4_2
2  int a = 5;
3  int b = 10;
4  int s = -a + b;
5  Console.WriteLine($"-a + b = {s}");
```

执行结果

Microsoft Visual Studio 调试控制台
-a + b = 5

C:\C#\ch4\ch4_2\ch4_2\bin\Debug\net6.0\ch4_2.exe
按任意键关闭此窗口...

4-2-3　运算符优先级

在前述 4-2-2 节的实例中，有一个很有趣的现象，为什么我们不先执行 a + b，然后再执行负号运算？

其实原因很简单，那就是各个不同的运算符号，有不同的执行优先级。以下是 4-2-1 节和 4-2-2 节 6 种运算符号的执行优先级。

符　　号	优　先　级
负号 (-)	高优先级
乘 (*)、除 (/)、余数 (%)	中优先级
加 (+)、减 (-)	低优先级

有了以上概念之后，相信各位就应该了解为什么 ch4_2.sln 最后的结果是 5 了吧！

实例 1. 有一个 C# 语言指令如下：

s = a * b % c;

假设执行前 a = 5, b = 4, c = 3, s = 3

则执行后 a = 5, b = 4, c = 3, s = 2

在上述实例中，又产生了一个问题，到底是要先执行 a * b 还是要先执行 b % c，在此又产生了一个概念，那就是，在处理有相同优先级的运算时，处理的规则是由左向右运算。

方案 ch4_3. sln：数学运算优先级的应用。

```
1  // ch4_3
2  int s, a, b, c;
3  a = 5;
4  b = 4;
5  c = 3;
6  s = a * b % c;
7  Console.WriteLine($"s = a * b % c = {s}");
8  s = a * b / c;
9  Console.WriteLine($"s = a * b / c = {s}");
```

执行结果

Microsoft Visual Studio 调试控制台
s = a * b % c = 2
s = a * b / c = 6

C:\C#\ch4\ch4_3\ch4_3\bin\Debug\net6.0\ch4_3.exe
按任意键关闭此窗口...

当然运算顺序，也可借着其他的符号而更改，这个符号就是左括号"（"和右括号"）"。

实例 2. 有一个 C 语言指令如下：

s = a * b + c;

假设我们想先执行 b + c 运算，则在程序设计时，我们可以将上述表达式改成：

s = a * (b + c);

方案 ch4_4. sln：使用括号更改数学运算的优先级。

```
1   // ch4_4
2   int s, a, b, c;
3   a = 5;
4   b = 4;
5   c = 3;
6   s = a * b % c;
7   Console.WriteLine($"s = a * b % c = {s}");
8   s = a * (b % c);
9   Console.WriteLine($"s = a * (b % c) = {s}");
10  s = a * b / c;
11  Console.WriteLine($"s = a * b / c = {s}");
12  s = a * (b / c);
13  Console.WriteLine($"s = a * (b / c) = {s}");
```

执行结果

Microsoft Visual Studio 调试控制台
s = a * b % c = 2
s = a * (b % c) = 5
s = a * b / c = 6
s = a * (b / c) = 5

C:\C#\ch4\ch4_4\ch4_4\bin\Debug\net6.0\ch4_4.exe
按任意键关闭此窗口...

4-2-4　程序代码指令太长时的分行处理

有时候在设计 C# 语言时，单一程序代码指令太长，想要分行处理时，该如何做？其实 C# 每一行的指令都是用 ";" 结尾的，因此你可以随时分行，当分行时 Visual Studio 会智能地处理你的程序代码。

方案 ch4_5.sln：认识 C# 的指令太长时的分行处理：假设想将第 6 行分行处理，请将鼠标光标移到第 6 行 % 符号左边。

```
1  // ch4_5
2  int s, a, b, c;
3  a = 5;
4  b = 4;
5  c = 3;
6  s = a * b % c;
7  Console.WriteLine($"s = a * b % c += {s}");
```

请按 Enter 键，可以得到第 6 行已经分行，如下所示。

```
1  // ch4_5
2  int s, a, b, c;
3  a = 5;
4  b = 4;
5  c = 3;
6  s = a * b
7  % c;
8  Console.WriteLine($"s = a * b % c += {s}");
```

请存储上述结果。

执行结果：可以得到下面这样依旧正确的结果。

```
Microsoft Visual Studio 调试控制台
s = a * b % c += 2

C:\C#\ch4\ch4_5\ch4_5\bin\Debug\net6.0\ch4_5.exe
按任意键关闭此窗口. . .
```

上述处理方法也可以应用在 Console.WriteLine( ) 输出方法内，这时 Visual Studio 会自动处理字符串让程序符合编译规则。

方案 ch4_6.sln：认识 C# 的指令太长时的分行处理：假设想将第 7 行分行处理，请将鼠标光标移到第 7 行 % 符号左边。

```
1  // ch4_6
2  int s, a, b, c;
3  a = 5;
4  b = 4;
5  c = 3;
6  s = a * b % c;
7  Console.WriteLine($"s = a * b % c = {s}");
```

请按 Enter 键，可以得到第 7 行已经分行，如下所示。

```
1  // ch4_6
2  int s, a, b, c;
3  a = 5;
4  b = 4;
5  c = 3;
6  s = a * b % c;
7  Console.WriteLine($"s = a * b " +
8  "% c = {s}");
```

请存储上述结果。

执行结果：可以得到下面这样依旧正确的结果。

```
Microsoft Visual Studio 调试控制台
s = a * b % c = 2

C:\C#\ch4\ch4_6\ch4_6\bin\Debug\net6.0\ch4_6.exe
按任意键关闭此窗口. . .
```

4-3　不同数据类型混合应用

4-3-1　整数和字符混合使用

有时整数 (int) 和字符 (char) 也可能会被混用，它的处理原则是，先将字符转换成对应的整数值，然后进行运算。

实例 . 有一个 C# 语言指令如下：

```
i = 'a' - 'A';
```

假设 i 是整数，则在进行运算时，计算机首先将 'a' 转换成 Unicode 码 97，然后将 'A' 转换成 Unicode 码 65，所以运算完后 i 的值是 32。

方案 ch4_7.sln：整数和字符混合使用。

```
1  // ch4_7
2  int i;
3  i = 'a' - 'A';
4  Console.WriteLine($"i = 'a' - 'A' = {i}");
```

执行结果

```
Microsoft Visual Studio 调试控制台
i = 'a' - 'A' = 32

C:\C#\ch4\ch4_7\ch4_7\bin\Debug\net6.0\ch4_7.exe
按任意键关闭此窗口. . .
```

4-3-2　开学了学生买球鞋

假设某学生脚的尺寸是 7.5 厘米，可是百货公司只售 7 厘米或 8 厘米尺寸的球鞋，现在柜台小姐建议学生购买 8 厘米尺寸的球鞋。

方案 ch4_8.sln：开学买球鞋程序。

```
1  // ch4_8
2  int size;
3  double foot = 7.5;      // 脚的尺寸
4  size = (int)foot + 1;
5  Console.WriteLine($"你的脚尺寸是      : {foot}");
6  Console.WriteLine($"你购买鞋子尺寸是 : {size}");
```

执行结果

```
Microsoft Visual Studio 调试控制台
你的脚尺寸是      : 7.5
你购买鞋子尺寸是 : 8

C:\C#\ch4\ch4_8\ch4_8\bin\Debug\net6.0\ch4_8.exe
按任意键关闭此窗口. . .
```

4-4　递增和递减表达式

C# 语言提供了两个一般高级语言所没有的表达式，一是递增，它的表示方式为 "++"。另一个是递减，它的表示方式为 "-"。

"++" 会主动将某个操作数加 1。

"-" 会主动将某个操作数减 1。

实例 1. 有一个 C# 语言指令如下：

```
i++;
```

假设执行前 i = 2，则执行后 i = 3。

实例 2. 有一个 C# 语言指令如下：

```
i--;
```

假设执行前 i = 2，则执行后 i = 1。

++ 和 -- 还有一个很特殊的地方，就是它们可以放在操作数之后，如 i++，这种方式我们称为后置 (postfix) 运算，如实例 1 和实例 2 所示。同时，你也可以将它们放在操作数之前，如 ++i，这种运算方式我们称为前置 (prefix) 运算。

实例 3. 有一个 C# 语言指令如下：

```
++i;
```

假设执行前 i = 2，则执行后 i = 3。

实例 4： 有一个 C# 语言指令如下：

```
--i;
```

假设执行前 i = 2，则执行后 i = 1。

从实例 1 ～实例 4 来看，好像前置运算和后置运算之间并没有太大的差别，其实不然，它们之间仍然是有差别的。

所谓的前置运算，是指在使用这个操作数之前先进行加一或减一的动作。至于后置运算，则是指在使用这个操作数之后才进行加一或减一的动作。

实例 5： 有一个 C# 语言指令如下：

```
s = ++i + 3;
```

假设执行这道指令前 s = 3，i = 5，则执行这道指令时，计算机会先做 i 加 1，所以 i 变为 6，然后再进行加算，所以 s 的值是 9。

实例 6： 有一个 C# 语言指令如下：

```
s = 3 + i++ ;
```

假设执行这道指令前 s = 3，i = 5，则执行这道指令时，计算机会先执行 3 + i，所以 s 值是 8，然后 i 本身再加 1，所以 i 值是 6。

方案 ch4_9.sln： 前置运算与后置运算的应用。

```
1  // ch4_9
2  int i, s;
3  i = 5;
4  s = ++i + 3;
5  Console.WriteLine($"s = ++i + 3 = {s}");
6  i = 5;
7  s = 3 + i++;
8  Console.WriteLine($"s = 3 + i++ = {s}");
```

执行结果

```
Microsoft Visual Studio 调试控制台
s = ++i + 3 = 9
s = 3 + i++ = 8

C:\C#\ch4\ch4_9\ch4_9\bin\Debug\net6.0\ch4_9.exe
按任意键关闭此窗口. . .
```

4-5　复合表达式

4-5-1　复合表达式基础

假设有一个运算指令如下：

```
i = i + 1;
```

在 C# 语言中可以将上述表达式改写成：

```
i += 1;
```

这种表达式称复合表达式，由于这种表达式对 +、-、*、/、% 等基本算术运算都有效，所以我们可将上述表达式，改写成以下表达式：

```
e1 op= e2;
```

其中，e1 表示操作数，e2 也是操作数，而 op 则是 +、-、*、/、% 等运算符。上述的意义就相当于：

```
e1 = (e1) op (e2);
```

请注意，e2 表达式的括号不可遗漏，下面是这种表达式符号的使用表格。

复合表达式	基本表达式
i += j;	i = i + j;
i -= j;	i = i - j;
i *= j;	i = i * j;
i /= j;	i = i / j;
i %= j;	i = i % j;

实例 1. 有一个 C# 语言指令如下：

```
a *= c;
```

假设执行前 a = 3，c = 2，则执行后 c = 2，a = 6。

使用这种运算时，有一点必须注意，假设有一个指令如下：

```
a += c * d;
```

则 C# 在编译时会将上述表达式，当作下列指令，然后执行。

```
a = a + (c * d);
```

实例 2. 有一个 C# 语言指令如下：

```
a * = c + d;
```

假设执行前，a = 3，c = 2，d = 4，因为上述表达式相当于 a = a * (c + d)，其中 c + d 等于 6，3 * 6 = 18，所以最后可得 a = 18。

方案 ch4_10.sln：复合表达式基础概念的应用。

```
1  // ch4_10
2  int a = 5;
3  a += 9;
4  Console.WriteLine($"a += 9 : {a}");
5  a -= 4;
6  Console.WriteLine($"a -= 4 : {a}");
7  a *= 2;
8  Console.WriteLine($"a *= 2 : {a}");
9  a /= 4;
10 Console.WriteLine($"a /= 4 : {a}");
11 a %= 3;
12 Console.WriteLine($"a %= 3 : {a}");
```

执行结果

```
Microsoft Visual Studio 调试控制台
a += 9 : 14
a -= 4 : 10
a *= 2 : 20
a /= 4 : 5
a %= 3 : 2

C:\C#\ch4\ch4_10\ch4_10\bin\Debug\net6.0\ch4_10.exe
按任意键关闭此窗口...
```

方案 ch4_11.sln：复合表达式的应用。

```
1  // ch4_11
2  int a, c, d;
3  a = 3;
4  c = 2;
5  a *= c;
6  Console.WriteLine($"a *= c = {a}");
7  a = 3;
8  d = 4;
9  a *= c + d;
10 Console.WriteLine($"a *= c + d = {a}");
```

执行结果

```
Microsoft Visual Studio 调试控制台
a *= c = 6
a *= c + d = 18

C:\C#\ch4\ch4_11\ch4_11\bin\Debug\net6.0\ch4_11.exe
按任意键关闭此窗口...
```

4-5-2　新版 C# 空合并赋值运算符

C# 在 C# 8 以后新增 "??=" 复合运算符，这个符号称为 null-coalescing assignment，中文可以解释为空合并赋值，假设有一个程序片段如下：

```
x ??= 0;
```

那么上述程序片段可以解释为如果 x 是 null，则设定 x 等于 0。

方案 ch4_11_1.sln：认识 "??=" 运算符，如果 x 或 y 是 null，则该值是 0。

```
1  // ch4_11_1
2  int? x = null;
3  int? y = 5;
4  Console.WriteLine($"x = {x ??= 0}");
5  Console.WriteLine($"x = {x}");
6  Console.WriteLine($"y = {y ??= 0}");
7  Console.WriteLine($"y = {y}");
```

执行结果

```
Microsoft Visual Studio 调试控制台
x = 0
x = 0
y = 5
y = 5

C:\C#\ch4\ch4_11_1\ch4_11_1\bin\Debug\net6.0\ch4_11_1.exe
按任意键关闭此窗口...
```

其实依据复合运算符的概念，可以用下列公式表达 "x ?? = 0"：

x = x ?? 0；

如果将上述公式改为设定给变量 z，可以得到下列公式。

z = x ?? 0；

这个公式可以解释为，如果 x 是 null 则 z 是 0，否则 z 是 x 的原值，对上述公式而言 x 值将不会更改。

方案 ch4_11_2.sln："?? =" 运算符的应用。

```
1  // ch4_11_2
2  int? x = null;
3  int? y = 5;
4  int? z1, z2;
5  z1 = x ?? 0;
6  Console.WriteLine($"x   = {x}");
7  Console.WriteLine($"z1 = {z1}");
8  z2 = y ?? 0;
9  Console.WriteLine($"y   = {y}");
10 Console.WriteLine($"z2 = {z2}");
```

执行结果

```
Microsoft Visual Studio 调试控制台
x   =
z1 = 0
y   = 5
z2 = 5

C:\C#\ch4\ch4_11_2\ch4_11_2\bin\Debug\net6.0\ch4_11_2.exe
按任意键关闭此窗口...
```

4-6 专题

4-6-1 圆周率

圆周率是一个数学常数，常常使用希腊字 π 表示，在计算机科学中则使用 PI 代表。它的物理意义是圆的周长和直径的比。历史上第一个无穷级数公式称为莱布尼茨公式，其表达的就是圆周率，它的计算公式如下。

$$PI = 4 * (1 - \frac{1}{3} + \frac{1}{5} - \frac{1}{7} + \frac{1}{9} - \frac{1}{11} + \cdots)$$

莱布尼茨 (Leibniz，1646—1716 年) 是德国人，他本人另一个重要职业是律师，因此许多数学公式都是他在各大城市通勤期间完成的。

方案 ch4_12.sln：根据上述公式计算圆周率，这个级数要收敛到我们熟知的 3.14159 要相当长的时间，下列是简易程序设计。

```
1  // ch4_12
2  double pi;
3  pi = 4 * (1 - 1.0 / 3 + 1.0 / 5 - 1.0 / 7 + 1.0 / 9);
4  Console.WriteLine($"pi = {pi}");
```

执行结果

```
Microsoft Visual Studio 调试控制台
pi = 3.3396825396825403

C:\C#\ch4\ch4_12\ch4_12\bin\Debug\net6.0\ch4_12.exe
按任意键关闭此窗口...
```

4-6-2　计算圆柱体积

方案 ch4_13.sln：假设圆柱半径是 20 厘米，高度是 30 厘米，请计算此圆柱的体积。圆柱体积计算公式是圆面积乘以圆柱高度。(2-6 节)

```
1  // ch4_13
2  double r = 20.0;
3  double pi = 3.1415926;
4  double height = 30.0;
5  double volumn = pi * r * r * height;
6  Console.WriteLine($"圆柱体积是 {volumn} 立方厘米");
```

执行结果

```
Microsoft Visual Studio 调试控制台
圆柱体积是 37699.1112 立方厘米

C:\C#\ch4\ch4_13\ch4_13\bin\Debug\net6.0\ch4_13.exe
按任意键关闭此窗口 . . .
```

习题实操题

方案 ex4_1.sln：假设一天工作 8 小时，时薪是 160 元，一年工作 300 天，可以赚多少钱？如果每个月花费是 9000 元，请计算每年可以存储多少钱。(4-2 节)

```
Microsoft Visual Studio 调试控制台
每年可以赚 384000 元
每年可以存 276000 元

C:\C#\ex\ex4_1\ex4_1\bin\Debug\net6.0\ex4_1.exe
按任意键关闭此窗口 . . .
```

方案 ex4_2.sln：假设 a、b、c、d、x、y 和 z 都是整数，x 是 10，y 是 18，z 是 5，请求下列运算的结果。(4-2 节)

(a) a = x + y; 　　　　　　(b) b = 2 * x + 3 - z;

(c) c = y * z + 20 / y;　　　(d) d = -x + z - 3;

```
Microsoft Visual Studio 调试控制台
a = 28
b = 18
c = 91
d = -8

C:\C#\ex\ex4_2\ex4_2\bin\Debug\net6.0\ex4_2.exe
按任意键关闭此窗口 . . .
```

方案 ex4_3.sln：假设 a、b、c、d、x、y 和 z 都是双精度浮点数 double，其他条件与方案 ex4-2.sln 相同，重新设计前一个程序，求出各运算的结果。(4-2 节)

```
Microsoft Visual Studio 调试控制台
a = 28
b = 18
c = 91.1111111111111
d = -8

C:\C#\ex\ex4_3\ex4_3\bin\Debug\net6.0\ex4_3.exe
按任意键关闭此窗口 . . .
```

方案 ex4_4.sln：假设 a、b、c、d、e 和 x 是双精度浮点数且 x 的值是 3.5，y 是整数且值是 4，求下列运算结果。(4-3 节)

(a) a = x + y; 　　(b) b = -x + y - 8; 　　(c) c = x / y - 10;

(d) d = x * y + 3.8; 　(e) e = 'B' - 'R'

```
Microsoft Visual Studio 调试控制台
a = 7.5
b = -7.5
c = -9.125
d = 17.8
e = -16

C:\C#\ex\ex4_4\ex4_4\bin\Debug\net6.0\ex4_4.exe
按任意键关闭此窗口 . . .
```

方案 ex4_5.sln：一所幼儿园买了 100 个苹果给学生当营养午餐，学生人数是 23 人，每个人午餐可以吃一颗苹果，请问这些苹果可以吃几天，然后第几天会出现苹果不够供应的情况，同时列出那天少了几颗苹果。(4-3 节)

```
Microsoft Visual Studio 调试控制台
苹果可以吃 4 天
第 5 天会产生苹果不足
苹果会不足 15

C:\C#\ex\ex4_5\ex4_5\bin\Debug\net6.0\ex4_5.exe
按任意键关闭此窗口...
```

方案 ex4_6.sln：假设 x、y 和 z 都是整数，且值都是 5，求下列运算 x 的结果。(4-5 节)

(a)　x += y + z++ ;　　　　　　　　　　　(b)　x += y + ++z ;

```
Microsoft Visual Studio 调试控制台
(a) x = 15
(b) x = 16

C:\C#\ex\ex4_6\ex4_6\bin\Debug\net6.0\ex4_6.exe
按任意键关闭此窗口...
```

方案 ex4_7.sln：与前一个程序相同，假设 x、y 和 z 皆是整数，且值都是 5，求下列运算 x 的结果。(4-5 节)

(a)　x -= ++y + z--;　　　(b)　x *= y - z--;　　　(c)　x /= 2 + y++ - z++;

```
Microsoft Visual Studio 调试控制台
(a) x = -6
(b) x = 0
(c) x = 2

C:\C#\ex\ex4_7\ex4_7\bin\Debug\net6.0\ex4_7.exe
按任意键关闭此窗口...
```

方案 ex4_8.sln：参考 4-6-1 节的概念扩充计算下列圆周率值。(4-6 节)

(a)：$PI = 4 * (1 - \dfrac{1}{3} + \dfrac{1}{5} - \dfrac{1}{7} + \dfrac{1}{9} - \dfrac{1}{11})$

(b)：$PI = 4 * (1 - \dfrac{1}{3} + \dfrac{1}{5} - \dfrac{1}{7} + \dfrac{1}{9} - \dfrac{1}{11} + \dfrac{1}{13})$

注　上述级数要收敛到我们熟知的 3.14159 要相当长的级数计算。

```
Microsoft Visual Studio 调试控制台
pi的值4*(1-1.0/3+1.0/5-1.0/7+1.0/9-1.0/11) = 3.3396825396825403
pi的值4*(1-1.0/3+1.0/5-1.0/7+1.0/9-1.0/11+1.0/13) = 3.2837384837384844

C:\C#\ex\ex4_8\ex4_8\bin\Debug\net6.0\ex4_8.exe (进程 14312)已退出，代
按任意键关闭此窗口...
```

方案 ex4_9.sln：尼拉卡莎 (Nilakanitha) 级数，由印度天文学家尼拉卡莎发明，也是用于计算圆周率 PI 的级数，此级数收敛的数度比莱布尼茨级数更好，更适合用于计算 PI，它的计算公式如下

$$PI = 3 + \frac{4}{2*3*4} - \frac{4}{4*5*6} + \frac{4}{6*7*8} - \cdots$$

请分别设计下列级数的执行结果。(4-6 节)

(a)：$PI = 3 + \dfrac{4}{2*3*4} - \dfrac{4}{4*5*6} + \dfrac{4}{6*7*8}$

(b)：$PI = 3 + \dfrac{4}{2*3*4} - \dfrac{4}{4*5*6} + \dfrac{4}{6*7*8} - \dfrac{4}{8*9*10}$

```
Microsoft Visual Studio 调试控制台
pi的值3 + 4.0/(2*3*4) - 4.0/(4*5*6) + 4.0/(6*7*8) = 3.145238095238095
pi的值3 + 4.0/(2*3*4) - 4.0/(4*5*6) + 4.0/(6*7*8) - 4.0/(8*9*10) = 3.1396825396825396

C:\C#\ex\ex4_9\ex4_9\bin\Debug\net6.0\ex4_9.exe (进程 7388)已退出，代码为 0。
按任意键关闭此窗口...
```

第 5 章
位运算

这一章主要是讲解 C# 的位运算，为了读者可以方便地了解位运算的执行结果，所以本章会先介绍将数值转成字符串的方法 Convert.ToString( )。

5-1 Convert.ToString( ) 方法

Convert.ToString( ) 方法属于 System 命名空间的 Convert 类，这个方法可以将指定的数值转成相等的字符串。常用语法如下：

```
Convert.ToString(Int value, int toBase)        // 回传字符串
```

上述第 1 个参数可以是 int 型，也可以是其他的值数据类型。第 2 个参数 toBase 表示要转换的底数，笔者使用 int 表示可以转换成二、八、十或十六进制的底数。

方案 ch5_1.sln：将 100 分别转换成二、八和十六进制的数输出。

```
1 // ch5_1
2 int x = 100;
3 Console.WriteLine($"{x}的二进制   : {Convert.ToString(x, 2)}");
4 Console.WriteLine($"{x}的二进制   : {Convert.ToString(x, toBase: 2)}");
5 Console.WriteLine($"{x}的八进制   : {Convert.ToString(x, 8)}");
6 Console.WriteLine($"{x}的八进制   : {Convert.ToString(x, toBase: 8)}");
7 Console.WriteLine($"{x}的十六进制 : {Convert.ToString(x, 16)}");
8 Console.WriteLine($"{x}的十六进制 : {Convert.ToString(x, toBase: 16)}");
```

执行结果

```
 Microsoft Visual Studio 调试控制台
100的二进制   : 1100100
100的二进制   : 1100100
100的八进制   : 144
100的八进制   : 144
100的十六进制 : 64
100的十六进制 : 64

C:\C#\ch5\ch5_1\ch5_1\bin\Debug\net6.0\ch5_1.exe
按任意键关闭此窗口. . .
```

上述程序的第 4、第 6 和第 8 行，Convert.ToString( ) 方法的第 2 个参数，笔者使用下列方式来表示：

```
toBase : 2
```

其实可以省略 "toBase :"，直接写要转换的底数，例如第 3、第 5 和第 7 行，不过写上 "toBase :" 更易于初学者对整个 Convert.ToString( ) 方法进行了解。

5-2 位运算基础概念

5-2-1 基础位运算

所谓的位运算是指一连串二进制数间的一种运算，C# 语言所提供的位运算符如下所示。

符　　号	意　　义
&	相当于 AND 运算
|	相当于 OR 运算
^	相当于 XOR 运算
~	按位取反
<<	位左移
>>	位右移

5-2-2　复合式位运算

此外，我们也可以将下列复合表达式应用在位运算上。

```
(e1) op= (e2);
```

实例 1. x &= y 相当于：

```
x = x & y;
```

实例 2. x >>= 5 相当于：

```
x = x >> 5;
```

以下是复合表达式表。

复合表达式	基本表达式
i &= j;	i = i & j;
i |= j;	i = i | j;
i ^= j;	i = i ^ j;
i >>= j;	i = i >> j;
i <<= j;	i = i << j;

5-3　& 运算符

在位运算符号的定义中，& 和英文 and 的意义是一样的，& 的基本位运算如下所示。

a	b	a & b
0	0	0
0	1	0
1	0	0
1	1	1

在上述表达式中，a 和 b 可以是 int、uint、long 或 ulong 整数。若是 int 整数变量 a 的值是 25，则它在系统中真正的值如下所示：

```
a = 0000 0000 0000 0000 0000 0000 0001 1001
```

假设另一 int 整数变量 b 的值是 77，则它在系统中真正的值是：

```
b = 0000 0000 0000 0000 0000 0000 0100 1101
```

实例 1. 假设 a、b 变量的值如上所示，且有一指令如下：

```
a & b
```

可以得到下列结果

```
a   0000 0000 0000 0000 0000 0000 0001 1001
b   0000 0000 0000 0000 0000 0000 0100 1101
a&b 0000 0000 0000 0000 0000 0000 0000 1001
```

可以得到最后的值是 9。

方案 ch5_2.sln：& 位运算的基本应用。

```
1  // ch5_2
2  int a = 25;
3  int b = 77;
4  int c = a & b;
5  Console.WriteLine($"a        = {Convert.ToString(a,2)}");
6  Console.WriteLine($"b        = {Convert.ToString(b,2)}");
7  Console.WriteLine($"a & b    = {Convert.ToString(c,2)}");
8  Console.WriteLine($"a & b = {c}");
9  uint x = 0b_1111_1000;
10 uint y = 0b_1001_1101;
11 uint z = x & y;
12 Console.WriteLine($"x        = {Convert.ToString(x, 2)}");
13 Console.WriteLine($"y        = {Convert.ToString(y, 2)}");
14 Console.WriteLine($"x & y = {Convert.ToString(z, 2)}");
```

执行结果

```
Microsoft Visual Studio 调试控制台
a     = 11001
b     = 1001101
a & b = 1001
a & b = 9
x     = 11111000
y     = 10011101
x & y = 10011000

C:\C#\ch5\ch5_2\ch5_2\bin\Debug\net6.0\ch5_2.exe
按任意键关闭此窗口. . .
```

方案 ch5_3.sln：另一个简易 & 运算符的应用。在前面实例，所有的操作数皆是以变量表示，其实我们也可以利用整数来当作操作数。另外，这个实例也使用复合运算符。

```
1  // ch5_3
2  int a, b;
3  a = 35;
4  b = a & 7;
5  Console.WriteLine($"a & 7 (10进位) = {b}");
6  a &= 7;
7  b = a;
8  Console.WriteLine($"a & 7 (10进位) = {b}");
```

执行结果

```
Microsoft Visual Studio 调试控制台
a & 7 (10进位) = 3
a & 7 (10进位) = 3

C:\C#\ch5\ch5_3\ch5_3\bin\Debug\net6.0\ch5_3.exe
按任意键关闭此窗口. . .
```

5-4 | 运算符

在位运算符号的定义中，| 和英文的 or 意义是一样的，它的基本位运算如下所示。

a	b	a | b
0	0	0
0	1	1
1	0	1
1	1	1

实例 1. 假设 a = 3 和 b = 8 则执行 a | b 则结果如下所示

```
a    0000 0000 0000 0000 0000 0000 0000 0011
b    0000 0000 0000 0000 0000 0000 0000 1000
a|b  0000 0000 0000 0000 0000 0000 0000 1011
```

可以得到执行结果是 11(十进制值)。

方案 5_4.sln：基本 | 运算。

```
1  // ch5_4
2  int a, b;
3  a = 32;
4  b = a | 3;
5  Console.WriteLine($"a | 3 (十进制) = {b}");
6  b |= 7;
7  Console.WriteLine($"b | 7 (十进制) = {b}");
8  uint x = 0b_1010_0000;
9  uint y = 0b_1001_0001;
10 uint z = x | y;
11 Console.WriteLine($"x        = {Convert.ToString(x, 2)}");
12 Console.WriteLine($"y        = {Convert.ToString(y, 2)}");
13 Console.WriteLine($"x | y = {Convert.ToString(z, 2)}");
```

执行结果

```
Microsoft Visual Studio 调试控制台
a | 3 (十进制) = 35
b | 7 (十进制) = 39
x     = 10100000
y     = 10010001
x | y = 10110001

C:\C#\ch5\ch5_4\ch5_4\bin\Debug\net6.0\ch5_4.exe
按任意键关闭此窗口. . .
```

上述前 7 行程序执行说明如下

```
a = 32  0000 0000 0000 0000 0000 0000 0010 0000
     3  0000 0000 0000 0000 0000 0000 0000 0011
b = a|3 0000 0000 0000 0000 0000 0000 0010 0011 =35
     7  0000 0000 0000 0000 0000 0000 0000 0111
b |= 7  0000 0000 0000 0000 0000 0000 0010 0111 =39
```

5-5 ^ 运算符

在位运算符号的定义中，^ 和英文的 xor 的意义是一样的，它的基本位运算如下所示。

a	b	a ^ b
0	0	0
0	1	1
1	0	1
1	1	0

实例 1. 假设 a = 3 和 b = 8 则执行 a ^ b 之后结果如下所示

```
a    0000 0000 0000 0000 0000 0000 0000 0011
b    0000 0000 0000 0000 0000 0000 0000 1000
a^b  0000 0000 0000 0000 0000 0000 0000 1011
```

可以得到执行结果是 11(十进制值)。

方案 5_5：基本 ^ 运算符的程序应用。

```
1  // ch5_5
2  int a, b;
3  a = 31;
4  b = 63;
5  Console.WriteLine($"a ^ b (十进制) = {a^b}");
6  uint x = 0b_1111_1000;
7  uint y = 0b_0001_1100;
8  uint z = x ^ y;
9  Console.WriteLine($"x       = {Convert.ToString(x, 2)}");
10 Console.WriteLine($"y       = {Convert.ToString(y, 2)}");
11 Console.WriteLine($"x ^ y = {Convert.ToString(z, 2)}");
```

执行结果

```
Microsoft Visual Studio 调试控制台
a ^ b (十进制) = 32
x       = 11111000
y       = 11100
x ^ y = 11100100

C:\C#\ch5\ch5_5\ch5_5\bin\Debug\net6.0\ch5_5.exe
按任意键关闭此窗口. . .
```

上述程序前 5 行执行说明如下

```
a = 31  0000 0000 0000 0000 0000 0000 0001 1111
b = 63  0000 0000 0000 0000 0000 0000 0011 1111
a^b     0000 0000 0000 0000 0000 0000 0010 0000  =32
```

5-6 ~ 运算符

这个位运算符相当于按位取反，和其他运算符不同的是，它只需要一个运算符，它的基本运算格式下所示。

a	~ a
1	0
0	1

也就是说，这个运算会将位 1 转变为 0，位 0 改变成 1。

实例 1. 假设 a = 7 则执行 ~ a 之后的结果如下所示

```
a   0000 0000 0000 0000 0000 0000 0000 0111
~a  1111 1111 1111 1111 1111 1111 1111 1000
```

方案 ch5_6.sln：～ 运算符的基本运算。

```
1 // ch5_6
2 int a, b;
3 a = 7;
4 b = ~a;
5 Console.WriteLine($"a 的 1 补码 (十进制)   = {b}");
6 Console.WriteLine($"a 的 1 补码 (十六进制) = {Convert.ToString(b,16)}");
7 uint x = 0b_0000_1111_0000_1111_0000_1111_0000_1100;
8 uint y = ~x;
9 Console.WriteLine($"x = {Convert.ToString(x, 2)}");
10 Console.WriteLine($"y = {Convert.ToString(y, 2)}");
```

执行结果

```
Microsoft Visual Studio 调试控制台
a 的 1 补码 (十进制)   = -8
a 的 1 补码 (十六进制) = fffffff8
x = 11110000111100001111000011110011
y = 11110000111100001111000011110011

C:\C#\ch5\ch5_6\ch5_6\bin\Debug\net6.0\ch5_6.exe
按任意键关闭此窗口. . .
```

5-7 << 运算符

<< 是位左移的运算符，它的执行情形如下所示。

位左移

此处填 0

位左移, 造成移出数字

实例 1. 假设有一个变量 a = 7，则执行 a << 1 之后的结果如下所示

a	0000 0000 0000 0000 0000 0000 0000 0111
a << 1	0000 0000 0000 0000 0000 0000 0000 1110

所以最后 a 的值是 14。从以上实例中也可以看到，这个指令兼具有将变量值乘 2 的功能。

方案 ch5_7.sln：位左移的基本程序运算。

```
1 // ch5_7
2 int a, b;
3 a = 7;
4 b = a << 1;
5 Console.WriteLine($"a 的 (二进制)   = {Convert.ToString(a, 2)}");
6 Console.WriteLine($"a << 1 (二进制) = {Convert.ToString(b, 2)}");
7 b = a << 3;
8 Console.WriteLine($"a << 3 (二进制) = {Convert.ToString(b, 2)}");
9
10 uint x = 0b_1100_1001_0000_0000_0000_0000_0001_0001;
11 Console.WriteLine($"x      = {Convert.ToString(x, 2)}");
12 uint y = x << 4;
13 Console.WriteLine($"x << 4 = {Convert.ToString(y, 2)}");
```

执行结果

```
Microsoft Visual Studio 调试控制台
a 的 (二进制)   = 111
a << 1 (二进制) = 1110
a << 3 (二进制) = 111000
x      = 11001001000000000000000000010001
x << 4 = 10010000000000000000000100010000

C:\C#\ch5\ch5_7\ch5_7\bin\Debug\net6.0\ch5_7.exe
按任意键关闭此窗口. . .
```

上述第 7 行左移 3 个位的说明如下

a	0000 0000 0000 0000 0000 0000 0000 0111
a << 3	0000 0000 0000 0000 0000 0000 0011 1000 =56

5-8 >> 运算符

>> 是一个位右移的运算符，它的执行情形如下所示。

位右移, 造成移出数字

此处填 0

实例 1. 假设有一个变量 a = 14，则执行 a >> 1 之后结果如下所示

$$a \quad 0000\ 0000\ 0000\ 0000\ 0000\ 0000\ 0000\ 1110$$
$$a >> 1 \quad 0000\ 0000\ 0000\ 0000\ 0000\ 0000\ 0000\ 0111$$

所以最后 a 的值是 7。从以上实例中也可以看到，如果变量值是偶数，这个指令兼具有将变量值除 2 的功能。

方案 ch5_8.sln： 位右移的基本程序运算。

```
1  // ch5_8
2  int a, b;
3  a = 14;
4  b = a >> 1;
5  Console.WriteLine($"a 的 (二进制)    = {Convert.ToString(a, 2)}");
6  Console.WriteLine($"a >> 1 (二进制) = {Convert.ToString(b, 2)}");
7  b = a >> 3;
8  Console.WriteLine($"a >> 3 (二进制) = {Convert.ToString(b, 2)}");
9
10 uint x = 0b_1001;
11 Console.WriteLine($"x        = {Convert.ToString(x, 2)}");
12 uint y = x >> 2;
13 Console.WriteLine($"x >> 2 = {Convert.ToString(y, 2)}");
```

执行结果

```
Microsoft Visual Studio 调试控制台
a 的 (二进制)    = 1110
a >> 1 (二进制) = 111
a >> 3 (二进制) = 1
x            = 1001
x >> 2 = 10

C:\C#\ch5\ch5_8\ch5_8\bin\Debug\net6.0\ch5_8.exe
按任意键关闭此窗口. . .
```

5-9 运算符优先级

4-2-3 节笔者有介绍运算符的优先级，现在我们学得了更多运算符，表 5-1 将目前所学了的运算符的优先级做了一个完整的说明，位置高则表示有高优先级。

表 5-1　运算符优先级

符　　号	运算类型	同等级顺序
()、.、++、--、->	表达式	左到右
sizeof、!、-、～	一元	右到左
*、/、%	乘、除与求余数	左到右
+、-	加减法	左到右
<<、>>	位移动	左到右
&	位与	左到右
^	位异或	左到右
|	位或	左到右
=、+=、-=、*=、/=、<<=、>>=、&=、^=、|=	简单和复合运算	右到左
,	循序求值	左到右

习题实操题

方案 ex5_1.sln： 输出 10000 的二进制、八进制和十六进制值。(5-1 节)

```
Microsoft Visual Studio 调试控制台
1000的二进制   : 1111101000
1000的八进制   : 1750
1000的十六进制: 3e8

C:\C#\ex\ex5_1\ex5_1\bin\Debug\net6.0\ex5_1.exe
按任意键关闭此窗口. . .
```

方案 ex5_2.sln：计算数值 a=25 和 b=77 的＆运算符，同时输出运算结果的二进制、八进制、十进制和十六进制值。(5-3 节)

```
Microsoft Visual Studio 调试控制台
a & b （二进制）    = 1001
a & b （八进制）    = 11
a & b （十进制）    = 9
a & b （十六进制） = 9

C:\C#\ex\ex5_2\ex5_2\bin\Debug\net6.0\ex5_2.exe
按任意键关闭此窗口. . .
```

方案 ex5_3.sln：计算数值 a=17 向左移动 5 个位的二进制、八进制、十进制和十六进制值。(5-7 节)

```
Microsoft Visual Studio 调试控制台
a << 5 的 （二进制）    = 1000100000
a << 5 的 （八进制）    = 1040
a << 5 的 （十进制）    = 544
a << 5 的 （十六进制） = 220

C:\C#\ex\ex5_3\ex5_3\bin\Debug\net6.0\ex5_3.exe
按任意键关闭此窗口. . .
```

方案 ex5_4.sln：计算数值 a=17 向右移动 3 个位的二进制、八进制、十进制和十六进制值。(5-8 节)

```
Microsoft Visual Studio 调试控制台
a >> 3 的 （二进制）    = 10
a >> 3 的 （八进制）    = 2
a >> 3 的 （十进制）    = 2
a >> 3 的 （十六进制） = 2

C:\C#\ex\ex5_4\ex5_4\bin\Debug\net6.0\ex5_4.exe
按任意键关闭此窗口. . .
```

第 6 章
输入与输出

其实前面章节所有的实例都进行了输出，笔者直接使用 Console.WriteLine( ) 来完成，这一节则是对此做一个比较完整的解说。常用的输出方法有 Write( ) 和 WriteLine( )，这两个输出最大的差异在于，使用 WriteLIne( ) 后，会自动加上换行符，所以下一次输出时可以在下一行输出。

6-1   Console.WriteLine( )

写一个程序最重要的就是要完美地输出，让使用者可以获得想要的信息，前面章节笔者已经用了约 80 个程序实例来讲解 C# 的基础语法，每个程序都进行了输出，这一节则是对常用的 WriteLine( ) 用法做一个完整的说明。

注   Console.WriteLine( ) 在 System 命名空间内。

6-1-1   输出字符串

在 WriteLine( ) 内，如果没有参数，可以输出空白行，跳行输出。

方案 ch6_1.sln：跳行输出的应用。

```
1  // ch6_1
2  Console.WriteLine("Hello, 早安");
3  Console.WriteLine();
4  Console.WriteLine("Hello, 再见");
```

执行结果

```
Microsoft Visual Studio 调试控制台
Hello, 早安

Hello, 再见

C:\C#\ch6\ch6_1\ch6_1\bin\Debug\net6.0\ch6_1.exe
按任意键关闭此窗口. . .
```

6-1-2   参数是字符串和对象

当有多个参数时彼此用逗号 (,) 分隔，下列指令中，第 1 个参数是字符串，此字符串内使用大括号标记要格式化的数据，大括号内将要格式化的数据用数字标记，此数字从 0 起算，数字会对应字符串后面的参数，整个说明如下所示。

Console.WriteLine("{0} 的数学考试得 {1} 分", name, score);

方案 ch6_2.sln：参数是字符串和对象的应用。

```
1  // ch6_2
2  string name = "洪锦魁";
3  int score = 90;
4  Console.WriteLine("{0} 的数学考试得 {1} 分", name, score);
```

执行结果

```
Microsoft Visual Studio 调试控制台
洪锦魁 的数学考试得 90 分

C:\C#\ch6\ch6_2\ch6_2\bin\Debug\net6.0\ch6_2.exe
按任意键关闭此窗口. . .
```

6-1-3   字符串插补

前面章节已经有许多实例采用此方法了，所谓的字符串插补 (string interpolation) 是指字符串左边增加 "$" 字符，然后将要输出的变量放在大括号内。相较于 6-1-2 节的方法，这个方法便利许多，这是 C# 6.0 后的功能，也是笔者设计 C# 程序时比较喜欢的方法。

方案 ch6_3.sln：使用字符串插补的方法重新设计 ch6_2.sln 方案。

```
1  // ch6_3
2  string name = "洪锦魁";
3  int score = 90;
4  Console.WriteLine($"{name} 的数学考试得 {score} 分");
```

执行结果

```
Microsoft Visual Studio 调试控制台
洪锦魁 的数学考试得 90 分
C:\C#\ch6\ch6_3\ch6_3\bin\Debug\net6.0\ch6_3.exe
按任意键关闭此窗口。
```

6-1-4 格式化数字的输出

有关格式化数字的字符符号可以参考表 6-1。

表 6-1　格式化数字输出的字符表

字　符	说　　明	实　　例
C 或 c	货币格式输出	–123 输出 (–NT$123.00)
Dn 或 dn	10 进制输出，n 是输出位数	–123 输出 –123
E 或 e	科学符号输出	–123.45f 输出 –1.2345E+002
Fn 或 fn	含小数字数输出，n 是输出位数	–123.45f 输出 –123.45
G 或 g	一般格式显示数值（默认）	–123 输出 –123
N 或 n	含小数，同时有千分位	–123 输出 –123.00
P 或 p	含小数、百分比，同时有千分位	–123.45 输出 –12,345.00％
X 或 x	16 进制显示	123 输出 FFFFFF85

方案 ch6_4.sln：格式化输出的整体应用。

```
1   // ch6_4
2   Console.WriteLine(
3       "(C) Currency:. . . . . . . . {0:C}\n" +
4       "(C) Currency:. . . . . . . . {1:C}\n" +
5       "(D) Decimal:. . . . . . . . .{0:D}\n" +
6       "(E) Scientific:. . . . . . . {2:E}\n" +
7       "(F) Fixed point:. . . . . . .{2:F}\n" +
8       "(G) General:. . . . . . . . .{0:G}\n" +
9       "    (default):. . . . . . . .{0} (default = 'G')\n" +
10      "(N) Number:. . . . . . . . . {0:N}\n" +
11      "(P) Percent:. . . . . . . . .{2:P}\n" +
12      "(X) Hexadecimal:. . . . . . .{0:X}\n",
13      -1234, 1234, -1234.567f);
```

执行结果

```
Microsoft Visual Studio 调试控制台
(C) Currency:. . . . . . . .    ￥-1,234.00
(C) Currency:. . . . . . . .    ￥1,234.00
(D) Decimal:. . . . . . . . .   -1234
(E) Scientific:. . . . . . .    -1.234567E+003
(F) Fixed point:. . . . . . .   -1234.57
(G) General:. . . . . . . . .   -1234
    (default):. . . . . . . .   -1234 (default = 'G')
(N) Number:. . . . . . . . .    -1,234.00
(P) Percent:. . . . . . . . .   -123,456.70%
(X) Hexadecimal:. . . . . . .   FFFFFB2E
C:\C#\ch6\ch6_4\ch6_4\bin\Debug\net6.0\ch6_4.exe (进程 10572)
按任意键关闭此窗口。. . .
```

注　本实例原创意来自 Microsoft 公司官方网站。

第 4 章的方案 ch4_14.sln 是计算圆周率，当时尚未介绍格式化输出，有了本节的概念，现在可以修订该程序了。

方案 ch6_5.sln：重新设计方案 ch4_14.sln，使用小数点 3 位、4 位和 5 位格式化输出圆周率。

```
1   // ch6_5
2   double pi;
3   pi = 4 * (1 - 1.0 / 3 + 1.0 / 5 - 1.0 / 7 + 1.0 / 9);
4   Console.WriteLine($"pi = {pi:F3}");
5   Console.WriteLine($"pi = {pi:F4}");
6   Console.WriteLine($"pi = {pi:F5}");
```

执行结果

```
Microsoft Visual Studio 调试控制台
pi = 3.340
pi = 3.3397
pi = 3.33968
C:\C#\ch6\ch6_5\ch6_5\bin\Debug\net6.0\ch6_5.exe
按任意键关闭此窗口。. . .
```

6-1-5 格式化日期与时间的输出

假设现在日期是 2022 年 10 月 31 日，时间是 03:54:46，则有关格式化日期与时间的字符符号可以参考表 6-2。

表 6-2 格式化日期或时间输出的字符表

字　符	说　明	实　例
d	短日期 Short date	2022/10/31
D	长日期 Long date	2022 年 10 月 31 日
t	短时间 Short time(不含秒)	下午 03:54
T	长时间 Long time(含秒)	下午 03:54:46
f	完整日期 / 短时间	2022 年 10 月 31 日 下午 03:54
F	完整日期 / 长时间	2022 年 10 月 31 日 下午 03:54:46
g	一般日期 / 短时间	2022/10/31 下午 03:54
G	一般日期 / 长时间 (这是默认)	2022/10/31 下午 03:54:46
M	月 / 日	10 月 31 日
Y	年 / 月	2022 年 10 月

方案 ch6_6.sln：输出今天的日期与时间。

```
1  // ch6_6
2  DateTime today = DateTime.Now;
3  Console.WriteLine(
4          "(d) Short date: . . . . . . {0:d}\n" +
5          "(D) Long date:. . . . . . . {0:D}\n" +
6          "(t) Short time: . . . . . . {0:t}\n" +
7          "(T) Long time:. . . . . . . {0:T}\n" +
8          "(f) Full date/short time:. . {0:f}\n" +
9          "(F) Full date/long time:. . {0:F}\n" +
10         "(g) General date/short time:. {0:g}\n" +
11         "(G) General date/long time: {0:G}\n" +
12         "    (default):. . . . . . . {0} (default = 'G')\n" +
13         "(M) Month:. . . . . . . . . {0:M}\n" +
14         "(Y) Year:. . . . . . . . . . {0:Y}\n",
15         today);
```

执行结果

```
Microsoft Visual Studio 调试控制台
(d) Short date: . . . . . . 2023/8/7
(D) Long date:. . . . . . . 2023年8月7日
(t) Short time: . . . . . . 17:19
(T) Long time:. . . . . . . 17:19:03
(f) Full date/short time:. . 2023年8月7日 17:19
(F) Full date/long time:. . 2023年8月7日 17:19:03
(g) General date/short time:. 2023/8/7 17:19
(G) General date/long time: 2023/8/7 17:19:03
    (default):. . . . . . . 2023/8/7 17:19:03 (default = 'G')
(M) Month:. . . . . . . . . 8月7日
(Y) Year:. . . . . . . . . . 2023年8月

C:\C#\ch6\ch6_6\ch6_6\bin\Debug\net6.0\ch6_6.exe (进程 7216)已退出
按任意键关闭此窗口. . .
```

注 1　本实例原创意来自 Microsoft 公司官方网站。

注 2　程序第 11 行的 "G" 字符是默认。

上述程序 DateTime.Now 属于 System 命名空间，DateTime.Now 可以回传目前计算机的日期和时间，第 15 章会对 DataTime 做更完整的解说。

6-1-6　格式化预留输出空间与对齐方式

程序设计时有时会想要预留输出的空间，如输出预留 5 格空间；有时会想要输出靠左对齐，有时会想要输出靠右对齐，假设变量是 num，预留 3 格空间，这时可以使用下列格式：

```
{num, 3};                   // 预留 3 格空间，num 靠右对齐

{num, -3};                  // 预留 3 格空间，num 靠左对齐
```

注　如果预留空间不足，则此预留空间将被忽略，变量内容可以完整显示。

方案 ch6_6_1.sln：格式化整数，分别靠左与靠右对齐。

```
1  // ch6_6_1
2  int num = 5;
3  Console.WriteLine($"靠右对齐 :{num, 3}");
4  Console.WriteLine($"靠左对齐 :{num,-3}");
```

执行结果

```
Microsoft Visual Studio 调试控制台
靠右对齐 :  5
靠左对齐 :5

C:\C#\ch6\ch6_6_1\ch6_6_1\bin\Debug\net6.0\ch6_6_1.exe
按任意键关闭此窗口. . .
```

上述概念也可以应用到 float 或 double 等浮点数上，可以参考下列实例。

方案 ch6_6_2.sln：格式化双精度浮点数，分别靠左与靠右对齐。

```
1  // ch6_6_2
2  double num = 5.12345;
3  Console.WriteLine($"靠右对齐 :{num,10}");
4  Console.WriteLine($"靠左对齐 :{num,-10}");
```

执行结果

```
Microsoft Visual Studio 调试控制台
靠右对齐 :   5.12345
靠左对齐 :5.12345

C:\C#\ch6\ch6_6_2\ch6_6_2\bin\Debug\net6.0\ch6_6_2.exe
按任意键关闭此窗口. . .
```

在格式化输出中，也可以应用 6-1-4 节的格式化字符，例如含小数点的输出格式化字符是 Fn，n 是小数点位数，假设变量是 num，预留 10 格空间，小数部分预留 2 位空间，这时可以使用下列格式：

```
{num, 10:F2}          // 预留 10 格空间，小数部分留 2 位，num 靠右对齐

{num, -10:F2}         // 预留 10 格空间，小数部分留 2 位，num 靠左对齐
```

方案 ch6_6_3.sln：格式化双精度浮点数，小数部分留 2 位，分别靠左与靠右对齐。

```
1  // ch6_6_3
2  double num = 5.12345;
3  Console.WriteLine($"靠右对齐 :{num,10:F2}");
4  Console.WriteLine($"靠左对齐 :{num,-10:F2}");
```

执行结果

```
Microsoft Visual Studio 调试控制台
靠右对齐 :      5.12
靠左对齐 :5.12

C:\C#\ch6\ch6_6_3\ch6_6_3\bin\Debug\net6.0\ch6_6_3.exe
按任意键关闭此窗口. . .
```

6-1-7 格式化货币符号输出

6-1-6 节的方法也可以用于货币符号的输出，货币符号的格式化字符是 C 或 c，下列将直接用程序实例来解说。

方案 ch6_6_4.sln：货币符号输出的应用。

```
1  // ch6_6_4
2  double bill = 123.5;
3  double tax = bill * 0.05;
4  double total = bill + tax;
5  Console.WriteLine($"bill\t{bill,10:C2}");
6  Console.WriteLine($"tax\t{tax,10:C2}");
7  Console.WriteLine(("").PadRight(18, '-'));
8  Console.WriteLine($"Total\t{total,10:C2}");
```

执行结果

```
Microsoft Visual Studio 调试控制台
bill        ¥123.50
tax          ¥6.18
─────────────────
Total       ¥129.68

C:\C#\ch6\ch6_6_4\ch6_6_4\bin\Debug\net6.0\ch6_6_4.exe
按任意键关闭此窗口. . .
```

上述程序第 7 列有格式化函数，PadRight(18, '-')，这是字符串 String 的方法，第 1 个参数是数量，第 2 个参数是输出字符，整个功能是输出 18 个 "-" 字符。

6-1-8 控制台输出颜色控制

C# 的 System.Console 命名空间内有 ForegroundColor 和 BackgroundColor 属性，可以分别设定输出文字的前景颜色和背景颜色，如下所示：

```
Console.ForegroundColor = ConsoleColor.Blue;          // 设定前景是蓝色

Console.BackgroundColor = ConsoleColor.Yellow;        // 设定背景是黄色
```

几个重要颜色值如下所示。

Black: 黑色	Blue: 蓝色	Cyan: 青色	DarkBlue: 深蓝色
DarkCyan: 深青色	DarkGray: 深灰色	DarkGreen: 深绿色	DarkMagenta: 紫色

续表

Black：黑色	Blue：蓝色	Cyan：青色	DarkBlue：深蓝色
DarkRed：深红色	DarkYellow：深黄色	Gray：灰色	Green：绿色
Magenta：品红色	Red：红色	White：白色	Yellow：黄色

方案 ch6_6_5.sln：设定输出前景为蓝色，背景为黄色。

```
1  // ch6_6_5
2  Console.ForegroundColor = ConsoleColor.Blue;
3  Console.BackgroundColor = ConsoleColor.Yellow;
4  Console.WriteLine("洪锦魁\t");
5  Console.WriteLine("明志工专\t");
6  Console.WriteLine("University of Mississippi");
```

6-1-9 设计控制台窗口大小

Console.SetWindowSize(int32 x, int32 y) 可以设定控制台的窗口大小，x 是字符行数，y 是字符列数。

方案 ch6_6_6.sln：设计控制台窗口大小为 50 行，8 列。

```
1  // ch6_6_6
2  Console.ForegroundColor = ConsoleColor.Blue;
3  Console.BackgroundColor = ConsoleColor.Yellow;
4  Console.SetWindowSize(50, 8);  // 设定宽 50，高 8
5  Console.WriteLine("洪锦魁\t");
6  Console.WriteLine("明志工专\t");
7  Console.WriteLine("University of Mississippi");
```

6-1-10 取得并设定光标的位置

Console.CursorLeft 可以取得并设定光标在 x 轴方向的位置，也可称行位置，最左边是第 0 行。Console.CursorTop 可以取得与设定光标在 y 轴方向的位置，也可称列位置，最上边是第 0 列。

方案 ch6_6_7.sln：输出程序执行开始时光标位置。

```
1  // ch6_6_7
2  int xCur = Console.CursorLeft;
3  int yCur = Console.CursorTop;
4  Console.WriteLine($"游标在第 {xCur} 行，第 {yCur} 列");
```

从上述程序可以得到程序执行开始时光标是在第 0 行第 0 列，程序设计时可以使用设定 Console.CursorLeft 和 Console.CursorTop 属性来控制输出数据的位置，也可以使用 SetCursorPosition(x, y) 设定光标的位置，x 代表行，y 代表列。

方案 ch6_6_8.sln：使用两种方式在不同位置输出字符串 "C#" 和 "Python" 字符串。

```
1  // ch6_6_8
2  Console.CursorLeft = 10;
3  Console.CursorTop = 2;
4  Console.WriteLine("C#");
5  Console.SetCursorPosition(12, 3);
6  Console.WriteLine("Python");
```

6-2 Console.Write( )

Console.Write( ) 是标准输出，使用概念和 Console.WriterLine( ) 相同，但是数据输出完，其不会自动加上换行符，所以下一次输出时仍在同一行输出。

方案 ch6_7.sln：Console.Write( ) 的基础应用。

```
1  // ch6_7
2  Console.Write("洪锦魁\t");
3  Console.Write("明志工专\t");
4  Console.Write("University of Mississippi");
```

执行结果

```
■■ Microsoft Visual Studio 调试控制台
洪锦魁    明志工专          University of Mississippi
C:\C#\ch6\ch6_7\ch6_7\bin\Debug\net6.0\ch6_7.exe
按任意键关闭此窗口. . .
```

6-3 Console.Read( )/Console.ReadKey( )/Console.ReadLine( )

这 3 个方法都属于 System 命名空间，目的是执行输入，我们可以读取输入的内容，意义如下：
Console.Read( )：读取屏幕输入的第 1 个字符，按 Enter 此读取可以结束。
Console.ReadKey( )：这个方法常被用在告知用户按任意键，让程序继续。
Console.ReadLine( )：用字符串方式读取整行输入。

6-3-1 Console.Read( )

Console.Read( ) 可以读取屏幕输入的第 1 个字符，即使输入多个字符也只读取第 1 个字符，输入完请按 Enter 键，才会执行读取工作，当读取字符时会依 Unicode 码值存储此字符。

方案 ch6_8.sln：读取字符，然后输出此字符的十六进制和十进制码值。

```
1  // ch6_8
2  int x;
3  Console.Write("请输入字符 : ");
4  x = Console.Read();
5  Console.WriteLine($"字符十六进制:{x:x}");
6  Console.WriteLine($"字符十进制  :{x}");
```

执行结果：请输入英文字符，读者也可以输入汉字做测试，以下为结果示例。

```
■■ Microsoft Visual Studio          ■■ Microsoft Visual Studio
请输入字符   : Ab                    请输入字符   : A
字符十六进制 : 41                    字符十六进制 : 41
字符十进制   : 65                    字符十进制   : 65
C:\C#\ch6\ch6_8\ch6_                C:\C#\ch6\ch6_8\ch6_
按任意键关闭此窗口。                  按任意键关闭此窗口。
```

注 上面左图笔者故意输入 Ab，其实只读取到 A 字符。

使用 Console.Read( ) 需要留意的是，即使只输入一个字符，当我们按 Enter 键执行读取时，Enter 键此动作也会产生回车 (carriage return) 字符 '\r'（十进制 13 或是十六进制 0xD）和换行 (new line) 字符 '\n'（十进制 10 或十六进制 0xA），这两个字符会遗留在输入缓冲区。这个部分可以用 Console.Read( ) 再次读取做验证，如果不想要使用这两个字符也可以用 Console.ReadLine( ) 读取或清除。

方案 ch6_8_1.sln：认识回车 (carriage return) 字符和换行 (new line) 字符。

```
1  // ch6_8_1
2  int x;
3  Console.Write("请输入字符 : ");
4  x = Console.Read();
5  Console.WriteLine($"字符十六进制:{x:x}");
6  Console.WriteLine($"字符十进制   :{x}");
7  x = Console.Read();
8  Console.WriteLine($"字符十六进制:{x:x}");
9  Console.WriteLine($"字符十进制   :{x}");
10 x = Console.Read();
11 Console.WriteLine($"字符十六进制:{x:x}");
12 Console.WriteLine($"字符十进制   :{x}");
```

执行结果

Microsoft Visual Studio 调试控制台
```
请输入字符    : A
字符十六进制 : 41
字符十进制   : 65
字符十六进制 : d       ←  回车字符
字符十进制   : 13
字符十六进制 : a       ←  换行字符
字符十进制   : 10

C:\C#\ch6\ch6_8_1\ch6_8_1\bin\Debug\net6.0\ch6_8_1.exe
按任意键关闭此窗口...
```

从上述可以看到我们只输入一个字符 A，然后按 Enter 键，但是使用 Console.Read( ) 可以读取字符 3 次，多了回车字符和换行字符。

6-3-2　Console.ReadKey( )

Console.ReadKey( ) 可以读取屏幕输入，常被用在告知用户按任意键，程序可以继续执行。

方案 ch6_9.sln：单击任意键，程序可以继续执行。

```
1  // ch6_9
2  Console.WriteLine("国内顶尖科技大学");
3  Console.WriteLine("(按任意键可以继续)");
4  Console.ReadKey();
5  Console.WriteLine("明志科技大学");
```

执行结果

```
C:\C#\ch6\ch6_9\ch6_9\
国内顶尖科技大学
(按任意键可以继续)
```

Microsoft Visual Studio 调试控制台
```
国内顶尖科技大学
(按任意键可以继续)
明志科技大学

C:\C#\ch6\ch6_9\ch6_9\bin\Debug\net6.0\ch6_9.exe
按任意键关闭此窗口...
```

6-3-3　Console.ReadLine( )

Console.ReadLine( ) 会用字符串读取屏幕整行屏幕输入，可以参考下列语法。

```
strs = Console.ReadLine( );            // 所读取的数据是字符串
```

方案 ch6_10.sln：输入字符串的实例。

```
1  // ch6_10
2  string school;
3  Console.Write("请输入毕业学校 : ");
4  school = Console.ReadLine();
5  Console.WriteLine($"你毕业的学校是 {school}");
```

执行结果

Microsoft Visual Studio 调试控制台
```
请输入毕业学校 : Ming-Chi Institute of Technology
你毕业的学校是 Ming-Chi Institute of Technology

C:\C#\ch6\ch6_10\ch6_10\bin\Debug\net6.0\ch6_10.exe
按任意键关闭此窗口...
```

注　需留意的是 ReadLine( ) 读取整行输入，所以如果输入含多个单词的整句，那么直到按 Enter 键，整行都会被读取。

在 6-3-1 节使用 Console.Read( ) 读取字符 (回传的是字符的 Unicode 码值)，输入缓冲区内仍有我们按 Enter 键执行读取时，遗留在输入缓冲区的回车字符 '\r' 和换行字符 '\n'，这时可以使用 Console.ReadLine( ) 读取，这相当于清除输入缓冲区字符，所以可以不必有回传值，指令如下：

```
Console.ReadLine( );
```

在 10-3 节还会有更进一步的实例解说。

6-4　其他常用的屏幕方法

下列是常见的屏幕方法：

Console.Beep( ) 可以播放蜂鸣声。

Console.Clear( ) 可以清除窗口文字。

方案 ch6_11.sln：使用 Console.Beep( ) 和 Console.Clear( )，扩充设计方案 ch6_9.sln，读者可以听到蜂鸣声，然后窗口界面被清除。

```
1  // ch6_11
2  string school;
3  Console.Write("请输入顶尖科技大学 : ");
4  school = Console.ReadLine();
5  Console.WriteLine("(按任意键可以继续)");
6  Console.ReadKey();
7  Console.Beep();
8  Console.Clear();
9  Console.WriteLine($"国内顶尖科技大学 : {school}");
```

6-5 数据的转换

从 6-3 节可以看到使用 Console.ReadLine( ) 时，读取的数据是字符串，这时即使输入数字，此数字也会被视为字符串，这时我们可以使用下列 3 种方式将字符串转为数字。

1. 使用 Parse( ) 方法。
2. 使用 TryParse( ) 方法。
3. 使用 Convert 类的方法。

6-5-1 读取数据时使用 Parse( ) 转换

Parse( ) 属于 System 命名空间，功能是将字符串转换成数字，这时语法如下：

变量 = 数据类型 .Parse(字符串);

数据类型是回传的数字类型，可以是 int(也可用 Int32)、long(也可用 Int64)、ulong(也可用 UInt64)、float(也可用 Single)、double(也可用 Double) 和 decimal(也可用 Decimal)。

注 如果字符串不是正规的数字，如 25P、A56 等都会造成 Parse( ) 转换错误。

方案 ch6_12.sln：读取数据，然后执行数据转换的应用。

```
1  // ch6_12
2  string name, score;
3  int sc;
4  Console.Write("请输入姓名 : ");
5  name = Console.ReadLine();
6  Console.Write("请输入成绩 : ");
7  score = Console.ReadLine();
8  sc = int.Parse(score);
9  Console.WriteLine($"{name} 成绩是 {sc}");
```

方案 ch6_12_1.sln 将第 8 行的 int 改为 Int32，可以得到相同的执行结果。

```
8  sc = Int32.Parse(score);
```

方案 ch6_13.sln：使用双精度浮点数重新设定 ch6_12.sln 的成绩 sc。

```
1  // ch6_13
2  string name, score;
3  double sc;
4  Console.Write("请输入姓名 : ");
5  name = Console.ReadLine();
6  Console.Write("请输入成绩 : ");
7  score = Console.ReadLine();
8  sc = Double.Parse(score);
9  Console.WriteLine($"{name} 成绩是 {sc}");
```

执行结果：与 ch6_12.sln 相同。

6-5-2　读取数据时使用 TryParse( ) 转换

C# 提供的 TryParse( ) 函数，也可以执行将字符串转换成数字的功能，其功能与 Parse( ) 一样，但是调用方式不一样，其语法如下：

数据类型 .TryParse(字符串 , out 数据类型 变量);

上述语法可以将字符串转换的结果设定给 TryParse( ) 内的第 2 个参数，也就是变量，第 2 个参数中的 out 表示这是回传值声明，12-6-4 节会对 out 做更多说明。

注　如果字符串不是正规的数字，如 25P、A56 等都会造成 TryParse( ) 转换错误。

方案 ch6_14.sln：使用 TryParse( ) 重新设计 ch6_12.sln。

```
1  // ch6_14
2  string name, score;
3  Console.Write("请输入姓名 : ");
4  name = Console.ReadLine();
5  Console.Write("请输入成绩 : ");
6  score = Console.ReadLine();
7  Int32.TryParse(score, out int sc);
8  Console.WriteLine($"{name} 成绩是 {sc}");
```

执行结果：与 ch6_12.sln 相同。

上述程序第 7 行，第 2 个参数是 "out int sc"，这是因为本程序未声明 sc 变量，如果在程序声明了 sc 变量，则可以将此参数改写为 "out sc"，有关此设定读者可以参考 ch6_14_1.sln，如下所示：

```
1  // ch6_14_1
2  string name, score;
3  int sc;
4  Console.Write("请输入姓名 : ");
5  name = Console.ReadLine();
6  Console.Write("请输入成绩 : ");
7  score = Console.ReadLine();
8  Int32.TryParse(score, out sc);
9  Console.WriteLine($"{name} 成绩是 {sc}");
```

6-5-3　Convert 类的方法

C# 的 Convert 类所提供的方法功能很多，它们除了可以将字符串转成数字，还可以进行不同类型数字的转换，下列是常见的转换方法。

C# 类	Convert 类的方法	说　　　明
char	ToChar(参数)	将参数转换成字符
short	ToInt16(参数)	将参数转换成 16 位短整数
uint	ToUInt16(参数)	将参数转换成 16 位无号整数
int	ToInt32(参数)	将参数转换成 32 位整数
uint	ToUInt32(参数)	将参数转换成 32 位无号整数
long	ToInt64(参数)	将参数转换成 64 位长整数
ulong	ToUInt64(参数)	将参数转换成 64 位无号长整数
float	ToSingle(参数)	将参数转换成 32 位浮点数
double	ToDouble(参数)	将参数转换成 64 位双精度浮点数
decimal	ToDecimal(参数)	将参数转换成 128 位高精度浮点数
DateTime	ToDateTime(参数)	将参数转换成日期格式

在上表所示的方法中，如果参数是字符串，就可以将字符串转成指定的数值；如果参数是不同类型的数值，就可以将其强制转换成指定的数值。

方案 ch6_15.sln：将字符串转成数字的应用，请输入姓名及数学和物理的成绩，然后输出平均分数。

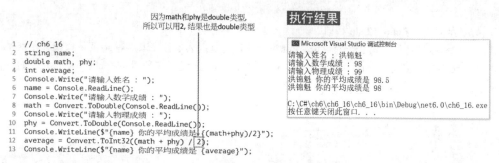

方案 ch6_16.sln：扩充修改 ch6_15.sln，除了将字符串转换成数值外，还将双倍精度浮点数转换成整数。

因为math和phy是double类型，所以可以用2，结果也是double类型

```
1   // ch6_16
2   string name;
3   double math, phy;
4   int average;
5   Console.Write("请输入姓名 : ");
6   name = Console.ReadLine();
7   Console.Write("请输入数学成绩 : ");
8   math = Convert.ToDouble(Console.ReadLine());
9   Console.Write("请输入物理成绩 : ");
10  phy = Convert.ToDouble(Console.ReadLine());
11  Console.WriteLine($"{name} 你的平均成绩是 {(math+phy)/2}");
12  average = Convert.ToInt32((math + phy) / 2);
13  Console.WriteLine($"{name} 你的平均成绩是 {average}");
```

执行结果

```
Microsoft Visual Studio 调试控制台
请输入姓名 : 洪锦魁
请输入数学成绩 : 98
请输入物理成绩 : 99
洪锦魁 你的平均成绩是 98.5
洪锦魁 你的平均成绩是 98

C:\C#\ch6\ch6_16\ch6_16\bin\Debug\net6.0\ch6_16.exe
按任意键关闭此窗口. . .
```

在 6-3-1 节使用 console.Read( ) 读取字符时，所读取字符是用 Unicode 码存储的，如果要显示字符可以用 Convert.ToChar(字符码)，将字符码转换成字符。

方案 ch6_16_1.sln：使用 Console.Read( ) 读取字符，然后输出此字符十进制和十六进制的 Unicode 码值和此字符。

```
1   // ch6_16_1
2   Console.Write("请输入字符 : ");
3   int c = Console.Read();
4   Console.WriteLine($"你输入字符的十进制 Unicode 码值是 : {c}");
5   Console.WriteLine($"你输入字符的十六进制 Unicode 码值是 : {c:X}");
6   Console.WriteLine($"你输入的字符是 : {Convert.ToChar(c)}");
```

执行结果

如果输入汉字，这个程序也可以获得此汉字的 10 进制或 16 进制的 Unicode 码值。

6-6 日期格式的转换

Convert.ToDateTime( ) 函数可以将符合日期时间格式的一般字符串，转成标准日期时间格式的字符串。

方案 ch6_17.sln：日期格式字符串的转换，在这个程序读者应该学习，如何表达日期格式。
注：如果日期格式错误，此程序将输出错误信息然后终止执行。

```
1  // ch6_17
2  string dstring, ost;
3  DateTime dt;
4  dstring = "05/01/2024";
5  dt = Convert.ToDateTime(dstring);
6  Console.WriteLine($"{dstring} 转换结果 {dt}");
7  dstring = "Fri Apr 28, 2023";
8  dt = Convert.ToDateTime(dstring);
9  Console.WriteLine($"{dstring} 转换结果 {dt}");
10 dstring = "06 July 2023 10:30:30 AM";
11 dt = Convert.ToDateTime(dstring);
12 Console.WriteLine($"{dstring} 转换结果 {dt}");
13 dstring = "18:30:50.005";
14 dt = Convert.ToDateTime(dstring);
15 Console.WriteLine($"{dstring} 转换结果 {dt}");
16 dstring = "Wed, 10 May 2023 14:30:50 GMT";
17 dt = Convert.ToDateTime(dstring);
18 Console.WriteLine($"{dstring} 转换结果 {dt}");
```

执行结果

```
■ Microsoft Visual Studio 调试控制台
05/01/2024 转换结果 2024/5/1 0:00:00
Fri Apr 28, 2023 转换结果 2023/4/28 0:00:00
06 July 2023 10:30:30 AM 转换结果 2023/7/6 10:30:30
18:30:50.005 转换结果 2023/8/7 18:30:50
Wed, 10 May 2023 14:30:50 GMT 转换结果 2023/5/10 22:30:50

C:\C#\ch6\ch6_17\ch6_17\bin\Debug\net6.0\ch6_17.exe (进程 13212)
按任意键关闭此窗口...
```

6-7 Math 类

Math 类属于 System 命名空间，本节将分成 3 个小节来介绍数学的相关常数与方法。

6-7-1 Math 类的数学常数

Math 类的数学常数有下列两个。

Math.E：这是自然对数的底 e，代表值是 2.718281828459045。

Math.PI：圆周率，代表值是 3.141592653589793。

方案 ch6_18.sln：输出 Math.E 和 Math.PI。

```
1  // ch6_18
2  Console.WriteLine($"Math.E  = {Math.E}");
3  Console.WriteLine($"Math.PI = {Math.PI}");
```

执行结果

```
■ Microsoft Visual Studio 调试控制台
Math.E = 2.718281828459045
Math.PI = 3.141592653589793

C:\C#\ch6\ch6_18\ch6_18\bin\Debug\net6.0\ch6_18.exe
按任意键关闭此窗口...
```

6-7-2 Math 类的三角函数

在三角函数的应用中，所有的参数都是以弧度为单位，C# 语言的 Math 类包含下列各种常见的三角函数。

1. 正弦函数：Math.sin(double x)。

2. 余弦函数：Math.cos(double x)。

3. 正切函数：Math.tan(double x)。

4. 反正弦函数：Math.asin(double x)。

5. 反余弦函数：Math.acos(double x)。

6. 反正切函数：Math.atan(double x)。

7. 双曲线正弦函数：Math.sinh(double x)。

8. 双曲线余弦函数：Math.cosh(double x)。

9. 双曲线正切函数：Math.tanh(double x)。

上述各三角函数中，x 需要声明为双倍精度浮点数 double，其意义是弧度，假设 x 是角度，可以使用下列公式将角度转成弧度，再引入函数中。

弧度 = x * 2 * pi / 360

注 pi 圆周率，可以使用 6-7-1 节的 Math.PI 代替。

方案 ch6_19.sln：计算 30° 角的 sin( )、cos( ) 和 tan( ) 的值。

```
1  // ch6_19
2  double x = 30;
3  double radian = x * 2 * Math.PI / 360;
4  Console.WriteLine($"sin(x) = {Math.Sin(radian):F2}");
5  Console.WriteLine($"cos(x) = {Math.Cos(radian):F2}");
6  Console.WriteLine($"Tan(x) = {Math.Tan(radian):F2}");
```

执行结果

```
Microsoft Visual Studio 调试控制台
sin(x) = 0.50
cos(x) = 0.87
Tan(x) = 0.58

C:\C#\ch6\ch6_19\ch6_19\bin\Debug\net6.0\ch6_19.exe
按任意键关闭此窗口. . .
```

6-7-3　Math 类常用的方法

下列是常见的数学方法。

`Math.Abs(x)`

计算 x 的绝对值，x 数据类型可以是整数或浮点数，如 Math.Abs(-5)=5。

`Math.Ceiling(double x)`

回传大于 x 的最小整数，如 Math.Ceiling(3.5) = 4。

`Math.Floor(double x)`

回传小于 x 的最大整数，如 Math.Floor(3.9) = 3。

`Math.Truncate(double x)`

删除小数位数。如 Math.Truncate(3.5) = 3。

`Math.Sqrt(double x)`

开根号，如 Math.Sqrt(4) = 2.0。

`Math.Max(x1, x2)`

回传相同类型数据的较大值，如 Math.Max(5, 10) = 10。

`Math.Min(x1, x2)`

回传相同类型数据的较小值，如 Math.Max(5, 10) = 5。

`Math.Pow(double x, double y)`

回传 x 的 y 次方，如 Math.Pow(2.0, 3.0) = 8.0。

`Math.Log(double x)`

回传自然对数或底数为 e 的对数，如 Math.Log(Math.E) = 1.0。

`Math.Log2(double x)`

回传底数为 2 的对数，如 Math.Log(8.0) = 3.0。

`Math.Log10(double x)`

回传底数为 10 的对数，如 Math.Log(100.0) = 2.0。

`Math.Round(double x)` 或 `Math.Round(double x, int y)`

这里采用的 Banker's Rounding 概念，如果处理位数左边是奇数则四舍五入，如果处理位数左边是偶数则五舍六入，例如 Round(1.5)=2，Round(2.5)=2。处理小数时，第 2 个参数代表取到小数第几位，小数字数的下一个小数字数采用"5"及以下舍去，"51"及以上进制，例如，Round(2.15,1)=2.1，Round(2.25,1)=2.2，Round(2.151,1)=2.2，Round(2.251,1)=2.3。

方案 ch6_20.sln：基础数学方法实例。

```
1  // ch6_20
2  Console.WriteLine($"Math.Abs(-5) = {Math.Abs(-5)}");
3  Console.WriteLine($"Math.Ceiling(3.5) = {Math.Ceiling(3.5)}");
4  Console.WriteLine($"Math.Floor(3.9) = {Math.Floor(3.9)}");
5  Console.WriteLine($"Math.Truncate(3.5) = {Math.Truncate(3.5)}");
6  Console.WriteLine($"Math.Sqrt(4) = {Math.Sqrt(4)}");
7  Console.WriteLine($"Math.Max(5, 10) = {Math.Max(5, 10)}");
8  Console.WriteLine($"Math.Min(5, 10) = {Math.Min(5, 10)}");
9  Console.WriteLine($"Math.Pow(2.0, 3.0) = {Math.Pow(2.0, 3.0)}");
10 Console.WriteLine($"Math.Log(Math.E) = {Math.Log(Math.E)}");
11 Console.WriteLine($"Math.Log2(8.0) = {Math.Log2(8.0)}");
12 Console.WriteLine($"Math.Log10(100.0) = {Math.Log10(100.0)}");
13 Console.WriteLine($"Math.Round(47.5) = {Math.Round(47.5)}");
14 Console.WriteLine($"Math.Round(48.5) = {Math.Round(48.5)}");
15 Console.WriteLine($"Math.Round(2.15,1) = {Math.Round(2.15,1)}");
16 Console.WriteLine($"Math.Round(2.25,1) = {Math.Round(2.25,1)}");
17 Console.WriteLine($"Math.Round(2.151,1) = {Math.Round(2.151,1)}");
18 Console.WriteLine($"Math.Round(2.251,1) = {Math.Round(2.251,1)}");
```

执行结果

```
Microsoft Visual Studio 调试控制台
Math.Abs(-5) = 5
Math.Ceiling(3.5) = 4
Math.Floor(3.9) = 3
Math.Truncate(3.5) = 3
Math.Sqrt(4) = 2
Math.Max(5, 10) = 10
Math.Min(5, 10) = 5
Math.Pow(2.0, 3.0) = 8
Math.Log(Math.E) = 1
Math.Log2(8.0) = 3
Math.Log10(100.0) = 2
Math.Round(47.5) = 48
Math.Round(48.5) = 48
Math.Round(2.15, 1) = 2.2
Math.Round(2.25, 1) = 2.2
Math.Round(2.151, 1) = 2.2
Math.Round(2.251, 1) = 2.3
C:\C#\ch6\ch6_20\ch6_20\bin\Debug\net6.0\ch6_20.exe
按任意键关闭此窗口. . .
```

6-8　专题

6-8-1　银行存款复利的计算

方案 ch6_21.sln：银行存款复利的计算，假设目前银行年利率是 1.5%，复利公式如下：

本金和 = 本金 * (1 + 年利率)^n　　// n 是年

你有一笔钱为 5 万元，请计算其 5 年后的本金和，保留到小数点后第 2 位。

```
1  // ch6_21
2  int year = 5;
3  double money = 50000 * Math.Pow((1 + 0.015), year);
4  Console.WriteLine($"{year} 年后本金和是 {money:F2}");
```

执行结果

```
Microsoft Visual Studio 调试控制台
5 年后本金和是 53864.20

C:\C#\ch6\ch6_21\ch6_21\bin\Debug\net6.0\ch6_21.exe
按任意键关闭此窗口. . .
```

6-8-2　价值衰减的计算

方案 ch6_22.sln：有一个品牌的车辆，前 3 年每年价值衰减 15%，请问其原价 100 万的车辆 3 年后的残值是多少。

```
1  // ch6_22
2  int year = 3;
3  double car = 1000000 * Math.Pow((1 - 0.15), year);
4  Console.WriteLine($"经过 {year} 后车辆残值是 {car:F2}");
```

执行结果

```
Microsoft Visual Studio 调试控制台
经过 3 后车辆残值是 614125.00

C:\C#\ch6\ch6_22\ch6_22\bin\Debug\net6.0\ch6_22.exe
按任意键关闭此窗口. . .
```

6-8-3　计算地球到月球所需时间

马赫 (Mach number) 是声速的单位，主要纪念奥地利科学家恩斯特马赫 (Ernst Mach)，1 马赫就是 1 倍声速，代表速度大约是每小时 1225 千米。

方案 ch6_23.sln：从地球到月球的距离约是 384,400 千米，假设火箭的速度是一马赫，设计一个程序计算需要多少天零多少小时才可从地球抵达月球。

注　这个程序省略分钟数。

```
1  // ch6_23
2  int dist = 384400;              // 地球到月亮的距离
3  int speed = 1225;               // 1马赫速度，每小时1225千米
4  int total_hours = dist / speed; // 计算小时数
5  int days = total_hours / 24;    // 商 ## 计算天数
6  int hours = total_hours % 24;   // 余数 ## 计算小时数
7  Console.WriteLine($"总共需要 {days} 天 {hours} 小时");
```

执行结果

```
■ Microsoft Visual Studio 调试控制台
总共需要 13 天 1 小时

C:\C#\ch6\ch6_23\ch6_23\bin\Debug\net6.0\ch6_23.exe
按任意键关闭此窗口. . .
```

6-8-4　计算坐标轴两个点之间的距离

有两个点的坐标分别是 (x1, y1)、(x2, y2)，求两个点的距离，其实这是中学数学的勾股定理，基本概念是直角三角形两边长的平方和等于斜边的平方。

$$a^2 + b^2 = c^2$$

所以对于坐标上的两个点，我们必需计算相对直角三角形的两个边长。假设 a 是 (x1-x2)，b 是 (y1-y2)，然后计算斜边长，这个斜边长就是两点的距离，概念图如下。

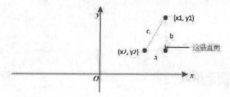

计算式如下

$$C = \sqrt{(x1-x2)^2 + (y1-y2)^2}$$

可以将上述公式转成下列计算机数学表达式。

dist = $((x1-x2)^2 + (y1-y2)^2)$**0.5 // ** 0.5 相当于开根号

在人工智能的应用中，我们常用点坐标代表某一个对象的特征 (feature)，计算两个点之间的距离，相当于了解物体间的相似程度。两者距离越短代表它们的相似度越高，距离越长代表相似度越低。

方案 ch6_24.sln：有两个点坐标分别是 (1, 8) 与 (3, 10)，请计算这两点之间的距离，输出到小数第 3 位。

```
1  // ch6_24
2  double x1 = 1;
3  double y1 = 8;
4  double x2 = 3;
5  double y2 = 10;
6  double dist = Math.Pow(Math.Pow(x1-x2, 2) + Math.Pow(x1-x2, 2), 0.5);
7  Console.WriteLine($"2个点的距离是 {dist:F3}");
```

执行结果

```
■ Microsoft Visual Studio 调试控制台
2个点的距离是 2.828

C:\C#\ch6\ch6_24\ch6_24\bin\Debug\net6.0\ch6_24.exe
按任意键关闭此窗口. . .
```

6-8-5　房屋贷款问题实操

方案 ch6_25.sln：每个人在成长过程中都可能会买房子，第一次住在属于自己的房子里是一个美好的经历，大多数的人在这个过程中都会需要向银行贷款。这时我们会思考需要贷款多少钱？贷款年限是多少？银行利率是多少？然后我们可以利用上述已知数据计算每个月还款金额是

多少。同时我们会好奇整个贷款结束究竟还了多少贷款本金和利息。在做这个专题实操分析时，我们已知的条件是：

贷款金额：用 loan 当变量。

贷款年限：用 year 当变量。

年利率：用 rate 当变量。

然后我们需要利用上述条件计算下列结果：

每月还款金额：用 monthlyPay 当变量。

总共还款金额：用 totalPay 当变量。

处理这个贷款问题的数学公式如下

$$每月还款金额 = \frac{贷款金额 \times 月利率}{1 - \frac{1}{(1+ 月利率)^{贷款年限 \times 12}}}$$

银行的贷款术语中习惯用年利率，所以碰上这类问题我们需将所输入的利率先除以 100，转成百分比，然后要除以 12 表示是月利率。可以用下列方式计算月利率，笔者用 monthrate 当作变量。

```
monthrate = rate / (12*100)
```

为了不让求每月还款金额的数学式变得复杂，笔者将分子 (第 10 行) 与分母 (第 11 行) 分开计算，第 12 行则计算每月还款金额，第 13 行计算总共还款金额。

```
1  // ch6_25
2  Console.Write("请输入贷款金额 : ");
3  int loan = Convert.ToInt32(Console.ReadLine());
4  Console.Write("请输入年限 : ");
5  int year = Convert.ToInt32(Console.ReadLine());
6  Console.Write("请输入贷款利率 : ");
7  double rate = Convert.ToDouble(Console.ReadLine());
8  double monthrate = rate / (12 * 100);
9  // 计算每月还款金额
10 double molecules = loan * monthrate;
11 double denominator = 1 - (1 / Math.Pow(1 + monthrate, (year * 12)));
12 double monthlyPay = molecules / denominator;     // 每月还款金额
13 double totalPay = monthlyPay * year * 12;         // 总共还款金额
14 Console.WriteLine($"每月还款金额 {Math.Truncate(monthlyPay)}");
15 Console.WriteLine($"总共还款金额 {Math.Truncate(totalPay)}");
```

执行结果

```
Microsoft Visual Studio 调试控制台
请输入贷款金额 : 6000000
请输入年限 : 20
请输入贷款利率 : 2.0
每月还款金额 30353
总共还款金额 7284720

C:\C#6\ch6_25\ch6_25\bin\Debug\net6.0\ch6_25.exe
按任意键关闭此窗口 . . .
```

6-8-6　使用反余弦函数计算圆周率

前面程序实例笔者使用 3.1415926 代表圆周率 PI，这个数值已经很精确了，其实我们也可以使用下列反余弦函数 acos( ) 计算圆周率 PI。

acos(-1)

当将 PI 设为双倍精度浮点数时，可以获得更精确的圆周率 PI 值。

方案 ch6_26.sln：使用反余弦函数 acos( ) 计算圆周率 PI。

```
1  // ch6_26
2  double pi;
3  pi = Math.Acos(-1);
4  Console.WriteLine($"PI = {pi}");
```

执行结果

```
Microsoft Visual Studio 调试控制台
PI = 3.141592653589793

C:\C#6\ch6_26\ch6_26\bin\Debug\net6.0\ch6_26.exe
按任意键关闭此窗口 . . .
```

6-8-7　鸡兔同笼 —— 解联立方程式

今有鸡兔同笼，上有三十五头，下有百足，问鸡兔各几何？这是古代就有的数学问题，表示有鸡兔共 35 个头，100 只脚，然后笼子里面有几只鸡与几只兔子。鸡有 1 只头、2 只脚，兔子有 1 只头、4 只脚。我们可以使用基础数学解此题目，也可以使用循环语句解此题目，本节笔者将使用基础数学的联立方程式解此问题。

如果使用基础数学，用 x 代表 chicken，y 代表 rabbit，可以用下列公式推导。

chicken + rabbit = 35	相当于 ---- >	x + y = 35
2 * chicken + 4 * rabbit = 100	相当于 ---- >	2x + 4y = 100

经过推导可以得到下列结果：

```
x(chicken) = 20        // 鸡的数量
y(rabbit) = 15         // 兔的数量
```

整个公式推导，假设 f 是脚的数量，h 代表头的数量，可以得到下列公式：

```
x(chicken) = 2h - f / 2
y(rabbit) = f / 2 - h
```

方案 ch6_27.sln：请输入头和脚的数量，本程序会输出鸡的数量和兔的数量。

```
1  // ch6_27
2  Console.Write("请输入头的数量 : ");
3  int h = Convert.ToInt32(Console.ReadLine());
4  Console.Write("请输入脚的数量 : ");
5  int f = Convert.ToInt32(Console.ReadLine());
6  int chicken = 2 * h - f / 2;
7  int rabbit = f / 2 - h;
8  Console.WriteLine($"鸡有 {chicken} 只，兔有 {rabbit}");
```

执行结果

```
Microsoft Visual Studio 调试控制台
请输入头的数量 : 35
请输入脚的数量 : 100
鸡有 20 只，兔有 15

C:\C#\ch6\ch6_27\ch6_27\bin\Debug\net6.0\ch6_27.exe
按任意键关闭此窗口. . .
```

习题实操题

方案 ex6_1.sln：重新设计 ex4_8.sln，圆周率输出到小数点后第 5 位。(6-1 节)

```
Microsoft Visual Studio 调试控制台
pi的值4*(1-1.0/3+1.0/5-1.0/7+1.0/9-1.0/11) = 3.33968
pi的值4*(1-1.0/3+1.0/5-1.0/7+1.0/9-1.0/11+1.0/13) = 3.28374

C:\C#\ex\ex6_1\ex6_1\bin\Debug\net6.0\ex6_1.exe (进程 13552)
按任意键关闭此窗口. . .
```

方案 ex6_2.sln：重新设计 ex4_9.sln，圆周率输出到小数点后第 8 位。(6-1 节)

```
Microsoft Visual Studio 调试控制台
pi的值3 + 4.0/(2*3*4) - 4.0/(4*5*6) + 4.0/(6*7*8) = 3.14523810
pi的值3 + 4.0/(2*3*4) - 4.0/(4*5*6) + 4.0/(6*7*8) - 4.0/(8*9*10) = 3.13968254

C:\C#\ex\ex6_2\ex6_2\bin\Debug\net6.0\ex6_2.exe (进程 17232)已退出，代码为 0。
按任意键关闭此窗口. . .
```

方案 ex6_3.sln：请使用一个 Console.WriteLine( ) 分 2 行输出现在的日期与时间。(6-2 节)

```
C:\C#\ex\ex6_3\ex6_3\bin\Debug\net6.0\ex6_3.exe
现在日期是 : 2023/8/8
现在时间是 : 7:45:06.

请按任意键继续 ...
```

方案 ex6_4.sln：请输入华氏温度，这个程序可以将其转成摄氏温度，华氏温度转摄氏温度公式如下。(6-5 节)

$$摄氏温度 = (华氏温度 - 32) * 5 / 9$$

```
Microsoft Visual Studio 调试控制台
请输入华氏温度：104
华氏温度 104 等于摄氏温度 40

C:\C#\ex\ex6_4\ex6_4\bin\Debug\net6.0\ex6_4.exe
按任意键关闭此窗口...
```

注1　摄氏温度 (Celsius，单位为℃) 的由来是在标准大气压环境下，将纯水的凝固点定为 0℃、沸点定为 100℃，中间划分 100 等份，则每个等份是 1℃。这是纪念瑞典科学家安德斯·摄尔修斯 (Anders Celsius) 对摄氏温度定义的贡献，所以称为摄氏温度。

注2　华氏温度 (fahrenheit，单位为℉) 的由来是在标准大气压环境下，将水的凝固点定为 32 ℉、水的沸点定为 212 ℉，中间划分 180 等份，每个等份是 1 ℉。这是纪念德国科学家丹尼尔·加布里埃尔·华伦海特 (Daniel Gabriel Fahrenheit) 对华氏温度定义的贡献，所以称为华氏温度。

方案 ex6_5.sln：请输入摄氏温度，这个程序可以将其转成华氏温度，摄氏温度转华氏温度公式如下。(6-5 节)

$$华氏温度 = 摄氏温度 * (9 / 5) + 32$$

```
Microsoft Visual Studio 调试控制台
请输入摄氏温度：31
摄氏温度 31 等于摄氏温度 87.8

C:\C#\ex\ex6_5\ex6_5\bin\Debug\net6.0\ex6_5.exe
按任意键关闭此窗口...
```

方案 ex6_6.sln：请输入半径，然后这个程度可以输出圆面积和周长 (输出到小数第 3 位)，圆周率需用 Math.PI。(6-7 节)

```
Microsoft Visual Studio 调试控制台
请输入半径：10
半径是 10 的面积是 314.159
半径是 10 的面积是 62.832

C:\C#\ex\ex6_6\ex6_6\bin\Debug\net6.0\ex6_6.exe
按任意键关闭此窗口...
```

方案 ex6_7.sln：重新设计方案 ch6_21.sln，假设期初本金是 100,000 元，假设年利率是 2%，进行复利计算，请问 10 年后本金和是多少？注：请舍去小数点。(6-8 节)

```
Microsoft Visual Studio 调试控制台
10 年后本金和是 121899

C:\C#\ex\ex6_7\ex6_7\bin\Debug\net6.0\ex6_7.exe
按任意键关闭此窗口...
```

方案 ex6_8.sln：重新设计方案 ch6_21.sln，请将年利率和存款年数改为从屏幕输入，输出金额舍去小数，单位是元。(6-8 节)

```
Microsoft Visual Studio 调试控制台
请输入年利率 %：1.5
请输入年数：5
5 年后本金和是 53864

C:\C#\ex\ex6_8\ex6_8\bin\Debug\net6.0\ex6_8.exe
按任意键关闭此窗口...
```

方案 ex6_9.sln：地球和月球的距离是 384,400 千米，假设火箭飞行速度是每分钟 250 千米，请问从地球飞到月球需要多少天零多少小时零多少分钟，请舍去秒钟。(6-8 节)

```
Microsoft Visual Studio 调试控制台
需要 1 天 25 小时 37 分钟

C:\C#\ex\ex6_9\ex6_9\bin\Debug\net6.0\ex6_9.exe
按任意键关闭此窗口...
```

方案 ex6_10.sln：地球和月球的距离是 384,400 千米，请将火箭飞行速度改为从屏幕输入，再计算地球到月球的分钟数，请舍去秒钟。(6-8 节)

```
Microsoft Visual Studio 调试控制台
请输入火箭速度每分钟多少千米： 400
地球到月球所需分钟数： 961

C:\C#\ex\ex6_10\ex6_10\bin\Debug\net6.0\ex6_10.exe
按任意键关闭此窗口...
```

方案 ex6_11.sln：地球和月球的距离是 384,400 千米，请将速度改为从屏幕输入马赫数，程序会将速度马赫数转为千米 / 时，然后才开始运算。注：1 马赫等于每小时 1225 千米。(6-8 节)

```
Microsoft Visual Studio 调试控制台
请输入火箭速度马赫数： 3
总共需要 4 天，8 小时

C:\C#\ex\ex6_11\ex6_11\bin\Debug\net6.0\ex6_11.exe
按任意键关闭此窗口...
```

方案 ex6_12.sln：请计算两个坐标为 (1, 8) 与 (3, 10) 的点，距坐标原点 (0, 0) 的距离。(6-8 节)

```
Microsoft Visual Studio 调试控制台
坐标(1，8) 点与坐标原点(0，0)的距离是 8.062
坐标(3，10)点与坐标原点(0，0)的距离是 10.440

C:\C#\ex\ex6_12\ex6_12\bin\Debug\net6.0\ex6_12.exe
按任意键关闭此窗口...
```

方案 ex6_13.sln：假设病毒繁殖的速度是每小时增加前一小时的 0.2 倍，假设原病毒数量是 100，1 天后病毒数量是多少，请舍去小数位。(6-8 节)

```
Microsoft Visual Studio 调试控制台
1 天后病毒数量： 7949

C:\C#\ex\ex6_13\ex6_13\bin\Debug\net6.0\ex6_13.exe
按任意键关闭此窗口...
```

方案 ex6_14.sln：假设一架飞机起飞的速度是 v，飞机的加速度是 a，下列是飞机起飞时所需跑道的长度计算式。(6-8 节)

$$长度 = \frac{v^2}{za}$$

请输入飞机时速 (米 / 秒) 和加速度 (米 / 秒 ^{2})，然后列出所需的跑道长度 (米)。

```
Microsoft Visual Studio 调试控制台
请输入加速度 a： 3
请输入速度 v： 80
所需跑道长度 1066.7

C:\C#\ex\ex6_14\ex6_14\bin\Debug\net6.0\ex6_14.exe
按任意键关闭此窗口...
```

第 7 章
程序的流程控制

一个程序如果按部就班从头到尾，中间没有转折，其实无法完成太多工作。程序设计过程难免会需要转折，这个转折在程序设计中的术语称为流程控制，本章将完整讲解 C# 语言中的 if、switch、break 等语句的流程控制。另外，与程序流程设计有关的关系运算符与逻辑运算符也将在本章进行说明，因为这些是 if 语句流程控制的基础。

这一章起本书逐步进入程序设计的核心，对于一个初学计算机语言的人而言，最重要的就是要有正确的程序流程概念，不仅要懂而且要灵活运用，本章用了近 30 个程序范例，相信必对读者有所帮助。

7-1　关系运算符

C# 语言所使用的关系运算符有：

1. >：大于。

2. >=：大于或等于。

3. <：小于。

4. <=：小于或等于。

上述四项关系运算符有相同的优先级顺序。另外，C# 语言还有两个测试是否相等的关系运算符：

1. == ：等于。

2. != ：不等于。

关系运算符	说　　明	实　　例	说　　明
>	大于	a > b	检查是否 a 大于 b
>=	大于或等于	a >= b	检查是否 a 大于或等于 b
<	小于	a < b	检查是否 a 小于 b
<=	小于或等于	a <= b	检查是否 a 小于或等于 b
==	等于	a == b	检查是否 a 等于 b
!=	不等于	a != b	检查是否 a 不等于 b

上述关系运算符的表达式是真则回传 True，如果表达式是伪则回传 False。

方案 ch7_1.sln：关系运算符的实例。

```
1  // ch7_1
2  Console.WriteLine($"10 > 8      : {10 > 8}");
3  Console.WriteLine($"18 <= 10    : {8 <= 10}");
4  Console.WriteLine($"10 > 20     : {10 > 20}");
5  Console.WriteLine($"10 < 5      : {10 < 5}");
6  string str1 = "Abc";
7  string str2 = "AAA";
8  Console.WriteLine($"Abc == AAA : {str1 == str2}");
9  Console.WriteLine($"Abc != AAA : {str1 != str2}");
```

执行结果

```
Microsoft Visual Studio 测试控制台
10 > 8      : True
18 <= 10    : True
10 > 20     : False
10 < 5      : False
Abc == AAA : False
Abc != AAA : True

C:\C#\ch7\ch7_1\ch7_1\bin\Debug\net6.0\ch7_1.exe
按任意键关闭此窗口. . .
```

7-2　逻辑运算符

C# 所使用的逻辑运算符：

1. &&：相当于逻辑符号 AND。

2. ||：相当于逻辑符号 OR。

3. !：相当于逻辑符号 NOT。

下面是逻辑运算符 && 的说明。

	真	伪
真	真	伪
伪	伪	伪

逻辑运算符和关系运算符一样，如果运算结果是真则回传 True，若是运算结果是伪则回传 False。

方案 ch7_2.sln：逻辑运算符实例。

```
1  // ch7_2
2  Console.WriteLine($"(10 > 8) && (20 >= 10) : {(10 > 8) && (20 >= 10)}");
3  Console.WriteLine($"(10 > 8) && (10 > 20)  : {(10 > 8) && (10 > 20)}");
4  Console.WriteLine($"(10 > 8) || (20 > 10)  : {(10 > 8) || (20 > 10)}");
5  Console.WriteLine($"(10 < 8) || (10 > 20)  : {(10 < 8) || (10 > 20)}");
6  Console.WriteLine($"!(10 > 8)              : {!(10 > 8)}");
7  Console.WriteLine($"!(10 < 8)              : {!(10 < 8)}");
```

执行结果

```
Microsoft Visual Studio 调试控制台

(10 > 8) && (20 >= 10) : True
(10 > 8) && (10 > 20)  : False
(10 > 8) || (20 > 10)  : True
(10 < 8) || (10 > 20)  : False
!(10 > 8)              : False
!(10 < 8)              : True

C:\C#\ch7\ch7_2\ch7_2\bin\Debug\net6.0\ch7_2.exe
按任意键关闭此窗口. . .
```

7-3 完整 C# 运算符优先级表

本书到此节，已经解说了大部分的运算符，表 7-1 是运算符优先级的总结整理，其中位置高则代表高优先级。

表 7-1　运算符优先级

符　　号	运 算 类 型	同等级顺序
()、.、++、--、->	表达式	左到右
sizeof、!、-、~	一元	右到左
*、/、%	乘、除与求余数	左到右
+、-	加减法	左到右
<<、>>	位移动	左到右
<、>、<=、>=	关系表达式	左到右
==、!=	等式表达式	左到右
&	位 AND	左到右
^	位互斥 XOR	左到右
|	位 OR	左到右
&&	逻辑 AND	左到右
||	逻辑 OR	左到右
? :	条件表达式	右到左
=、+=、-=、*=、/=、<<=、>>=、&=、^=、|=	简单和复合运算	右到左
,	循序求值	左到右

实例. 假设有一关系表达式如下：

```
a > b + 2
```

由于"+"号优先级较">"号高，所以上式也可以表示为 a > (b + 2)。在设计程序时，若一时记不清楚算术运算符的优先级则最好的方法是，一律用括号区别，如 a > (b + 2) 所示。此外，当了解运算符优先级后，我们还可以简化方案 ch7_2.sln 的设计。

方案 ch7_3.sln： 重新设计方案 ch7_2.sln，将第 2 ~ 第 5 行简化，不使用小括号。

```
1  // ch7_3
2  Console.WriteLine($"10 > 8 && 20 >= 10 : {10 > 8 && 20 >= 10}");
3  Console.WriteLine($"10 > 8 && 10 > 20  : {10 > 8 && 10 > 20}");
4  Console.WriteLine($"10 > 8 || 20 > 10  : {10 > 8 || 20 > 10}");
5  Console.WriteLine($"10 < 8 || 10 > 20  : {10 < 8 || 10 > 20}");
```

执行结果

```
Microsoft Visual Studio 调试控制台
10 > 8 && 20 >= 10 : True
10 > 8 && 10 > 20  : False
10 > 8 || 20 > 10  : True
10 < 8 || 10 > 20  : False

C:\C#\ch7\ch7_3\ch7_3\bin\Debug\net6.0\ch7_3.exe
按任意键关闭此窗口. . .
```

7-4 if 语句

这个 if 语句的基本语法如下：

```
if （条件判断）
{
    程序代码区块；
}
```

上述语句的含义是如果条件判断是真 (true)，则执行程序代码区块，如果条件判断是伪 (false)，则不执行程序代码区块。如果程序代码区块只有一道指令，可将上述语法包围程序代码区块的左大括号和右大括号省略，写成下列格式。

```
if （条件判断）
    程序代码区块；
```

可以用下列流程图说明这个 if 语句。

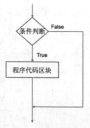

方案 ch7_4.sln： if 语句的基本应用。

```
1  // ch7_4
2  int age;
3  Console.Write("请输入年龄 : ");
4  age = Convert.ToInt32(Console.ReadLine());
5  if (age < 20)
6  {
7      Console.WriteLine("你年龄太小");
8      Console.WriteLine("需满20岁才可以购买烟酒");
9  }
```

执行结果

```
Microsoft Visual Studio 调试控制台
请输入年龄 : 18
你年龄太小
需满20岁才可以购买烟酒

C:\C#\ch7\ch7_4\ch7_4\bin\De
按任意键关闭此窗口. . .
```

```
Microsoft Visual Studio 调试控制台
请输入年龄 : 20

C:\C#\ch7\ch7_4\ch7_4\bin\De
按任意键关闭此窗口. . .
```

上述第 5 行的 (age < 20) 就是一个条件判断，只有判断是真 (true) 才会执行第 7 和 8 行。

方案 ch7_5.sln：测试条件判断的程序代码区块只有 1 行，可以省略大括号。

```
1   // ch7_5
2   int age;
3   Console.Write("请输入年龄 : ");
4   age = Convert.ToInt32(Console.ReadLine());
5   if (age < 20)
6       Console.WriteLine("需满20岁才可以购买烟酒");
```

执行结果：与方案 ch7_4.sln 相同。

7-5　if … else 语句

程序设计时更常用的功能是条件判断为真 (true) 时执行某一个程序代码区块，当条件判断为伪 (False) 时执行另一段程序代码区块，此时可以使用 if … else 语句，它的语法格式如下：

```
if （条件判断）
{
    程序代码区块 1；
}
else
{
    程序代码区块 2；
}
```

上述语句的含义是如果条件判断是 True，则执行程序代码区块 1，如果条件判断是 False，则执行程序代码区块 2。注：上述程序代码区块 1 或是 2，若是只有一道指令，可以省略大括号。

可以用下列流程图说明 if … else 语句：

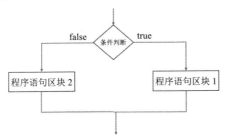

方案 ch7_6.sln：重新设计方案 ch7_4.sln，多了年龄满 20 岁时"欢迎购买烟酒"字符串的输出。

```
1   // ch7_6
2   int age;
3   Console.Write("请输入年龄 : ");
4   age = Convert.ToInt32(Console.ReadLine());
5   if (age < 20)
6   {
7       Console.WriteLine("你年龄太小");
8       Console.WriteLine("需满20岁才可以购买烟酒");
9   }
10  else
11      Console.WriteLine("欢迎购买烟酒");
```

执行结果

```
Microsoft Visual Studio 调试控制台
请输入年龄 : 18
你年龄太小
需满20岁才可以购买烟酒
C:\C#\ch7_6\ch7_6\bin\De
按任意键关闭此窗口...
```

```
Microsoft Visual Studio 调试控制台
请输入年龄 : 20
欢迎购买烟酒
C:\C#\ch7_6\ch7_6\bin\De
按任意键关闭此窗口...
```

7-6 if … else if … else 语句

这是一个多重判断语句，在程序设计需要多个条件作比较时比较有用，例如：在美国成绩计分是采取 A、B、C、D、F 等，通常 90 ～ 100 分是 A，80 ～ 89 分是 B，70 ～ 79 分是 C，60 ～ 69 分是 D，低于 60 分是 F。C# 程序语言使用这个语句，就可以很容易地完成这个工作。这个语句的基本语法如下：

```
if ( 条件判断 1 )
{
        程序代码区块 1;
}
else if ( 条件判断 2)
{
        程序代码区块 2;
}
…
else
{
        程序代码区块 3;
}
```

在上面语法格式中，若是程序代码区块只有一道指令，可以省略大括号删除。另外，else 语句可有可无，不过程序设计师，通常会加上此部分，以便语句有错时，更容易找出错误。这个 if … else if … else 语句的流程结构如下所示：

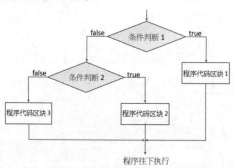

方案 ch7_7.sln： 请输入数字分数，程序将响应 A、B、C、D 或 F 等级。

```
1  // ch7_7
2  int sc;
3  Console.Write("请输入分数 : ");
4  sc = Convert.ToInt32(Console.ReadLine());
5  if (sc >= 90)
6      Console.WriteLine(" A ");
7  else if (sc >= 80)
8      Console.WriteLine(" B ");
9  else if (sc >= 70)
10     Console.WriteLine(" C ");
11 else if (sc >= 60)
12     Console.WriteLine(" D ");
13 else
14     Console.WriteLine(" F ");
```

执行结果

这个程序的流程图如下。

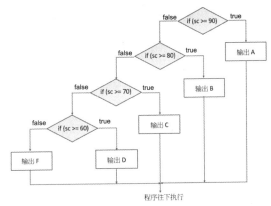

方案 ch7_8.sln：这个程序要求输入字符，然后会告知输入的字符是大写字母、小写字母、阿拉伯数字还是特殊字符。

```
1  // ch7_8
2  int ch;
3  Console.Write("请输入字符 : ");
4  ch = Console.Read();
5  if ((ch >= 'A') && (ch <= 'Z'))
6      Console.WriteLine("这是大写字符");
7  else if ((ch >= 'a') && (ch <= 'z'))
8      Console.WriteLine("这是小写字符");
9  else if ((ch >= '0') && (ch <= '9'))
10     Console.WriteLine("这是数字");
11 else
12     Console.WriteLine("这是特殊字符");
```

执行结果

注 上述程序第 5、第 7、第 9 行是比较完整的写法，也可以省略括号，如下所示：

```
if (ch >= 'A' && ch <='Z")      // 第 5 行
```

7-7 与流程控制有关的特殊表达式

7-7-1 e1？e2：e3 特殊表达式

在 if 语句的应用中，我们经常看到下列语句：

```
if (a>b)
   c = a;
else
   c = b;
```

很显然，上面语句是求较大值的运算，其执行情形是比较 a 是否大于 b，如果是，则令 c 等于 a，否则令 c 等于 b。C# 语言提供给我们一种特殊操作数，让我们可以简化上面语句。

```
e1 ? e2 : e3
```

它的执行情形是，如 e1 为真，则执行 e2，否则执行 e3。若我们想求两数较大值的运算，用这种特殊运算表示，则其指令写法如下

注　也有程序设计师将此特殊表达式称为简洁版的 if … else 语句。

方案 ch7_9.sln：请输入两个数字，然后使用 e1 ? e2 : e3 特殊表达式，得到较大值。

```
1  // ch7_9
2  Console.Write("请输入数字 : ");
3  int a = int.Parse(Console.ReadLine());
4  Console.Write("请输入数字 : ");
5  int b = int.Parse(Console.ReadLine());
6  int c = (a > b) ? a : b;
7  Console.WriteLine($"较大值是 {c}");
```

执行结果

Microsoft Visual Studio 调试控制台
请输入数字 : 5
请输入数字 : 9
较大值是 9
C:\C#\ch7\ch7_9\ch7_9\bin\De
按任意键关闭此窗口 . . .

Microsoft Visual Studio 调试控制台
请输入数字 : 8
请输入数字 : 3
较大值是 8
C:\C#\ch7\ch7_9\ch7_9\bin\De
按任意键关闭此窗口 . . .

7-7-2　?? 特殊表达式

这个表达式的语句如下：

e1 ?? e2

其含义是如果 e1 不是 null，就回传 e1 的值，如果 e1 是 null 就回传 e2 的值。

可以参考下列语法片段：

string filename = GetFileName( );

　　…

string fn = filename ?? "default.txt"

上述语句的含义是如果 filename 不是 null，fn 就等于 filename。如果 filename 是 null，fn 就等于 "default.txt"。

7-8　switch 语句

尽管 if … else if … else 可执行多种条件判断，但是 C# 语言有提供 switch 指令，这个指令可以让程序设计师更方便地执行多种条件判断，switch 指令可以让用户更容易地了解程序逻辑，它使用的语法如下：

```
switch ( 变量 )
{
    case 选择值 1:
        程序区块 1;
        break;
    case 选择值 2:
        程序区块 2;
        break;
        …
    default:
        程序区块 3;   // 上述条件都不成立时，则执行此道指令
        break;
}
```

注　上述 case 的选择值必须是数字或字符。

C# 语言在执行此道指令时，会先去 case 中找出与变量条件相符的选择值，当找到时，C# 语言就会去执行与该 case 有关的程序区块，直到碰上 break 或是遇到 switch 语句的结束符号，才会结束 switch 动作。下图是 switch 语句的流程图。

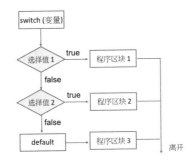

在使用 switch 语句时，你必须要知道以下几项事情：

1. 若是某一个 case 的程序区块结束前没有加上 break，则 C# 语言在执行完这个 case 语句后，会继续往下执行。

2. switch 的 case 值只能是整数或是字符。

3. default 语句可有可无。

方案 ch7_10.sln：屏幕功能的选择。请输入任意数字，本程序会将你所选择的字符串打印出来。

```
1  // ch7_10
2  Console.WriteLine("1. Access    ......  ");
3  Console.WriteLine("2. Excel     ......  ");
4  Console.WriteLine("3. Word      ......  ");
5  Console.Write("请选择 ==> ");
6  int i = int.Parse(Console.ReadLine());
7  switch (i)
8  {
9      case 1:
10         Console.WriteLine("Access 是数据库软件");
11         break;
12     case 2:
13         Console.WriteLine("Excel 是电子表格软件");
14         break;
15     case 3:
16         Console.WriteLine("Word 是文字处理软件");
17         break;
18     default: Console.WriteLine("选择错误");
19         break;
20 }
```

执行结果

上述程序的 switch 语句流程如下所示。

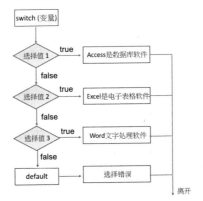

方案 ch7_11.sln：重新设计方案 ch7_10.sln，输入 a 或 A 显示 Access 是数据库软件，输入 b 或 B 显示 Excel 是电子表格软件，输入 c 或 C 显示 Word 文字处理软件。输入其他字符，显示选择错误。

```
1  // ch7_11
2  Console.WriteLine("A. Access    ...... ");
3  Console.WriteLine("B. Excel     ...... ");
4  Console.WriteLine("C. Word      ...... ");
5  Console.Write("请选择 ==> ");
6  int i = Console.Read();
7  switch (i)
8  {
9      case 'a':
10     case 'A':
11         Console.WriteLine("Access 是数据库软件");
12         break;
13     case 'b':
14     case 'B':
15         Console.WriteLine("Excel 是电子表格软件");
16         break;
17     case 'c':
18     case 'C':
19         Console.WriteLine("Word 是文字处理软件");
20         break;
21     default:
22         Console.WriteLine("选择错误");
23         break;
24 }
```

执行结果

7-9 goto 语句

几乎所有的计算机语言都含有这个指令，这是一个无条件的跳越指令，但是几乎所有的结构化语言，都建议读者不要使用这个指令。因为这个指令会破坏程序的结构性，记得笔者在美国读研究生时，教授就明文规定凡是含有 goto 指令的程序，成绩一律打 8 折。

goto 语句在执行时，后面一定要加上标题 (label)，标题是一个符号地址，也就是告诉 C# 语言，直接跳到标题位置执行指令。当然，程序中一定要含有标题这个语句，标题的写法和变量一样，但是后面要加上冒号 "："。

例如，有一个指令如下：

```
begin:
    ...

    if (i > j)
        goto stop;
    goto begin;
    ...

stop:
```

这段语句主要的含义为，如果 i 大于 j 则跳到 stop 地址，否则跳到 begin 地址。另外，在使用 goto 时必须要注意，这个 goto 指令，只限在同一程序段落内跳，不可以跳到另一函数或子程序内。

方案 ch7_12.sln：goto 指令的运用，本程序会要求用户输入两个数字，如果第一个数字大于第二个数字则利用 goto 指令终止程序的执行，否则程序会利用 goto 指令再度要求用户输入两个整数。

```
1  // ch7_12
2  int x, y;
3  int index = 1;
4  programrepeat:
5      Console.WriteLine($"第 {index} 次输入");
6      Console.Write("请输入数字 : ");
7      x = int.Parse(Console.ReadLine());
8      Console.Write("请输入数字 : ");
9      y = int.Parse(Console.ReadLine());
10     if (x > y)
11         goto programstop;
12     index++;
13     goto programrepeat;
14 programstop:
15     Console.WriteLine("程序结束");
```

执行结果

```
Microsoft Visual Studio 调试控制台
第 1 次输入
请输入数字 : 2
请输入数字 : 5
第 2 次输入
请输入数字 : 5
请输入数字 : 2
程序结束
C:\C#\ch7\ch7_12\ch7_12\bin\Debug\net6.0\ch7_12.exe
按任意键关闭此窗口...
```

7-10　专题

7-10-1　BMI 指数计算

　　BMI(Body Mass Index) 指数即身体质量指数 (又称体重指数)，是由比利时的科学家凯特勒 (Lambert Quetelet) 最先提出，这也是世界卫生组织认可的健康指数，它的计算方式如下：

$$BMI=体重(kg)/(身高)(m)$$

　　如果 BMI 是 18.5 ～ 23.9，表示这是健康的 BMI 值。请输入自己的身高和体重，然后求出自己是否在健康的范围，中国官方针对 BMI 指数公布的更进一步数据如下所示。

分　　类	BMI
体重过轻	BMI < 18.5
正常	18.5 ≤ BMI < 24
超重	24 ≤ BMI < 28
肥胖	BMI ≥ 28

　　方案 ch7_13.sln：人体健康体重指数判断程序，这个程序会要求输入身高与体重，然后计算 BMI 指数，由这个 BMI 指数判断体重是否肥胖。

```
1  // ch7_13
2  Console.Write("请输入身高(厘米) : ");
3  int height = int.Parse(Console.ReadLine());
4  Console.Write("请输入体重(千克) : ");
5  int weight = int.Parse(Console.ReadLine());
6  double bmi = (double)weight / Math.Pow(height / 100.0, 2);
7  if (bmi >= 28)
8      Console.WriteLine("体重肥胖");
9  else
10     Console.WriteLine("体重不肥胖");
```

执行结果

```
Microsoft Visual Studio 调试控制台
请输入身高(厘米) : 160
请输入体重(千克) : 65
体重不肥胖
C:\C#\ch7\ch7_13\ch7_13\bin\
按任意键关闭此窗口...
```

```
Microsoft Visual Studio 调试控制台
请输入身高(厘米) : 160
请输入体重(千克) : 75
体重肥胖
C:\C#\ch7\ch7_13\ch7_13\bin\
按任意键关闭此窗口...
```

7-10-2　闰年计算

　　方案 ch7_14.sln：测试某年是否闰年 (leap year)，请输入任一年份，本程序将会判断这个年份是否为闰年。

```
1  // ch7_14
2  Console.Write("请输入测试年份 : ");
3  int year = int.Parse(Console.ReadLine());
4  int rem400 = year % 400;
5  int rem100 = year % 100;
6  int rem4 = year % 4;
7  if (((rem4 == 0) && (rem100 != 0)) || (rem400 == 0))
8      Console.WriteLine($"{year} 是闰年");
9  else
10     Console.WriteLine($"{year} 不是闰年");
```

执行结果

```
Microsoft Visual Studio 调试控制台
请输入测试年份 : 2020
2020 是闰年
C:\C#\ch7\ch7_14\ch7_14\bin\
按任意键关闭此窗口...
```

```
Microsoft Visual Studio 调试控制台
请输入测试年份 : 2022
2022 不是闰年
C:\C#\ch7\ch7_14\ch7_14\bin\
按任意键关闭此窗口...
```

闰年的条件是年份首先要可以被 4 整除 (相当于没有余数)，这个条件成立后，还必须符合它除以 100 时余数不为 0 或是除以 400 时余数为 0，才算闰年。因此，由程序第 7 行判断所输入的年份是否为闰年。

7-10-3 判断成绩并输出适当的字符串

方案 ch7_15.sln：依据输入英文成绩，然后输出评语。

```
1  // ch7_15
2  Console.Write("请输入成绩 : ");
3  int i = Console.Read();
4  switch (i)
5  {
6      case 'a':
7      case 'A':
8          Console.WriteLine("Excellent");
9          break;
10     case 'b':
11     case 'B':
12         Console.WriteLine("Good");
13         break;
14     case 'c':
15     case 'C':
16         Console.WriteLine("Pass");
17         break;
18     case 'd':
19     case 'D':
20         Console.WriteLine("Not good");
21         break;
22     case 'f':
23     case 'F':
24         Console.WriteLine("Fail");
25         break;
26     default:
27         Console.WriteLine("输入错误");
28         break;
29 }
```

执行结果

7-10-4 十二生肖系统

在中国除了使用公元年份代号，也使用鼠、牛、虎、兔、龙、蛇、马、羊、猴、鸡、狗、猪，即十二生肖来纪年，每 12 年是一个周期，1900 年是鼠年。

方案 ch7_16.sln：请输入你出生的公元年 19xx 或 20xx，本程序会输出相对应的生肖年。

```
1  // ch7_16;
2  Console.Write("请输入公元出生年 : ");
3  int year = int.Parse(Console.ReadLine());
4  year -= 1900;
5  int zodiac = year % 12;
6  if (zodiac == 0)
7      Console.WriteLine("你的生肖是 : 鼠");
8  else if (zodiac == 1)
9      Console.WriteLine("你的生肖是 : 牛");
10 else if (zodiac == 2)
11     Console.WriteLine("你的生肖是 : 虎");
12 else if (zodiac == 3)
13     Console.WriteLine("你的生肖是 : 兔");
14 else if (zodiac == 4)
15     Console.WriteLine("你的生肖是 : 龙");
16 else if (zodiac == 5)
17     Console.WriteLine("你的生肖是 : 蛇");
18 else if (zodiac == 6)
19     Console.WriteLine("你的生肖是 : 马");
20 else if (zodiac == 7)
21     Console.WriteLine("你的生肖是 : 羊");
22 else if (zodiac == 8)
23     Console.WriteLine("你的生肖是 : 猴");
24 else if (zodiac == 9)
25     Console.WriteLine("你的生肖是 : 鸡");
26 else if (zodiac == 10)
27     Console.WriteLine("你的生肖是 : 狗");
28 else
29     Console.WriteLine("你的生肖是 : 猪");
```

执行结果

7-10-5　火箭升空

地球周围的空间里有许多人造卫星，这些人造卫星是由火箭发射的，由于地球有地心引力，太阳也有引力，火箭发射要可以达到人造卫星绕行地球、脱离地球进入太空，甚至脱离太阳系等目标都必须要达到一定的宇宙速度方可成功，所谓的宇宙速度概念如下。

❑ 第一宇宙速度

所谓的第一宇宙速度又称环绕地球速度，这个速度是 7.9km/s，当火箭到达这个速度后，人造卫星即可环绕着地球做圆周运动。当火箭速度超过 7.9km/s，但是小于 11.2km/s 时，人造卫星可以环绕着地球做椭圆运动。

❑ 第二宇宙速度

所谓的第二宇宙速度又称逃逸速度，这个速度是 11.2km/s，当火箭到达这个速度尚未超过 16.7km/s 时，人造卫星可以环绕太阳运动，成为一颗太阳的人造行星。

❑ 第三宇宙速度

所谓的第三宇宙速度又称太阳逃逸速度，这个速度是 16.7km/s，当火箭到达这个速度后，就可以脱离太阳引力到太阳系的外层空间。

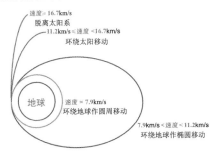

方案 ch7_17.sln：请输入火箭速度 (km/s)，这个程序会输出人造卫星飞行状态。

```
1  // ch7_17;
2  Console.Write("请输入火箭速度：");
3  double v = double.Parse(Console.ReadLine());
4  if (v < 7.9)
5      Console.Write("你人造卫星无法进入太空");
6  else if (v == 7.9)
7      Console.Write("人造卫星可以环绕地球作圆形移动");
8  else if (v > 7.9 && v < 11.2)
9      Console.Write("人造卫星可以环绕地球作椭圆形移动");
10 else if (v >= 11.2 && v < 16.7)
11     Console.Write("人造卫星可以环绕太阳移动");
12 else
13     Console.Write("人造卫星可以脱离太阳系");
```

执行结果

```
Microsoft Visual Studio 调试控制台
人造卫星可以环绕地球作圆形移动
C:\C#\ch7\ch7_17\ch7_17\bin\Debug
按任意键关闭此窗口。..
```

```
Microsoft Visual Studio 调试控制台
人造卫星可以环绕地球作椭圆形移动
C:\C#\ch7\ch7_17\ch7_17\bin\Debug
按任意键关闭此窗口。..
```

```
Microsoft Visual Studio 调试控制台
请输入火箭速度：11.8
人造卫星可以环绕太阳移动
C:\C#\ch7\ch7_17\ch7_17\bin\Debug
按任意键关闭此窗口。..
```

```
Microsoft Visual Studio 调试控制台
请输入火箭速度：16.7
人造卫星可以脱离太阳系
C:\C#\ch7\ch7_17\ch7_17\bin\Debug
按任意键关闭此窗口。..
```

7-10-6　简易的人工智能程序 —— 职场兴趣方向测验

有一家公司的人力部门录取了一位新进员工，同时为新进员工做了英文和社会的兴趣方向测验，这位新进员工的得分，分别是英文 60 分、社会 55 分。

公司的编辑部门有人力需求，参考过去编辑部门员工的兴趣方向测验，英文是 80 分，社会是 60 分。

营销部门也有人力需求，参考过去营销部门员工的兴趣方向测验，英文是 40 分，社会是 80 分。

如果你是主管，应该将新进员工先转给哪一个部门？

这类问题可以使用坐标轴分析，我们可以将 x 轴定义为英文，y 轴定义为社会，整个坐标如下：

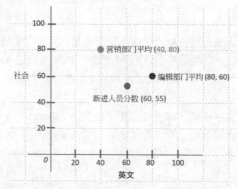

方案 ch7_18.sln： 判断新进人员比较适合在哪一个部门。

```
1  // ch7_18
2  int market_x = 40;          // 营销部门英文成绩
3  int market_y = 80;          // 营销部门社会成绩
4  int editor_x = 80;          // 编辑部门英文成绩
5  int editor_y = 60;          // 编辑部门社会成绩
6  int employ_x = 60;          // 新进人员英文成绩
7  int employ_y = 55;          // 新进人员社会成绩
8  double m_dist, e_dist;      // 营销距离，编辑距离
9  m_dist = Math.Pow(Math.Pow(market_x - employ_x, 2) +
10           Math.Pow(market_y - employ_y, 2), 0.5);
11 e_dist = Math.Pow(Math.Pow(editor_x - employ_x, 2) +
12           Math.Pow(editor_y - employ_y, 2), 0.5);
13 Console.WriteLine($"新进人员与编辑部门差异：{e_dist:F2}");
14 Console.WriteLine($"新进人员与营销部门差异：{m_dist:F2}");
15 if (m_dist > e_dist)
16     Console.WriteLine("新进人员比较适合编辑部门");
17 else
18     Console.WriteLine("新进人员比较适合营销部门");
```

执行结果

```
Microsoft Visual Studio 调试控制台
新进人员与编辑部门差异 : 20.62
新进人员与营销部门差异 : 32.02
新进人员比较适合编辑部门

C:\C#\ch7\ch7_18\ch7_18\bin\Debug\net6.0\ch7_18.exe
按任意键关闭此窗口. . .
```

7-10-7　输出每个月有几天

方案 ch7_19.sln： 这个程序会要求输入月份，然后输出该月份的天数。注：假设 2 月是 28 天。

```
1  // ch7_19
2  Console.Write("请输入月份 : ");
3  int month = int.Parse(Console.ReadLine());
4  switch (month)
5  {
6      case 2:
7          Console.WriteLine($"{month} 月份有 28 天");
8          break;
9      case 1:
10     case 3:
11     case 5:
12     case 7:
13     case 8:
14     case 10:
15     case 12:
16         Console.WriteLine($"{month} 月份有 31 天");
17         break;
18     case 4:
19     case 6:
20     case 9:
21     case 11:
22         Console.WriteLine($"{month} 月份有 30 天");
23         break;
24     default:
25         Console.WriteLine("输入错误 !");
26         break;
27 }
```

执行结果

```
Microsoft Visual Studio 调试控制台
请输入月份 : 2
2 月份有 28 天

C:\C#\ch7\ch7_19\ch7_19\bin\Debug
按任意键关闭此窗口. . .
```

```
Microsoft Visual Studio 调试控制台
请输入月份 : 7
7 月份有 31 天

C:\C#\ch7\ch7_19\ch7_19\bin\Debug
按任意键关闭此窗口. . .
```

```
Microsoft Visual Studio 调试控制台
请输入月份 : 11
11 月份有 30 天

C:\C#\ch7\ch7_19\ch7_19\bin\Debug
按任意键关闭此窗口. . .
```

```
Microsoft Visual Studio 调试控制台
请输入月份 : 20
输入错误 !

C:\C#\ch7\ch7_19\ch7_19\bin\Debug
按任意键关闭此窗口. . .
```

7-10-8　is 和 is not 关键词

关键词 is 或 is not 可以执行数据类型的检查，同时回传 true 或 false。

方案 ch7_20.sln：执行对输入数据类型是否为字符串的检查。

```
1  // ch7_20
2  Console.Write("请输入数字 : ");
3  var num = Console.ReadLine();
4  if (num is null)
5      Console.WriteLine($"{num} 是null");
6  else
7      Console.WriteLine($"{num} 不是null");
8
9  if (num is string)
10     Console.WriteLine($"{num} 是字符串");
11 else
12     Console.WriteLine($"{num} 不是字符串");
13
14 Console.WriteLine($"num is not string : {num is not string}");
```

执行结果

```
Microsoft Visual Studio 调试控制台
请输入数字 : 32
32 不是null
32 是字符串
num is not string : False

C:\C#\ch7\ch7_20\ch7_20\bin\Debug\net6.0\ch7_20.exe
按任意键关闭此窗口. . .
```

习题实操题

方案 ex7_1.sln：设计绝对值程序。(7-3 节)

方案 ex7_2.sln：有一个圆，其半径是 20，圆中心在坐标 (0,0) 位置，请输入任意点坐标，这个程序可以判断此点坐标是不是在圆内部。(7-5 节)

提示：可以计算输入的点坐标距离圆中心的长度是否小于半径。

方案 ex7_3.sln：用户可以先选择华氏温度与摄氏温度的转换方式，然后输入一个温度，将其转换成另一种温度。(7-5 节)

方案 ex7_4.sln：简化 ch7_8.sln 的 if 条件判断的设计。(7-6 节)

方案 ex7_5.sln：有一地区的票价收费标准是 100 元。(7-6 节)

1. 但是如果游客不大于 6 岁或不小于 80 岁，则收费打 2 折。

2. 但是如果游客是 7 ～ 12 岁或 60 ～ 79 岁，则收费打 5 折。

请输入岁数，程序会计算票价。

方案 ex7_6.sln：假设麦当劳打工每周领一次薪资，工作基本时薪是 200 元，其他规则如下：

1. 小于 40 小时（周），时薪是基本时薪的 0.8 倍。

2. 等于 40 小时（周），时薪是基本时薪。

3. 大于 40 小于 50（含）小时（周），时薪是基本时薪的 1.2 倍。

4. 大于 50 小时（周），时薪是基本时薪的 1.6 倍。

请输入工作时数，然后程序可以计算周薪。(7-6 节)

方案 ex7_7.sln：假设今天是星期日，请输入天数 days，本程序可以响应对应几天后是星期几。注：请用 if … else if … else 设计。(7-6 节)

方案 ex7_8.sln：请重新设计方案 ch7_9.sln，改为输出较小值。(7-7 节)

方案 ex7_9.sln：假设今天是星期日，请输入天数 days，本程序可以响应对应几天后是星期几。注：请用 switch 设计。(7-8 节)

方案 ex7_10.sln：扩充设计方案 ch7_13.sln，列出 BMI 和中国 BMI 指数区分的结果表。(7-10 节)

方案 ex7_11.sln：三角形边长的性质是 2 边长加起来大于第三边边长，请输入 3 个边长，如果这 3 个边长可以形成三角形则输出三角形的周长。如果这 3 个边长无法形成三角形，则输出这不是三角形的边长。(7-10 节)

方案 ex7_12.sln：请修改方案 ch7_18.sln，将新进人员的考试成绩改为由屏幕输入，然后直接列出比较适合的部门。(7-10 节)

方案 ex7_13.sln：请输入月份，这个程序会输出此月份的英文。(7-10 节)

方案 ex7_14.sln：请输入一个字符，这个程序可以判断此字符是不是英文字母。(7-10 节)

第 8 章
程序的循环设计

假设现在要求读者设计一个从 1 加到 10 的程序，然后打印结果，读者可能用下列方式设计这个程序。

方案 ex8_1.sln：从 1 加到 10，同时打印结果。

```
1  // ch8_1
2  int sum = 1 + 2 + 3 + 4 + 5 + 6 + 7 + 8 + 9 + 10;
3  Console.WriteLine($"总和 = {sum}");
```

执行结果

```
Microsoft Visual Studio 调试控制台
总和 = 55

C:\C#\ch8\ch8_1\ch8_1\bin\Debug\net6.0\ch8_1.exe
按任意键关闭此窗口. . .
```

现在假设要求各位从 1 加至 100 或是 1000，若是仍用上面方法设计程序，就显得很麻烦了，幸好 C# 语言为我们提供了解决这类问题的方式，这也是本章的重点。

8-1 for 循环

8-1-1 单层 for 循环

for 循环 (loop) 的语法如下：

for（表达式 1；表达式 2；表达式 3）
{
　　　循环主体
}

上述各表达式的功能如下：

表达式 1. 设定循环指标的初始值。

表达式 2. 这是关系表达式，判断是否要离开循环控制语句。

表达式 3. 更新循环指标。

其中，表达式 1 和表达式 3 是一般设定语句。而表达式 2 则是一个关系表达式，如果此条件判断关系表达式是真 (true) 则循环继续，如果此条件判断关系表达式是伪 (false)，则跳出循环或是称结束循环。另外，若是循环主体只有一道指令，则可将大括号省略，否则我们应继续使用大括号。由于 for 循环各表达式功能不同，所以也可以用下列表达式替换。

for（设定循环指标初始值；条件判断；更新循环指标）
{
　　　循环主体
}

下列是 for 循环的流程图。

当然，在上述 3 个表达式中，任何一个都可以省略，但是分号 (;) 不可省略，如果不需要表达式 1 和表达式 3，那么把它省略不写就可以了，如方案 ch8_3.sln 所示。

方案 ch8_2.sln： 从 1 加到 100，并将结果打印出来。

```
1  // ch8_2
2  int sum = 0;
3  int i;
4  for (i = 1; i <= 100; i++)
5      sum += i;
6  Console.WriteLine($"总和 = {sum}");
```

执行结果

> Microsoft Visual Studio 调试控制台
> 总和 = 5050
>
> C:\C#\ch8\ch8_2\ch8_2\bin\Debug\net6.0\ch8_2.exe
> 按任意键关闭此窗口. . .

上述实例的 for 循环流程如下：

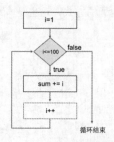

富有变化，是 C# 语言最大的特色，使用同样的控制语句，配合不同的运算符，却可得到同样的结果，下面程序范例将充分说明这个概念。

方案 ch8_3.sln： 重新设计从 1 加到 100 的程序，并将结果打印出来。

```
1  // ch8_3
2  int sum = 0;
3  int i = 1;
4  for ( ; i <= 100; )
5      sum += i++;
6  Console.WriteLine($"总和 = {sum}");
```

执行结果与 ch8_2.sln 相同。

上述的程序范例中，for 语句的表达式 1 被省略了，但是我们在 for 的前一列已经设定 i = 1 了，这是合法的动作。另外，表达式 3 的指令也省略了，但是这并不代表，我们没有进行表达式 3 对应的动作，在此程序中，我们只是把表达式 3 和循环主体融合成一个指令罢了。

```
sum += i++;                    // 这是循环主体
```

上述相当于：

```
sum = sum + i;
```

```
i = i + 1;
```

所以，方案 ch8_3.sln 仍能产生正确结果。

方案 ch8_4.sln： 从 1 加到 9，并将每一个加法后的值打印出来。

```
1  // ch8_4
2  int sum = 0;
3  Console.WriteLine(" i       总和   ");
4  Console.WriteLine(("").PadRight(16, '-'));
5  for ( int i=1; i <= 9; i++)
6  {
7      sum += i;
8      Console.WriteLine($" {i}        {sum}");
9  }
```

执行结果

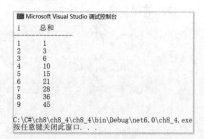

上述程序的 for 循环概念的流程如下：

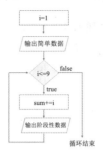

方案 ch8_5.sln：列出从 97 至 122 间所有的 ASCII 字符。

```
1   // ch8_5
2   int i;
3   for (i = 97; i <= 122; i++)
4       Console.Write($"{i}={Convert.ToChar(i)}\t");
```

执行结果

```
Microsoft Visual Studio 调试控制台                                    —    □
97=a    98=b    99=c    100=d   101=e   102=f   103=g   104=h   105=i   106=j   107=k   108=l   109=m
110=n   111=o   112=p   113=q   114=r   115=s   116=t   117=u   118=v   119=w   120=x   121=y   122=z
C:\C#\ch8\ch8_5\ch8_5\bin\Debug\net6.0\ch8_5.exe (进程 21404)已退出，代码为 0。
按任意键关闭此窗口. . .
```

上述程序第 4 列的 \t，主要意为依据键盘 Tab 键的设定位置输出数据。

8-1-2　for 语句应用到无限循环中

在 for 语句中如果条件判断，也就是表达式 2 不写的话，那么这个结果将永远是真，所以下面写法将是一个无限循环。

```
for (表达式 1;  ; 表达式 3)
{
    …
}
```

或是

```
for ( ;   ; )
{
    …

}
```

如果程序掉入无限循环，那么其实就是一个错误。如果要在程序中设计一个无限循环，就必须在特定情况让此程序离开此无限循环，无限循环常用在以下两个地方：

1. 让程序暂时中断。注：其实我们可以使用 C# 语言的 Thread.Sleep( ) 方法执行此功能，8-8 节会解释 Thread.Sleep( ) 函数。

2. 猜谜游戏，答对才可以离开无限循环。

8-5 节会有无限循环的实例解说，此外如果程序设计错误掉入无限循环陷阱，可以使用 Ctrl + C 键强行离开无限循环。

8-1-3　双层或多层 for 循环

和其他高级语言一样，C# 中 for 循环也可以形成双层循环。所谓的双层循环控制语句就是某个 for 语句在另一个 for 语句里面，其基本语法概念如下所示。

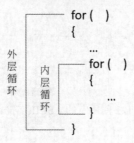

如果我们以下列符号代表循环。

那么下列各种复杂的循环是允许的。

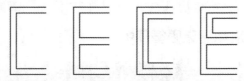

使用循环时有一点要注意的是，循环不可有交叉的情形，也就是两个循环不可以产生交叉。例如，下列复杂循环是不允许的。

循环交叉是不允许的

注　我们也可以将多层次的循环称为嵌套循环 (nested loop)。

方案 ch8_6.sln：利用双层 for 循环语句，打印九九乘法表。

```
1   // ch8_6
2   int i, j, result;
3
4   for (i = 1; i <= 9; i++)
5   {
6       for (j = 1; j <= 9; j++)
7       {
8           result = i * j;
9           Console.Write($"{i}*{j}={result,-3}");
10      }
11      Console.WriteLine("");
12  }
```

执行结果

Microsoft Visual Studio 调试控制台

```
1*1=1   1*2=2   1*3=3   1*4=4   1*5=5   1*6=6   1*7=7   1*8=8   1*9=9
2*1=2   2*2=4   2*3=6   2*4=8   2*5=10  2*6=12  2*7=14  2*8=16  2*9=18
3*1=3   3*2=6   3*3=9   3*4=12  3*5=15  3*6=18  3*7=21  3*8=24  3*9=27
4*1=4   4*2=8   4*3=12  4*4=16  4*5=20  4*6=24  4*7=28  4*8=32  4*9=36
5*1=5   5*2=10  5*3=15  5*4=20  5*5=25  5*6=30  5*7=35  5*8=40  5*9=45
6*1=6   6*2=12  6*3=18  6*4=24  6*5=30  6*6=36  6*7=42  6*8=48  6*9=54
7*1=7   7*2=14  7*3=21  7*4=28  7*5=35  7*6=42  7*7=49  7*8=56  7*9=63
8*1=8   8*2=16  8*3=24  8*4=32  8*5=40  8*6=48  8*7=56  8*8=64  8*9=72
9*1=9   9*2=18  9*3=27  9*4=36  9*5=45  9*6=54  9*7=63  9*8=72  9*9=81
```

```
C:\C#\ch8\ch8_6\ch8_6\bin\Debug\net6.0\ch8_6.exe (进程 16860)已
按任意键关闭此窗口. . .
```

上述程序的流程如下所示。

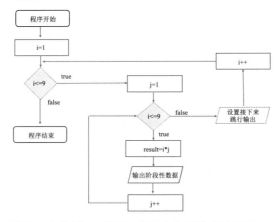

方案 ch8_7.sln：利用 != 来控制 for 循环，执行九九乘法表的打印。

```
1  // ch8_7
2  int i, j, result;
3
4  for (i = 1; i != 10; i++)
5  {
6      for (j = 1; j != 10; j++)
7      {
8          result = i * j;
9          Console.Write($"{i}*{j}={result,-3}");
10     }
11     Console.WriteLine("");
12 }
```

执行结果：与 ch8_6.sln 相同。

方案 ch8_8.sln：绘制楼梯。

```
1  // ch8_8
2  int i, j;
3
4  Console.WriteLine(" ");      // 最上方留空白
5  for (i = 1; i <= 10; i++)
6  {
7      for (j = 1; j <= i; j++)
8          Console.Write("AA");
9      Console.WriteLine();     // 跳行输出
10 }
```

执行结果

```
CG Microsoft Visual Studio 调试控制台

AA
AAAA
AAAAAA
AAAAAAAA
AAAAAAAAAA
AAAAAAAAAAAA
AAAAAAAAAAAAAA
AAAAAAAAAAAAAAAA
AAAAAAAAAAAAAAAAAA
AAAAAAAAAAAAAAAAAAAA

C:\C#\ch8\ch8_8\ch8_8\bin\Debug\net6.0\ch8_8.exe
按任意键关闭此窗口. . .
```

8-1-4 for 循环指标递减设计

前面的 for 循环是让循环指标以递增方式处理，其实我们也可以设计一个程序让循环指标以递减方式处理。

方案 ch8_9.sln：以递减方式重新设计 ch8_2.sln，计算从 1 加到 100 的总和。

```
1  // ch8_9
2  int sum = 0;
3  int i;
4  for (i = 100; i >= 1; i--)
5      sum += i;
6  Console.WriteLine($"总和 = {sum}");
```

执行结果：与方案 ch8_2.sln 相同。

注　循环指标的递减设计概念，也可以应用在未来会介绍的 while 和 do … while 循环中。

8-2 while 循环

while 循环功能几乎和 for 循环相同，只是写法不同。

8-2-1 单层 while 循环

while 循环的语法如下：

表达式 1；

while （ 表达式 2 ）

{

　　循环主体

　　表达式 3；

}

上述各表达式的功能如下：

表达式 1：设定循环指标的初始值。

表达式 2：这是关系表达式，根据条件来判断是否要离开循环控制语句。

表达式 3：更新循环指标。

其中，表达式 1 和表达式 3 是一般设定语句，而表达式 2 则是一个关系表达式，如果此条件判断关系表达式是真 (true) 则循环继续，如果此条件判断关系表达式是伪 (false)，则跳出循环或结束循环。另外，若是循环主体和更新循环指针可以用一道指令表达，可将大括号省略，否则我们应继续拥有大括号。由于 while 循环各表达式功能不同，所以也可以用下列表达式替换。

设定循环指标初始值；

while （ 条件判断 ）

{

　　循环主体

　　更新循环指标；

}

下面是 while 循环的流程图。

其实 while 循环流程图和 for 循环流程图是类似的，只是语法表达方式不相同。至于在程序设计时，究竟是使用 for 还是 while，则视个人习惯而定。

方案 **ch8_10.sln**：使用 while 循环，从 1 加到 10，并将结果打印出来。

```
1  // ch8_10
2  int i, sum;
3
4  i = 1;
5  sum = 0;
6  while (i <= 10)
7      sum += i++;
8  Console.WriteLine($"总和 = {sum}");
```

执行结果

```
Microsoft Visual Studio 调试控制台
总和 = 55

C:\C#\ch8\ch8_10\ch8_10\bin\Debug\net6.0\ch8_10.exe
按任意键关闭此窗口. . .
```

上述范例的流程图如下所示。

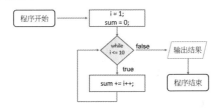

方案 **ch8_11.sln**：将所输入的数字，以相反的顺序打印出来。

```
1   // ch8_11
2   int digit, num;
3
4   Console.Write("请输入任意整数\n===> ");
5   num = int.Parse(Console.ReadLine());
6   Console.WriteLine("整数的相反输出");
7   while (num != 0)
8   {
9       digit = num % 10;
10      num = num / 10;
11      Console.Write($"{digit}");
12  }
```

执行结果

```
Microsoft Visual Studio 调试控制台
请输入任意整数
===> 365
整数的相反输出
563
C:\C#\ch8\ch8_11\ch8_11\bin\Debug\net6.0\ch8_11.exe
按任意键关闭此窗口. . .
```

8-2-2　while 语句应用到无限循环

使用 while 语句创建无限循环时，可以使用 while (true)，如下所示：

```
while ( true )
{
    ...
}
```

注　8-5 节会有这方面的应用实例。

8-2-3　双层或多层 while 循环

和 for 循环一样，while 循环也可以形成双层循环。所谓的双层循环控制语句就是某个 while 语句在另一个 while 语句里面，其基本语法概念如下所示。

与 for 循环一样，在使用多层 while 循环时，下列情况是允许的。

与 for 多层循环一样，在设计 while 循环时，不可有交叉情形出现，如下所示。

循环交叉是不允许的

方案 ch8_12.sln：使用双层 while 循环，打印九九乘法表。

```
1  // ch8_12
2  int i, j, result;
3
4  i = 1;
5  while (i <= 9)
6  {
7      j = 1;
8      while (j <= 9)
9      {
10         result = i * j;
11         Console.Write($"{i}*{j++}={result,-3}\t");
12     }
13     i++;
14     Console.WriteLine();
15 }
```

执行结果可以参考方案 ch8_6.sln。

上述程序的流程如下所示。

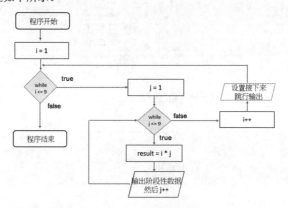

方案 ch8_13.sln：绘制三角形。

```
1  // ch8_13
2  int i, j;
3  i = 5;
4  while (i <= 9)
5  {
6      j = 1;
7      while (j++ <= (9 - i))
8          Console.Write(" ");
9      j = 9;
10     while ((j++ - i) < i)
11         Console.Write("A");
12     i++;
13     Console.WriteLine();
14 }
```

执行结果

```
      A
     AAA
    AAAAA
   AAAAAAA
  AAAAAAAAA

C:\C#\ch8\ch8_13\ch8_13\bin\Debug\net6.0\ch8_13.exe
按任意键关闭此窗口. . .
```

8-3 do … while 循环

8-3-1 单层 do … while 循环

for 和 while 循环在使用时，都是将条件判断的语句放在循环的起始位置。C# 语言的第 3 种循环 do … while，会在执行完循环的主体之后，才判断循环是否要结束。do … while 的使用语法如下：

　　表达式 1；

　　do {

　　　　循环主体

　　　　表达式 3；

　　} while (表达式 2);

上述各表达式的功能如下：

表达式 1：设定循环指标的初始值。

表达式 2：这是关系表达式，条件判断是否要离开循环控制语句。

表达式 3：更新循环指标。

其中，表达式 1 和表达式 3 是一般设定语句。而表达式 2 则是一个关系表达式，如果此条件判断关系表达式是真 (true) 则循环继续，如果此条件判断关系表达式是伪 (talse)，则跳出循环或是称结束循环。由于 do … while 循环各表达式功能不同，所以也可以用下列表达式替换。

　　设定循环指标初始值；

　　do {

　　　　循环主体

　　　　更新循环指标；

　　} while (条件判断);

　　右图是 while 循环的流程图。

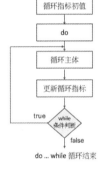

do … while 循环结束

　　方案 ch8_14.sln：利用 do … while 从 1 加到 100，并将结果打印出来。

```
1  // ch8_14
2  int i = 1;
3  int sum = 0;
4
5  do {
6      sum += i++;
7  } while (i <= 100);
8  Console.WriteLine($"总和 = {sum}");
```

执行结果

Microsoft Visual Studio 调试控制台

总和 = 5050

C:\C#\ch8\ch8_14\ch8_14\bin\Debug\net6.0\ch8_14.exe
按任意键关闭此窗口...

上述程序的流程如下所示。

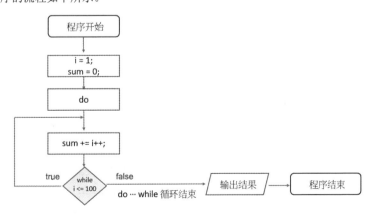

8-3-2 do ⋯ while 语句的无限循环

想要使用 do ⋯ while 语句创建无限循环时，在 while 的括号内设定 1 即可，如下所示：

```
do {
    …
} while ( true );
```

8-5 节会有无限循环的应用实例。

8-3-3 双层或多层 do ⋯ while 循环

do ⋯ while 循环和 for 及 while 循环一样，也可以用来设计双层循环，此时其格式如下所示。

至于其他双层循环的使用细节，如循环不可交叉，也和前面的 for 和 while 双层循环类似。

方案 ch8_15.sln： 使用 do ⋯ while 循环绘制楼梯。

```
1   // ch8_15
2   int i = 1;
3   int j;
4   do {
5       j = i;
6       do {
7           Console.Write("  ");
8       } while (j++ <= 9);
9       j = 1;
10      do {
11          Console.Write("AA");
12      } while (j++ < i);
13      Console.WriteLine();
14  } while (i++ <= 9);
```

执行结果

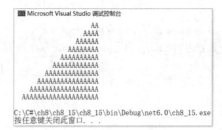

8-4 循环的选择

笔者介绍了 C# 语言的 3 种循环，其实只要一种循环就可以完成工作，也可以使用其他两种循环完成工作，至于在现实工作环境应该要使用哪一种循环，其实没有确定的标准，读者可以依据自己的习惯使用这三种循环中的一种，下面是这 3 种循环的基本差异。

循 环 特 色	for 循环	while 循环	do ⋯ while 循环
预知执行循环次数	是	否	否
条件判断位置	循环前端	循环前端	循环末端
最少执行次数	0	0	1
更新循环指标方式	for 语句内	循环主体内	循环主体内

笔者多年使用循环的习惯为，如果已经知道循环执行的次数，笔者会使用 for 循环。如果不知道循环执行的次数，则比较常使用 while 循环。至于 do … while 循环则比较少用。

8-5 break 语句

break 语句的用法有两种，第一个是在 switch 语句中扮演将 case 语句中断的角色，读者可以参考 7-8 节。另一个则是扮演强迫一般循环指令，for、while、do … while，循环中断。

实例 . 有一个 for 循环指令片段如下所示。

从上面的语句我们可以知道，原则上实例 1 的循环将执行 100 次，但是，如果条件判断成立，则不管循环已经执行几次，都将立即离开这个循环语句。上述虽然举了 for 循环的实例，但是其他可以同时应用在 while 和 do … while 循环中，如下所示。

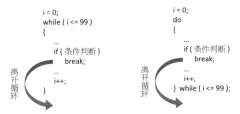

方案 ch8_16.sln：for 循环和 break 指令的应用。原则上这个程序将执行 100 次，但是我们在循环中，设定循环指标如果大于或等于 5 就执行 break，所以这个循环只能执行 5 次就中断了。

```
1  // ch8_16
2  int i;
3
4  for (i = 1; i <= 100; i++)
5  {
6      Console.WriteLine($"循环索引 {i}");
7      if (i >= 5)
8          break;
9  }
```

执行结果

```
Microsoft Visual Studio 调试控制台
循环索引 1
循环索引 2
循环索引 3
循环索引 4
循环索引 5

C:\C#\ch8\ch8_16\ch8_16\bin\Debug\net6.0\ch8_16.exe
按任意键关闭此窗口 . . .
```

方案 ch8_17.sln：无限循环和 break 的应用。这个程序会要求你猜一个数字，直到你猜对 while 循环才结束，本程序要猜的数字在第 9 行设定。

```
1  // ch8_17
2  int i;
3  int count = 1;
4
5  while ( true )
6  {
7      Console.Write("输入欲猜数字 : ");
8      i = int.Parse(Console.ReadLine());
9      if (i == 5)   // 设定欲猜数字
10         break;
11     count++;
12 }
13 Console.WriteLine($"花 {count} 次猜对");
```

执行结果

```
Microsoft Visual Studio 调试控制台
输入欲猜数字 : 8
输入欲猜数字 : 3
输入欲猜数字 : 5
花 3 次猜对

C:\C#\ch8\ch8_17\ch8_17\bin\Debug\net6.0\ch8_17.exe
按任意键关闭此窗口 . . .
```

8-6　continue 语句

continue 语句和 break 语句类似，但是 continue 语句是令程序重新回到循环起始位置然后往下执行，而忽略 continue 和循环终止之间的程序指令。

实例 1. 有一个 for 循环指令片段如下所示。

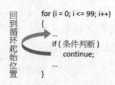

从上面片段我们可以知道，循环将完整执行 100 圈，但是，如果条件判断成立，则不执行 continue 后面至循环结束之间的指令，也就是无法完整执行 for 循环内的所有指令 100 圈。

注　若是想将 continue 语句应用在 while 和 do … while 语句中，则必须将循环指标写在 if 条件判断前，这样才不会掉入无限循环的陷阱中，如下所示。

方案 ch8_18.sln：for 和 continue 指令的应用，实际上这个循环应执行 101 执行，但是因为 continue 的关系，我们只打印这个索引值 5 次。此外，这个程序还会列出循环执行的次数。

```
1  // ch8_18
2  int i;
3  int counter = 0;
4
5  for (i = 0; i <= 100; i++)
6  {
7      counter++;
8      if (i >= 5)
9          continue;
10     Console.WriteLine($"索引是 {i}");
11 }
12 Console.WriteLine($"循环执行次数 {counter}");
```

执行结果

```
Microsoft Visual Studio 调试控制台
索引是 0
索引是 1
索引是 2
索引是 3
索引是 4
循环执行次数 101

C:\C#\ch8\ch8_18\ch8_18\bin\Debug\net6.0\ch8_18.exe
按任意键关闭此窗口...
```

方案 ch8_19.sln：利用 for 语句和 continue 指令，计算 $2 + 4 + \cdots + 100$ 的总和。

```
1  // ch8_19
2  int i;
3  int sum = 0;
4
5  for (i = 2; i <= 100; i++)
6  {
7      if ((i % 2) != 0)
8          continue;
9      sum += i;
10 }
11 Console.WriteLine($"总和是 {sum}");
```

执行结果

```
Microsoft Visual Studio 调试控制台
总和是 2550

C:\C#\ch8\ch8_19\ch8_19\bin\Debug\net6.0\ch8_19.exe
按任意键关闭此窗口...
```

8-7　随机数 Random 类

C# 的 System 命名空间内有 Random 类，这个类可以产生随机数。

8-7-1　创建随机数对象

要产生随机数首先要创建随机数对象，语法如下：

```
Random rnd = new Random( );            // rnd 就是随机数对象
```

注　上述是在面向对象声明类对象，目前读者只要会用就好，未来还会针对此语法做完整的解说。

8-7-2　随机数方法 Next( )

有了 8-7-1 节的随机数对象 rnd 后，就可以用此对象调用 Next( ) 随机数方法，在面向对象的方法中，Next( ) 的用法有下列几种。

Next( )：回传 0(含) ～ 2147483647 (不含) 的整数值。

Next(max)：回传 0(含) ～ max (不含) 的整数值。

Next(min, max)：回传 min(含) ～ max (不含) 的整数值。

NextDouble( )：回传 0.0(含) ～ 1.0(不含) 的浮点数。

注　上述 min、max 都是 int 数据类型。

方案 ch8_20.sln：产生整数的随机数。

```
1  // ch8_20
2  Random rnd = new Random();
3  int i, r;
4  Console.WriteLine("产生 5 笔 0 ~ 2147483647(不含) 随机数");
5  for (i = 0; i < 5; i++)
6  {
7      r = rnd.Next();
8      Console.Write($"{r}\t");
9  }
10 Console.WriteLine();
11 Console.WriteLine("产生 8 笔 0 ~ 6(不含)的随机数");
12 for (i = 0; i < 8; i++)
13 {
14     r = rnd.Next(6);
15     Console.Write($"{r}\t");
16 }
17 Console.WriteLine();
18 Console.WriteLine("产生 8 笔 1 ~ 7(不含) 的随机数");
19 for (i = 0; i < 8; i++)
20 {
21     r = rnd.Next(1, 7);
22     Console.Write($"{r}\t");
23 }
```

执行结果

```
Microsoft Visual Studio 调试控制台
产生 5 笔 0 ~ 2147483647(不含) 随机数
10939222      1263115317      1792685974      1803883548      1789295331
产生 8 笔 0 ~ 6(不含)的随机数
3      1      4      5      0      0      0      1
产生 8 笔 1 ~ 7(不含) 的随机数
4      1      4      6      1      4      5      3
C:\C#\ch8\ch8_20\ch8_20\bin\Debug\net6.0\ch8_20.exe (进程 9652)已退出，代码
按任意键关闭此窗口...
```

方案 ch8_21.sln：产生 5 笔 0 ～ 1.0 的随机数。

```
1  // ch8_21
2  Random rnd = new Random();
3  int i;
4  double r;
5  Console.WriteLine("产生 5 笔 0 ~ 1.0(不含) 随机数");
6  for (i = 0; i < 5; i++)
7  {
8      r = rnd.NextDouble();
9      Console.WriteLine($"{r}\t");
10 }
```

执行结果

```
Microsoft Visual Studio 调试控制台
产生 5 笔 0 ~ 1.0(不含) 随机数
0.3765007300160399
0.6196278103117109
0.7536906704829899
0.8526546958857688
0.008293980360823072
C:\C#\ch8\ch8_21\ch8_21\bin\Debug\net6.0\ch8_21.exe
按任意键关闭此窗口...
```

8-7-3　随机数种子

基本上每次执行 8-7-2 节的随机数实例时，都可以获得不一样的随机数，如果想要每次执行都获得一样的随机数，在创建随机数对象时，需设定随机数种子，语法如下：

```
Random rnd = new Random(int seed);
```

上述语句中 seed 是种子的值，数据类型是 int，设定以后可以获得一样的随机数。在一些数据实验中，我们期待每次使用的随机数都一样，方便追踪数据变化，这时可以使用随机数种子，

产生固定的随机数。

方案 ch8_22.sln：使用值为 100 的随机数种子，创建 5 笔随机数，读者可以重复执行此程序，每次可以获得一样的随机数。

```
1   // ch8_22
2   Random rnd = new Random(100);
3   int i, r;
4   Console.WriteLine("产生 5 笔 0 ~ 2147483647(不含) 随机数");
5   for (i = 0; i < 5; i++)
6   {
7       r = rnd.Next();
8       Console.Write($"{r}\t");
9   }
```

执行结果：以下是执行 2 次的结果。

8-8 休息方法

C# 语言在 System.Threading 命名空间内有休息方法 Thread.Sleep( )，执行时可以让此程序在指定时间内休息，同时 CPU 和其他程序仍可以正常执行。此方法语法如下：

```
Thread.Sleep(int32);
```

上述 int32 用 1000 代表 1 秒，其他值以此类推。

方案 ch8_23.sln：产生 1 ~ 6 的骰子值，每一秒输出一个。

```
1   // ch8_23
2   //using System.Threading;    已经隐性引用
3   Random rnd = new Random();
4   int i, r;
5   Console.WriteLine("产生 5 笔 1 ~ 6 的骰子值");
6   for (i = 0; i < 5; i++)
7   {
8       r = rnd.Next(1,7);        // 产生 1 ~ 6
9       Console.WriteLine($"{r}");
10      Thread.Sleep(1000);
11  }
```

执行结果

```
Microsoft Visual Studio 调试控制台
产生 5 笔 1 ~ 6 的骰子值
4
2
5
3
4

C:\C#\ch8\ch8_23\ch8_23\bin\Debug\net6.0\ch8_23.exe
按任意键关闭此窗口...
```

注 因为 System.Threading 命名空间也已经被隐性引用，可以参考 2-2-3 节，所以程序第 2 行可以省略此引用动作。

8-9 专题

8-9-1 计算平均成绩和不及格人数

方案 ch8_24.sln：请输入班级人数及班上的 C# 语言考试成绩，本程序会将全班平均成绩和不及格人数打印出来。

```
1  // ch8_24
2  int i, score;
3  int sum = 0;                  // 总分
4  int fail_count = 0;           // 不及格人数
5  double ave = 0;               // 平均成绩
6  Console.Write("输入学生人数 ==> ");
7  int num = int.Parse(Console.ReadLine());
8  for (i = 1; i <= num; i++)
9  {
10     Console.Write("输入成绩 : ");
11     score = int.Parse(Console.ReadLine());
12     sum += score;
13     if (score < 60)
14         fail_count++;
15 }
16 ave = (double) sum / num;
17 Console.WriteLine($"平均成绩是 : {ave:F2}");
18 Console.WriteLine($"不及格人数 : {fail_count}");
```

执行结果

```
Microsoft Visual Studio 调试控制台

输入学生人数 ==> 4
输入成绩 : 88
输入成绩 : 100
输入成绩 : 59
输入成绩 : 60
平均成绩是 : 76.75
不及格人数 : 1

C:\C#\ch8\ch8_24\ch8_24\bin\Debug\net6.0\ch8_24.exe
按任意键关闭此窗口...
```

8-9-2　猜数字游戏

方案 ch8_17.sln 是一个猜数字游戏，所猜数字是笔者自行设定的，本节将改为所猜数字由随机数产生。

方案 ch8_25.sln：猜数字 1 ～ 10(含) 的游戏，同时列出猜了几次才答对。

```
1  // ch8_25
2  int i;
3  int count = 1;
4  int ans;
5
6  Random rnd = new Random();
7  ans = rnd.Next(1, 11);        // 设置欲猜数字
8  while (true)
9  {
10     Console.Write("输入欲猜数字 : ");
11     i = int.Parse(Console.ReadLine());
12     if (i > ans)
13         Console.WriteLine("请猜小一点!");
14     else if (i < ans)
15         Console.WriteLine("请猜大一点!");
16     else
17         break;
18     count++;
19 }
20 Console.WriteLine($"花 {count} 次猜对");
```

执行结果

```
Microsoft Visual Studio 调试控制台

输入欲猜数字 : 5
请猜小一点!
输入欲猜数字 : 3
请猜小一点!
输入欲猜数字 : 2
花 3 次猜对

C:\C#\ch8\ch8_25\ch8_25\bin\Debug\net6.0\ch8_25.exe
按任意键关闭此窗口...
```

8-9-3　认识欧几里得算法

欧几里得是古希腊的数学家，在数学中欧几里得算法主要是求最大公因数 (greatest common divisor) 的方法。这个方法就是我们在中学时期所学的辗转相除法，这个算法最早出现在欧几里得的《几何原本》里。本节笔者除了解释此算法外还将使用 C# 完成此算法。

❑ 土地区块划分

假设有一块土地长是 40 米宽是 16 米，如果我们想要将此土地划分成许多相等的正方形土地，同时又不要浪费土地，则正方形土地最大的边长是多少？

其实这类问题在数学中就是求最大公因数的问题，土地的边长就是任意两个要计算最大公因数的数值。上述我们可以将较长边除以短边，相当于 40 除以 16，可以得到余数是 8，此时土地划分如下：

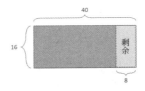

因为余数不是 0，所以再将剩余土地的较长边除以其较短边，相当于 16 除以 8，可以得到商是 2，余数是 0。

现在余数是 0，这时的除数是 8，这个 8 就是最大公因数，也就是土地的边长，如果用其划分土地可以得到下列结果。

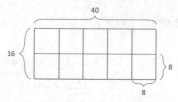

也就是说 16 × 48 的土地，用边长 8(8 是最大公因数) 划分，可以得到不浪费土地条件下的最大土地区块。

❑ 辗转相除法

辗转相除法就是欧几里得算法的原意，对两个数使用辗转相除法求最大公因数，步骤如下：

1. 计算较大的数。

2. 让较大的数当作被除数，较小的数当作除数。

3. 两数相除。

4. 两数相除的余数当作下一次的除数，原除数变被除数，如此循环直到余数为 0，当余数为 0 时，这时的除数就是最大公因数。

假设两个数字分别是 40 和 16，则最大公因数的计算方式如下所示。

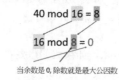

$$40 \bmod 16 = 8$$

$$16 \bmod 8 = 0$$

当余数是 0，除数就是最大公因数

方案 ch8_26.sln：利用辗转相除法求最大公因数。

```
1  // ch8_26
2  int tmp;
3
4  Console.Write("请输入第 1 个正整数 ==> ");
5  int i = int.Parse(Console.ReadLine());
6  Console.Write("请输入第 2 个正整数 ==> ");
7  int j = int.Parse(Console.ReadLine());
8  while (j != 0)
9  {
10     tmp = i % j;
11     i = j;
12     j = tmp;
13 }
14 Console.WriteLine($"最大公因数是 {i}");
```

执行结果

```
Microsoft Visual Studio 调试控制台

请输入第 1 个正整数 ==> 16
请输入第 2 个正整数 ==> 40
最大公因数是 8

C:\C#\ch8\ch8_26\ch8_26\bin\Debug\net6.0\ch8_26.exe
按任意键关闭此窗口...
```

8-9-4　计算圆周率

在 4-6-1 节笔者有说明计算圆周率的知识，当时笔者使用了莱布尼茨公式，也说明了此级数收敛速度很慢，这一节我们将用循环来处理这类问题。

我们可以用下列式子表示莱布尼茨公式：

$$pi = 4(1 - \frac{1}{3} + \frac{1}{5} - \frac{1}{7} + \cdots + \frac{(-1)^{i+1}}{2i-1})$$

这是减号,因为指数(i+1)是奇数

这是加号,因为指数(i+1)是偶数

其实我们也可以用一个求和公式来表达上述莱布尼茨公式，这个公式的重点是 (i+1) 次方，如果 (i+1) 是奇数可以产生因数 -1，如果 (i+1) 是偶数可以产生因数 1。

$$4\sum_{i=1}^{n} \frac{(-1)^{i+1}}{2i-1}$$

如果 i+1 是奇数, 分子结果是 -1
如果 i+1 是奇数, 分子结果是 1

方案 ch8_27.sln：使用莱布尼茨公式计算圆周率，这个程序会计算到 100 万次，同时每 10 万次列出一次圆周率的计算结果。

```
1  // ch8_27
2  int x = 1000000;
3  int i;
4  double pi = 0.0;
5
6  for (i = 1; i <= x; i++)
7  {
8      pi += 4 * (Math.Pow(-1, (i + 1)) / (2 * i - 1));
9      if (i % 100000 == 0)
10         Console.WriteLine($"当 i = {i,7} 时 PI = {pi:F19}");
11 }
```

执行结果

```
Microsoft Visual Studio 调试控制台
当 i =  100000 时 PI = 3.1415826535897197758
当 i =  200000 时 PI = 3.1415876535897617750
当 i =  300000 时 PI = 3.1415893202564642017
当 i =  400000 时 PI = 3.1415901535897439167
当 i =  500000 时 PI = 3.1415906535896920282
当 i =  600000 时 PI = 3.1415909869230147500
当 i =  700000 时 PI = 3.1415912250182609355
当 i =  800000 时 PI = 3.1415914035897172241
当 i =  900000 时 PI = 3.1415915424786509114
当 i = 1000000 时 PI = 3.1415916535897743245

C:\C#\ch8\ch8_27\ch8_27\bin\Debug\net6.0\ch8_27.exe
按任意键关闭此窗口. . .
```

注　上述程序必须将 pi 设为双精度浮点数，如果只是设为浮点数则会有误差。从上述执行结果可以得到当循环到 40 万次后，此圆周率才进入我们熟知的 3.14159…。

8-9-5　鸡兔同笼 —— 使用循环计算

方案 ch8_28.sln：6-8-7 节笔者介绍了鸡兔同笼的问题，该问题也可以使用循环计算，我们可以先假设鸡 (chicken) 有 0 只，兔子 (rabbit) 有 35 只，然后计算脚的数量，如果所获得的脚的数量与实际不符合，则增加 1 只鸡。

```
1  // ch8_28
2  int chicken = 0;
3  int rabbit;
4  while (true)
5  {
6      rabbit = 35 - chicken;
7      if (2 * chicken + 4 * rabbit == 100)
8      {
9          Console.WriteLine($"鸡有 {chicken} 只, 兔有 {rabbit} 只");
10         break;
11     }
12     chicken++;
13 }
```

执行结果

```
Microsoft Visual Studio 调试控制台
鸡有 20 只, 兔有 15 只

C:\C#\ch8\ch8_28\ch8_28\bin\Debug\net6.0\ch8_28.exe
按任意键关闭此窗口. . .
```

8-9-6　国王的麦粒

方案 ch8_29.sln：古印度有一个国王很爱下棋，打遍全国无敌手，昭告天下只要能打赢他，就可以协助此人完成一个愿望。有一位大臣提出挑战，然后国王真的输了，国王也愿意信守承诺，满足此位大臣的愿望，结果此位大臣提出想要麦粒的要求，内容大意如下：

第 1 个棋盘格子要 1 粒 —— 其实相当于 2^0。

第 2 个棋盘格子要 2 粒 —— 其实相当于 2^1。

第 3 个棋盘格子要 4 粒 —— 其实相当于 2^2。

第 4 个棋盘格子要 8 粒 —— 其实相当于2^3。

第 5 个棋盘格子要 16 粒 —— 其实相当于2^4。

……

第 64 个棋盘格子要 ×× 粒 —— 其实相当于2^{64}。

国王听完哈哈大笑地同意了，管粮的大臣一听大惊失色，不过也想出一个办法，他要赢棋的大臣自行到粮仓计算麦粒并运送，结果国王没有失信天下，因为赢棋的大臣无法取走天文数字的所有麦粒，这个程序会计算这位大臣到底要取走多少麦粒。

```
1  // ch8_29
2  ulong sum = 0;
3  ulong wheat;
4  int i;
5  for (i = 0; i < 64; i++)
6  {
7      if (i == 0)
8          wheat = 1;
9      else
10         wheat = (ulong) Math.Pow(2, i);
11     sum += wheat;
12 }
13 Console.WriteLine($"麦粒总共 = {sum}");
```

执行结果

```
Microsoft Visual Studio 调试控制台
麦粒总共 = 18446744073709551615

C:\C#\ch8\ch8_29\ch8_29\bin\Debug\net6.0\ch8_29.exe
按任意键关闭此窗口...
```

8-9-7　离开无限循环并结束程序的 Ctrl + C 键

设计程序不小心进入无限循环时，可以使用同时按 Ctrl + C 键离开无限循环，此程序同时也将结束。

方案 ch8_30.sln：请输入任意值，本程序会将这个值的绝对值打印出来。此外，本程序第 4 ～ 11 行的 while (true) 是一个无限循环，若想终止此程序执行，你必须同时按 Ctrl 键和 C 键。

```
1  // ch8_30
2  int i;
3
4  while ( true )
5  {
6      Console.Write("请输入任意值 ==> ");
7      i = int.Parse(Console.ReadLine());
8      if (i < 0)
9          i = -i;
10     Console.WriteLine($"绝对值是 {i}");
11 }
```

执行结果

```
Microsoft Visual Studio 调试控制台
请输入任意值 ==> 98
绝对值是 98
请输入任意值 ==> -55
绝对值是 55
请输入任意值 ==>
C:\C#\ch8\ch8_30\ch8_30\bin\Debug\net6.0\ch8_30.exe
按任意键关闭此窗口...
```

8-9-8　银行账户冻结

方案 ch8_31.sln：在现实生活中我们可以使用网络进行买卖基金、转账等操作，在进入银行账户前会被要求输入密码，密码输入 3 次错误后，此账户就被冻结，然后需要到银行柜台重新设置密码，这个程序是在仿真此操作。

```
1  // ch8_31
2  int i;
3  int password;
4
5  for (i = 1; i <= 3; i++)
6  {
7      Console.Write("请输入密码 : ");
8      password = int.Parse(Console.ReadLine());
9      if (password == 12345)
10     {
11         Console.WriteLine("密码正确, 欢迎进入系统");
12         break;
13     }
14     else
15         if (i == 3 && password != 12345)
16             Console.WriteLine("密码错误 3 次, 请至柜台重新设置密码");
17 }
```

执行结果

```
Microsoft Visual Studio 调试控制台
请输入密码 : 12345
密码正确, 欢迎进入系统

C:\C#\ch8\ch8_31\ch8_31\bin\
按任意键关闭此窗口...
```

```
Microsoft Visual Studio 调试控制台
请输入密码 : 13333
请输入密码 : 22222
请输入密码 : 55555
密码错误 3 次, 请至柜台重设置请密码

C:\C#\ch8\ch8_31\ch8_31\bin\Debug\net
按任意键关闭此窗口...
```

8-9-9　自由落体

方案 ch8_32.sln：有一粒球自 100 米的高度落下，每次落地后可以反弹到原先高度的一半，请计算第 10 次落地之后，球一共动了多少米，同时计算第 10 次落地后可以反弹多高。

```
1  // ch8_32
2  double height, dist;
3  int i;
4  height = 100;
5  dist = 100;
6  height = height / 2;          // 第一次反弹高度
7  for (i = 2; i <= 10; i++)
8  {
9      dist += 2 * height;
10     height = height / 2;
11 }
12 Console.WriteLine($"第10次落地行经距离 {dist:F3}");
13 Console.WriteLine($"第10次落地反弹高度 {height:F3}");
```

执行结果

```
Microsoft Visual Studio 调试控制台
第10次落地行经距离 299.609
第10次落地反弹高度 0.098

C:\C#\ch8\ch8_32\ch8_32\bin\Debug\net6.0\ch8_32.exe
按任意键关闭此窗口. . .
```

上述程序中 height 是代表反弹高度的变量，其每次是原先的一半高度，所以第 10 行会保留反弹高度。球的移动距离则是累加反弹高度，因为反弹会落下，所以第 9 行需要乘以 2，然后累计加总。

8-9-10　罗马数字

罗马数字 Ⅰ ～ Ⅹ 的 Unicode 码值是 0x2160 ～ 0x2169，如下所示。

表 10-2　罗马数字与 Unicode 码对应表

有关更多阿拉伯数字与 Unicode 字符码的对照表，读者可以参考下列 Unicode 字符百科的网址。

https://unicode-table.com/cn/sets/arabic-numerals/

方案 ch8_33.sln：列出罗马数字 Ⅰ ～ Ⅹ，这个程序的另一个重点是使用 6-5-3 节介绍的 Convert.ToChar( ) 方法将十六进制数字转换成 Unicode 字符。

```
1  // ch8_33
2  int i;
3  Console.WriteLine("Unicode是十六进制");
4  for (i = 0x2160; i <= 0x2169; i++)
5      Console.Write($"{i:X}={Convert.ToChar(i)}\t");
```

执行结果

```
Microsoft Visual Studio 调试控制台
Unicode是十六进制
2160=Ⅰ 2161=Ⅱ 2162=Ⅲ 2163=Ⅳ 2164=Ⅴ 2165=Ⅵ 2166=Ⅶ 2167=Ⅷ 2168=Ⅸ 2169=Ⅹ
C:\C#\ch8\ch8_33\ch8_33\bin\Debug\net6.0\ch8_33.exe (进程 20004)已退出，代码为 0。
按任意键关闭此窗口. . .
```

8-9-11　定时器设计

方案 ch8_34.sln：设计 10 秒定时器，到时间会产生蜂鸣声。

```
1  // ch8_34
2  for (int i = 10; i > 0; i--)
3  {
4      Console.SetCursorPosition(0, 0);  // 固定位置输出计时秒数
5      Console.WriteLine($"定时器秒数：{i} ");
6      Thread.Sleep(1000);               // 休息 1 秒
7  }
8  Console.WriteLine("计时结束");
9  Console.Beep();
```

执行结果：下方左图是计时过程，右图是执行结果。

习题实操题

方案 ex8_1.sln：参考方案 ch8_5.sln，列出大写英文字母 A ～ Z。(8-1 节)

```
Microsoft Visual Studio 调试控制台                                          ─   □
65=A   66=B   67=C   68=D   69=E   70=F   71=G   72=H   73=I   74=J   75=K   76=L   77=M   78=N
79=O   80=P   81=Q   82=R   83=S   84=T   85=U   86=V   87=W   88=X   89=Y   90=Z
C:\C#\ex\ex8_1\ex8_1\bin\Debug\net6.0\ex8_1.exe (进程 10888)已退出，代码为 0。
按任意键关闭此窗口...■
```

方案 ex8_2.sln：请输入起点值和终点值，起点值必须小于终点值，然后计算起点值（含）与终点值（含）之间的总和。(8-1 节)

方案 ex8_3.sln：请输入一个数字，这个程序可以测试此数字是不是质数，质数的性质如下：(8-1 节)

1. 2 是质数。

2. n 不可以被 2 ～ (n-1) 的数字整除。

> **注** 质数的英文是 prime number，prime 的英文有强者的意义，所以许多有名的职业球员喜欢用质数当作背号，例如，Lebron James 是 23，Michael Jordan 是 23，Kevin Durant 是 7。

方案 ex8_4.sln：请将本金、年利率与存款年数从屏幕输入，然后计算每一年的本金和。(8-1 节)

方案 ex8_5.sln：假设你今年的体重是 50 kg，每年可以增加 1.2 kg，请列出未来 5 年的体重变化。(8-1 节)

方案 ex8_6.sln：请用双层 for 循环输出下列结果。(8-1 节)

方案 ex8_7.sln：请用双层 for 循环输出下列结果。(8-1 节)

方案 ex8_8.sln：至少用一个 while 循环，列出阿拉伯数字中前 20 个质数。(8-2 节)

方案 ex8_9.sln：使用 while 循环设计此程序，假设今年大学学费是 50000 元，未来每年以 5% 的速度向上涨价，多少年后学费会达到或超过 6 万元？学费不会少于 1 元，计算时可以忽略小数字数。(8-2 节)

方案 ex8_10.sln：请扩充设计 ex8_2.sln，这个程序会使用 do ... while 循环来增加对起点值是否小于终点值的检查，如果起点值大于终点值会要求重新输入。(8-3 节)

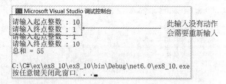

方案 ex8_11.sln：在程序设计时，我们可以在 while 循环中设定一个输入数值当作循环执行结束的值，这个值称为哨兵值 (sentinel value)。本程序会计算输入值的总和，设置哨兵值为 0，如果输入 0 则程序结束。(8-5 节)

```
Microsoft Visual Studio 调试控制台
请输入一个数值：5
请输入一个数值：6
请输入一个数值：7
请输入一个数值：0
输入总和 = 18

C:\C#\ex8_11\ex8_11\bin\Debug\net6.0\ex8_11.exe
按任意键关闭此窗口. . ._
```

方案 ex8_12.sln：使用 while 和 continue，设计程序列出 1 ～ 10（含）的偶数。(8-6 节)

```
Microsoft Visual Studio 调试控制台
2
4
6
8
10

C:\C#\ex8_12\ex8_12\bin\Debug\net6.0\ex8_12.exe
按任意键关闭此窗口. . ._
```

方案 ex8_13.sln：计算数学常数 e 的值，它的全名是 Euler's number，又称欧拉数，主要是纪念瑞士数学家欧拉，这是一个无限不循环小数，我们可以使用下列级数计算 e 值。

这个程序会计算到 i=10，同时列出不同 i 值的计算结果，输出结果到小数第 15 位。(8-9 节)

```
Microsoft Visual Studio 调试控制台
当 i =  1 时 e = 2.000000000000000
当 i =  2 时 e = 2.500000000000000
当 i =  3 时 e = 2.666666666666667
当 i =  4 时 e = 2.708333333333333
当 i =  5 时 e = 2.716666666666666
当 i =  6 时 e = 2.718055555555555
当 i =  7 时 e = 2.718253968253968
当 i =  8 时 e = 2.718278769841270
当 i =  9 时 e = 2.718281525573192
当 i = 10 时 e = 2.718281801146385

C:\C#\ex8_13\ex8_13\bin\Debug\net6.0\ex8_13.exe
按任意键关闭此窗口. . ._
```

方案 ex8_14.sln：输出 26 个大写和小写英文字母。(8-9 节)

```
Microsoft Visual Studio 调试控制台
A B C D E F G H I J K L M N O P Q R S T U V W X Y Z
a b c d e f g h i j k l m n o p q r s t u v w x y z

C:\C#\ex8_14\ex8_14\bin\Debug\net6.0\ex8_14.exe
按任意键关闭此窗口. . ._
```

方案 ex8_15.sln：输出 100 ～ 999 的水仙花数，所谓的水仙花数是指一个三位数，其每个数字的立方加总后等于该数字，例如 153 是水仙花数，因为 1 的 3 次方加上 5 的 3 次方再加上 3 的 3 次方等于 153。(8-9 节)

```
Microsoft Visual Studio 调试控制台
153
370
371
407

C:\C#\ex8_15\ex8_15\bin\Debug\net6.0\ex8_15.exe
按任意键关闭此窗口. . ._
```

方案 ex8_16.sln：设计程序使其可以输出字母三角形。(8-9 节)

方案 ex8_17.sln：设计数字三角形，读者可以输入三角形高度。(8-9 节)

方案 ex8_18.sln：请扩充设计方案 ch8_34.sln，增加输入秒数的功能。(8-9 节)

第 9 章
数组

9-1　一维数组

9-1-1　基础概念

如果我们在程序设计时，用变量存储数据且各变量间没有互相关联，那么可以将数据想象成下图，笔者用散乱的方式来表达相同数据类型的各个变量，在真实的内存中读者可以想象各变量在内存内并没有按照次序排放。

如果我们将相同类型的数据组织起来形成数组 (array)，可以将数据想象成下图，读者可以想象各变量在内存内依次序方式排放，如下所示。

当数据排成数组后，我们就可以用索引值 (index) 存取此数组特定位置的内容，在 C# 语言中索引从 0 开始，所以第 1 个元素的索引是 0，第 2 个元素的索引是 1，可以此类推，所以如果一个数组若是有 n 个元素，则此数组的索引在 0 ~ (n-1)。

从上述说明我们可以得到，数组本身是一种结构化的数据类型，主要是将相同类型的数据集合起来，用一个名称来代表。存取数组中的数据值时，其用数组的索引值 (index) 指示所要存取的数据。

9-1-2　数组的声明

数组的使用和其他的变量一样，使用前一定要先声明，以便编译程序能预留空间供程序使用，声明数组的同时可以声明数组的数据类型和长度 (又称大小)，声明的语法如下：

```
数据类型 [ ] 数组变量名称 = new 数据类型 [ 数组长度 ];
```

上述 new 关键词主要是为数组名配置内存空间，也可以看作创建了一个实体 (instance)，一般常用的数组数据类型有整数、浮点数和字符，有关字符数据类型，我们将留到第 10 章讨论。上述声明基本上是在声明数组数据类型与数组长度，同时配置内存空间，但是没有设定数组元素内容，未来读者有需求再在程序内自行设定数组元素内容。

实例 . 声明整型数组 sc，此数组长度是 5。

```
int[ ] sc = new int[5];         // 声明整型数组，数组长度是 5，建议使用
```

也可以用先声明数组数据，然后再声明数组长度，也就是分两行声明上述数组。

注　这个只是让读者了解可以用下列方式声明，建议还是使用上述方式。

```
int[ ] sc;                      // 声明整型数组
sc = new int[5];                // 为整型数组配置 5 个元素空间
```

表示声明一个长度为 5 的一维整型数组，长度为 5 相当于是数组内有 5 个元素，数组名是 sc。此外，此声明没有设定初始值，编译程序会自动设定数组初始值为 0。在 C# 语言中，数组第一个元素的索引值一定是 0，下面是 sc 声明的说明图。

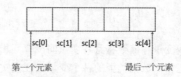

sc[0]	sc[1]	sc[2]	sc[3]	sc[4]

第一个元素　　　　　　　　　　　　　最后一个元素

注 　索引放在中括号内，读者可以将上述看作是一个内存，sc 指向一个内存地址，这也符合第 3-14 节所述，数组是一个引用型的数据。

上述语句声明了整型数组，也可以用于声明浮点数、字符或字符串数组，如下所示：

```
float[ ] data1 = new float[5];          // 声明浮点数数组

double[ ] data2 = new double[5];         // 声明双精度浮点数数组

char[ ] data3 = new char[5];             // 声明字符数组

string[ ] data4 = new string[5];         // 声明字符串数组
```

本章所述的数组是以处理数值数据为主，第 10 章所述的数组则是处理字符和字符串内容。

方案 ch9_1.sln：数组声明方法 1，声明整型数组类型与长度的基础实例。

```
1  // ch9_1
2  int[] sc = new int[5];          // 声明数组类型与长度
3  sc[0] = 5;
4  sc[1] = 10;
5  sc[2] = 15;
6  sc[3] = 20;
7  sc[4] = 25;
8  for (int i = 0; i < 5; i++)
9      Console.Write($"{sc[i]}\t");
```

执行结果

```
Microsoft Visual Studio 调试控制台
5       10      15      20      25
C:\C#\ch9_1\ch9_1\bin\Debug\net6.0\ch9_1.exe
按任意键关闭此窗口. . .
```

方案 ch9_2.sln：验证整型数组声明未给初始值时，数组元素的默认值是 0。

```
1  // ch9_2
2  int[] sc = new int[5];          // 声明数组类型与长度
3
4  for (int i = 0; i < 5; i++)     // 输出数组初始值
5      Console.Write($"{sc[i]}\t");
```

执行结果

```
Microsoft Visual Studio 调试控制台
0       0       0       0       0
C:\C#\ch9_2\ch9_2\bin\Debug\net6.0\ch9_2.exe
按任意键关闭此窗口. . .
```

9-1-3　数组声明与初始值设定

本节的声明是指声明数组时，同时设定数组元素的初始值。虽然这种声明格式没有明确地指出数组长度，但是我们可以由数组元素的初始值数量得知数组的长度，此种方法的语法如下：

数据类型 [ ] 数组变量名称 = { 值1, 值2, … , 值n };

实例 . 声明整型数组 sc，同时设定数组元素的初始值分别是 5、10、15、20 和 25。

int[ ] sc = {5, 10, 15, 20, 25}; // 声明整型数组，同时设定初始值，建议使用

也可以用下列分两行方式声明上述数组，但只是让读者了解可以用下列方式声明，建议还是使用上述方式。

int[ ] = sc;   // 声明整型数组

sc = new int[ ] {5, 10, 15, 20, 25};   // 为整型数组配置空间和设定初始值

虽然上述声明没有明确指出数组 sc 的长度是多少，但是我们只声明 5 个元素，所以可以知道此数组 sc 的长度是 5。

方案 ch9_3.sln：声明数组类型与设定数组初始值的基础实例。

```
1  // ch9_3
2  int[] sc = { 5, 10, 15, 20, 25 };   // 数组声明与设置初始值
3  for (int i = 0; i < 5; i++);
4      Console.Write($"{sc[i]}\t");
```

执行结果

```
Microsoft Visual Studio 调试控制台
5       10      15      20      25
C:\C#\ch9\ch9_3\ch9_3\bin\Debug\net6.0\ch9_3.exe
按任意键关闭此窗口. . .
```

注　C 语言不做数组边界检查，如果存取数组内容的索引超出数组范围，超出的部分显示的是内存的残值。C# 语言则会做数组边界检查，如果存取数组内容的索引超出数组范围，会有错误产生。

如果要声明其他数据类型同时设定初始值，方法相同，下列是声明字符串数组同时设定初始值的实例：

```
string[ ] city = {" 台北 ", " 新竹 ", " 竹东 "};
```

未来在方案 ch9_31.sln 会有字符串实例解说。

9-1-4　读取一维数组的输入

设计数组时，有时候也需使用键盘输入数组内容，具体做法可以参考以下内容。

方案 ch9_4.sln：输入学生人数及学生成绩，然后输出全班的平均成绩。

```
1  // ch9_4
2  int[] score = new int[10];
3  int sum = 0;
4  int num;
5  double ave;
6
7  Console.Write("请输入学生人数 ==> ");
8  num = int.Parse(Console.ReadLine());
9  for (int i = 0; i < num; i++)
10 {
11     Console.Write("请输入分数 ==> ");
12     score[i] = int.Parse(Console.ReadLine());
13     sum += score[i];
14 }
15 ave = (double)sum / num;
16 Console.WriteLine($"平均分数是 {ave}");
```

执行结果

```
Microsoft Visual Studio 调试控制台
请输入学生人数 ==> 4
请输入分数 ==> 58
请输入分数 ==> 66
请输入分数 ==> 87
请输入分数 ==> 60
平均分数是 67.75
C:\C#\ch9\ch9_4\ch9_4\bin\Debug\net6.0\ch9_4.exe
按任意键关闭此窗口. . .
```

上述程序直接输入了学生人数，如果我们一开始不知道学生人数，也可以输入 0 当作输入结束，这个 0 在程序语言概念中称为哨兵值 (sentinel value)。

方案 ch9_5.sln：不知道学生人数，以输入 0 当作输入成绩结束，重新设计 ch9_4.sln。

```
1  // ch9_5
2  int[] score = new int[10];
3  double ave;
4  int sum = 0;
5  int i = 0;
6
7  Console.WriteLine("输入成绩 0 代表结束");
8  do {
9      Console.Write("请输入分数 ==> ");
10     score[i] = int.Parse(Console.ReadLine());
11     sum += score[i];
12 } while (score[i++] > 0);
13 ave = (double) sum / (i-1);
14 Console.WriteLine($"平均分数是 {ave}");
```

执行结果

```
Microsoft Visual Studio 调试控制台
输入成绩 0 代表结束
请输入分数 ==> 58
请输入分数 ==> 66
请输入分数 ==> 87
请输入分数 ==> 60
请输入分数 ==> 0
平均分数是 67.75
C:\C#\ch9\ch9_5\ch9_5\bin\Debug\net6.0\ch9_5.exe
按任意键关闭此窗口. . .
```

9-1-5　一维数组的应用实例

方案 ch9_6.sln：找出数组的最大值。

```
1  // ch9_6
2  int[] arr = { 76, 32, 88, 45, 65 };
3  int mymax = arr[0];        // 暂时设置最大值
4
5  for ( int i = 0; i < 5; i++ )
6  {
7      if (mymax < arr[i])
8          mymax = arr[i];
9  }
10 Console.WriteLine($"最大值 = {mymax}");
```

执行结果

```
Microsoft Visual Studio 调试控制台
最大值 = 88
C:\C#\ch9\ch9_6\ch9_6\bin\Debug\net6.0\ch9_6.exe
按任意键关闭此窗口. . .
```

上述程序先假设第 0 个元素是最大值，然后再做比较。

方案 ch9_7.sln：顺序搜寻法，请输入要搜寻的值，这个程序会输出是否找到此值，如果找到会输出对应的索引数组作为结果。

```
1  // ch9_7
2  int num;
3  bool notFound = true;              // false 代表没找到
4  int[] arr = { 76, 32, 88, 45, 65, 76, 76, 88 };
5
6  Console.Write("请输入数组的搜寻值 ：");
7  num = int.Parse(Console.ReadLine());
8  for (int i = 0; i < 8; i++)
9      if (arr[i] == num)
10     {
11         Console.WriteLine($"arr[{i}] = {num}");
12         notFound = false;
13     }
14 if (notFound)
15     Console.WriteLine("没有找到");
```

执行结果

```
Microsoft Visual Studio 调试控
请输入数组的搜寻值 : 76
arr[0] = 76
arr[5] = 76
arr[6] = 76
C:\C#\ch9_7\ch9_7\bin
按任意键关闭此窗口...
```

```
Microsoft Visual Studio 调试控
请输入数组的搜寻值 : 55
没有找到
C:\C#\ch9_7\ch9_7\bin
按任意键关闭此窗口...
```

```
Microsoft Visual Studio 调试控
请输入数组的搜寻值 : 88
arr[2] = 88
arr[7] = 88
C:\C#\ch9_7\ch9_7\bin
按任意键关闭此窗口...
```

9-1-6 一维数组的方法

常见的一维数组方法如下：

Average( )：回传平均值。

Max( )：回传最大值。

Min( )：回传最小值。

Sum( )：回传总和。

方案 ch9_7_1.sln：Max( )、Min( ) 和 Sum( ) 方法的应用。

```
1  // ch9_7_1
2  int[] arr = { 76, 32, 88, 45, 65 };
3  Console.WriteLine($"最大值 : {arr.Max()}");
4  Console.WriteLine($"最小值 : {arr.Min()}");
5  Console.WriteLine($"总和   : {arr.Sum()}");
6  Console.WriteLine($"平均   : {arr.Average()}");
```

执行结果

```
Microsoft Visual Studio 调试控制台
最大值 : 88
最小值 : 32
总和   : 306
平均   : 61.2
C:\C#\ch9_7_1\ch9_7_1\bin\Debug\net6.0\ch9_7_1.exe
按任意键关闭此窗口...
```

9-1-7 object 数组

3-9 节有介绍 object 数据类型，这个数据类型可以存储不同的数据，C# 也允许创建 object 数组，这个数组可以存储不同类型的数据。

方案 ch9_7_2.sln：object 数组的应用。

```
1  // ch9_7_2
2  object[] ball = { "James", 38, 36, 35, 26, 28 };
3  int score = 0;
4  for (int i = 1; i < ball.Length; i++)
5      score += (int)ball[i];
6  Console.WriteLine($"{ball[0]} 前 5 场得分总计 {score}");
```

执行结果

```
Microsoft Visual Studio 调试控制台
James 前 5 场得分总计 163
C:\C#\ch9_7_2\ch9_7_2\bin\Debug\net6.0\ch9_7_2.exe
按任意键关闭此窗口...
```

注　上述程序第 4 行 ball.Length 中，Length 是数组的属性，此属性记录数组的数据元素个数，上述程序第 2 行没有指明 ball 数组元素个数，使用 Length 属性，可以让程序撰写循环次数时更便利，更多细节可以参考 9-6-1 节。

9-2　二维数组

其实二维数组 (two dimensional array) 就是一维数组的扩充，如果我们将一维数组想象成一维空间，则二维数组就是二维空间，也就是平面。

9-2-1　基础概念

假设有 6 笔散乱的数据，如下所示。

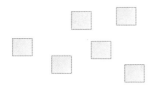

如果我们将相同类型的数据组织起来形成 2×3 的二维数组，则可以将数据想象成下图。

	第 1 列	第 2 列	第 3 列
第 1 行	[0,0]	[0,1]	[0,2]
第 2 行	[1,0]	[1,1]	[1,2]

当数据排成二维数组后，我们未来可以建立 [row][column] 索引值，通常 column 可以缩写为 col，所以又可以写成 [row][col]，也可以想成是 [行][列] 索引值，用来存取此二维数组特定位置的内容。二维数组的使用和其他的变量一样，使用前一定要先声明，以便编译程序能预留空间供程序使用，二维数组声明的语法如下：

数据类型［, ］变量名称 = new 数据类型［行数］［列数］;

上述语句中等式右边的数据类型右边有连续的两个中括号，这代表该数组是二维数组，中括号内分别是二维数组行 (row) 的元素个数和列 (column) 的元素个数。

实例 . 声明整数的 2×3 二维数组。

```
int[ ] sc = new int[2][3];
```

9-2-2　二维数组的初始值设定

9-1-3 节笔者介绍了一维数组初始值的设定，C# 语言也允许你声明二维数组时直接设定二维数组的初始值，设定二维数组初始值的语法如下：

数据类型［ ］变量名称 = {［ 第 1 列的初始值 ］,

［ 第 2 列的初始值 ］,

…

［ 第 n 列的初始值 ］};

实例 . 假设有一个考试成绩如下所示。

学 生 座 号	第 1 次考试	第 2 次考试	第 3 次考试
1	90	80	95
2	95	90	85

请声明上述考试成绩的初始值。

```
Int[ , ] sc = {{90, 80, 95},
               {95, 90, 85}};
```

程序设计时也可以看到有人使用下列方式设定二维数组的初始值。

```
Int[ , ] sc = {{90, 80, 95}, {95, 90, 85}};  // 不鼓励，会比较不清楚
```

方案 ch9_8.sln：列出学生各次考试成绩的应用。

```
1  // ch9_8
2  int[,] sc = {{ 90, 80, 95},
3              { 95, 90, 85}};
4  for (int i = 0; i < 2; i++)
5      for (int j = 0; j < 3; j++)
6          Console.WriteLine($"学生{i+1}的第{j+1}次考试成绩是 {sc[i,j]}");
```

执行结果

```
Microsoft Visual Studio 调试控制台
学生1的第1次考试成绩是 90
学生1的第2次考试成绩是 80
学生1的第3次考试成绩是 95
学生2的第1次考试成绩是 95
学生2的第2次考试成绩是 90
学生2的第3次考试成绩是 85

C:\C#\ch9\ch9_8\ch9_8\bin\Debug\net6.0\ch9_8.exe
按任意键关闭此窗口. . .
```

上述程序第 6 行，在 console.WriteLine( ) 函数内有 i+1 和 j+1，这是因为数组是从索引 0 开始，而学生座号与考试编号是从 1 开始的，所以使用时加 1，比较符合题意。此外，读者需要留意同一行的 sc[i, j]，这是存取二维数组第 i 行、第 j 列的元素内容。

9-2-3　二维数组的应用实例

方案 ch9_9.sln：声明二维数组的目的有很多，特别是当你设计电玩程序时，若想设计大型字体或图案，就可以利用设定二维数组初始值的方式，来设计此字体或图案。例如，我想设计一个图案"洪"，则我们可用下列方式设计。

```
1  // ch9_9
2  int[,] num = {
3      { 1,1,0,0,0,0,0,1,1,0,0,0,1,1,0,0 },
4      { 0,1,1,0,0,0,0,1,1,0,0,0,1,1,0,0 },
5      { 0,0,1,1,0,1,1,1,1,1,1,1,1,1,1,1 },
6      { 0,0,0,0,0,0,0,1,1,0,0,0,1,1,0,0 },
7      { 1,1,1,1,0,0,0,1,1,0,0,0,1,1,0,0 },
8      { 0,0,0,0,0,1,1,1,1,1,1,1,1,1,1,1 },
9      { 0,0,1,1,0,0,0,1,1,0,0,0,1,1,0,0 },
10     { 0,1,1,0,0,0,1,1,0,0,0,0,1,1,0 },
11     { 1,1,0,0,0,1,1,0,0,0,0,0,0,1,1 }
12 };
13 for (int i = 0; i < 9; i++)
14 {
15     for (int j = 0; j < 16; j++)
16         if (num[i, j] == 1)
17             Console.Write("*");
18         else
19             Console.Write(" ");
20     Console.WriteLine("");
21 }
```

执行结果

```
Microsoft Visual Studio 调试控制台
**      **   **
 **     **   **
  ** **********
      **   **
****     **   **
     **********
  **     **   **
 **     **   **
**     **   **

C:\C#\ch9\ch9_9\ch9_9\bin\Debug\net6.0\ch9_9.exe
按任意键关闭此窗口. . .
```

9-2-4　二维数组与匿名数组

匿名数组也可以用二维数组的方式来表示，可以参考以下内容。

方案 ch9_9_1.sln：创建二维匿名数组并输出。

```
1  // ch9_9_1
2  var c = new[]
3  {
4      new[]{1,2,3,4},
5      new[]{5,6,7,8}
6  };
7  for (int i = 0; i < c.Length; i++)
8  {
9      for (int j = 0; j < c[i].Length; j++)
10         Console.Write($"{c[i][j]}\t");
11     Console.WriteLine();
12 }
```

执行结果

```
Microsoft Visual Studio 调试控制台
1       2       3       4
5       6       7       8

C:\C#\ch9\ch9_9_1\ch9_9_1\bin\Debug\net6.0\ch9_9_1.exe
按任意键关闭此窗口. . .
```

对读者而言，需要留意取得二维匿名数组的方式，可参考第 10 行的 c[i][j]。

9-2-5　二维数组的应用解说

二维数组或多维数组常用于处理计算机图像。有一个位图图像如下所示，是 12×12 点阵，代表英文字母 H。

上述每一个方格称像素，每个图像的像素点都由 0 或 1 组成，如果像素点是 0 则表示此像素是黑色，如果像素点是 1 则表示此像素点是白色。在上述概念下，我们可以用下图来表示计算机存储此英文字母的方式。

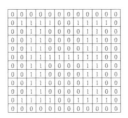

因为每一个像素都由 0 或 1 组成，所以称上图为位图表示法，虽然很简单，但其缺点是无法很精确地表示整个图像。因此又有了所谓的灰度图像的概念，详情可以参考下图。

上图虽然也是黑白图像，但是在黑色与白色之间多了许多灰色，因此整个图像相较于位图细腻许多。在计算机科学中使用 0 ～ 255 代表灰色的等级，其中 0 代表纯黑色，255 代表纯白色。这 256 个灰度级刚好可以使用 8 个位 (Bit) 表示，相当于是一个字节 (Byte)，下列是十进制数值与灰度表。

十进制值	灰色实例
0	
32	
64	
96	
128	
160	
192	
224	
255	

若是使用上述灰度表，则可以使用一个二维数组代表一个图像，我们将这类图像称为灰度图像。

9-3 更高维的数组

9-3-1 基础概念

C# 语言也允许有更高维的数组存在，不过每多一维其表达方式会变得更加复杂，程序设计时如果想要遍历数组就需要多一层循环，下面是 $2 \times 2 \times 3$ 的三维数组示意图。

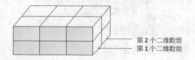

下面是三维数组各维度位置参考图。

下面是索引相对三维数组的维度参考图。

方案 ch9_10.sln：有一个三维数组，找出此数组的最大元素。

```
1  // ch9_10
2  int mymax = 0;
3  int[,,] sc = {{{ 1,2,3},
4                 { 4,5,6}},
5                {{ 7,8,9},
6                 { 10,11,12}},
7                };
8  for (int i = 0; i < 2; i++)
9      for (int j = 0; j < 2; j++)
10         for (int k = 0; k < 3; k++)
11             if (mymax < sc[i,j,k])
12                 mymax = sc[i,j,k];
13 Console.WriteLine($"最大值是 {mymax}");
```

执行结果

```
Microsoft Visual Studio 调试控制台
最大值是 12

C:\C#\ch9\ch9_10\ch9_10\bin\Debug\net6.0\ch9_10.exe
按任意键关闭此窗口. . .
```

9-3-2 三维或更高维数组的应用解说

黑白图像可以使用一个二维数组代表，可以参考 9-2-4 节。彩色图像则是由 R(Red)、G(Green)、B(Blue) 三种色彩组成的，每一个色彩都用一个二维数组表示，相当于可以用 3 个二维数组来代表一张彩色图片。

更多细节读者可以参考笔者所著的《OpenCV 计算机视觉项目实战 (Python 版)》。

9-4 匿名数组

在前文我们所创建的数组所声明的数据类型非常明确，我们在 3-16 节有介绍匿名数据类型 (anonymous type)，当将数组数据使用 var 来做声明时，就是所谓的匿名数组，这时所声明的数据可以是任意类型。

方案 ch9_11.sln：匿名数组数据设定与输出，这个实例使用匿名数组并设定两种不同数据，
然后使用 for 和 foreach 循环输出。

```
1  // ch9_11
2  var aInt = new[] { 1, 10, 100, 1000 };          // int[]
3  var bString = new[] { "C#", "洪锦魁", "王者归来" }; // string[]
4  for (int i = 0; i < aInt.Length; i++)
5      Console.WriteLine(aInt[i]);
6  foreach (var b in bString)
7      Console.WriteLine(b);
```

执行结果

```
Microsoft Visual Studio 调试控制台
1
10
100
1000
C#
洪锦魁
王者归来

C:\C#\ch9\ch9_11\bin\Debug\net6.0\ch9_11.exe
按任意键关闭此窗口. . .
```

方案 ch9_11_1.sln：匿名数据类型数组的创建与输出。

```
1  // ch9_11_1
2  var stu = new[]
3  {
4      new { Id = 1, Name = "James", Age = 22 },
5      new { Id = 2, Name = "Kevin", Age = 20 },
6      new { Id = 3, Name = "John", Age = 21 }
7  };
8  foreach (var s in stu)
9      Console.WriteLine($"{s.Id} : {s.Name} : {s.Age}");
10 for (int i = 0; i < stu.Length; i++)
11     Console.WriteLine($"{stu[i].Id} : {stu[i].Name} : {stu[i].Age}");
```

执行结果

```
Microsoft Visual Studio 调试控制台
1 : James : 22
2 : Kevin : 20
3 : John : 21
1 : James : 22
2 : Kevin : 20
3 : John : 21

C:\C#\ch9\ch9_11_1\bin\Debug\net6.0\ch9_11_1.exe
按任意键关闭此窗口. . .
```

9-5　foreach 遍历数组

在 9-1 ～ 9-4 节我们遍历数组元素时，大多使用的是第 8 章所述的 for 循环，其实 C# 语言还
提供一个循环关键词 foreach，可以方便我们遍历数组，这个关键词特别适合我们不知道数组元
素的个数时，可以用此方法迭代数组元素内容，此语法如下：

　　foreach（数据类型 变量 in 集合对象）　　　　// 数组也算是一种集合对象

变量的数据类型需与集合对象相同，关键词 foreach 主要是用变量迭代所有的集合对象，在
迭代过程也可以使用 break 中断此迭代。其实 C# 的程序设计师更喜欢使用 foreach 关键词遍历数
组，读者可以参考下列方案。

方案 ch9_12.sln：foreach 遍历一维数组的应用。

```
1  // ch9_12
2  int[] num = { 7, 8, 9, 1, 3, 5, 2, 4, 6 };
3  foreach (int n in num)
4  {
5      Console.Write($"{n} ");
6  }
```

执行结果

```
Microsoft Visual Studio 调试控制台
7 8 9 1 3 5 2 4 6
C:\C#\ch9\ch9_12\bin\Debug\net6.0\ch9_12.exe
按任意键关闭此窗口. . .
```

循环关键词 foreach 也可以应用在二维或更高维的数组，可以参考下列方案。

方案 ch9_13.sln：foreach 遍历二维数组的应用。

```
1  // ch9_13
2  int[,] num = new int[,] {{ 6, 66 },
3                           { 2, 22 },
4                           { 5, 55 }};
5  foreach (int n in num)
6      Console.Write($"{n} ");
```

执行结果

```
Microsoft Visual Studio 调试控制台
6 66 2 22 5 55
C:\C#\ch9\ch9_13\bin\Debug\net6.0\ch9_13.exe
按任意键关闭此窗口. . .
```

上述方案中，由于二维数组处于连续的内存空间，所以可以使用遍历数组 foreach 关键词，且使用一个循环就可以遍历，让整个程序简洁许多，此二维数组内存空间如下所示。

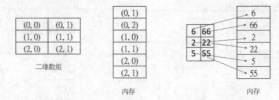

上图是二维数组在内存中的实际存放对照图，有了上图读者应该了解可以遍历二维数组的原因。

9-6 Array 类

在 C# 中，数组其实是 System 命名空间中的 Array 类衍生而来的对象，因此可以将 Array 类想成是支持数组操作的类，这个类提供了许多方法，可以更便于我们操作数组。

9-6-1 Array 类的属性

常见 Array 类的属性如下：

Array.Length：数组的元素个数。

Array.Rank：数组的维度。

方案 ch9_14.sln：列出数组的元素个数和维度。

```
1  // ch9_14
2  int[] num1 = { 1, 2, 3, 4, 5 };
3  int[,] num2 = new int[,] {{ 6, 66 },
4                            { 2, 22 },
5                            { 5, 55 }};
6  Console.WriteLine($"num1 的元素个数 = {num1.Length}");
7  Console.WriteLine($"num1 的数组维度 = {num1.Rank}");
8  Console.WriteLine($"num2 的元素个数 = {num2.Length}");
9  Console.WriteLine($"num2 的数组维度 = {num2.Rank}");
```

执行结果

```
Microsoft Visual Studio 调试控制台
num1 的元素个数 = 5
num1 的数组维度 = 1
num2 的元素个数 = 6
num2 的数组维度 = 2

C:\C#\ch9\ch9_14\ch9_14\bin\Debug\net6.0\ch9_14.exe
按任意键关闭此窗口. . .
```

9-6-2 Array 类的方法

表 9-1 是 Array 类常用的方法。

表 9-1　Array 类常用的方法

方　法	说　明
Clear( )	将数组内容清除，也就是设为默认值。(9-6-3 节)
Copy( )	将某数组范围的元素复制到另一数组内。(9-6-4 节)
GetLength( )	取得指定维度的元素个数。(9-6-5 节)
GetLowerBound( )	取得指定维度第一个元素的索引。(9-6-5 节)
GetUpperBound( )	取得指定维度最后一个元素的索引。(9-6-5 节)
GetValue( )	取得指定索引的值。(9-6-6 节)
SetValue( )	设定指定索引的内容。(9-6-6 节)
IndexOf( )	回传指定值在数组第一次出现时的索引。(9-6-7 节)

方　　法	说　　明
Reverse( )	将数组元素位置反转。(9-6-8 节)
Sort( )	将一维数组元素排序。(9-6-8 节)
BinarySearch( )	在已经排序的数组中，执行二元搜寻法。(9-6-9 节)

9-6-3　清除数组内容 Clear( )

所谓的清除 (clear) 是指将数组内容改为声明时数据类型默认内容，此方法的语法如下：

```
Array.Clear(array, index, length);
```

array 是要清除的数组，index 是要清除的起始索引，length 是要清除的元素数量，若是省略 index 和 length 则是清除所有数组元素。

方案 ch9_15.sln：使用 Clear( ) 函数的实例。

```
1   // ch9_15
2   int[] num = { 1, 2, 3, 4, 5 };
3   Console.WriteLine("使用Clear前的数组内容");
4   foreach (int n in num)
5       Console.Write($"{n} ");
6   Console.WriteLine();
7   Array.Clear(num);          // 使用Array类的Clear()
8   Console.WriteLine("使用Clear后的数组内容");
9   foreach (int n in num)
10      Console.Write($"{n} ");
```

执行结果

```
Microsoft Visual Studio 调试控制台
使用Clear前的数组内容
1 2 3 4 5
使用Clear后的数组内容
0 0 0 0 0
C:\C#\ch9\ch9_15\ch9_15\bin\Debug\net6.0\ch9_15.exe
按任意键关闭此窗口. . .
```

9-6-4　Copy( ) 方法

Copy( ) 方法的语法如下：

```
Array.Copy(srcArray, dstArray, length);
```

其将 srcArray 数组的第一个元素复制到 dstArray 数组的第一个元素，复制长度则由 length 设定。

方案 ch9_16.sln：将 src 数组前 3 个元素复制到 dst 数组。

```
1   // ch9_16
2   int[] src = new int[] { 1, 2, 3, 4, 5 };
3   int[] dst = new int[5];
4
5   Array.Copy(src, dst, 3);
6   foreach (int value in dst)
7       Console.Write($"{value} ");
```

执行结果

```
Microsoft Visual Studio 调试控制台
1 2 3 0 0
C:\C#\ch9\ch9_16\ch9_16\bin\Debug\net6.0\ch9_16.exe
按任意键关闭此窗口. . .
```

方案 ch9_17.sln：将 src 数组的后 3 个元素复制到 dst 数组并从索引 1 开始。

```
1   // ch9_17
2   int[] src = new int[] { 1, 2, 3, 4, 5 };
3   int[] dst = new int[5];
4
5   Array.Copy(src, 2, dst, 1, 3);
6   foreach (int value in dst)
7       Console.Write($"{value} ");
```

执行结果

```
Microsoft Visual Studio 调试控制台
0 3 4 5 0
C:\C#\ch9\ch9_17\ch9_17\bin\Debug\net6.0\ch9_17.exe
按任意键关闭此窗口. . .
```

9-6-5　GetLength( )/GetLowerBound( )/GetUpperBound( )

GetLowerBound( ) 和 GetUpperBound( ) 常被用在测试索引是否超出界线，这 3 个方法的语法如下：

arr.GetLength(dim)：获得指定维度的元素数量。

arr.GetLowerBound(dim)：获得最低索引。

arr.GetUpperBound(dim)：获得最高索引。

上述 arr 是 Array 对象，参数 dim 代表指定维度，0 代表第 1 维度，1 代表第 2 维度，以此类推。

方案 ch9_18.sln：使用 GetLength( )/GetLowerbound( )/GetUpperBound( ) 方法获得二维的 row 和 column 数量，以及第 2 维度数组的元素数量与索引数据。

```
1  // ch9_18
2  int[,] arr = new int[,] {{ 6, 66 },
3                           { 2, 22 },
4                           { 5, 55 }};
5  Console.WriteLine($"row 和 column 数量");
6  Console.WriteLine($"row 数量      {arr.GetLength(0)}");
7  Console.WriteLine($"column 数量   {arr.GetLength(1)}");
8  Console.WriteLine("第 2 维度资料");
9  Console.WriteLine($"元素数量      {arr.GetLength(1)}");
10 Console.WriteLine($"第1个索引     {arr.GetLowerBound(1)}");
11 Console.WriteLine($"最后1个索引   {arr.GetUpperBound(1)}");
```

执行结果

```
Microsoft Visual Studio 调试控制台
row 和 column 数量
row 数量     ：3
column 数量  ：2
第 2 维度资料
元素数量     ：2
第1个索引    ：0
最后1个索引  ：1

C:\C#\ch9\ch9_18\ch9_18\bin\Debug\net6.0\ch9_18.exe
按任意键关闭此窗口...
```

9-6-6　SetValue( )/GetValue( )

SetValue( ) 设定数组指定索引内容，GetValue( ) 是取得数组特定索引内容，语法如下：

arr.SetValue(value, index)：设定 index 位置的内容是 value。

arr.GetValue(index)：取得 index 位置的内容。

上述 arr 是 Array 对象。

方案 ch9_19.sln：SetValue( ) 和 GetValue( ) 方法的实例。

```
1  // ch9_19
2  int[] arr = new int[10];
3  int index = 5;          // 索引
4  int value = 8;          // 设置值
5
6  Console.WriteLine("原始数组内容");
7  foreach (int i in arr)
8      Console.Write($"{i} ");
9  arr.SetValue(value, index);
10 Console.WriteLine("\n目前数组内容");
11 foreach (int i in arr)
12     Console.Write($"{i} ");
13 Console.WriteLine($"\n索引 {index} 内容 = {arr.GetValue(index)}");
```

执行结果

```
Microsoft Visual Studio 调试控制台
原始数组内容
0 0 0 0 0 0 0 0 0 0
目前数组内容
0 0 0 0 0 8 0 0 0 0
索引 5 内容 = 8

C:\C#\ch9\ch9_19\ch9_19\bin\Debug\net6.0\ch9_19.exe
按任意键关闭此窗口...
```

9-6-7　IndexOf( )

这个方法可以回传指定值的索引，其语法如下：

```
Array.IndexOf(array, value)
```

上述语法回传 array 数组内 value 值第一次出现的索引。

方案 ch9_20.sln：使用 IndexOf( ) 方法找出数值 8 第一次索引的应用。

```
1  // ch9_20
2  int[] array = { 3, 8, 9, 8, 7 };
3  int value = 8;
4  int idx = Array.IndexOf(array, value);
5  Console.WriteLine($"数据 {value} 第 1 次出现索引是 {idx}");
```

执行结果

```
Microsoft Visual Studio 调试控制台
数据 8 第 1 次出现索引是 1

C:\C#\ch9\ch9_20\ch9_20\bin\Debug\net6.0\ch9_20.exe
按任意键关闭此窗口...
```

9-6-8　Reverse( )/Sort( )

Array.Reverse( ) 可以反转数组，Array.Sort( ) 则是将数组排序。

方案 ch9_21.sln：反转数组与数组排序。

```
1  // ch9_21
2  int[] array = { 3, 8, 9, 2, 7 };
3  Console.WriteLine("原始数组");
4  foreach (int i in array)
5      Console.Write($"{i} ");
6  Array.Reverse(array);
7  Console.WriteLine("\n反转数组");
8  foreach (int i in array)
9      Console.Write($"{i} ");
10 Array.Sort(array);
11 Console.WriteLine("\n数组排序");
12 foreach (int i in array)
13     Console.Write($"{i} ");
```

执行结果

```
Microsoft Visual Studio 调试控制台
原始数组
3 8 9 2 7
反转数组
7 2 9 8 3
数组排序
2 3 7 8 9
C:\C#\ch9\ch9_21\ch9_21\bin\Debug\net6.0\ch9_21.exe
按任意键关闭此窗口 . . .
```

9-6-9 BinarySearch( )

在已经排序的数组中，执行二元搜寻法，二分搜寻法是算法领域很重要的搜寻法，在搜寻前需将数据排序，可以让搜寻的效率变高，假设有 n 笔数据要搜寻，搜寻的时间复杂度是 $O(\log n)$。此方法的基础语法如下：

```
int idx = Array.BinarySearch(arr, value);          // value 是搜寻值
```

如果找到目标则回传索引值，如果找不到目标则回传负值。

方案 ch9_21_1.sln：二分搜寻法的实例。

```
1  // ch9_21_1
2  int[] data = { 90, 40, 30, 20, 50 };
3  Array.Sort(data);
4  Console.WriteLine("数组内容如下 ...");
5  foreach (int i in data)
6      Console.WriteLine(i);
7  Console.Write("元素 50 索引 : " + Array.BinarySearch(data, 50));
```

执行结果

```
Microsoft Visual Studio 调试控制台
数组内容如下 ...
20
30
40
50
90
元素 50 索引 : 3
C:\C#\ch9_21_1\ch9_21_1\bin\Debug\net6.0\ch9_21_1.exe
按任意键关闭此窗口 . . .
```

方案 ch9_24.sln 会解释二分搜寻法对整个搜寻绩效的贡献。

9-7 不规则数组

9-7-1 基础概念

请再参考一下二维数组的声明，如下所示：

```
int[ , ] sc = {{90, 80, 95},
        {32, 21, 43},
        {95, 90, 85}};
```

上述二维数组经过声明后，数组长度是固定的。另外，也可以看到二维数组其实就是数组内有数组。C# 语言其实接受数组内的数组长度不一样的情况，也就是可以接受下列格式的二维数组：

```
        {{90, 80, 95},
        {32, 21},
        {95, 90, 85, 87}};
```

上述每一列的长度不一样，称为不规则数组 (jagged array)，又称锯齿数组。

9-7-2　声明不规则数组

假设想要声明数组内有长度是 3、2 或 4 的不规则数组 sc，则其声明如下：

```
int[ ][ ] sc = new int[3][ ];
```

```
sc[0] = new int[3];
```

```
sc[1] = new int[2];
```

```
sc[2] = new int[4];
```

然后可以用下列方法设定 sc[1] 行的元素内容。

```
sc[1][0] = 32;
```

```
sc[1][1] = 21;
```

方案 ch9_22.sln：声明不规则数组，设定内容并输出整个不规则数组内容。

```
1  // ch9_22
2  int[][] sc = new int[3][];
3  sc[0] = new int[3];
4  sc[1] = new int[2];
5  sc[2] = new int[4];
6
7  sc[1][0] = 32;
8  sc[1][1] = 21;
9  for (int i = 0; i < sc.Length; i++)
10 {
11     for (int j = 0; j < sc[i].Length; j++)
12         Console.Write($"{sc[i][j], 5}");
13     Console.WriteLine();
14 }
15 Console.WriteLine("Hello, World!");
```

执行结果

```
Microsoft Visual Studio 调试控制台
    0    0    0
   32   21
    0    0    0    0
Hello, World!

C:\C#\ch9\ch9_22\ch9_22\bin\Debug\net6.0\ch9_22.exe
按任意键关闭此窗口. . .
```

上述程序的重点是用数组属性 Length 获得每一个数组的长度，读者可以参考其第 9 行和第 11 行。

9-7-3　声明不规则数组并设定初始值

下列是 3 种声明不规则数组并设定初始值的方法。
方法 1. 声明不规则数组，然后初始化每一行。

```
int[ ][ ] sc = new int[3][ ];
```

```
sc[0] = new int[ ] {90, 80, 95};
```

```
sc[1] = new int[ ] {32, 21};
```

```
sc[2] = new int[ ] {95, 90, 85, 87};
```

方法 2. 声明不规则数组时，直接用 new 完成初始化。

```
int[ ][ ] sc = new int[ ][ ]
{
    sc[0] = new int[ ] {90, 80, 95},
    sc[1] = new int[ ] {32, 21},
    sc[2] = new int[ ] {95, 90, 85, 87}
}
```

方法 3. 声明时不设定数组长度，直接用 new 做初始化。

```
Int[ ][ ] sc =
{
    new int[ ] {90, 80, 95},
```

```
new int[ ] {32, 21},
new int[ ] {95, 90, 85, 87}
}
```

方案 ch9_23.sln：使用方法 1 声明不规则数组然后设定初始值，最后输出此不规则数组。

```
1  // ch9_23
2  int[][] sc = new int[3][];
3  sc[0] = new int[] { 90, 80, 95 };
4  sc[1] = new int[] { 32, 21 };
5  sc[2] = new int[] { 95, 90, 85, 87 };
6
7  for (int i = 0; i < sc.Length; i++)
8  {
9      for (int j = 0; j < sc[i].Length; j++)
10         Console.Write($"{sc[i][j],5}");
11     Console.WriteLine();
12 }
```

执行结果

```
■ Microsoft Visual Studio 调试控制台
   90    80    95
   32    21
   95    90    85    87

C:\C#\ch9\ch9_23\ch9_23\bin\Debug\net6.0\ch9_23.exe
按任意键关闭此窗口. . .
```

方案 ch9_23_1.sln：使用方法 2 创建相同的不规则数组，同时输出相同的结果，以下是该程序代码的前 7 行。

```
1  // ch9_23_1
2  int[][] sc = new int[][]
3  {
4      new int[] { 90, 80, 95 },
5      new int[] { 32, 21 },
6      new int[] { 95, 90, 85, 87 }
7  };
```

方案 ch9_23_2.sln：使用方法 3 创建相同的不规则数组，同时输出相同的结果，以下是该程序代码的前 7 行。

```
1  // ch9_23_2
2  int[][] sc =
3  {
4      new int[] { 90, 80, 95 },
5      new int[] { 32, 21 },
6      new int[] { 95, 90, 85, 87 }
7  };
```

9-7-4　不规则数组与匿名数组

9-7-3 节笔者中规中距地创建了含初始值的不规则二维数组，下列实例则是使用匿名数组进行的处理，读者可以参考。

方案 ch9_23_3.sln：创建含初始值的不规则二维匿名数组，同时输出。

```
1  // ch9_23_3
2  var sc = new[]                                    // 匿名二维数组数据是整数
3  {
4      new[] { 90, 80, 95 },
5      new[] { 32, 21 },
6      new[] { 95, 90, 85, 87 }
7  };
8  for (int i = 0; i < sc.Length; i++)              // 输出匿名二维数组
9  {
10     for (int j = 0; j < sc[i].Length; j++)
11         Console.Write($"{sc[i][j],5}");
12     Console.WriteLine();
13 }
14 var school = new[]                               // 匿名二维数组数据是字符串
15 {
16     new[] { "明志科技大学", "明志工专" },
17     new[] { "Mississippi", "Kentucky", "USA" }
18 };
19 for (int i = 0; i < school.Length; i++)          // 输出匿名二维数组
20 {
21     for (int j = 0; j < school[i].Length; j++)
22         Console.Write($"{school[i][j]}  ");
23     Console.WriteLine();
24 }
```

执行结果

```
■ Microsoft Visual Studio 调试控制台
   90    80    95
   32    21
   95    90    85    87
明志科技大学  明志工专
Mississippi Kentucky  USA

C:\C#\ch9\ch9_23_3\ch9_23_3\bin\Debug\net6.0\ch9_23_3.exe
按任意键关闭此窗口. . .
```

9-8　排序原理与实操

在前面 9-6-8 节介绍了 Sort( ) 方法可以执行排序，在计算机科学的算法中，排序是一个很重要的领域，本节将解说排序原理。

历史上最早拥有排序概念的机器是由美国赫尔曼·何乐礼 (Herman Hollerith) 在 1901—1904 年发明的基数排序法分类机，此机器还有打卡、制表功能，这台机器协助美国在两年内完成了人口普查，赫尔曼·何乐礼在 1896 年创立了计算制表记录公司 (Computing Tabulating Recording, CTR)，此公司也是 IBM 公司的前身，1924 年 CTR 公司改名 IBM 公司 (International Business Machines Corporation)。

9-8-1　排序的概念与应用

在计算机科学中所谓的排序 (sort) 是指可以将一串数据依特定方式排列的算法。基本上，排序算法有下列原则：

1. 输出结果是原始数据位置重组的结果。

2. 输出结果是递增的序列。

注　如果不特别注明，所谓的排序会将数据从小排到大形成递增排列。如果将数据从大排到小，那也算是排序，不过我们必须注明这是从大到小的排列，通常又将此排序称反向排序 (Reversed sort)。

下列是数字排序的说明图。

$$6\ 1\ 5\ 7\ 3\ 9\ 4\ 2\ 8$$
$$\downarrow\ 排序$$
$$1\ 2\ 3\ 4\ 5\ 6\ 7\ 8\ 9$$

排序的另一个重大应用是可以便于进行搜寻，例如，脸书用户约有 20 亿，当我们登入脸书时，如果脸书账号没有排序，假设计算机每秒可以比对 100 个账号，那么使用一般线性搜寻账号需要 20000000 秒 (约 231 天) 才可以判断出所输入的是否为正确的脸书账号。如果账号信息已经排序完成，那么使用二分法 (时间计算是 log n) 只要约 0.3 秒就可以判断出所输入的是否为正确脸书账号。

注　所谓的二分搜寻法 (binary search)，首先要将数据排序 (sort)，然后将搜寻值 (key) 与中间值进行比较，如果搜寻值大于中间值，则下一次往右边 (较大值边) 搜寻，否则往左边 (较小值边) 搜寻。上述动作持续进行直到找到搜寻值或所有数据搜寻结束才停止。有一系列数字如下，假设搜寻数字是 3。

第 1 步，将数列分成两半，中间值是 5，由于 3 小于 5，因此往左边搜寻。

第 2 步，目前数值 1 是索引 0，数值 4 是索引 3，"(0 + 3) // 2"，所以中间值是索引 1 的数值 2，由于 3 大于 2，因此往右边搜寻。

第 3 步，目前数值 3 是索引 2，数值 4 是索引 3，"(2 + 3) // 2"，所以中间值是索引 2 的数值 3，由于 3 等于 3，因此找到了。

上述每次搜寻都可以让搜寻范围减半，当搜寻 log n 次时，搜寻范围就剩下一个数据，此时可以判断所搜寻的数据是否存在，所以搜寻的时间复杂度是 $O(\log n)$。

方案 ch9_24.sln：假设脸书计算机每秒可以比对 100 个账号，计算脸书辨识 20 亿用户登录账号所需时间。

```
1   // ch9_24
2   double x = 2000000000.0;
3   double sec;
4   sec = Math.Log2(x) / 100;
5   Console.WriteLine($"脸书辨识20亿用户所需时间 --> {sec:F5} 秒");
```

执行结果

```
Microsoft Visual Studio 调试控制台
脸书辨识20亿用户所需时间 --> 0.30897 秒

C:\C#\ch9\ch9_24\ch9_24\bin\Debug\net6.0\ch9_24.exe
按任意键关闭此窗口. . .
```

9-8-2　排序实操

9-8-1 节笔者介绍了排序的重要性，本节将讲解排序的程序设计。

方案 ch9_25.sln：泡沫排序 (bubble sort) 的程序设计，这个程序会将数组 num 的元素，由小到大排序。

```
1   // ch9_25
2   int tmp;
3   int[] num = { 3, 6, 7, 5, 9 };        // 欲排序数字
4
5   for (int i = 1; i < num.Length; i++)
6   {
7       for (int j = 0; j < (num.Length - 1); j++)
8           if (num[j] > num[j + 1])
9           {
10              tmp = num[j];
11              num[j] = num[j + 1];
12              num[j + 1] = tmp;
13          }
14      Console.Write($"loop {i} ");
15      foreach (int n in num)            // 输出每一行暂时排序结果
16          Console.Write($"{n,4}");
17      Console.WriteLine("");
18  }
```

执行结果

```
Microsoft Visual Studio 调试控制台
loop 1      3    6    7    5    9
loop 2      3    5    6    7    9
loop 3      3    5    6    7    9
loop 4      3    5    6    7    9

C:\C#\ch9\ch9_25\ch9_25\bin\Debug\net6.0\ch9_25.exe
按任意键关闭此窗口. . .
```

上述程序的 num 数组有 5 笔数据，若是想将第一笔调至最后，或将最后一笔调至最前面则必须调 4 次，所以程序第 5 ～第 18 行的外部循环必须执行 4 次。排序方法的精神是将两个相邻的数字做比较，所以 5 笔数据也必须比较 4 次，因此内部循环第 7 ～第 13 行必须执行 4 次，如下所示。

这个程序设计的基本原理是将数组中的相邻元素作比较，由于是要从小排到大，所以只要发生左边元素值比右边元素值大，就将相邻元素内容对调，由于是 5 笔数据所以每次循环比较 4 次即可。上述所列出的执行结果是每个外层循环的执行结果，下列是第一个外层循环每个内层循环的执行过程与结果。

```
3 6 7 5 9  ←── 原始数据
3 6 7 5 9      第 1 次内层比较
3 6 7 5 9      第 2 次内层比较
3 6 5 7 9      第 3 次内层比较
3 6 5 7 9      第 4 次内层比较
```

下列是第二个外层循环每个内层循环的执行过程与结果。

```
3 6 5 7 9  ←── 第 2 次外层循环起始数据
3 6 5 7 9     第 1 次内层比较
3 5 6 7 9     第 2 次内层比较
3 5 6 7 9     第 3 次内层比较
3 5 6 7 9     第 4 次内层比较
```

下列是第三个外层循环每个内层循环的执行过程与结果。

```
3 5 6 7 9  ←── 第 3 次外层循环起始数据
3 5 6 7 9     第 1 次内层比较
3 5 6 7 9     第 2 次内层比较
3 5 6 7 9     第 3 次内层比较
3 5 6 7 9     第 4 次内层比较
```

下列是第四个外层循环每个内层循环的执行过程与结果。

```
3 5 6 7 9  ←── 第 4 次外层循环起始数据
3 5 6 7 9     第 1 次内层比较
3 5 6 7 9     第 2 次内层比较
3 5 6 7 9     第 3 次内层比较
3 5 6 7 9     第 4 次内层比较
```

由上可知该方案达到了两数组内容对调的目的，同时小索引有比较小的内容。

上述排序法有一个缺点：很明显程序只排两个外层循环就完成排序工作，但是上述程序仍然执行 4 次循环。我们可以使用一个布尔值变量 sorted 解决上述问题，详情请看下一个方案。

方案 ch9_26.sln：改良的泡沫排序法。注意：本程序声明数组时，程序第 4 行，并不注明数组长度。

```
1  // ch9_26
2  int tmp;
3  bool sorted;
4  int[] num = { 3, 6, 7, 5, 9 };       // 欲排序数字
5
6  for (int i = 1; i < num.Length; i++)
7  {
8      sorted = true;
9      for (int j = 0; j < (num.Length - 1); j++)
10         if (num[j] > num[j + 1])
11         {
12             tmp = num[j];
13             num[j] = num[j + 1];
14             num[j + 1] = tmp;
15             sorted = false;
16         }
17     if (sorted)
18         break;
19     Console.Write($"loop {i} ");
20     foreach (int n in num)               // 输出每一行暂时排序结果
21         Console.Write($"{n,4}");
22     Console.WriteLine("");
23 }
```

执行结果

```
Microsoft Visual Studio 调试控制台
loop 1    3   6   5   7   9
loop 2    3   5   6   7   9

C:\C#\ch9\ch9_26\ch9_26\bin\Debug\net6.0\ch9_26.exe
按任意键关闭此窗口 . . .
```

上述程序最关键的地方在于如果内部循环第 10～第 16 行没有执行任何数组相邻元素互相对调的操作，则代表排序已经完成，此时 sorted 值将保持 true，因此第 17 行的 if 语句会促使离开第 6～23 行间的循环。否则只要有相邻值对调发生，那么第 15 行 sorted 值就会被设为 false，此时只要外部循环执行次数不超过 4 次，循环就必须继续执行。

9-9 专题

9-9-1 斐波那契数列

斐波那契（Fibonacci）数列的起源最早可以追朔到 1150 年印度数学家 Gopala，在西方最早研究这个数列的是意大利科学家莱昂纳多·斐波那契 (Leonardo Fibonacci)，他描述兔子生长的数目时使用了这个数列，描述内容如下：

1. 最初有一对刚出生的小兔子。

2. 小兔子一个月可以成为成兔。

3. 一对成兔每个月可以生育一对小兔子。

4. 兔子永不死去。

下面为上述兔子繁殖的说明图。

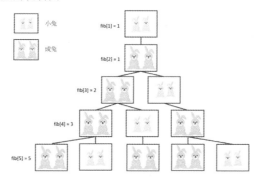

后来人们将此兔子繁殖数列称为斐波那契数列，其数字的规则如下。

1. 此数列的第一个值是 0，第二个值是 1，如下所示：

fib[0] = 0

fib[1] = 1

2. 其他值则是前二个数列值的总和：

fib[n] = fib[n-1] + fib[n-2], for n> = 2

最后斐波那契数列值应该是 0, 1, 1, 2, 3, 5, 8, 13, 21, 34, …

方案 ch9_27.sln：使用循环产生斐波那契数列的前 10 个数字。

```
1  // ch9_27
2  int[] fib = new int[10];
3
4  fib[0] = 0;
5  fib[1] = 1;
6  for (int i = 2; i <= 9; i++)
7      fib[i] = fib[i - 1] + fib[i - 2];
8  Console.WriteLine("fibonacci 数列数字如下");
9  for (int i = 0; i <= 9; i++)
10     Console.Write($"{fib[i],3}");
```

执行结果

```
Microsoft Visual Studio 调试控制台
fibonacci 数列数字如下
  0  1  1  2  3  5  8 13 21 34
C:\C#\ch9\ch9_27\ch9_27\bin\Debug\net6.0\ch9_27.exe
按任意键关闭此窗口. . .
```

由于要获得这 10 个数字，相当于 fib[0] ～ fib[9]，因此程序第 6 行设计 i <= 9，相当于 i > 9 时此循环将结束。

9-9-2　二维数组乘法

二维数组相乘很重要的一点是，左侧数组的行数与右侧数组的列数要相同，这样才可以进行数组的相乘。以下是数组数据代入的计算实例。

假设 *A* 与 *B* 数组数据如下。

$$A = \begin{pmatrix} 1 & 0 & 2 \\ -1 & 3 & 1 \end{pmatrix} \qquad B = \begin{pmatrix} 3 & 1 \\ 2 & 1 \\ 1 & 0 \end{pmatrix}$$

下列是各元素的计算过程。

$$\begin{pmatrix} 3 & 1 \\ 2 & 1 \\ 1 & 0 \end{pmatrix} \qquad \begin{pmatrix} 3 & 1 \\ 2 & 1 \\ 1 & 0 \end{pmatrix}$$

$$\begin{pmatrix} 1 & 0 & 2 \\ -1 & 3 & 1 \end{pmatrix} \xrightarrow{1*3+0*2+2*1} \begin{pmatrix} 5 & 1 \\ 4 & 2 \end{pmatrix} \qquad \begin{pmatrix} 1 & 0 & 2 \\ -1 & 3 & 1 \end{pmatrix} \xrightarrow{1*1+0*1+2*0} \begin{pmatrix} 5 & 1 \\ 4 & 2 \end{pmatrix}$$

$$\left(\begin{smallmatrix}3&1\\2&1\\1&0\end{smallmatrix}\right)\qquad\left(\begin{smallmatrix}3&1\\2&1\\1&0\end{smallmatrix}\right)$$

$$\underset{-1*3+3*2+1*1}{\left(\begin{smallmatrix}1&0&2\\-1&3&1\end{smallmatrix}\right)\longrightarrow\left(\begin{smallmatrix}5&1\\4&2\end{smallmatrix}\right)}\qquad\underset{-1*1+3*1+1*0}{\left(\begin{smallmatrix}1&0&2\\-1&3&1\end{smallmatrix}\right)\longrightarrow\left(\begin{smallmatrix}5&1\\4&2\end{smallmatrix}\right)}$$

计算过程与结果如下。

$$AB = \begin{pmatrix} 1*3+0*2+2*1 & 1*1+0*1+2*0 \\ -1*3+3*2+1*1 & -1*1+3*1+1*0 \end{pmatrix} = \begin{pmatrix} 5 & 1 \\ 4 & 2 \end{pmatrix}$$

方案 ch9_28.sln：二维数组乘法运算，这一例中，两个数组都是 3 × 3 的数组。

```
1  // ch9_28
2  int tmp;
3  int[,] num1 = new int[,] {{ 2, 5, 6},
4                            { 8, 5, 4},
5                            { 3, 8, 6}};
6  int[,] num2 = new int[,] {{ 56,8, 9},
7                            { 76,55,2},
8                            { 6, 2, 4}};
9  int[,] num3 = new int[3,3] ;
10 for (int i = 0; i < 3; i++)      /* 执行相乘 */
11     for (int j = 0; j < 3; j++)
12     {
13         tmp = 0;
14         tmp += num1[i,0] * num2[0,j];
15         tmp += num1[i,1] * num2[1,j];
16         tmp += num1[i,2] * num2[2,j];
17         num3[i,j] = tmp;
18     }
19 Console.WriteLine("列出相乘结果");
20 for (int i = 0; i < 3; i++)
21     Console.WriteLine($"{num3[i,0],3} {num3[i,1],3} {num3[i,2],3}");
```

执行结果

```
Microsoft Visual Studio 调试控制台
列出相乘结果
528 303  52
852 347  98
812 476  67
C:\C#\ch9\ch9_28\ch9_28\bin\Debug\net6.0\ch9_28.exe
按任意键关闭此窗口. . .
```

9-9-3 4 × 4 魔术方块

方案实例 ch9_29.sln：4×4 魔术方块 (magic blocks) 的应用，所谓的魔术方块就是让各行的值总和，等于各列的值总和，以及等于两对角线的总和。一般我们将求 4×4 的魔术方块分成下列步骤：

1. 设定魔术方块的值，假设起始值是 1，则原来方块内值的分布应如下所示。

1	2	3	4
5	6	7	8
9	10	11	12
13	14	15	16

当然各个相邻元素间的差值，并不一定是 1，而起始值也不一定是 1。例如，我们可以设定起始值是 4，各个相邻元素的差值是 2，则原来方块内含值分布如下。

4	6	8	10
12	14	16	18
20	22	24	26
28	30	32	34

2. 求最大和最小值的和，这个例子的和是 34 + 4=38。

3. 用 38 减去所有对角线的值，然后将减去的结果放在原来位置，如此就可获得魔术方块。

34	6	8	28
12	24	22	18
20	16	14	26
10	30	32	4

```
1  // ch9_29
2  int[,] magic = new int[,] {{ 4, 6, 8, 10},
3                             { 12,14,16,18},
4                             { 20,22,24,26},
5                             { 28,30,32,34}};
6  int sum;            // 最小值与最大值之和
7
8  sum = magic[0,0] + magic[3,3];
9  for (int i = 0, j = 0; i < 4; i++, j++)
10     magic[i,j] = sum - magic[i,j];
11 for (int i = 0, j = 3; i < 4; i++, j--)
12     magic[i,j] = sum - magic[i,j];
13 Console.WriteLine("最后的魔术方块如下 :");
14 for (int i = 0; i < 4; i++)
15 {
16     for (int j = 0; j < 4; j++)
17         Console.Write($"{magic[i,j],5}");
18     Console.WriteLine("");
19 }
```

执行结果

```
 Microsoft Visual Studio 调试控制台
最后的魔术方块如下 :
   34    6    8   28
   12   24   22   18
   20   16   14   26
   10   30   32    4

C:\C#\ch9\ch9_29\ch9_29\bin\Debug\net6.0\ch9_29.exe
按任意键关闭此窗口 . . .
```

9-9-4 基础统计

假设有一组数据，此数据有 n 笔数值，我们可以使用下列公式计算它的平均值 (Mean)、方差 (variance)、标准差 (standard deviation，缩写 SD，数学符号为 σ)。

❑ 平均值

指的是系列数值的平均值，其公式如下：

$$\bar{x} = \frac{1}{n}\sum_{i=1}^{n} x_i = \frac{x_1 + x_2 + \cdots + x_n}{n}$$

❑ 方差

方差的英文是 variance，从学术角度解说方差主要是描述系列数据的离散程度，从白话角度来说方差是指所有数据与平均值的偏差距离，其公式如下。

$$\sigma^2 = \frac{1}{n}\sum_{i=1}^{n} (x_i - \bar{x})^2$$

❑ 标准差

标准偏差的英文是 standard deviation，缩写是 SD，当计算方差后，将方差的结果开根号，可以获得平均距离，所获得的平均距离就是标准差，其公式如下。

$$\sigma = \sqrt{\frac{1}{n}\sum_{i=1}^{n} (x_i - \bar{x})^2}$$

由于统计数据将不会更改，因此可以用数组进行存储及处理。

方案 ch9_30.sln：计算 5、6、8、9 的平均值、方差和标准差。

```
1  // ch9_30
2  int[] data = { 5, 6, 8, 9 };
3  int n = 4;
4  double means = 0;                    // 平均值
5  double var = 0; var = 0;             // 方差
6  double dev = 0; dev = 0;             // 标准差
7
8  for (int i = 0; i < n; i++)          // 计算平均值
9      means += ((double)data[i] / n);
10
11 for (int i = 0; i < n; i++)          // 计算方差和标准差
12 {
13     var += Math.Pow(data[i] - means, 2);
14     dev += Math.Pow(data[i] - means, 2);
15 }
16 Console.WriteLine($"平均值 = {means:F2}", means);
17 var = var / n;
18 Console.WriteLine($"方差   = {var:F2}");
19 dev = Math.Pow(dev / 4, 0.5);
20 Console.WriteLine($"标准差 = {dev:F2}");
```

执行结果

```
 Microsoft Visual Studio 调试控制台
平均值 = 7.00
方差   = 2.50
标准差 = 1.58

C:\C#\ch9\ch9_30\ch9_30\bin\Debug\net6.0\ch9_30.exe
按任意键关闭此窗口 . . .
```

9-9-5　不规则数组的专题

方案 ch9_31.sln：深智公司的营业数据如下表所示，其中日本分公司没有销售软件和书籍，韩国公司没有销售书籍，请用程序输出业绩表，列出各分公司的销售统计，以及深智公司的业绩总计。

万元

分　公　司	国际证照	文　　具	软　　件	书　　籍
中国	500	150	200	300
日本	1200	300		
韩国	120	80	150	

```
1  // ch9_31
2  int[][] re =
3  {
4      new int[] { 500, 150, 200, 300 },
5      new int[] { 1200, 300 },
6      new int[] { 120, 80, 150 }
7  };
8  string[] co = { "中国分公司", "日本分公司", "韩国分公司" };
9  int[] subtotal = new int[3];       // 分公司业绩加总
10 int total = 0;
11 Console.WriteLine("\t\t证照  文具  软件  书籍");
12 for (int i = 0; i < re.Length; i++)
13 {
14     Console.Write($"{co[i]}      ");
15     for (int j = 0; j < re[i].Length; j++)
16         Console.Write($"{re[i][j],6}");
17     Console.WriteLine();
18 }
19 Console.WriteLine();
20 for (int i = 0; i < re.Length; i++)
21 {
22     for (int j = 0; j < re[i].Length; j++)
23     {
24         subtotal[i] += re[i][j];
25         total += subtotal[i];
26     }
27     Console.WriteLine($"{co[i],-11}业绩总计(单位:万元) {subtotal[i]:C}");
28 }
29 Console.WriteLine($"\n深智公司业绩总计(单位:万元) : {total:C}");
```

执行结果

```
Microsoft Visual Studio 调试控制台
                证照  文具  软件  书籍
中国分公司       500   150   200   300
日本分公司       1200  300
韩国分公司       120   80    150

中国分公司       业绩总计(单位:万元) ¥1,150.00
日本分公司       业绩总计(单位:万元) ¥1,500.00
韩国分公司       业绩总计(单位:万元) ¥350.00

深智公司业绩总计(单位:万元) ：¥6,520.00

C:\C#\ch9\ch9_31\bin\Debug\net6.0\ch9_31.exe
按任意键关闭此窗口...
```

这个程序第 8 行使用了字符串数组，如下所示：

string[ ] co = {" 中国分公司 ", " 日本分公司 ", " 韩国分公司 "};

其实如果仔细看，可以看到该程序除了第 8 行使用 string[ ] 定义字符串数组，数组内容是字符串外，其余数组都是整型数组，笔者将在下一章介绍更多字符串的知识。

习题实操题

方案 ex9_1.sln：请参考 ch9_2.sln 创建整型数组 sc，此数组有 5 笔数据，请输出下列结果。(9-1 节)

```
Microsoft Visual Studio 调试控制台
sc[0] = 5
sc[1] = 10
sc[2] = 15
sc[3] = 20
sc[4] = 25

C:\C#\ex\ex9_1\ex9_1\bin\Debug\net6.0\ex9_1.exe
按任意键关闭此窗口...
```

方案 ex9_2.sln：扩充 ch9_5.sln，增加打印学生人数。(9-1 节)

```
Microsoft Visual Studio 调试控制台
输入成绩 0 代表结束
请输入分数 ==> 58
请输入分数 ==> 66
请输入分数 ==> 87
请输入分数 ==> 60
请输入分数 ==> 0
平均分数是 67.75
学生人数是 4人

C:\C#\ex\ex9_2\ex9_2\bin\Debug\net6.0\ex9_2.exe
按任意键关闭此窗口...
```

方案 ex9_3.sln：将程序 ch9_6.sln 扩充增列出最大值索引。(9-1 节)

```
Microsoft Visual Studio 调试控制台
最大值      = 88
最大值索引   = 2

C:\C#\ex\ex9_3\ex9_3\bin\Debug\net6.0\ex9_3.exe
按任意键关闭此窗口...
```

方案 ex9_4.sln：将程序 ch9_6.sln 改为找出最小值和最小值索引。(9-1 节)

```
Microsoft Visual Studio 调试控制台
最小值      = 32
最小值索引   = 1

C:\C#\ex\ex9_4\ex9_4\bin\Debug\net6.0\ex9_4.exe
按任意键关闭此窗口...
```

方案 ex9_5.sln：一周平均温度如下所示。(9-1 节)

℃

星 期 日	星 期 一	星 期 二	星 期 三	星 期 四	星 期 五	星 期 六
25	26	28	23	24	29	27

请设计程序，列出星期几有最高温，同时列出温度。

```
Microsoft Visual Studio 调试控制台
最高温度是在星期五，温度是 29 ℃

C:\C#\ex\ex9_5\ex9_5\bin\Debug\net6.0\ex9_5.exe
按任意键关闭此窗口...
```

方案 ex9_6.sln：深智公司各季业绩表如下所示。(9-1 节)

万元

产　　品	第 1 季	第 2 季	第 3 季	第 4 季
书籍	200	180	310	210
国际证照	80	120	60	150

使用两个一维数组，请输入上述业绩，然后分别列出书籍总业绩、国际证照总业绩和全部业绩。

```
Microsoft Visual Studio 调试控制台
书籍总业绩      = ￥900.00
国际证照总业绩   = ￥410.00
全部业绩        = ￥1,310.00

C:\C#\ex\ex9_6\ex9_6\bin\Debug\net6.0\ex9_6.exe
按任意键关闭此窗口...
```

方案 ex9_7.sln：重新设计 ch9_9.sln，数组元素 1 用实心方块，Unicode 码是 0x25A0，数组元素 0 用空白，Unicode 码是 0x3000，可以得到下列结果。(9-2 节)

```
C:\C#\ex\ex9_7\ex9_7\bin\Debug\net6.0\ex9_7.exe
按任意键关闭此窗口...
```

方案 ex9_8.sln：输出钻石外形。(9-2 节)

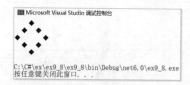

方案 ex9_9.sln：使用二维数组设计 ex9_6.sln。(9-2 节)

方案 ex9_10.sln：气象局记录了台北过去一周的最高温度和最低温度。(9-2 节)

℃

温　　度	星 期 日	星 期 一	星 期 二	星 期 三	星 期 四	星 期 五	星 期 六
最高温	30	28	29	31	33	35	32
最低温	20	21	19	22	23	24	20
平均温							

　　请使用二维数组记录上述温度，最后将平均温度填入上述二维数组，同时输出过去一周的最高温和最低温。

方案 ex9_11.sln：两张图像相加，可以创造一张图像使其含有两张图像的特质，假设有两张图像如下所示。(9-3 节)

将上述图像相加，可以得到以下结果。

　　请创建两张三维数组的图像，下列是图像 1。

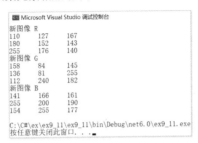

下列是图像 2。

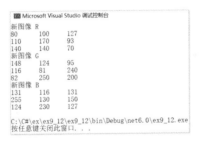

请将上述图像相加，如果某元素相加结果大于 255，则取 255，可以得到下列结果。

方案 ex9_12.sln：在图像处理过程，0 是黑色，255 是白色，相当于将彩色图像的像素值变高会让图像色彩变淡，有一个图像如下，请将每个像素值加 50，如果大于 255，则取 255。(9-3 节)

下列是三维图像数组。

下列是执行结果。

方案 ex9_13.sln：有一个数组数字如下：

3, 8, 10, 22, 19, 17, 9, 6, 10, 15

请输入数字，然后输出此数字第一次出现时所在的索引，如果找不到则输出"找不到此数字"。

方案 ex9_14.sln：参考 ch9_22.sln，输出不规则数组的元素个数和数组维度，然后输出子数组的元素个数和最低、最高索引。(9-7 节)

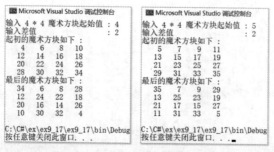

方案 ex9_15.sln：将 ch9_26.sln 泡沫排序法改为从大到小排序，然后使用 Reverse( ) 将排序结果反转。(9-8 节)

方案 ex9_16.sln：在 9-9-2 节有一个 2×3 数组和 3×2 数组相乘，笔者是用笔算出的，请你用程序完成此乘法。(9-9 节)

方案 ex9_17.sln：重新设计 ex9_29.sln，4×4 魔术方块的起始值与差值从屏幕输入。(9-9-3 节)

方案 ex9_18.sln：奇数矩阵魔术方块的应用，下列是 3×3 矩阵的产生步骤 (这个方法可以应用到所有奇数矩阵)。(9-9 节)

1. 在第一行的中间位置，设定值为 1。然后，将下一个值放在它的东北方。

	1	

2. 因为上述超过行的界限，所以我们将这个值，改放在该数对应列最大行的位置，如下所示。

	1	
		2

3. 然后将第 3 个值放在第 2 个值的东北方，因为其超过列的界限，所以我们将这个值，改放在其对应行最小列的位置，如下所示。

	1	
3		
		2

4. 然后持续将下一个值放在原先值的东北方，若是东北方已经有值，则将这个值，改放在原先值的下方。

	1	
3		
4		2

5. 若东北方是空值，则存入这个值，例如，存入 5 后紧接着我们可以存入值 6。

	1	6
3	5	
4		2

6. 若是东北方既超过行的界限也超过列的界限，则将值放在原先值的下方。

	1	6
3	5	7
4		2

方案 ex9_19.sln：创建 0 ～ 10 的 Pascal 三角形，所谓的 Pascal 三角形是第 2 层以后，每个数字是其正左上方和正右上方的和。(9-9 节)

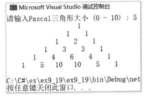

第 10 章
字符和字符串的处理

3-6 节笔者介绍了字符 (char) 的概念，3-7 节说明了字符串 (string)，本章将针对字符和字符串相关操作做完整的说明。

字符 Char 类

3-6 节笔者简单地介绍了字符数据类型，在该节我们使用 char 声明字符变量，此关键词 char 是 .NET System.Char 结构类型，可以参考下表。

C# 类型	范　围	大　　小	.NET 类
char	U+0000 到 U+FFFF	16 位	System.Char

注　上述范围字段 U+ 代表 Unicode 码值的范围。

上述我们可以看到 C# 类型是 char，其实也可以用 Char 或 System.Char 声明变量，C# 是一个面向对象的程序语言，所以也可以认为 char 或 Char 是声明对象变量。

方案 ch10_1.sln：使用 char、Char 和 System.Char 声明变量。注：其实 Char 和 System.Char 是一样的，因为 C# 最新上层语句已经隐式地使用 using System，所以 Char 可以省略 System。

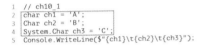

```
1  // ch10_1
2  char ch1 = 'A';
3  Char ch2 = 'B';
4  System.Char ch3 = 'C';
5  Console.WriteLine($"{ch1}\t{ch2}\t{ch3}");
```

执行结果

注　习惯上 C# 程序设计师还是喜欢使用 char 关键词声明字符。

字符 Char 类常用的方法

10-2-1　与字符有关的方法

Char 类内主要是处理字符有关的方法，这些方法可以方便程序设计师在未来设计程序时使用，表 10-1 是常用的方法列表。

表 10-1　常用 Char 类的方法

方　　法	说　　明
IsDigit( )	是不是十进制数，可以参考的备注。(10-2-2 节)
IsLetter( )	是不是大写或是小写英文字母。(10-2-2 节)
IsLetterOrDigit( )	是不是十进制数或是英文字母。(10-2-2 节)
IsNumber( )	是不是数字，可以参考表后的备注。(10-2-2 节)
IsLower( )	是不是小写英文字母。(10-2-3 节)
IsUpper( )	是不是大写英文字母。(10-2-3 节)
IsSymbol( )	是不是符号。(10-2-4 节)
IsSeparator( )	是不是分隔符，如 \u0020 字符。

方　法	说　明
IsWhiteSpace( )	是不是空格符，如' '。(10-2-4 节)
IsPunctuation( )	是不是标点符号，如'.' 或',' 字符。(10-2-5 节)

表 10-1 如果是真则回传 True，如果是伪则回传 False。

备注：IsDigit( ) 是指 0 ~ 9 的阿拉伯数字，IsNumber( ) 除了 0 ~ 9 的阿拉伯数字还包括罗马数字 (例如，" Ⅹ"是罗马符号的 10)，更多相关知识可以复习 8-9-10 节。

10-2-2　判断数字和字母的方法

方案 ch10_2.sln：用 IsDigit( )、IsLetter( ) 和 IsNumber( ) 方法，执行数字和字母的判别。

```
1  // ch10_2
2  char a = '5';
3  Console.WriteLine($"isDigit({a})是Digit    : {Char.IsDigit(a)}");
4  a = 'A';
5  Console.WriteLine($"isLetter({a})是字母    : {Char.IsLetter(a)}");
6  a = '\u2162';            // 罗马数字 3 的 Unicode 码
7  Console.WriteLine($"isDigit({a})是Digit  : {Char.IsDigit(a)}");
8  Console.WriteLine($"isNumber({a})是Number : {Char.IsNumber(a)}");
```

执行结果

```
Microsoft Visual Studio 调试控制台
isDigit(5)是Digit    : True
isLetter(A)是字母    : True
isDigit(Ⅲ)是Digit   : False
isNumber(Ⅲ)是Number : True

C:\C#\ch10\ch10_2\ch10_2\bin\Debug\net6.0\ch10_2.exe
按任意键关闭此窗口。. .
```

方法 IsLetterOrDigit( ) 则可以判断是不是字母或数字。

10-2-3　判断大小写字母的方法

方案 ch10_3.sln：用 IsUpper( )、IsLower( ) 方法，执行大小写字母的判别。

```
1   // ch10_3
2   char a = 'A';
3   Console.WriteLine($"isUpper({a})是大写字母 : {Char.IsUpper(a)}");
4   Console.WriteLine($"isLower({a})是小写字母 : {Char.IsLower(a)}");
5   a = 'a';
6   Console.WriteLine($"isUpper({a})是大写字母 : {Char.IsUpper(a)}");
7   Console.WriteLine($"isLower({a})是小写字母 : {Char.IsLower(a)}");
8   a = '@';
9   Console.WriteLine($"isUpper({a})是大写字母 : {Char.IsUpper(a)}");
10  Console.WriteLine($"isLower({a})是小写字母 : {Char.IsLower(a)}");
```

执行结果

```
Microsoft Visual Studio 调试控制台
isUpper(A)是大写字母 : True
isLower(A)是小写字母 : False
isUpper(a)是大写字母 : False
isLower(a)是小写字母 : True
isUpper(@)是大写字母 : False
isLower(@)是小写字母 : False

C:\C#\ch10\ch10_3\bin\Debug\net6.0\ch10_3.exe
按任意键关闭此窗口。. .
```

10-2-4　判断符号的方法

方法 IsSymbol( ) 可以判断数据是不是符号，所谓的符号是指货币符号、数学运算符、箭号、几何符号、数字格式 (如上标或是下标) 等。

方法 IsWhiteSpace( ) 可以判断数据是不是泛空格符，所谓的泛空格符是指空字符、换行字符、下一行字符等。

方案 ch10_4.sln：用 IsSymbol( )、IsWhiteSpace( ) 方法，执行符号 (Symbol) 和泛空格符 (WhiteSpace) 的判别。

```
1   // ch10_4
2   char a = '$';
3   Console.WriteLine($"{a} 是Symbol     : {Char.IsSymbol(a)}");
4   Console.WriteLine($"{a} 是WhiteSpace : {Char.IsWhiteSpace(a)}");
5   a = ' ';
6   Console.WriteLine($"{a} 是Symbol     : {Char.IsSymbol(a)}");
7   Console.WriteLine($"{a} 是WhiteSpace : {Char.IsWhiteSpace(a)}");
8   a = '@';
9   Console.WriteLine($"{a} 是Symbol     : {Char.IsSymbol(a)}");
10  Console.WriteLine($"{a} 是WhiteSpace : {Char.IsWhiteSpace(a)}");
11  a = '+';
12  Console.WriteLine($"{a} 是Symbol     : {Char.IsSymbol(a)}");
13  Console.WriteLine($"{a} 是WhiteSpace : {Char.IsWhiteSpace(a)}");
```

执行结果

```
Microsoft Visual Studio 调试控制台
$ 是Symbol     : True
$ 是WhiteSpace : False
  是Symbol     : False
  是WhiteSpace : True
@ 是Symbol     : False
@ 是WhiteSpace : False
+ 是Symbol     : True
+ 是WhiteSpace : False

C:\C#\ch10\ch10_4\ch10_4\bin\Debug\net6.0\ch10_4.exe
按任意键关闭此窗口。. .
```

10-2-5　判断是不是标点符号的方法

IsPunctuation( ) 方法可以判断是不是标点符号，如 ','、'.' 等。

方案 ch10_4_1.sln：判断是不是标点符号的应用。

```
1  // ch10_4_1
2  char a = '$';
3  Console.WriteLine($"{a} 是标点符号 : {Char.IsPunctuation(a)}");
4  a = '.';
5  Console.WriteLine($"{a} 是标点符号 : {Char.IsPunctuation(a)}");
6  a = ',';
7  Console.WriteLine($"{a} 是标点符号 : {Char.IsPunctuation(a)}");
8  a = ';';
9  Console.WriteLine($"{a} 是标点符号 : {Char.IsPunctuation(a)}");
```

执行结果

```
Microsoft Visual Studio 调试控制台
$  是标点符号 : False
.  是标点符号 : True
,  是标点符号 : True
;  是标点符号 : True
C:\C#\ch10\ch10_4_1\ch10_4_1\bin\Debug\net6.0\ch10_4_1.exe
按任意键关闭此窗口. . .
```

10-3　字符数组与字符串

第 9 章我们介绍了数组，大部分数组元素都是使用整数为例，其实数组元素也可以是字符，下列是数组元素为字符声明的实例。

```
char[ ] str = {'H', 'u', 'n', 'g'};
```

方案 ch10_5.sln：创建字符数组，然后使用循环输出此数组。

```
1  // ch10_5
2  char[] name = { 'H', 'u', 'n', 'g' };
3  foreach (char c in name)
4      Console.Write($"{c}");
5  Console.WriteLine();
6  for (int i = 0; i < name.Length; i++)
7      Console.Write($"{name[i]}");
```

执行结果

```
Microsoft Visual Studio 调试控制台
Hung
Hung
C:\C#\ch10\ch10_5\ch10_5\bin\Debug\net6.0\ch10_5.exe
按任意键关闭此窗口. . .
```

上述我们了解了字符数组的意义，其实上述字符数组可以使用字符串替换，如下所示：

```
string name = "Hung";
```

经过上述声明后，我们甚至可以使用 name[0] 代表 'H', name[1] 代表 'u'……，其他以此类推，所以也可以说字符数组就是字符串，读者可以参考下列实例。

方案 ch10_6.sln：验证字符数组就是字符串。

```
1  // ch10_6
2  string name = "Hung";
3  Console.WriteLine($"{name}");
4  for (int i = 0; i < 4; i++)
5      Console.Write($"{name[i]}");
```

执行结果

```
Microsoft Visual Studio 调试控制台
Hung
Hung
C:\C#\ch10\ch10_6\ch10_6\bin\Debug\net6.0\ch10_6.exe
按任意键关闭此窗口. . .
```

从方案 ch10_5.sln 和 ch10_6.sln 可以看到字符串可以替换字符数组，所以一般程序设计时很少会使用字符数组。

注　在 C/C++ 语言中，字符串的特色是有结尾字符 '\0', C# 的字符串则没有结尾字符 '\0'(Null)，所以 C# 的字符串可以包含任意数量的 Null 字符 ('\0')。

方案 ch10_7.sln：输入字符然后输出此字符的十进制和十六进制 Unicode 码，然后程序会询问是否继续，如果输入 'Y' 或 'y' 表示继续，则输入其他字符程序结束。

```
1  // ch10_7
2  string ans;
3  Console.WriteLine("输入字符转成 Unicode 码值");
4  do
5  {
6      Console.Write("请输入字符 : ");
7      int c = Console.Read();
8      Console.ReadLine();                          // 清除缓冲区的 回车和换行字符
9      Console.WriteLine($"字符{Convert.ToChar(c)}的10进位 Unicode 码值是 : {c}");
10     Console.WriteLine($"字符{Convert.ToChar(c)}的16进位 Unicode 码值是 : {c:X}");
11     Console.Write("是否继续 ?(y/n) : ");
12     ans = Console.ReadLine();                    // 读取字符串
13  } while (ans[0] == 'Y' || ans[0] == 'y');       // 检查是否继续
```

执行结果

```
Microsoft Visual Studio 调试控制台
输入字符转成 Unicode 码值
请输入字符 : A
字符A的10进位 Unicode 码值是 : 65
字符A的16进位 Unicode 码值是 : 41
是否继续 ?(y/n) : y
请输入字符 : 洪
字符洪的10进位 Unicode 码值是 : 27946
字符洪的16进位 Unicode 码值是 : 6D2A
是否继续 ?(y/n) : n

C:\C#\ch10\ch10_7\ch10_7\bin\Debug\net6.0\ch10_7.exe
按任意键关闭此窗口. . .
```

上述第 8 行主要是在读取遗留在输入缓冲区的回车和换行字符，因为这两个字符没有用处，所以不设定回传变量。第 12 行是在读取字符串并放在变量 ans，然后第 13 行取得 ans 字符串的第 1 个字符并检查其是否为 'Y' 或 'y'，如果是则循环继续。

10-4   字符串 String 类

String 是属于 System 命名空间的类。

10-4-1   基础概念

3-7 节介绍了字符串数据类型，其实字符串就是由多个字符组成的。在本节我们使用 string 声明字符变量，此关键词 string 是 .NET System.String 结构类型，所以我们也可以用 System. String 或 String 声明字符串变量。

方案 ch10_8.sln：使用 string、String 或 System.String 声明变量。

```
1  // ch10_8
2  string str1 = "明志工专";
3  String str2 = "明志科技大学";
4  System.String str3 = "台塑企业";
5  Console.WriteLine($"{str1}");
6  Console.WriteLine($"{str2}");
7  Console.WriteLine($"{str3}");
```

执行结果

```
Microsoft Visual Studio 调试控制台
明志工专
明志科技大学
台塑企业

C:\C#\ch10\ch10_8\ch10_8\bin\Debug\net6.0\ch10_8.exe
按任意键关闭此窗口. . .
```

注 习惯上 C# 程序设计师还是喜欢使用 string 关键词声明字符串。

10-4-2   字符串的属性 Length

方案 ch10_9.sln：输入字符串，然后程序会响应字符串长度。

```
1  // ch10_9
2  string str;
3
4  Console.Write("请输入任意字符串 : ");
5  str = Console.ReadLine();
6  Console.WriteLine($"字符串长度是 : {str.Length}");
```

执行结果

```
Microsoft Visual Studio 调试控制台
请输入任意字符串 : I like C#.
字符串长度是 : 10

C:\C#\ch10\ch10_9\ch10_9\bin\Debug\net6.0\ch10_9.exe
按任意键关闭此窗口. . .
```

10-4-3   定义 null 或空字符串

C# 可以声明字符串为 null 或空字符串。

```
string s1 = null;
```

```
string s2 = ";
```

空字符串还可以使用下列方式声明。

```
string s3 = System.String.Empty;
```

因为 System 已经被隐式 using 导入，所以也可以省略 System，读者可以用下列方案自行测试。

方案 ch10_10.sln：分别声明 null、空字符串和 System.String.Empty，然后输出。

```
1  // ch10_10
2  string str1 = null;
3  string str2 = "";
4  string str3 = System.String.Empty;
5  Console.WriteLine($"str1 = {str1}");
6  Console.WriteLine($"str2 = {str2}");
7  Console.WriteLine($"str3 = {str3}");
```

执行结果

```
Microsoft Visual Studio 调试控制台
str1 =
str2 =
str3 =

C:\C#\ch10\ch10_10\ch10_10\bin\Debug\net6.0\ch10_10.exe
按任意键关闭此窗口. . .
```

10-4-4 const 关键词应用到字符串

3-11 节 const 关键词也可以用于定义不可变更的字符串变量。

方案 ch10_11.sln：将 const 关键词用于未来不想变更的字符串变量。

```
1  // ch10_11
2  const string str1 = "明志工专";
3  const string str2 = "University of Mississippi";
4  Console.WriteLine($"{str1}\n{str2}");
```

执行结果

```
Microsoft Visual Studio 调试控制台
明志工专
University of Mississippi

C:\C#\ch10\ch10_11\ch10_11\bin\Debug\net6.0\ch10_11.exe
按任意键关闭此窗口. . .
```

10-4-5 字符串连接 "+" 符号

加法符号 "+" 在字符串的应用中可以执行字符串的连接。

方案 ch10_12.sln：字符串连接的应用。

```
1  // ch10_12
2  string str1 = "明志工专";
3  string str2 = "University of Mississippi";
4  string str3 = "我的母校" + str1;
5  string str4 = "留学美国" + str2;
6  Console.WriteLine(str3 + ' ' + str4);
```

执行结果

```
Microsoft Visual Studio 调试控制台
我的母校明志工专 留学美国University of Mississippi

C:\C#\ch10\ch10_12\ch10_12\bin\Debug\net6.0\ch10_12.exe
按任意键关闭此窗口. . .
```

10-4-6 字符串引用

在 C# 程序概念中字符串内容是不可变的，如果有修改字符串的动作，则其实是编译程序生成了新的字符串。

方案 ch10_13.sln：字符串引用与 "+=" 符号的应用。

```
1  // ch10_13
2  string str1 = "Deepmind ";
3  string str2 = ": Deepen your mind.";
4  str1 += str2;
5  Console.WriteLine(str1);
```

执行结果

```
Microsoft Visual Studio 调试控制台
Deepmind : Deepen your mind.

C:\C#\ch10\ch10_13\ch10_13\bin\Debug\net6.0\ch10_13.exe
按任意键关闭此窗口. . .
```

上述程序中原先赋值给 str1 的对象的旧内存会被释放，也就是编译程序会执行垃圾收集。

注1 从上述程序可以看到 "+=" 符号也可以应用在字符串运算中，"+" 是加号。

注2　C# 在修改字符串时实际上是在创建新的字符串，因此创建字符串引用时，该字符串仍将指向原始对象。

方案 ch10_14.sln：字符串引用与修改字符串内容。

```
1  // ch10_14
2  string str1 = "Deepmind ";
3  string str2 = str1;
4  str1 += ": Deepen your mind";
5  Console.WriteLine(str2);
```

执行结果

```
Microsoft Visual Studio 调试控制台
Deepmind

C:\C#\ch10\ch10_14\ch10_14\bin\Debug\net6.0\ch10_14.exe
按任意键关闭此窗口. . .
```

上述执行第 3 行时 str2 指向 str1 对象的地址，但是执行第 4 行后 str1 是创建新字符串，但是 str2 仍指向原始对象，所以 str2 的内容没有同步变更。

10-5　字符串 String 类常用的方法

String 类的方法在使用时会创建一个新对象回传，原始字符串内容则不更改。

10-5-1　与字符串有关常用的方法

String 类的方法主要就是处理字符串，这些方法可以方便程序设计师未来设计相关应用时使用，可以参考表 10-2。

表 10-2　常用 String 类的方法

方　　法	说　　明
ToLower( )	将字符串改为全部小写。(10-5-2 节)
ToUpper( )	将字符串改为全部大写。(10-5-2 节)
ToTitleCase( )	将字符串改为首字母大写。(10-5-3 节)
Concat( )	字符串结合。(10-5-4 节)
Compare( )	字符串比较。(10-5-5 节)
CompareTo( )	字符串比较。(10-5-5 节)
Equals( )	字符串比较。(10-5-5 节)
Substring( )	字符串截取。(10-5-6 节)
IndexOf( )	回传第一次出现字符串的索引位置。(10-5-7 节)
LastIndexOf( )	回传最后出现字符串的索引位置。(10-5-7 节)
Contains( )	回传是否包含特定字符串。(10-5-8 节)
Replace( )	字符串替换功能。(10-5-9 节)
Split( )	字符串分割。(10-5-10 节)
Trim( )	删除前后空格符。(10-5-11 节)
Remove( )	移除字符。(10-5-12 节)
StartsWith	回传是否字符串是由某内容开始。(10-5-13 节)
EndsWith( )	回传是否字符串是由某内容结束。(10-5-13 节)
Format( )	格式化字符串。(10-5-14 节)

方　　法	说　　明
Insert( )	插入字符串。(10-5-15 节)
PadLeft( )	左边填充字符。(10-5-16 节)
PadRight( )	右边填充字符。(10-5-16 节)

10-5-2　更改字符串字母大小写

更改字符串字母大小写几个相关的方法如下：

txt.ToLower( )：将字符串全部改为小写。

txt.ToUpper( )：将字符串全部改为大写。

上述方法由字符串对象引用，可以更改字符串的大小写，可以参考下列方案。

方案 ch10_15.sln：更改字符串大小写的应用。

```
1  // ch10_15
2  string str = "a TAle oF tWo citIes";
3  // 转为小写字母
4  string str1 = str.ToLower();
5  Console.WriteLine($"\"{str}\" 转成小写：{str1}");
6
7  // 转为大写字母
8  string str2 = str.ToUpper();
9  Console.WriteLine($"\"{str}\" 转成大写：{str2}");
```

执行结果

Microsoft Visual Studio 调试控制台
"a TAle oF tWo citIes" 转成小写：a tale of two cities
"a TAle oF tWo citIes" 转成大写：A TALE OF TWO CITIES
C:\C#\ch10\ch10_15\ch10_15\bin\Debug\net6.0\ch10_15.exe
按任意键关闭此窗口。. . .

从上述可以看到，字符串是一个短语也可以执行转换。

10-5-3　首字母大写的转换

C# 提供字符串内单词的首字母大写的转换，不过在执行转换前需要使用 System. Globalization 类的 TextInfo 类创建文化特性对象，其语法如下：

```
TextInfo textInfo = new CultureInfo("en-US", false).TextInfo;
```

上述 textInfo 是可以自行命名的文化特性对象，CultureInfo( ) 方法则是创建方式，"en-US" 是创建美国文化特性的名称，然后可以得到文化特性对象 textInfo，才可以由此对象调用 ToTitleCase( ) 执行首字母大写转换，这个转换的基础语法如下：

```
textInfo.ToTitleCase( )：将字符串改为首字母大写。
```

注 未来 15-4 节会有更多 CultureInfo 类的介绍。

方案 ch10_16.sln：将字符串内的单词改为首字母大写。

```
1  // ch10_16
2  using System.Globalization;
3
4  string str = "a TAle oF tWo citIes";
5  TextInfo textInfo = new CultureInfo("en-us", false).TextInfo;
6  // 转为小写字母
7  string str1 = textInfo.ToTitleCase(str);
8  Console.WriteLine($"\"{str}\" 转成首字母大写：{str1}");
```

执行结果

Microsoft Visual Studio 调试控制台
"a TAle oF tWo citIes" 转成首字母大写：A Tale Of Two Cities
C:\C#\ch10\ch10_16\ch10_16\bin\Debug\net6.0\ch10_16.exe (进程
按任意键关闭此窗口。. . .

上述字符串 A Tale Of Two Cities 是著名小说双城记的英文名称，这个功能主要是可以让字符串内的单前缀字母大写。

10-5-4　字符串结合 Concat( )

String.Concat( ) 方法可以将系列字符串结合，然后回传结合后的字符串。

方案 ch10_17.sln：字符串结合的应用。

```
1  // ch10_17
2  string str1 = "I like";
3  string str2 = " Ice";
4  string str3 = " Cream";
5  string str4 = String.Concat(str1, str2, str3);
6  Console.WriteLine(str4);
```

执行结果

```
🖳 Microsoft Visual Studio 调试控制台
I like Ice Cream

C:\C#\ch10\ch10_17\ch10_17\bin\Debug\net6.0\ch10_17.exe
按任意键关闭此窗口. . .
```

注 其实字符串结合使用"+"符号或许更方便，读者可以参考 10-4-5 节。

10-5-5 字符串比较

字符串比较有 3 个方法，分别是 Compare( )、CompareTo( ) 和 Equals( )，Compare( ) 方法的基础语法如下：

```
int rtn = String.Compare(str1, str2);          // 比较时大小写视为不同字母

int rtn = String.Compare(str1, str2, ignoreCase);
```

上述 ignoreCase 如果是 true 则比较时会忽略大小写；如果是 false，则会将大小写视为不一样，这是默认的。比较是依据 Unicode 码做比较，回传值规则如下：

1.str1 的 Unicode 码小于 str2。

0：str1 和 str2 的 Unicode 码相同。

-1.str1 的 Unicode 码大于 str2。

方案 ch10_18.sln：用 String.Compare( ) 执行字符串的比较。

```
1   // ch10_18
2   string str1 = "Abc";
3   string str2 = "abc";
4   int result1 = String.Compare(str1, str2);
5   int result2 = String.Compare(str1, str1);
6   int result3 = String.Compare(str2, str1);
7   Console.WriteLine($"{result1}, {result2}, {result3}");
8   int result4 = String.Compare(str1, str2, false);    // 这是默认
9   int result5 = String.Compare(str1, str2, true);
10  Console.WriteLine($"{result4}, {result5}");
```

执行结果

```
🖳 Microsoft Visual Studio 调试控制台
1, 0, -1
1, 0

C:\C#\ch10\ch10_18\ch10_18\bin\Debug\net6.0\ch10_18.exe
按任意键关闭此窗口. . .
```

CompareTo( ) 方法由字符串对象引用，其基础语法如下：

```
int rtn = str1.CompareTo(str2);
```

方案 ch10_19.sln：用 CompareTo( ) 方法执行字符串的比较。

```
1  // ch10_19
2  string str1 = "Abc";
3  string str2 = "abc";
4  int result1 = str1.CompareTo(str2);
5  int result2 = str1.CompareTo(str1);
6  Console.WriteLine($"{result1}, {result2}");
```

执行结果

```
🖳 Microsoft Visual Studio 调试控制台
1, 0

C:\C#\ch10\ch10_19\ch10_19\bin\Debug\net6.0\ch10_19.exe
按任意键关闭此窗口. . .
```

Equals( ) 方法则是可以比较两个字符串是否相同，其基础语法如下：

```
bool rtn = String.Equals(str1, str2);          // 回传是布尔值
```

如果字符串内容不同则回传 False，如果字符串内容相同则回传 True。

方案 ch10_20.sln：Equals( ) 方法的应用。

```
1  // ch10_20
2  string str1 = "Abc";
3  string str2 = "abc";
4  bool result1 = String.Equals(str1, str2);    // 不同字符串比较
5  bool result2 = String.Equals(str1, str1);    // 相同字符串比较
6  bool result3 = str1 == str2;                 // 不同字符串比较
7  Console.WriteLine($"{result1}, {result2}, {result3}");
```

执行结果

```
🖳 Microsoft Visual Studio 调试控制台
False, True, False

C:\C#\ch10\ch10_20\ch10_20\bin\Debug\net6.0\ch10_20.exe
按任意键关闭此窗口. . .
```

注 还可以使用"=="做字符串的比较，可以参考第 6 行。

10-5-6　字符串截取 Substring( )

所谓的字符串截取是从一个字符串中取得子字符串，其基础语法如下：

```
string result = txt.Substring(startIndex);
```

```
string result = txt.Substring(startIndex, length);
```

上述语句会从字符串 txt 的 startIndex 索引开始取得 length 长度并回传，如果省略 length 则回传从 startIndex 索引开始到原字符串结束的字符串。

方案 ch10_21.sln：SubString( ) 方法的应用。

```
1  // ch10_21
2  string str = "Hello, World!";
3  string str1 = str.Substring(2);
4  string str2 = str.Substring(2, 6);
5  Console.WriteLine(str1);
6  Console.WriteLine(str2);
```

执行结果

```
Microsoft Visual Studio 调试控制台
llo, World!
llo, W

C:\C#\ch10\ch10_21\ch10_21\bin\Debug\net6.0\ch10_21.exe
按任意键关闭此窗口. . .
```

10-5-7　回传字符串出现的索引位置

方法 IndexOf( ) 可以回传字符串第一次出现的索引位置，其基础语法如下：

```
int idx = txt.IndexOf(str);
```

上述可以回传 str 字符串在 txt 字符串第一次出现的索引位置，如果找不到则会回传 -1。

方案 ch10_22.sln：回传字符串第一次出现索引的应用。

```
1  // ch10_22
2  string str = "Ice cream";
3  int result1 = str.IndexOf("cream");
4  Console.WriteLine(result1);
5  int result2 = str.IndexOf("Cream");
6  Console.WriteLine(result2);
```

执行结果

```
Microsoft Visual Studio 调试控制台
4
-1

C:\C#\ch10\ch10_22\ch10_22\bin\Debug\net6.0\ch10_22.exe
按任意键关闭此窗口. . .
```

方法 LastIndexOf( ) 则回传最后一次出现字符串的索引位置。

方案 ch10_23.sln：输出第一次出现和最后一次出现字符的索引应用。

```
1  // ch10_23
2  string str = "Icecream";
3
4  int index1 = str.IndexOf('c');
5  Console.WriteLine(index1);
6  int index2 = str.LastIndexOf('c');
7  Console.WriteLine(index2);
```

执行结果

```
Microsoft Visual Studio 调试控制台
1
3

C:\C#\ch10\ch10_23\ch10_23\bin\Debug\net6.0\ch10_23.exe
按任意键关闭此窗口. . .
```

10-5-8　回传是否包含特定字符串 Contains( )

方法 Contains( ) 可以回传是否包含特定字符串，如果包含了则回传 True，如果没有包含则回传 False，此方法的基础语法如下：

```
bool rtn = txt.Contains(str);          // txt 是要搜寻的字符串
```

方案 ch10_24.sln：Contains( ) 方法的应用。

```
1  // ch10_24
2  string str = "I love ice cream";
3
4  bool rtn1 = str.Contains("ice cream");
5  Console.WriteLine(rtn1);
6  bool rtn2 = str.Contains("冰淇淋");
7  Console.WriteLine(rtn2);
```

执行结果

```
Microsoft Visual Studio 调试控制台
True
False

C:\C#\ch10\ch10_24\ch10_24\bin\Debug\net6.0\ch10_24.exe
按任意键关闭此窗口. . .
```

10-5-9　字符串替换 Replace( )

方法 Replace( ) 可以执行字符串替换功能，此方法的基础语法如下：

```
string result = txt.Replace(oldValue, newValue);
```

上述 txt 字符串内的 oldValue 会被 newValue 替换。

方案 ch10_25.sln：字符串替换的应用。

```
1  // ch10_25
2  string str = "I like Python.";
3
4  string rtn = str.Replace("Python", "C#");
5  Console.WriteLine(rtn);
```

执行结果

```
Microsoft Visual Studio 调试控制台
I like C#.

C:\C#\ch10\ch10_25\ch10_25\bin\Debug\net6.0\ch10_25.exe
按任意键关闭此窗口. . .
```

10-5-10　字符串分割 Split( )

方法 Split( ) 可以依据分割符，将字符串分割成字符串数组，此方法基础语法如下：

```
string[ ] result = txt.Split(separator);        // separator 是分割符
```

方案 ch10_26.sln：依据空格符将字符串分割成字符串数组。

```
1  // ch10_26
2  string text = "C# is a language developed by Microsoft";
3
4  string[] result = text.Split(" ");
5  Console.Write("字符串数组结果 : ");
6  foreach (String str in result)
7      Console.Write(str + ", ");
```

执行结果

```
Microsoft Visual Studio 调试控制台
字符串数组结果 : C#, is, a, language, developed, by, Microsoft,
C:\C#\ch10\ch10_26\ch10_26\bin\Debug\net6.0\ch10_26.exe (进程 13208)
按任意键关闭此窗口. . .
```

笔者一直觉得 C# 语言在输入函数设计上，一次只能读取一个元素是最大的败笔，遗漏了可以同一行读取多个变量的函数，造成输入的不便利。以 Python 为例，下列指令 input( ) 函数可以读取字符串，使用 eval( ) 可以拆分所读取的字符串为 3 个变量。

```
n1, n2, n2 = eval(input("请输入 3 个数字 : "))  // Python 函数与语法
```

用户可以输入 3 个数字，各数字间用逗号隔开即可，上述相关细节，可以参考笔者所著的《Rython 王者归来（增强版）》4-5 节。在 C# 我们可以使用 Split( ) 来替代这个方法。

方案 ch10_26_1.sln：设计可以一行读取多笔数字的程序。

```
1  // ch10_26_1
2  Console.Write("请输入 3 个数字 : ");
3  string dataString = Console.ReadLine();        // 读取字符串
4  string[] data = dataString.Split(",");         // 用逗号拆分字符串
5  int n1 = int.Parse(data[0]);
6  int n2 = int.Parse(data[1]);
7  int n3 = int.Parse(data[2]);
8  Console.WriteLine($"总和 = {n1 + n2 + n3}");
```

执行结果

```
Microsoft Visual Studio 调试控制台
请输入 3 个数字 : 8, 10, 12
总和 = 30

C:\C#\ch10\ch10_26_1\bin\Debug\net6.0\ch10_26_1.exe
按任意键关闭此窗口. . .
```

10-5-11　删除字符串前后的空格符 Trim( )

方法 Trim 可以删除字符串前后的空格符，其基础语法如下：

```
string result = txt.Trim( );
```

方案 ch10_27.sln：删除字符串前后空格符。

```
1  // ch10_27
2  string txt = "   DeepMind   ";
3  string result = txt.Trim();
4  Console.WriteLine($"原始字符串 : /{txt}/");
5  Console.WriteLine($"结果字符串 : /{result}/");
```

执行结果

```
Microsoft Visual Studio 调试控制台
原始字符串 : /   DeepMind   /
结果字符串 : /DeepMind/

C:\C#\ch10\ch10_27\ch10_27\bin\Debug\net6.0\ch10_27.exe
按任意键关闭此窗口. . .
```

10-5-12　移除字符串指定内容 Remove( )

方法 Remove( ) 可以移除字符串指定内容，基础语法如下：

```
string result = txt.Remove(startIndex);
```

```
string result = txt.Remove(startIndex, length);
```

上述语句会从字符串 txt 的 startIndex 索引开始移除 length 长度并回传结果，如果省略 length 则移除从 startIndex 索引到结束的内容并回传结果。

方案 ch10_28.sln：字符串移除的应用。

```
1  // ch10_28
2  string str = "Chocolate";
3  string result1 = str.Remove(3);
4  Console.WriteLine(result1);
5  string result2 = str.Remove(3, 2);
6  Console.WriteLine(result2);
```

执行结果

```
Microsoft Visual Studio 调试控制台
Cho
Cholate

C:\C#\ch10\ch10_28\ch10_28\bin\Debug\net6.0\ch10_28.exe
按任意键关闭此窗口. . .
```

10-5-13　字符串是否由特定内容开始或结尾

检查字符串是否由特定内容开始或结尾的基础语法如下：

```
bool rtn = txt.StartsWith(value);      // 检查字符串是否起始内容是 value
```

```
bool rtn = txt.Endswith(value);        // 检查字符串是否结尾内容是 value
```

方案 ch10_29.sln：检查字符串开始与结束处是否为特定内容。

```
1  // ch10_29
2  string str = "CIA Mark told CIA Linda that the secret USB had given to CIA Peter";
3  bool result1 = str.StartsWith("CIA");
4  Console.WriteLine($"Starts with CIA : {result1}");
5  bool result2 = str.EndsWith("CIA");
6  Console.WriteLine($"Ends with CIA   : {result2}");
```

执行结果

```
Microsoft Visual Studio 调试控制台
Starts with CIA : True
Ends with CIA   : False

C:\C#\ch10\ch10_29\ch10_29\bin\Debug\net6.0\ch10_29.exe
按任意键关闭此窗口. . .
```

10-5-14　格式化字符串 Format( )

本节主要是将输出数据用 Format( ) 方法格式化，未来可以将此格式化的字符串当作输出方法 WriteLine( ) 或 Write( ) 的参数，此方法的基础语法如下：

```
string strFormat = String.Format( … );
```

方案 ch10_30.sln：格式化字符串的实例。

```
1  // ch10_30
2
3  int number = 5;
4  string fruit = "oranges";
5  string strFormat1 = String.Format("There are {0} {1}.", number, fruit);
6  Console.WriteLine(strFormat1);
7  string strFormat2 = String.Format($"There are {number} {fruit}.");
8  Console.WriteLine(strFormat2);
```

执行结果

```
Microsoft Visual Studio 调试控制台
There are 5 oranges.
There are 5 oranges.

C:\C#\ch10\ch10_30\ch10_30\bin\Debug\net6.0\ch10_30.exe
按任意键关闭此窗口. . .
```

10-5-15　插入字符串 Insert( )

方法 Insert( ) 可以在字符串内插入另一个字符串，此方法的基础语法如下：

```
string result = txt.Insert(index, value);
```

上述语句相当于在 index 索引位置插入 value 内容。

方案 ch10_31.sln：方法 Insert( ) 的应用。

```
1  // ch10_31
2  string text = "最强入门";
3  string str1 = text.Insert(0, "C# ");
4  string str2 = str1.Insert(7, "迈向顶尖高手之路");
5  Console.WriteLine(str2);
```

执行结果

```
Microsoft Visual Studio 调试控制台
C# 最强入门迈向顶尖高手之路

C:\C#\ch10\ch10_31\ch10_31\bin\Debug\net6.0\ch10_31.exe
按任意键关闭此窗口...
```

10-5-16　填充字符

C# 中有左边填充 PadLeft( ) 和右边填充 PadRight( ) 两种填充方式，基础语法如下：

```
string result = txt.PadLeft(totalWidth);              // 左边填充空格符

string result = txt.PadLeft(totalWidth, paddingChar);

string result = txt.PadRight(totalWidth);             // 右边填充空格符

string result = txt.PadRight(totalWidth, paddingChar);
```

上述 totalWidth 是填充后的字符长度，paddingChar 则是填充的字符，如果省略 paddingChar 则是填充空格符。

方案 ch10_32.sln：填充字符的应用。

```
1  // ch10_32
2  string school = "明志工专";
3  string str1 = school.PadLeft(9, '☆');
4  Console.WriteLine($"最强专校 : {str1}");
5  string str2 = str1.PadRight(14, '★');
6  Console.WriteLine($"最强专校 : {str2}");
```

执行结果

```
Microsoft Visual Studio 调试控制台
最强专校 : ☆☆☆☆☆明志工专
最强专校 : ☆☆☆☆☆明志工专★★★★★

C:\C#\ch10\ch10_32\ch10_32\bin\Debug\net6.0\ch10_32.exe
按任意键关闭此窗口...
```

10-5-17　IsNullOrEmpty( ) 和 IsNullOrWhiteSpace( )

IsNullOrEmpty 可以测试字符串是不是 Null 字符串或空字符串 (Empty)，所谓的 Null 字符串是将字符串设为 null，所谓的空字符串是将字符串设为 Empty 或是 ""。这个方法会回传布尔值，如果是 Null 字符串或空字符串则回传 True，否则回传 False。

IsNullOrSpace( ) 方法除了有 IsNullOrEmpyt( ) 的测试功能，还可以测试字符串是不是空格符组成的。

上述方法的基础语法如下：

```
bool rtn = String.IsNullOrEmpty(str);

bool rtn = String.IsNullOrWhitespace(str);
```

方案 ch10_33.sln：测试 IsNullOrEmpty( ) 方法。

```
1  // ch10_33
2  string str1 = "AI时代";
3  string str2 = null;
4  string str3 = "";
5  string str4 = String.Empty;
6  Console.WriteLine(String.IsNullOrEmpty(str1));
7  Console.WriteLine(String.IsNullOrEmpty(str2));
8  Console.WriteLine(String.IsNullOrEmpty(str3));
9  Console.WriteLine(String.IsNullOrEmpty(str4));
```

执行结果

```
Microsoft Visual Studio 调试控制台
False
True
True
True
C:\C#\ch10\ch10_33\ch10_33\bin\Debug\net6.0\ch10_33.exe
按任意键关闭此窗口...
```

方案 ch10_34.sln：测试 IsNullOrWhiteSpace( ) 方法。

```
1  // ch10_34
2  string str1 = "AI时代";
3  string str2 = null;
4  string str3 = "";
5  string str4 = String.Empty;
6  string str5 = "      ";
7  Console.WriteLine(String.IsNullOrWhiteSpace(str1));
8  Console.WriteLine(String.IsNullOrWhiteSpace(str2));
9  Console.WriteLine(String.IsNullOrWhiteSpace(str3));
10 Console.WriteLine(String.IsNullOrWhiteSpace(str4));
11 Console.WriteLine(String.IsNullOrWhiteSpace(str5));
```

执行结果

```
Microsoft Visual Studio 调试控制台
False
True
True
True
True

C:\C#\ch10\ch10_34\ch10_34\bin\Debug\net6.0\ch10_34.exe
按任意键关闭此窗口...
```

10-6   StringBuilder 类

使用 String 类创建字符串时，字符串内容是不可变的，所以读者如果观察 10-5 节方法，可以发现原字符串内容是保持不变的，但是因为每次执行特定方法后，都有新字符串产生，所以如果频繁使用就会大大地增加系统的负荷。C# 提供了另一种字符串类 StringBuilder，这个类最大的特色是字符串声明后，未来还可以更改字符串的内容，如果需要频繁更改字符串内容的话，这个类的方法可以增加系统效率。

10-6-1   创建 StringBuilder 字符串变量

StringBuilder 类在 System.Text 命名空间内，所以在声明此类前需要使用 using 引用此命名空间。

```
using System.Text;
```

基础的声明 StringBuilder 字符串变量的方法如下：

```
StringBuilder strBuilder = new StringBuilder(str);          // 不设定字符串容量
```

```
StringBuilder strBuilder = new StringBuilder(str, capacity);// 设定字符串容量
```

上述语句中 strBuilder 是字符串变量名称，str 是字符串内容，capacity 是指字符串容量，如果省略 capacity 则使用默认长度 16，如果容量不够则会自动翻倍。如果增加了 capacity 参数，则表示会设定此字符串的容量。

方案 ch10_35.sln：声明 StringBuilder 字符串变量，然后输出。

```
1  // ch10_35
2  using System.Text;
3
4  StringBuilder strBuilder1 = new StringBuilder("DeepMind");
5  Console.WriteLine(strBuilder1);
6  StringBuilder strBuilder2 = new StringBuilder("Deepen your mind", 32);
7  Console.WriteLine(strBuilder2);
```

执行结果

```
Microsoft Visual Studio 调试控制台
DeepMind
Deepen your mind

C:\C#\ch10\ch10_35\ch10_35\bin\Debug\net6.0\ch10_35.exe
按任意键关闭此窗口...
```

上述第 6 行设置了字符串变量的容量为 32。

注   在 2-2-1 节笔者介绍了顶级语句的概念，当时将 C# 的程序结构分为 3 段：

1. using 命名空间。

2. 顶级语句。

3. 结构、类、自定义的命名空间。

上述程序第 2 行就是程序结构的第 1 段：using 命名空间，从第 13 章起则会完整地描述第 3 段：结构 (struct)、类 (class)、自定义命名空间。

10-6-2　StringBuilder 字符串变量的属性

StringBuilder 字符串的属性有下列几种：

1. Length：字符串长度。

2. Capacity：字符串容量。

3. Chars[ ]：取得指定位置的字符，表示可以用索引来取得字符串的字符。

4. MaxCapacity：最大字符串容量，这是整数 Int32 的最大值。

方案 ch10_36.sln：认识 StringBuilder 字符串变量的属性。

```
1  // ch10_36
2  using System.Text;
3
4  StringBuilder strBuilder = new StringBuilder("War and Peace");
5  int len = strBuilder.Length;
6  int cap = strBuilder.Capacity;
7  int maxCap = strBuilder.MaxCapacity;
8  Console.Write("原始字符串      ： ");
9  for (int i = 0; i < len; i++)
10     Console.Write(strBuilder[i]);
11 Console.WriteLine();
12 Console.WriteLine($"字符串长度      ： {len}");
13 Console.WriteLine($"字符串容量      ： {cap}");
14 Console.WriteLine($"字符串最大容量 ： {maxCap}");
```

执行结果

```
Microsoft Visual Studio 调试控制台
原始字符串       : War and Peace
字符串长度       : 13
字符串容量       : 16
字符串最大容量   : 2147483647

C:\C#\ch10\ch10_36\ch10_36\bin\Debug\net6.0\ch10_36.exe
按任意键关闭此窗口. . .
```

10-7　StringBuilder 类常用的方法

StringBuilder 的方法主要是更改对象的内容，而不会回传对象。

10-7-1　与字符串有关常用的方法

表 10-3 是 StringBuilder 常用的方法。

表 10-3　StringBuilder 类常用的方法

方　　法	说　　明
ToString( )	将 StringBuilder 对象转为 String 字符串。(10-7-2 节)
Clear( )	清除字符串。(10-7-3 节)
Append( )	将指定内容加到对象末端。(10-7-4 节)
Insert( )	将指定内容插入对象。(10-7-5 节)
Replace( )	用指定内容替换对象部分内容。(10-7-6 节)

10-7-2　将 StringBuilder 字符串转为 String 字符串 ToString( )

同样是字符串，但是 StringBuilder 字符串与 String 字符串是有差异的，可以参考 10-6 节，ToString( ) 方法可以将 StringBuilder 字符串转为 String 字符串，此方法的语法如下：

```
strBuilder.ToString( );        // strBuilder 是 StringBuilder 对象
```

方案 ch10_37.sln：将 StringBuilder 字符串转为 String 字符串，然后输出。

```
1  // ch10_37
2  using System.Text;
3
4  StringBuilder strBuilder = new StringBuilder("War and Peace");
5  Console.WriteLine($"StringBuilder类的字符串输出 ： {strBuilder}");
6  String str = strBuilder.ToString();
7  Console.WriteLine($"String类的字符串输出 ： {str}");
```

执行结果

```
Microsoft Visual Studio 调试控制台
StringBuilder类的字符串输出 ： War and Peace
String类的字符串输出 ： War and Peace

C:\C#\ch10\ch10_37\ch10_37\bin\Debug\net6.0\ch10_37.exe
按任意键关闭此窗口. . .
```

10-7-3　清除字符串 Clear( )

方法 Clear( ) 可以清除 StringBuilder 字符串，但是此字符串仍存在，只是变成长度是 0，没有内容的字符串，此方法的语法如下：

```
strBuilder.Clear( )           // strBuilder 是 StringBuilder 对象
```

方案 ch10_38.sln：清除字符串 Clear( ) 的应用。

```
1  // ch10_38
2  using System.Text;
3
4  StringBuilder strBuilder = new StringBuilder("War and Peace");
5  Console.WriteLine($"字符串内容 : {strBuilder}");
6  Console.WriteLine($"字符串长度 : {strBuilder.Length}");
7  strBuilder.Clear();
8  Console.WriteLine("执行Clear()后");
9  Console.WriteLine($"字符串内容 : {strBuilder}");
10 Console.WriteLine($"字符串长度 : {strBuilder.Length}");
```

执行结果

```
Microsoft Visual Studio 调试控制台
字符串内容 : War and Peace
字符串长度 : 13
执行Clear()后
字符串内容 :
字符串长度 : 0

C:\C#\ch10\ch10_38\ch10_38\bin\Debug\net6.0\ch10_38.exe
按任意键关闭此窗口. . .
```

10-7-4　将指定内容加到对象末端 Append( )

这个方法可以将指定内容加到 StringBuilder 对象末端，Apped( ) 方法基础语法如下：

```
strBuilder.Append(str);           // strBuilder 是 StringBuilder 对象
```

上述语句会将 str 加到 strBuilder 对象末端，如果 str 是字符，可以增加第 2 个整数 Int32 参数，注明字符重复次数 (repeats)，此时语法如下：

```
strBuilder.Append(ch, repeats);      // 将 ch 字符重复 repeats 次
```

方案 ch10_39.sln：Append( ) 方法的应用。

```
1  // ch10_39
2  using System.Text;
3
4  StringBuilder novel = new StringBuilder("War and Peace");
5  StringBuilder star = new StringBuilder("★★★★★");
6  StringBuilder result1 = new StringBuilder("");
7  result1.Append(star);
8  result1.Append(novel);
9  result1.Append(star);
10 Console.WriteLine(result1);
11 // 另一种方式处理 Append() 方法
12 StringBuilder result2 = new StringBuilder("");
13 Console.WriteLine(result2.Append(star).Append(novel).Append(star));
```

执行结果

```
Microsoft Visual Studio 调试控制台
★★★★★War and Peace★★★★★
★★★★★War and Peace★★★★★

C:\C#\ch10\ch10_39\ch10_39\bin\Debug\net6.0\ch10_39.exe
按任意键关闭此窗口. . .
```

10-7-5　将指定内容插入对象 Insert( )

Insert( ) 方法的用法有许多，最常见的应用是在指定索引处插入字符串，此时语法如下：

```
strBuilder.Insert(offset, char[ ] str);
```

经过上述插入后，字符串 strBuilder 内容会更新。

方案 ch10_40.sln：5 颗星评鉴 *War and Peace* 小说的应用，这个程序使用了 Insert( ) 和 Append( ) 方法。

```
1  // ch10_40
2  using System.Text;
3
4  StringBuilder novel = new StringBuilder("War and Peace");
5  Console.WriteLine($"原始字符串 : {novel}");
6  novel.Insert(0, "☆☆☆☆☆");     // 使用 Insert()
7  Console.WriteLine($"第 1 次插入结果 : {novel}");
8  novel.Append("★★★★★");         // 使用 Append()
9  Console.WriteLine($"第 2 次插入结果 : {novel}");
```

执行结果

```
Microsoft Visual Studio 调试控制台
原始字符串 : War and Peace
第 1 次插入结果 : ☆☆☆☆☆War and Peace
第 2 次插入结果 : ☆☆☆☆☆War and Peace★★★★★

C:\C#\ch10\ch10_40\ch10_40\bin\Debug\net6.0\ch10_40.exe
按任意键关闭此窗口. . .
```

10-7-6　内容替换 Replace( )

内容替换是指用新字符或是新字符串替换旧字符或旧字符串, 此方法的用法如下:

strBuilder.Replace(oldChar, newChar);　// 所有 oldChar 用 newChar 替换

strBuilder.Replace(oldStr, newStr);　　 // 所有 oldStr 用 newStr 替换

此外, 也可以指定替换的位置和长度, 而不是全部替换, 语法如下:

strBuilder.Replace(oldChar, newChar, Int32, Int32);

strBuilder.Replace(oldStr, newStr, Int32, Int32);

上述语句中第 1 个 Int32 是指在这个索引位置进行替换, 第 2 个 Int32 是长度, 其意义也就是在指定位置指定长度区间, 如果出现 oldChar/oldStr 则用 newChar/newStr 替换。

方案 ch10_41.sln：将全部的工专改为科技大学。

```
1  // ch10_41
2  using System.Text;
3
4  var sentence = "明志工专和台北工专";
5  var strBuilder = new StringBuilder(sentence);
6  Console.WriteLine($"原始字符串 : {strBuilder}");
7  strBuilder.Replace("工专", "科技大学");
8  Console.WriteLine($" 替换结果 : {strBuilder}");
```

执行结果

```
Microsoft Visual Studio 调试控制台
原始字符串 : 明志工专和台北工专
替换结果 : 明志科技大学和台北科技大学

C:\C#\ch10\ch10_41\bin\Debug\net6.0\ch10_41.exe
按任意键关闭此窗口...
```

方案 ch10_42.sln：将从索引 5 开始、长度是 9 的子字符串中的工专改为科技大学。

```
1  // ch10_42
2  using System.Text;
3
4  var sentence = "明志工专/台北工专/高雄工专/云林工专";
5  var strBuilder = new StringBuilder(sentence);
6  Console.WriteLine($"原始字符串 : {strBuilder}");
7  strBuilder.Replace("工专", "科技大学", 5, 9);
8  Console.WriteLine($" 替换结果 : {strBuilder}");
```

执行结果

```
Microsoft Visual Studio 调试控制台
原始字符串 : 明志工专/台北工专/高雄工专/云林工专
替换结果 : 明志工专/台北科技大学/高雄科技大学/云林工专

C:\C#\ch10\ch10_42\ch10_42\bin\Debug\net6.0\ch10_42.exe
按任意键关闭此窗口...
```

注　上述程序笔者故意使用 var 声明是在提醒读者可以使用这类方式声明。

10-8　专题

10-8-1　判断是不是输入英文字母

在 6-3-1 节笔者说明了 Console.Read( ) 方法, 如果用户按 Ctrl + Z 键会回传 -1, 下列程序会利用这个特性让程序离开循环。

方案 ch10_43.sln：使用键盘输入字符, 这个程序会判断字符是不是英文字母。每次输入字符后请按 Enter 键, 这样程序才可以进行输入字符的判断, 要结束程序请按 Ctrl+Z 键。

```
1  // ch10_43
2  Console.WriteLine("英文字母分类测试");
3  int input;
4  char ch;
5  while ((input = Console.Read()) != -1)
6  {
7      if (input != 13 && input != 10)
8      {
9          ch = Convert.ToChar(input);             // 转成字符
10         Console.WriteLine($"{ch} 是英文字母 : {Char.IsLetter(ch)}");
11     }
12 }
```

执行结果

```
Microsoft Visual Studio 调试控制台
英文字母分类测试
A
A 是英文字母 : True
k
k 是英文字母 : True
9
9 是英文字母 : False
^Z
C:\C#\ch10\ch10_43\ch10_43\bin\Debug\net6.0\ch10_43.exe
按任意键关闭此窗口...
```

10-8-2 仿真输入账号和密码

方案 ch10_44.sln：这个程序会先设定账号 (account) 和密码 (password)，然后要求你输入账号和密码，最后针对输入是否正确来响应相关信息。

```
1  // ch10_44
2  string account = "hung";
3  string password = "kwei";
4  string acc;
5  string pwd;
6
7  Console.Write("请输入账号 : ");
8  acc = Console.ReadLine();
9  Console.Write("请输入密码 : ");
10 pwd = Console.ReadLine();
11 if (String.Equals(account,acc))
12 {
13     if (String.Equals(password, pwd))
14         Console.WriteLine("欢迎进入Deepmind系统");
15     else
16         Console.WriteLine("密码错误");
17 }
18 else
19     Console.WriteLine("账号错误");
```

执行结果

```
Microsoft Visual Studio
请输入账号 : hung
请输入密码 : kwei
欢迎进入Deepmind系统

C:\C#\ch10\ch10_44\c
按任意键关闭此窗口。
```

```
Microsoft Visual Studio
请输入账号 : hung
请输入密码 : kkk
密码错误

C:\C#\ch10\ch10_44\c
按任意键关闭此窗口。
```

```
Microsoft Visual Studio
请输入账号 : kkk
请输入密码 : kwei
账号错误

C:\C#\ch10\ch10_44\c
按任意键关闭此窗口。
```

10-8-3 创建字符串数组然后输出键值

方案 ch10_45.sln：这个程序会创建字符串数组，元素用字典方式呈现，除了会先输出所创建的数组，还会输出字典的键值。

```
1  // ch10_45
2  string[] info = { "Name: 洪锦魁", "Title: 作者",
3                    "Age: 47", "居住地: 台北", "Gender: M"};
4  int idx = 0;                                // 索引
5
6  Console.WriteLine("最初字符串数组内容 :");
7  foreach (string s in info)                  // 输出原字符串数组
8      Console.WriteLine(s);
9
10 Console.WriteLine("输出键值 :");
11 foreach (string s in info)
12 {
13     idx = s.IndexOf(": ");                  // 计算索引
14     Console.WriteLine("   {0}", s.Substring(idx + 2));
15 }
```

执行结果

```
Microsoft Visual Studio 调试控制台
最初字符串数组内容 :
Name: 洪锦魁
Title: 作者
Age: 47
居住地: 台北
Gender: M
输出键值 :
   洪锦魁
   作者
   47
   台北
   M

C:\C#\ch10\ch10_45\ch10_45\bin\Debug\net6.0\ch10_45.exe
按任意键关闭此窗口。. . .
```

10-8-4 计算句子各类字符数

方案 ch10_46.sln：分别计算句子内的英文字母、空格符和标点符号的数量。

```
1  // ch10_46
2  using System.Text;
3
4  int nChars = 0;              // 定义字母数
5  int nWhitespace = 0;         // 定义空格符数
6  int nPunctuation = 0;        // 定义标点符号数
7  StringBuilder strb = new StringBuilder("Deepmind is deepen your mind.");
8
9  for (int idx = 0; idx < strb.Length; idx++)
10 {
11     char ch = strb[idx];
12     if (Char.IsLetter(ch)) { nChars++; continue; }
13     if (Char.IsWhiteSpace(ch)) { nWhitespace++; continue; }
14     if (Char.IsPunctuation(ch)) nPunctuation++;
15 }
16 Console.WriteLine($"句子内容 : {strb}");
17 Console.WriteLine($"字母数量 : {nChars}");
18 Console.WriteLine($"空格符 : {nWhitespace}");
19 Console.WriteLine($"标点符号 : {nPunctuation}");
```

执行结果

```
Microsoft Visual Studio 调试控制台
句子内容 : Deepmind is deepen your mind.
字母数量 : 24
空格符 : 4
标点符号 : 1

C:\C#\ch10\ch10_46\ch10_46\bin\Debug\net6.0\ch10_46.exe
按任意键关闭此窗口。. . .
```

10-8-5 字符串比较与 object

object 数据类型也有比较方法 ReferenceEquals( )，可以比较两个引用地址是否相同，本节将用实例解说。

方案 ch10_47.sln：字符串值内容比较与引用地址内容比较。

```
1  // ch10_47
2  string a = "DeepMind";
3  string b = "Deep";
4  b += "Mind";
5  Console.WriteLine(a == b);
6  Console.WriteLine(object.ReferenceEquals(a, b));
```

执行结果

```
Microsoft Visual Studio 调试控制台
True
False

C:\C#\ch10\ch10_47\ch10_47\bin\Debug\net6.0\ch10_47.exe
按任意键关闭此窗口...
```

上述 a 和 b 因为不是相同地址，所以经过 ReferenceEquals( ) 比较得到 False 回传值。

习题实操题

方案 ex10_1.sln：请输入字符，这个程序会响应字符的类，有大写字母、小写字母、阿拉伯数字和标点符号等 4 种类，如果输入其他字符则不理会，按 Ctrl+Z 键可以结束程序。(10-2 节)

```
Microsoft Visual Studio 调试控制台
字符分类测试
A
A 是大写字母
k
k 是小写字母
9
9 是数字
.
. 是标点符号
^Z
C:\C#\ex\ex10_1\ex10_1\bin\Debug\net6.0\ex10_1.exe (进程 4800)已退出，代码为 0。
按任意键关闭此窗口...
```

方案 ex10_2.sln：仿真设置银行密码，一般银行账号会规定密码长度在 6 ～ 10 字符，如果太少或太多就会响应设置密码失败。(10-4 节)

```
Microsoft Visual Studio 调试控
请设置密码：123456789ab
密码长度超出限制

C:\C#\ex\ex10_2\ex10_2\bi
按任意键关闭此窗口...
```
```
Microsoft Visual Studio 调试控制台
请设置密码：kwei
密码长度太短

C:\C#\ex\ex10_2\ex10_2\bin\D
按任意键关闭此窗口...
```
```
Microsoft Visual Studio 调试
请设置密码：jiinkwei
建立密码成功

C:\C#\ex\ex10_2\ex10_2\
按任意键关闭此窗口...
```

方案 ex10_3.sln：有一个上课时间表 time 数组如下：

```
09:00 - 09:50
10:00 - 10:50
11:00 - 11:50
```

课程名称 course 数组如下：

```
AI 数学
Python
现代物理
```

请分别创建上述数组，然后将上述数组结合输出如下结果。(10-5 节)

```
Microsoft Visual Studio 调试控制台
我今天的课表
09:00 - 09:50    AI 数学
10:00 - 10:50    Python
11:00 - 11:50    现代物理

C:\C#\ex\ex10_3\ex10_3\bin\Debug\net6.0\ex10_3.exe
按任意键关闭此窗口...
```

方案 ex10_4.sln：请输入会议的起始和结束时间，然后输入会议主题，这个程序将输入数据组合起来，其中时间和会议主题间会有 5 个空格。(10-5 节)

```
Microsoft Visual Studio 调试控制台
请输入会议起始时间 ：09:00
请输入会议结束时间 ：11:00
请输入会议　　主题 ：C#
今天的会议如下 ：
09:00 - 11:00　　C#

C:\C#\ex\ex10_4\ex10_4\bin\Debug\net6.0\ex10_4.exe
按任意键关闭此窗口 . . .
```

方案 ex10_5.sln：有一个数组如下：

```
string[ ] car = {"bmw", "benz", "nissan"};
```

请将上述字符串转为首字母大写输出。(10-5 节)

```
Microsoft Visual Studio 调试控制台
Bmw
Benz
Nissan

C:\C#\ex\ex10_5\ex10_5\bin\Debug\net6.0\ex10_5.exe
按任意键关闭此窗口 . . .
```

方案 ex10_6.sln：试写一个程序读取键盘输入的字符串，最后列出 a、b、c 字母各出现的次数。(10-5 节)

```
Microsoft Visual Studio 调试控制台
请输入英文单词 ：banana
字母 a 出现 3 次
字母 b 出现 1 次
字母 c 出现 0 次

C:\C#\ex\ex10_6\ex10_6\bin\D
按任意键关闭此窗口 . . .
```

```
Microsoft Visual Studio 调试控制台
请输入英文单词 ：cairo
字母 a 出现 1 次
字母 b 出现 0 次
字母 c 出现 1 次

C:\C#\ex\ex10_6\ex10_6\bin\D
按任意键关闭此窗口 . . .
```

方案 ex10_7.sln：有系列文件如下：

```
chtest.cs、wr.docx、pyth.py、chtry.cs、wd.docx、ph.py
```

请输出 C# 文件。(10-5 节)

```
Microsoft Visual Studio 调试控制台
chtest.cs
chtry.cs

C:\C#\ex\ex10_7\ex10_7\bin\Debug\net6.0\ex10_7.exe
按任意键关闭此窗口 . . .
```

方案 ex10_8.sln：请输入文件路径，然后将此路径依照"\"字符拆解，然后输出。(10-5 节)

```
Microsoft Visual Studio 调试控制台
请输入文件路径 ：C:\C#\ch10\ex10_8.cs
C:
C#
ch10
ex10_8.cs

C:\C#\ex\ex10_8\ex10_8\bin\Debug\net6.0\ex10_8.exe
按任意键关闭此窗口 . . .
```

方案 ex10_9.sln：请输入书籍名称和五角星数，然后输出结果。(10-7 节)

```
Microsoft Visual Studio 调试控制台
请输入书籍名称 ：Mastering C#
请输入五角星数 ：5
感谢评鉴
★★★★★ Mastering C# ★★★★★

C:\C#\ex\ex10_9\ex10_9\bin\Debug\net6.0\ex10_9.exe
按任意键关闭此窗口 . . .
```

第 11 章
集合

程序设计时会需要一组对象，这时有两种方式可以创建一组对象：

1. 创建对象数组，主要用在创建和处理固定数目的对象上，可以参考第 9 ～ 第 10 章。

2. 创建对象集合，主要可以动态处理对象数目，这将是本章的主题。

11-1　认识 .NET 的集合

.NET 的集合种类有下列 3 种：

1. System.Collections 类：传统的集合，也是本章的主题。

2. System.Collections.Generic 类：泛型类。

3. System.Collections.Concurrent 类：与线程有关的类。

11-2　System.Collections 命名空间

在 System.Collections 命名空间内常用的类如下：

1. ArrayList：动态数组，11-3 节介绍。

2. Hashtable：哈希表，11-4 节介绍。

11-3　动态数组 ArrayList

ArrayList 在 System.Colletions 命名空间下，可以想成是 Array 的升级类，此类的特色如下：

1. ArrayList 数组的容量可以动态增减。

2. ArrayList 可以有不同的元素数据类型，这些数据类型统称为 Object。

3. ArrayList 数组是一维的。

11-3-1　创建 ArrayList 对象

有 3 种方法创建 ArrayList 对象。

方法 1：使用 new 关键词创建 ArrayList 对象，例如，创建 arrList 对象的语法如下：

```
ArrayList arrList = new ArrayList( );
```

上述创建 ArrayList 对象 arrList，暂时没有元素，未来可以增加元素。

方法 2：将一个指定集合内容复制到此 ArrayList 对象内，基础语法概念如下：

```
ArrayList arrList = new ArrayList(ICollection);
```

注　ICollection 代表已经定义的集合，这类集合内容是可以编辑更改的，更多细节会在 22-2-1 节解说。在这里可以将此类的集合当作 ArrayList 的参数，可以参考下列实例。

```
int[ ] arr = {1, 2, 3};
ArrayList arrList = new ArrayList(arr);
```

上述创建了 ArrayList 对象 arrList，此对象内容是 {1, 2, 3}。

方法 3：创建 ArrayList 对象时，同时指定元素的个数，下列设定元素个数是 n。

```
ArrayList arrList = new ArrayList(n);
```

11-3-2　ArrayList 的常用属性

ArrayList 的常用属性如下：

1. Capacity：设定或取得 ArrayList 对象的元素个数的容量。

2. Count：获得 ArrayList 对象的元素个数。

3. IsFixedSize：如果是 true 表示有固定大小，否则是 false。

4. IsReadOnly：如果是 true 表示是只读，否则是 false。

5. Item[ ]：由索引获得指定元素。

11-3-3　ArrayList 的常用方法

ArrayList 的常用方法如下：

1. Add( )：在对象末端增加元素，可以参考 11-3-6 节。

2. AddRange( )：在对象末端增加对象，可以参考 11-3-6 节。

3. Insert( )：在对象指定索引位置插入元素，可以参考 11-3-7 节。

4. Contains( )：回传元素是否存在，可以参考 11-3-8 节。

5. Clear( )：清除所有元素，可以参考 11-3-9 节。

6. Remove( )：删除第一个相符的元素，可以参考 11-3-9 节。

7. RemoveAt( )：删除指定索引的元素，可以参考 11-3-9 节。

8. RemoveRange( )：删除指定范围的元素，可以参考 11-3-9 节。

9. IndexOf( )：回传元素第一次出现索引，用法和 10-5 节的 String 类方法相同，可以参考 11-3-10 节。

10. LastIndexOf( )：回传最后出现字符串的索引位置，用法和 10-5 节的 String 类方法相同，可以参考 11-3-10 节。

11. Sort( )：元素排序，可以参考 11-3-11 节。

12. Reverse( )：元素反转排列，可以参考 11-3-11 节。

11-3-4　初始化 ArrayList 对象元素内容

11-3-1 节的方法 1 可以创建 ArrayList 对象，我们可以在对象末端增加大括号，然后直接设置 ArrayList 对象的内容。

方案 ch11_1.sln：设置 James 的 3 场得分，然后输出结果。

```
1  // ch11_1
2  using System.Collections;
3
4  ArrayList arrList = new ArrayList
5                      {"James", 36, 28, 31 };
6  for (int i = 0; i < arrList.Count; i++)
7      Console.Write($"{arrList[i]}\t");
```

执行结果

```
Microsoft Visual Studio 调试控制台
James    36      28       31
C:\C#\ch11\ch11_1\ch11_1\bin\Debug\net6.0\ch11_1.exe
按任意键关闭此窗口. . .
```

上述程序第 4 行和第 5 行也可以改写，读者可以参考以下的 ch11_1_1.sln。

```
1  // ch11_1_1
2  using System.Collections;
3
4  ArrayList arrList = new() {"James", 36, 28, 31 };
5  for (int i = 0; i < arrList.Count; i++)
6      Console.Write($"{arrList[i]}\t");
```

当创建 ArrayList 对象后，此对象元素的数据类型是 object，例如，元素 "James" 或元素 36 都是 object，即使 36、28 和 31 从直觉来看是整数事实上也都是 object，如果要进行元素内容的算术运算，则需要使用 Convert.ToInt32( )，将 object 转换成 int。

方案 ch11_2.sln：计算 James 前 3 场的总得分。

```
1  // ch11_2
2  using System.Collections;
3
4  ArrayList arrList = new ArrayList
5                     {"James", 36, 28, 31 };
6  int total = 0;
7  for (int i = 1; i < arrList.Count; i++)
8      total += Convert.ToInt32(arrList[i]);
9  Console.Write($"{arrList[0]} 前 {arrList.Count - 1} 场得分 : {total} ");
```

执行结果

```
Microsoft Visual Studio 调试控制台
James 前 3 场得分 : 95
C:\C#\ch11\ch11_2\ch11_2\bin\Debug\net6.0\ch11_2.exe
按任意键关闭此窗口 . . .
```

11-3-5　遍历 ArrayList 对象

方案 ch11_1.sln 使用 for 关键词遍历对象，我们也可以使用 foreach 关键词遍历对象，如下所示：

```
foreach (var x in arrList)
    ...
```

因为 arrList 对象的元素数据类型是 object，在设定 x 的数据类型时可使用 var 或 object。

方案 ch11_3.sln：使用 foreach (var …) 遍历 ArrayList 对象。

```
1  // ch11_3
2  using System.Collections;
3
4  ArrayList arrList = new ArrayList
5                     {"James", 36, 28, 31 };
6  foreach (var x in arrList)
7      Console.Write($"{x}\t");
```

执行结果

```
Microsoft Visual Studio 调试控制台
James    36    28    31
C:\C#\ch11\ch11_3\ch11_3\bin\Debug\net6.0\ch11_3.exe
按任意键关闭此窗口 . . .
```

另外，因为 ArrayList 类默认对象元素是 object 对象，所以也可以将 var 用 object 替换，读者可以参考 ch11_3_1.sln。

```
1  // ch11_3_1
2  using System.Collections;
3
4  ArrayList arrList = new ArrayList
5                     {"James", 36, 28, 31 };
6  foreach (object x in arrList)
7      Console.Write($"{x}\t");
```

11-3-6　增加元素 Add( ) 和 AddRange( )

方法 1：Add( ) 可以在 ArrayList 对象末端增加元素内容。

方案 ch11_4.sln：扩充设计 ch11_1.sln，使用 Add( ) 方法增加 33 与 26。

```
1  // ch11_4
2  using System.Collections;
3
4  ArrayList arrList = new ArrayList
5                     {"James", 36, 28, 31 };
6  arrList.Add(33);
7  arrList.Add(26);
8  foreach (var x in arrList)
9      Console.Write($"{x}\t");
```

执行结果

```
Microsoft Visual Studio 调试控制台
James    36    28    31    33    26
C:\C#\ch11\ch11_4\ch11_4\bin\Debug\net6.0\ch11_4.exe
按任意键关闭此窗口 . . .
```

方法 2：AddRange( ) 可以在 ArrayList 对象元素末端增加也是 ArrayList 对象的内容。

方案 ch11_4_1.sln：扩充设计 ch11_4.sln，将 33 和 26 新建为 ArrayList 对象，然后使用 AddRange( ) 方法增加新对象。

```
1  // ch11_4_1
2  using System.Collections;
3
4  ArrayList arrList = new ArrayList
5      {"James", 36, 28, 31 };
6  ArrayList scList = new ArrayList
7      { 33, 26 };
8  arrList.AddRange(scList);
9  foreach (var x in arrList)
10     Console.Write($"{x}\t");
```

执行结果

```
Microsoft Visual Studio 调试控制台
James   36      28      31      33      26
C:\C#\ch11\ch11_4_1\bin\Debug\net6.0\ch11_4_1.exe
按任意键关闭此窗口. . .
```

11-3-7　插入元素 Insert( )

插入元素 Insert( ) 方法的基础语法如下：

```
Insert(int index, Object object);
```

上述是在 index 索引位置插入 object 对象。

方案 ch11_5.sln：插入元素的应用。

```
1  // ch11_5
2  using System.Collections;
3
4  ArrayList xList = new ArrayList();
5  for (int i = 0; i < 10; i++)    // 创建 xList
6      xList.Add(i);
7  Console.WriteLine("输出所创建的 xList");
8  foreach (int i in xList)        // 输出 xList
9      Console.Write(i + " ");
10 xList.Insert(5, 15);            // 在索引5插入15
11 Console.WriteLine();
12 Console.WriteLine("输出插入对象后的 xList");
13 foreach (var x in xList)        // 输出新xList
14     Console.Write(x + " ");
```

执行结果

```
Microsoft Visual Studio 调试控制台
输出所创建的 xList
0 1 2 3 4 5 6 7 8 9
输出插入对象后的 xList
0 1 2 3 4 15 5 6 7 8 9
C:\C#\ch11\ch11_5\ch11_5\bin\Debug\net6.0\ch11_5.exe
按任意键关闭此窗口. . .
```

11-3-8　是否包含特定元素 Contains( )

Contains( ) 方法可以回传是否包含特定元素的判断结果，假设对象是 arrList，语法如下：

```
bool rtn = arrList.Contains(item);          // item 是搜寻元素
```

如果 arrList 有此 item 则回传 true，如果没有此 item 则回传 false。

方案 ch11_6.sln：这个程序基本上会要求输入一种水果，如果水果已经存在则输出"这个水果已经有了"，如果水果不存在则将此水果加入水果清单，然后输出新的水果清单。

```
1  // ch11_6
2  using System.Collections;
3
4  ArrayList fruits = new() { "Apple", "Banana", "Watermelon" };
5  Console.Write("请输入水果 : ");
6  string fruit = Console.ReadLine();
7  if (fruits.Contains(fruit))
8      Console.WriteLine("这个水果已经有了");
9  else
10 {
11     fruits.Add(fruit);
12     Console.WriteLine("谢谢提醒,已经加入水果列表, 新水果列表如下 : ");
13     foreach (var fru in fruits)
14         Console.Write(fru + ", ");
15 }
```

执行结果

```
Microsoft Visual Studio
请输入水果 : Banana
这个水果已经有了
C:\C#\ch11\ch11_6\ch
按任意键关闭此窗口. .
```

```
Microsoft Visual Studio 调试控制台
请输入水果 : Orange
谢谢提醒, 已经加入水果列表, 新水果列表如下 :
Apple, Banana, Watermelon, Orange,
C:\C#\ch11\ch11_6\ch11_6\bin\Debug\net6.0\ch
按任意键关闭此窗口. . .
```

11-3-9　删除元素 Clear( )/Remove( )/RemoveAt( )/Remove Range( )

删除元素可使用下列方法。

❑ Clear( )

清除所有元素，假设对象是 arrList，那么可以用 arrList.Clear( )，其执行后此对象依旧存在，只是不再有元素，未来如果有需要可以再用 Add( ) 方法增加元素。

❑ Remove( )

删除第一个与删除目标相符的元素，假设对象是 arrList，其语法如下：

```
arrList.Remove(item);                    // item 是要删除的元素
```

方案 ch11_7.sln：这个 ArrayList 对象有两个 BMW 字符串，只删除第 1 次出现的 BMW 字符串。

```
1  // ch11_7
2  using System.Collections;
3
4  ArrayList cars = new() { "Benz", "BMW", "Nissan", "BMW" };
5  cars.Remove("BMW");
6  Console.WriteLine("新的汽车列表如下 : ");
7  foreach (var car in cars)
8      Console.Write(car + ", ");
```

执行结果

```
■ Microsoft Visual Studio 调试控制台
新的汽车列表如下 :
Benz, Nissan, BMW,
C:\C#\ch11\ch11_7\bin\Debug\net6.0\ch11_7.exe
按任意键关闭此窗口. . .
```

❑ **RemoveAt( )**

删除指定索引的元素，假设对象是 arrList，其语法如下：

```
arrList.Remove(index);              // index 是要删除的元素索引
```

方案 ch11_8.sln：删除索引 5 元素的应用。

```
1  // ch11_8
2  using System.Collections;
3
4  ArrayList xList = new ArrayList();
5  for (int i = 0; i < 10; i++)      // 创建 xList
6      xList.Add(i);
7  Console.WriteLine("输出所创建的 xList");
8  foreach (int i in xList)          // 输出 xList
9      Console.Write(i + " ");
10 xList.RemoveAt(5);                // 删除索引5元素
11 Console.WriteLine();
12 Console.WriteLine("输出删除索引5后的 xList");
13 foreach (var x in xList)          // 输出新xList
14     Console.Write(x + " ");
```

执行结果

```
■ Microsoft Visual Studio 调试控制台
输出创建立的 xList
0 1 2 3 4 5 6 7 8 9
输出删除索引5后的 xList
0 1 2 3 4 6 7 8 9
C:\C#\ch11\ch11_8\bin\Debug\net6.0\ch11_8.exe
按任意键关闭此窗口. . .
```

❑ **RemoveRange( )**

删除指定范围的元素，假设对象是 arrList，其语法如下：

```
arrList.RemoveRange(index, length);
```

上述 index 是要删除元素的起始索引，length 是删除的元素个数，此外，如果删除元素数量超出范围，系统会产生错误。

方案 ch11_9.sln：删除从索引 5 开始，元素长度为 3 的实例。

```
1  // ch11_9
2  using System.Collections;
3
4  ArrayList xList = new ArrayList();
5  for (int i = 0; i < 10; i++)      // 建立 xList
6      xList.Add(i);
7  Console.WriteLine("输出所创建的 xList");
8  foreach (int i in xList)          // 输出 xList
9      Console.Write(i + " ");
10 xList.RemoveRange(5, 3);          // 删除索引5元素,长度是3
11 Console.WriteLine();
12 Console.WriteLine("输出删除索引5, 长度是3的 xList");
13 foreach (var x in xList)          // 输出新xList
14     Console.Write(x + " ");
```

执行结果

```
■ Microsoft Visual Studio 调试控制台
输出所创建的 xList
0 1 2 3 4 5 6 7 8 9
输出删除索引5, 长度是3的 xList
0 1 2 3 4 8 9
C:\C#\ch11\ch11_9\bin\Debug\net6.0\ch11_9.exe
按任意键关闭此窗口. . .
```

11-3-10　回传元素出现的位置 IndexOf( )/LastIndexOf( )

这两个方法与 String 类的方法名称相同，用法也相同，可以参考 10-5-7 节，语法如下：

```
int idx = arrList.IndexOf(item);         // 回传元素第一次出现的索引
int lidx = arrList.LastIndexOf(item);    // 回传元素最后一次出现的索引
```

如果找不到此元素则回传 -1。

方案 ch11_10.sln：回传元素出现位置的实例。

```
1  // ch11_10
2  using System.Collections;
3
4  ArrayList cars = new() { "Benz", "BMW", "Nissan", "BMW", "Lexus"};
5  int idx = cars.IndexOf("BMW");
6  Console.WriteLine($"第 1 次出现 BMW 的索引是 : {idx}");
7  int lidx = cars.LastIndexOf("BMW");
8  Console.WriteLine($"最后 1 次出现 BMW 的索引是 : {lidx}");
```

执行结果

```
■ Microsoft Visual Studio 调试控制台
第 1 次出现 BMW 的索引是 : 1
最后 1 次出现 BMW 的索引是 : 3

C:\C#\ch11\ch11_10\ch11_10\bin\Debug\net6.0\ch11_10.exe
按任意键关闭此窗口. . .
```

11-3-11 元素重新排列 Sort( )/Reverse( )

这两个方法与数组的方法名称相同，用法也相同，可以参考 9-6-8 节，语法如下：

```
arrList.Sort( );            // 从小到大排序
arrList.Reverse( );         // 反转排列
```

方案 ch11_11.sln：将一组数字从小到大排序，然后反转排列可以产生从大到小排序。

```
1   // ch11_11
2   using System.Collections;
3
4   ArrayList numbers = new(){ 10, 8, 11, 3, 9 };
5   numbers.Sort();
6   Console.Write("从小到大排 : ");
7   foreach(object num in numbers)
8       Console.Write(num + " ");
9   Console.WriteLine();
10  numbers.Reverse();
11  Console.Write("从大到小排 : ");
12  foreach (object num in numbers)
13      Console.Write(num + " ");
```

执行结果

```
Microsoft Visual Studio 调试控制台
从小到大排 : 3 8 9 10 11
从大到小排 : 11 10 9 8 3
C:\C#\ch11\ch11_11\ch11_11\bin\Debug\net6.0\ch11_11.exe
按任意键关闭此窗口...
```

11-4 哈希表

哈希表 (Hashtable) 是在 System.Colletions 命名空间内的一种集合，主要是可以处理非序列的数据结构，它的元素是用"键 / 值"的方式配对存储的，在操作时用键 (key) 获取值 (value) 的内容，在实际的应用中我们可以将字典数据结构当作正式的字典使用，查询键时，就可以列出相对应的值内容。

注 在 Python 语言中，这类数据结构称为字典 (Dictionary)。

11-4-1 创建哈希表对象

使用 new 关键词创建哈希表对象，例如，要创建 ht 对象，语法如下：

```
Hashtable ht = new Hashtable( );
```

上述只是创建了哈希表对象 ht，暂时没有元素，将来可以增加元素。

11-4-2 哈希表的常用属性

哈希表的常用属性如下：

1. Count：获得哈希表对象键 - 值配对的个数。

2. IsFixedSize：如果是 true 则表示有固定大小，否则没有固定大小。

3. IsReadOnly：如果是 true 则表示是只读，否则不是只读。

4. Item[Object]：由键获得指定的值。

5. Keys：获得含有已经定义对象中的所有索引键。

6. Values：获得含有已经定义对象中的所有值。

11-4-3 哈希表的常用方法

哈希表的常用方法如下：

1. Add( )：将索引键 - 值配对元素加入哈希表对象，可以参考 11-4-4 节。

2. Contains( )/ConatinsKey( )：判断回传键是否存在，可以参考 11-4-8 节。

3. ContainsValues( )：判断回传值是否存在，可以参考 11-4-8 节。

4. Clear( )：清除哈希表所有元素，可以参考 11-4-9 节。

5. Remove( )：删除指定键的元素，可以参考 11-4-9 节。

6. ToString( )：将目前对象转成字符串。

11-4-4　增加元素 Add( )

方法 Add( ) 可以在哈希表对象中增加键 - 值配对元素内容，其语法如下：

```
ht.Add(Object key, Object value);
```

上述 ht 对象创建完成后，可以使用 ht[key] 设定或获取键值。

方案 ch11_12.sln：创建春夏秋冬四季的哈希表，同时设定配对内容。

```
1  // ch11_12
2  using System.Collections;
3
4  Hashtable ht = new Hashtable();
5  ht.Add("Spring", "春季");
6  ht.Add("Summer", "夏季");
7  ht.Add("Autumn", "秋季");
8  ht.Add("Winter", "冬季");
9  Console.WriteLine($"哈希表长度：{ht.Count}");
10 Console.WriteLine("设置前");
11 Console.WriteLine($"ht[\"Spring\"] = {ht["Spring"]}");
12 ht["Spring"] = "春天";
13 Console.WriteLine("修改后");
14 Console.WriteLine($"ht[\"Spring\"] = {ht["Spring"]}");
```

执行结果

```
 Microsoft Visual Studio 调试控制台
哈希表长度：4
设置前
ht["Spring"] = 春季
修改后
ht["Spring"] = 春天

C:\C#\ch11_12\ch11_12\bin\Debug\net6.0\ch11_12.exe
按任意键关闭此窗口...
```

创建哈希表时也可以将整数当作键 (key)，可以参考下列实例。

方案 ch11_12_1.sln：用整数当作 key 的实例。

```
1  // ch11_12_1
2
3  using System.Collections;
4  Hashtable ht = new Hashtable();
5  ht.Add(1, "Orange");
6  ht.Add(2, "Apple");
7  Console.WriteLine($"ht[1] = {ht[1]}");
8  Console.WriteLine($"ht[2] = {ht[2]}");
```

执行结果

```
 Microsoft Visual Studio 调试控制台
ht[1] = Orange
ht[2] = Apple

C:\C#\ch11_12_1\ch11_12_1\bin\Debug\net6.0\ch11_12_1.exe
按任意键关闭此窗口...
```

11-4-5　初始化哈希表

初始化哈希表的语法如下：

```
Hashtable ht = new( ) {{key1, value1},

                       ...

                      {key n, value n}}
```

方案 ch11_12_2.sln：最初化哈希表的应用。

```
1  // ch11_12_2
2
3  using System.Collections;
4
5  Hashtable ht = new() { {"星期日", "Sunday"},
6                         {"星期一", "Monday" } };
7  Console.WriteLine($"ht[\"星期日\"]：{ht["星期日"]}");
8  Console.WriteLine($"ht[\"星期一\"]：{ht["星期一"]}");
```

执行结果

```
 Microsoft Visual Studio 调试控制台
ht["星期日"]：Sunday
ht["星期一"]：Monday

C:\C#\ch11_12_2\ch11_12_2\bin\Debug\net6.0\ch11_12_2.exe
按任意键关闭此窗口...
```

11-4-6　遍历哈希表

遍历哈希表需要使用 DictonaryEntry Object 结构，基本语法如下：

```
foreach (DictionaryEntry de in ht)
{
    Console.WriteLine(de.Key);                    // 输出 hb 对象的键
    Console.WriteLine(de.Value);                  // 输出 hb 对象的值
}
```

方案 ch11_13.sln：创建水果的哈希表，键是水果英文名称，值是水果一斤的价格，然后输出。

```
1  // ch11_13
2  using System.Collections;
3
4  Hashtable ht = new Hashtable();
5  ht.Add("Apple", 50);
6  ht.Add("Orange", 30);
7  ht.Add("Grapes", 80);
8  Console.WriteLine("输出水果价目表");
9  foreach (DictionaryEntry de in ht)
10     Console.WriteLine($"{de.Key, 7} : {de.Value}");
```

执行结果

```
Microsoft Visual Studio 调试控制台
输出水果价目表
Orange : 30
 Apple : 50
Grapes : 80
C:\C#\ch11\ch11_13\ch11_13\bin\Debug\net6.0\ch11_13.exe
按任意键关闭此窗口. . .
```

11-4-7　遍历键 / 遍历值

遍历键可以使用 Keys 属性，其语法如下：

```
foreach (Object key in ht.Keys)
    Console.WriteLine(key);
```

遍历值可以使用 Values 属性，其语法如下：

```
foreach (Object value in ht.Values)
    Console.WriteLine(value);
```

方案 ch11_14.sln：重新设计 ch11_12.sln，分别输出键和值。

```
1  // ch11_14
2  using System.Collections;
3
4  Hashtable ht = new Hashtable();
5  ht.Add("Spring", "春季");
6  ht.Add("Summer", "夏季");
7  ht.Add("Autumn", "秋季");
8  ht.Add("Winter", "冬季");
9  foreach (Object key in ht.Keys)
10     Console.WriteLine($"Keys    : {key}");      // 输出键
11 foreach (Object value in ht.Values)
12     Console.WriteLine($"Values  : {value}");    // 输出值
```

执行结果

```
Microsoft Visual Studio 调试控制台
请输入姓名 : 洪锦魁
洪锦魁 成绩是 : 92
C:\C#\ch11_15\ch11_15\b
按任意键关闭此窗口. . .
```

```
Microsoft Visual Studio 调试控制台
请输入姓名 : JK Hung
查无此学生资料
C:\C#\ch11_15\ch11_15\b
按任意键关闭此窗口. . .
```

```
Microsoft Visual Studio 调试控制台
Keys    : Summer
Keys    : Spring
Keys    : Winter
Keys    : Autumn
Values  : 夏季
Values  : 春季
Values  : 冬季
Values  : 秋季
C:\C#\ch11\ch11_14\ch11_14\bin\Debug\net6.0\ch11_14.exe
按任意键关闭此窗口. . .
```

11-4-8　查询键 / 值 Contains( )/ContainsKey( )/ContainsValue( )

Contains( ) 和 ContainsKey( ) 用法相同，都回传此哈希表对象是否包含此键，如果包含则回传 true，如果不包含则回传 false，其语法如下：

```
bool rtn = ht.Contains(key)              // ContainsKey( ) 用法一样
```

ContainsValue( ) 会回传此哈希表对象是否包含括号中的值，如果包含则回传 true，如果不包含则回传 false，其语法如下：

```
bool rtn = ht.ContainsValue(value)
```

方案 ch11_15.sln：成绩查询，请输入学生姓名，如果系统有这个学生则输出学生成绩，如果系统没有这个学生则输出查无此学生资料。

```
1  // ch11_15
2  using System.Collections;
3
4  Hashtable ht = new Hashtable();
5  ht.Add("洪锦魁", 92);
6  ht.Add("洪冰儒", 88);
7  Console.Write("请输入姓名 : ");
8  Object name = Console.ReadLine();
9  if (ht.Contains(name))
10     Console.WriteLine($"{name} 成绩是 : {ht[name]}");
11 else
12     Console.WriteLine("查无此学生资料");
```

执行结果

```
Microsoft Visual Studio 调试控制台
请输入姓名 : 洪锦魁
洪锦魁 成绩是 : 92

C:\C#\ch11\ch11_15\ch11_15\b
按任意键关闭此窗口. . .
```

```
Microsoft Visual Studio 调试控制台
请输入姓名 : JK Hung
查无此学生资料

C:\C#\ch11\ch11_15\ch11_15\b
按任意键关闭此窗口. . .
```

11-4-9 清除哈希表的元素 Clear( )/Remove( )

清除哈希表元素的方法有两个，分别如下：

```
ht.Clear( );              // 执行后所有键 - 值配对元素会被清除

ht.Remove(key);           // 执行后指定 key 的元素会被清除
```

方案 ch11_16.sln：使用 Clear( ) 清除哈希表元素。

```
1  // ch11_16
2  using System.Collections;
3
4  Hashtable ht = new Hashtable();
5  ht.Add(1, "One");
6  ht.Add(2, "Two");
7  Console.WriteLine("删除前");
8  Console.WriteLine($"HashTable 长度 : {ht.Count}");
9  ht.Clear();
10 Console.WriteLine("删除后");
11 Console.WriteLine($"HashTable 长度 : {ht.Count}");
```

执行结果

```
Microsoft Visual Studio 调试控制台
删除前
HashTable 长度 : 2
删除后
HashTable 长度 : 0

C:\C#\ch11\ch11_16\ch11_16\bin\Debug\net6.0\ch11_16.exe
按任意键关闭此窗口. . .
```

方案 ch11_17.sln：输入要删除的键，如果存在就删除，如果不存在则告知此键不存在。

```
1  // ch11_17
2  using System.Collections;
3
4  Hashtable ht = new Hashtable();
5  ht.Add("One", 1);
6  ht.Add("Two", 2);
7  ht.Add("Three", 3);
8  Console.WriteLine("最初哈希表");
9  foreach (DictionaryEntry de in ht)          // 输出删除前的哈希表
10     Console.WriteLine($"{de.Key} : {de.Value}");
11 Console.Write("请输入要删除的数据 : ");
12 Object key = Console.ReadLine();            // 读取要删除的key
13 if (ht.Contains(key))
14     ht.Remove(key);
15 else
16     Console.WriteLine("输入键值不存在");
17 Console.WriteLine("最后哈希表");
18 foreach (DictionaryEntry de in ht)          // 输出删除后的哈希表
19     Console.WriteLine($"{de.Key} : {de.Value}");
```

执行结果

```
Microsoft Visual Studio 调试控制台
最初哈希表
One : 1
Two : 2
Three : 3
请输入要删除的数据 : Five
输入键值不存在
最后哈希表
One : 1
Two : 2
Three : 3

C:\C#\ch11\ch11_17\ch11_17\b
按任意键关闭此窗口. . .
```

```
Microsoft Visual Studio 调试控制台
最初哈希表
Two : 2
Three : 3
One : 1
请输入要删除的数据 : Two
最后哈希表
Three : 3
One : 1

C:\C#\ch11\ch11_17\ch11_17\b
按任意键关闭此窗口. . .
```

11-5 专题

11-5-1 设计星座密码

方案 ch11_18.sln：星座字典的设计，这个程序会要求输入星座，如果输入的星座正确则输出此星座的时间区间和本月运势，如果输入的星座错误，则输出星座输入错误。

```
1   // ch11_18
2   using System.Collections;
3
4   Hashtable ht = new Hashtable();
5   ht.Add("水瓶座", "1月20日 - 2月18日，需警惕小人");
6   ht.Add("双鱼座", "2月19日 - 3月20日，凌乱中找立足");
7   ht.Add("白羊座", "3月21日 - 4月19日，运势比较低迷");
8   ht.Add("金牛座", "4月20日 - 5月20日，财运较佳");
9   ht.Add("双子座", "5月21日 - 6月21日，运势好可锦上添花");
10  ht.Add("巨蟹座", "6月22日 - 7月22日，不可松懈大意");
11  ht.Add("狮子座", "7月23日 - 8月22日，会有成就感");
12  ht.Add("处女座", "8月23日 - 9月22日，会有挫折感");
13  ht.Add("天秤座", "9月23日 - 10月23日，运势给力");
14  ht.Add("天蝎座", "10月24日 - 11月22日，中规中矩");
15  ht.Add("射手座", "11月23日 - 12月21日，可爱熬众人");
16  ht.Add("魔羯座", "12月22日 - 1月19日，蓄积有谦虚");
17  Console.Write("请输入星座 : ");
18  Object season = Console.ReadLine();
19  if (ht.Contains(season))
20      Console.WriteLine($"{season} 本月运势 : {ht[season]}");
21  else
22      Console.WriteLine("星座输入错误");
```

执行结果

Microsoft Visual Studio 调试控制台

请输入星座：狮子座
狮子座 本月运势：7月23日 - 8月22日，会有成就感

C:\C#\ch11\ch11_18\ch11_18\bin\Debug\net6.0\ch11_18.exe
按任意键关闭此窗口...

11-5-2　哈希表依照键排序

方案 ch11_19.sln：创建哈希表，然后依照键进行排序。

```
1   // ch11_19
2   using System.Collections;
3
4   Hashtable ht = new Hashtable();
5   ht.Add("D", "牛肉面");
6   ht.Add("A", "打卤面");
7   ht.Add("E", "阳春面");
8   ht.Add("C", "肉丝面");
9   ht.Add("B", "猪排面");
10
11  ArrayList arr = new ArrayList(ht.Keys);      // 建立 arr 对象
12  arr.Sort();
13  for (int i = 0; i < arr.Count; i++)
14      Console.WriteLine($"{arr[i]} : {ht[arr[i]]}");
```

执行结果

Microsoft Visual Studio 调试控制台

A : 打卤面
B : 猪排面
C : 肉丝面
D : 牛肉面
E : 阳春面

C:\C#\ch11\ch11_19\ch11_19\bin\Debug\net6.0\ch11_19.exe
按任意键关闭此窗口...

习题实操题

方案 ex11_1.sln：请扩充 ch11_3.sln，并输出总得分和平均得分。(11-3 节)

Microsoft Visual Studio 调试控制台

James 前 5 场统计
得分总计 : 154
得分平均 : 30.8

C:\C#\ex\ex11_1\ex11_1\bin\Debug\net6.0\ex11_1.exe
按任意键关闭此窗口...

方案 ex11_2.sln：请输入 5 个考试成绩，然后执行下列工作：(11-3 节)

1. 列出分数对象。

2. 从高分往低分排列。

3. 从低分往高分排列。

4. 列出最高分。

5. 列出总分。

Microsoft Visual Studio 调试控制台

请输入第 1 个分数 : 87
请输入第 2 个分数 : 90
请输入第 3 个分数 : 76
请输入第 4 个分数 : 85
请输入第 5 个分数 : 92
分数列表   : 87 90 76 85 92
从低分往高分排列 : 76 85 87 90 92
从高分往低分排列 : 92 90 87 85 76
最高分   : 92
总分   : 430

C:\C#\ex\ex11_2\ex11_2\bin\Debug\net6.0\ex11_2.exe
按任意键关闭此窗口...

方案 ex11_3.sln：请创建星期信息的英汉哈希表，做到输入英文的星期信息可以列出星期的中文，如果输入的不是星期英文则输出输入错误。这个程序的另一个特色是，不论输入大小写均可以处理。(11-5 节)

方案 ex11_4.sln：有一个哈希表内含 5 种水果的单价，西瓜 (Watermelon) 每千克 15 元、香蕉 (Banana) 每千克 20 元、菠萝 (Pineapple) 每千克 25 元、橙子 (Orange) 每千克 12 元、苹果 (Apple) 每千克 18 元，请按水果英文名首字母从 A 到 Z 排序打印。(11-5 节)

方案 ex11_5.sln：有一个哈希表内含 5 种水果的单价，西瓜 (Watermelon) 每千克 15 元、香蕉 (Banana) 每千克 20 元、菠萝 (Pineapple) 每千克 25 元、橙子 (Orange) 每千克 12 元、苹果 (Apple) 每千克 18 元，请按水果英文名首字母从 Z 到 A 排序打印。(11-5 节)

```
Microsoft Visual Studio 调试控制台
Watermelon : 15
Pineapple : 25
Orange : 12
Banana : 20
Apple : 18

C:\C#\ex\ex11_5\ex11_5\bin\Debug\net6.0\ex11_5.exe
按任意键关闭此窗口. . .
```

方案 ex11_6.sln：有一个哈希表内含 5 种面的售价，牛肉面 160 元、肉丝面 120 元、打卤面 100 元、阳春面 60 元、麻酱面 80 元，请依售价从小到大排序打印。(11-5 节)

```
Microsoft Visual Studio 调试控制台
阳春面 : 60
麻酱面 : 80
打卤面 : 100
肉丝面 : 120
牛肉面 : 180

C:\C#\ex\ex11_6\ex11_6\bin\Debug\net6.0\ex11_6.exe
按任意键关闭此窗口. . .
```

第 12 章
函数的应用

所谓的函数 (function)，其实就是由一系列指令语句组合而成的，它的目的有两个。

1. 当我们在设计一个大型程序时，若是能将这个程序的功能分割成较小的功能，然后再依据这些小功能的要求撰写函数，那么这样不仅使程序简单化，同时也使得最后的调试变得容易。而这些小的函数，就是建构模块化、设计大型应用程序的基石。

2. 在一个程序中，也许会发生某些指令被重复地书写在程序各个不同地方的情况，若是我们能将这些重复的指令撰写成一个函数，需要时再加以调用，那么这样不仅减少编辑程序时间，同时更可使程序精简、清晰、明了。

下面是调用函数的基本流程图。

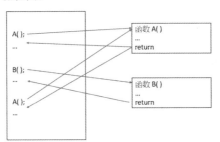

当一个程序在调用函数时，C# 语言会自动跳到被调用的函数上执行工作，执行完后，C# 语言会回到原先程序执行的位置，然后继续执行下一道指令。学习函数的重点如下：

1. 认识函数的基本架构。

2. 函数的声明。

3. 设计函数的主体，包含参数 (有的人称此为自变量) 的使用、回传值。

注　在面向对象的程序中，各类中的函数称为方法 (method)，C# 是面向对象的程序语言，笔者将在第 13 章正式介绍面向对象的程序设计的概念，本章将暂时仍用函数。

12-1　函数的体验

在上层语句程序设计中，函数放在调用指令之前或之后都可以。

12-1-1　基础概念

本节将使用简单的实例，让读者对使用函数有所体验。

方案 ch12_1.sln：函数的使用。

```
1  // ch12_1
2  void Output()
3  {
4      Console.WriteLine("output");
5  }
6  Output();
7  Console.WriteLine("ch12_1.cs");
8  Output();
```

执行结果

```
Microsoft Visual Studio 调试控制台
output
ch12_1.cs
output

C:\C#\ch12\ch12_1\ch12_1\bin\Debug\net6.0\ch12_1.exe
按任意键关闭此窗口. . .
```

注　C# 程序设计师习惯将函数 (方法) 名称的第一个英文字母大写。

程序在第 6 行调用 Output( ) 函数后，会执行第 2 ～ 第 5 行的 Output( ) 函数，执行完后，就回到下一个指令位置，然后执行第 7 行的 Console.WriteLine( ) 函数，在第 8 行再调用 Output( )

函数一次。上述程序是将第 2 ～ 第 5 行的函数 void Output( ) 放在第 6 行或第 8 行调用指令
Output( ) 之前了，若放在调用指令之后也可以，读者可以参考 ch12_1_1.sln。

```
1  // ch12_1_1
2  Output();
3  Console.WriteLine("ch12_1.cs");
4  Output();
5  void Output()
6  {
7      Console.WriteLine("output");
8  }
```

12-1-2　转换成 Program.Main 样式程序

在 2-2-5 节介绍了可以将程序转成 Program.Main 样式，这个方案 ch12_1.sln 如果转成此样
式，则可以看到下列结果。

12-2　函数的主体

12-2-1　函数声明

函数 (又称方法) 声明的语法如下：

函数类型　函数名称 (数据类型　参数 1, 数据类型　参数 2, ……, 数据类型　参数 n)

{

　　…

}

上述函数类型代表函数的回传值数据类型，其可以是 C# 语言中任一个数据类型。另外，有
时候某个程序在调用函数时，并不期待这个函数值回传任何参数，此时，可以将这个函数声明成
void 类型。

以 ch12_1.sln 为例，函数声明是 void Output( )，void 代表没有回传值。

12-2-2　函数中传递参数的设计

方案 ch12_2.sln：比较大小的函数设计。这个程序在执行时，会要求你输入两个整数，主程

序会将这两个参数传入函数 Larger( ) 判别大小，然后输出较大值，要是两数相等，则输出两数值相等。

```
1  // ch12_2
2  void Larger(int a, int b)
3  {
4      if (a < b)
5          Console.WriteLine($"较大值是 {b}");
6      else if (a > b)
7          Console.WriteLine($"较大值是 {a}");
8      else
9          Console.WriteLine("两数值相等");
10 }
11
12 Console.Write("请输入数值 1 : ");
13 int i = Convert.ToInt32(Console.ReadLine());
14 Console.Write("请输入数值 2 : ");
15 int j = Convert.ToInt32(Console.ReadLine());
16 Larger(i, j);
```

执行结果

```
Microsoft Visual Studio          Microsoft Visual Studio          Microsoft Visual Studio
请输入数值 1 : 8                  请输入数值 1 : 5                  请输入数值 1 : 7
请输入数值 2 : 5                  请输入数值 2 : 9                  请输入数值 2 : 7
较大值是 8                        较大值是 9                        两数值相等

C:\C#\ch12\ch12_2\ch           C:\C#\ch12\ch12_2\ch           C:\C#\ch12\ch12_2\ch
按任意键关闭此窗口。            按任意键关闭此窗口。            按任意键关闭此窗口。
```

上述函数内含参数的设计方式如下：

```
void Large(int a, int b)
{
    ...
}
```

上述的 Larger( ) 函数被调用后，会将所接收的参数复制一份，存到函数所使用的内存内，此例是 a 和 b，当函数 Larger( ) 执行结束后，此函数变量 a 和 b 所占用的内存会被释放回系统。此外，原先变量的 i 和 j，并不会因为调用 Larger( ) 函数，程序的主控权移交给 Larger( ) 函数而影响自己的内容。

由于 ch12_2.sln 实例的函数 Larger( ) 类型是 void，也就是没有回传值，因此程序设计时如果没有回传值，在函数末端增加 return 也是可以的，读者可以参考 ch12_2_1.sln 的第 10 行。

```
1  // ch12_2_1
2  void Larger(int a, int b)
3  {
4      if (a < b)
5          Console.WriteLine($"较大值是 {b}");
6      else if (a > b)
7          Console.WriteLine($"较大值是 {a}");
8      else
9          Console.WriteLine("两数值相等");
10     return;
11 }
12
13 Console.Write("请输入数值 1 : ");
14 int i = Convert.ToInt32(Console.ReadLine());
15 Console.Write("请输入数值 2 : ");
16 int j = Convert.ToInt32(Console.ReadLine());
17 Larger(i, j);
```

12-2-3　函数中不同类型的参数设计

C# 语言允许函数有多个参数，也允许各参数有不同数据类型，可以参考下列实例。

方案 ch12_3.sln：对传递两个不同类型参数的应用，这个程序会读取字符和阿拉伯数字，阿拉伯数字是指重复次数，然后将字符按阿拉伯数字重复输出。

```
1  // ch12_3
2  using System;
3
4  void PrintChar(int loop, char ch)
5  {
6      for (int i = 0; i < loop; i++)
7          Console.Write($"{ch}");
8      Console.WriteLine();
9  }
10 Console.Write("请输入重复次数 : ");
11 int times = Convert.ToInt32(Console.ReadLine());
12 Console.Write("请输入字符     : ");
13 char mychar = Convert.ToChar(Console.Read());
14 PrintChar(times, mychar);
```

执行结果

```
Microsoft Visual Studio 调试控制台
请输入重复次数 : 5
请输入字符     : A
AAAAA

C:\C#\ch12\ch12_3\ch12_3\bin\Debug\net6.0\ch12_3.exe
按任意键关闭此窗口。...
```

12-3 函数的回传值 return

12-3-1 整数回传值的应用

在前面的所有程序范例中，声明类型是 void 的函数都不必回传任何值，因此在函数结束时，我们用右大括号"}"表示函数结束。

但毕竟在真实的程序设计中，没有回传值的函数仍是少数，一般函数设计，经常都会要求函数能回传某些值给调用语句，此时我们可用 return 达成这个任务。其实 return 除了可以把函数内的值回传调用程序之外，同时具有让函数结束，返回调用程序的功能。有回传值的函数设计时，可以在函数右大括号"}"的前一列使用 return，如下所示：

return 回传值;

方案 ch12_4.sln：设计加法函数，然后回传加法的计算结果。

```
1  // ch12_4
2  int Add(int a, int b)
3  {
4      int sum = a + b;
5      return sum;
6  }
7
8  Console.Write("请输入数值 1 : ");
9  int x = Convert.ToInt32(Console.ReadLine());
10 Console.Write("请输入数值 2 : ");
11 int y = Convert.ToInt32(Console.ReadLine());
12 int total = Add(x, y);
13 Console.WriteLine($"{x} + {y} = {total}");
```

执行结果

```
Microsoft Visual Studio 调试控制台
请输入数值 1 : 8
请输入数值 2 : 7
8 + 7 = 15

C:\C#\ch12\ch12_4\ch12_4\bin\Debug\net6.0\ch12_4.exe
按任意键关闭此窗口. . .
```

上述函数是比较正规的写法，许多程序设计师，有时会将简单的表达式直接当作回传值。读者可以参考 ch12_4_1.sln，如下所示。

```
1  // ch12_4_1
2  int Add(int a, int b)
3  {
4      return a + b;
5  }
6
7  Console.Write("请输入数值 1 : ");
8  int x = Convert.ToInt32(Console.ReadLine());
9  Console.Write("请输入数值 2 : ");
10 int y = Convert.ToInt32(Console.ReadLine());
11 int total = Add(x, y);
12 Console.WriteLine($"{x} + {y} = {total}");
```

上述程序第 4 行替换了方案 ch12-4.sln 的第 4 ～ 第 5 行。

12-3-2 浮点数回传值的应用

6-7-3 节说明了 C# 语言内建函数 Math.Pow( ) 的用法，现在我们简化设计该函数，所简化的部分是让次方数限制是整数。

方案 ch12_5.sln：设计次方的函数 Mypow( )，这个函数会要求输入底数 (浮点数)，然后要求输入次方数 (整数)，最后回传结果。

```
1  // ch12_5
2  double Mypow(double b, int n)
3  {
4      double rtn = 1.0;
5      for (int i = 0; i < n; i++)
6          rtn *= b;
7      return rtn;
8  }
9
10 Console.Write("请输入底数    : ");
11 double x = Convert.ToDouble(Console.ReadLine());
12 Console.Write("请输入次方数 : ");
13 int y = Convert.ToInt32(Console.ReadLine());
14 Console.WriteLine($"{x} 的 {y} 次方 = {Mypow(x, y):F5}");
```

执行结果

```
Microsoft Visual Studio 调试控制台
请输入底数    : 1.1
请输入次方数 : 3
1.1 的 3 次方 = 1.33100

C:\C#\ch12\ch12_5\ch12_5\bin
按任意键关闭此窗口. . .
```

```
Microsoft Visual Studio 调试控制台
请输入底数    : 2.0
请输入次方数 : 5
2 的 5 次方 = 32.00000

C:\C#\ch12\ch12_5\ch12_5\bin
按任意键关闭此窗口. . .
```

上述实例的另一个特色是其第 14 行，将 Mypow( ) 当作 Console.WriteLine( ) 方法的参数。

12-3-3　字符回传值的应用

方案 ch12_6.sln：请输入分数，这个程序会响应 A、B、C、D、F 等级，如果输入 0 则程序结束。

```
1  // ch12_6
2  char Grade(int sc)
3  {
4      char rtn;
5      if (sc >= 90)
6          rtn = 'A';
7      else if (sc >= 80)
8          rtn = 'B';
9      else if (sc >= 70)
10         rtn = 'C';
11     else if (sc >= 60)
12         rtn = 'D';
13     else
14         rtn = 'F';
15     return rtn;
16 }
17
18 int score;
19 Console.WriteLine("输入 0 则程序结束!");
20 while (true)
21 {
22     Console.Write("请输入分数 : ");
23     score = Convert.ToInt32(Console.ReadLine());
24     if (score == 0)
25         break;
26     Console.WriteLine($"最后成绩是 = {Grade(score)}");
27     Console.WriteLine("----------");
28 }
```

执行结果

```
Microsoft Visual Studio 调试控制台
输入 0 则程序结束!
请输入分数 : 95
最后成绩是 = A
----------
请输入分数 : 88
最后成绩是 = B
----------
请输入分数 : 55
最后成绩是 = F
----------
请输入分数 : 0

C:\C#\ch12\ch12_6\ch12_6\bin\Debug\net6.0\ch12_6.exe
按任意键关闭此窗口. . .
```

12-3-4　return 让程序提早结束

设计复杂的程序时，return 还有让程序提早结束的功能，这可以参考 ch12_12.sln 程序：当第 4 行 i < 1 时，就会执行第 5 行的 return 0，程序不会再往下执行，所以第 8 行和第 9 行不会被执行。

12-4　一个程序有多个函数的应用

12-4-1　简单的调用

方案 ch12_7.sln：加法与乘法函数的设计，如果输入 1 则表示选择加法，如果输入 2 则表示选择乘法，如果输入其他值则会输出"计算方式选择错误"。选择好计算方式后，可以输入两个数值，然后执行计算。

```
1  // ch12_7
2  int Add(int a, int b)
3  {
4      return a + b;
5  }
6  int Mul(int c, int d)
7  {
8      return c * d;
9  }
10 Console.WriteLine("请输入 1 或 2 选择计算方式");
11 Console.WriteLine("1 : 加法运算");
12 Console.WriteLine("2 : 乘法运算");
13 Console.Write("==> ");
14 int index = Convert.ToInt32(Console.ReadLine());
15 Console.Write("请输入数值 1 : ");
16 int x = Convert.ToInt32(Console.ReadLine());
17 Console.Write("请输入数值 2 : ");
18 int y = Convert.ToInt32(Console.ReadLine());
19 if (index == 1)
20     Console.WriteLine($"{x} + {y} = {Add(x, y)}");
21 else if (index == 2)
22     Console.WriteLine($"{x} * {y} = {Mul(x, y)}");
23 else
24     Console.WriteLine("计算方式选择错误");
```

执行结果

```
Microsoft Visual Studio 调试控制台
请输入 1 或 2 选择计算方式
1 : 加法运算
2 : 乘法运算
==> 1
请输入数值 1 : 5
请输入数值 2 : 9
5 + 9 = 14

C:\C#\ch12\ch12_7\ch12_7\bin
按任意键关闭此窗口. . .
```

```
Microsoft Visual Studio 调试控制台
请输入 1 或 2 选择计算方式
1 : 加法运算
2 : 乘法运算
==> 2
请输入数值 1 : 6
请输入数值 2 : 9
6 * 9 = 54

C:\C#\ch12\ch12_7\ch12_7\bin
按任意键关闭此窗口. . .
```

```
Microsoft Visual Studio 调试控制台
请输入 1 或 2 选择计算方式
1 : 加法运算
2 : 乘法运算
==> 3
请输入数值 1 : 3
请输入数值 2 : 5
计算方式选择错误

C:\C#\ch12\ch12_7\ch12_7\bin
按任意键关闭此窗口. . .
```

12-4-2　函数间的调用

一个函数也可以调用另外一个函数，本节将使用 4-6-1 节和 8-9-4 节所述的使用莱布尼茨公式计算圆周率的实例做解说。8-9-4 节所列出的莱布尼茨计算圆周率公式如下。

$$4 \sum_{i=1}^{n} \frac{(-1)^{i+1}}{2i-1}$$ ← 如果 i+1 是奇数则分子结果是 -1
如果 i+1 是偶数则分子结果是 1

方案 ch12_8.sln：依莱布尼茨公式计算圆周率，这个程序会计算到 i = 100000，其中每当 i 是 10000 的整数倍时，列出圆周率。

```
1  // ch12_8
2  double Mypow(int b, int n)
3  {
4      double val = 1.0;
5      for (int i = 1; i <= n; i++)
6          val *= b;
7      return val;
8  }
9  double PI(int n)
10 {
11     double pi = 0.0;
12     for (int i = 1; i <= n; i++)
13         pi += 4 * (Mypow(-1, (i + 1)) / (2 * i - 1));
14     return pi;
15 }
16 int loop = 100000;
17
18 for (int i = 1; i <= loop; i++)
19     if (i % 10000 == 0)
20         Console.WriteLine($"当 i = {i,6}时, PI = {PI(i):F19}");
```

执行结果

```
Microsoft Visual Studio 调试控制台
当 i =  10000时, PI = 3.1414926535900344895
当 i =  20000时, PI = 3.1415426535898247629
当 i =  30000时, PI = 3.1415593202564617847
当 i =  40000时, PI = 3.1415676535897985033
当 i =  50000时, PI = 3.1415726535897814387
当 i =  60000时, PI = 3.1415759869231019152
当 i =  70000时, PI = 3.1415783678754820585
当 i =  80000时, PI = 3.1415801535897496244
当 i =  90000时, PI = 3.1415815424786237564
当 i = 100000时, PI = 3.1415826535897197758
C:\C#\ch12\ch12_8\ch12_8\bin\Debug\net6.0\ch12_8.exe
按任意键关闭此窗口. . .
```

上述程序有 3 个重点，第 1 个是第 18 ～ 第 20 行的 for 循环，这个循环每当 i 是 10000 或 10000 的整数倍时，会执行调用计算 PI 的函数，然后打印 PI 值。

第 2 个重点是第 9 ～ 第 15 行的 PI( ) 函数，这个函数主要被第 19 列用莱布尼茨公式计算圆周率，但是这个程序需要调用 Mypow( ) 函数。

第 3 个重点是第 2 ～ 第 8 行的 Mypow( ) 函数，这个函数会计算 $(-1)^{i+1}$ 值。

执行上述程序时，因为每次都要执行第 5 ～ 第 6 行的循环，会花费许多时间，所以速度比较慢，我们也可以简化设计，直接设定当 i 是奇数时设定回传 val = 1.0，当 i 是偶数时回传 val = -1，这样整个程序会比较顺畅，这将是读者的习题 ex12_5.sln。

注 这里说的 i，在 PI( ) 函数调用 Mypow( ) 时是 (i+1)。

12-4-3 函数是另一个函数的参数

设计比较复杂的程序时，有时候会将一个函数当作另一个函数的参数。

方案 ch12_9.sln：这个程序会调用下列函数：

```
CommentWeather(weather( ));
```

其中 weather( ) 函数是整数函数，由此可以读取现在的温度。然后此温度会被当作 CommentWeather( ) 函数的参数，最后输出对温度的评论。

```
1  // ch12_9
2  int Weather()
3  {
4      Console.Write("请输入现在温度 : ");
5      int temperature = Convert.ToInt32(Console.ReadLine());
6      return temperature;
7  }
8  void CommentWeather(int t)
9  {
10     if (t >= 26)
11         Console.WriteLine("现在天气很热");
12     else if (t > 15)
13         Console.WriteLine("这是舒适的温度");
14     else if (t > 5)
15         Console.WriteLine("天气有一点冷");
16     else
17         Console.WriteLine("酷寒的天气");
18 }
19
20 CommentWeather(Weather());
```

执行结果

12-5　递归函数的调用

坦白地说，递归的概念很简单，但是不容易学习，本节将从最简单的说起。一个函数调用本身的动作，称为递归的调用，递归函数调用有下列特性：

1. 递归函数在每次处理时，都会使问题的范围缩小。
2. 必须有一个终止条件来结束递归函数。

递归函数可以使程序本身变得很简洁，但是设计这类程序时如果不小心，就很容易掉入无限递归的陷阱中，所以使用这类函数时，一定要特别小心。

12-5-1　从掉入无限递归说起

如前所述一个函数可以调用自己，这个动作称为递归，设计递归最容易掉入无限递归的陷阱。

方案 ch12_10.sln：设计一个递归函数，因为这个函数没有终止条件，所以其会变成一个无限循环，这个程序会一直输出 5, 4, 3, … 。为了让读者看到输出结果，这个程序会每隔 1 秒输出一次数字。

```
1  // ch12_10
2  int Recur(int i)
3  {
4      Console.Write($"{i} ");
5      Thread.Sleep(1000);      // 休息 1 秒
6      return Recur(i - 1);
7  }
8
9  Recur(5);
```

执行结果

```
C:\C#\ch12\ch12_10\ch12_10\bin\Debug\net6.0\ch12_10.exe
5 4 3 2 1 0 -1 -2
```

上述第 6 行虽然使用 Recur(i-1)，让数字范围缩小了，但是最大的问题是没有终止条件，所以造成了无限递归。为此，我们在设计递归时需要使用 if 条件语句来注明终止条件。

方案 ch12_11.sln：这是最简单的递归函数，列出 5, 4, …, 1 的数列作为结果，这个问题很清楚了，结束条件是 1，所以可以在 Recur( ) 函数内撰写结束条件。

```
1  // ch12_11
2  int Recur(int i)
3  {
4      Console.Write($"{i} ");
5      Thread.Sleep(1000);
6      if (i <= 1)                // 结束条件
7          return 0;
8      else
9          return Recur(i - 1);   // 每次调用让自己减 1
10 }
11
12 Recur(5);
```

执行结果

```
Microsoft Visual Studio 调试控制台
5 4 3 2 1
C:\C#\ch12\ch12_11\ch12_11\bin\Debug\net6.0\ch12_11.exe
按任意键关闭此窗口. . .
```

上述当第 9 行 Recur(i-1)，当参数是 i-1 是 1 时，会执行 return 0，所以递归条件就结束了。

方案 ch12_12.sln：设计递归函数输出 1, 2, …, 5 的结果。

```
1  // ch12_12
2  int Recur(int i)
3  {
4      if (i < 1)              // 结束条件
5          return 0;
6      else
7          Recur(i - 1);      // 每次调用让自己减 1
8      Console.Write($"{i} ");
9      return 0;
10 }
11
12 Recur(5);
```

执行结果

```
Microsoft Visual Studio 调试控制台
1 2 3 4 5
C:\C#\ch12\ch12_12\ch12_12\bin\Debug\net6.0\ch12_12.exe
按任意键关闭此窗口. . .
```

C# 语言或其他有递归功能的程序语言，一般是采用栈方式来存储递归期间尚未执行的指令，所以上述程序在每一次递归期间都会将第 8 行先存储在栈中，一直到递归结束，再一一取出栈的数据执行。

这个程序第 1 次进入 Recur( ) 函数时，因为 i 等于 5，所以会先执行第 7 行 Recur(i-1)，这时会将尚未执行的第 8 行 Console.Write( ) 推入 (push) 栈。第 2 次进入 Recur( ) 函数时，因为 i 等于 4，所以会先执行第 7 行 Recur(i-1)，这时会将尚未执行的第 8 ～ 第 9 行 Console.Write( ) 和 return 0 推入栈。其他以此类推，所以可以得到下图。

				printf("xxx", i=1)
			printf("xxx", i=2)	printf("xxx", i=2)
		printf("xxx", i=3)	printf("xxx", i=3)	printf("xxx", i=3)
	printf("xxx", i=4)	printf("xxx", i=4)	printf("xxx", i=4)	printf("xxx", i=4)
printf("xxx", i=5)	printf("xxx", i=5)	printf("xxx", i=5)	printf("xxx", i=5)	printf("xxx", i=5)

| 第1次递归 i = 5 | 第2次递归 i = 4 | 第3次递归 i = 3 | 第4次递归 i = 2 | 第5次递归 i = 1 |

注　上述省略 return 0。

这个程序第 6 次进入 Recur( ) 函数时，i 等于 0，因为 i < 1 时会执行第 7 列 return 0，这时函数会终止。接着函数会将存储在栈的指令——取出执行，执行时后进先出 (last in first out)，也就是从上往下取出执行，整个说明图如下所示。

printf("xxx", i=1)				
printf("xxx", i=2)	printf("xxx", i=2)			
printf("xxx", i=3)	printf("xxx", i=3)	printf("xxx", i=3)		
printf("xxx", i=4)	printf("xxx", i=4)	printf("xxx", i=4)	printf("xxx", i=4)	
printf("xxx", i=5)	printf("xxx", i=5)	printf("xxx", i=5)	printf("xxx", i=5)	printf("xxx", i=5)

| 取出最上方 输出 1 | 取出最上方 输出 2 | 取出最上方 输出 3 | 取出最上方 输出 4 | 取出最上方 输出 5 |

注1　上图中"取出"的英文是 pop。

注2　C# 语言编译程序实际上使用栈来处理递归问题，这是一种先进后出的数据结构。

上图由左到右，可以得到 1, 2, …, 5 的输出。下一个实例是计算累加总和的，比上述实例稍微复杂，读者可以逐步推导，累加的基本概念如下

$$sum(n) = \underbrace{1 + 2 + \cdots + (n-1)}_{sum(n-1)} + n = n + sum(n-1)$$

将上述概念转成递归公式如下

$$sum(n)\begin{cases}1, & n=1 \\ n+sum(n-1), & n \geq 1\end{cases}$$

方案 ch12_13.sln：使用递归函数计算 1 + 2 + … + 5 的值。

```
1  // ch12_13
2  int Sum(int n)
3  {
4      if (n <= 1)              // 结束条件
5          return 1;
6      else
7          return n + Sum(n - 1);
8  }
9
10 Console.WriteLine($"total = {Sum(5)}");
```

执行结果

```
Microsoft Visual Studio 调试控制台
total = 15

C:\C#\ch12\ch12_13\ch12_13\bin\Debug\net6.0\ch12_13.exe
按任意键关闭此窗口. . .
```

12-5-2　非递归设计阶乘数函数

这一节将对阶乘数进行解说，阶乘数 (factorial) 概念是由法国数学家克里斯蒂安·克兰普 (Christian Kramp, 1760—1826) 发表的，他学医但同时对数学感兴趣，发表了许多数学文章。

在数学中，正整数的阶乘 (factorial) 是所有小于及等于该数的正整数的积，假设进行 n 的阶乘，则表达式如下：

```
n!
```

同时也定义 0 和 1 的阶乘是 1。

```
0! = 1
```

```
1! = 1
```

实例：列出 5 的阶乘的结果。

```
5! = 5 * 4 * 3 * 2 * 1 = 120
```

我们可以使用下列式子来定义阶乘公式

$$\text{factorial(n)} = \begin{cases} 1, & n = 0 \\ 1 \times 2 \times \cdots \times n, & n \geq 1 \end{cases}$$

方案 ch12_14.sln：设计非递归的阶乘函数，计算当 n = 5 时的值。

```
1   // ch12_14
2   int Factorial(int n)
3   {
4       int fact = 1;
5       int i;
6       for (i = 1; i <= n; i++)
7       {
8           fact *= i;
9           Console.WriteLine($"{i}! = {fact}");
10      }
11      return fact;
12  }
13
14  Console.WriteLine($"Factorial(5) = {Factorial(5)}");
```

执行结果

```
Microsoft Visual Studio 调试控制台
1! = 1
2! = 2
3! = 6
4! = 24
5! = 120
Factorial(5) = 120

C:\C#\ch12\ch12_14\ch12_14\bin\Debug\net6.0\ch12_14.exe
按任意键关闭此窗口. . .
```

12-5-3　从一般函数进化到递归函数

针对阶乘数 n ≥ 1 的情况，我们可以将阶乘数用下列公式表示

```
factorial(n) = 1*2* ... *(n-1)*n=n*factorial(n-1)
                          |
                   factorial(n-1)
```

有了上述概念后，可以将阶乘公式改成下列公式

$$\text{factorial(n)} = \begin{cases} 1, & n = 0 \\ n \times \text{factorial(n-1)}, & n \geq 1 \end{cases}$$

上述公式每一次传递 fcatorial(n-1)，都会将问题范围变小，这就是递归的概念。

方案 ch12_15.sln：设计递归的阶乘函数。

```
1   // ch12_15
2   int Factriol(int n)
3   {
4       int fact;
5
6       if (n == 0)                        // 终止条件
7           fact = 1;
8       else
9           fact = n * Factriol(n - 1);    // 递归调用
10      return fact;
11  }
12
13  int x = 3;
14  Console.WriteLine($"{x}!  =  {Factriol(x)}");
15  x = 5;
16  Console.WriteLine($"{x}!  =  {Factriol(x)}");
```

执行结果

```
Microsoft Visual Studio 调试控制台
3!  =  6
5!  =  120

C:\C#\ch12\ch12_15\ch12_15\bin\Debug\net6.0\ch12_15.exe
按任意键关闭此窗口. . .
```

上述程序使用了递归调用 (Recursive call) 来计算阶乘问题，虽然其没有很明显地说明内存存储中间数据，不过实际上使用了内存，笔者将详细解说。下图是递归调用的过程。

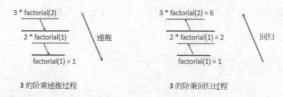

3 的阶乘递推过程　　　　　　　　　3 的阶乘回归过程

在编译程序是使用栈处理上述递归调用，这是一种后进先出的数据结构，下图是编译程序实际使用栈方式使用内存的情形。

阶乘计算使用栈的说明，这是由左到右堆入栈的操作过程

在计算机术语中将数据放入栈的动作称为推入。上述 3 的阶乘中，编译程序实际回归处理过程，其实就是将数据从栈中取出，此动作在计算机术语中称为取出，整个概念如下所示。

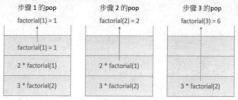

阶乘计算使用栈的说明，这是由左到右取出栈的操作过程

阶乘数的概念，最常应用的是业务员旅行问题。业务员旅行是算法里面一个非常著名的问题，许多人在思考业务员如何从拜访不同城市的路线中，找出最短的拜访路径，下列将逐步分析。

❑ 两个城市

假设有新竹、竹东，两个城市，拜访方式有两个选择。

❑ 3 个城市

假设现在多了一个城市竹北，从竹北出发，从两个城市可以知道有两条路径。从新竹或竹东出发也可以有 2 条路径，所以可以有 6 种拜访方式。

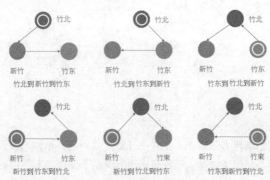

如果再细想，两个城市的拜访路径有两种，3 个城市的拜访路径有 6 种，其实符合阶乘公式：

$$2! = 1 * 2 = 2$$
$$3! = 1 * 2 * 3 = 6$$

❑ 4 个城市

比 3 个城市多了一个城市，所以拜访路径选择总数如下：

$$4! = 1 * 2 * 3 * 4 = 24$$

其总共有 24 条拜访路径，如果有 5 个或 6 个城市要拜访，拜访路径选择总数如下：

$$5! = 1 * 2 * 3 * 4 * 5 = 120$$
$$6! = 1 * 2 * 3 * 4 * 5 * 6 = 720$$

相当于假设拜访 N 个城市，业务员旅行的算法时间复杂度是 N!，N 值越大拜访路径就越多，而且以阶乘方式增长。假设拜访城市达到 30 个且超级计算机每秒可以处理 10 兆个路径，若想计算出每种可能的路径则需要数亿年，读者可能会觉得不可思议，其实笔者也觉得不可思议。

12-5-4 递归后记

坦白地说，递归函数设计对初学者而言比较不容易懂，但是递归概念在计算机领域非常重要，且有很广泛的应用，几个经典算法，如河内塔 (Tower of Hanoi)、八皇后问题、遍历二元树和 VLSI 设计都会使用，所以彻底了解递归设计是一个很重要的课题。

12-6 数组数据的传递

12-6-1 传递数据的基础概念

一般变量调用函数的传递过程是进行传值调用的过程，在传值的时候，程序可以很顺利地将数据传递给目标函数，然后可以利用 return 回传数据，整个概念如下所示。

从上图可以看到调用方可以利用参数传递数据给目标函数，目标函数则使用 return 回传数据给原始函数，如下所示：

```
return xx;
```

目前流行的 Python 语言，return 可以一次回传多个值，如下：

```
return xx, yy;
```

如果使用 C# 语言想要回传多个数值，就我们目前所学来看的确没有太便利，不过 12-6-2 节会说明 C# 语言的处理方式。

12-6-2 数组的传递

第 9 章说明了数组的概念，如果想要传递多变量数据可以将多变量以数组的形式表达。主程序在调用函数时，将整个数组传递给函数的基础概念如下所示。

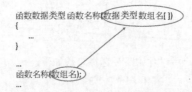

```
函数数据类型 函数名称(数据类型 数组名[])
{
    ...
}
...
函数名称(数组名);
...
```

C# 语言在传递数组时和传递一般变量不同。一般变量在调用函数中的传递过程使用了传值调用 (call by value) 的概念，也就是将变量内容复制到函数所属变量内存内，这样在传值的时候，可以很顺利地将数据传递给目标函数，但是无法取得回传结果。

C# 在调用函数传递数组时使用了传址调用 (call by address) 的方式，这种方式的好处是可以有比较高的效率。假设一个数组很大，有 1000 多笔数据，如果采用传值的方式处理，会需要较多的内存空间，同时也会耗用 CPU 时间。如果采用传址的方式，则可以很简单地处理。传递数组到函数后，可以在函数内处理数组内容，更新此数组内容后，再回到调用位置，就可以从数组地址获得新的结果。

方案 ch12_16.sln：设计 Display( ) 函数可以输出数组内容，主程序则是将数组名传给输出函数 Display( )。

```
1  // ch12_16
2  void Display(int[] num)
3  {
4      for (int i = 0; i < num.Length; i++)
5          Console.WriteLine($"{num[i]}");
6  }
7
8  int[] data = { 5, 6, 7, 8, 9 };
9  Console.WriteLine("输出数组内容");
10 Display(data);
```

执行结果

```
Microsoft Visual Studio 调试控制台
输出数组内容
5
6
7
8
9

C:\C#\ch12\ch12_16\ch12_16\bin\Debug\net6.0\ch12_16.exe
按任意键关闭此窗口...
```

12-6-3　函数调用 —— 数据交换使用 ref 参数

假设我现在要设计函数 Swap( ) 将 x 和 y 的数据交换，在没有地址概念前，可能会设计下列程序，而获得失败的结果。

方案 ch12_17.sln：设计数据交换函数 Swap( )，获得失败的结果。

```
1  // ch12_17
2  void Swap(int x, int y)
3  {
4      int tmp;
5      tmp = x;
6      x = y;
7      y = tmp;
8  }
9  int x = 5;
10 int y = 1;
11 Console.WriteLine("执行对调前");
12 Console.WriteLine($"x = {x} \t y = {y}");
13 Swap(x, y);
14 Console.WriteLine("执行对调后");
15 Console.WriteLine($"x = {x} \t y = {y}");
```

执行结果

```
Microsoft Visual Studio 调试控制台
执行对调前
x = 5      y = 1
执行对调后
x = 5      y = 1

C:\C#\ch12\ch12_17\ch12_17\bin\Debug\net6.0\ch12_17.exe
按任意键关闭此窗口...
```

上述程序因为第 13 行调用函数 Swap(x, y) 时，使用了传值调用 (call by value)，所以产生交换失败的结果。

为了改良上述问题可以使用传址的方式调用 Swap( ) 函数，这时需使用 ref 参数，如下所示：

```
Swap(ref x, ref y);                 // 关键词 ref 可以传递变量 x 和 y 的地址
```

所设计的 Swap( ) 函数也须改由 ref 接收地址参数，如下所示：

```
Swap(ref int x, ref int y)
{
    ...
}
```

方案 ch12_18.sln：设计正确的交换函数 Swap( )。

```
1  // ch12_18
2  void Swap(ref int x, ref int y)
3  {
4      int tmp;
5      tmp = x;
6      x = y;
7      y = tmp;
8  }
9  int x = 5;
10 int y = 1;
11 Console.WriteLine("执行对调前");
12 Console.WriteLine($"x = {x} \t y = {y}");
13 Swap(ref x, ref y);
14 Console.WriteLine("执行对调后");
15 Console.WriteLine($"x = {x} \t y = {y}");
```

执行结果

```
Microsoft Visual Studio 调试控制台
执行对调前
x = 5      y = 1
执行对调后
x = 1      y = 5
C:\C#\ch12\ch12_18\ch12_18\bin\Debug\net6.0\ch12_18.exe
按任意键关闭此窗口...
```

12-6-4 函数调用 —— 回传数据用关键词 out

函数调用在变量名称使用 ref 关键词时，可以传递地址信息，但是需要初始化变量值，细节可以参考 12-6-3 节。同样是函数调用，如果将 ref 关键词改为 out 也可以传递地址信息，这时可以不需要初始化变量值，这样函数就可以使用此未初始化的变量，将数值回传。

方案 ch12_19.sln：输入字符串，这个程序会响应有多少个字符 'A'。

```
1  // ch12_19
2  void CountA(string str, out int counter)
3  {
4      counter = 0;
5      for (int i = 0; i < str.Length; i++)
6          if (str[i] == 'A')
7              counter += 1;
8  }
9
10 int num;
11 Console.Write("请输入字符串 : ");
12 string mystr = Console.ReadLine();
13 CountA(mystr, out num);
14 Console.WriteLine($"A 字符的数量 = {num}");
```

执行结果

```
Microsoft Visual Studio 调试控制台
请输入字符串 : ABCDAAA
A 字符的数量 = 4
C:\C#\ch12\ch12_19\ch12_19\b
按任意键关闭此窗口...
```

```
Microsoft Visual Studio 调试控制台
请输入字符串 : KKKRRR
A 字符的数量 = 0
C:\C#\ch12\ch12_19\ch12_19\b
按任意键关闭此窗口...
```

12-6-5 函数调用 —— 只读关键词 in

如果在函数声明中增加 in 关键词，则这个关键词是只读关键词，这类关键词的内容在函数内将具有只读属性，假设有一个程序片段与函数如下：

```
void InArgMethod( in int num, … )
{
    ...                              // num 变量只能引用，不可变更其值
}
...
int readOnlyNumber = 30;             // 定义变量 readOnlyNumber
InArgMethod( readOnlyNumber, … );    // 调用 InArgMethod 函数
```

上述程序定义 InArgMethod( ) 函数时，从参数行可以知道第 1 个整数参数 num 已经定义为只读，在此函数内 num 的内容只能引用不可更改，只读变量一般应用在需要特别保护的情况中。

方案 ch12_20.sln：计算汇率，这个程序会要求输入 VIP 等级，以及美金金额，这个程序会

依据 VIP 等级输出可以兑换的金额。

```
1   // ch12_20
2   void UsaToNt(int money, in double rate, out double rtn)
3   {
4       rtn = money * rate;
5   }
6   double dollars;
7   Console.Write("请输入 VIP 等级 : ");
8   string vip = Console.ReadLine();
9   Console.Write("请输入美金金额 : ");
10  int money = Convert.ToInt32(Console.ReadLine());
11  double rate = 30;                      // 汇率标准
12  if (vip == "AAA")
13      rate = 30 * 0.95;                  // AAA客户可换汇率
14  else if (vip == "AA")
15      rate = 30 * 0.93;                  // AA 客户可换汇率
16  else
17      rate = 30 * 0/9;                   // 其他客户可换汇率
18  UsaToNt(money, rate, out dollars);
19  Console.WriteLine($"{vip} 客户 {money} 可以换汇 : {dollars}");
```

执行结果

Microsoft Visual Studio 调试控制台	Microsoft Visual Studio 调试控制台	Microsoft Visual Studio 调试控制台
请输入 VIP 等级 : AAA	请输入 VIP 等级 : AA	请输入 VIP 等级 : A
请输入美金金额 : 100	请输入美金金额 : 100	请输入美金金额 : 100
AAA 客户 100 可以换汇 : 2850	AA 客户 100 可以换汇 : 2790	A 客户 100 可以换汇 : 2700
C:\C#\ch12\ch12_20\ch12_20\bin	C:\C#\ch12\ch12_20\ch12_20\bin	C:\C#\ch12\ch12_20\ch12_20\bin
按任意键关闭此窗口...	按任意键关闭此窗口...	按任意键关闭此窗口...

这个程序为了安全理由不希望 VIP 换汇优待被更动，所以在 UsAToNT( ) 函数内将 rate 设为只读变量。

12-6-6　函数调用 —— 可变动数量参数 params

设计函数时若是在参数行放置 params，则表示在设定可变量的参数，不过只限定是一维数组，声明时需留意后面不可以有其他参数。

方案 ch12_20_1.sln： params 参数的实例。

```
1   // ch12_20_1
2   void UseParams1(params int[] arr)
3   {
4       for (int i = 0; i < arr.Length; i++)
5       {
6           Console.Write(arr[i] + " ");
7       }
8       Console.WriteLine();
9   }
10
11  void UseParams2(params object[] arr)
12  {
13      for (int i = 0; i < arr.Length; i++)
14      {
15          Console.Write(arr[i] + " ");
16      }
17      Console.WriteLine();
18  }
19
20  UseParams1(1, 10, 20, 30, 40);
21  UseParams1(5, 15);
22  UseParams1();                  // 没有参数则显示空白行
23  UseParams2(1, 'a', "test", "明志工专");
24  UseParams2("明志科技大学", "University of Mississippi");
```

执行结果

```
Microsoft Visual Studio 调试控制台
1 10 20 30 40
5 15

1 a test 明志工专
明志科技大学 University of Mississippi

C:\C#\ch12\ch12_20_1\ch12_20_1\bin\Debug\net6.0\ch12_20_1.exe
按任意键关闭此窗口...
```

方案 ch12_20_2.sln： 计算不同数组数量的总和。

```
1   // ch12_20_2
2   void MySum(params int[] values)
3   {
4       Console.WriteLine(values.Sum().ToString());
5   }
6
7   MySum(1, 2, 3, 4, 5);
8   MySum(6, 7);
9   MySum(8, 9, 10);
```

执行结果

```
Microsoft Visual Studio 调试控制台
15
13
27

C:\C#\ch12\ch12_20_2\ch12_20_2\bin\Debug\net6.0\ch12_20_2.exe
按任意键关闭此窗口...
```

12-6-7　传递二维数组数据

主程序在调用函数时、传递二维数组时，可以只传递数组名，然后由二维数组的 GetLength()

属性获得行 (row) 数和列 (column) 数。假设所传递的二维数组是 sc，则：

　　sc.GetLength(0)：可以取得行 (row) 数。

　　sc.GetLength(1)：可以取得列 (col) 数。

　　方案 ch12_21.sln：基本二维数组数据传送的应用。本程序的函数会将二维数组各行 (row) 的前三个元素的平均值，平均分数向下取整数，放在最后一个元素的位置上。

```
1  // ch12_21
2  void Average(int[,] sc)
3  {
4      int rows = sc.GetLength(0);          // 行数
5      int cols = sc.GetLength(1);          // 列数
6      int sum;
7      for (int i = 0; i < rows; i++)
8      {
9          sum = 0;                         // 每一行的总分
10         for (int j = 0; j < cols; j++)
11             sum += sc[i, j];
12         sc[i, cols-1] = sum / 3;         // 平均值放入各行最右
13     }
14 }
15
16 int[,] num = {{ 88, 79, 91, 0 },
17              { 86, 84, 90, 0 },
18              { 77, 65, 70, 0 }};
19
20 Average(num);
21 for (int i = 0; i < 3; i++)              // 打印新的数组
22 {
23     for (int j = 0; j < 4; j++)
24         Console.Write($"{num[i, j],5}");
25     Console.WriteLine();
26 }
```

执行结果

```
Microsoft Visual Studio 调试控制台
   88    79    91    86
   86    84    90    86
   77    65    70    70

C:\C#\ch12\ch12_21\ch12_21\bin\Debug\net6.0\ch12_21.exe
按任意键关闭此窗口. . .
```

12-6-8　匿名数组

　　在执行调用方法时，有时候要传递的是一个数组，可是这个数组可能使用一次以后就不需要再使用，如果我们为此数组重新声明然后配置内存空间，似乎有点浪费系统资源，此时可以考虑使用匿名数组 (anonymous array) 来处理。匿名数组的完整意义是，一个可以让我们动态配置的有初始值但是没有名称的数组。

　　方案 ch12_21_1.sln：以普通的方式声明数组，然后调用 add( ) 方法，参数是数组，执行数组数值的求和运算。

```
1  // ch12_21_1
2  int add(int[] nums)
3  {
4      int sum = 0;
5      foreach (int n in nums)
6          sum+= n;
7      return sum;
8  }
9  int[] data = { 1, 2, 3, 4, 5 };
10 Console.WriteLine(add(data));
```

执行结果

```
Microsoft Visual Studio 调试控制台
15

C:\C#\ch12\ch12_21_1\ch12_21_1\bin\Debug\net6.0\ch12_21_1.exe
按任意键关闭此窗口. . .
```

　　在上述实例中，很明显所声明的数组 data 可能用完就不再需要了，此时可以考虑不要声明数组，直接用匿名数组来处理，将匿名数组当作参数传递。对上述程序的 data 数组而言，如果处理成匿名数组其内容如下：

　　new int[ ] {1, 2, 3, 4, 5};

　　方案 ch12_21_2.sln：以声明匿名数组的方式重新设计 ch12_21_1.sln。

```
1  // ch12_21_2
2  int add(int[] nums)
3  {
4      int sum = 0;
5      foreach (int n in nums)
6          sum += n;
7      return sum;
8  }
9  //int[] data = { 1, 2, 3, 4, 5 };
10 Console.WriteLine(add(new int[] {1,2,3,4,5}));
```

　　执行结果：与 ch12_21_1.sln 相同。

12-7 命令行的输入

所谓的命令行，指的是当执行某个程序时输入的一系列命令。

在先前所有的程序范例中，我们一律通过 C# 的标准输入函数读取键盘输入的参数。其实也可以在执行这个程序时，直接将所要输入的参数放在命令行中。

本书在指导读者学习 C# 时，主要是使用 C# 9.0 以后的新语法顶级语句 (top-level statement)，这可以让学习变得容易，有关命令行的输入笔者将分成 Main( ) 方法和顶级语句方法分别解说。

12-7-1 Main( ) 方法

方案 ch12_22.sln：命令行输入并使用 Main( ) 方法，首先请在创建 ch12_22.sln 方案时，不要使用顶级语句，如下所示。

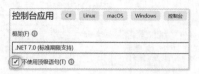

请按右下方的"创建"按钮，可以在 Visual Studio 窗口看到下列有 Main( ) 方法的 Program.cs 程序。

```
Program.cs ⊕ ×
proj12_22                              proj12_22.Program
    1    namespace proj12_22
    2    {
              0 个引用
    3        internal class Program
    4        {
                  0 个引用
    5            static void Main(string[] args)
    6            {
    7                Console.WriteLine("Hello, World!");
    8            }
    9        }
   10    }
```

可设计程序如下。

```
1   // ch12_22
2   namespace ch12_22
3   {
4       internal class Program
5       {
6           static void Main(string[] args)
7           {
8               Console.WriteLine($"命令行长度 = {args.Length}");
9               if (args.Length > 0)
10              {
11                  Console.WriteLine("命令行输入参数如下 :");
12                  for (int i = 0; i < args.Length; i++)
13                      Console.WriteLine($"args[{i}] = {args[i]}");
14              }
15              else
16                  Console.WriteLine("命令行没有输入");
17          }
18      }
19  }
```

执行结果：当执行"调试"|"开始执行 (不调试)"时，可以得到下列结果。

```
Microsoft Visual Studio 调试控制台
命令行长度 = 0
命令行没有输入

C:\C#\ch12\ch12_22\ch12_22\bin\Debug\net7.0\ch12_22.exe
按任意键关闭此窗口．．．
```

标记执行调试/开始执行(不调试)建立了一个可执行文件案
ch12_22.exe

从上述执行结果可以看到，在 ～ ch12_22\bin\Debug\net7.0 文件夹内有可执行文件 ch12_22. exe，我们可以启动 Visual Studio 所提供的 Developer Command Prompt 或 Windows 系统的命令提示符，进入 DOS 环境，然后进入 ch12_22.exe 所在的文件夹，然后输入命令行字符串，就可以达到命令行输入的效果。

```
C:\C#\ch12\ch12_22\ch12_22\bin\Debug\net7.0>ch12_22 echo Hello! World
命令行长度 = 3
命令行输入参数如下：
args[0] = echo
args[1] = Hello!
args[2] = World
```

从上述执行结果可以看到，在命令行输入指令时，这些指令会通过 Main( ) 的 args 字符串数组传递给程序，所以可以使用第 12 ～ 第 13 行输出指令内容。

12-7-2 顶级语句方法

方案 ch12_23.sln：使用顶级语句进行命令行的输入。

```
1  // ch12_23
2  Console.WriteLine($"命令行长度 = {args.Length}");
3  if (args.Length > 0)
4  {
5      for (int i = 0; i < args.Length; i++)
6          Console.WriteLine($"args[{i}] = {args[i]}");
7  }
8  else
9      Console.WriteLine("命令行没有输入");
```

执行结果：下列是在 Visual Studio 执行 "调试" | "开始执行 (不调试)" 的结果。

```
Microsoft Visual Studio 调试控制台
命令行长度 = 0
命令行没有输入

C:\C#\ch12\ch12_23\ch12_23\bin\Debug\net6.0\ch12_23.exe
按任意键关闭此窗口。. . _
```

下列是进入～ ch12_22\bin\Debug\net6.0 文件夹的执行界面。

```
C:\C#\ch12\ch12_23\ch12_23\bin\Debug\net6.0>ch12_23 echo Hello! World
命令行长度 = 3
args[0] = echo
args[1] = Hello!
args[2] = World
```

从上述执行结果可以看出，在命令行输入指令时，顶级语句中虽然没有显示出 Main( )，但是 Main( ) 仍然是隐性的存在，所以所输入的指令依旧可以通过 args 字符串数组传递给程序，所以可以使用第 5 ～ 第 6 行输出指令内容。

12-8 全局变量与局部变量

一般程序语言可以依照执行时的生命周期和影响范围，将变量分为两类。

1. 局部变量 (local variable)：生命周期只在此函数内的执行期间，同时只影响此函数。

2. 全局变量 (global variable)：生命周期在程序执行期间，同时可影响全部程序。

C# 语言在顶级语句下，所有定义的变量皆是局部变量，但是如果我们在程序最前面设定变量，则后方创建的函数也可以调用此变量，此时变量可以影响整个程序，有类似全局变量的效果。

方案 ch12_23_1.sln：测试局部变量 data 有全局变量的效果。

从程序中可以看到其第 2 行定义了 data 变量，这个变量也可以在 GlobalLocal( ) 函数内使用，同时计算结果也会影响该函数之外第 11 行的结果。如果在函数 GlobalLocal( ) 内定义相同名称的变量 data，则将获得的这两个 data 局部变量是不一样的变量。

```
1   // ch12_23_1
2   int data = 10;
3   Console.WriteLine($"在GlobalLocal外 data = {data}");
4   void GlobalLocal()
5   {
6       Console.WriteLine($"在GlobalLocal内 data = {data}");
7       data += 1;
8       Console.WriteLine($"在GlobalLocal内 data = {data}");
9   }
10  GlobalLocal();
11  Console.WriteLine($"在GlobalLocal外 data = {data}");
```

执行结果

```
Microsoft Visual Studio 调试控制台
在GlobalLocal外 data = 10
在GlobalLocal内 data = 10
在GlobalLocal内 data = 11
在GlobalLocal外 data = 11

C:\C#\ch12\ch12_23_1\ch12_23_1\bin\Debug\net6.0\ch12_23_1.exe
按任意键关闭此窗口. . .
```

方案 ch12_23_2.sln：测试两个 data 变量不会互相影响。

```
1   // ch12_23_2
2   int data = 10;
3   Console.WriteLine($"在GlobalLocal外 data = {data}");
4   void GlobalLocal()
5   {
6       int data = 100;
7       Console.WriteLine($"在GlobalLocal内 data = {data}");
8       data += 1;
9       Console.WriteLine($"在GlobalLocal内 data = {data}");
10  }
11  GlobalLocal();
12  data += 1;
13  Console.WriteLine($"在GlobalLocal外 data = {data}");
```

执行结果

```
Microsoft Visual Studio 调试控制台
在GlobalLocal外 data = 10
在GlobalLocal内 data = 100
在GlobalLocal内 data = 101
在GlobalLocal外 data = 11

C:\C#\ch12\ch12_23_2\ch12_23_2\bin\Debug\net6.0\ch12_23_2.exe
按任意键关闭此窗口. . .
```

从上述执行结果可以看到 GlobalLocal( ) 函数内外定义的 data 变量，彼此是两个不同的变量，没有互相影响。

12-9 Expression-Bodied Method

Expression-Bodied Method 中文可以翻译为表达式主体方法，是指一个函数如果只有一行内容，则可以用下列方式表达。

```
ReturnType funcName(arg1, … argn) => expression;
```

方案 ch12_23_3.sln：加法运算使用 Expression-Bodied Method。

```
1   // ch12_23_3
2   int Add(int x, int y) => x + y;
3   int a = 5;
4   int b = 8;
5   Console.WriteLine($"{a} + {b} = {Add(a, b)}");
```

执行结果

```
Microsoft Visual Studio 调试控制台
5 + 8 = 13

C:\C#\ch12\ch12_23_3\ch12_23_3\bin\Debug\net6.0\ch12_23_3.exe
按任意键关闭此窗口. . .
```

12-10 dynamic 函数与参数

3-10 节曾介绍了 dynamic 数据类型，同时解释这种数据类型，在程序编译阶段 (compile time) 不做数据检查，在程序运行时间 (run time) 才做数据检查。假设我们执行的项目要设计整数 int 和双精度浮点数 double 的加法运算，一般人最直觉的方式是设计两个函数分别执行此工作。

方案 ch12_23_4.sln：设计整数 int 和双精度浮点数 double 的加法运算。

```
1   // ch12_23_4
2   int AddInt(int a, int b)
3   {
4       return a + b;
5   }
6   double AddDouble(double a, double b)
7   {
8       return a + b;
9   }
10  Console.WriteLine($"3   + 5   = {AddInt(3, 5)}");
11  Console.WriteLine($"3.2 + 5.3 = {AddDouble(3.2, 5.3)}");
```

执行结果

```
Microsoft Visual Studio 调试控制台
3   + 5   = 8
3.2 + 5.3 = 8.5

C:\C#\ch12\ch12_23_4\ch12_23_4\bin\Debug\net6.0\ch12_23_4.exe
按任意键关闭此窗口. . .
```

对于 C# 的高手而言，可以设计一个方法，如 AddDynamic( )，然后将此方法与方法内的参数声明为 dynamic，这样就可以用一个函数处理上述加法运算。

方案 ch12_23_5.sln：使用 dynamic 重新设计 ch12_23_4.sln。

```
1  // ch12_23_5
2  dynamic AddDynamic(dynamic a, dynamic b)
3  {
4      return a + b;
5  }
6  Console.WriteLine($"3   + 5   = {AddDynamic(3, 5)}");
7  Console.WriteLine($"3.2 + 5.3 = {AddDynamic(3.2, 5.3)}");
```

执行结果：与 ch12_23_4.sln 相同。

12-11　专题

12-11-1　设计质数测试函数

在习题 ex8_3.sln 中笔者已经叙述过质数测试的逻辑，基本概念如下：

1.2 是质数。

2.n 不可以被 2 ～ (n-1) 的数字整除。

方案 ch12_24.sln：输入大于 1 的整数，本程序会输出此数是否质数。

```
1  // ch12_24
2  bool isPrime(int n)
3  {
4      for (int i = 2; i < n; i++)
5          if (n % i == 0)
6              return false;
7      return true;
8  }
9
10 Console.Write("请输入大于 1 的整数做测试 = ");
11 int num = Convert.ToInt32(Console.ReadLine());
12 if (isPrime(num))
13     Console.WriteLine($"{num} 是质数");
14 else
15     Console.WriteLine($"{num} 不是质数");
```

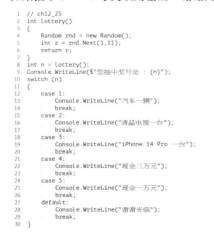

12-11-2　抽奖程序设计

方案 ch12_25.sln：设计抽奖程序，这个程序的奖号与奖品可以参考程序的第 12 ～第 29 行，如果抽中 6 ～ 10 号奖项则输出"谢谢光临"。

```
1  // ch12_25
2  int lottery()
3  {
4      Random rnd = new Random();
5      int r = rnd.Next(1,11);
6      return r;
7  }
8  int n = lottery();
9  Console.WriteLine($"您抽中奖号是 : {n}");
10 switch (n)
11 {
12     case 1:
13         Console.WriteLine("汽车一辆");
14         break;
15     case 2:
16         Console.WriteLine("液晶电视一台");
17         break;
18     case 3:
19         Console.WriteLine("iPhone 14 Pro 一台");
20         break;
21     case 4:
22         Console.WriteLine("现金三万元");
23         break;
24     case 5:
25         Console.WriteLine("现金一万元");
26         break;
27     default:
28         Console.WriteLine("谢谢光临");
29         break;
30 }
```

执行结果

您抽中奖号是 : 4
现金三万元

C:\C#\ch12\ch12_25\ch12_25\
按任意键关闭此窗口...

您抽中奖号是 : 7
谢谢光临

C:\C#\ch12\ch12_25\ch12_25\b
按任意键关闭此窗口...

12-11-3 使用递归方式设计斐波那契数列

9-9-1 节中笔者已经介绍了斐波那契数列，我们可以将该数列改写成下列适合递归函数概念的公式

$$\text{Fib(n)} = \begin{cases} 1, & n = 1或2 \\ \text{Fib(n-1)+Fib(n-2)}, & n \geq 3 \end{cases}$$

上述斐波那契数列相当于下列式子：

```
Fib[0] = 0          // 使用递归设计时，为了简化设计可以忽略此

Fib[1] = 1

Fib[2] = 1

Fib[n] = Fib[n-1] + Fib[n-2], n ≥ 2
```

方案 ch12_26.sln：使用递归函数计算斐波那契数列的前 10 个值。

```
1  // ch12_26
2  int Fib(int n)
3  {
4      if (n == 1 || n == 2)
5          return 1;
6      else
7          return (Fib(n - 1) + Fib(n - 2));
8  }
9
10 int max = 10;          // 计算前10个斐波那契数列
11 Console.WriteLine("斐波那契数列 1～10 如下：");
12 for (int i = 1; i <= max; i++)
13     Console.WriteLine($"Fib[{i}] = {Fib(i)}");
```

执行结果

```
Microsoft Visual Studio 调试控制台
斐波那契数列 1～10 如下：
Fib[1] = 1
Fib[2] = 1
Fib[3] = 2
Fib[4] = 3
Fib[5] = 5
Fib[6] = 8
Fib[7] = 13
Fib[8] = 21
Fib[9] = 34
Fib[10] = 55

C:\C#\ch12\ch12_26\ch12_26\bin\Debug\net6.0\ch12_26.exe
按任意键关闭此窗口...
```

上述程序执行结果的递归流程可以参考下图。

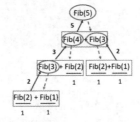

12-11-4 设计欧几里得算法函数

有关欧几里得算法的内容可以参考 8-9-3 节，下列是设计此算法的函数。

方案 ch12_27.sln：设计最大公因数 gcd 函数，然后输入 2 个数字做测试。

```
1  // ch12_27
2  int Gcd(int x, int y)
3  {
4      int tmp;
5      while (y != 0)
6      {
7          tmp = x % y;
8          x = y;
9          y = tmp;
10     }
11     return x;
12 }
13
14 Console.Write("请输入正整数 1：");
15 int x = Convert.ToInt32(Console.ReadLine());
16 Console.Write("请输入正整数 2：");
17 int y = Convert.ToInt32(Console.ReadLine());
18 int gc = Gcd(x, y);
19 Console.WriteLine($"最大公因数是 {gc}");
```

执行结果

```
Microsoft Visual Studio 调试控制台
请输入正整数 1：16
请输入正整数 2：40
最大公因数是 8

C:\C#\ch12\ch12_27\ch12_27\b
按任意键关闭此窗口...
```

```
Microsoft Visual Studio 调试控制台
请输入正整数 1：99
请输入正整数 2：33
最大公因数是 33

C:\C#\ch12\ch12_27\ch12_27\b
按任意键关闭此窗口...
```

习题实操题

方案 ex12_1.sln：重新设计 ch12_2.sln，然后程序输出较小值，要是两数相等，则输出两数值相等。(12-2 节)

```
Microsoft Visual Studio 调试控制台
请输入数值 1：9
请输入数值 2：3
较小值 = 3

C:\C#\ex\ex12_1\ex12_1\bin\D
按任意键关闭此窗口...
```
```
Microsoft Visual Studio 调试控制台
请输入数值 1：5
请输入数值 2：5
两数值相等

C:\C#\ex\ex12_1\ex12_1\bin\D
按任意键关闭此窗口...
```

方案 ex12_2.sln：改良 ch12_2.sln，将函数改为 int Max(int x, int y)，回传较大值。(12-3 节)

```
Microsoft Visual Studio 调试控制台
请输入数值 1：43
请输入数值 2：88
较大值 = 88

C:\C#\ex\ex12_2\ex12_2\bin\D
按任意键关闭此窗口...
```
```
Microsoft Visual Studio 调试控制台
请输入数值 1：35
请输入数值 2：35
较大值 = 35

C:\C#\ex\ex12_2\ex12_2\bin\D
按任意键关闭此窗口...
```

方案 ex12_3.sln：参考方案 ex12_2.sln，设计 int Min(int x, int y) 函数，回传较小值。(12-3 节)

```
Microsoft Visual Studio 调试控制台
请输入数值 1：46
请输入数值 2：25
较小值 = 25

C:\C#\ex\ex12_3\ex12_3\bin\D
按任意键关闭此窗口...
```
```
Microsoft Visual Studio 调试控制台
请输入数值 1：50
请输入数值 2：50
较小值 = 50

C:\C#\ex\ex12_3\ex12_3\bin\D
按任意键关闭此窗口...
```

方案 ex12_4.sln：设计绝对值函数，回传绝对值。(12-3 节)

```
Microsoft Visual Studio 调试控制台
请输入一个数值：-50
绝对值 = 50

C:\C#\ex\ex12_4\ex12_4\bin\D
按任意键关闭此窗口...
```
```
Microsoft Visual Studio 调试控制台
请输入一个数值：76
绝对值 = 76

C:\C#\ex\ex12_4\ex12_4\bin\D
按任意键关闭此窗口...
```

方案 ex12_5.sln：重新设计 ch12_8.sln 的 Mypow( ) 函数，重点是让传入值为偶数时回传 1，传入值为奇数时回传 -1，这样整个程序就会很顺畅。(12-4 节)

```
Microsoft Visual Studio 调试控制台
当 i = 10000时，PI = 3.1414926535900344895
当 i = 20000时，PI = 3.1415426535898247629
当 i = 30000时，PI = 3.1415593202564617847
当 i = 40000时，PI = 3.1415676535897985033
当 i = 50000时，PI = 3.1415726535897814387
当 i = 60000时，PI = 3.1415759869231019152
当 i = 70000时，PI = 3.1415783678754820585
当 i = 80000时，PI = 3.1415801535897496244
当 i = 90000时，PI = 3.1415815424786237564
当 i = 100000时，PI = 3.1415826535897197758

C:\C#\ex\ex12_5\ex12_5\bin\Debug\net6.0\ex12_5.exe
按任意键关闭此窗口...
```

方案 ex12_6.sln：使用递归进行设计，设计次方的函数 int Power(b, n)，其中 b 是底数，n 是指数，请计算 2 的 5 次方的值，次方公式函数的非递归概念如下 (12-5 节)

$$b^n = \begin{cases} 1, & n = 0 \\ \underbrace{b \times b \times \cdots \times b}_{\text{乘法执行 n 次}}, & n \geq 1 \end{cases}$$

次方公式的递归概念如下

$$b^n = \begin{cases} 1, & n = 0 \\ b \times (b^{n-1}), & n \geq 1 \end{cases}$$

套上 Power( ) 函数，整个递归公式概念如下

$$Power(b,n)= \begin{cases} 1, & n = 0 \\ b*Power(b,n-1), & n \geq 1 \end{cases}$$

```
Microsoft Visual Studio 调试控制台
2 的 5 次方 = 32

C:\C#\ex\ex12_6\ex12_6\bin\Debug\net6.0\ex12_6.exe
按任意键关闭此窗口...
```

方案 ex12_7.sln：请设计递归函数计算下列式子的值。(12-5 节)

f(i) = 1 + 1/2 + 1/3 + … + 1/n

请输入 n，然后列出 f(1) ～ f(n) 的结果。

```
Microsoft Visual Studio 调试控制台
请输入整数：5
f(1) = 1.0000000000
f(2) = 1.5000000000
f(3) = 1.8333333333
f(4) = 2.0833333333
f(5) = 2.2833333333

C:\C#\ex\ex12_7\ex12_7\bin\Debug\net6.0\ex12_7.exe
按任意键关闭此窗口...
```

方案 ex12_8.sln：请设计递归函数计算下列式子的值。(12-5 节)

f(i) = 1/2 + 2/3 + … + n/(n+1)

请输入 n，然后列出 f(1) ～ f(n) 的结果。

```
Microsoft Visual Studio 调试控制台
请输入整数：5
f(1) = 0.50000
f(2) = 1.16667
f(3) = 1.91667
f(4) = 2.71667
f(5) = 3.55000

C:\C#\ex\ex12_8\ex12_8\bin\Debug\net6.0\ex12_8.exe
按任意键关闭此窗口...
```

方案 ex12_9.sln：设计计算数组的总和函数。这个程序会要求你输入数组元素，然后将这些数组元素传给函数，经函数运算后，总和会回传给调用位置。(12-6 节)

```
Microsoft Visual Studio 调试控制台
请输入数值 1：5
请输入数值 2：6
请输入数值 3：70
请输入数值 4：55
请输入数值 5：21
总和是：157

C:\C#\ex\ex12_9\ex12_9\bin\D
按任意键关闭此窗口...
```
```
Microsoft Visual Studio 调试控制台
请输入数值 1：22
请输入数值 2：33
请输入数值 3：44
请输入数值 4：55
请输入数值 5：66
总和是：220

C:\C#\ex\ex12_9\ex12_9\bin\D
按任意键关闭此窗口...
```

方案 ex12_10.sln：设计计算数组平均值的函数。这个程序会要求你输入数组元素，然后将这些元素传给函数，经函数运算后，平均值会回传给调用程序。(12-6 节)

```
Microsoft Visual Studio 调试控制台
请输入数值 1：5
请输入数值 2：6
请输入数值 3：70
请输入数值 4：55
请输入数值 5：21
平均是：31.4

C:\C#\ex\ex12_10\ex12_10\bin
按任意键关闭此窗口...
```
```
Microsoft Visual Studio 调试控制台
请输入数值 1：22
请输入数值 2：33
请输入数值 3：44
请输入数值 4：55
请输入数值 5：66
平均是：44

C:\C#\ex\ex12_10\ex12_10\bin
按任意键关闭此窗口...
```

方案 ex12_11.sln：设计求数组最小值的程序。这个程序会要求你输入数组元素，然后将这

些元素传给函数，经函数运算后，最小值会回传给调用程序。(12-6 节)

方案 ex12_12.sln：设计求数组最大值的程序。这个程序会要求你输入数组元素，然后将这些元素传给函数，经函数运算后，最大值会回传给调用程序。(12-6 节)

方案 ex12_13.sln：请设计一个函数 Palindrome(n)，使这个函数可以读取输入字符串，然后反向输出。(12-11 节)

方案 ex12_14.sln：使用递归函数设计欧几里得算法。(12-11 节)

方案 ex12_15.sln：请设计程序输出 1 ~ 100 的所有质数。(12-11 节)

方案 ex12_16.sln：有一个数组数据 {3, 4, 2, 5, 7}，请使用递归方式设计程序，使其可以由大的索引值到小的索引值来输出数组数据。(12-11 节)

方案 ex12_17.sln：有一个数组数据 {3, 4, 2, 5, 7}，请使用递归方式设计程序，使其可以由小的索引值到大的索引值，输出数组数据。(12-11 节)

方案 ex12_18.sln：有一个数组数据 {3, 4, 2, 5, 7}，请使用递归方式来对数组数据进行求和。(12-11 节)

方案 ex12_19.sln：使用递归函数重新设计 Pow( ) 函数，也就是使其可以回传特定数的某次方值，请分别输入底数和指数做测试。(12-11 节)

🔲 Microsoft Visual Studio 调试控制台	🔲 Microsoft Visual Studio 调试控制台
请输入底数：2	请输入底数：3
请输入指数：5	请输入指数：4
2 的 5 次方 = 32	3 的 4 次方 = 81
C:\C#\ex\ex12_19\ex12_19\bin	C:\C#\ex\ex12_19\ex12_19\bin
按任意键关闭此窗口...	按任意键关闭此窗口...

方案 ex12_20.sln：程序实例 ch9_26.sln 是一个改良的泡沫排序法，请根据该实例概念，使用函数方式来设计泡沫排序。(12-11 节)

```
🔲 Microsoft Visual Studio 调试控制台
排序前 :
19      6       7       5       9
排序后 :
5       6       7       9       19
C:\C#\ex\ex12_20\ex12_20\bin\Debug\net6.0\ex12_20.exe
按任意键关闭此窗口...
```

第 13 章
C# 结构数据 struct

C# 语言除了提供给用户基本数据类型之外，还使用户可以通过一些功能，如结构 (struct)，创建属于自己的数据类型，结构数据是值的数据类型。结构常应用在小数据值上，如坐标点、组织小数据或数据结构。C# 语言编译程序会将这个自建的结构数据类型，视为一般数据类型，也可以为此数据类型创建变量、数组或将其作为参数传递给函数，这将是本章的重点。

注   C# 是面向对象的程序语言，因为 C# 起缘于 C/C++ 语言，所以本书也介绍了源于 C/C++ 的结构基础概念，不过读者了解结构的基本用法即可，建议未来还是使用类来处理面向对象概念的相关应用。

13-1   结构数据类型

13-1-1   基本概念

C# 语言提供了 struct 关键词，其可以将相关的数据组织起来，成为一组新的复合数据类型，此数据类型称为记录 (record)，这些相关的数据可以是不同类型，未来我们可以使用一个变量存取所定义的相关字段数据。因为所使用的关键词是 struct，因此我们依据其中文译名将其称为结构 (struct) 数据类型。声明 struct 的语法如下所示。

```
存取修饰词  struct  结构名称
{
    存取修饰词  数据类型  数据名称 1;        ⎫
    …                                      ⎬  结构成员
    存取修饰词  数据类型  数据名称 n;        ⎭
};
```

上述语法中的存取修饰词是指字段 (field) 数据的访问权限，C# 常见的结构访问权限有 public、private 和 internal，public 表示程序可以完全存取，internal 表示可以供同一项目程序存取。13-8 节会介绍 private 修饰词，其会限制存取。13-1-2 节会完整解说存取修饰词。

例如，我们可以将学生的名字、性别和成绩组成一个结构的数据类型。下面是结构 Student 的声明，此结构内有 3 笔数据，分别是姓名 name、性别 gender、分数 score 等 3 个数据成员，它的声明方式与内存的说明图如下所示。

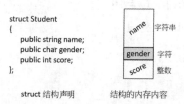

struct 结构声明   结构的内存内容

注 1   结构 struct Student 省略声明，默认是 internal 声明。

注 2   上述结构内的数据 name、gender、score 若是省略 public 声明，会被视为是 private 声明。

注 3   上述 3 笔成员数据 name、gender 和 score 又叫作结构 Student 的字段。

在上面的结构声明中使用的 struct 是系统关键词，告诉 C# 语言编译程序，程序定义了一个结构的数据，结构数据名称是 Student(建议开头字母用大写)，结构的内容有字符串 name(姓名)、字符 gender(性别) 和整数 score(分数)。

13-1-2 存取修饰词

C# 是面向对象的程序语言，其数据有分级的存取限制，可以有下列修饰词：

1. private：成员的数据默认是此数据类型，只有类或是结构本身才可以存取。

2. public：这类数据可以让类或是结构的对象存取。

3. internal：可以供 C# 同一个项目的程序存取。

4. protected：可以让类或是其子类存取。

5. protected internal：相同项目的程序可以存取，其他项目若是有继承此类也可以存取。

未来介绍类概念，会有更进一步的存取修饰词相关应用与解说。

13-2 声明结构变量

在顶级语句的 C# 程序语言环境中，对结构变量的声明需在顶级语句的下方，读者可以参考 2-2-1 节的语句。

13-2-1 声明结构变量方法

创建好结构后，下一步是声明结构变量，声明方式如下：

结构名称 结构变量 1，结构变量 2，……，结构变量 n；

或是

结构名称 结构变量 1；

……

结构名称 结构变量 n；

在顶级语句环境下若是以 13-1 节所创建的结构 struct Student 为例，想要声明 stu1 和 stu2 变量，则声明方式如下所示。

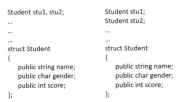

```
Student stu1, stu2;          Student stu1;
...                          Student stu2;
...                          ...
...                          ...
struct Student               struct Student
{                            {
    public string name;          public string name;
    public char gender;          public char gender;
    public int score;            public int score;
};                           };
```

13-2-2 使用结构成员

从前面实例可以看到结构 struct 变量，如果想要存取结构成员的内容，其语法如下：

结构变量 . 成员名称 ；

结构变量和成员名称之间是 "."。

13-3 创建结构数据

自建结构数据的数据来源可以分成用程序读取键盘输入或初始化数据，本节将分成两小节说明。

13-3-1　读取数据

方案 ch13_1.sln：从键盘输入创建结构数据，然后输出。

```
1   // ch13_1
2   Student stu;
3   Console.Write("请输入姓名      : ");
4   stu.name = Console.ReadLine();
5   Console.Write("请输入手机号码 : ");
6   stu.phone = Console.ReadLine();
7   Console.Write("请输入数学成绩 : ");
8   stu.math = Convert.ToInt32(Console.ReadLine());
9   Console.WriteLine($"Hi {stu.name} 欢迎你");
10  Console.WriteLine($"手机号码 : {stu.phone}");
11  Console.WriteLine($"数学成绩 : {stu.math}");
12  struct Student
13  {
14      public string name;
15      public string phone;
16      public int math;
17  };
```

顶级语句

执行结果

```
■ Microsoft Visual Studio 调试控制台
请输入姓名      : 洪锦魁
请输入手机号码 : 0999123456
请输入数学成绩 : 98
Hi 洪锦魁 欢迎你
手机号码 : 0999123456
数学成绩 : 98

C:\C#\ch13\ch13_1\ch13_1\bin\Debug\net6.0\ch13_1.exe
按任意键关闭此窗口...
```

在 2-2-1 节笔者介绍了 .NET 6.0 为了简单化 C# 的程序设计，默认使用顶级语句，对于 ch13_1.sln 而言，第 2 ～ 第 11 行就是所谓的顶级语句，在该节笔者叙述了 C# 的程序结构、顶级语句必须在结构、类、自定义的命名空间之前，上述第 12 ～ 第 17 行就是结构。

13-3-2　初始化结构数据

初始化结构数据可以使用大括号"{"和" }"包夹，大括号中间依据成员函数声明的顺序填入数据即可。初始化时字符串数据需用双引号，字符数据可以用单引号，数值数据可以直接输入数值。

此外，也可以使用 var 关键词来声明结构对象，当使用 new 关键词实体化此对象时，可以省略结构名称，细节可以参考下列方案。

方案 ch13_2.sln：使用结构名称和 var 关键词初始化结构数据，然后输出。

```
1   // ch13_2
2   Student stu1 = new Student
3   {
4       name = "洪锦魁",
5       phone = "0999123456",
6       math = 98
7   };
8   var stu2 = new
9   {
10      name = "洪星宇",
11      phone = "0999999999",
12      math = 99
13  };
14  Console.WriteLine($"Hi {stu1.name} 欢迎你");
15  Console.WriteLine($"手机号码 : {stu2.phone}");
16  Console.WriteLine($"数学成绩 : {stu2.math}");
17  Console.WriteLine($"Hi {stu2.name} 欢迎你");
18  Console.WriteLine($"手机号码 : {stu2.phone}");
19  Console.WriteLine($"数学成绩 : {stu2.math}");
20  struct Student
21  {
22      public string name;
23      public string phone;
24      public int math;
25  };
```

执行结果

```
■ Microsoft Visual Studio 调试控制台
Hi 洪锦魁 欢迎你
手机号码 : 0999999999
数学成绩 : 99
Hi 洪星宇 欢迎你
手机号码 : 0999999999
数学成绩 : 99

C:\C#\ch13\ch13_2\ch13_2\bin\Debug\net6.0\ch13_2.exe
按任意键关闭此窗口...
```

读者应该比较第 2 行和第 8 行声明 Student 对象 stu1 和 stu2 以及这两个对象实体化的方式。

13-4　将结构对象的内容设置给另一个结构对象

如果有两个相同结构的对象，分别是 family 和 seven，可以使用赋值号 = ，将一个对象的内容设定给另一个对象。

方案 ch13_3.sln：创建一个 fruit 结构，这个结构有 family 和 seven 两个对象，其中先设定 family 的对象内容，然后将 family 对象内容设定给 seven 对象。

```
1  // ch13_3
2  Fruit family;                    // 声明family 对象
3  family.name = "香蕉";
4  family.price = 35;
5  family.origin = "高雄";
6  Console.WriteLine("全家 family 超商品项表");
7  Console.WriteLine($"品名 : {family.name}");
8  Console.WriteLine($"价格 : {family.price}");
9  Console.WriteLine($"产地 : {family.origin}");
10 Fruit seven;                     // 声明 seven 对象
11 seven = family;                  // 设定结构内容相等
12 Console.WriteLine("小七 seven 超商品项表");
13 Console.WriteLine($"品名 : {seven.name}");
14 Console.WriteLine($"价格 : {seven.price}");
15 Console.WriteLine($"产地 : {seven.origin}");
16 struct Fruit
17 {
18     public string name;
19     public int price;
20     public string origin;
21 };
```

执行结果

```
Microsoft Visual Studio 调试控制台
全家 family 超商品项表
品名 : 香蕉
价格 : 35
产地 : 高雄
小七 seven 超商品项表
品名 : 香蕉
价格 : 35
产地 : 高雄

C:\C#\ch13\ch13_3\ch13_3\bin\Debug\net6.0\ch13_3.exe
按任意键关闭此窗口. . .
```

上述程序最关键的是第 11 行，藉由 "=" 号，就可以将已经设定的 family 对象内容全部转给 seven 对象。

13-5　嵌套的结构

所谓的嵌套结构 (nested struct) 就是结构内某个数据类型是另一个结构，如下图所示。

```
struct  结构 A
{
    ...
};
struct  结构 B
{
    public   数据形态   数据名称1;
    ...
    结构 A  变量名称;
};
```

方案 ch13_4.sln：使用结构数据创建数学成绩表，这个程序的 student 结构内有 score 结构。

```
1  // ch13_4
2  Student stu;
3  stu.name = "洪锦魁";
4  stu.math.sc = 92;
5  stu.math.grade = 'A';
6  Console.WriteLine($"姓名     : {stu.name}");
7  Console.WriteLine($"数学分数 : {stu.math.sc}");
8  Console.WriteLine($"数学成绩 : {stu.math.grade}");
9
10 struct Score            // 内层结构
11 {
12     public int sc;       // 分数
13     public char grade;   // 成绩
14 };
15 struct Student          // 外层结构
16 {
17     public string name;  // 名字
18     public Score math;   // 数学成绩
19 }
```

执行结果

```
Microsoft Visual Studio 调试控制台
姓名     : 洪锦魁
数学分数 : 92
数学成绩 : A

C:\C#\ch13\ch13_4\ch13_4\bin\Debug\net6.0\ch13_4.exe
按任意键关闭此窗口. . .
```

上述程序有两个重点：

1. 设定结构内有结构的声明方式，读者可以参考第 18 行。

2. 设定结构内有结构的数据方式，读者可以参考第 4 ～ 第 5 行。

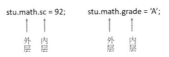

stu.math.sc = 92;　　stu.math.grade = 'A';

　外　内　　　　外　内
　层　层　　　　层　层

13-6 C# 结构 struct 的特色

C# 的结构和 C/C++ 仍是有差异的，C# 的结构的特色如下：

1. 结构内可以有方法 (也可称函数)。

2. 结构成员可以声明为 public 或 private，但是不能声明为 abstract、virtual 或 protected。

3. 使用 new 创建结构对象，未来此对象可以调用结构内的方法。

4. 使用 new 创建结构对象，未来可以存取结构内的 private 字段。

5. 可以有自动定义的建构 (Constructor) 方法。

下面是笔者创建 Books 结构的实例。

```
struct Books
{
    private string title;        // 书籍名称
    private string author;       // 作者
    private int price;           // 售价
    public void SetValues(string t, string a, int p)
    {
        title = t;               // 设置书名
        author = a;              // 设置作者
        price = p;               // 设置售价
    }
    public void Display()
    {
        Console.WriteLine($"书名 : {title}");
        Console.WriteLine($"作者 : {author}");
        Console.WriteLine($"售价 : {price}");
    }
};
```

上述 Books 结构中的数据字段是 private，表示由 New 实例化的对象才可以存取此数据栏的字段。这个结构同时定义了 public void 的方法 SetValues( ) 和 Display( )，这些方法也必须使用 new 实例化的对象才可以调用引用。

注 1　如果没有使用 new 实例化对象，必须先设定初始值才可以。

注 2　第 12 章我们介绍了函数设计，函数应用到结构或未来要介绍的类 (class) 中就称为方法 (method)，用法则相同。

实例化结构 Books 的对象与我们先前介绍实例化 Array、ArrayList 等概念相同，下列是实例化 book 对象的方法。

```
Books book = new Books( );                // 实例化 book 对象
```

有了上述实例化的 book 对象后，可以使用下列方式调用 Books 结构内的方法：

```
book.SetValues("C# 王者归来 ", " 洪锦魁 ", 980);
```

注　第 13 行和第 19 行必须要将方法声明为 public，程序第 4 行和第 6 行才可以调用。

方案 ch13_5.sln：创建实例化结构对象，然后输出。

```
1  // ch13_5
2  Books book = new Books();
3  // 创建 book 对象数据
4  book.SetValues("C# 王者归来", "洪锦魁", 980);
5  // 输出数据
6  book.Display();
7
8  struct Books
9  {
10     private string title;        // 书籍名称
11     private string author;       // 作者
12     private int price;           // 售价
13     public void SetValues(string t, string a, int p)
14     {
15         title = t;               // 设置书名
16         author = a;              // 设置作者
17         price = p;               // 设置售价
18     }
19     public void Display()
20     {
21         Console.WriteLine($"书名 : {title}");
22         Console.WriteLine($"作者 : {author}");
23         Console.WriteLine($"售价 : {price}");
24     }
25 };
```

执行结果

```
Microsoft Visual Studio 调试控制台
书名 : C# 王者归来
作者 : 洪锦魁
售价 : 980

C:\C#\ch13\ch13_5\ch13_5\bin\Debug\net6.0\ch13_5.exe
按任意键关闭此窗口. . .
```

从上述程序可以看到结构方法虽然好用，但是若和面向对象程序使用的类相比较，则有下列差异：

1. 类 (class) 是引用类型，结构 (struct) 是值类型。

2. 类 (class) 支持继承特性，结构 (struct) 不支持继承特性。

3. 类可以更有弹性声明建构 (constructor) 方法对象。

13-7　new 创建结构对象

从前文可以看出可以用 new 或不用 new 创建结构对象，这两个方法创建结构对象的另一个差异如下：

1. 使用 new：不用设定初值，可以输出结构成员字段的默认值。

2. 不使用 new：不设定初值，输出结构成员时会有错误。

方案 ch13_6.sln：不使用 new 创建对象，程序编译错误。

```
1  // ch13_6
2  Coordinate point;
3  Console.WriteLine("设定初值前输出 point 坐标");
4  Console.WriteLine($"x = {point.x}");     // 输出 point.x 坐标, 编译错误
5  Console.WriteLine($"y = {point.y}");     // 输出 point.y 坐标, 编译错误
6  Console.WriteLine("设定初值后输出 point 坐标");
7  point.x = 5;                             // 设定 point.x 坐标
8  point.y = 10;                            // 设定 point.y 坐标
9  Console.WriteLine($"x = {point.x}");     // 输出 point.x 坐标
10 Console.WriteLine($"y = {point.y}");     // 输出 point.y 坐标
11
12 struct Coordinate
13 {
14     public int x;
15     public int y;
16 }
```

执行结果

❌ CS0170	使用了可能未赋值的字段"x"	ch13_6	Program.cs	4	活动
❌ CS0170	使用了可能未赋值的字段"y"	ch13_6	Program.cs	5	活动

上述程序只要使用 new 声明 point 对象就可以顺利执行程序。

方案 ch13_7.sln：使用 new 声明 point 重新设计 ch13_6.sln。

```
1  // ch13_7
2  Coordinate point = new Coordinate();
3  Console.WriteLine("设定初值前输出 point 坐标");
4  Console.WriteLine($"x = {point.x}");     // 输出 point.x 坐标, 编译错误
5  Console.WriteLine($"y = {point.y}");     // 输出 point.y 坐标, 编译错误
6  Console.WriteLine("设定初值后输出 point 坐标");
7  point.x = 5;                             // 设定 point.x 坐标
8  point.y = 10;                            // 设定 point.y 坐标
9  Console.WriteLine($"x = {point.x}");     // 输出 point.x 坐标
10 Console.WriteLine($"y = {point.y}");     // 输出 point.y 坐标
11
12 struct Coordinate
13 {
14     public int x;
15     public int y;
16 }
```

执行结果

```
Microsoft Visual Studio 调试控制台
设定初值前输出 point 坐标
x = 0
y = 0
设定初值后输出 point 坐标
x = 5
y = 10

C:\C#\ch13\ch13_7\ch13_7\bin\Debug\net6.0\ch13_7.exe
按任意键关闭此窗口. . .
```

13-8　结构数据与数组

假设我们创建了员工数据的结构，那员工数据结构一定有许多员工。这时可以将结构数据与数组相结合，假设结构名称是 Employee，此时的结构数组声明如下：

```
Employee[ ] em = new Employee[3];
```

上述创建了含有 3 笔数据的数组 em。

方案 ch13_8.sln：创建结构数组与输出。

```
1  // ch13_8
2  Employee[] em = new Employee[3];      // 建立含 3 个元素的结构数组
3  em[0].SetValues(1001, "洪锦魁", 48);
4  em[1].SetValues(1023, "洪冰儒", 25);
5  em[2].SetValues(1089, "洪雨星", 23);
6  // 显示结构数组数据
7  foreach (var e in em)
8      e.Display();
9
10 public struct Employee
11 {
12     public int Id;                    // 员工 ID
13     public string Name;               // 员工姓名
14     public int Age;                   // 员工年龄
15
16     // 创建员工数据方法
17     public void SetValues(int id, string name, int age)
18     {
19         Id = id;
20         Name = name;
21         Age = age;
22     }
23     // 显示结构数据
24     public void Display()
25     {
26         Console.WriteLine("员工数据");
27         Console.WriteLine($"编号：{Id}\t姓名：{Name}\t年龄：{Age}");
28     }
29 }
```

执行结果

```
Microsoft Visual Studio 调试控制台
员工数据
编号：1001      姓名：洪锦魁    年龄：48
员工数据
编号：1023      姓名：洪冰儒    年龄：25
员工数据
编号：1089      姓名：洪雨星    年龄：23
C:\C#\ch13\ch13_8\ch13_8\bin\Debug\net6.0\ch13_8.exe
按任意键关闭此窗口...
```

13-9　struct 的建构方法

　　一个结构可以在内部创建与结构相同名称的方法，这个方法就是建构方法又称建构子，这个建构方法可以实体化结构对象的初始值，此建构方法必须为所有成员设定初始值，设定初始值是使用 this 关键词。

　　方案 ch13_9.sln：建构方法的实例。

```
1  // ch13_9
2  Coordinate point = new Coordinate(5, 10);
3  Console.WriteLine($"x = {point.x}");
4  Console.WriteLine($"y = {point.y}");
5
6  struct Coordinate
7  {
8      public int x;
9      public int y;
10     public Coordinate(int x, int y)      // Constructor
11     {
12         this.x = x;                       // 设置初始值 x 坐标
13         this.y = y;                       // 设置初始值 y 坐标
14     }
15 }
```

执行结果

```
Microsoft Visual Studio 调试控制台
x = 5
y = 10

C:\C#\ch13\ch13_9\ch13_9\bin\Debug\net6.0\ch13_9.exe
按任意键关闭此窗口...
```

　　程序第 2 行创建 point 对象时，会将 Coordinate(5, 10) 的参数 5 和 10 分别传给第 10 行的建构方法，然后此建构方法使用 this 关键词设定 x 和 y 的初始值。

13-10　数据封装 —— 结构的 set 和 get

　　在结构的应用中，如果要设定结构 private 成员数据，需使用该结构含有参数的 public 方法。结构方法的 set 特性可以让我们直接更新结构的 private 成员数据，结构的 get 特性可以让我们直接取得结构的 private 成员数据。在面向对象的概念中这称为数据封装 (encapsulation)，可以保护结构的 private 数据，不被外部程序直接存取。

　　方案 ch13_10.sln：结构内含 set 与 get 的应用，这是设定学生编号与姓名的应用。

　　程序执行第 3 行 stu.ID = 651014 时和第 4 行 stu.Name = "洪锦魁" 时，因为有赋值，会自动启动 set。当执行第 5 行的 stu.ID 和第 6 行 stu.Name，因为没有赋值，会自动启动 get。上述有关 ID 和 Name 方法内的 get 和 set 又可以简化，可以参考方案 ch13_11.sln。

上述 ID 和 Name 表面上是方法，但是主要目的是可以存取字段的内容，在 C# 程序设计中，我们称此为属性 (property)。

```
1  // ch13_10
2  Student stu = new Student();
3  stu.ID = 651014;                                      // 调用 set 设置学号
4  stu.Name = "洪锦魁";                                  // 调用 set 设置姓名
5  Console.WriteLine($"学生学号 : {stu.ID}");            // 调用 get 获得学号
6  Console.WriteLine($"学生姓名 : {stu.Name}");          // 调用 get 获得姓名
7  struct Student
8  {
9      private int id;                                   // 学号
10     private string name;                              // 姓名
11     public int ID
12     {
13         get { return id; }                            // 回传学号
14         set { id = value; }                           // 设定学号
15     }
16     public string Name
17     {
18         get { return name; }                          // 回传姓名
19         set { name = value; }                         // 设定姓名
20     }
21 }
```

执行结果

```
Microsoft Visual Studio 调试控制台
学生学号 : 651014
学生姓名 : 洪锦魁

C:\C#\ch13\ch13_10\ch13_10\bin\Debug\net6.0\ch13_10.exe
按任意键关闭此窗口. . .
```

方案 ch13_11.sln：get 和 set 的简化。

```
1  // ch13_11
2  Student stu = new Student();
3  stu.ID = 651014;                                      // 调用 set 设置学号
4  stu.Name = "洪锦魁";                                  // 调用 set 设置姓名
5  Console.WriteLine($"学生学号 : {stu.ID}");            // 调用 get 获得学号
6  Console.WriteLine($"学生姓名 : {stu.Name}");          // 调用 get 获得姓名
7  struct Student
8  {
9      private int id;                                   // 学号
10     private string name;                              // 姓名
11     public int ID { get; set; }
12     public string Name { get; set; }
13 }
```

执行结果：与 ch13_10.sln 相同。

上述第 11 行的 get 和 set 并没有程序代码，这时 C# 编译程序会自动定义私有字段执行此 get 和 set 工作，所以上述第 9 ～ 第 10 行的定义已经是多余的。这时可以继续简化上述 ch13_11.sln，如下列方案 ch13_11_1.sln。

方案 ch13_11_1.sln：继续简化设计 ch13_11.sln，这个程序是 C# 自动实操属性。

```
1  // ch13_11_1
2  Student stu = new Student { ID = 651014, Name = "洪锦魁" };
3  Console.WriteLine($"学生学号 : {stu.ID}");            // 调用 get 获得学号
4  Console.WriteLine($"学生姓名 : {stu.Name}");          // 调用 get 获得姓名
5  struct Student
6  {
7      public int ID { get; set; }
8      public string Name { get; set; }
9  }
```

执行结果：与 ch13_10.sln 相同。

13-11 readonly 字段

从 C# 9.0 开始结构或结构数据与方法增加了 readonly(只读) 概念，如果结构设定为 readonly 后，除了建构函数 (construtor) 所设定数据外，则此结构的所有成员数据只能被读取，而无法更改内容。

此外，因为已经设定只读，所以可以将 set 取消，同时因为要让建构函数在创建对象时可以初始化成员数据，所以可以用关键词 "init" 替换 "set"。

方案 ch13_12.sln：使用 readonly 定义结构，然后只使用建构函数来设定坐标轴 x 和 y 值。

```
1  // ch13_12
2  var p1 = new Coords(2, 5);
3  Console.WriteLine($"({p1.X}, {p1.Y})");  // 输出 : (2, 5)
4
5  public readonly struct Coords
6  {
7      public Coords(double x, double y)
8      {
9          X = x;
10         Y = y;
11     }
12
13     public double X { get; init; }
14     public double Y { get; init; }
15 }
```

执行结果

```
Microsoft Visual Studio 调试控制台
(2, 5)

C:\C#\ch13\ch13_12\ch13_12\bin\Debug\net6.0\ch13_12.exe
按任意键关闭此窗口. . .
```

13-12　with 关键词

关键词 with 可以复制结构实体的特定字段数据，然后予以修改，这个功能可以用于在创建新的实体对象并执行初始值设定时修改成员内容。

方案 ch13_13.sln：在 readonly 结构下创建 p2 和 p3 对象时，使用 p1 的值副本修改成员的内容当作新对象的初始值。

```
1   // ch13_13
2   var p1 = new Coords(2, 5);
3   Console.WriteLine($"({p1.X}, {p1.Y})");      // 输出 : (2, 5)
4   var p2 = p1 with { X = 3 };
5   Console.WriteLine($"({p2.X}, {p2.Y})");      // 输出 : (3, 5)
6   var p3 = p1 with { X = 5, Y = 10 };
7   Console.WriteLine($"({p3.X}, {p3.Y})");      // 输出 : (5, 10)
8   public readonly struct Coords
9   {
10      public Coords(double x, double y)
11      {
12          X = x;
13          Y = y;
14      }
15
16      public double X { get; init; }
17      public double Y { get; init; }
18  }
```

执行结果

```
Microsoft Visual Studio 调试控制台
(2, 5)
(3, 5)
(5, 10)

C:\C#\ch13\ch13_13\ch13_13\bin\Debug\net6.0\ch13_13.exe
按任意键关闭此窗口. . .
```

上述第 4 行的 with 是 p3 点使用 p1 点的数据，但是将 X 设为 3，第 6 行的 with 是 p3 点使用 p1 点的数据，但是将 X 设为 5，将 Y 设为 10。

13-13　专题

13-13-1　找出最高分学生的姓名和分数

方案 ch13_14.sln：列出最高分学生的姓名和分数。

```
1   // ch13_14
2   int len = 5;                              // 学生人数
3   int Max(Student[] st)                     // 求最高分的索引编号
4   {
5       int max = int.MinValue;
6       int index = 0;                        // 最高分的索引
7       for (int i = 0; i < len; i++)
8           if (max < st[i].score)
9           {
10              max = st[i].score;
11              index = i;
12          }
13      return index;
14  }
15
16  Student[] stu = new Student[len];          // 建立含 5 个元素的结构数组
17  stu[0].SetValues("洪锦魁", 90);
18  stu[1].SetValues("洪冰儒", 95);
19  stu[2].SetValues("洪雨星", 88);
20  stu[3].SetValues("洪冰雨", 80);
21  stu[4].SetValues("洪星宇", 83);
22  int idx = Max(stu);
23  Console.WriteLine($"最高分学生姓名 : {stu[idx].name}");
24  Console.WriteLine($"最高分学生分数 : {stu[idx].score}");
25
26  public struct Student
27  {
28      public string name;                    // 姓名
29      public int score;                      // 分数
30
31      // 创建学生分数
32      public void SetValues(string n, int s)
33      {
34          name = n;
35          score = s;
36      }
37  }
```

执行结果

```
Microsoft Visual Studio 调试控制台
最高分学生姓名 : 洪冰儒
最高分学生分数 : 95

C:\C#\ch13\ch13_14\ch13_14\bin\Debug\net6.0\ch13_14.exe
按任意键关闭此窗口. . .
```

13-13-2　平面坐标系统

结构 struct 的应用范围有许多，例如，可以创建坐标系统的 struct 结构，具体可以参考下列实例。

方案 ch13_15.sln：计算两点的距离。

```
1   // ch13_15
2   double Distance(POINT p1, POINT p2)
3   {
4       double d = Math.Pow(Math.Pow(p1.X - p2.X, 2) +
5                   Math.Pow(p1.Y - p2.Y, 2), 0.5);
6       return d;
7   }
8   var a = new POINT(1, 1);
9   var b = new POINT(3, 5);
10  double dist = Distance(a, b);
11  Console.WriteLine($"distance = {dist:F3}");
12
13  struct POINT
14  {
15      public POINT(double x, double y)
16      {
17          X = x;
18          Y = y;
19      }
20
21      public double X { get; init; }
22      public double Y { get; init; }
23  }
```

执行结果

```
Microsoft Visual Studio 调试控制台
distance = 4.472

C:\C#\ch13\ch13_15\ch13_15\bin\Debug\net6.0\ch13_15.exe
按任意键关闭此窗口. . .
```

习题实操题

方案 ex13_1.sln：有一个 struct Score 定义如下所示。(13-3 节)

```
struct Score
{
    public string name;
    public int math;
    public int english;
    public int computer;
}
```

请创建一笔数据然后输出。

```
Microsoft Visual Studio 调试控制台
成绩表姓名 : 洪锦魁
数学 : 80
英文 : 85
电算 : 90
平均 : 85.00
C:\C#\ex\ex13_1\ex13_1\bin\Debug\net6.0\ex13_1.exe
按任意键关闭此窗口. . .
```

方案 ex13_2.sln：有一个 struct Score 定义如下所示。(13-8 节)

```
struct Score           // 定义结构数据名称
{
    public int math;      // 数学
    public int english;   // 英文
    public int computer;  // 计算机
    public void setScores(int m, int e, int c)
    {
        math = m;
        english = e;
        computer = c;
    }
}
```

下列是数组与初始值设定。

```
Score[] test = new Score[5];
test[0].setScores(74, 80, 66);
test[1].setScores(72, 90, 77);
test[2].setScores(77, 65, 60);
test[3].setScores(65, 58, 74);
test[4].setScores(81, 79, 68);
```

请计算各科平均值然后输出。

```
Microsoft Visual Studio 调试控制台
数学平均 ==> 73.80
英文平均 ==> 74.40
计算机平均 ==> 69.00

C:\C#\ex\ex13_2\ex13_2\bin\Debug\net6.0\ex13_2.exe
按任意键关闭此窗口. . . ▂
```

方案 ex13_3.sln：计算两个时间差，创建时间系统的 struct 结构，如下所示。

```
struct TIME
{
    public int hours;     // 时
    public int mins;      // 分
    public int secs;      // 秒
};
```

这个程序会要求输入起始时间和结束时间，然后输出时间差。(13-13 节)

```
Microsoft Visual Studio 调试控制台
请输入起始时间
起始时间（时）：8
起始时间（分）：10
起始时间（秒）：20
请输入结束时间
结束时间（时）：9
结束时间（分）：20
结束时间（秒）：10
时间差值 = 1:9:50

C:\C#\ex\ex13_3\ex13_3\bin\Debug\net6.0\ex13_3.exe
按任意键关闭此窗口. . . ▂
```

第 14 章
列举 enum

关键词 enum，可以翻译为列举，其实是英文 enumeration 的缩写，许多程序语言都有这个功能，如 Python、VBA、C 和 C++ 等。它的功能主要是使用有意义的名称来替换一组数字，这样可以让程序比较简洁，同时更易于阅读。例如，WeekDays.Sunday 会比数字 0 更易于了解与阅读。

14-1 定义列举 enum 的数据类型声明变量

列举 enum 的定义和结构 struct 类似，如下所示。

```
存取修饰词  enum  列举名称
{
    列举元素 1,
    ...                    这是有意义的名称替换一组数字
    列举元素 n             默认数字编号从 0 升始
}
```

注 enum 的修饰词默认是 public，也只能设置为 public，一般都省略。

需留意的是列举 enum 元素间用 "，"（逗号）隔开，最后一笔不需要逗号，如下所示。

```
enum  列举名称
{
    列举元素 1, ..., 列举元素 n
}
```

此外，也可以将上述定义的列举元素用一行表示，如下所示。

```
enum  列举名称
{   列举元素 1, ..., 列举元素 n  }
```

假设使用英文字符串代表每个整数，整数从 0 开始，缺点是程序代码比较多，如果要定义代表星期信息的列举名称 WeekDays，可以用下列方式。

```
enum WeekDays
{
    Sunday,             // 0
    Monday,             // 1
    Tuesday,            // 2
    Wednesday,          // 3
    Thursday,           // 4
    Friday,             // 5
    Saturday            // 6
}
```

上述使用了简单的列举 enum WeekDays，方便易懂，就代替了需要个别定义星期字符串。使用列举 enum，我们需要注意下列 3 点：

1. 上述定义了从 Sunday 到 Saturday 的列举 enum 元素，这些元素就变成了常数，不可以对它们赋值，但是可以将它们的值赋给其他变量。

2. 不可以定义与列举 enum 元素名称相同的变量。

3. 要输出数字需使用 int，执行显式转换。

方案 ch14_1.sln：输出列举的默认数值，同时验证是否如笔者所述，列举元素第 1 个字符串代表 0，第 2 个字符串代表 1，其他以此类推。

```
1  // ch14_1
2  Console.WriteLine($"Sunday     : {(int) WeekDays.Sunday}");
3  Console.WriteLine($"Monday     : {(int) WeekDays.Monday}");
4  Console.WriteLine($"Tuesday    : {(int) WeekDays.Tuesday}");
5  Console.WriteLine($"Wednesday  : {(int) WeekDays.Wednesday}");
6  Console.WriteLine($"Thursday   : {(int) WeekDays.Thursday}");
7  Console.WriteLine($"Friday     : {(int) WeekDays.Friday}");
8  Console.WriteLine($"Saturday   : {(int) WeekDays.Saturday}");
9
10 enum WeekDays
11 {
12     Sunday,
13     Monday,
14     Tuesday,
15     Wednesday,
16     Thursday,
17     Friday,
18     Saturday
19 }
```

执行结果

```
Microsoft Visual Studio 调试控制台
Sunday      : 0
Monday      : 1
Tuesday     : 2
Wednesday   : 3
Thursday    : 4
Friday      : 5
Saturday    : 6

C:\C#\ch14\ch14_1\ch14_1\bin\Debug\net6.0\ch14_1.exe
按任意键关闭此窗口. . .
```

由于列举 enum 元素是连续的整数，所以也可以使用 for 循环输出列举 enum 元素的默认值。

方案 ch14_2.sln：使用 for 循环，输出列举 enum 元素的默认值。

```
1  // ch14_2
2  for (WeekDays i = WeekDays.Sunday; i <= WeekDays.Saturday; i++)
3  {
4      Console.WriteLine($"{i,-9} : {(int) i}");
5  }
6  enum WeekDays
7  {
8      Sunday,
9      Monday,
10     Tuesday,
11     Wednesday,
12     Thursday,
13     Friday,
14     Saturday
15 }
```

执行结果

```
Microsoft Visual Studio 调试控制台
Sunday      : 0
Monday      : 1
Tuesday     : 2
Wednesday   : 3
Thursday    : 4
Friday      : 5
Saturday    : 6

C:\C#\ch14\ch14_2\ch14_2\bin\Debug\net6.0\ch14_2.exe
按任意键关闭此窗口. . .
```

14-2 定义列举 enum 元素的整数值

使用列举 enum 元素时，不需要一定从 0 开始，也可以从 1 开始。此外其也不需要一定是连续的，使用时可以重新定义列举 enum 元素的值。

14-2-1 定义 enum 从元素 1 开始编号

下列语句定义列举 enum 元素从 1 开始编号。

```
enum Season
```

```
{ Spring = 1, Summer, Autumn, Winter }
```

方案 ch14_3.sln：定义季节 Season 的列举 enum，从 1 开始。

```
1  // ch14_3
2  Console.WriteLine("enum 从 1 开始");
3  for (Season i = Season.Spring; i <= Season.Winter; i++)
4      Console.WriteLine($"{i} : {(int) i}");
5
6  enum Season
7  { Spring=1, Summer, Autumn, Winter }
```

执行结果

```
Microsoft Visual Studio 调试控制台
enum 从 1 开始
Spring : 1
Summer : 2
Autumn : 3
Winter : 4

C:\C#\ch14\ch14_3\ch14_3\bin\Debug\net6.0\ch14_3.exe
按任意键关闭此窗口. . .
```

14-2-2　定义列举 enum 元素数值不连续

下列语句定义的列举 enum 元素数值不连续。

```
enum Season
```
```
{ Spring = 10, Summer = 20, Autumn = 30, Winter = 40 }
```

我们可以使用 foreach 遍历上述列举内容，不过在讲解遍历上述列举内容前，笔者先讲解 typeof( ) 函数，这个函数可以获得 System.Enum 类型。

方案 ch14_4.sln：输出自定义列举 Season 的 System.Enum 类型。

```
1  // ch14_4
2  var memberType = typeof(Season);
3  Console.WriteLine(memberType.Name);      // 取得 System.Enum
4  Console.WriteLine(typeof(Season));       // 取得 System.Enum
5
6  enum Season
7  { Spring = 10, Summer = 20, Autumn = 30, Winter = 40 }
```

执行结果

```
Microsoft Visual Studio 调试控制台
Season
Season

C:\C#\ch14\ch14_4\ch14_4\bin\Debug\net6.0\ch14_4.exe
按任意键关闭此窗口. . .
```

上述程序第 3 行只是让读者了解可以从 Name 属性获得 System.Enum 的数据类型，其实当我们定义了列举 Enum Season 后，在 System.Enum 内就创建了 Season 数据类型。

如果我们想要取得列举 Enum Season 内的元素，这时还需要使用 GetValues( ) 方法，此函数的语法如下：

```
public static Array GetValues(Type enumType);
```

上述参数 enumType 是列举类型，此时可以放置 type(Season) 当作参数，这个方法可以使用 Enum 引用，细节可以参考下列实例。

方案 ch14_5.sln：输出 enum Season 元素和它们所代表的数字内容。

```
1  // ch14_5
2  Console.WriteLine("输出列举元素名称");
3  foreach (Season i in Enum.GetValues(typeof(Season)))
4      Console.WriteLine(i);
5
6  Console.WriteLine("输出列举元素值");
7  foreach (int i in Enum.GetValues(typeof(Season)))
8      Console.WriteLine(i);
9
10 enum Season
11 { Spring = 10, Summer = 20, Autumn = 30, Winter = 40 }
```

执行结果

```
Microsoft Visual Studio 调试控制台
输出列举元素名称
Spring
Summer
Autumn
Winter
输出列举元素值
10
20
30
40

C:\C#\ch14\ch14_5\ch14_5\bin\Debug\net6.0\ch14_5.exe
按任意键关闭此窗口. . .
```

上述第 3 行，取得列举 Enum Season 的元素名称也可以使用 Enum 的 GetNames( ) 方法，此方法的语法如下：

```
public static Array GetNames(Type enumType);
```

方案 ch14_5_1.sln：使用 Enum 的 GetNames( ) 方法重新设计 ch14_5.sln。

```
1  // ch14_4
2  var memberType = typeof(Season);
3  Console.WriteLine(memberType.Name);      // 取得 System.Enum
4  Console.WriteLine(typeof(Season));       // 取得 System.Enum
5
6  enum Season
7  { Spring = 10, Summer = 20, Autumn = 30, Winter = 40 }
```

执行结果：与 ch14_5.sln 相同。

方案 ch14_6.sln：将元素名称和数值匹配起来。

```
1  // ch14_6
2  Console.WriteLine("输出列举元素名称和数值");
3  foreach (Season i in Enum.GetValues(typeof(Season)))
4      Console.WriteLine($"{i} : {(int) i}");
5
6  enum Season
7  { Spring = 10, Summer = 20, Autumn = 30, Winter = 40 }
```

执行结果

```
■ Microsoft Visual Studio 调试控制台
输出列举元素名称和数值
Spring : 10
Summer : 20
Autumn : 30
Winter : 40

C:\C#\ch14\ch14_6\ch14_6\bin\Debug\net6.0\ch14_6.exe
按任意键关闭此窗口. . .
```

14-2-3 不规则定义列举 enum 元素值

定义列举 enum 元素值也可以是不规则的，可以参考下列定义：

enum Color

{ Red, Green, Blue = 30, Yellow}

方案 ch14_7.sln：上述 Red 代表 0，Green 代表 1，Blue 代表 30，Yellow 代表 31。

```
1  // ch14_7
2  Console.WriteLine("输出列举元素名称和数值");
3  foreach (Color i in Enum.GetValues(typeof(Color)))
4      Console.WriteLine($"{i, -6} : {(int) i}");
5
6  enum Color
7  { Red, Green, Blue = 30, Yellow }
```

执行结果

```
■ Microsoft Visual Studio 调试控制台
输出列举元素名称和数值
Red    : 0
Green  : 1
Blue   : 30
Yellow : 31

C:\C#\ch14\ch14_7\ch14_7\bin\Debug\net6.0\ch14_7.exe
按任意键关闭此窗口. . .
```

14-3 列举的转换

其实 14-2 节已经说明过 enum 元素名称转换成数值，也可以将数值转换成元素名称，下列将用一个更完整的实例进行解说。

方案 ch14_8.sln：声明列举变量，然后将元素名称转成数值或是将数值转成元素名称。

```
1  // ch14_8
2  Season x = Season.Summer;
3  Console.WriteLine($"整数 {x} 元素名称是 {(int) x}");
4
5  var y = (Season) 2;
6  Console.WriteLine(y);        // 输出 Autumn
7
8  var z = (Season) 5;          // 超出范围
9  Console.WriteLine(z);        // 输出原数值 5
10
11 enum Season
12 { Spring, Summer, Autumn, Winter }
```

执行结果

```
■ Microsoft Visual Studio 调试控制台
整数 Summer 元素名称是 1
Autumn
5

C:\C#\ch14\ch14_8\ch14_8\bin\Debug\net6.0\ch14_8.exe
按任意键关闭此窗口. . .
```

14-4 专题

14-4-1 enum 的使用目的

我们在程序设计时，假设要选择喜欢的颜色，如果要记住 1 代表红色 (Red)，2 代表绿色 (Green)，3 代表蓝色 (Blue)，那么坦白说时间一久一定会忘记当初的数字设定，但是如果用

enum 处理，未来可以由 Red、Green 和 Blue 辨识颜色，这样时间再久也一定记得。

方案 ch14_9.sln：请输入你喜欢的颜色。

```
1  // ch14_9
2  Console.Write("请选择喜欢的颜色 1:Red, 2:Green, 3:Blue = ");
3  Color mycolor = (Color) Convert.ToInt32(Console.ReadLine());
4  switch (mycolor)
5  {
6      case Color.Red:
7          Console.WriteLine("你喜欢红色");
8          break;
9      case Color.Green:
10         Console.WriteLine("你喜欢绿色");
11         break;
12     case Color.Blue:
13         Console.WriteLine("你喜欢蓝色");
14         break;
15     default:
16         Console.WriteLine("输入错误");
17         break;
18 }
19
20 enum Color
21 {
22     Red = 1, Green, Blue
23 }
```

执行结果

```
■ Microsoft Visual Studio 调试控制台
请选择喜欢的颜色 1:Red, 2:Green, 3:Blue = 2
你喜欢绿色

C:\C#\ch14_9\ch14_9\bin\Debug\net6.0\ch14_9.exe
按任意键关闭此窗口...
```

上述使用了简单的数字输入，就可以判别所喜欢的颜色。

14-4-2　百货公司折扣

在百货公司结账时，常会因为所使用的卡别不同而获得不同的折扣，这些折扣可能会在不同促销季节调整，如果要让收银员记住折扣，可能会有困难，这时可以使用列举 enum 元素，记录卡别，然后后台设定各卡别的折扣，就可以让规则简化许多。

方案 ch14_10.sln：百货公司常常针对消费者的卡别做折扣，假设折扣规则为，白金卡 (Platinum)：7 折；金卡 (Gold)：8 折；银卡 (Silver)：9 折。

这个程序会要求输入消费金额和卡别，然后输出结账金额。

```
1  // ch14_10
2  Console.Write("请输入卡别 1:Platinum, 2:Gold, 3:Silver = ");
3  Card mycard = (Card) Convert.ToInt32(Console.ReadLine());
4  Console.Write("请输入消费金额 = ");
5  int money = Convert.ToInt32(Console.ReadLine());
6  switch (mycard)
7  {
8      case Card.Platinum:
9          Console.WriteLine($"结账金额        = {money * 0.7:F2}");
10         break;
11     case Card.Gold:
12         Console.WriteLine($"结账金额        = {money * 0.8:F2}");
13         break;
14     case Card.Silver:
15         Console.WriteLine($"结账金额        = {money * 0.9:F2}");
16         break;
17     default:
18         Console.WriteLine($"结账金额        = {money:F2}");
19         break;
20 }
21
22 enum Card
23 {
24     Platinum = 1, Gold, Silver
25 }
```

执行结果

```
■ Microsoft Visual Studio 调试控制台
请输入卡别 1:Platinum, 2:Gold, 3:Silver = 1
请输入消费金额 = 50000
结账金额        = 35000.00

C:\C#\ch14_10\ch14_10\bin\Debug\net6.0\ch14_10.exe
按任意键关闭此窗口...
```

这个程序第 22 ～ 第 25 行使用 enum Card 定义了卡别的等级，第 3 行可以读取卡别，第 5 行读取消费金额，然后第 6 ～ 第 20 行会依据卡别和消费金额计算结账金额。

习题实操题

方案 ex14_1.sln：请创建下列 enum Level。(14-1 节)

```
enum Level
{
    Low, Medium, High
}
```

不使用循环，然后输出每个 enum Level 元素值。

```
Microsoft Visual Studio 调试控制台
Level  : 0
Medium : 1
High   : 2

C:\C#\ex\ex14_1\ex14_1\bin\Debug\net6.0\ex14_1.exe
按任意键关闭此窗口. . .
```

方案 ex14_2.sln：请创建下列 enum Level。(14-2 节)

```
enum Month
{ January = 1, March = 3, May = 5, July = 7, September = 9 }
```

使用循环，然后输出每个 enum Level 元素值。

```
Microsoft Visual Studio 调试控制台
输出列举 Month 元素名称和数值
January   : 1
March     : 3
May       : 5
July      : 7
September : 9

C:\C#\ex\ex14_2\ex14_2\bin\Debug\net6.0\ex14_2.exe
按任意键关闭此窗口. . .
```

方案 ex14_3.sln：这个程序会依据输入，响应机器生产状态。(14-4 节)

方案 ex4_4.sln：水果销售实例，假设香蕉 Banana 每千克 50 元，苹果 Apple 每千克 60 元，草莓 Strawberry 每千克 80 元，请设计系统要求选择水果，然后要求输入重量，最后输出结账金额。(14-4 节)

```
Microsoft Visual Studio 调试控制台
请输入水果 1:Banana, 2:Apple, 3:Strawberry = 3
请输入重量 = 3
结账金额   = 240.00

C:\C#\ex\ex14_4\ex14_4\bin\Debug\net6.0\ex14_4.
按任意键关闭此窗口. . .
```

```
Microsoft Visual Studio 调试控制台
请输入水果 1:Banana, 2:Apple, 3:Strawberry = 2
请输入重量 = 5
结账金额   = 300.00

C:\C#\ex\ex14_4\ex14_4\bin\Debug\net6.0\ex14_4.
按任意键关闭此窗口. . .
```

方案 ex14_5.sln：设计电影售票系统，单张票基础售价是 300 元，这个程序会要求输入身份选项，不同身份售价不同，规则如下：

1：Child：打 2 折。

2：Police：打 5 折。

3：Adult：不打折。

4：Elder：打 2 折。

5：Exit：程序结束，列出结账金额。

6：其他输入会列出选项错误。

一个人可能会买多种票，所以这应该是一个循环设计，必须选 5，程序才会结束。(14-4 节)

```
Microsoft Visual Studio 调试控制台
请输入身份 1:Child, 2:Police, 3:Adult, 4:Elder, 5:Exit = 2
请输入张数 = 2
请输入身份 1:Child, 2:Police, 3:Adult, 4:Elder, 5:Exit = 3
请输入张数 = 2
请输入身份 1:Child, 2:Police, 3:Adult, 4:Elder, 5:Exit = 1
请输入张数 = 1
请输入身份 1:Child, 2:Police, 3:Adult, 4:Elder, 5:Exit = 4
请输入张数 = 4
请输入身份 1:Child, 2:Police, 3:Adult, 4:Elder, 5:Exit = 5
结账金额 = 1200

C:\C#\ex\ex14_5\ex14_5\bin\Debug\net6.0\ex14_5.exe (进程 16480)
按任意键关闭此窗口. . .
```

第 15 章
日期和时间

C# 有关日期与时间的类是 DateTime，这是属于 System 命名空间的类，可以由这个类取得日期、时间等相关信息，本章也将讲解另一个类 TimeSpan，这个类也是属于 System 命名空间，主要呈现时间间隔。

15-1　DateTime 的建构方法与属性

有许多方法可以创建时间与日期 (DateTime) 对象，本节将讲解常用的方法。C# 的 DateTime 日期范围是公元 0001 年 1 月 1 日 0 时 0 分 0 秒到 9999 年 12 月 31 日 23 点 59 分 59 秒。

15-1-1　创建 DateTime 对象

DateTime 类的使用非常有弹性，可以使用下列建构方法创建时间对象。

```
DateTime( );
DateTime(year, month, day);
DateTime(year, month, day, hour, minute, second);
DataTime(year, month, day, hour, minute, second, milliseconds);
```

上述如果省略日期设定，则系统默认是 0001 年 1 月 1 日，如果省略时间设置，则系统默认是 12:00:00。

方案 ch15_1.sln：创建时间与日期对象，然后输出。

```
1  // ch15_1
2  DateTime dt0 = new DateTime();
3  DateTime dt1 = new DateTime(2022, 11, 28);                    // 只有日期
4  DateTime dt2 = new DateTime(2022, 11, 28, 8, 12, 23);         // 日期与时间
5  DateTime dt3 = new DateTime(2022, 11, 28, 8, 12, 23, 300);    // 含毫秒
6  Console.WriteLine(dt0);
7  Console.WriteLine(dt1);
8  Console.WriteLine(dt2);
9  Console.WriteLine(dt3);
```

执行结果

```
Microsoft Visual Studio 调试控制台
0001/1/1 0:00:00
2022/11/28 0:00:00
2022/11/28 8:12:23
2022/11/28 8:12:23

C:\C#\ch15\ch15_1\ch15_1\bin\Debug\net6.0\ch15_1.exe
按任意键关闭此窗口. . .
```

15-1-2　取得 DateTime 对象属性

有了 DateTime 对象后，可以有下列时间与日期等相关信息的属性可以引用：

1. Date：显示日期，时间则是 0:00:00。
2. Year：年，可以参考 15-1-3 节。
3. Month：月，可以参考 15-1-3 节。
4. Day：日，可以参考 15-1-3 节。
5. Hour：时，可以参考 15-1-3 节。
6. Minute：分，可以参考 15-1-3 节。
7. Second：秒，可以参考 15-1-3 节。

8. MilliSecond：毫秒，可以参考 15-1-3 节。

9. TimeOfDay：此对象的时间 (含 Ticks)，可以参考 15-1-4 节。

10. DayOfWeek：此对象是星期几，可以参考 15-1-4 节。

11. DayOfYear：此对象是今年第几天，可以参考 15-1-4 节。

12. Now：目前系统的日期与时间，可以参考 15-1-5 节。

13. UtcNow：UTC 格林尼治时间，可以参考 15-1-5 节。

14. Today：目前系统的日期，时间是 0:00:00，可以参考 15-1-5 节。

15. Ticks：10,000,000,Tick 等于 1 秒，回传此对象的刻度 (Tick) 数目，可以参考 15-1-6 节。

15-1-3　基础属性的认识

方案 ch15_2.sln：输出 DateTime 对象的基础属性。

```
1  // ch15_2
2  DateTime dt = new DateTime(2022, 11, 28, 8, 12, 23, 300);  // 含毫秒
3  Console.WriteLine($"日期 : {dt.Date}");
4  Console.WriteLine($"年份 : {dt.Year}");
5  Console.WriteLine($"月份 : {dt.Month}");
6  Console.WriteLine($"日   : {dt.Day}");
7  Console.WriteLine($"时   : {dt.Hour}");
8  Console.WriteLine($"分   : {dt.Minute}");
9  Console.WriteLine($"秒   : {dt.Second}");
10 Console.WriteLine($"毫秒 : {dt.Millisecond}");
```

执行结果

```
Microsoft Visual Studio 调试控制台
日期 : 2022/11/28 0:00:00
年份 : 2022
月份 : 11
日   : 28
时   : 8
分   : 12
秒   : 23
毫秒 : 300

C:\C#\ch15\ch15_2\ch15_2\bin\Debug\net6.0\ch15_2.exe
按任意键关闭此窗口...
```

15-1-4　TimeOfDay/DayOfWeek/DayOfYear

方案 ch15_3.sln：认识 TimeOfDay/DayOfWeek/DayOfYear 属性。

```
1  // ch15_3
2  DateTime dt = new DateTime(2022, 11, 28, 8, 12, 23, 300);  // 含毫秒
3  Console.WriteLine($"时间   : {dt.TimeOfDay}");
4  Console.WriteLine($"星期几 : {dt.DayOfWeek}");
5  Console.WriteLine($"第几天 : {dt.DayOfYear}");
```

执行结果

```
Microsoft Visual Studio 调试控制台
时间   : 08:12:23.3000000
星期几 : Monday
第几天 : 332

C:\C#\ch15\ch15_3\ch15_3\bin\Debug\net6.0\ch15_3.exe
按任意键关闭此窗口...
```

15-1-5　Now/UtcNow

回传目前系统的与格林尼治的日期与时间。

方案 ch15_4.sln：目前系统与格林尼治日期与时间。

```
1  // ch15_4
2  DateTime dt1 = DateTime.Now;
3  DateTime dt2 = DateTime.UtcNow;
4  DateTime dt3 = DateTime.Today;
5  Console.WriteLine($"目前系统日期和时间     : {dt1.Date} {dt1.TimeOfDay}");
6  Console.WriteLine($"目前格林尼治日期与时间 : {dt2.Date} {dt2.TimeOfDay}");
7  Console.WriteLine($"今天系统日期           : {dt3.Date} {dt3.TimeOfDay}");
```

执行结果

```
Microsoft Visual Studio 调试控制台
目前系统日期和时间     : 2023/8/10 0:00:00 00:06:25.4987864
目前格林尼治日期与时间 : 2023/8/9 0:00:00 16:06:25.5049555
今天系统日期           : 2023/8/10 0:00:00 00:00:00

C:\C#\ch15\ch15_4\ch15_4\bin\Debug\net6.0\ch15_4.exe (进程
按任意键关闭此窗口...
```

从上述看到时间单位 Ticks 部分有落差，这表示执行两道指令之间所需的系统时间。

15-1-6　刻度数 Ticks

方案 ch15_5.sln：先输出字符串，然后隔 10 秒输出下一个字符串。

```
1  // ch15_5
2  var startick = DateTime.Now.Ticks;
3  long endtick;
4  Console.WriteLine("Hello, World!");
5  Console.WriteLine("等待 10秒");
6  while (true)                            // 循环执行 10 秒
7  {
8      endtick = DateTime.Now.Ticks;
9      if ((endtick - startick) / 10000000 > 10)
10         break;
11 }
12 Console.WriteLine("Hello, World!");
```

执行结果

```
Microsoft Visual Studio 调试控制台
Hello, World!
等待 10秒
Hello, World!

C:\C#\ch15\ch15_5\ch15_5\bin\Debug\net6.0\ch15_5.exe
按任意键关闭此窗口. . . _
```

15-2　ToString( ) 方法与输出日期与时间格式

6-1-5 节已经有格式化日期与时间格式的说明，我们可以将日期与时间格式搭配 DateTime 的 ToString( ) 方法，参数是日期字符串，此字符串规则可以参考下列内容。

❑ 自定义格式 "yyyyy"

1. "y"：年份，从 0 到 99。

2. "yy"：年份，从 00 到 99。

3. "yyy"：年份，至少 3 位数。

4. "yyyy"：年份，用 4 位数表示年份。

❑ 自定义格式 "MMMM"

1. "M"：月份，从 1 到 12。

2. "MM"：月份，从 01 到 12。

3. "MMM"：月份缩写名称。

4. "MMMM"：月份完整名称。

❑ 自定义格式 "dddd"

1. "d"：表示月份的天数 1 ～ 31，单一位数日期没有前置 0。

2. "dd"：表示月份的天数 1 ～ 31，单一位数日期有前置 0。

3. "ddd"：代表缩写的星期。

4. "dddd"：代表完整的星期。

❑ 自定义格式 "hh"

1. "h"：1 ～ 12 代表小时，单一位数时没有前置 0。

2. "hh"：01 ～ 12 代表小时，单一位数时有前置 0。

3. "H"：0 ～ 23 代表小时，单一位数时没有前置 0。

4. "HH"：00 ～ 23 代表小时，单一位数时有前置 0。

❑ 自定义格式 "mm"

1. "m"：0 ～ 59 代表分钟，单一位数时没有前置 0。

2. "mm"：00 ～ 59 代表分钟，单一位数时有前置 0。

❑ 自定义格式 "ss"

1. "s"：0 ～ 59 代表秒，单一位数时没有前置 0。

2. "ss"：00 ～ 59 代表秒，单一位数时有前置 0。

❑ 自定义格式 "tt"

1. "t"：AM/PM(上午 / 下午) 指示的第一个字符 (A 或 P)。

2. "tt"：AM/PM(上午 / 下午) 指示的完整字符串 (AM 或 PM)。

❑ 日期分隔符为 "/"。

方案 ch15_6.sln：输出日期与时间格式的应用。

```
1  // ch15_6
2  DateTime dt = DateTime.Now;
3  Console.WriteLine("yyyy MM dd        : " + dt.ToString("yyyy MM dd"));
4  Console.WriteLine("yyyy/MM/dd        : " + dt.ToString("yyyy/MM/dd"));
5  Console.WriteLine("yyyy MM dd ddd    : " + dt.ToString("yyyy MM dd ddd"));
6  Console.WriteLine("yyyy MM dd dddd   : " + dt.ToString("yyyy MM dd dddd"));
7  Console.WriteLine("yyyy MM dd h:mm:ss    : " + dt.ToString("yyyy MM dd h:mm:ss"));
8  Console.WriteLine("yyyy MM dd hh:mm:ss   : " + dt.ToString("yyyy MM dd hh:mm:ss"));
9  Console.WriteLine("yyyy MM dd H:mm:ss    : " + dt.ToString("yyyy MM dd H:mm:ss"));
10 Console.WriteLine("yyyy MM dd HH:mm:ss   : " + dt.ToString("yyyy MM dd HH:mm:ss"));
11 Console.WriteLine("yyyy MM dd h:mm:ss t  : " + dt.ToString("yyyy MM dd h:mm:ss t"));
12 Console.WriteLine("yyyy MM dd h:mm:ss tt : " + dt.ToString("yyyy MM dd h:mm:ss tt"));
```

执行结果

```
■ Microsoft Visual Studio 调试控制台
yyyy MM dd           : 2023 08 10
yyyy/MM/dd           : 2023/08/10
yyyy MM dd ddd       : 2023 08 10 周四
yyyy MM dd dddd      : 2023 08 10 星期四
yyyy MM dd h:mm:ss    : 2023 08 10 12:08:16
yyyy MM dd hh:mm:ss   : 2023 08 10 12:08:16
yyyy MM dd H:mm:ss    : 2023 08 10 0:08:16
yyyy MM dd HH:mm:ss   : 2023 08 10 00:08:16
yyyy MM dd h:mm:ss t  : 2023 08 10 12:08:16 上
yyyy MM dd h:mm:ss tt : 2023 08 10 12:08:16 上午
C:\C#\ch15\ch15_6\ch15_6\bin\Debug\net6.0\ch15_6.exe
按任意键关闭此窗口. . . ■
```

上述日期与时间格式化的概念也可以和 6-1-5 节概念组合使用，可以参考下列实例。

方案 ch15_7.sln：日期与时间格式化的应用。

```
1  // ch15_7
2  DateTime dt = DateTime.Now;
3  Console.WriteLine($"{dt:D}" + " " + dt.ToString("hh:mm:ss"));
```

执行结果

```
■ Microsoft Visual Studio 调试控制台
2023年8月10日 12:09:02

C:\C#\ch15\ch15_7\ch15_7\bin\Debug\net6.0\ch15_7.exe
按任意键关闭此窗口. . . ■
```

15-3 DateTime 的方法

下列是常用的 DateTime 方法：

1. Add( )：加上 TimeSpan 的值，将在 15-6 节解说。

2. AddYears( )：加上年，可以参考 15-3-1 节。

3. AddMonths( )：加上月，可以参考 15-3-1 节。

4. AddDays( )：加上日，可以参考 15-3-1 节。

5. AddHours( )：加上时，可以参考 15-3-1 节。

6. AddMinutes( )：加上分，可以参考 15-3-1 节。

7. AddSeconds( )：加上秒，可以参考 15-3-1 节。

8. AddMilliseconds( )：加上毫秒，可以参考 15-3-1 节。

9. AddTicks( )：加上 Tick 数，可以参考 15-3-1 节。

10. Compare( )：日期比较，可以参考 15-3-2 节。

11. CompareTo( )：日期比较，可以参考 15-3-2 节。

12. DaysInMonth( )：指定月份的天数，可以参考 15-3-3 节。

13. IsLeapYear( )：是否闰年，可以参考 15-3-4 节。

14. Subtract( )：日期减法，减法结果是 TimeSpan 的值，将在 15-6 节解说。

15. ToLongDateString( )：转成长日期字符串，可以参考 15-3-5 节。

16. ToLongTimeString( )：转成长时间字符串，可以参考 15-3-5 节。

17. ToShortDateString( )：转成短日期字符串，可以参考 15-3-5 节。

18. ToShortTimeString( )：转成短时间字符串，可以参考 15-3-5 节。

19. Parse( ) 和 TryParse( )：解析日期与时间字符串，转为相等的 DateTime 格式。TryParse( ) 也是解析日期与时间字符串，转为相等的 DateTime 格式，但是会回传布尔值 bool，如果成功则回传 true，如果失败则回传 false。可以参考 15-3-6 节。

15-3-1　日期加法相关函数的应用

有关加法相关函数的语法如下：

```
public DateTime AddYear(int value);              // value 是年数，可以是正或负

public DateTime AddMonth(int value);             // value 是月数，可以是正或负

public DateTime AddDays(double value);           // value 是天数，可以是正或负

public DateTime AddHours(double value);          // value 是小时，可以是正或负

public DateTime AddMinutes(double value);        // value 是分钟，可以是正或负

public DateTime AddSeconds(double value);        // value 是秒数，可以是正或负

public DateTime AddMilliseconds(double value);   // value 是毫秒，可以是正或负

public DateTime AddTicks(long value);            // value 是 Tick 数，可以是正
```
或负

方案 ch15_8.sln：日期加法相关函数的应用。

```
1  // ch15_8
2  DateTime dt = DateTime.Now;
3  Console.WriteLine($"原长日期格式     : {dt:F}");
4  Console.WriteLine($"AddYears(1)      : {dt.AddYears(1):F}");
5  Console.WriteLine($"AddMonths(1)     : {dt.AddMonths(1):F}");
6  Console.WriteLine($"AddDays(1)       : {dt.AddDays(1):F}");
7  Console.WriteLine($"AddHours(1)      : {dt.AddHours(1):F}");
8  Console.WriteLine($"AddMinutes(1)    : {dt.AddMinutes(1):F}");
9  Console.WriteLine($"AddSeconds(1)    : {dt.AddSeconds(1):F}");
10 Console.WriteLine($"原日期不变        : {dt:F}");
```

执行结果

```
Microsoft Visual Studio 调试控制台
原长日期格式    : 2023年8月10日 0:09:42
AddYears(1)    : 2024年8月10日 0:09:42
AddMonths(1)   : 2023年9月10日 0:09:42
AddDays(1)     : 2023年8月11日 0:09:42
AddHours(1)    : 2023年8月10日 1:09:42
AddMinutes(1)  : 2023年8月10日 0:10:42
AddSeconds(1)  : 2023年8月10日 0:09:43
原日期不变      : 2023年8月10日 0:09:42

C:\C#\ch15\ch15_8\ch15_8\bin\Debug\net6.0\ch15_8.exe
按任意键关闭此窗口. . .
```

15-3-2　日期比较相关函数的应用

有关日期比较相关函数的语法如下：

```
public DateTime Compare(DateTime t1, DateTime t2 );
```

将日期与时间格式 t1 与 t2 做比较，回传格式为，t1 早于 t2 回传小于 0。t1 等于 t2 回传 0。t1 晚于 t2 回传大于 0。

```
public DateTime CompareTo(DateTime t2);
```

上述 CompareTo 需由 DateTime 对象启动，例如由 t1 启动，语法如下：

```
t1.CompareTo(t2);                        // 回传值与 Compare( ) 相同
```

方案 ch15_9.sln：Compare( ) 和 CompareTo( ) 日期比较的应用。

```
1  // ch15_9
2  DateTime dt1 = new DateTime(2022, 11, 28, 0, 0, 0);
3  DateTime dt2 = new DateTime(2023, 8, 1, 9, 0, 0);
4  int result = DateTime.Compare(dt1, dt2);
5  string relationship;                      // 比较关系变量
6
7  if (result < 0)
8      relationship = "早于";
9  else if (result == 0)
10     relationship = "等于";
11 else
12     relationship = "晚于";
13 Console.WriteLine($"{dt1} {relationship} {dt2}");
14
15 result = dt2.CompareTo(dt1);               // dt2 比较 dt1
16 if (result < 0)
17     relationship = "早于";
18 else if (result == 0)
19     relationship = "等于";
20 else
21     relationship = "晚于";
22 Console.WriteLine($"{dt2} {relationship} {dt1}");
```

执行结果

```
■ Microsoft Visual Studio 调试控制台
2022/11/28 0:00:00 早于 2023/8/1 9:00:00
2023/8/1 9:00:00 晚于 2022/11/28 0:00:00

C:\C#\ch15\ch15_9\ch15_9\bin\Debug\net6.0\ch15_9.exe
按任意键关闭此窗口. . .■
```

15-3-3　月份的天数 DaysInMonth( )

方法 DaysInMonth( ) 可以回传月份的天数，此方法的语法如下：

```
public static int DaysInMonth(int year, int month);
```

方案 ch15_10.sln：回传 2022 年 10 月和 2023 年 2 月的天数。

```
1  // ch15_10
2  const int October = 10;
3  const int Feb = 2;
4
5  int daysInOct = DateTime.DaysInMonth(2022, October);
6  Console.WriteLine($"2022年10月天数 : {daysInOct}");
7
8  int daysInFeb = DateTime.DaysInMonth(2023, Feb);
9  Console.WriteLine($"2023年 2月天数 : {daysInFeb}");
```

执行结果

```
■ Microsoft Visual Studio 调试控制台
2022年10月天数 : 31
2023年 2月天数 : 28

C:\C#\ch15\ch15_10\ch15_10\bin\Debug\net6.0\ch15_10.exe
按任意键关闭此窗口. . .■
```

15-3-4　是否闰年 IsLeapYear( )

方法 IsLeapYear( ) 可以回传是否闰年，此方法的语法如下：

```
public static book IsLeapYear(int year);
```

上述 year 是 4 位数的年份。

方案 ch15_11.sln：列出 2000—2025 年的闰年。

```
1  // ch15_11
2  for (int year = 2000; year <= 2025; year++)
3  {
4      if (DateTime.IsLeapYear(year))
5      {
6          Console.WriteLine($"{year} 年是闰年");
7      }
8  }
```

执行结果

```
■ Microsoft Visual Studio 调试控制台
2000 年是闰年
2004 年是闰年
2008 年是闰年
2012 年是闰年
2016 年是闰年
2020 年是闰年
2024 年是闰年

C:\C#\ch15\ch15_11\ch15_11\bin\Debug\net6.0\ch15_11.exe
按任意键关闭此窗口. . .
```

15-3-5 长 / 短日期与时间格式和字符串

有关转换日期与时间为长 / 短日期字符串，或长 / 短时间字符串的方法语法如下：

```
public string ToLongDateString( );          // 转成长日期字符串
public string ToLongTimeString( );          // 转成长时间字符串
public string ToShortDateString( );         // 转成短日期字符串
public string ToShortTimeString( );         // 转成短时间字符串
```

方案 ch15_12.sln：将目前日期与时间转换成长 / 短日期字符串或长 / 短时间字符串。

```
1  // ch15_12
2  DateTime dt = DateTime.Now;
3  Console.WriteLine($"长日期字符串 : {dt.ToLongDateString()}");
4  Console.WriteLine($"长时间字符串 : {dt.ToLongTimeString()}");
5  Console.WriteLine($"短日期字符串 : {dt.ToShortDateString()}");
6  Console.WriteLine($"短时间字符串 : {dt.ToShortTimeString()}");
```

执行结果

```
■ Microsoft Visual Studio 调试控制台
长日期字符串 : 2023年8月10日
长时间字符串 : 0:12:47
短日期字符串 : 2023/8/10
短时间字符串 : 0:12

C:\C#\ch15\ch15_12\ch15_12\bin\Debug\net6.0\ch15_12.exe
按任意键关闭此窗口. . .
```

15-3-6 解析时间与日期字符串

常用的 Parse( ) 方法语法如下：

```
public static DateTime.Parse(string s);
```

上述 s 是要解析的日期或时间字符串，其可以是下列格式：

1. 含日期与时间的字符串。

2. 有日期但没有时间的字符串，会假设是午夜 12:00。

3. 只有年份和月份，没有日期，会假设是该月份的第一天。

4. 有月份和日期，没有年份，会假设是目前年份。

5. 有时间但是没有日期，会假设为目前日期。

6. 有小时和 AM/PM，没有日期，会假设为目前日期，时间则没有分钟和秒数。

7. 包含日期和时间以及移位信息。

注 如果日期与时间字符串错误，程序会中断。

TryPase( ) 功能相同，但是有回传值，如果转换成功则回传 true，如果转换失败则回传 false，此方法的语法如下：

```
bool DateTime.TryParse(str, out DateTime dt);
```

上述第 1 个参数 str 是要解析的字符串，如果解析成功则日期与时间串存入第 2 个参数 dt，同时回传 true。如果转换失败，则回传 false。

方案 ch15_13.sln：系列日期与时间字符串解析。

```
1  // ch15_13
2  string[] dateInfo = { "08/28/2023 09:20:12",
3                        "06/18/2023",
4                        "9/2024",
5                        "10/08",
6                        "09:30:45",
7                        "8 PM",
8                        "08/28/2023 09:20:12 -5:00"};
9
10 Console.WriteLine($"现在日期与时间 {DateTime.Now:F}");
11
12 foreach (var item in dateInfo)
13 {
14     Console.WriteLine($"{item,26} : {DateTime.Parse(item)}");
15 }
```

执行结果

```
■ Microsoft Visual Studio 调试控制台
现在日期与时间 2023年8月10日 0:13:35
       08/28/2023 09:20:12 : 2023/8/28 9:20:12
              06/18/2023 : 2023/6/18 0:00:00
                  9/2024 : 2024/9/1 0:00:00
                   10/08 : 2023/10/8 0:00:00
                09:30:45 : 2023/8/10 9:30:45
                    8 PM : 2023/8/10 20:00:00
08/28/2023 09:20:12 -5:00 : 2023/8/28 22:20:12

C:\C#\ch15\ch15_13\ch15_13\bin\Debug\net6.0\ch15_13.exe
按任意键关闭此窗口. . .
```

方案 ch15_13_1.sln：使用 TryParse( ) 方法替换 Parse( )，同时增加一笔非 DateTime 格式的字符串。

```
1  // ch15_13_1
2  string[] dateInfo = { "08/28/2023 09:20:12",
3                        "06/18/2023",
4                        "9/2024",
5                        "test09/13/2025",
6                        "10/08",
7                        "09:30:45",
8                        "8 PM",
9                        "08/28/2023 09:20:12 -5:00"};
10
11 Console.WriteLine($"现在日期与时间 {DateTime.Now:F}");
12 DateTime dt;              // 未来要回传 DateTime 格式
13 foreach (var item in dateInfo)
14 {
15     if (DateTime.TryParse(item, out dt))
16         Console.WriteLine($"{item,26} : {dt}");
17     else
18         Console.WriteLine($"{item,26} : 转换失败");
19 }
```

执行结果

```
 Microsoft Visual Studio 调试控制台
现在日期与时间 2023年8月10日 0:14:22
        08/28/2023 09:20:12 : 2023/8/28 9:20:12
                 06/18/2023 : 2023/6/18 0:00:00
                     9/2024 : 2024/9/1 0:00:00
             test09/13/2025 : 转换失败
                      10/08 : 2023/10/8 0:00:00
                   09:30:45 : 2023/8/10 9:30:45
                       8 PM : 2023/8/10 20:00:00
  08/28/2023 09:20:12 -5:00 : 2023/8/28 22:20:12

C:\C#\ch15\ch15_13_1\ch15_13_1\bin\Debug\net6.0\ch15_13_1.exe
按任意键关闭此窗口. . .
```

如果使用 Parse( ) 转换失败，程序就会异常中止，所以一般比较常使用 TryParse( )，因为可以避免程序异常中止。

15-4　文化特性 CultureInfo 类

C# 提供文化特性 (Culture) 的信息，这些信息会影响书写系统、日历格式、字符串排序，以及日期和时间格式。10-5-3 节对其做了简单介绍，本节将针对日期与时间格式做说明。

注　CurtureInfo 类属于 System.Globalization 命名空间。

15-4-1　取得目前操作系统的文化名称

CuttureInfo 的下列属性可以获得目前操作系统的文化名称。

`CurrentCulture.Name`

`CurrentCulture.EnglishName`

`CurrentCulture.DisplayName`

方案 ch15_14.sln：列出当前系统的文化名称。

```
1  // ch15_14
2  using System.Globalization;
3  Console.WriteLine($"Name        : {CultureInfo.CurrentCulture.Name}");
4  Console.WriteLine($"EnglishName : {CultureInfo.CurrentCulture.EnglishName}");
5  Console.WriteLine($"DisplayName : {CultureInfo.CurrentCulture.DisplayName}");
6  Console.WriteLine($"TextInfo    : {CultureInfo.CurrentCulture.TextInfo}");
```

执行结果

```
 Microsoft Visual Studio 调试控制台
Name        : zh-CN
EnglishName : Chinese (China)
DisplayName : 中文（中国）
TextInfo    : TextInfo - zh-CN

C:\C#\ch15\ch15_14\ch15_14\bin\Debug\net6.0\ch15_14.exe
按任意键关闭此窗口. . .
```

15-4-2　日期与时间格式

在特定文化格式下，使用 DateTimeFormat 类，搭配下列属性，可以取得特定日期与时间格式：

LongDatePattern：长日期格式。

LongTimePattern：长时间格式。

ShortDatePattern：短日期格式。

ShortTimePattern：短时间格式。

方案 ch15_15.sln：扩充 ch15_12.sln，输出日期与时间格式和字符串。

```
1  // ch15_15
2  using System.Globalization;
3
4  DateTime dt = DateTime.Now;
5  Console.WriteLine($"目前文化名称 ：{CultureInfo.CurrentCulture.Name}");
6  var pattern = CultureInfo.CurrentCulture.DateTimeFormat;
7
8  Console.WriteLine($"长日期格式 ：{pattern.LongDatePattern}");
9  Console.WriteLine($"长日期字符串 ：{dt.ToLongDateString()}\n");
10
11 Console.WriteLine($"长时间格式 ：{pattern.LongTimePattern}");
12 Console.WriteLine($"长时间字符串 ：{dt.ToLongTimeString()}\n");
13
14 Console.WriteLine($"短日期格式 ：{pattern.ShortDatePattern}");
15 Console.WriteLine($"短日期字符串 ：{dt.ToShortDateString()}\n");
16
17 Console.WriteLine($"短时间格式 ：{pattern.ShortTimePattern}");
18 Console.WriteLine($"短时间字符串 ：{dt.ToShortTimeString()}");
```

执行结果

```
Microsoft Visual Studio 调试控制台
目前文化名称 ：zh-CN
长日期格式 ：yyyy'年'M'月'd'日'
长日期字符串 ：2023年8月10日

长时间格式 ：H:mm:ss
长时间字符串 ：0:15:49

短日期格式 ：yyyy/M/d
短日期字符串 ：2023/8/10

短时间格式 ：H:mm
短时间字符串 ：0:15

C:\C#\ch15\ch15_15\ch15_15\bin\Debug\net6.0\ch15_15.exe
按任意键关闭此窗口 . . .
```

15-5 TimeSpan 建构方法与属性

TimeSpan 属于 System 类，主要用于处理时间的间隔。

15-5-1 TimeSpan 的建构方法

DateTime 类的使用非常有弹性，可以使用下列建构方法创建时间对象。

```
public TimeSpan(long ticks);

public TimeSpan(int hours, int minutes, int seconds);

public TimeSpan(int days, int hours, int minutes, int seconds);

public TimeSpan(int days, int hours, int minutes, int seconds, int
milliseconds);
```

15-5-2 TimeSpan 的属性

TimeSpan 的属性如下：

1. Days：天数。

2. Hours：小时数。

3. Minutes：分钟数。

4. Seconds：秒数。

5. MilliMinutes：毫秒数。

6. Ticks：10000000Tick 等于 1 秒，刻度 (Tick) 数目。

7. TotalDays：显示完整的天数，也会显示小时、分钟、秒、毫秒。

8. TotalHours：显示完整小时数，也会显示分钟、秒、毫秒。

9. TotalMinutes：显示完整分钟数，也会显示秒、毫秒。

10. TotalSeconds：显示完整秒数，也会显示毫秒。

11. TotalMilliseconds：显示完整毫秒数。

方案 ch15_16.sln：创建 TimeSpan 对象同时输出 TotoalDays 和相关属性。

```
1  // ch15_16
2  TimeSpan interval = new TimeSpan(5, 10, 40, 35, 350);
3  Console.WriteLine($"TimeSpan interval    : {interval}");
4  Console.WriteLine($"        TotalDays    : {interval.TotalDays}");
5  Console.WriteLine($"        Days         : {interval.Days,-3}");
6  Console.WriteLine($"        Hours        : {interval.Hours,-3}");
7  Console.WriteLine($"        Minutes      : {interval.Minutes,-3}");
8  Console.WriteLine($"        Seconds      : {interval.Seconds,-3}");
9  Console.WriteLine($"        Milliseconds : {interval.Milliseconds,-3}");
```

执行结果

```
Microsoft Visual Studio 调试控制台
TimeSpan interval    : 5.10:40:35.3500000
        TotalDays    : 5.444853587962963
        Days         : 5
        Hours        : 10
        Minutes      : 40
        Seconds      : 35
        Milliseconds : 350

C:\C#\ch15\ch15_16\ch15_16\bin\Debug\net6.0\ch15_16.exe
按任意键关闭此窗口...
```

方案 ch15_17.sln：创建 TimeSpan 对象同时输出 TotoalHours 和相关属性。

```
1  // ch15_17
2  TimeSpan interval = new TimeSpan(1, 10, 40, 35, 350);
3  Console.WriteLine($"TimeSpan interval    : {interval}");
4  Console.WriteLine($"        TotalHours   : {interval.TotalHours}");
5  Console.WriteLine($"        Hours        : {interval.Hours,-3}");
6  Console.WriteLine($"        Minutes      : {interval.Minutes,-3}");
7  Console.WriteLine($"        Seconds      : {interval.Seconds,-3}");
8  Console.WriteLine($"        Milliseconds : {interval.Milliseconds,-3}");
```

执行结果

```
Microsoft Visual Studio 调试控制台
TimeSpan interval    : 1.10:40:35.3500000
        TotalHours   : 34.67648611111111
        Hours        : 10
        Minutes      : 40
        Seconds      : 35
        Milliseconds : 350

C:\C#\ch15\ch15_17\ch15_17\bin\Debug\net6.0\ch15_17.exe
按任意键关闭此窗口...
```

方案 ch15_18.sln：创建 TimeSpan 对象同时输出 TotoalMinutes 和相关属性。

```
1  // ch15_18
2  TimeSpan interval = new TimeSpan(1, 10, 40, 35, 350);
3  Console.WriteLine($"TimeSpan interval    : {interval}");
4  Console.WriteLine($"        TotalMinutes : {interval.TotalMinutes}");
5  Console.WriteLine($"        Minutes      : {interval.Minutes,-3}");
6  Console.WriteLine($"        Seconds      : {interval.Seconds,-3}");
7  Console.WriteLine($"        Milliseconds : {interval.Milliseconds,-3}");
```

执行结果

```
Microsoft Visual Studio 调试控制台
TimeSpan interval    : 1.10:40:35.3500000
        TotalMinutes : 2080.5891666666666
        Minutes      : 40
        Seconds      : 35
        Milliseconds : 350

C:\C#\ch15\ch15_18\ch15_18\bin\Debug\net6.0\ch15_18.exe
按任意键关闭此窗口...
```

方案 ch15_19.sln：创建 TimeSpan 对象同时输出 TotoalMinutes 和相关属性。

```
1  // ch15_19
2  TimeSpan interval = new TimeSpan(1, 10, 40, 35, 350);
3  Console.WriteLine($"TimeSpan interval    : {interval}");
4  Console.WriteLine($"        TotalSeconds : {interval.TotalSeconds}");
5  Console.WriteLine($"        Seconds      : {interval.Seconds,-3}");
6  Console.WriteLine($"        Milliseconds : {interval.Milliseconds,-3}");
```

执行结果

```
Microsoft Visual Studio 调试控制台
TimeSpan interval    : 1.10:40:35.3500000
        TotalSeconds : 124835.35
        Seconds      : 35
        Milliseconds : 350

C:\C#\ch15\ch15_19\ch15_19\bin\Debug\net6.0\ch15_19.exe
按任意键关闭此窗口...
```

15-6　DateTime 和 TimeSpan 的混合应用

15-3 节介绍了 DateTime 类的 Add( ) 方法与 Subtract( ) 方法，两个方法的语法如下：

```
public DateTime Add(TimeSpan value);

public DateTime Subtrack(TimeSpan value);
```

方案 15_20.sln：计算未来日期与时间。

```
1  // ch15_20
2  DateTime currentTime = DateTime.Now;
3  Console.WriteLine($"现在时间 : {currentTime}");
4  TimeSpan duration = new System.TimeSpan(3, 0, 0, 0);
5  Console.WriteLine($"3 天后时间                            : {currentTime.Add(duration)}");
6  duration = new System.TimeSpan(3, 10, 5, 5);
7  Console.WriteLine($"3 天 10 小时 5 小时 5分钟后时间 : {currentTime.Add(duration)}");
```

执行结果

```
Microsoft Visual Studio 调试控制台
现在时间 : 2023/8/10 0:19:59
3 天后时间                            : 2023/8/13 0:19:59
3 天 10 小时 5 小时 5分钟后时间 : 2023/8/13 10:25:04

C:\C#\ch15\ch15_20\ch15_20\bin\Debug\net6.0\ch15_20.exe
按任意键关闭此窗口. . .
```

方案 15_21.sln：计算过去日期与时间。

```
1  // ch15_21
2  DateTime currentTime = DateTime.Now;
3  Console.WriteLine($"现在时间 : {currentTime}");
4  TimeSpan before = new System.TimeSpan(3, 0, 0, 0);
5  Console.WriteLine($"3 天前时间                            : {currentTime.Subtract(before)}");
6  before = new System.TimeSpan(3, 10, 5, 5);
7  Console.WriteLine($"3 天 10 小时 5 小时 5分钟前时间 : {currentTime.Subtract(before)}");
```

执行结果

```
Microsoft Visual Studio 调试控制台
现在时间 : 2023/8/10 0:20:42
3 天前时间                            : 2023/8/7 0:20:42
3 天 10 小时 5 小时 5分钟前时间 : 2023/8/6 14:15:37

C:\C#\ch15\ch15_21\ch15_21\bin\Debug\net6.0\ch15_21.exe
按任意键关闭此窗口. . .
```

15-7 TimeSpan 类常用的方法

TimeSpan 类常用的方法如下：

1. Add( )：加法，回传新的 TimeSpan，可以参考 15-7-1 节。

2. Subtract( )：减法，回传新的 TimeSpan，可以参考 15-7-2 节。

3. Parse( ) 和 TryParse( )：解析时间间隔字符串，将其转为相等的 TimeSpan 字符串。TryParse( ) 也解析日期与时间字符串，将其转为相等的 TimeSpan 格式，但是还会回传布尔值 bool，如果成功转换则回传 true，如果失败则回传 false。详情可以参考 15-7-3 节。

15-7-1 时间间隔加法 Add( )

时间间隔加法 Add( ) 的语法如下：

```
public TimeSpan Add(TimeSpan ts);
```

方案 ch15_22.sln：时间间隔加法的应用。

```
1  // ch15_22
2  TimeSpan ts1 = new TimeSpan(10, 20, 30);
3  var ts2 = new TimeSpan(2, 5, 40);
4  Console.WriteLine($"{ts1.Add(ts2)}");
```

执行结果

```
Microsoft Visual Studio 调试控制台
12:26:10

C:\C#\ch15\ch15_22\ch15_22\bin\Debug\net6.0\ch15_22.exe
按任意键关闭此窗口. . .
```

15-7-2　时间间隔减法 Subtract( )

时间间隔减法 Subtract( ) 的语法如下：

```
public TimeSpan Subtract(TimeSpan ts);
```

方案 ch15_23.sln：时间间隔减法的应用。

```
1  // ch15_23
2  TimeSpan ts1 = new TimeSpan(10, 20, 30);
3  var ts2 = new TimeSpan(2, 30, 40);
4  Console.WriteLine($"{ts1.Subtract(ts2)}");
```

执行结果

```
Microsoft Visual Studio 调试控制台
07:49:50

C:\C#\ch15\ch15_23\ch15_23\bin\Debug\net6.0\ch15_23.exe
按任意键关闭此窗口. . .
```

15-7-3　解析字符串为时间间隔 Parse( ) 和 TryParse( )

常用的 Parse( ) 方法语法如下：

```
public static TimeSpan Parse(string s);
```

上述 s 是要解析的日期或时间字符串，其可以是下列格式：

```
[ws][-]{d|[d.]hh.mm[:ss[.ff]]}[ws]
```

1. ws：这是选项，表示空白。

2. -：这是选项，表示负号。

3. d：天数，范围是 0 ～ 10675799。

4. .：文化特性，分隔天数与小时。

5. hh：小时，范围是 0 ～ 23。

6. :：文化特性，时间分隔符。

7. mm：分钟，范围是 0 ～ 59。

8. ss：秒钟，范围是从 0 ～ 59。

9. .：文化特性，区分秒数与小数点秒数。

10. ff：小数点秒数。

TryPase( ) 与 Parse( ) 功能相同，但是有回传值，如果转换成功则回传 true，如果转换失败则回传 false，此方法的语法如下：

```
bool TimeSpan.TryParse(str, TimeSpan ts);
```

上述第 1 个参数 str 是要解析的字符串，如果解析成功则日期与时间串存入第 2 个参数 ts，同时回传 true。如果转换失败，则回传 false。

方案 ch15_24.sln：解析字符串成为 TimeSpan 的时间格式。

```
1  // ch15_24
2  using System.Globalization;
3
4  string[] values = { "5", "5:22", "5:22:14", "5:22:14:45",
5                      "5.22:14:45", "5:22:14:45.3448", "5:10:14:45" };
6  foreach (string value in values)
7  {
8      TimeSpan ts = TimeSpan.Parse(value);
9      Console.WriteLine($"{value,18} : {ts.ToString()}");
10 }
```

执行结果

```
Microsoft Visual Studio 调试控制台
                 5 : 5.00:00:00
              5:22 : 05:22:00
           5:22:14 : 05:22:14
        5:22:14:45 : 5.22:14:45
        5.22:14:45 : 5.22:14:45
    5:22:14:45.3448 : 5.22:14:45.3448000
        5:10:14:45 : 5.10:14:45

C:\C#\ch15\ch15_24\ch15_24\bin\Debug\net6.0\ch15_24.exe
按任意键关闭此窗口. . .
```

方案 ch15_24_1.sln：使用 TryParse( ) 方法替换 Parse( ) 方法，重新设计 ch15_24.sln，同时增加非时间间隔的字符串。

```
1  // ch15_24_1
2  using System.Globalization;
3
4  string[] values = { "5", "5:22", "5:22:14", "5:22:14:45", "test2.22:14:45",
5                      "5.22:14:45", "5:22:14:45.3448", "5:10:14:45" };
6  TimeSpan ts;
7  foreach (string value in values)
8  {
9      if (TimeSpan.TryParse(value, out ts))
10         Console.WriteLine($"{value,18} : {ts.ToString()}");
11     else
12         Console.WriteLine($"{value,18} : 转换失败");
13 }
```

执行结果

```
Microsoft Visual Studio 调试控制台
               5 : 5.00:00:00
            5:22 : 05:22:00
         5:22:14 : 05:22:14
      5:22:14:45 : 5.22:14:45
   test2.22:14:45 : 转换失败
      5.22:14:45 : 5.22:14:45
 5:22:14:45.3448 : 5.22:14:45.3448000
      5:10:14:45 : 5.10:14:45
C:\C#\ch15\ch15_24_1\ch15_24_1\bin\Debug\net6.0\ch15_24_1.exe
按任意键关闭此窗口. . .
```

如果使用 Parse( ) 转换失败，程序会异常终止，所以一般比较常使用 TryParse( )，因为 TryParse( ) 可以避免程序异常终止。

15-8 专题

15-8-1 var 与运算符应用在 DateTime 和 TimeSpan 类中

方案 ch15_25.sln：将 var 与运算符应用在 DateTime 和 TimeSpan 类中。

```
1  // ch15_25
2  var dt1 = new DateTime(2022, 11, 29);
3  var dt2 = new DateTime(2022, 12, 31, 23, 10, 20);
4  var ts = new TimeSpan(5, 19, 25, 30);
5
6  Console.WriteLine($"dt2 + ts   : {dt2 + ts}");        // 相加
7  Console.WriteLine($"dt2 - dt1  : {dt2 - dt1}");       // 相减
8  Console.WriteLine($"dt2 - ts   : {dt2 - ts}");        // 相减
9  Console.WriteLine($"dt1 > dt2  : {dt1 > dt2}");       // 大于
10 Console.WriteLine($"dt1 < dt2  : {dt1 < dt2}");       // 小于
11 Console.WriteLine($"dt1 == dt2 : {dt1 == dt2}");      // 等于
12 Console.WriteLine($"dt1 != dt2 : {dt1 != dt2}");      // 不等于
13 Console.WriteLine($"dt1 >= dt2 : {dt1 >= dt2}");      // 大于或等于
14 Console.WriteLine($"dt1 <= dt2 : {dt1 <= dt2}");      // 小于或等于
```

执行结果

```
Microsoft Visual Studio 调试控制台
dt2 + ts   : 2023/1/6 18:35:50
dt2 - dt1  : 32.23:10:20
dt2 - ts   : 2022/12/26 3:44:50
dt1 > dt2  : False
dt1 < dt2  : True
dt1 == dt2 : False
dt1 != dt2 : True
dt1 >= dt2 : False
dt1 <= dt2 : True
C:\C#\ch15\ch15_25\ch15_25\bin\Debug\net6.0\ch15_25.exe
按任意键关闭此窗口. . .
```

15-8-2 设计一个休息秒数函数

8-8 节介绍了程序休息的方法，本节将使用 DateTime 类来设计这个方法。

方案 ch15_26.sln：设计一个休息秒数函数，然后输入秒数，程序会依据输入的休息秒数输出 Hello, World!。

```
1  // ch15_26
2  void timesleep(int seconds)
3  {
4      var startick = DateTime.Now.Ticks;
5      long endtick;
6      while (true)                          // 循环执行 seconds 秒
7      {
8          endtick = DateTime.Now.Ticks;
9          if ((endtick - startick) / 10000000 > seconds)
10             break;
11     }
12 }
13 Console.Write("请输入休息秒数 : ");
14 int second = Convert.ToInt32(Console.ReadLine());
15 for (int i = 0; i < 5; i++)
16 {
17     timesleep(second);
18     Console.WriteLine($"休息 {second} 秒, Hello, World!");
19 }
```

执行结果

```
Microsoft Visual Studio 调试控制台
请输入休息秒数 : 1
休息 1 秒, Hello, World!
休息 1 秒, Hello, World!
休息 1 秒, Hello, World!
休息 1 秒, Hello, World!
休息 1 秒, Hello, World!
C:\C#\ch15\ch15_26\ch15_26\bin\Debug\net6.0\ch15_26.exe
按任意键关闭此窗口. . .
```

15-8-3　设计一个时钟

方案 ch15_27.sln：设计一个时钟，这个程序会在固定位置输出现在时间，产生时钟效果，同时按 Ctrl + C 键可以终止程序。

```
1  // ch15_27
2  DateTime dt;
3  while (true)
4  {
5      Console.CursorVisible = false;
6      Console.SetCursorPosition(0, 0);
7      dt = DateTime.Now;
8      Console.WriteLine(dt.ToString("yyyy MM dd hh:mm:ss"));
9  }
```

执行结果

```
C:\C#\ch15\ch15_27\bin\Debug\net6.0\ch15_27.exe
2023 08 10 12:27:15
```

上述第 5 行设定光标属性为 false，可以隐藏光标，这样屏幕不会因为太密集的输出，造成闪烁效果。

习题实操题

方案 ex15_1.sln：输出今天的日期、星期几和是今年的第几天。注：读者写这个习题时，日期将和笔者的答案不相同。(15-1 节)

```
Microsoft Visual Studio 调试控制台
今天是2023年8月10日
Thursday
2023年的第222天

C:\C#\ex\ex15_1\ex15_1\bin\Debug\net6.0\ex15_1.exe
按任意键关闭此窗口. . .
```

方案 ex15_2.sln：输出今天的日期，要求输入天数，然后输出该天数后的日期。(15-3 节)

```
Microsoft Visual Studio 调试控制台
今天是2023年8月10日
请输入天数：10
10 天 后是 2023年8月20日

C:\C#\ex\ex15_2\ex15_2\bin\Debug\net6.0\ex15_2.exe
按任意键关闭此窗口. . .
```

方案 ex15_3.sln：输出今天的日期，要求输入天数，然后输出该天数前的日期。(15-3 节)

```
Microsoft Visual Studio 调试控制台
今天是2023年8月10日
请输入天数：31
31 天前是 2023年7月10日

C:\C#\ex\ex15_3\ex15_3\bin\Debug\net6.0\ex15_3.exe
按任意键关闭此窗口. . .
```

方案 ex15_4.sln：输入 DateTime 字符串测试，如果输入正确则输出此 DateTime 格式，如果输入错误则输出 "DateTime 格式错误"。每次结束要求输入字符，输入 Y 或 y 则程序继续，输入 n 或 N 或其他字符则程序结束。(15-3 节)

```
Microsoft Visual Studio 调试控制台
请输入DateTime字符串：2025/9/8
2025/9/8 : 2025/9/8 0:00:00
是否继续(y/n)？y
请输入DateTime字符串：9/8/2025
9/8/2025 : 2025/9/8 0:00:00
是否继续(y/n)？y
请输入DateTime字符串：2025-9:8.5
2025-9:8.5 : DateTime格式错误
是否继续(y/n)？n

C:\C#\ex\ex15_4\ex15_4\bin\Debug\net6.0\ex15_4.exe
按任意键关闭此窗口. . .
```

方案 ex15_5.sln：输出现在的时间，然后要求输入天数、小时数、分钟数和秒数，此程序会输出经过这些时间后的正确时间。(15-6 节)

```
Microsoft Visual Studio 调试控制台
现在时间 ： 2023/8/10 0:32:13
请输入天数    ： 2
请输入小时数  ： 5
请输入分钟数  ： 40
请输入秒数    ： 30
2 天 5 小时 40 分钟 30 秒后时间是 ： 2023/8/12 6:12:43

C:\C#\ex\ex15_5\ex15_5\bin\Debug\net6.0\ex15_5.exe (进
按任意键关闭此窗口. . .
```

方案 ex15_6.sln：猜 1 ～ 10 的数字，最后列出猜测所花费的时间。(15-8 节)

```
Microsoft Visual Studio 调试控制台
输入欲猜数字 ： 5
请猜小一点!
输入欲猜数字 ： 3
花费时间 00:00:05.9643818

C:\C#\ex\ex15_6\ex15_6\bin\Debug\net6.0\ex15_6.exe
按任意键关闭此窗口. . .
```

第 16 章
类与对象

C# 的基本数据类型可参考 3-3 节，本章介绍的是可自定义的数据类型，称为类 (class)，从面向对象的观点而言，这也是 C# 语言最核心的部分。

当我们了解类基础概念后，其实就进入面向对象的程序设计 (Object Oriented Programming，简称 OOP) 的殿堂了，和过去结构性程序语言相比较，面向对象的程序设计的优点如下：

1. 可以更快、更容易地设计与执行程序。
2. 整个程序结构更清晰易懂。
3. 程序代码可以不再重复、同时更容易维护和修改。
4. 可以用较少的程序代码、节省开发的时间。

面向对象程序设计最重要的 4 个特色是封装 (Encapsulation)、继承 (Inheritance)、抽象 (Abstraction)、多态 (Polymorphism)。

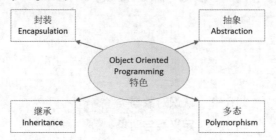

后文笔者将一步一步引导读者进行 C# 语言最重要的特色面向对象的程序设计。

16-1　认识对象与类

C# 其实是一种面向对象的程序语言，强调的是以对象为中心思考与解决问题。在我们生活的周遭，可以很容易将一些事物当作对象来思考，如猫、狗、银行、车子等。

用狗作实例，它的特性有名字、年龄、颜色等，它的行为有睡觉、跑、叫、摇尾巴等。

用银行作实例，它的特性有银行名字、存款者名字、存款金额等，它的行为有存款、提款、买外币、卖外币等。

当我们使用 C# 设计程序的时候，对象的特性称为字段，对象的行为就是所谓的方法。第 17 章会介绍属性，其可以达到数据封装保护字段数据的效果，我们可以用下图表达字段、方法和属性。

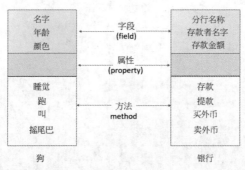

注　属性也有名称，通常会用类似于字段的名称。

我们可以将类想成创建对象的模块，当面向对象思考问题时，我们必须将对象的字段与方法组织起来，所组织的结果就称为类，如下图所示。

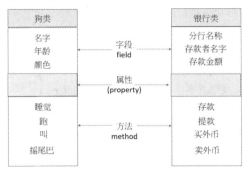

在程序设计时，为了要使用上述类，我们需要真正定义实体 (instance)，我们也将此实体称为对象。未来我们可以使用此对象存取字段、属性与操作方法，如下图所示。

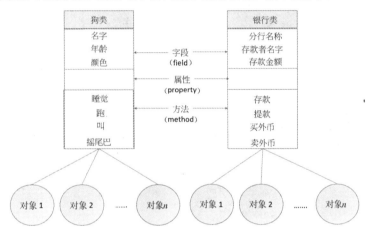

16-2 定义类与对象

有了上述基本概念后，下一步将教导读者如何使用 C# 语言定义类与对象。

16-2-1 定义类

定义类需使用关键词 class，其语法如下：

存取修饰词 class 类名称

```
{
    语句块 ;          // 包含成员字段、方法等
}
```

注 在类内部所谓的语句块，可以有字段、方法、属性、事件和委托，本章将讲解字段和方法，第 17 章将讲解属性等。

存取修饰词和结构 (struct) 的概念相同，可以是下列几个选项：

1. private：成员字段和方法的数据默认是 private，只有类的方法才可以存取。

2. public：这类数据可以让类对象存取。

3. internal：可以供 C# 同一个项目的程序存取。

4. protected：可以让类或其子类存取。

5. protected internal：同一个项目的程序可以存取，其他项目若有继承此类的也可以存取。

注 声明类名称时如果省略存取修饰词，则其默认是 internal。

类名称的命名需遵守变量的命名规则，但是第一个字母建议用大写其余则不限制，通常会是小写，如 Dog。类名称通常由一个到多个有意义的英文单词组成，如果是由多个单词组成的则通常每个单词的第一个字母也建议大写，其余则小写，如 TaipeiBank。

下列是定义狗的类 Dog 的实例，笔者先简化定义方法 (method)：

```
public class Dog
{                                    // 类名称 Dog，D 建议用大写
    public string name;              // 字段：名字
    public string color;             // 字段：颜色
    public int age;                  // 字段：年龄
    public void sleeping( )          // 方法：在睡觉
    {
    }
    public void barking( )           // 方法：在叫
    {
    }
}
```

注 声明成员字段或方法时，如果省略存取修饰词，则其默认是 private。

下列是定义 TaipeiBank 类的实例，笔者先简化定义方法 (method)：

```
public class TaipeiBank
{
    public string branchtitle;       // 字段：分行名称
    public string user;              // 字段：用户名称
    public int balance;              // 字段：存款余额
    public void Saving( )            // 方法：存款
    {
    }
    public void Withdraw( )          // 方法：提款
    {
    }
}
```

16-2-2　声明并创建类对象

类定义完成后，接着我们必须声明并创建这个类的对象，可以使用下列方法：

```
Dog myDog;                      // 声明 Dog 对象
myDog = new Dog( );             // 配置 myDog 对象空间
```

在类声明变量时我们称其为建构方法 (有的文章也将其称为构造方法或建构元或建构子)，第 17 章笔者还会讲解这个知识。另外，一条语句还可以同时执行声明和创建类对象，这两个动作一起称为对象实体。

```
Dog myDog = new Dog( );         // 同时执行声明和创建 Dog 类对象 myDog
```

16-3　类的基本实例

16-3-1　创建类的字段

类的字段，记载着类的特色，使用时我们必须为字段创建变量 (variable)，然后才可以存取它们，这个变量又可以称为属于此类的成员变量 (member variable)，以下是定义字段的实例。

```
public class Dog
{
    public string name;         // 字段：名字
    public string color;        // 字段：颜色
    public int age;             // 字段：年龄
}
```

注 1　在顶级语句 (Top-level statement) 的 C# 概念中，顶级语句必须写在类声明前。

注 2　上述声明字段时如果没有加上 public 修饰词，则默认为 private。

16-3-2　存取类的成员

存取类成员变量的语法如下：

对象变量 . 成员变量

方案 ch16_1.sln：创建类的成员变量，然后打印成员变量内容。

```
1  // ch16_1
2  Dog mydog = new Dog();
3  mydog.name = "Lily";
4  mydog.color = "White";
5  mydog.age = 5;
6  Console.WriteLine($"我的狗名字是 ： {mydog.name}");
7  Console.WriteLine($"我的狗颜色是 ： {mydog.color}");
8  Console.WriteLine($"我的狗年龄是 ： {mydog.age}");
9
10 class Dog
11 {
12     public string name;         // 名字
13     public string color;        // 颜色
14     public int age;             // 年龄
15 }
```

执行结果

```
Microsoft Visual Studio 调试控制台
我的狗名字是 ： Lily
我的狗颜色是 ： White
我的狗年龄是 ： 5

C:\C#\ch16\ch16_1\ch16_1\bin\Debug\net6.0\ch16_1.exe
按任意键关闭此窗口. . ._
```

如果读者在 Visual Studio 环境，将上述 ch16_1.sln 转换成 Program.Main 样式程序，则可以看到下列界面。

执行"预览更改"，可以看到整个程序如下：

16-3-3 不使用顶级语句创建含类的方案

如果读者不想使用顶级语句，并重新设计 ch16_1.sln，则请在创建此新方案 ch16_2.sln 时，勾选"不使用顶级语句"的复选框。

设计类若是不使用顶级语句时，整个方案的命名空间除了原始的 Program 类外，不会有新设计的类，则整个命名空间结构将如下图所示。

了解上图后，读者可以参考下列方式来创建类并在 Main( ) 内输入程序代码。

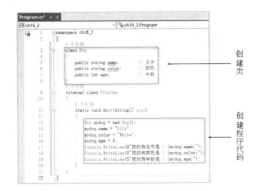

其执行结果则和 ch16_1.sln 相同，如下所示。

16-3-4 命名空间、顶级语句与插入类

设计含有类的程序时也可以使用顶级语句，让程序简单化，然后单独让类在另一个命名空间中，这时请设计如下所示顶级语句的方案 ch16_3.sln，Program.cs 的内容可以参考 ch16_1.sln 的 Program.cs。

然后请执行"项目"|"添加类"，将看到以下界面。

请选择类，然后按右下方的"添加"按钮，将看到以下界面。

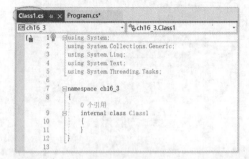

这时会创建 Class1.cs，由于这只是要增加类 class Dog，因此可以删除所有默认的 using 声明，笔者将此类的命名空间改为 mych16_3，然后增加类 class Dog 的内容，所以整个内容将如下所示。

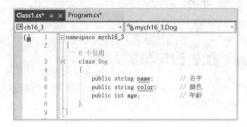

请回到 Program.cs，因为类 Dog 不在目前的命名空间，而在 mych16_3 命名空间，所以必须导入该命名空间，请在程序代码前方增加"using mych16_3;"命名空间，如下所示。

按上述导入命名空间 mych16_3 后，我们才可以在第 3 行，引用此命名空间的 Dog 类，请执行此程序，最后可以得到完全一样的结果。

16-4 值型与引用型

第 3 章笔者介绍了 C# 语言的数据类型，对值数据类型进行了说明，主要是声明变量后系统会为每一个变量设定一个独立的内存空间，所以不同变量之间不会互相影响，下列是实例说明。

方案 ch16_4.sln：使用整数 int 变量观察值型数据的变化。

```
1  // ch16_4
2  int a = 10;
3  int b = a;
4  Console.WriteLine($"执行前  a = {a}\t b = {b}");
5  b = 20;
6  Console.WriteLine($"更改 b 值");
7  Console.WriteLine($"执行后  a = {a}\t b = {b}");
```

执行结果

```
Microsoft Visual Studio 调试控制台
执行前 a = 10      b = 10
更改 b 值
执行后 a = 10      b = 20

C:\C#\ch16\ch16_4\ch16_4\bin\Debug\net6.0\ch16_4.exe
按任意键关闭此窗口. . .
```

从上述可以看到当第 5 行更改 b 值时，a 值因为有不同的内存空间所以 a 值没有受影响，可以参考下列内存图进行理解：

结构也是值型的数据，我们可以参考下列实例。

方案 ch16_5.sln：使用结构 struct 变量观察值型数据的变化。

```
1  // ch16_5
2  Student stu1 = new Student { Name = "JK Hung" };
3  Student stu2 = stu1;
4  Console.WriteLine($"修改前 stu1姓名 = {stu1.Name}\t stu2姓名 = {stu2.Name}");
5  stu2.Name = "KK Tom";
6  Console.WriteLine("更改 stu2 姓名");
7  Console.WriteLine($"修改后 stu1姓名 = {stu1.Name}\t stu2姓名 = {stu2.Name}");
8  struct Student
9  {
10     public string Name { get; set; }
11 }
```

执行结果

```
Microsoft Visual Studio 调试控制台
修改前 stu1姓名 = JK Hung          stu2姓名 = JK Hung
更改 stu2 姓名
修改后 stu1姓名 = JK Hung          stu2姓名 = KK Tom

C:\C#\ch16\ch16_5\ch16_5\bin\Debug\net6.0\ch16_5.exe
按任意键关闭此窗口。
```

从上述可以看到当我们在第 5 行更改 stu 的姓名为 KK Tom 时，stu1 的姓名没有更改，因为结构 struct 是值数据类型，不同变量对象有不同的内存空间。类 class 是引用型，我们可以参考下列实例。

方案 ch16_6.sln：验证类是引用型。

```
1  // ch16_6
2  Student stu1 = new Student();
3  stu1.Name = "JK Hung";
4  Student stu2 = stu1;
5  Console.WriteLine($"修改前 stu1姓名 = {stu1.Name}\t stu2姓名 = {stu2.Name}");
6  stu2.Name = "KK Tom";
7  Console.WriteLine("更改 stu2 姓名");
8  Console.WriteLine($"修改后 stu1姓名 = {stu1.Name}\t stu2姓名 = {stu2.Name}");
9  class Student
10 {
11     public string Name;
12 }
```

执行结果

```
Microsoft Visual Studio 调试控制台
修改前 stu1姓名 = JK Hung          stu2姓名 = JK Hung
更改 stu2 姓名
修改后 stu1姓名 = KK Tom          stu2姓名 = KK Tom

C:\C#\ch16\ch16_6\ch16_6\bin\Debug\net6.0\ch16_6.exe
按任意键关闭此窗口. . .
```

上述第 6 行是修改 stu2.Name 的值，结果第 8 行可以看到 stu1.Name 的值也同步修改，这是因为类 class 是引用型，变量 stu1 和 stu2 经过第 4 行设定后，指向相同的内存，可以参考下列内存图，所以更改 stu2.Name 可以使 stu1.Name 同步修改。

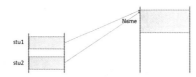

其实类的封装 (encapsulation) 概念和结构 (struct) 相同，若是将 ch16_5.sln 第 8 行的 struct 改为 class，也可以验证类 class 变量是引用型数据的事实，读者可以参考 ch16_6_1.sln。

```
1  // ch16_6_1
2  Student stu1 = new Student { Name = "JK Hung" };
3  Student stu2 = stu1;
4  Console.WriteLine($"修改前 stu1姓名 = {stu1.Name}\t stu2姓名 = {stu2.Name}");
5  stu2.Name = "KK Tom";
6  Console.WriteLine("更改 stu2 姓名");
7  Console.WriteLine($"修改后 stu1姓名 = {stu1.Name}\t stu2姓名 = {stu2.Name}");
8  class Student
9  {
10     public string Name { get; set; }
11 }
```

16-5 类的方法

类的方法 (method) 其实就是对象的行为，在一些非面向对象的程序设计中这个方法 (method) 又称函数 (function)，读者可以参考第 12 章，它的基本语法如下：

存取修饰词　回传值类型　方法名称（［参数列表］）

{

　　方法语句区块；　　　　　　// 方法的主体功能

}

上述存取修饰词与 16-2-1 节中的概念相同，默认是 private。

如果这个方法没有回传值，则回传值类型是 void。如果有回传值，则可依回传值数据类型设定，例如，回传值是整数可以设定 int，这个概念可以扩充到其他 C# 的数据类型。至于参数列表可以解析为参数 1、参数 2 …… 参数 n，我们将信息用参数传入方法 (method) 中。调用方法的语法如下：

对象变量 . 方法

方案 ch16_7.sln：基本上是 ch16_1.sln 的扩充，类 Dog 内含属性与方法的应用。

```
1   // ch16_7
2   Dog myDog = new Dog();              // 创建对象
3   myDog.name = "Lily";
4   myDog.color = "White";
5   myDog.age = 5;
6   Console.WriteLine($"我的狗名字是 : {myDog.name}");
7   Console.WriteLine($"我的狗颜色是 : {myDog.color}");
8   Console.WriteLine($"我的狗年龄是 : {myDog.age}");
9   myDog.Barking();                    // 调用方法 Barking
10
11  class Dog
12  {
13      public string name;            // 名字
14      public string color;           // 颜色
15      public int age;                // 年龄
16      public void Barking()
17      {
18          Console.WriteLine("我的狗在叫");
19      }
20  }
```

执行结果

```
Microsoft Visual Studio 调试控制台
我的狗名字是 : Lily
我的狗颜色是 : White
我的狗年龄是 : 5
我的狗在叫

C:\C#\ch16\ch16_7\ch16_7\bin\Debug\net6.0\ch16_7.exe
按任意键关闭此窗口. . .
```

16-6 一个类含多个对象的应用

如果一个类只能有一个对象，那其对实际的程序帮助不大，所幸 C# 允许一个类中有多个对象，这也将是本节的主题。

16-6-1　一个类含多个对象的应用

其实只要在声明时，用相同的方式创建不一样的对象即可。

方案 ch16_8.sln：一个类含两个对象的应用。

从程序中读者可以看到第 2 行和第 7 行分别创建 myDog 和 TomDog 对象，虽然使用相同的属性和方法，但是彼此是独立的。然后第 3 ～ 第 5 行是创建 myDog 的字段、打印和调用方法 Barking( )。第 8 ～ 第 10 行是创建 TomDog 的属性、打印和调用方法 Sleeping( )。

```
1   // ch16_8
2   Dog myDog = new Dog();                    // 创建对象
3   myDog.name = "Lily";
4   Console.Write($"我的狗名字是 : {myDog.name} ");
5   myDog.Barking();                          // 调用方法 Barking
6
7   Dog TomDog = new Dog();                   // 创建TomDog对象
8   TomDog.name = "Hali";
9   Console.Write($"Tom的狗名字是 : {TomDog.name} ");
10  myDog.Sleeping();                         // 调用方法 Sleeping
11
12  class Dog
13  {
14      public string name;                   // 名字
15      public string color;                  // 颜色
16      public int age;                       // 年龄
17      public void Barking()
18      {
19          Console.WriteLine("我的狗在叫");
20      }
21      public void Sleeping()
22      {
23          Console.WriteLine("正在睡觉");
24      }
25  }
```

执行结果

```
■ Microsoft Visual Studio 调试控制台
我的狗名字是 ：Lily 我的狗在叫
Tom的狗名字是 ：Hali 正在睡觉

C:\C#\ch16\ch16_8\ch16_8\bin\Debug\net6.0\ch16_8.exe
按任意键关闭此窗口. . .
```

16-6-2 创建类的对象数组

如果我们创建了一个银行的类，其用户可能有几百万或更多，使用 16-6-1 节方式为每一个客户创建对象变量是一个不可能的事，碰上这类情形我们可以用数组的方式处理。

方案 ch16_9.sln：创建类对象数组的应用，此对象数组有 5 个元素。

```
1   // ch16_9
2   TaipeiBank[] shilin = new TaipeiBank[5];   // 声明类别数组
3
4   for (int i = 0; i < shilin.Length; i++)
5   {
6       shilin[i] = new TaipeiBank();          // 创建账号对象
7       shilin[i].account = 10000001 + i;      // 创建账号
8       shilin[i].balance = 0;                 // 创建余额
9   }
10  foreach (TaipeiBank bank in shilin)
11      bank.PrintInfo();
12
13  class TaipeiBank
14  {
15      public int account;                    // 账号
16      public int balance;                    // 存款余额
17      public void PrintInfo()                // 输出账号和余额
18      {
19          Console.WriteLine($"账户 : {account}, 余额 : {balance}");
20      }
21  }
```

执行结果

```
■ Microsoft Visual Studio 调试控制台
账户 : 10000001, 余额 : 0
账户 : 10000002, 余额 : 0
账户 : 10000003, 余额 : 0
账户 : 10000004, 余额 : 0
账户 : 10000005, 余额 : 0

C:\C#\ch16\ch16_9\ch16_9\bin\Debug\net6.0\ch16_9.exe
按任意键关闭此窗口. . .
```

上述程序有两个新概念，首先在类内 PrintInfo( ) 方法内引用此类的字段时，如第 19 行内的 account 和 balance 字段，可以同时直接调用域名。这个 PrintInfo( ) 方法可以打印账户和余额。

至于第 2 行笔者声明了 TaipeiBank 类的数组，由于每一个数组元素皆是一个类，因此必须在第 6 行创建此对象，然后第 7 行和第 8 行才可以设定此对象的账号和初始化存款金额。第 10 行和第 11 行是 foreach 循环，可以打印账号信息。

16-7 再谈方法

在前面各节的类实例中，所有的方法都是简单的，没有传递任何参数也没有任何回传值，本节将讲解更多方法的应用。

16-7-1 基本参数的传送

在设计类的方法时，也可以传递数据给方法。

方案 ch16_10.sln：使用银行存款了解基本参数传送的方法与意义。

```
1  // ch16_10
2  TaipeiBank A = new TaipeiBank();          // 声明类别对象 A
3
4  A.account = 10000001;                     // 设置账号
5  A.balance = 0;                            // 设置最初存款
6  A.PrintInfo();                            // 存款前输出
7  A.SaveMoney(100);                         // 存款 100
8  A.PrintInfo();                            // 存款后输出
9
10 class TaipeiBank
11 {
12     public int account;                   // 账号
13     public int balance;                   // 存款余额
14     public void SaveMoney(int save)       // 存款
15     {
16         balance += save;
17     }
18
19     public void PrintInfo()               // 输出账号和余额
20     {
21         Console.WriteLine($"账户 : {account}, 余额 : {balance}");
22     }
23 }
```

执行结果

```
■■ Microsoft Visual Studio 调试控制台
账户 : 10000001, 余额 : 0
账户 : 10000001, 余额 : 100

C:\C#\ch16\ch16_10\ch16_10\bin\Debug\net6.0\ch16_10.exe
按任意键关闭此窗口. . .
```

上述程序第 6 行打印存款前的账户余额，第 7 行存款 100 元，这时 A.SaveMoney(100) 会将 100 传给类内的 SaveMoney(int save) 方法，程序第 16 行会将此 100 与原先的余额求和。第 8 行打印存款后的账户余额。上述程序传递整数参数，其实读者可以将它扩充，传递任何 C# 合法的数据类型。

我们也可以在创建类对象时，直接设定类的初始值，可以参考下列实例。

方案 ch16_11.sln：使用直接设定类的初始值，重新设计 ch16_10.sln。

```
1  // ch16_11
2  TaipeiBank A = new TaipeiBank { account = 10000001, balance = 0 };
3
4  A.PrintInfo();                            // 存款前输出
5  A.SaveMoney(100);                         // 存款 100
6  A.PrintInfo();                            // 存款后输出
7
8  class TaipeiBank
9  {
10     public int account;                   // 账号
11     public int balance;                   // 存款余额
12     public void SaveMoney(int save)       // 存款
13     {
14         balance += save;
15     }
16
17     public void PrintInfo()               // 输出账号和余额
18     {
19         Console.WriteLine($"账户 : {account}, 余额 : {balance}");
20     }
21 }
```

执行结果：与 ch16_10.sln 相同。

请读者参考上述程序的第 2 行。

16-7-2　认识形参与实参

有时候看一些网络文章或书籍，有些作者会将传递的参数或方法内的参数进行更细的描述。

通常是将方法内定义的参数称为形参 (formal parameter)，以实例 ch16_11.sln 为例，指的是第 12 行的 save。将顶级语句 (main( )) 内的参数称为实参 (actual parameter)，以实例 ch16_11.sln 为例，指的是第 5 行的 100。在本书中笔者将它们统称为参数 (parameter)。

16-7-3　方法的回传值

在 C# 中也可以让方法回传执行结果，此时语法格式如下：

public　　回传值类型　　方法名称（ [参数列表] ）

```
    {
        方法语句区块；            // 方法的主体功能
        return 回传值；          // 回传值可以是变量或表达式
    }
```

方案 ch16_12.sln：重新设计程序实例 ch16_11.sln，本程序主要增加 saveMoney( ) 方法的回传值，回传值是布尔值 true 或 false。如果我们执行存款，则存款金额一定是正值，但是程序实例 ch16_11.sln 若是输入负值，程序仍可运作此时存款金额会变少，这就是语义上的错误。因此本程序会对存款金额做检查，如果大于 0 则执行存款，同时存款完成后列出存款成功，可参考第 6 行。如果存款金额是负值，则将不执行存款，然后列出存款失败，可参考第 9 行。

```
1   // ch16_12
2   TaipeiBank A = new TaipeiBank { account = 10000001, balance = 0 };
3
4   A.PrintInfo();                                  // 存款前输出
5   int money = 100;
6   Console.WriteLine($"存款 {money} {(A.SaveMoney(money) ? "成功":"失败")}");
7   A.PrintInfo();                                  // 存款后输出
8   money = -100;
9   Console.WriteLine($"存款 {money} {(A.SaveMoney(money) ? "成功":"失败")}");
10  A.PrintInfo();                                  // 存款后输出
11
12  class TaipeiBank
13  {
14      public int account;                         // 账号
15      public int balance;                         // 存款余额
16      public bool SaveMoney(int save)             // 存款
17      {
18          if (save > 0)                           // 存款金额大于 0
19          {
20              balance += save;
21              return true;                        // 回传 true
22          }
23          else                                    // 存款金额小于或等于 0
24              return false;                       // 回传 false
25      }
26
27      public void PrintInfo()                     // 输出账号和余额
28      {
29          Console.WriteLine($"账户：{account}, 余额：{balance}");
30      }
31  }
```

执行结果

```
Microsoft Visual Studio 调试控制台
账户：10000001, 余额：0
存款 100 成功
账户：10000001, 余额：100
存款 -100 失败
账户：10000001, 余额：100

C:\C#\ch16\ch16_12\ch16_12\bin\Debug\net6.0\ch16_12.exe
按任意键关闭此窗口. . .
```

16-8 变量的有效范围

设计 C# 程序时，可以随时在使用前声明变量，可是变量并不是永远可以使用的，通常我们将变量可以使用的区间称为变量的有效范围，这也是本节的主题。

16-8-1 for 循环的索引变量

下列是一个常见的 for 循环设计：

```
for ( int i = 1; i < n; i++ )
{
    xxxx;
}
```

对上述循环而言，索引用途的整型变量 i 的有效范围就是这个循环，如果离开循环继续使用变量 i 就会产生错误。

方案 ch16_13.sln：这个程序第 6 行尝试在 for 循环外使用循环内声明的索引变量 i，结果产生错误。

```
1   // ch16_13
2   int sum = 0;
3   for (int i = 1; i <= 10; i++)
4       sum += i;
5   Console.WriteLine(sum);
6   Console.WriteLine(i);
7
```

16-8-2 局部变量

其实在程序区块内声明的变量都算是局部变量，所谓的程序区块可能是一个方法内的语句，或者是大括号 "{" 和 "}" 间的区块，这时所设定的变量只限定在此区块内有效。

方案 ch16_14.sln：在大括号 "{" 和 "}" 区域外使用变量产生错误的实例，第 7 行设定的 y 变量只能在第 6 ~ 第 9 行间的区块使用，由于第 10 行打印 y 时，已经超出 y 的区域范围，因此产生错误。

```
1    // ch16_14
2    using System.Runtime.CompilerServices;
3
4    int x = 100;
5    Console.WriteLine($"x = {x}");
6    {
7        int y = 10;
8        Console.WriteLine($"y = {y}");
9    }
10   Console.WriteLine($"y = {y}");
```

在设计 C# 程序时，外层区块声明的变量可以供内层区块使用。

方案 ch16_15.sln：外层区块声明的变量供内层区块使用的实例，程序第 2 行声明的变量 x，在内层区块第 6 行仍可使用。

```
1   // ch16_15
2   int x = 10;
3   Console.WriteLine($"区块外变量 区块外输出 x = {x}");
4   {
5       int y = 20;
6       Console.WriteLine($"区块外变量 区块内输出 x = {x}");
7       Console.WriteLine($"区块内变量 区块内输出 y = {y}");
8   }
```

执行结果

```
Microsoft Visual Studio 调试控制台
区块外变量 区块外输出 x = 10
区块外变量 区块内输出 x = 10
区块内变量 区块内输出 y = 20

C:\C#\ch16\ch16_15\ch16_15\bin\Debug\net6.0\ch16_15.exe
按任意键关闭此窗口. . .
```

如果前面已经声明某一变量，则不可以在内圈重新声明相同的变量。其实我们可以理解为当一个变量仍在有效范围时，不可以声明相同名称的变量。

方案 ch16_16.sln：这个程序第 5 行重复声明第 2 行已经声明的变量 x，且此变量仍在有效范围内使用，所以产生错误。

```
1   // ch16_16
2   int x = 10;
3   Console.WriteLine($"区块外变量 区块外输出 x = {x}");
4   {
5       int x = 15;
6       int y = 20;
7       Console.WriteLine($"区块内变量 区块内输出 y = {y}");
8   }
```

16-8-3 类内成员变量与方法变量有相同的名称

在程序设计时，有时候方法内的局部变量与类的字段变量（或称成员变量）会有相同的名称，这时候在方法内的变量有较高的优先级，这种现象称为名称遮蔽 (shadowing of name)。

方案 ch16_17.sln：名称遮蔽的基本现象。这个程序的 ShadowingTest 类有一个成员变量 x，在方法 PrintInfo( ) 内也有局部变量 x，依照名称遮蔽原则，第 10 行打印结果是上层语句 A.printInfo(20) 传来的 20。如果想要打印目前对象的成员变量可以使用 this 关键词，这个关键词可以获得目前对象的成员变量的内容，它的使用方式如下：

```
this. 成员变量
```

所以程序第 11 行会打印第 7 行成员变量设定的 10。

```
1   // ch16_17.sln
2   ShadowTest A = new ShadowTest();
3   A.PrintInfo(20);
4
5   class ShadowTest
6   {
7       int x = 10;
8       public void PrintInfo(int x)
9       {
10          Console.WriteLine($"局部变量 x = {x}");
11          Console.WriteLine($"成员字段 x = {this.x}");
12      }
13  }
```

执行结果

```
Microsoft Visual Studio 调试控制台
局部变量 x = 20
成员字段 x = 10

C:\C#\ch16\ch16_17\ch16_17\bin\Debug\net6.0\ch16_17.exe
按任意键关闭此窗口. . .
```

16-9 部分类

C# 还提供了部分类 (partial class) 的概念，所谓的部分类是将类的功能分开声明，需要声明时要加上 partial class，如下所示：

```
存取修饰词 partial class 类名称
{
    xxx;
}
存取修饰词 partial class 类名称
{
    yyy;
}
```

上述两个部分类有相同的名称，但是内容不同，上述类可以在一个文件内，也可以在不同的文件 (如 Class1.cs 和 Class2.cs) 内，C# 编译程序在编译时会将 partial 类组织起来成为一个完整的类，下列是在同一个文件中的部分类实例。

方案 ch16_17_1.sln：部分类的实例。

```
1   // ch16_17_1
2   XYaxis coords = new XYaxis(3, 5);        // 定义平面坐标 (3, 5)
3   coords.PrintXYaxis();
4   public partial class XYaxis
5   {
6       private int x;
7       private int y;
8       public XYaxis(int x, int y)          // constructor
9       {
10          this.x = x;
11          this.y = y;
12      }
13  }
14  public partial class XYaxis
15  {
16      public void PrintXYaxis()
17      {
18          Console.WriteLine($"坐标(x, y) : {x}, {y}");
19      }
20  }
```

执行结果

```
Microsoft Visual Studio 调试控制台
坐标(x, y) : 3, 5

C:\C#\ch16\ch16_17_1\ch16_17_1\bin\Debug\net6.0\ch16_17_1.exe
按任意键关闭此窗口. . .
```

16-10　专题

16-10-1　计算面积

方案 ch16_18.sln：设计矩形类 Rect，然后设定一个对象并同时输出这两个对象的面积。

```
1   // ch16_18
2   Rect rect1 = new Rect();        // 声明 rect1, 类型是 Rect
3   Rect rect2 = new Rect();        // 声明 rect2, 类型是 Rect
4   double area = 0.0;              // 面积
5
6   // rect1 描述
7   rect1.height = 5.0;
8   rect1.width = 10.0;
9
10  // rect2 描述
11  rect2.height = 10.0;
12  rect2.width = 20.0;
13
14  // rect1 面积
15  area = rect1.height * rect1.width;
16  Console.WriteLine($"rect1 面积 = {area}");
17
18  // rect2 面积
19  area = rect2.height * rect2.width;
20  Console.WriteLine($"rect2 面积 = {area}");
21
22  class Rect
23  {
24      public double height;      // 高度
25      public double width;       // 宽度
26  }
```

执行结果

```
Microsoft Visual Studio 调试控制台
rect1 面积 = 50
rect2 面积 = 200

C:\C#\ch16\ch16_18\ch16_18\bin\Debug\net6.0\ch16_18.exe
按任意键关闭此窗口. . .
```

16-10-2　创建并输出员工数据

方案 ch16_19.sln：创建员工数据然后输出。

```
1   // ch16_19
2   Employee e1 = new Employee();
3   Employee e2 = new Employee();
4   e1.Create(1001, "洪锦魁", 98000);
5   e2.Create(1005, "洪星宇", 68000);
6   e1.Display();
7   e2.Display();
8
9   public class Employee
10  {
11      public int id;
12      public string name;
13      public int salary;
14      public void Create(int i, string n, int s)
15      {
16          id = i;
17          name = n;
18          salary = s;
19      }
20      public void Display()
21      {
22          Console.WriteLine($"{id} : {name} {salary}");
23      }
24  }
```

执行结果

```
Microsoft Visual Studio 调试控制台
1001 : 洪锦魁 98000
1005 : 洪星宇 68000

C:\C#\ch16\ch16_19\ch16_19\bin\Debug\net6.0\ch16_19.exe
按任意键关闭此窗口. . .
```

16-10-3　Expression-Bodied Method 当作类的方法

在 12-9 节笔者介绍了 Expression-Bodied Method 表达式主体方法，其实该方法也可以用于设计类的方法，可以参考下列实例。

方案 ch16_20.sln：设计 SmallMath 类，此类的方法使用 Expression-Bodied Method 方式设计。

```
1  // ch16_20
2  int a = 10;
3  int b = 20;
4  SmallMath A = new SmallMath();
5  Console.WriteLine($"{a} + {b} = {A.Add(a, b)}");
6  Console.WriteLine($"{a} - {b} = {A.Sub(a, b)}");
7
8  class SmallMath
9  {
10     public int Add(int x, int y) => x + y;
11     public int Sub(int x, int y) => x - y;
12 }
```

执行结果

```
Microsoft Visual Studio 调试控制台
10 + 20 = 30
10 - 20 = -10

C:\C#16\ch16_20\ch16_20\bin\Debug\net6.0\ch16_20.exe
按任意键关闭此窗口...
```

16-10-4　匿名类

匿名类 (anonymous class) 是 C# 提供一个便利的方法，将一组只读属性的数据封装成一个对象，不需要事先明确地定义数据类型，类名会由编译程序产生，同时属性也会由编译程序依据数据类型做推断。

方案 ch16_21.sln：创建匿名类并输出。

```
1  // ch16_21
2  var Student = new { Id = 101, FirstName = "Jiin-Kwei", LastName = "Hung" };
3  Console.WriteLine(Student.Id);
4  Console.WriteLine(Student.FirstName);
5  Console.WriteLine(Student.LastName);
```

执行结果

```
Microsoft Visual Studio 调试控制台
101
Jiin-Kwei
Hung

C:\C#\ch16\ch16_21\ch16_21\bin\Debug\net6.0\ch16_21.exe
按任意键关闭此窗口...
```

匿名类也可以是嵌套的，可以参考下列实例。

方案 ch16_22.sln：嵌套匿名类的创建与输出。

```
1  // ch16_22
2  var Student = new
3  {
4      Id = 101,
5      FirstName = "Jiin-Kwei",
6      LastName = "Hung",
7      Address = new { City = "Chicago", Country = "USA" }
8  };
9  Console.Write(Student.Address.City + " ");
10 Console.WriteLine(Student.Address.Country);
```

执行结果

```
Microsoft Visual Studio 调试控制台
Chicago USA

C:\C#\ch16\ch16_22\ch16_22\bin\Debug\net6.0\ch16_22.exe
按任意键关闭此窗口...
```

匿名类也可以创建数组并输出。

方案 ch16_23.sln：创建匿名类数组并输出。

```
1  // ch16_23
2  var Students = new[] {
3          new { Id = 101, FirstName = "Kevin", LastName = "Hung" },
4          new { Id = 102, FirstName = "John", LastName = "Hung" },
5          new { Id = 103, FirstName = "Ivan", LastName = "Hung" }
6      };
7
8  foreach (var s in Students)
9      Console.WriteLine($"{s.Id} : {s.FirstName} {s.LastName}");
```

执行结果

```
Microsoft Visual Studio 调试控制台
101 : Kevin Hung
102 : John Hung
103 : Ivan Hung

C:\C#\ch16\ch16_23\ch16_23\bin\Debug\net6.0\ch16_23.exe
按任意键关闭此窗口...
```

匿名类常用在 C# 的 LING 查询表达式中，使用 select 关键词，然后可以回传对象的子集合。

习题实操题

方案 ex16_1.sln：请参考 ch16_7.sln，增设方法 public void eating( )，内容是"我的狗在吃

东西"，然后在上层语句中调用此方法。(16-5 节)

```
Microsoft Visual Studio 调试控制台
我的狗名字是 : Lily
我的狗颜色是 : White
我的狗年龄是 : 5
我的狗在叫
我的狗在吃东西

C:\C#\ex\ex16_1\ex16_1\bin\Debug\net6.0\ex16_1.exe
按任意键关闭此窗口...
```

方案 ex16_2.sln：请重新设计 ch16_12.sln，将存款方法改为如下：(16-7 节)
```
public void SaveMoney(int save);
```
然后 SaveMoney 方法可以执行存款，同时输出存款成功还是失败。此程序先存款 100 结果输出存款 100 成功，然后再存款 -100 结果输出存款 -100 失败。

```
Microsoft Visual Studio 调试控制台
账户 : 10000001, 余额 : 0
存款 100 成功
账户 : 10000001, 余额 : 100
存款 -100 失败
账户 : 10000001, 余额 : 100

C:\C#\ex\ex16_2\ex16_2\bin\Debug\net6.0\ex16_2.exe
按任意键关闭此窗口...
```

方案 ex16_3.sln：扩充设计 ex16_2.sln，增加 WithdrawMoney( )，其是提款方法，让程序可以执行提款功能，同时执行提款时要检查提款金额，提款金额必须小于或等于存款金额。此例请先存款 100 元，然后分别提款 90 元和 20 元，最后程序必须列出提款成功或提款失败。(16-7 节)

```
Microsoft Visual Studio 调试控制台
账户 : 10000001, 余额 : 0
存款 100 成功
账户 : 10000001, 余额 : 100
提款 90 成功
账户 : 10000001, 余额 : 10
提款 20 失败
账户 : 10000001, 余额 : 10

C:\C#\ex\ex16_3\ex16_3\bin\Debug\net6.0\ex16_3.exe
按任意键关闭此窗口...
```

方案 ex16_4.sln：更新设计 ch16_18.sln，将类的名称由 Rect 改为 Box，相当于计算体积，所以必须增加 public double length;，请将 length 改为 2.0，其他数据与 ch16_18.sln 相同，请输出结果。(16-9 节)

```
Microsoft Visual Studio 调试控制台
box1 体积 = 100
box2 体积 = 400

C:\C#\ex\ex16_4\ex16_4\bin\Debug\net6.0\ex16_4.exe
按任意键关闭此窗口...
```

方案 ex16_5.sln：扩充设计 ch16_19.sln，类中增设地址，同时输出增加的地址。(16-9 节)

```
Microsoft Visual Studio 调试控制台
编号  姓名   薪资   地址
1001 洪锦魁 98000 台北市基隆路一段100号
1005 洪星宇 68000 台北市中山北路一段98号

C:\C#\ex\ex16_5\ex16_5\bin\Debug\net6.0\ex16_5.exe
按任意键关闭此窗口...
```

方案 ex16_6.sln：扩充设计 ch16_20.sln，增加求余数的 Mod 方法和乘法的 Mul 方法。(16-9 节)

```
Microsoft Visual Studio 调试控制台
8 + 5 = 13
8 - 5 = 3
8 % 5 = 3
8 * 5 = 40

C:\C#\ex\ex16_6\ex16_6\bin\Debug\net6.0\ex16_6.exe
按任意键关闭此窗口...
```

第 17 章
对象的建构、属性与封装

第 16 章讲解了类最基础的知识，每当我们创建好类，在上层语句中声明类对象并配置内存后，接着就是自定义类的初始值。详情可参考程序实例方案 ch16_10.sln，在其第 5 行可以看到需将所开的账户最初的余额设定为 0。

```
1  // ch16_10
2  TaipeiBank A = new TaipeiBank();        // 声明类别对象 A
3
4  A.account = 10000001;                   // 设置账号
5  A.balance = 0;                          // 设置最初存款
```

其实上述不是好方法，一个好的程序当我们声明类的对象配置内存空间后，类应该就可以自行完成初始化的工作，这样可以减少人为初始化可能导致的疏失，这将是本章的第一个主题，接着笔者会讲解对象封装 (encapsulation) 的知识。

17-1 建构方法

建构方法 (constructor) 也有人翻译为构造方法，就是类对象创建完成后，自行完成的初始化工作，如果我们没有为字段数据设定初始值，系统会依据字段数据特性设定初始值，例如 int、double 数据的初始值是 0，bool 的初始值是 flase，详情可以参考 3-10 节。例如，当我们为 TaipeiBank 类创建对象后，初始化的工作应该会将该对象的存款余额设为 0。

请参考程序实例 ch16_10.sln 的第 2 行内容：

```
TaipeiBank A = new TaipeiBank( );
```

上述类名称是 TaipeiBank，我们使用 new 运算符然后接 TaipeiBank( )，注意语句中有 "( )" 存在，其实这就是在调用建构方法，类中默认的建构方法名称应该与类名称相同。读者可能会想，我们在设计 TaipeiBank 类时没有创建 TaipeiBank( ) 方法，程序为何没有错误？

17-1-1 默认的建构方法

如果我们在设计类时，没有设计与类名称相同的建构方法，C# 编译会自动协助创建一个默认的建构方法。

方案 ch17_1.sln：简单说明建构方法与系统默认的初始值。

```
1  // ch17_1
2  TaipeiBank A = new TaipeiBank();
3  A.PrintInfo();
4
5  public class TaipeiBank
6  {
7      int account;
8      int balance;
9      public void PrintInfo()
10     {
11         Console.WriteLine($"账号({account}) 目前余额：{balance}");
12     }
13 }
```

执行结果

```
Microsoft Visual Studio 调试控制台
账号(0) 目前余额：0

C:\C#\ch17\ch17_1\ch17_1\bin\Debug\net6.0\ch17_1.exe
按任意键关闭此窗口. . .
```

上述程序没有建构方法，其实 C# 在编译时会自动为上述程序创建一个默认的建构方法。

方案 ch17_2.sln：C# 编译程序为 ch17_1.sln 创建一个默认的建构方法，其实第 9 ~ 第 11 行就是 C# 编译程序创建的默认建构方法。

```
1  // ch17_2
2  TaipeiBank A = new TaipeiBank();
3  A.PrintInfo();
4
5  public class TaipeiBank
6  {
7      int account;
8      int balance;
9      public TaipeiBank()
10     {
11     }
12     public void PrintInfo()
13     {
14         Console.WriteLine($"账号({account}) 目前余额：{balance}");
15     }
16 }
```

执行结果：与 ch17_1.sln 相同。

17-1-2 自建建构方法

所谓的自建建构方法就是在创建类时，自行创建一个和类相同名称的方法，这个方法还有几个特色。

1. 存取修饰词是 public。

2. 没有数据类型。

3. 没有回传值。

4. 可以有多个建构方法。

另外，当 C# 编译程序看到类内有自建建构方法后，它就不会再创建默认的建构方法了。

❏ 无参数的建构方法

就如同标题所说，这一类建构方法中没有任何参数。

方案 ch17_3.sln：创建 BankTaipei 类时增加设计默认建构方法，这个程序主要是在创建好对象 A 后，打印 A 对象的存款余额。

```
1  // ch17_3
2  TaipeiBank A = new TaipeiBank();
3  A.PrintInfo();
4
5  public class TaipeiBank
6  {
7      int account;
8      int balance;
9      public TaipeiBank()
10     {
11         account = 0;
12         balance = 0;
13     }
14     public void PrintInfo()
15     {
16         Console.WriteLine($"账号({account}) 目前余额 : {balance}");
17     }
18 }
```

执行结果

```
Microsoft Visual Studio 调试控制台
账号(0) 目前余额 : 0
C:\C#\ch17\ch17_3\ch17_3\bin\Debug\net6.0\ch17_3.exe
按任意键关闭此窗口. . .
```

❏ 有参数的建构方法

所谓的有参数的建构方法是，我们在声明与创建对象时需传递参数，这些参数会传送给建构方法。

方案 ch17_4.sln：在建构方法中设定薪资，同时使用 this 关键词。

```
1  // ch17_4
2  Salary A = new Salary(30000);
3  A.PrintInfo();
4
5  class Salary
6  {
7      int paid;
8      public Salary(int paid)        // constructor 方法
9      {
10         this.paid = paid;          // 设置初始值
11     }
12     public void PrintInfo()
13     {
14         Console.WriteLine($"薪资是 = {paid}");
15     }
16 }
```

执行结果

```
Microsoft Visual Studio 调试控制台
薪资是 = 30000
C:\C#\ch17\ch17_4\ch17_4\bin\Debug\net6.0\ch17_4.exe
按任意键关闭此窗口. . .
```

上述第 8 ～ 第 11 行是建构方法，为了区分传入参数 paid，笔者第 10 行用 this.paid 代表字段成员。

❏ 使用表达式主体方法设计建构方法

我们也可以将表达式主体方法的概念应用在建构方法上，这样可以简化设计。

方案 ch17_5.sln：使用表达式主体方法重新设计 ch17_4.sln。

```
1  // ch17_5
2  Salary A = new Salary(30000);
3  A.PrintInfo();
4
5  class Salary
6  {
7      int paid;
8      public Salary(int paid) => this.paid = paid;
9      public void PrintInfo()
10     {
11         Console.WriteLine($"薪资是 = {paid}");
12     }
13 }
```

执行结果：与 ch17_4.sln 相同。

17-1-3 再谈 this 关键词

在 16-8-3 节笔者在设计一般方法时有提到名称遮蔽 (shadowing of name) 这一概念，当类内的方法所定义的局部变量与类的成员字段变量相同时，方法会以局部变量优先。在这个环境下，如果确定要存取类的成员字段变量时，可以使用 this 关键词，如下：

```
this.成员字段变量
```

以上概念也可以应用在建构方法中。若是以 ch17_5.sln 第 8 行为实例，如果使用下列方法，程序也可以执行。

```
public Salary(int money) -> paid = money;        // 可参考 ch17_5_1.sln
```

其实上述语句将局部变量设为 money，从程序设计角度来看最大的缺点是程序不容易阅读，如果我们将局部变量设为 paid，整个设计如下所示：

```
public Salary(int paid) -> paid = paid;          // 可参考 ch17_5_2.sln
```

程序变得比较容易阅读，但是上述语句会产生名称遮蔽现象造成设定失败，结果是 0 的错误，在这时就可以使用 this 关键词，如下所示：

```
public Salary(int paid) -> this.paid = paid;
```

所以用 this 关键词，除了语法正确，也有局部变量与成员变量的名称，整个程序应该更容易阅读。

17-1-4 析构方法

如果读者设计 .NET Framework，在类中可以设计析构 (destructor) 方法，假设类名称是 Person，则建构方法的名称是 Person( )，析构方法的名称是 ～ Person( )，也就是在建构方法名称前加上 "～" 符号，即是析构方法。在 C++ 的程序概念中，一个类如果不再需要，可以使用析构方法将此类销毁，然后回收内存空间，但是如果程序设计师忘记，则会造成内存的浪费。

在 Java 和 C# 的程序概念中，有内存自动回收机制，我们不必设计析构方法，其自动回收机制会自行处理。

方案 ch17_6.sln：请创建 .NET Framework 的方案，如下所示。

请按右下方的 "下一步" 按钮，接着步骤则与之前一样，下列是此程序实例。

```
1  using System;
2  namespace ch17_6
3  {
4      class Person
5      {
6          public string name;
7          public void getName()
8          {
9              Console.WriteLine($"姓名 : {name}");
10         }
11         ~Person()           // Destructor
12         {
13             Console.WriteLine("调用 Destructor");
14         }
15     }
16     internal class Program
17     {
18         static void Main(string[] args)
19         {
20             Person p = new Person();
21             p.name = "洪锦魁";
22             p.getName();
23         }
24     }
25 }
```

执行结果：上述程序中笔者删除了许多不需要的 using 语句。

```
C:\Windows\system32\cmd.exe
姓名 : 洪锦魁
调用 Destructor
请按任意键继续. . .
```

从上述执行结果可以看到程序执行结束前，.NET Framework 会自动调用 ～ Person( )，所以可以看到输出 "调用 Destructor"。

但是在 .NET 6.0(或 7.0) 下，程序结束前不会调用 ～ Person( )，所以将看不到上述 "调用 Destructor" 信息，读者可以参考 ch17_6_1.sln。

方案 ch17_6_1.sln：使用 .NET 6.0 重新设计 ch17_6.sln。

```
1  // ch17_6_1
2  Person p = new Person();
3  p.name = "洪锦魁";
4  p.getName();
5
6  class Person
7  {
8      public string name;
9      public void getName()
10     {
11         Console.WriteLine($"姓名 : {name}");
12     }
13     -Person()        // Destructor
14     {
15         Console.WriteLine("调用 Destructor");
16     }
17 }
```

执行结果

```
Microsoft Visual Studio 调试控制台
姓名 : 洪锦魁

C:\C#\ch17\ch17_6_1\ch17_6_1\bin\Debug\net6.0\ch17_6_1.exe
按任意键关闭此窗口. . .
```

使用析构方法需注意下列事项：

1. 析构方法不可以在 struct 内定义，只能在 class 内使用。
2. 一个类只能有一个析构方法。
3. 析构方法不能有存取修饰词或参数。
4. 析构方法不可以被继承或重载。
5. 析构方法不可以被调用。

17-2　重载

overload 可以翻译为重载、多载或多重定义，主要含义为同时有多个名称相同的方法时，C# 编译程序会依据方法所传递的参数数量或数据类型，选择符合的建构方法处理。

17-2-1　从 Console.WriteLine( ) 看重载定义

其实重载也可以应用在一般类内的方法上。在正式用实例讲解前，请先思考我们使用了许多次的 Console.WriteLine( ) 方法，读者应该发现不论我们传入什么类型的数据，都可以打印出正确的执行结果。

方案 ch17_7.sln：认识 Console.WriteLine( ) 的重载。

```
1  // ch17_7
2  char ch = 'A';
3  int num = 100;
4  double pi = 3.14159;
5  bool bo = true;
6  string str = "C#";
7  Console.WriteLine(ch);
8  Console.WriteLine(num);
9  Console.WriteLine(pi);
10 Console.WriteLine(bo);
11 Console.WriteLine(str);
```

执行结果

```
Microsoft Visual Studio 调试控制台
A
100
3.14159
True
C#

C:\C#\ch17\ch17_7\ch17_7\bin\Debug\net6.0\ch17_7.exe
按任意键关闭此窗口. . .
```

其实以上就是因为 Console.WriteLine( ) 是一个重载的方法，才可以做到不论我们输入哪一类型的数据都可以顺利打印，下面是上述实例的说明图。

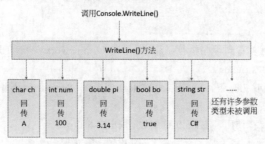

上述重载方法可以增加程序的可读性，也可以增加程序对于程序设计师与使用者的便利性，如果我们没有这个功能，就上述实例而言，我们就必须设计 5 种不同名称的打印方法，造成冗长的程序设计负荷与用户需熟记多种方法的负荷。

17-2-2　把重载应用到建构方法中

方案 ch17_8.sln：将重载应用到建构方法中，这个程序的建构方法有 3 个，分别是含有一个整数参数代表年龄的方法；一个字符串参数代表姓名的方法；以及含有两个参数，参数分别是整数参数代表年龄、字符串参数代表姓名的方法。创建对象完成后，随即打印结果。

```
1  // ch17_8
2  MyClass A = new MyClass(20);
3  A.PrintInfo();
4  MyClass B = new MyClass("John");
5  B.PrintInfo();
6  MyClass C = new MyClass(25, "Lin");
7  C.PrintInfo();
8
9  public class MyClass
10 {
11     public int age;
12     string name;
13     public MyClass(int age) => this.age = age;
14     public MyClass(string name) => this.name = name;
15     public MyClass(int age, string name)
16     {
17         this.age = age;
18         this.name = name;
19     }
20     public void PrintInfo()
21     {
22         Console.WriteLine($"{this.name,-5}:{this.age}");
23     }
24 }
```

执行结果

```
Microsoft Visual Studio 调试控制台
        :20
John  :0
Lin   :25

C:\C#\ch17\ch17_8\ch17_8\bin\Debug\net6.0\ch17_8.exe
按任意键关闭此窗口. . .
```

下面是本程序的说明图。

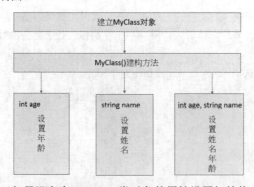

在上述执行结果中，如果没有为 MyClass 类对象的属性设置初始值，会使用 C# 默认的初始

值，详情可以参考 3-11 节，编译程序会为字符串变量赋值 null 作为初始值，为整数变量赋值 0 作为其初始值，所以当我们只有一个参数时，可以看到第 3 行会打印 name 的初值是 null，第 5 行会打印 age 的初值是 0。

建议程序设计时，可以增加一个不含参数的建构方法，这个方法可以设定没有参数时的默认值，这样未来程序可以有比较多的弹性。

方案 ch17_9.sln：重新设计 ch17_8.sln，主要是增设没有参数时的默认值，让整个程序使用时更有弹性，详情可参考第 9 ～ 第 13 行。

```
1  // ch17_9
2  MyClass A = new MyClass();
3  A.PrintInfo();
4
5  public class MyClass
6  {
7      public int age;
8      string name;
9      public MyClass()
10     {
11         this.age = 50;
12         this.name = "Curry";
13     }
14     public MyClass(int age) => this.age = age;
15     public MyClass(string name) => this.name = name;
16     public MyClass(int age, string name)
17     {
18         this.age = age;
19         this.name = name;
20     }
21     public void PrintInfo()
22     {
23         Console.WriteLine($"{this.name,-5}:{this.age}");
24     }
25 }
```

执行结果

```
Microsoft Visual Studio 调试控制台
Curry:50

C:\C#\ch17_9\ch17_9\bin\Debug\net6.0\ch17_9.exe
按任意键关闭此窗口. . .
```

17-2-3 把重载应用在一般方法中

方案 ch17_10.sln：将重载的概念应用在类内的一般方法上，这个实例有 3 个相同名称的方法 Math，可以分别接受 1 ～ 3 个整数参数，如果只有 1 个整数参数则 x 等于该参数，如果有两个整数参数则 x 等于两个参数的积，如果有 3 个整数参数则 x 等于 3 个参数的积。

```
1  // ch17_10
2  MyMath A = new MyMath();
3  A.Math(10);
4  A.PrintInfo();
5  A.Math(10, 10);
6  A.PrintInfo();
7  A.Math(10, 10, 10);
8  A.PrintInfo();
9
10 public class MyMath
11 {
12     public int x;
13     public void Math(int a) => this.x = a;
14     public void Math(int a, int b) => this.x = a * b;
15     public void Math(int a, int b, int c) => this.x = a * b * c;
16     public void PrintInfo() => Console.WriteLine($"x = {this.x}");
17 }
```

执行结果

```
Microsoft Visual Studio 调试控制台
x = 10
x = 100
x = 1000

C:\C#\ch17\ch17_10\ch17_10\bin\Debug\net6.0\ch17_10.exe
按任意键关闭此窗口. . .
```

下面是本程序的说明图。

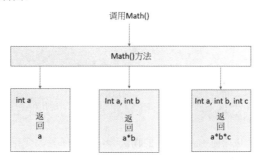

17-2-4　认识方法签名

在面向对象程序设计的专业术语中有一个名词是方法签名 (method signature)，这个签名的意义如下。

方法签名 (method signature) = 方法名称 + 参数类型 (parameter types)

其实 C# 编译程序碰上重载时就是由上述方法签名来判断方法的唯一性，进而可以使用正确的方法执行想要的结果。若是以 ch17_10.sln 为实例，有下列 3 个 math( ) 方法，所谓的方法签名指的是方法名称 Math 和系列参数 int。

```
public void Math(int a)
public void Math(int a, int b)
public void Math(int a, int b, int c)
```

须特别留意的是，方法的返回值类型和方法内参数名称并不是方法签名的一部份，所以不能设计内容相同只是返回值类型不同的方法作为程序的一部份，这种做法在编译时会有错误产生。另外也不可以设计方法内容相同只是参数名称不同的方法作为程序的一部份，这种做法在编译时也会有错误产生。如果已经设计了上述方法，则会出现下列错误的额外重载。

```
void Math(int x, int y)           // 错误是：只是参数不同名称
int Math(int a)                   // 错误是：只是返回值类型不同
```

17-3　类成员的访问权限 —— 封装

17-3-1　基础概念

学习类至今可以看到，我们可以从顶级语句直接引用所设计的类内的成员变量 (属性) 和方法，像这种类内的成员变量可以让外部引用的称为公有属性，而可以让外部引用的方法称为公有方法。所有类的属性与方法可供外部随意存取，这个设计概念最大的风险就是会有信息安全的疑虑。

方案 ch17_11.sln：这是一个简单的 Bank 类，这个类创建对象完成后，会将存款金额 (balance) 设为 0，但是我们可以在顶级语句中随意设定 balance，即可以获得目前的存款余额。

```
1  // ch17_11
2  Bank A = new Bank("Hung");
3  A.GetBalance();
4  A.balance = 1000;
5  A.GetBalance();
6
7  public class Bank
8  {
9      public int balance;
10     public string name;
11     public Bank(string name)
12     {
13         this.name = name;
14         this.balance = 0;
15     }
16     public void GetBalance()
17     {
18         Console.WriteLine($"{name} 目前存款余额 {this.balance}");
19     }
20 }
```

執行結果

```
Microsoft Visual Studio 调试控制台

Hung 目前存款余额 0
Hung 目前存款余额 1000

C:\C#\ch17\ch17_11\ch17_11\bin\Debug\net6.0\ch17_11.exe
按任意键关闭此窗口. . .
```

上述程序设计最大的风险是 Bank 类外的顶级语句可以随意改变存款余额，如此造成信息上的不安全。其概念可以参考下图。

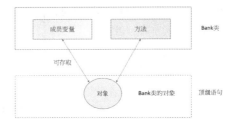

为了确保类内成员变量 (属性值) 的安全，其实有必要限制外部使其无法直接存取类内的成员变量 (属性值)。这其实就是将类的成员变量隐藏起来，未来如果想要存取被隐藏的成员变量，就需使用此类的方法，外部无法得知类内是如何运作的，这个概念就是所谓的封装 (encapsulation)，有时候又称信息隐藏 (information hiding)。此时程序设计的概念应如下所示。

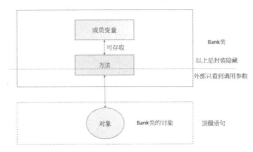

17-3-2　类成员的访问控制

至今笔者所设计的类内的方法大都没有加上 public 存取修饰符 (access modifier)，其实可以将访问控制分成 6 个等级。

位　　置	public	protected internel	protected	internal	private protected	private
类内	Y	Y	Y	Y	Y	Y
衍生类 (相同项目)	Y	Y	Y	Y	Y	N
非衍生类 (相同项目)	Y	Y	N	Y	N	N
衍生类 (不同项目)	Y	Y	Y	N	N	N
非衍生类 (不同项目)	Y	N	N	N	N	N

上述列表指出了类成员有关存取修饰符的权限，下列将分别说明。

1. public：可解释为公开，如果我们将类的成员变量或方法设为 public，则本身类 (class)、衍生类 (derived class) 或其他类 (world) 都可以存取。

2. protected internal：可解释为保护，如果我们将类的成员变量或方法设为 protected internal，则本身类或衍生类可以存取，相同项目的非衍生类也可以存取。

3. protected：可解释为保护，如果我们将类的成员变量或方法设为 protected，则本身类或衍生类可以存取，衍生类的不同项目也可以存取。

4. private protected：本身类、相同项目的衍生类可以存取。

5. private：可解释为私有，如果我们将类的成员变量或方法设为 private，则除了本身类可以存取外，衍生类 (derived class) 或其他类都不可以存取。

17-3-3　设计具有封装效果的程序

本节继续用 Bank 的实例说明，程序设计时若是想要类内的成员变量 (属性) 是安全的，无法由外部随意存取，则必须将成员变量设计为 private，其实成员变量默认就是 private。为了可以存取这些 private 的成员变量，我们必须在 Bank 类内设计可以供顶级语句设定并取得存款金额的程序。

方案 ch17_12.sln：将 Bank 类数据 balance 设为 private，然后顶级语句无法存取，需使用 public 类的 void SetBalance( ) 方法和 int GetBalance( ) 方法，来设定并取得存款余额。

```
1   // ch17_12
2   Bank A = new Bank();
3   A.SetBalance(1000);
4   Console.WriteLine(A.GetBalance());
5
6   public class Bank
7   {
8       private int balance;              // 默认的也是 private, 所以也可以省略 private
9       public void SetBalance(int balance)
10      {
11          this.balance = balance;       // 设定存款余额
12      }
13      public int GetBalance()
14      {
15          return balance;               // 回传存款金额
16      }
17  }
```

执行结果

```
■ Microsoft Visual Studio 调试控制台
1000
C:\C#\ch17\ch17_12\ch17_12\bin\Debug\net6.0\ch17_12.exe
按任意键关闭此窗口. . .
```

上述程序中，为了区分传递参数的 balance 与类定义的 balance，笔者使用了 this 关键词，读者可以参考第 11 行，C# 程序设计师有时喜欢使用"下画线 + 变量名称"来定义类内的成员字段变量，读者可以参考下列实例。

方案 ch17_13.sln：使用下画线定义成员变量。

```
1   // ch17_13
2   Bank A = new Bank();
3   A.SetBalance(1000);
4   Console.WriteLine(A.GetBalance());
5
6   public class Bank
7   {
8       private int _balance;             // 默认的也是 private, 所以也可以省略 private
9       public void SetBalance(int balance)
10      {
11          _balance = balance;           // 设定存款余额
12      }
13      public int GetBalance()
14      {
15          return _balance;              // 回传存款金额
16      }
17  }
```

执行结果：与 ch17_12.sln 相同。

17-4　属性成员

17-4-1　基本概念

17-3-3 节我们设计了具有封装效果的程序，我们使用了 public void SetBalance( ) 和 public int GetBalance( ) 方法来设定并取得 private _balance 字段变量。C# 程序语言提供了属性 (property) 成员的概念，所谓的属性就是一个机制，可以读取并写入类私有字段的值。

在这个机制下，使用 set 设定 private 字段变量，使用 get 取得字段变量，此属性成员的语法格式如下：

```
public 数据类型 属性名称
```

```
{
    get { return 数据字段 ; }
    set { 数据字段 = value; }
}
```

注　属性名称第一个英文字母建议大写。

方案 ch17_14.sln：使用属性概念重新设计 ch17_13.sln。

```
1   // ch17_14
2   Bank A = new Bank();
3   A.Balance = 1000;
4   Console.WriteLine(A.Balance);
5
6   public class Bank
7   {
8       private int _balance;    // 默认的也是 private，所以也可以省略 private
9       public int Balance       // 定义 Balance 属性
10      {
11          get { return _balance; }
12          set { _balance = value; }
13      }
14  }
```

执行结果：与 ch17_13.sln 相同。

上述第 3 行有 A.Balance = 1000;，因为有等号会触发 Balance 属性的 set( ) 方法。第 4 行的 A.Balance，没有等号会触发 Balance 属性的 get( ) 方法。

17-4-2　表达式主体方法应用到属性中

方案 ch17_15.sln：将表达式主体方法应用到属性中，重新设计 ch17_14.sln，读者需留意第 11 ～ 第 12 行。

```
1   // ch17_15
2   Bank A = new Bank();
3   A.Balance = 1000;
4   Console.WriteLine(A.Balance);
5
6   public class Bank
7   {
8       private int _balance;    // 预设也是 private，所以也可以省略 private
9       public int Balance       // 定义 Balance 属性 (property)
10      {
11          get => _balance;
12          set => _balance = value;
13      }
14  }
```

执行结果：与 ch17_14.sln 相同。

17-4-3　自动实操属性

从 17-4-2 节可以看到 get 和 set，我们可以使用自动实操属性 (auto-implemented property) 概念，来省略字段变量的声明，以及 get 和 set 内容，详情可以参考下列实例。

方案 ch17_16.sln：采用自动实操属性，重新设计 ch17_15.sln。

```
1   // ch17_16
2   Bank A = new Bank();
3   A.Balance = 1000;
4   Console.WriteLine(A.Balance);
5
6   public class Bank
7   {
8       public int Balance        // 定义 Balance 属性 (property)
9       { get; set; }
10  }
```

执行结果：与 ch17_15.sln 相同。

上述类没有成员字段，程序编译时会由编译程序自动产生私有成员字段。

17-4-4　自动属性初始值设定

程序设计时也可以用表达式主体自动为属性设定初始值，可以参考下列实例。

方案 ch17_17.sln：自动属性初始值的设定，读者可以留意第 10 ～ 第 11 行。

```
1  // ch17_17
2  Student A = new Student();
3  A.PrintInfo();
4  A.Score = 80;
5  A.Name = "Jiin-Kwei";
6  A.PrintInfo();
7
8  public class Student
9  {
10     public int Score { get; set; } = 60;
11     public string Name { get; set; } = "Hung";
12     public void PrintInfo() => Console.WriteLine($"{Name} : {Score}");
13  }
```

执行结果

```
Microsoft Visual Studio 调试控制台
Hung : 60
Jiin-Kwei : 80

C:\C#\ch17\ch17_17\ch17_17\bin\Debug\net6.0\ch17_17.exe
按任意键关闭此窗口...
```

上述第 3 行没有设定属性，此时使用自动设定的初始值输出。第 6 行则使用第 4 ～ 第 5 行所设定的属性输出。

17-4-5　属性初始化

其实从 C# 3.0 开始就有提供对象初始化 (Object initializer syntax) 的概念了，这个概念可以用于在实体化类对象时同时设定属性的初始值。

方案 ch17_17_1.sln：对象初始化概念用于类对象的属性初始值设定。

```
1  // ch17_17_1
2  Student A = new Student()
3  {
4      Score = 60,
5      Name = "Jiin-Kwei"
6  };
7  A.PrintInfo();
8
9  public class Student
10 {
11     public int Score { get; set; }
12     public string Name { get; set; }
13     public void PrintInfo() => Console.WriteLine($"{Name} : {Score}");
14 }
```

执行结果

```
Microsoft Visual Studio 调试控制台
Jiin-Kwei : 60

C:\C#\ch17\ch17_17_1\ch17_17_1\bin\Debug\net6.0\ch17_17_1.exe
按任意键关闭此窗口...
```

17-4-6　为属性增加逻辑判断

在使用 set 创建属性时，也可以增加 if 条件设定，详情可以参考下列实例。

方案 ch17_18.sln：创建 Job 类，这个程序会要求 Name 属性内容必须大于 3 个字母，如果不符合规定，则定义 Name 是 "NA"。

```
1  // ch17_18
2  Job A = new Job();
3  A.Name = "JK Hung";
4  A.Occupation = "老师";
5  A.PrintInfo();
6  Job B = new Job();
7  B.Name = "JK";
8  B.Occupation = "教授";
9  B.PrintInfo();
10
11 class Job
12 {
13     private string _name;
14     private string _occupation;
15     public string Name
16     {
17         get { return _name; }
18         set
19         {
20             //Console.WriteLine(value);
21             if (value.Length > 3)
22                 _name = value;
23             else
24                 _name = "NA";
25         }
26     }
27     public string Occupation
28     {
29         get { return _occupation; }
30         set { _occupation = value; }
31     }
32     public void PrintInfo()
33     {
34         Console.WriteLine($"{Name} 是 {Occupation}");
35     }
36 }
```

执行结果

```
Microsoft Visual Studio 调试控制台
JK Hung 是 老师
NA 是 教授

C:\C#\ch17\ch17_18\ch17_18\bin\Debug\net6.0\ch17_18.exe
按任意键关闭此窗口...
```

17-5　类的只读和常数字段

使用 C# 时，如果字段内容不想更改，可以使用 const 和 readonly 关键词，const 是将字段设置为常数，3-13 节有相关的应用。readonly 是将字段设为只读，13-11 节有相关的应用。

17-5-1 const 应用在类字段中

一般会将不会改变的值在编译阶段使用 const 设为常数值。

方案 ch17_19.sln：圆面积的计算。

```
1  // ch17_19
2  Circle A = new Circle(10);
3  Console.WriteLine($"Area = {A.Area()}");
4
5  class Circle
6  {
7      const double pi = 3.14159;
8      double _r;
9
10     public Circle(double r) => _r = r;
11     public double Area()
12     {
13         return pi * _r * _r;
14     }
15 }
```

执行结果

```
■ Microsoft Visual Studio 调试控制台
Area = 314.159

C:\C#17\ch17_19\ch17_19\bin\Debug\net6.0\ch17_19.exe
按任意键关闭此窗口...
```

17-5-2 只读

如果类的字段变量内容是只读 (readonly)，则在创建此字段变量内容时有下列规则。

1. 只能使用建构方法或是初始化方式设定其值。

2. 程序执行过程其值不可更改。

3. 只能有 get，不可以有 set。

方案 ch17_20.sln：类内字段变量内容是 readonly 的应用。

```
1  // ch17_20
2  Point3D p1 = new Point3D(1, 2, 3);    // OK
3  Console.WriteLine($"p1: x={p1._x}, y={p1._y}, z={p1._z}");
4  Point3D p2 = new Point3D();
5  p2._x = 30;
6  Console.WriteLine($"p2: x={p2._x}, y={p2._y}, z={p2._z}");
7
8  public class Point3D
9  {
10     public int _x;
11     public readonly int _y = 10;       // readonly设置初始值
12     public readonly int _z;            // readonly设置没有初始值
13
14     public Point3D() => _z = 20;
15
16     public Point3D(int x, int y, int z)
17     {
18         _x = x;
19         _y = y;
20         _z = z;
21     }
22 }
```

执行结果

```
■ Microsoft Visual Studio 调试控制台
p1: x=1, y=2, z=3
p2: x=30, y=10, z=20

C:\C#17\ch17_20\ch17_20\bin\Debug\net6.0\ch17_20.exe
按任意键关闭此窗口...
```

设计类时，如果要设定字段为 readonly，则在属性设定时不可以有 set 设定，也可以达到只读的目的。

方案 ch17_21.sln：不含 set 的设定。

```
1  // ch17_21
2  User A = new User("JK Hung", "老师");
3  A.PrintInfo();
4
5  class User
6  {
7      private string _name;
8      private string _occupation;
9      public User(string name, string occupation)
10     {
11         _name = name;
12         _occupation = occupation;
13     }
14     public string Name
15     {
16         get { return _name; }
17     }
18     public string Occupation
19     {
20         get { return _occupation; }
21     }
22     public void PrintInfo()
23     {
24         Console.WriteLine($"{Name} 是 {Occupation}");
25     }
26 }
```

执行结果

```
■ Microsoft Visual Studio 调试控制台
JK Hung 是 老师

C:\C#17\ch17_21\ch17_21\bin\Debug\net6.0\ch17_21.exe
按任意键关闭此窗口...
```

上述程序第 14 ～ 第 17 行的 Name 属性和第 18 ～ 第 21 行的 Occupation 属性都是只有 get，没有 set，这表示 _name 和 _occupation 字段是 readonly 属性，因为无法更改它们的内容。

17-6 静态关键词

C# 语言的 static 与 Java 的 static 相比，限制比较多，例如，其无法由实体对象引用。static 可以解释为静态，可以应用在类、字段、方法等上。如果是静态成员，此成员属于类本身，而不是特定的对象，C# 编译程序会为此类的静态成员创建一个固定的内存空间。下列是 static 关键词应用在类的字段与方法声明上时的语法：

```
class 类名称
{
    存取修饰词 static 数据类型 域名；
    ...
    存取修饰词 static 数据类型 方法名称；
}
```

详情可以参考 17-6-1 节和 17-6-2 节
定义静态类时的语法如下所示：

```
class static 类名称
{
    存取修饰词 static 数据类型 域名；
    ...
    存取修饰词 static 数据类型 方法名称；
}
```

详情可以参考 17-6-3 节。

17-6-1 类中的静态字段

当类含有静态字段时，表示此字段是此类所有对象共享的内存空间，使用 new 创建的对象无法直接引用此静态字段，需要通过类的方法间接引用。

方案 ch17_22.sln：一家公司的业绩是由所有业务员的业绩求和得到的，这个程序会要求分别输入两个业务员的业绩，然后程序会输出公司的业绩。

```
1  // ch17_22
2  Revenue p1 = new Revenue();
3  Console.Write("请输入业务员 p1 的业绩：");
4  int rev = Convert.ToInt32(Console.ReadLine());
5  p1.Money += rev;        // 业务员 p1 业绩
6  p1.PrintInfo();
7  Revenue p2 = new Revenue();
8  Console.Write("请输入业务员 p2 的业绩：");
9  rev = Convert.ToInt32(Console.ReadLine());
10 p2.Money += rev;        // 业务员 p2 业绩
11 p2.PrintInfo();
12
13 public class Revenue
14 {
15     public static int _money;
16     public int Money
17     {
18         get => _money;
19         set => _money = value;
20     }
21     public void PrintInfo()
22     {
23         Console.WriteLine($"深智总业绩：{_money}");
24     }
25 }
```

执行结果

```
■ Microsoft Visual Studio 调试控制台
请输入业务员 p1 的业绩：10000
深智总业绩：10000
请输入业务员 p2 的业绩：25000
深智总业绩：35000

C:\C#\ch17\ch17_22\ch17_22\bin\Debug\net6.0\ch17_22.exe
按任意键关闭此窗口...
```

上述程序第 15 行将 _money 声明为静态字段后，未来的类对象将共享此内存，所以不同业务员的业绩，经过第 5 行和第 10 行的求和，将会共享相同的内存，所以输入个别业务员的业绩可以获得公司的总业绩。

17-6-2　类中的静态方法

关键词 static 可以应用在方法中，当在类内声明静态方法后，此静态方法只能让类名称引用，无法被 new 所创建的类对象引用，然后此静态方法可以存取或操作类的静态变量。

方案 ch17_23.sln：输入新学生的姓名、学号和原先的学生人数，然后输出学生累计的人数。

```
1  // ch17_23
2  Console.Write("请输入新学生姓名 : ");
3  string name = Console.ReadLine();
4  Console.Write("请输入新学生学号 : ");
5  string id = Console.ReadLine();
6
7  Student e = new Student(name, id);
8  Console.Write("请输入原先学生人数 : ");
9  string n = Console.ReadLine();
10 Student.studentCounter = Int32.Parse(n);     // 转换字符串为整数
11 Student.AddStudent();
12
13 Console.WriteLine($"Name: {e.name}");
14 Console.WriteLine($"ID:   {e.id}");
15 Console.WriteLine($"学生总人数 : {Student.studentCounter}");
16
17 public class Student
18 {
19     public string id;                         // 学生学号
20     public string name;                       // 学生姓名
21     public static int studentCounter;         // 学生人数
22     public Student(string name, string id)
23     {
24         this.name = name;
25         this.id = id;
26     }
27     public static int AddStudent()            // 累计学生人数
28     {
29         return ++studentCounter;
30     }
31 }
```

执行结果

```
Microsoft Visual Studio 调试控制台
请输入新学生姓名 : Jiin-Kwei Hung
请输入新学生学号 : 651014
请输入原先学生人数 : 28
Name: Jiin-Kwei Hung
ID:   651014
学生总人数 : 29

C:\C#\ch17\ch17_23\ch17_23\bin\Debug\net6.0\ch17_23.exe
按任意键关闭此窗口 . . .
```

上述程序的重点是，在顶级语句第 10 行使用类名称，设定静态字段信息。

```
Student.studentCounter = Int32.Parse(n);
```

第 15 行使用了类名称，取得静态字段的信息。

```
Student.studentcounter
```

在顶级语句的第 11 行，使用类名称加上静态方法，操作静态变量，此操作其实就是在累计学生人数。

```
Student.AddStudent( );
```

17-6-3　静态类

所谓的静态类就是一个类只能有静态字段或是静态方法，此静态类不可以有对象，同时无法被继承。操作静态字段或是方法，必须使用静态类名称。

方案 ch17_24.sln：千米与英里互相转换的应用。

```
1  // ch17_24
2  Console.WriteLine("请选择距离转换方式");
3  Console.WriteLine("1. 英里转千米");
4  Console.WriteLine("2. 千米转英里");
5  Console.Write("\n==> ");
6  string selection = Console.ReadLine();
7  switch (selection)
8  {
9      case "1":
10         Console.Write("请输入英里 : ");
11         double K = Converter.MileToKm(Console.ReadLine());
12         Console.WriteLine($"公里 : {K:F2}");
13         break;
14     case "2":
15         Console.Write("请输入千米 : ");
16         double M = Converter.KmToMile(Console.ReadLine());
17         Console.WriteLine($"英里 : {M:F2}");
18         break;
19     default:
20         Console.WriteLine("输入错误 !!!");
21         break;
22 }
23 public static class Converter
24 {
25     public static double MileToKm(string mi)     // 英里转千米
26     {
27         double mile = Double.Parse(mi);
28         double km = mile * 1.609;
29         return km;
30     }
31     public static double KmToMile(string k)      // 千米转英里
32     {
33         double km = Double.Parse(k);
34         double mile = km / 1.609;
35         return mile;
36     }
37 }
```

执行结果

17-6-4　静态建构方法

静态建构方法主要用于初始化静态字段，不论创建多少个对象此静态建构方法只能执行一次，这个方法可以在创建第一个实体对象前先被执行。使用静态建构方法时，需注意下列两点：

1. 静态建构方法不能有存取修饰词或参数。

2. 程序不可以调用静态建构方法。

方案 ch17_25.sln：静态建构方法的应用，从这个实例可以看到创建两次 MyTest 类对象，只有第一次创建类对象时调用了静态建构方法。

```
1   // ch17_25
2
3   MyTest A = new MyTest();
4   A.PrintInfo();
5   Console.WriteLine("测试");
6   MyTest B = new MyTest();
7   B.PrintInfo();
8
9   class MyTest
10  {
11      static int price;
12      static MyTest()          // static constructor
13      {
14          Console.WriteLine("Static Constructor");
15          price += 10;
16      }
17      public MyTest()          // 一般constructor
18      {
19          Console.WriteLine("一般Constructor");
20          price += 5;
21      }
22      public void PrintInfo()
23      {
24          Console.WriteLine(price);
25      }
26  }
```

执行结果

```
■■ Microsoft Visual Studio 调试控制台
Static Constructor
一般Constructor
15
测试
一般Constructor
20

C:\C#\ch17\ch17_25\ch17_25\bin\Debug\net6.0\ch17_25.exe
按任意键关闭此窗口．．．
```

17-6-5　扩展方法

扩展方法 (extension method) 相当于我们可以在现有的数据体系下增加方法，有一段指令如下：

```
int x = 5;
bool result = x.IsLarger(10);          // x 值是否大于 0
```

如果读者现在设计上述程序则会有编译错误，但是我们可以为 int 整数增加 IsLarger( ) 这个方法，增加后整数 int 就可以有这个功能，当有这个功能后，如果我们输入 x.，则在 Visual Studio 智能感知 (intellisense) 功能下，可以看到出现 IsLarger( ) 方法选项。

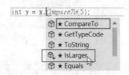

下列是设计这个扩展方法的程序实例。

方案 ch17_25_1.sln：创建 IsLarger( ) 方法，下图是 program.cs 程序内容。

为了要有扩展方法 IsLarger( )，必须要创建 MyIntExtensionMethods 命名空间，这个名称可以自行命名。笔者用增加类方式创建 MyIntExtensionMethods 命名空间，此命名空间有 MyIntExtensions 类，这个类名称也可以自行命名。

扩展方法必须是静态类的特殊静态方法，因为 IsLarger( ) 这个方法用在整数上，所以第一个参数需要是 int，同时 int 左边必须是 this 关键词，经过上述设定后，整数 int 就可以调用此方法了。

执行结果

```
Microsoft Visual Studio 调试控制台
False

C:\C#\ch17\ch17_25_1\ch17_25_1\bin\Debug\net6.0\ch17_25_1.exe
按任意键关闭此窗口. . .
```

17-7 索引器

C# 的索引器 (indexer) 允许类或结构像数组一样编制索引，然后以类似数组的方式存取内部元素。假设有一个类拥有数组元素 score，如下所示：

```
public class Score
{
    int[ ] sc = new int[5] {80, 77, 96, 68, 91};
}
```

如果要使用索引器，就需要 this、get、set、value 关键词进行搭配，实际上要将上述 score 类设计如下所示。

```
public class Score
{
    int[] sc = new int[5] { 80, 77, 96, 68, 91 };
    public int length => sc.Length;      // 注意是属性设定
    public int this[int index]
    {
        get => sc[index];
        set => sc[index] = value;
    }
}
```

读者需留意，上述程序中笔者使用了 this[int index]，因为使用关键词 this 代表是这个类，所以一个类只能有一个索引器，相当于只能有一组数据，有了上述 score 类定义，未来就可以使用所声明的对象，还可以使用索引方式存取 sc 数组的内容。

方案 ch17_25_2.sln：定义 score 类内容以数组方式显示，然后使用索引器存取此数组内容。

```
1  // ch17_25_2
2  var myscore = new Score();
3  // 使用indexers观念输出
4  for (int i = 0; i < myscore.length; i++)
5  {
6      Console.WriteLine($"Score {i} = {myscore[i]}");
7  }
8  myscore[1] = 58;        // 重新定义索引 1 内容
9  myscore[3] = 60;        // 重新定义索引 3 内容
10 Console.WriteLine("重新设定索引 1 和 3分数");
11 for (int i = 0; i < myscore.length; i++)
12 {
13     Console.WriteLine($"Score {i} = {myscore[i]}");
14 }
15
16 public class Score
17 {
18     int[] sc = new int[5] { 80, 77, 96, 68, 91 };
19     public int length => sc.Length;      // 注意是属性设定
20     public int this[int index]
21     {
22         get => sc[index];
23         set => sc[index] = value;
24     }
25 }
```

执行结果

```
Microsoft Visual Studio 调试控制台
Score 0 = 80
Score 1 = 77
Score 2 = 96
Score 3 = 68
Score 4 = 91
重新设定索引 1 和 3分数
Score 0 = 80
Score 1 = 58
Score 2 = 96
Score 3 = 60
Score 4 = 91

C:\C#\ch17\ch17_25_2\ch17_25_2\bin\Debug\net6.0\ch17_25_2.exe
按任意键关闭此窗口. . .
```

使用属性存取内部数据或使用索引器存取内部数据的意义如下所示。

属　　　性	索 引 器
单一存取数据成员	索引存取内部集合元素
通过名称存取	使用数组标记，外加索引存取集合元素
使用 get 没有参数	使用 get 拥有与索引器相同形式的参数列表
使用 set 有隐含参数	拥有 set 参数和与索引器相同形式的参数列表
支持缩短语法与自动实操	支持取得索引器使用表达式主体方法

17-8　专题

17-8-1　建构方法与数学类的应用

方案 ch17_26.sln：创建 SmallMath 类，这个类有 Add( ) 方法可以执行两个参数的加法运算，Mul( ) 方法可以执行两个参数的乘法运算。参数 x 和 y 皆是由建构方法设定的。

```
1  // ch17_26
2  SmallMath A = new SmallMath(5, 10);
3  A.Add();
4  A.Mul();
5
6  public class SmallMath
7  {
8      public int x, y;
9      public SmallMath(int x, int y)
10     {
11         this.x = x;
12         this.y = y;
13     }
14     public void Add()
15     {
16         Console.WriteLine("加法结果" + (x + y));
17     }
18     public void Mul()
19     {
20         Console.WriteLine("乘法结果" + (x * y));
21     }
22 }
```

执行结果

```
🖥 Microsoft Visual Studio 调试控制台
加法结果15
乘法结果50

C:\C#\ch17\ch17_26\ch17_26\bin\Debug\net6.0\ch17_26.exe
按任意键关闭此窗口. . .
```

17-8-2　银行存款与提款

方案 ch17_27.sln：扩充 ch17_12.sln，增加存款与提款功能。

```
1  // ch17_27
2  Bank A = new Bank("Hung");
3  A.GetBalance();
4  A.SaveMoney(1000);
5  A.GetBalance();
6  A.WithdrawMoney(500);
7  A.GetBalance();
8
9  public class Bank
10 {
11     string name;          // 开户者名称
12     int balance;          // 存款余额
13     public Bank(string name)
14     {
15         this.name = name;
16         this.balance = 0;
17     }
18     public void SaveMoney(int money) -> this.balance += money;
19     public void WithdrawMoney(int money) => this.balance -= money;
20     public void GetBalance()
21     {
22         Console.WriteLine($"{name} 目前余额 {balance}");
23     }
24 }
```

执行结果

```
🖥 Microsoft Visual Studio 调试控制台
Hung 目前余额 0
Hung 目前余额 1000
Hung 目前余额 500

C:\C#\ch17\ch17_27\ch17_27\bin\Debug\net6.0\ch17_27.exe
按任意键关闭此窗口. . .
```

17-8-3　将 static 用于 NBA 球员人数统计

方案 ch17_28.sln：这个程序的 static 成员变量 counter 在第 11 行设定，第 12 行和第 13 行还设定了人员 id 和人员姓名 name，每次创建 NBATeam 对象时，会执行第 14 行的建构方法，更新人数总计的同时将当时人数总计设定给 id，也当作 id 编号。

```
1   // ch17_28
2   NBATeam t1 = new NBATeam();
3   t1.name = "Durant";
4   t1.PrintInfo();
5   NBATeam t2 = new NBATeam();
6   t2.name = "Curry";
7   t2.PrintInfo();
8
9   public class NBATeam
10  {
11      public static int counter = 0;        // 共享人数
12      public int id;                        // 人员 id
13      public string name;                   // 人员姓名
14      public NBATeam() => id = ++counter;
15      public void PrintInfo()
16      {
17          Console.WriteLine($"id: {id},\t name: {name}");
18          Console.WriteLine($"共有 {counter} 名成员");
19      }
20  }
```

执行结果

```
Microsoft Visual Studio 调试控制台
id: 1,    name: Durant
共有 1 名成员
id: 2,    name: Curry
共有 2 名成员

C:\C#\ch17\ch17_28\ch17_28\bin\Debug\net6.0\ch17_28.exe
按任意键关闭此窗口. . .
```

17-8-4　星期信息转成索引

方案 ch17_29.sln：将 WeekDayCollection 类内的星期信息转成索引。

```
1   // ch17_29
2   WeekDayCollection week = new WeekDayCollection();
3   Console.WriteLine(week["Sun"]);
4   Console.WriteLine(week["Sat"]);
5   Console.WriteLine(week["Error"]);
6
7   class WeekDayCollection
8   {
9       string[] days = { "Sun", "Mon", "Tues", "Wed", "Thurs", "Fri", "Sat" };
10
11      // 表达式表达主体方法定义 indexer
12      public int this[string day] => GetDayIndex(day);
13
14      private int GetDayIndex(string day)
15      {
16          for (int j = 0; j < days.Length; j++)
17          {
18              if (days[j] == day)
19              {
20                  return j;
21              }
22          }
23          return -1;
24      }
25  }
```

执行结果

```
Microsoft Visual Studio 调试控制台
0
6
-1

C:\C#\ch17\ch17_29\ch17_29\bin\Debug\net6.0\ch17_29.exe
按任意键关闭此窗口. . .
```

从上述程序可以看出 Sun 回传 0，Sat 回传 6，如果索引参数不是第 9 行定义的星期信息，则回传 -1。

习题实操题

ex17_1.sln：请参考 ch17_26.sln，增加减法 Sub( )、除法 Div( ) 与求余数 Mod( ) 方法。(17-1 节)

```
Microsoft Visual Studio 调试控制台
加法结果15
乘法结果50
减法结果-5
除法结果0.5
余数结果5

C:\C#\ex\ex17_1\ex17_1\bin\Debug\net6.0\ex17_1.exe
按任意键关闭此窗口. . .
```

方案 ex17_2.sln：创建建构方法，其中一个建构方法只有一个参数月薪 (monthSalary)，另一个建构方法有两个参数，分别是日薪 (daySalary) 和工作天数 (workOfDay)，最后程序可以输出每个人的月收入，员工 A 与 B 的顶级语句如下：

```
DeepMind A = new DeepMind(50000);
DeepMind B = new DeepMind(2300, 20);
```

可以得到下面的结果。(17-2 节)

```
Microsoft Visual Studio 调试控制台
A 月薪是：50000
B 月薪是：46000

C:\C#\ex\ex17_2\ex17_2\bin\Debug\net6.0\ex17_2.exe
按任意键关闭此窗口. . .
```

方案 ex17_3.sln：扩充 ch17_27.sln，程序必须执行存款和提款金额的检查，如果存款金额小于或等于 0，则输出下列错误：

```
Error! 存款金额必须大于 0 元
```

如果提款金额大于存款金额，则输出下列错误：

```
Error! 提款金额大于存款金额
```

下方左图是测试程序代码，右图是执行结果。(17-3 节)

```
1  // ex17_3
2  Bank A = new Bank("Hung");
3  A.GetBalance();
4  A.SaveMoney(-500);
5  A.SaveMoney(1000);
6  A.GetBalance();
7  A.WithdrawMoney(3000);
8  A.WithdrawMoney(500);
9  A.GetBalance();
```

```
Microsoft Visual Studio 调试控制台
Hung 目前余额 0
Error! 存款金额必须大于 0 元
Hung 目前余额 1000
Error! 提款金额大于存款金额
Hung 目前余额 500

C:\C#\ex\ex17_3\ex17_3\bin\De
按任意键关闭此窗口. . .
```

方案 ex17_4.sln：设计静态类程序，可以选择将摄氏温度转换成华氏温度，或是将华氏温度转成摄氏温度，下面是示范输出。(17-6 节)

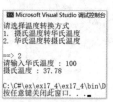

```
Microsoft Visual Studio 调试控制台
请选择温度转换方式
1. 摄氏温度转华氏温度
2. 华氏温度转摄氏温度

==> 1
请输入摄氏温度：41
华氏温度：105.80
C:\C#\ex\ex17_4\ex17_4\bin\D
按任意键关闭此窗口. . .
```

```
Microsoft Visual Studio 调试控制台
请选择温度转换方式
1. 摄氏温度转华氏温度
2. 华氏温度转摄氏温度

==> 2
请输入华氏温度：100
摄氏温度：37.78
C:\C#\ex\ex17_4\ex17_4\bin\D
按任意键关闭此窗口. . .
```

方案 ex17_5.sln：只更改设计 WeekDayCollection 类，重新设计 ex17_29.sln，输出改为字符串，可以得到下列结果。

```
Microsoft Visual Studio 调试控制台
星期索引是0
星期索引是6
Error 索引错误

C:\C#\ex\ex17_5\ex17_5\bin\Debug\net6.0\ex17_5.exe
按任意键关闭此窗口. . .
```

第 18 章
继承与多态

前文笔者陆续介绍了 C# 所提供的类，如 String、StringBuilder、ArrayList、HashTable、DateTime 等，如果我们熟悉这些类的方法并可以很轻松地调用使用，就可以节省程序开发的时间。

在真实的程序设计中，我们可能会设计许多类，部分类的字段、属性与方法可能会重复，这时如果我们有机制可以将重复的部分只写一次，其他类可以直接引用这个重复的部分，就可以让整个 C# 设计变得简洁易懂，这个机制就是本章的主题继承 (inheritance)。

本章另一个重要主题是多态 (polymorphism)，在这里笔者会对重载 (overload)、重写 (override) 做一个完整的概念解说，同时讲解实践多态的方法与概念。

18-1 继承

在面向对象的程序设计中类是可以继承 (inheritance) 的，其中被继承的类称为父类 (parent class)、超类 (superclass) 或基类 (base class)，继承的类称为子类 (child class 或 subclass) 或衍生类 (derived class)。类继承的最大优点是许多父类的字段、属性与方法，在子类中不用重新设计，可以直接引用，另外子类也可以有自己的字段、属性与方法。

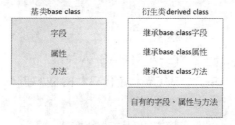

18-1-1 从 3 个简单的 C# 程序谈起

方案 ch18_1.sln：这是一个 Animal(动物) 类，这个类的字段是 name，代表动物的名字。然后有两个方法，分别是 Eat( ) 和 Sleep( )，这两个方法会分别列出 "name 正在吃食物" 和 "name 正在睡觉"。

```
1  // ch18_1
2  Animal animal = new Animal("Lily");
3  animal.Eat();
4  animal.Sleep();
5
6  public class Animal
7  {
8      string name;
9      public Animal (string name) => this.name = name;
10     public void Eat()
11     {
12         Console.WriteLine($"{name} 正在吃食物");
13     }
14     public void Sleep()
15     {
16         Console.WriteLine($"{name} 正在睡觉");
17     }
18 }
```

执行结果

```
Microsoft Visual Studio 调试控制台
Lily 正在吃食物
Lily 正在睡觉

C:\C#\ch18\ch18_1\ch18_1\bin\Debug\net6.0\ch18_1.exe
按任意键关闭此窗口. . .
```

方案 ch18_2.sln：这是一个 Dog(狗) 类，这个类的字段是 name，代表动物的名字。然后有 3 个方法，分别是 Eat( )、Sleep( ) 和 Barking( )，这 3 个方法会分别列出 "name 正在吃食物"、"name 正在睡觉" 和 "name 正在叫"。

```
1  // ch18_2
2  Dog dog = new Dog("Haly");
3  dog.Eat();
4  dog.Sleep();
5  dog.Barking();
6
7  public class Dog
8  {
9      string name;
10     public Dog(string name) => this.name = name;
11     public void Eat()
12     {
13         Console.WriteLine($"{name} 正在吃食物");
14     }
15     public void Sleep()
16     {
17         Console.WriteLine($"{name} 正在睡觉");
18     }
19     public void Barking()
20     {
21         Console.WriteLine($"{name} 正在叫");
22     }
23 }
```

执行结果

Microsoft Visual Studio 调试控制台
Haly 正在吃食物
Haly 正在睡觉
Haly 正在叫

C:\C#\ch18\ch18_2\ch18_2\bin\Debug\net6.0\ch18_2.exe
按任意键关闭此窗口. . .

方案 ch18_3.sln：这是一个 Bird(鸟) 类，这个类的字段是 name，代表动物的名字。然后有 3 个方法，分别是 Eat( )、Sleep( ) 和 Flying( )，这 3 个方法会分别列出 "name 正在吃食物"、"name 正在睡觉" 和 "name 正在飞"。

```
1  // ch18_3
2  Bird bird = new Bird("CiCi");
3  bird.Eat();
4  bird.Sleep();
5  bird.Flying();
6
7  public class Bird
8  {
9      string name;
10     public Bird(string name) => this.name = name;
11     public void Eat()
12     {
13         Console.WriteLine($"{name} 正在吃食物");
14     }
15     public void Sleep()
16     {
17         Console.WriteLine($"{name} 正在睡觉");
18     }
19     public void Flying()
20     {
21         Console.WriteLine($"{name} 正在飞");
22     }
23 }
```

执行结果

Microsoft Visual Studio 调试控制台
CiCi 正在吃食物
CiCi 正在睡觉
CiCi 正在飞

C:\C#\ch18\ch18_3\ch18_3\bin\Debug\net6.0\ch18_3.exe
按任意键关闭此窗口. . .

我们可以使用下图，列出上述 3 个主要类的成员变量与方法。

其实狗和鸟都是动物，由上图关系可以看出 Dog 类、Bird 类与 Animal 类都有相同的字段 name，同时有相同的方法 Eat( ) 和 Sleep( )，然后 Dog 类有属于自己的方法 Barking( )，Bird 类有属于自己的方法 Flying( )。

如果我们将上述 3 个程序写成一个程序，则将创造一个冗长的程序代码，可是如果我们利用 C# 面向对象的继承 (inheritance) 概念，整个程序将简化许多。

18-1-2　继承的语法

C# 的继承需使用关键词符号 ":"，语法如下：

存取修饰词 class 子类名称 ： 父类名称

{

```
        // 子类字段、属性与方法
}
```

若是从 Animal 类和 Dog 类的关系看，Animal 类是 Dog 类的父类，或者 Dog 类是 Animal 类的子类，Dog 类可以继承 Animal 类，可以用下列方式设计 Dog 类。

```
public class Dog : Animal
{
        // Dog 类字段、属性与方法
}
```

方案 ch18_4.sln：将方案 ch18_1.sln 和 ch18_2.sln 做简化省略属性，组成一个程序，以体会子类 Dog 继承父类 Animal 的方法。

```
1  // ch18_4
2  Dog dog = new Dog();
3  dog.Eat();
4  dog.Sleep();
5  dog.Barking();
6
7  public class Animal
8  {
9      public void Eat()
10     {
11         Console.WriteLine("正在吃食物");
12     }
13     public void Sleep()
14     {
15         Console.WriteLine("正在睡觉");
16     }
17 }
18 public class Dog:Animal
19 {
20     public void Barking()
21     {
22         Console.WriteLine("正在叫");
23     }
24 }
```

执行结果

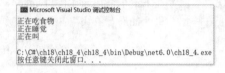

上述程序中由于 Dog 类继承了 Animal 类，所以 dog 对象可以正常使用父类 Animal 的 eat( ) 和 sleep( ) 方法，这样 Dog 类就可以省略 Eat( ) 和 Sleep( ) 方法，达到重用程序代码、精简程序的目的也减少错误发生，下列是上述程序的说明图。

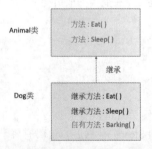

上述实例中，Dog 类继承了 Animal 类，我们可以称为单一继承 (single inheritance)。

18-1-3　观察父类建构方法的调用

正常的类一定有字段，当我们声明创建子类对象时，可以利用子类本身的建构方法初始化自己的字段。至于子类所继承的父类字段，则由父类自身的建构方法初始化其本身的字段。其实我们创建一个子类的对象时，C# 在调用子类的建构方法前会先调用父类的建构方法。其实这个概念很简单，子类继承了父类的内容，所以子类在创建本身的对象前，一定要先初始化所继承的父类的内容，下列程序实例将验证这个概念。

方案 ch18_5.sln：创建一个 Dog 类的对象，观察在调用其本身的建构方法前，父类 Animal 的建构方法会先被调用。

```
1  // ch18_5
2  Dog dog = new Dog();
3  dog.Eat();
4  dog.Sleep();
5  dog.Barking();
6
7  public class Animal
8  {
9      public Animal() => Console.WriteLine("执行Animal建构方法 ...");
10     public void Eat()
11     {
12         Console.WriteLine("正在吃食物");
13     }
14     public void Sleep()
15     {
16         Console.WriteLine("正在睡觉");
17     }
18 }
19 public class Dog : Animal
20 {
21     public Dog() => Console.WriteLine("执行Dog建构方法 ...");
22     public void Barking()
23     {
24         Console.WriteLine("正在叫");
25     }
26 }
```

执行结果

```
■ Microsoft Visual Studio 调试控制台
执行Animal建构方法 ...
执行Dog建构方法 ...
正在吃食物
正在睡觉
正在叫

C:\C#18\ch18_5\ch18_5\bin\Debug\net6.0\ch18_5.exe
按任意键关闭此窗口 . . . ■
```

上述程序在第 2 行声明 Dog 类的 dog 对象时，会先调用父类的建构方法，所以输出第一行字符串"执行 Animal 建构方法 … "，然后输出第二行字符串"执行 Dog 建构方法 …"。

18-1-4　父类属性为 public 时子类初始化父类属性

现在我们扩充方案 ch18_5.sln，扩充父类的属性 name，同时将 name 声明为 public，由于子类可以继承父类的所有 public 属性，所以这时可以由子类的建构方法初始化父类的属性 name。

方案 ch18_6.sln：这个程序基本上是组合了 ch18_1.sln 和 ch18_2.sln，但是将父类 Animal 的属性 name 声明为 public。

```
1  // ch18_6
2  Dog dog = new("Haly");
3  dog.Eat();
4  dog.Sleep();
5  dog.Barking();
6
7  public class Animal
8  {
9      public string name;
10     public void Eat()
11     {
12         Console.WriteLine($"{name} 正在吃食物");
13     }
14     public void Sleep()
15     {
16         Console.WriteLine($"{name} 正在睡觉");
17     }
18 }
19 public class Dog : Animal
20 {
21     public Dog(string name)
22     {
23         this.name = name;          // 建构方法使用父类的name属性
24     }
25     public void Barking()
26     {
27         Console.WriteLine($"{name} 正在叫");
28     }
29 }
```

执行结果

```
■ Microsoft Visual Studio 调试控制台
Haly 正在吃食物
Haly 正在睡觉
Haly 正在叫

C:\C#18\ch18_6\ch18_6\bin\Debug\net6.0\ch18_6.exe
按任意键关闭此窗口 . . . ■
```

18-1-5　父类属性为 private 时调用父类建构方法 —— 关键词 this

在 C# 面向对象的概念中，如果父类属性是 private，那么此时无法使用 18-1-4 节的概念在子类的建构方法内初始化父类属性，也就是说父类属性的初始化工作交由父类处理。方案 ch18_6. sln 的第 2 行内容如下：

```
Dog dog = new Dog("Haly");
```

我们声明子类的对象 dog 时，同时将此对象 dog 的名字 Haly 传给子类 Dog 的建构方法，然后需将接收到的参数 (此例中是 name)，通过调用父类的建构方法来传递给父类，这样未来就可以利用父类的方法间接继承父类的 private 属性，但是请记住子类无法直接继承父类的 private 属性。子类建构方法调用父类的建构方法，并不是直接调用建构方法名称，而是需要使用关键词 base，此实例的调用方法如下：

```
public Dog(string name) : base(name)
{
    // 如果有需要的话，可以增加 Dog 类建构方法的内容
}
```

注　base 关键词与 this 类似，this 代表这个类，base 代表父类。

上述 base(name) 可以调用父类建构方法，name 是所传递的参数，若是延续先前实例，整个设计的概念图形如下，程序代码可参考 ch18_7.sln：

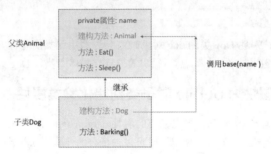

方案 ch18_7.sln：这个程序第 9 行首先会将父类 Animal 的 name 声明为 private(不加存取修饰词时默认是 private)，然后第 10 ～ 第 13 行是 Animal 的建构方法。子类的建构方法程序第 25 行是将接收到的 name 字符串，利用 base(name)，调用父类的建构方法，这样就可以执行父类字段的初始化工作。

```
1  // ch18_7
2  Dog dog = new("Haly");
3  dog.Eat();
4  dog.Sleep();
5  dog.Barking();
6
7  public class Animal
8  {
9      string name;                // 默认是 private
10     public Animal(string name)
11     {
12         this.name = name;
13     }
14     public void Eat()
15     {
16         Console.WriteLine($"{name} 正在吃食物");
17     }
18     public void Sleep()
19     {
20         Console.WriteLine($"{name} 正在睡觉");
21     }
22 }
23 public class Dog : Animal
24 {
25     public Dog(string name) : base(name)
26     {
27     }
28     public void Barking()
29     {
30         Console.WriteLine($" 正在叫");
31     }
32 }
```

执行结果

```
Microsoft Visual Studio 调试控制台
Haly 正在吃食物
Haly 正在睡觉
正在叫

C:\C#\ch18\ch18_7\ch18_7\bin\Debug\net6.0\ch18_7.exe
按任意键关闭此窗口. . .
```

读者可能会觉得奇怪，为何上述执行结果的第 3 行输出，只输出"正在叫"，没有输出"Haly 正在叫"。原因是第 30 行内容如下：

```
Console.WriteLine($" 正在叫 ");
```

读者可能会觉得奇怪，为什么程序代码不是如下：

```
Console.WriteLine($"{name} 正在叫 ");
```

如果我们写了上面一行的程序代码，那么将会有错误产生。

这是因为 name 在父类中被声明为 private，第 30 行是子类的 Barking( ) 方法，依据类成员的访问控制可以知道，当声明为 private 时，子类是无法存取父类的 private 属性的。笔者将错误的实例放在 ch18_7_1.sln，读者可以试着打开此方案，就可以看到上述错误。

18-1-6　存取修饰符 protected

从介绍面向对象程序设计开始至今，我们尚未介绍过访问控制 protected，这是介于 public 和 private 之间的访问权限，当一个类的属性或方法声明为 protected 存取修饰符时，在这个访问权限下，这个类、衍生类 (相同项目或不同项目) 都可以使用或继承此类的属性或方法。

方案 ch18_8.sln：将 Animal 的 name 属性声明为 protected，这时程序第 30 行就可以继承父类的成员变量 name 了。

```
1  // ch18_8
2  Dog dog = new("Haly");
3  dog.Eat();
4  dog.Sleep();
5  dog.Barking();
6
7  public class Animal
8  {
9      protected string name;             // 声明 protected
10     public Animal(string name)
11     {
12         this.name = name;
13     }
14     public void Eat()
15     {
16         Console.WriteLine($"{name} 正在吃食物");
17     }
18     public void Sleep()
19     {
20         Console.WriteLine($"{name} 正在睡觉");
21     }
22 }
23 public class Dog : Animal
24 {
25     public Dog(string name) : base(name)
26     {
27     }
28     public void Barking()
29     {
30         Console.WriteLine($"{name} 正在叫");
31     }
32 }
```

执行结果

```
Microsoft Visual Studio 调试控制台
Haly 正在吃食物
Haly 正在睡觉
Haly 正在叫

C:\C#\ch18\ch18_8\ch18_8\bin\Debug\net6.0\ch18_8.exe
按任意键关闭此窗口 . . .
```

当将父类的属性声明为 protected 访问控制时，其实也可以在子类的建构方法内直接设定父类的 protected 属性内容。

方案 ch18_9.sln：这个程序主要是省略父类的建构方法，然后在子类的建构方法内设定父类的属性，详情可参考第 23 行。

```
1  // ch18_9
2  Dog dog = new("Haly");
3  dog.Eat();
4  dog.Sleep();
5  dog.Barking();
6
7  public class Animal
8  {
9      protected string name;
10     public void Eat()
11     {
12         Console.WriteLine($"{name} 正在吃食物");
13     }
14     public void Sleep()
15     {
16         Console.WriteLine($"{name} 正在睡觉");
17     }
18 }
19 public class Dog : Animal
20 {
21     public Dog(string name)
22     {
23         this.name = name;          // 使用父类的protected name字段
24     }
25     public void Barking()
26     {
27         Console.WriteLine($"{name} 正在叫");
28     }
29 }
```

执行结果

```
Microsoft Visual Studio 调试控制台
Haly 正在吃食物
Haly 正在睡觉
Haly 正在叫

C:\C#\ch18\ch18_9\ch18_9\bin\Debug\net6.0\ch18_9.exe
按任意键关闭此窗口 . . .
```

在 18-1-5 节笔者曾介绍可以使用 base 关键词调用父类的建构方法，其实也可以用 base 调用父类的字段、属性与方法，如下所示：

base. 字段 ;

base. 属性 ;

base. 方法 ;

方案 ch18_9_1.sln：重新设计 ch18_9.sln，第 23 行用 base.name 替换 this.name。

```
23              base.name = name;        // 使用父类的protected name
```

执行结果：与 ch18_9.sln 相同。

18-1-7　将字段改为属性概念

前面的实例中，笔者用字段概念定义 name，其实 C# 可以使用属性概念重新设计上述 Animal 类，详情可以参考下列实例。

方案 ch18_10.sln：使用属性概念重新设计 ch18_9.sln。

注　属性名称第一个字母建议大写，同时避免有 null 值，所以默认是 string.Empty。

```
1   // ch18_10
2   Dog dog = new("Haly");
3   dog.Eat();
4   dog.Sleep();
5   dog.Barking();
6
7   public class Animal
8   {
9       protected string Name { get; set; } = string.Empty;
10      public void Eat()
11      {
12          Console.WriteLine($"{Name} 正在吃食物");
13      }
14      public void Sleep()
15      {
16          Console.WriteLine($"{Name} 正在睡觉");
17      }
18  }
19  public class Dog : Animal
20  {
21      public Dog(string name)
22      {
23          base.Name = name;        // 父类的protected Name属性
24      }
25      public void Barking()
26      {
27          Console.WriteLine($"{Name} 正在叫");
28      }
29  }
```

执行结果：与 ch18_9.sln 相同。

第 23 行我们使用 "base.Name = name" 来设定父类的 Name 属性，在 C# 中因为 protected 存取修饰词的继承关系，所以将第 23 行改为 "Name = name"，程序也可以得到相同结果，笔者将这个修改存储在方案 ch18_10_1.sln。

```
19  public class Dog : Animal
20  {
21      public Dog(string name)
22      {
23          Name = name;        // 父类的protected Name属性
24      }
25      public void Barking()
26      {
27          Console.WriteLine($"{Name} 正在叫");
28      }
29  }
```

18-1-8　分层继承

一个类可以有多个子类，若是以 18-1-1 节的 3 个程序实例为例，我们可以规划下列的继承关系。

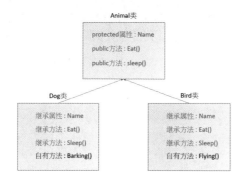

上述继承关系称为分层继承 (hierarchical inheritance)。

方案 ch18_11.sln：将 ch18_1.sln、ch18_2.sln、ch18_3.sln 等 3 个程序，利用继承的特性，浓缩成一个程序。

> 注 笔者将字段改为属性。

```
1   // ch18_11
2   Dog dog = new("Haly");
3   dog.Eat();
4   dog.Sleep();
5   dog.Barking();
6   Bird bird = new("CiCi");
7   bird.Eat();
8   bird.Sleep();
9   bird.Flying();
10  public class Animal
11  {
12      protected string Name { get; set; } = string.Empty;
13      public void Eat()
14      {
15          Console.WriteLine($"{Name} 正在吃食物");
16      }
17      public void Sleep()
18      {
19          Console.WriteLine($"{Name} 正在睡觉");
20      }
21  }
22  public class Dog : Animal        // Dog 类
23  {
24      public Dog(string name)
25      {
26          Name = name;            // 继承Animal类的protected Name属性
27      }
28      public void Barking()       // Bird 类的自有方法
29      {
30          Console.WriteLine($"{Name} 正在叫");
31      }
32  }
33  public class Bird : Animal       // Bird 类
34  {
35      public Bird(string name)
36      {
37          Name = name;            // 继承Animal类的protected Name属性
38      }
39      public void Flying()        // Bird 类的自有方法
40      {
41          Console.WriteLine($"{Name} 正在飞");
42      }
43  }
```

执行结果

```
Microsoft Visual Studio 调试控制台
Haly 正在吃食物
Haly 正在睡觉
Haly 正在叫
CiCi 正在吃食物
CiCi 正在睡觉
CiCi 正在飞

C:\C#\ch18\ch18_11\ch18_11\bin\Debug\net6.0\ch18_11.exe
按任意键关闭此窗口. . .
```

读者应该发现程序缩短了许多，此外在规划大型 Java 应用程序时，如果尽量用继承类，那么不仅可以避免错误，维持封装隐藏特性，还可以同时缩短程序开发时间。

18-1-9 多层次继承

在程序设计时，我们也许会碰上一个子类底下衍生了另一个子类的情况，这就是所谓的多层次继承 (multi-level inheritance)，右图是参考图。

从右图可以看到哺乳 (Mammal) 类继承了动物 (Animal) 类，猫 (Cat) 类继承了 Mammal 类，在这种多层次继承下，Cat 类可以继承 Mammal 和 Animal 类的所有内容。下列程序将说明 Cat 类如何存取 Animal 和 Mammal 类的内容。

方案 ch18_12.sln：多层次继承的应用，在这个程序中 Animal 类内含有

protected 属性 Name 和 public 方法 eat( )。Mammal 类内含有 protected 属性 FavoriteFood 和 Like( )。
Cat 类自己有一个 public 方法 Jumping( )，同时继承了 Animal 和 Mammal 类的内容。

```
1  // ch18_12
2  Cat cat = new Cat("Lucy", "fish");
3  cat.Eat();
4  cat.Like();
5  cat.Jumping();
6
7  public class Animal
8  {
9      protected string Name { get; set; } = string.Empty;
10     public void Eat()
11     {
12         Console.WriteLine($"{Name} 正在吃食物");
13     }
14 }
15 public class Mammal : Animal      // Mammal 类
16 {
17     protected string FavoriteFood { get; set; } = string.Empty;
18     public Mammal(string name)
19     {
20         Name = name;             // 继承Animal类的protected Name属性
21     }
22     public void Like()           // Mammal 类的自有方法
23     {
24         Console.WriteLine($"{Name} 喜欢吃 {FavoriteFood}");
25     }
26 }
27 public class Cat : Mammal        // Cat 类
28 {
29     public Cat(string name, string favoriteFood) : base(name)
30     {
31         FavoriteFood = favoriteFood;
32     }
33     public void Jumping()        // Bird 类的自有方法
34     {
35         Console.WriteLine($"{Name} 正在跳");
36     }
37 }
```

执行结果

```
Microsoft Visual Studio 调试控制台
Lucy 正在吃食物
Lucy 喜欢吃 fish
Lucy 正在跳

C:\C#\ch18\ch18_12\ch18_12\bin\Debug\net6.0\ch18_12.exe
按任意键关闭此窗口. . .
```

读者需特别留意程序第 29 ～ 第 32 行的 Cat 建构方法，这个建构方法如下所示：

```
public Cat(string name, string favoriteFood) : base(name)
{
    FavoriteFood = favoriteFood;                    // 第 31 行
}
```

请记住，base(name) 是利用第 1 个参数 name，来调用父类处理 name，第 31 行则因为直接
继承的关系，所以直接设定父类 Mammal 的 FavoriteFood 属性。

18-1-10　继承类型总结与陷阱

C# 的继承类型可分成以下几种。

❑ 单一继承 (single inheritance)

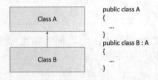

```
public class A
{
    ...
}
public class B : A
{
    ...
}
```

❑ 分层继承 (hierarchical inheritance)

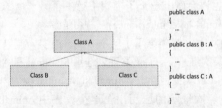

```
public class A
{
    ...
}
public class B : A
{
    ...
}
public class C : A
{
    ...
}
```

❑ 多层次继承 (multi-level inheritance)

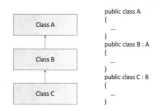

❑ 多重继承 (multiple inheritance) —— 目前没有支持

需要特别留意的是，目前 C# 为了简化语言同时减少复杂性，并没有支持多重继承 (Multiple Inheritance)，所谓的多重继承的概念如下图：

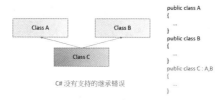

C# 没有支持的继承错误

不过在面向对象的程序设计语言中，部分程序语言是支持多重继承的，如 Python 或 C++。

18-1-11　父类与子类有相同的成员变量名称

程序设计时有时会碰上父类内的属性 (成员变量) 与子类的属性有相同名称的情况，这时两个成员变量是各自独立的，在子类中的成员变量显示的是子类成员变量的内容，在父类中的成员变量显示的是父类成员变量的内容。

方案 ch18_13.sln：子类的成员变量名称与父类成员变量名称相同的应用，由这个程序可以验证 Father 类和 Child 类的成员变量 x，尽管名称相同，但是各自有不同的内容空间。

```
1  // ch18_13
2  Father father = new Father();
3  Child child = new Child();
4  Console.WriteLine($"输出 Father x = {father.x}");
5  Console.WriteLine($"输出 Child  x = {child.x}");
6
7  public class Father
8  {
9      public int x = 50;
10 }
11 public class Child : Father
12 {
13     public int x = 100;
14 }
```

执行结果

```
🖳 Microsoft Visual Studio 调试控制台
输出 Father x = 50
输出 Child  x = 100

C:\C#\ch18\ch18_13\ch18_13\bin\Debug\net6.0\ch18_13.exe
按任意键关闭此窗口. . .
```

另外，当子类的成员变量名称与父类的成员变量名称相同时，子类若是想存取父类的成员变量，可以使用 base 关键词，方法如下：

```
base.x          // 假设父类成员变量名称是 x
```

方案 ch18_14.sln：父类 Father 与子类 Child 有相同的成员变量名称，在子类同时打印此相同名称的成员变量，此时的重点是程序第 14 行，在此我们使用 "base.x"，打印了父类的成员变量 x。

```
1  // ch18_14
2  Child child = new Child();
3  child.PrintInfo();
4
5  public class Father
6  {
7      public int x = 50;
8  }
9  public class Child : Father
10 {
11     public int x = 100;
12     public void PrintInfo()
13     {
14         Console.WriteLine($"输出 Father x = {base.x}");
15         Console.WriteLine($"输出 Child  x = {x}");
16     }
17 }
```

执行结果

```
🖳 Microsoft Visual Studio 调试控制台
输出 Father x = 50
输出 Child  x = 100

C:\C#\ch18\ch18_14\ch18_14\bin\Debug\net6.0\ch18_14.exe
按任意键关闭此窗口. . .
```

18-2 IS-A 和 HAS-A 关系

面向对象的程序设计一个很大的优点就是程序代码可以重新使用，一个方法是使用 18-1 节所叙述的继承实例，其实继承就是 IS-A 关系，这将在 18-2-1 节说明。另一个方法是使用 HAS-A 关系的概念，HAS-A 又可以分为聚合 (aggregation) 和组合 (composition)，两者将分别在 18-2-2 和 18-2-3 节说明。

18-2-1 IS-A 关系与 is

IS-A 其实是"is a kind of"的简化说法，代表父子间的继承关系。假设有下列类定义：

```
class Animal            // 定义 Animal 类
{
  …
}
class Fish : Animal     // 定义 Fish 类继承 Animal
{
  …
}
class Bird : Animal     // 定义 Bird 类继承 Animal
{
  …
}
class Eagle : Bird      // 定义 Eagle 类继承 Bird
{
  …
}
```

从上述定义可以获得下列结论：

1. Animal 类是 Fish 的父类。
2. Animal 类是 Bird 的父类。
3. Fish 类和 Bird 类是 Animal 的子类。
4. Eagle 类是 Bird 类的子类和 Animal 类的孙类。

如果我们现在用 IS-A 关系，可以这样解释：

1. Fish is a kind of Animal(鱼是一种 (IS-A) 动物)。
2. Bird is a kind of Animal(鸟是一种 (IS-A) 动物)。
3. Eagle is a kind of Bird(老鹰是一种 (IS-A) 鸟)。
4. Eagle is a kind of Animal(所以：老鹰是一种 (IS-A) 动物)。

在 C# 语言中关键词 is 主要可以测试某个对象是不是属于特定类，如果是则回传 true，否则回传 false。语法如下：

```
objectX  is  ClassName
```

方案 ch18_15.sln: IS-A 关系与 is 关键词的应用。

```
1  // ch18_15
2  Animal animal = new Animal();
3  Fish fish = new Fish();
4  Bird bird = new Bird();
5  Eagle eagle = new Eagle();
6  Console.WriteLine($"Fish is Animal  : {fish is Animal}");
7  Console.WriteLine($"Bird is Animal  : {bird is Animal}");
8  Console.WriteLine($"Eagle is Animal : {eagle is Bird}");
9  Console.WriteLine($"Eagle is Animal : {eagle is Animal}");
10
11 public class Animal
12 {}
13 public class Fish : Animal
14 {}
15 public class Bird : Animal
16 {}
17 public class Eagle : Bird
18 {}
```

执行结果

```
Microsoft Visual Studio 调试控制台
Fish is Animal  : True
Bird is Animal  : True
Eagle is Animal : True
Eagle is Animal : True

C:\C#\ch18\ch18_15\ch18_15\bin\Debug\net6.0\ch18_15.exe
按任意键关闭此窗口...
```

18-2-2　HAS-A 关系 —— 聚合

聚合 (aggregation) 的 HAS-A 关系主要是决定某一类是否 HAS-A(has a) 某一事件。例如，A 类的成员其实是由另一个类 B 所组成的，此时我们可以说 "A HAS-A B(或 A has a B)"，这也是一种面向对象设计时让程序代码精简的方法，同时可以减少错误。详情可以参考下列实例：

```
public class Speed
{
...
}
public class Car
{
    private Speed sp;    // Car 类的成员变量 sp 是 Speed 类对象
}
```

以上述程序代码而言，简单地说我们可以在 Car 类中操作 Speed 类，例如，我们可以直接引用 Speed 类关于车速的方法，所以不用另外设计 SportCar 类，在 SportCar 类中处理有关车速的方法，如果上述程序还有其他相关的类程序需要用到 Speed 类的方法时，也可以直接引用。

方案 ch18_16.sln: 一个简单聚合 (aggregation) 的 HAS-A 关系实例。

```
1  // ch18_16
2  Circle circle = new Circle();
3  double area = circle.GetArea(10);    // 计算半径为10 的圆的面积
4  Console.WriteLine($"圆面积是  : {area:F2}");
5
6  public class MyMath                   // 处理圆半径的平方
7  {
8      public double Square(double x)
9      {
10         return x * x;
11     }
12 }
13 public class Circle
14 {
15     public MyMath math;               // aggregation
16     public double GetArea(double radius)
17     {
18         math = new MyMath();          // 创建MyMath对象
19         double rSquare = math.Square(radius);
20         return rSquare * Math.PI;     // 回传面积
21     }
22 }
```

执行结果

```
Microsoft Visual Studio 调试控制台
圆面积是  : 314.16

C:\C#\ch18\ch18_16\ch18_16\bin\Debug\net6.0\ch18_16.exe
按任意键关闭此窗口...
```

其实上述实例可以说是 Circle HAVE-A MyMath 关系，我们可以用下图来说明上述实例。

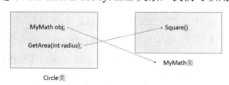

Circle类

对上述实例而言，第 15 行声明了 MyMath 类是 Circle 类的成员变量，在这种情形下就可以在 Circle 类或相关子类中引用 MyMath 类的内容，这样就可以达到精简程序代码的目的，因为程序代码可以重复使用。程序第 18 行声明了 MyMath 类对象 math，有了这个 math 对象第 19 行就可以通过此对象调用 MyMath 类的 Square( ) 方法回传平方值 (此程序代表圆半径的平方)，然后第 20 行可以回传圆面积 (PI 乘圆半径平方)。

其实在 C# 程序设计时，如果类之间没有 IS-A 关系时，HAS-A 关系的聚合可以很好地将程序代码重复使用以达到精简程序代码的目的。

方案 ch18_17.sln：员工数据创建的应用，在这个程序中有一个 HomeTown 类，这个类含有员工地址家乡城市信息。Employee 则是员工类，这个员工类有一个成员变量是 HomeTown 类对象，所以我们可以说关系是 Employee HAVE-A HomeTown。这个程序会先创建员工数据，然后打印。

```
1   // ch18_17
2   HomeTown homwtown = new HomeTown("徐州", "江苏", "中国");
3   Employee em = new Employee(10, 29, 'F', "周佳", homwtown);
4   em.PrintInfo();
5
6   public class HomeTown                    // 员工家乡
7   {
8       public string city;                  // 城市
9       public string state;                 // 省
10      public string country;               // 国别
11      public HomeTown(string city, string state, string country)
12      {
13          this.city = city;                // 城市
14          this.state = state;              // 省
15          this.country = country;          // 国别
16      }
17  }
18  public class Employee                    // 员工 Employee 类别
19  {
20      int id;                              // 员工编号
21      int age;                             // 员工年龄
22      char gender;                         // 员工性别
23      string name;                         // 员工姓名
24      HomeTown hometown;                   // Aggregation家乡城市
25      public Employee(int id, int age, char gender, string name, HomeTown hometown)
26      {
27          this.id = id;
28          this.age = age;
29          this.gender = gender;
30          this.name = name;
31          this.hometown = hometown;
32      }
33      public void PrintInfo()              // 打印员工数据
34      {
35          Console.WriteLine($"员工编号:{id}\t员工年龄:{age}" +
36                            $"\t员工性别:{gender}\t员工姓名:{name}");
37          Console.WriteLine($"城市:{hometown.city}\t省份:{hometown.state}" +
38                            $"\t国别:{hometown.country}");
39      }
40  }
```

执行结果

```
Microsoft Visual Studio 调试控制台
员工编号:10       员工年龄:29       员工性别:F       员工姓名:周佳
城市:徐州         省份:江苏         国别:中国

C:\C#\ch18\ch18_17\ch18_17\bin\Debug\net6.0\ch18_17.exe (进程
按任意键关闭此窗口. . .
```

上述程序第 2 行是初始化 HomeTown 类家乡信息，设定好了后 hometown 对象就会有家乡信息的引用。程序第 3 行是初始化 Employee 类员工信息，需要注意 hometown 对象被当作参数传递，设定好了后 em 对象就可以调用 PrintInfo( ) 方法打印员工信息。

18-2-3　HAS-A 关系 —— 组合

组合 (composition) 其实是一种特殊的聚合 (aggregation)，基本概念是引用其他类对象成员变量或方法达到重复使用程序代码精简程序的目的。

接下来我们用 Car 类的实例来说明 IS-A 关系和 HAS-A 关系的组合。

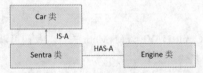

方案 ch18_18.sln：这个程序包含 3 个类，Car 类定义了车子最高速度 maxSpeed 和颜色 color，然后可以分别用 setMaxSpeed( ) 和 setColor( ) 方法设定它们的最高速度和颜色，printCarInfo( ) 方法则是可以打印出车子最高时速和车子颜色。Sentra 类是 Car 类的子类，所以

Sentra 对象可以调用 Car 的方法，详情可参考第 3 ～ 第 5 行。Sentra 类的方法 SentraShow( ) 在第 31 行声明了 Engine 类对象，这也是 HAS-A 关系组合的关键，因为声明后他就可以调用 Engine 类的方法，可参考第 32 ～ 第 34 行。

```
1  // ch18_18
2  Sentra sentra = new Sentra();
3  sentra.SetMaxSpeed(220);          // 使用继承 Car SetMaxSpeed()方法
4  sentra.SetColor("蓝色");           // 使用继承 Car SetColor()方法
5  sentra.PrintCarInfo();            // 使用继承 Car PrintCarInfo()方法
6  sentra.SentraShow();              // Composition 展示引擎运作
7
8  public class Car
9  {
10     int maxSpeed;
11     string color;
12     // 设定车子最高速度
13     public void SetMaxSpeed(int maxSpeed) => this.maxSpeed = maxSpeed;
14     // 设定车子颜色
15     public void SetColor(string color) => this.color = color;
16     public void PrintCarInfo()
17     {
18         Console.WriteLine($"车子最高时速:{maxSpeed}\n车子外观颜色:{color}");
19     }
20  }
21  public class Engine                         // 创建 Engine 类与方法
22  {
23     public void Starting() => Console.WriteLine("引擎启动");
24     public void Running() => Console.WriteLine("引擎运转");
25     public void Stopping() => Console.WriteLine("引擎停止");
26  }
27  class Sentra : Car                          // 继承 Car 类
28  {
29     public void SentraShow()
30     {
31         Engine engine = new Engine();   // Composition
32         engine.Starting();               // 引擎启动
33         engine.Running();                // 引擎运转
34         engine.Stopping();               // 引擎停止
35     }
36  }
```

执行结果

```
■ Microsoft Visual Studio 调试控制台

车子最高时速:220
车子外观颜色:蓝色
引擎启动
引擎运转
引擎停止

C:\C#\ch18\ch18_18\ch18_18\bin\Debug\net6.0\ch18_18.exe
按任意键关闭此窗口. . . ▁
```

组合的限制比较多，它的组件不能单独存在，以上述实例而言，相当于 Sentra 类和 Engine 类不能单独存在。

18-3 对 C# 程序代码太长的处理

在程序设计时，如果觉得程序代码太长可以将各类单独保存成一个文件，每个文件的名称必须是类名称，扩展名是 cs，同时每个独立文件的类要声明为 namespace。注：读者可以参考 16-3-4 节方式处理。

方案 ch18_19.sln：以 ch18_17.sln 为实例，将此程序分成 Program.cs、Class1.cs、Class2.cs，3 个程序内容如下图所示。

注 Class1.cs 与 Class2.cs 是 Visual Studio 的默认名称，其实读者也可以执行"文件"→"Class1.cs 另存为"，将默认名称更改。

Program.cs：

```
1  // ch18_19
2  using ch18_19a;
3  using ch18_19b;
4  HomeTown homwtown = new HomeTown("徐州", "江苏", "中国");
5  Employee em = new Employee(10, 29, 'F', "周佳", homwtown);
6  em.PrintInfo();
```

Class1.cs：

```
1  namespace ch18_19a
2  {
3      public class HomeTown                      // 员工家乡
4      {
5          public string city;                    // 城市
6          public string state;                   // 省
7          public string country;                 // 国别
8          public HomeTown(string city, string state, string country)
9          {
10             this.city = city;                  // 城市
11             this.state = state;                // 省
12             this.country = country;            // 国别
13         }
14     }
15  }
```

Class2.cs:

```
1  using ch18_19a;
2  namespace ch18_19b
3  {
4      public class Employee                    // 员工 Employee 类别
5      {
6          int id;                              // 员工编号
7          int age;                             // 员工年龄
8          char gender;                         // 员工性别
9          string name;                         // 员工姓名
10         HomeTown hometown;                   // Aggregation家乡城市
11         public Employee(int id, int age, char gender, string name, HomeTown hometown)
12         {
13             this.id = id;
14             this.age = age;
15             this.gender = gender;
16             this.name = name;
17             this.hometown = hometown;
18         }
19         public void PrintInfo()              // 打印员工数据
20         {
21             Console.WriteLine($"员工编号:{id}\t员工年龄:{age}" +
22                             $"\t员工性别:{gender}\t员工姓名:{name}");
23             Console.WriteLine($"城市:{hometown.city}\t省份:{hometown.state}" +
24                             $"\t国别:{hometown.country}");
25         }
26     }
27 }
```

执行结果

```
■ Microsoft Visual Studio 调试控制台
员工编号:10      员工年龄:29      员工性别:F      员工姓名:周佳
城市:徐州        省份:江苏        国别:中国

C:\C#\ch18\ch18_19\ch18_19\bin\Debug\net6.0\ch18_19.exe (进程
按任意键关闭此窗口. . .■
```

下面是整体 Visual Studio 的界面。

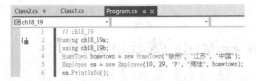

```
Class2.cs      Class1.cs      Program.cs
ch18_19
1      // ch18_19
2      using ch18_19a;
3      using ch18_19b;
4      HomeTown hometown = new HomeTown("徐州", "江苏", "中国");
5      Employee em = new Employee(10, 29, 'F', "周佳", hometown);
6      em.PrintInfo();
```

上述当我们在编译 ch18_19.sln 项目时，由于程序需要 HomeTown 和 Employee 类对象 (第 4 行和第 5 行)，这是在 Program.cs 内没有的，所以 C# 编译程序会依据 using ch18_19a 和 using ch18_19b 命名空间去寻找 HomeTown 和 Employee 类，然后一起编译这些文件。以此例而言是 Class1.cs 和 Class2.cs，这是编译程序期间所需要的文件，找到后执行然后列出结果。

以上是当程序变得更大更复杂时，笔者先简单介绍的 C# 程序类分割的方法与概念。

在结束本节前，笔者还想说明将一个文件的类分拆成多个文件的重要优点。当我们将 HomeTown 和 Employee 类独立后，未来所有其他程序都可以随时调用它们，相当于可以达成资源共享的目的。这个概念特别是对于大型应用程序开发非常重要，在一个程序开发团队中，每一个人需要开发一些类，然后彼此可以分享，这样可以提高程序开发的效率。这个就好像我们学习 C# 时，很多时候是学习调用 C# 类的方法，然后将这些方法应用在自己的程序内。其实这些 C# 类的方法是由许多前辈的 C# 程序设计师或微软公司的 C# 研发单位开发的，然后让所有 C# 学习者共享与使用，使用者可以不用重新开发这些类的方法，只要会用即可，这可以提高学习效率。

18-4 多态

在 C# 语言中多态 (polymorphism) 主要形容一个方法具有多功能用途，其实多态字意的由来是两个希腊文文字 "poly" (意义是 "许多") 和 "morph" (意义是 "类型")，所以中文译为多态。

C# 程序语言有两种多态：

1. 静态多态 (static polymorphism) 又称编译时 (compile time) 多态。

2. 动态多态 (dynamic polymorphism) 又称运行时 (runtime) 多态。

本节将根据我们拥有的知识来说明多态，未来笔者讲解更多 C# 知识 (抽象类 abstract class 和接口 interface) 时，还会介绍更完整的多态知识。

18-4-1　编译时多态

在 17-2 节笔者介绍了方法 (method) 的重载 (overload) ，从该节可以知道我们可以设计相同名称的方法，然后由方法内的参数类型、参数数量、参数顺序的区别，来决定调用哪一个方法，这个决定是在 C# 程序编译期间进行的，所以又称编译时多态 (Compile Time Polymorphism)。

典型的实例读者可以参考程序实例 ch17_8.sln。

在继承的概念中，我们也可以设计让父类与子类有相同的方法名称，然后方法内参数不一样，这样调用对象可以根据参数来判断调用哪一个方法，这个概念称为重载父类的方法。

方案 ch18_19_1.sln：这个程序的父类 Animal 的 Moving( ) 方法不需要参数，子类 Cat 的 Moving( ) 方法需要字符串 string msg 参数，然后由 Cat 的对象调用。

```
1  // ch18_19_1
2  Cat cat = new Cat();
3  cat.Moving("Cat is moving.");
4  cat.Moving();
5
6  public class Animal
7  {
8      public void Moving()
9      {
10         Console.WriteLine("动物可以活动");
11     }
12 }
13 public class Cat : Animal
14 {
15     public void Moving(string msg)
16     {
17         Console.WriteLine(msg);
18     }
19 }
```

执行结果

```
Microsoft Visual Studio 调试控制台
Cat is moving.
动物可以活动

C:\C#\ch18\ch18_19_1\ch18_19_1\bin\Debug\net6.0\ch18_19_1.exe
按任意键关闭此窗口. . .
```

上述第 3 行的 cat 对象调用的是子类的 Moving( )，所以输出 "Cat is moving."。第 4 行的 cat 对象，由于没有参数，调用的是父类的 Moving( )，所以输出 "动物可以活动"。

18-4-2　重写

所谓的重写 (override) 是在子类中遵守一定的规则重新定义父类的方法，这样可以扩充父类的功能。规则如下：

1. 名称不变、回传值类型不变、参数列表不变。

2. 访问权限不可比父类低，例如，父类是 public，子类不可是 protected。

3. 建构方法不能重写。

4. static 方法不能重写。

方案 ch18_20.sln：重写应用，子类与父类有相同的名称与参数。

```
1  // ch18_20
2  Animal ani = new Animal();
3  Cat cat = new Cat();
4  ani.Moving();
5  cat.Moving();
6
7  public class Animal
8  {
9      public void Moving()
10     {
11         Console.WriteLine("动物可以活动");
12     }
13 }
14 public class Cat : Animal
15 {
16     public void Moving()
17     {
18         Console.WriteLine("猫可以走路和跳");
19     }
20 }
```

执行结果

```
Microsoft Visual Studio 调试控制台
动物可以活动
猫可以走路和跳

C:\C#\ch18\ch18_20\ch18_20\bin\Debug\net6.0\ch18_20.exe
按任意键关闭此窗口. . .
```

上述程序中父类有 Moving( ) 方法，子类有相同的方法 Moving( )，虽然第 4 行与第 5 行调用时可以执行各自的方法，但如果点选 Visual Studio 窗口左下方的错误列表字段，仍可以看到警告信息，建议使用 new 关键词，如下所示。

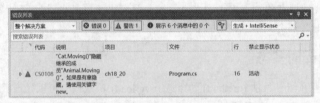

上述警告信息主要是告知设计者，如果要隐藏继承的成员，请使用 new 关键词，读者可以参考下一小节的说明。

18-4-3　new 关键词

关键词 new 主要是在子类的成员与父类成员名称相同时，可以隐藏父类的成员。

方案 ch18_21.sln：使用 new 重新定义父类的方法，重新设计 ch18_20.sln。

```
1  // ch18_21
2  Animal ani = new Animal();
3  Cat cat = new Cat();
4  ani.Moving();
5  cat.Moving();
6
7  public class Animal
8  {
9      public void Moving()
10     {
11         Console.WriteLine("动物可以活动");
12     }
13 }
14 public class Cat : Animal
15 {
16     new public void Moving()
17     {
18         Console.WriteLine("猫可以走路和跳");
19     }
20 }
```

执行结果：与 ch18_20.sln 相同。

上述执行后就不会有警告信息。

方案 ch18_22.sln：现在修改父类，在父类增加 Action( ) 方法，在此方法内调用 Moving( ) 方法，然后观察结果。

执行结果

```
Microsoft Visual Studio 调试控制台
Animal 类的 Action
动物可以活动

C:\C#\ch18\ch18_22\ch18_22\bin\Debug\net6.0\ch18_22.exe
按任意键关闭此窗口. . .
```

上述比较意外的是，我们创建了子对象，同时使用 new 隐藏父类的 Moving( ) 方法，但是子对象 cat 在第 10 行调用 Moving( ) 方法时，仍是调用父类的 Moving( ) 方法。

18-4-4　重写使用 virtual 和 override

C# 语言中如果父类要定义方法让子类可以重写，则父类所定义的方法要加上 virtual，子类要重写此方法时，需要加上 override，细节可以参考下列实例。

方案 ch18_23.sln：virtual 定义父类的 Moving( ) 方法，然后 override 重写子类的 Moving( ) 方法。

```
1  // ch18_23
2  Cat cat = new Cat();
3  cat.Action();
4
5  public class Animal
6  {
7      public void Action()
8      {
9          Console.WriteLine("Animal 类的 Action");
10         Moving();
11     }
12     public virtual void Moving()
13     {
14         Console.WriteLine("动物可以活动");
15     }
16 }
17 public class Cat : Animal
18 {
19     public override void Moving()
20     {
21         Console.WriteLine("猫可以走路和跳");
22     }
23 }
```

执行结果

```
Microsoft Visual Studio 调试控制台
Animal 类的 Action
猫可以走路和跳

C:\C#\ch18\ch18_23\ch18_23\bin\Debug\net6.0\ch18_23.exe
按任意键关闭此窗口. . .
```

18-4-5　运行时多态

本节是迈向高手时才会用到的内容，笔者也将用实例说明。运行时多态 (runtime polymorphism) 或称动态多态 (dynamic polymorphism) 是指调用方法时是在程序运行时期解析对重写方法的调用过程，解析的方式是看变量所参考的类对象。

在正式用实例解说运行时多态前，笔者想先介绍一个名词 upcasting，可以翻译为向上转型，其基本概念是一个类本质是子类，但是将它当作父类来看待，然后将父类的引用指向子类对象。为何要这样？这主要是因为父类能存取的成员方法，子类都有，甚至子类经过了重写后，有比父类更好更丰富的方法。

有两个类如下：

```
class Parent { }
class Child : Parent { }
```

当我们用下列方式声明时，就是 upcasting。

```
Parent A = new Child( );               // Upcasting
```

```
父类 Parent              子类 Child
引用型变量   →   upcasting   →   对象
```

运行时多态存在的 3 个必要条件如下：

1. 有继承关系。

2. 子类有重写的方法。

3. 父类变量对象引用指向子类对象。

当使用运行时多态时，C# 会先检查父类有没有该方法，如果没有则会有错误产生导致程序终止，如果有则会调用变量对象引用子类同名的方法，多态好处是设计大型程序时可以很方便地扩展，同时可以对所有的类重写的方法进行调用。

方案 ch18_24.sln：运行时多态的应用。

```
1   // ch18_24
2   School A = new School();
3   School B = new Department();
4   A.Demo();        // 调用父类的 Demo
5   B.Demo();        // 调用子类的 Demo
6
7   public class School
8   {
9       public virtual void Demo()
10      {
11          Console.WriteLine("明志科大");
12      }
13  }
14  public class Department : School
15  {
16      public override void Demo()
17      {
18          Console.WriteLine("明志科大机械系");
19      }
20  }
```

执行结果

```
明志科大
明志科大机械系

C:\C#\ch18\ch18_24\ch18_24\bin\Debug\net6.0\ch18_24.exe
按任意键关闭此窗口. . .
```

程序第 3 行声明的是父类 School 对象 B 变量，但是这个 B 变量所参考的内容是子类 Department，这时 Department 子类对象被 B 变量 upcasting 了，C# 在运行时会依据 B 变量所引用的对象执行 demo( ) 方法，所以程序第 5 行所打印的是"明志科大机械系"。

最后，运行时多态的 upcasting 概念不能用在属性的成员变量上，详情可参考下列实例。

方案 ch18_25.sln：方法可以重新定义，但是成员变量内容将不适用 upcasting。

```
1   // ch18_25
2   Bank A = new FirstBank();
3   Console.WriteLine(A.balance);
4   public class Bank
5   {
6       public int balance = 10000;
7   }
8   public class FirstBank : Bank
9   {
10      public int balance = 50000;
11  }
```

执行结果

```
10000

C:\C#\ch18\ch18_25\ch18_25\bin\Debug\net6.0\ch18_25.exe
按任意键关闭此窗口. . .
```

从上述执行结果可以看到，尽管对象 A 的引用指向 FirstBank 类对象，但是 A.balance 的内容仍是 Bank 类的 balance 内容。

18-5 静态绑定与动态绑定

认识名词静态绑定 (static binding) 与动态绑定 (dynamic binding)，调用方法 (method call) 与方法本身 (method body) 的连结称作绑定 (binding)，绑定有两种类型：

1. 静态绑定有时候又称早期绑定 (early binding)，主要是指在编译期间产生绑定，所以重载方法都算是静态绑定。

2. 动态绑定有时候又称晚期绑定 (late binding) 主要是指在运行期间产生绑定，所以重写方法都算是动态绑定。

18-6 嵌套类

为了数据的安全，程序设计时有时会将一个类设计为另一个类的成员，这也是本节的主题。

所谓的嵌套类 (nested classes) 是指一个类可以有另一个类当作它的成员，有时我们将拥有内部类的类称为外部类 (outer class)，依附在一个类内的类称为内部类 (inner class)。

假设外部类称 OuterClass，内部类称 InnerClass，则语法如下：

```
class OuterClass
{

    class InnerClass
{

        xxx;                          // InnerClass 内部程序代码

    }

}
```

至今我们所设计的类的存取类型大部分是 public，一个在内部的类我们可以将它声明为 private，这样就可以限制外部的类存取。

方案 ch18_26.sln：一个简单内部类的应用。

```
1  // ch18_26
2  School school = new School();
3  school.Display();
4
5  public class School                    // outer class
6  {
7      private class Motto                // Inner class
8      {
9          public void PrintInfo()
10         {
11             Console.WriteLine("勤劳朴实");
12         }
13     }
14     public void Display()
15     {
16         Motto motto = new Motto();      // 创建 Inner class 对象
17         motto.PrintInfo();              // 调用 Inner class 的方法
18     }
19 }
```

执行结果

```
Microsoft Visual Studio 调试控制台
勤劳朴实

C:\C#\ch18\ch18_26\ch18_26\bin\Debug\net6.0\ch18_26.exe
按任意键关闭此窗口. . .
```

18-7   sealed 类

关键词 sealed 的中文意义是密封，在 C# 中的意义是经过此关键词修饰的类与方法不可以被继承 (inherit) 或重写 (override)。如果不想所设计的类被滥用继承造成类结构混乱，则可以使用此功能，此外，不用考虑继承的问题，一定程度上可以让程序设计效率提高。

18-7-1   把 sealed 应用在类中

方案 ch18_26_1.sln：下列是错误实例，因为 Animal 类声明为 sealed 类，所以第 10 行 Dog 类无法继承。

```
1  // ch18_26_1
2  Dog d = new Dog();
3  d.Eating();
4  d.Running();
5
6  sealed public class Animal
7  {
8      public void Eating() { Console.WriteLine("正在吃 ..."); }
9  }
10 public class Dog : Animal
11 {
12     public void Running() { Console.WriteLine("正在跑 ..."); }
13 }
```

执行结果：编译错误。

18-7-2　把 sealed 应用在方法中

在 C# 的语法中不是每个方法都可以设为 sealed 方法，条件是必须对基类的特定方法提供具体重写方法才可以设为 sealed 方法，因此 sealed 应用在方法上时必须和 override 一起使用。

方案 ch18_26_2.sln：下列是错误实例，因为第 14 行 Sound( ) 方法声明为 sealed 方法，所以第 22 行无法重写。

```
1   // ch18_26_2
2   Hali d1 = new Hali();                       // 创建 Hali 对象
3
4   class Animal
5   {
6       public virtual void Sound()
7       {
8           Console.WriteLine("动物声音");
9       }
10  }
11
12  class Dog : Animal
13  {
14      sealed public override void Sound()     // sealed 方法
15      {
16          Console.WriteLine("狗在吠");
17      }
18  }
19
20  class Hali : Dog
21  {
22      public override void Sound()            // 尝试重写产生错误
23      {
24          Console.WriteLine("Hali在吠");
25      }
26  }
```

执行结果：编译错误。

18-8　专题

18-8-1　薪资计算

方案 ch18_27.sln：薪资由底薪、奖金组成，这个程序会组合这两部分然后输出结果。

```
1   // ch18_27
2   Software hung = new Software();
3   Console.WriteLine($"薪资 : {hung.salary + hung.bonus}");
4
5   public class DeepMind
6   {
7       public float salary = 50000;    // 定义底薪
8   }
9   public class Software : DeepMind
10  {
11      public float bonus = 10000;     // 定义奖金
12  }
```

执行结果

```
Microsoft Visual Studio 调试控制台
薪资 : 60000
C:\C#\ch18\ch18_27\ch18_27\bin\Debug\net6.0\ch18_27.exe
按任意键关闭此窗口. . .
```

18-8-2　面积计算

方案 ch18_28.sln：设计 Shape 类，然后设计 Shape 的子类 Rectangle，设定宽度和高度，然后输出面积。

```
1   // ch18_28
2   Rectangle Rect = new Rectangle();
3   Rect.SetWidth(8);
4   Rect.SetHeight(12);
5   // 输出面积
6   Console.WriteLine($"矩形面积：{Rect.GetArea()}");
7   class Shape
8   {
9       protected int width;              // 宽
10      protected int height;             // 高
11      public void SetWidth(int w)       // 设置宽
12      {
13          width = w;
14      }
15      public void SetHeight(int h)      // 设置高
16      {
17          height = h;
18      }
19  }
20  class Rectangle : Shape
21  {
22      public int GetArea()              // 计算面积
23      {
24          return (width * height);
25      }
26  }
```

执行结果

```
■ Microsoft Visual Studio 调试控制台
矩形面积：96

C:\C#\ch18\ch18_28\ch18_28\bin\Debug\net6.0\ch18_28.exe
按任意键关闭此窗口. . .
```

18-8-3　多态的应用

方案 ch18_29.sln：创建 Animal 类，然后创建 Dog 和 Cat 类继承 Animal 类，Animal 类的 Walk( ) 是 virtual，Dog 和 Cat 的 Walk( ) 是重写 Animal 的 Walk( )，程序第 3 行将父类引用指向子类 Dog，第 4 行将父类用指向子类 Cat，然后分别调用 Walk( )，观察输出结果。

```
1   // ch18_29
2   Animal animal = new Animal();    // 创建 Animal 对象
3   Animal dog = new Dog();          // 创建 dog 对象
4   Animal cat = new Cat();          // 创建 cat 对象
5   animal.walk();
6   dog.walk();
7   cat.walk();
8
9   public class Animal
10  {
11      public virtual void walk()
12      {
13          Console.WriteLine("Animal is walking");
14      }
15  }
16  public class Dog : Animal
17  {
18      public override void walk()
19      {
20          Console.WriteLine("Dog is walking");
21      }
22  }
23  public class Cat : Animal
24  {
25      public override void walk()
26      {
27          Console.WriteLine("Cat is walking");
28      }
29  }
```

执行结果

```
■ Microsoft Visual Studio 调试控制台
Animal is walking
Dog is walking
Cat is walking

C:\C#\ch18\ch18_29\ch18_29\bin\Debug\net6.0\ch18_29.exe
按任意键关闭此窗口. . .
```

18-8-4　重写 ToString( )

前文笔者已经介绍了 ToString( ) 方法，它是将对象转成字符串的方法。例如，用 ToString( ) 方法可以将整型变量转成字符串型变量，详情可以参考下列实例。

方案 ch18_30.sln：使用 ToString( ) 方法将整型变量转成字符串型变量。

```
1   // ch18_30
2   int x = 50;
3   string strX = x.ToString();
4   Console.WriteLine(strX);          // 字符串输出 50
```

执行结果

```
■ Microsoft Visual Studio 调试控制台
50

C:\C#\ch18\ch18_30\ch18_30\bin\Debug\net6.0\ch18_30.exe
按任意键关闭此窗口. . .
```

接下来笔者会创建类对象然后输出此对象，看看所得到的结果。

方案 ch18_31.sln：创建 Person 类与对象 person1(2)，然后输出 person1(2) 对象并格式化输出 Name 和 Age 属性，同时观察执行结果。

```
1  //ch18_31
2  Person person1 = new Person { Name = "洪星宇", Age = 10 };
3  Person person2 = new Person { Name = "洪冰雨", Age = 15 };
4  Console.WriteLine(person1);
5  Console.WriteLine($"姓名:{person1.Name}   年龄:{person1.Age}");
6  Console.WriteLine(person2);
7  Console.WriteLine($"姓名:{person2.Name}   年龄:{person2.Age}");
8
9  class Person
10 {
11     public string Name { get; set; }
12     public char Gender { get; set; }
13     public int Age { get; set; }
14 }
```

执行结果

```
📟 Microsoft Visual Studio 调试控制台
Person
姓名:洪星宇   年龄:10
Person
姓名:洪冰雨   年龄:15

C:\C#\ch18\ch18_31\ch18_31\bin\Debug\net6.0\ch18_31.exe
按任意键关闭此窗口. . .
```

上述第 4 行和第 6 行虽然设定的是输出 person1 和 person2，但是实际输出的是 Person 类。其实每个类都是隐性继承 object 类，因此可以重写 ToString( ) 方法，让对象可以依照我们的格式输出。

方案 ch18_32.sln：重写 ToString( ) 方法，重新设计 ch18_31.sln，这次省略原先第 5 行和第 7 行的输出。

```
1  //ch18_32
2  Person person1 = new Person { Name = "洪星宇", Age = 10 };
3  Person person2 = new Person { Name = "洪冰雨", Age = 15 };
4  Console.WriteLine(person1);
5  Console.WriteLine(person2);
6
7  class Person
8  {
9      public string Name { get; set; }
10     public char Gender { get; set; }
11     public int Age { get; set; }
12     public override string ToString()
13     {
14         return "姓名:" + Name + "   年龄:" + Age;
15     }
16 }
```

执行结果

```
📟 Microsoft Visual Studio 调试控制台
姓名:洪星宇   年龄:10
姓名:洪冰雨   年龄:15

C:\C#\ch18\ch18_32\ch18_32\bin\Debug\net6.0\ch18_32.exe
按任意键关闭此窗口. . .
```

从上述执行结果可以看到，第 4 行和第 5 行输出 person1 和 person2 实质上是输出 person1(2) 对象的内容。

习题实操题

方案 ex18_1.sln：读者可以参考方案 ch18_20.sln，奖金采用底薪的 10%，但是顶级语句改为以下内容。(18-1 节)

```
1  // ex18_1
2  string name1 = "John";
3  Software x = new Software(name1, 50000);
4  double income = x.Bonus() + x.BaseSalary;
5  Console.WriteLine($"{name1} 的总薪资是 {income}");
6  string name2 = "Tomy";
7  x = new Software(name2);
8  income = x.Bonus() + x.BaseSalary;
9  Console.WriteLine($"{name2} 的总薪资是 {income}");
```

请设计 DeepMind 和 Software 类，可以得到以下结果。

```
📟 Microsoft Visual Studio 调试控制台
John 的总薪资是 55000
Tomy 的总薪资是 33000

C:\C#\ex\ex18_1\ex18_1\bin\Debug\net6.0\ex18_1.exe
按任意键关闭此窗口. . .
```

方案 ex18_2.sln：简化 ch18_21.sln 的设计，Shape 类的成员只有 Width 和 Height 属性，顶级语句改为以下内容。(18-1 节)

```
1  // ex18_2
2  Rectangle Rect = new Rectangle(8, 12);
3  // 输出面积
4  Console.WriteLine($"矩形面积 : {Rect.GetArea()}");
```

然后可以得到以下矩形面积和矩形周长的输出结果。

```
Microsoft Visual Studio 调试控制台
矩形面积 : 96

C:\C#\ex\ex18_2\ex18_2\bin\Debug\net6.0\ex18_2.exe
按任意键关闭此窗口...
```

方案 ex18_3.sln：扩充 ex18_2.sln，增加矩形周长的输出。(18-1 节)

```
Microsoft Visual Studio 调试控制台
矩形面积 : 96
矩形周长 : 40

C:\C#\ex\ex18_3\ex18_3\bin\Debug\net6.0\ex18_3.exe
按任意键关闭此窗口...
```

方案 ex18_4.sln：更改 ex18_2.sln，最后输出圆形面积与周长，以下是顶级语句的内容。(18-1 节)

```
1  // ex18_4
2  Circle circle = new Circle(10.0);
3  // 输出圆面积和圆周长
4  Console.WriteLine($"圆形面积 : {circle.GetArea()}");
5  Console.WriteLine($"圆形周长 : {circle.GetCircumference()}");
```

以下是执行结果。

```
Microsoft Visual Studio 调试控制台
圆形面积 : 314.1592653589793
圆形周长 : 62.83185307179586

C:\C#\ex\ex18_4\ex18_4\bin\Debug\net6.0\ex18_4.exe
按任意键关闭此窗口...
```

方案 ex18_5.sln：请改写方案 ch14_16.sln，改成计算圆柱体积，因此程序必须增加圆柱高度。(18-2 节)

```
Microsoft Visual Studio 调试控制台
圆柱体积是 : 1570.80

C:\C#\ex\ex18_5\ex18_5\bin\Debug\net6.0\ex18_5.exe
按任意键关闭此窗口...
```

方案 ex18_6.sln：请扩充方案 ch18_17.sln，Employee 类增加 int salary(薪资)，HomeTown 类增加 string street(街道名称) 和 int Num(门牌号码)，请分别建立两笔数据然后打印。

```
Microsoft Visual Studio 调试控制台
员工编号:10    员工年龄:29    员工薪资:50000    员工性别:F    员工姓名:周佳
号码:20号      街道:中央路    城市:徐州         省份:江苏    国别:中国
员工编号:18    员工年龄:38    员工薪资:60000    员工性别:M    员工姓名:刘涛
号码:15号      街道:土城路    城市:杭州         省份:浙江    国别:中国

C:\C#\ex\ex18_6\ex18_6\bin\Debug\net6.0\ex18_6.exe (进程 5628)已退出，代码为 0。
按任意键关闭此窗口...
```

方案 ex18_7.sln：请扩充 ch18_32.sln，增加性别 (Gender) 设定。

```
Microsoft Visual Studio 调试控制台
姓名:洪星宇    性别:M    年龄:10
姓名:洪冰雨    性别:F    年龄:15

C:\C#\ex\ex18_7\ex18_7\bin\Debug\net6.0\ex18_7.exe
按任意键关闭此窗口...
```

第 19 章
抽象类

在 C# 中，使用 abstract 关键词声明的类称为抽象类 (abseract class)，在这个类中它可以有抽象方法 (abstract method) 也可以有实体方法 (method，就像前文我们所设计的方法一样)。本章笔者将讲解如何创建抽象类，为何使用抽象类，以及抽象类的语法规则。

C# 的抽象概念很重要的理念是隐藏工作细节，对于使用者而言，仅需知道如何使用这些功能。例如，"+"符号可以执行数值的加法计算，也可以执行字符串的相加 (结合)，可是我们不知道内部程序如何设计这个"+"符号的功能。

19-1　使用抽象类的场合

我们先看一个程序实例。

方案 ch19_1.sln：有一个 Shape 类内含计算绘制外形的 Draw( ) 方法，Circle 类和 Rectangle 类则继承 Shape 类，然后执行外形绘制。

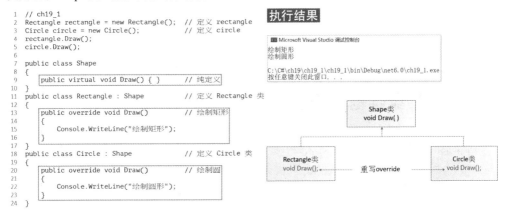

上述 Shape 类定义了绘制外形的方法 Draw( )，但是它不是具体的对象所以无法实际绘制外形，Rectangle 类和 Circle 类继承了 Shape 类，这两个类针对了自己的外形特色重写 (override) 绘制外形的 Draw( ) 方法。由上述可知 Shape 类的存在主要是让整个程序的定义更加完整，它本身不处理任何工作，真正的工作交由子类完成，其实这就是一个适合使用抽象类的场合。

我们扩充上述概念再看一个类似但是稍微复杂的实例。

方案 ch19_2.sln：有一个 Shape 类内含计算面积的 Area( ) 方法，Circle 类和 Rectangle 类则继承 Shape 类，然后执行面积计算。

该程序中的 Shape 类定义了计算面积的方法 Area( )，但是它不是具体的对象所以无法提供实际的计算面积，Rectangle 类和 Circle 类继承了 Shape 类，这两个类针对了自己的外形特色重写计算面积的 Area( ) 方法。由上述可知该 Shape 类的存在主要是让整个程序定义更加完整，它本身也不处理任何工作，真正的工作交由子类完成，这也是一个适合使用抽象类的场合。

```
1  // ch19_2
2  Rectangle rectangle = new Rectangle(2, 3); // 定义 rectangle
3  Circle circle = new Circle(2);             // 定义 circle
4  Console.WriteLine(rectangle.Area());
5  Console.WriteLine(circle.Area());
6
7  public class Shape
8  {
9      public virtual double Area()          // 纯定义计算面积
10     {
11         return 0.0;
12     }
13 }
14 public class Rectangle : Shape             // 定义 Rectangle 类
15 {
16     protected double Height { get; set; }  // 高
17     protected double Width { get; set; }   // 宽
18     public Rectangle(double height, double width)
19     {
20         Height = height;
21         Width = width;
22     }
23     public override double Area()          // 计算矩形面积
24     {
25         return Height * Width;
26     }
27 }
28 public class Circle : Shape                // 定义 Circle 类
29 {
30     protected Double R { get; set; }       // 半径
31     public Circle(double r)
32     {
33         R = r;
34     }
35     public override double Area()          // 计算圆面积
36     {
37         return Math.PI * R * R;
38     }
39 }
```

执行结果

```
Microsoft Visual Studio 调试控制台
6
12.566370614359172

C:\C#\ch19\ch19_2\ch19_2\bin\Debug\net6.0\ch19_2.exe
按任意键关闭此窗口. . .
```

19-2 抽象类基本概念

抽象类的定义基本上就是在定义类名称的 class 左边加上 abstract 关键词，以 ch19_1.sln 为例，定义方式如下：

存取修饰词 abstract class Shape

{

    xxx;

}

因为抽象类定义的方法交由子类重新定义，其本身可以想成一个模板，然后由子类依自己的情况对此模板扩展和建构，并由子类对象执行，所以抽象类不能创建对象，若是尝试创建抽象类的对象，则在编译阶段会有错误产生。

方案 ch19_3.sln：修改 ch19_1.sln，第 2 行尝试创建抽象类对象，产生编译错误的实例。

```
1  // ch19_3
2  Shape shape = new Shape();                 // 创建抽象对象产生错误
3
4  abstract class Shape
5  {
6      abstract public void Draw();           // 纯定义
7  }
8  class Rectangle : Shape                     // 定义 Rectangle 类
9  {
10     public override void Draw()            // 绘制矩形
11     {
12         Console.WriteLine("绘制矩形");
13     }
14 }
15 class Circle : Shape                        // 定义 Circle 类
16 {
17     public override void Draw()            // 绘制圆
18     {
19         Console.WriteLine("绘制圆形");
20     }
21 }
```

执行结果

上述程序错误主要在第 2 行，错误原因是为抽象类 Shape 声明了一个对象。注：上述方案有关抽象方法的定义会在 19-3 节解释。

19-3　抽象方法的基本概念

在 19-2 节的 ch19_3.sln 的抽象类看到程序第 6 行是 Shape 类的 Draw( ) 方法，这个方法基本上没有执行任何具体工作，存在的主要意义是让未来继承的子类可以重写，对于这种特性的方法我们可以将它定义为抽象方法 (abstract method)，设计抽象方法的基本概念如下：

1. 抽象方法没有实体内容 (no body)。

2. 抽象方法声明需用 "；" 结尾。

3. 抽象方法必须被子类重写此方法，所以必须是 public。

4. 如果类内有抽象方法，这个类必须被声明为抽象类。

在定义抽象方法时，需留意回传值类型必须一致并且如果方法内有参数则此参数必须保持。声明抽象方法非常简单，不需定义主体，若是以 ch19_3.sln 的 Shape 类的 Draw( ) 为例，可用下列方式定义抽象方法：

```
public abstract void draw( );
```

定义抽象方法格式如下：

存取修饰词　abstract　方法类型　方法名称 ( )；

方案 ch19_4.sln：设计第一个正确的抽象类程序，现在我们用抽象类概念，来重新设计 ch19_1.sln。

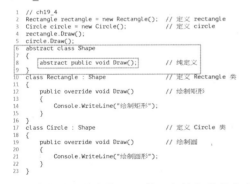

```
1  // ch19_4
2  Rectangle rectangle = new Rectangle();  // 定义 rectangle
3  Circle circle = new Circle();           // 定义 circle
4  rectangle.Draw();
5  circle.Draw();
6  abstract class Shape
7  {
8      abstract public void Draw();         // 纯定义
9  }
10 class Rectangle : Shape                  // 定义 Rectangle 类
11 {
12     public override void Draw()          // 绘制矩形
13     {
14         Console.WriteLine("绘制矩形");
15     }
16 }
17 class Circle : Shape                     // 定义 Circle 类
18 {
19     public override void Draw()          // 绘制圆
20     {
21         Console.WriteLine("绘制圆形");
22     }
23 }
```

执行结果

```
Microsoft Visual Studio 调试控制台
绘制矩形
绘制圆形

C:\C#\ch19\ch19_4\ch19_4\bin\Debug\net6.0\ch19_4.exe
按任意键关闭此窗口. . .
```

读者需要学会第 6 ～ 第 9 行抽象类的声明方式，还要学会第 8 行抽象方法的声明方式，至于子类的实操抽象方法则和第 18 章重写继承的方法相同。

在设计抽象方法时，必须留意回传值类型，详情可参考下列实例。

方案 ch19_5.sln：用抽象类与抽象方法重新设计方案 ch19_2.sln，下列只列出了 Shape 类的设计，其他程序代码则与方案 ch19_2.sln 完全相同。

```
7  public abstract class Shape
8  {
9      public abstract double Area();          // 纯定义计算面积
10 }
```

执行结果：与 ch19_2.sln 相同。

上述程序的重点是必须保持抽象方法的回传值类型一致，此例是 double。

19-4 抽象类与抽象方法概念整理

根据第 19-1 节～ 19-3 节的内容，笔者将抽象类与抽象方法概念整理如下：

1. 一个抽象类如果没有子类继承，则是没有功能的。

2. 抽象类的抽象方法必须有子类重写，如果没有子类重新定义则会有编译错误。

3. 如果子类没有重写抽象类的抽象方法，那么这个子类也将是一个抽象类。

4. 如果我们声明了抽象方法，一定要为此方法声明抽象类，在普通类中是不会存在抽象方法的。但是，如果我们声明了抽象类，不一定要在此类内声明抽象方法，也就是说抽象类可以有抽象方法和普通方法，详情可参考下列实例。

方案 ch19_6.sln：抽象类可以有抽象方法和普通方法的实例应用。

```
1  // ch19_6
2  Bmw bmw = new Bmw();
3  bmw.Refuel();
4  bmw.Run();
5
6  abstract class Car
7  {
8      public abstract void Run();           // 抽象方法
9      public void Refuel()
10     {
11         Console.WriteLine("汽车加油");      // 一般方法
12     }
13 }
14 class Bmw : Car
15 {
16     public override void Run()            // 重写 Run 方法
17     {
18         Console.WriteLine("安全驾驶中 ...");
19     }
20 }
```

执行结果

```
Microsoft Visual Studio 调试控制台
汽车加油
安全驾驶中 ...

C:\C#\ch19\ch19_6\ch19_6\bin\Debug\net6.0\ch19_6.exe
按任意键关闭此窗口...
```

在上述实例中，Car 是一个抽象类，此类定义了抽象方法 Run( ) 和普通方法 Refuel( )，程序第 3 行和第 4 行分别调用这两个方法，结果可以正常执行。

方案 ch19_7.sln：重新设计 ch19_6.sln，将 Bmw 也设为抽象类，此抽象类有一般方法 Color( ) 可以输出车身颜色，然后底下再增设 Type750 孙类，由此孙类完成对抽象方法 Run( ) 的重写。

```
1  // ch19_7
2  Bmw bmw = new Type750();
3  bmw.Refuel();
4  bmw.Color();
5  bmw.Run();
6
7  abstract class Car                        // 抽象类
8  {
9      public abstract void Run();           // 抽象方法
10     public void Refuel()
11     {
12         Console.WriteLine("汽车加油");      // 一般方法
13     }
14 }
15 abstract class Bmw : Car                  // 抽象类继承 Car
16 {
17     public void Color()                   // 一般方法
18     {
19         Console.WriteLine("车身是银灰色");
20     }
21 }
22 class Type750 : Bmw                       // 抽象类继承 Bmw
23 {
24     public override void Run()            // 重写 Run 方法
25     {
26         Console.WriteLine("安全驾驶中 ...");
27     }
28 }
```

执行结果

```
Microsoft Visual Studio 调试控制台
汽车加油
车身是银灰色
安全驾驶中 ...

C:\C#\ch19\ch19_7\ch19_7\bin\Debug\net6.0\ch19_7.exe
按任意键关闭此窗口...
```

19-5　抽象类的建构方法

设计 C# 程序时也可将建构方法 (constructor) 或属性 (成员变量) 的概念应用在抽象类中。

方案 ch19_8.sln：增加建构方法重新设计 ch19_6.sln。

```
1  // ch19_8
2  Bmw bmw = new Bmw();
3  bmw.Refuel();
4  bmw.Run();
5
6  abstract class Car
7  {
8      public Car()                        // 建构方法
9      {
10         Console.WriteLine("有车子了");
11     }
12     public abstract void Run();         // 抽象方法
13     public void Refuel()
14     {
15         Console.WriteLine("汽车加油");   // 一般方法
16     }
17 }
18 class Bmw : Car
19 {
20     public override void Run()          // 重写 Run 方法
21     {
22         Console.WriteLine("安全驾驶中 ...");
23     }
24 }
```

执行结果

```
Microsoft Visual Studio 调试控制台
有车子了
汽车加油
安全驾驶中 ...

C:\C#\ch19\ch19_8\ch19_8\bin\Debug\net6.0\ch19_8.exe
按任意键关闭此窗口. . .
```

上述程序执行第 2 行创建 Bmw 类对象 bmw 时，会执行建构方法，第 1 行的输出"有车子了"就是建构方法的输出。

方案 ch19_8_1.sln：适度修订 ch19_8.sln，执行属性 (property) 的重写。

```
1  // ch19_8_1
2  Bmw bmw = new Bmw("Peter");
3  bmw.Refuel();
4  bmw.Run();
5  public abstract class Car
6  {
7      public abstract string Name         // 抽象属性
8      { get; }                            // 相当于 readonly
9      public abstract void Run();         // 抽象方法
10     public void Refuel()
11     {
12         Console.WriteLine($"{Name} 汽车加油");  // 一般方法
13     }
14 }
15 public class Bmw : Car
16 {
17     private string name;                // 定义姓名
18     public Bmw(string _name)            // 建构方法
19     {
20         this.name = _name;
21     }
22     public override void Run()          // 重写 Run 方法
23     {
24         Console.WriteLine("安全驾驶中 ...");
25     }
26     public override string Name         // 重写 Name 属性
27     {
28         get { return this.name + "旅行"; }
29     }
30 }
```

执行结果

```
Microsoft Visual Studio 调试控制台
Peter旅行 汽车加油
安全驾驶中 ...

C:\C#\ch19\ch19_8_1\ch19_8_1\bin\Debug\net6.0\ch19_8_1.exe
按任意键关闭此窗口. . .
```

上述第 7 行和第 8 行定义了抽象属性，因为不想更改所以只有 get，这相当于是只读 readonly。继承的子类 Bmw 有 name 字段，实际重写 Name 属性时使用第 26 ～ 第 29 行，增加"旅行"字符串。所以第 12 行的输出可以先看到"Peter 旅行"字符串。

19-6　运行时多态应用到抽象类中

我们无法为抽象类声明对象，但是可以使用 18-4-5 节所介绍的向上转型 (upcasting) 概念，即使用抽象类声明对象指向子类对象，由于所声明的对象的引用指向子类的对象，所以可以正常执行工作，其实这就是多态的概念。其实现在常常可以看到有些 C# 程序设计师在使用这个概念执行抽象类对象的声明。

方案 ch19_9.sln：使用向上转型的概念重新设计 ch19_6.sln。

```
2   Car bmw = new Bmw();                                  // upcasting
```

执行结果：与 ch19_6.sln 相同。

19-7 专题

19-7-1 数学计算

笔者曾经在 19-3 节叙述抽象方法的定义时提到，如果方法内有参数则此参数需保持，接下来将举一个抽象方法内有参数的应用。

方案 ch19_10.sln：这是一个加法与乘法运算的抽象类与抽象方法实例，MyMath 是抽象类，此类有两个抽象方法，笔者定义了方法回传值是 int 型，同时这两个方法都有需传递的参数，在定义子类 MyTest 时，则重写了 Add( ) 和 Mul( ) 方法。

```
1  // ch19_10
2  MyTest obj = new MyTest();
3  obj.Output();
4  Console.WriteLine($"加法结果 : {obj.Add(3, 5)}");
5  Console.WriteLine($"乘法结果 : {obj.Mul(3, 5)}");
6  public abstract class MyMath                          // 抽象类
7  {
8      public abstract int Add(int n1, int n2);         // 抽象Add()方法
9      public abstract int Mul(int n1, int n2);         // 抽象Mul()方法
10     public void Output()                             // 实体普通方法
11     {
12         Console.WriteLine("我的计算器");
13     }
14 }
15 public class MyTest : MyMath                          // 继承MyMath
16 {
17     public override int Add(int num1, int num2)       // 重写Add()
18     {
19         return num1 + num2;
20     }
21     public override int Mul(int num1, int num2)       // 重写Mul()
22     {
23         return num1 * num2;
24     }
25 }
```

执行结果

```
Microsoft Visual Studio 调试控制台
我的计算器
加法结果 : 8
乘法结果 : 15
C:\C#\ch19\ch19_10\ch19_10\bin\Debug\net6.0\ch19_10.exe
按任意键关闭此窗口...
```

19-7-2 正方形面积计算

方案 ch19_11.sln：正方形面积计算实例，这个程序会使用输出对象方式，然后列出结果。

```
1  // ch19_11
2  Square square = new Square("正方形实例", 10);
3  Console.WriteLine(square);
4
5  public abstract class Shape
6  {
7      public Shape(string shapeName)                    // constructor
8      {
9          Name = shapeName;                            // 取得外形名称
10     }
11     public string Name                               // 属性 - 外形名称
12     { get; set; }
13     public abstract double Area                       // 计算面积抽象方法
14     { get; }
15     public override string ToString()                 // 重写输出 Shape 对象字符串
16     {
17         return $"{Name} 面积 = {Area}";
18     }
19 }
20 public class Square : Shape                           // Square 继承 Shape
21 {
22     private int side;                                // 正方形 Square 边长
23     public Square(string square, int side) : base(square)
24     {
25         this.side = side;                            // 取得正方形边长
26     }
27     public override double Area                       // 重写计算面积
28     {
29         get { return side * side; }                  // 重写计算面积
30     }
31 }
```

执行结果

```
Microsoft Visual Studio 调试控制台
正方形实例 面积 = 100
C:\C#\ch19\ch19_11\ch19_11\bin\Debug\net6.0\ch19_11.exe
按任意键关闭此窗口...
```

19-7-3　多态应用 —— 数组概念扩充计算不同外形面积程序

方案 ch19_12.sln：扩充 ch19_11.sln，增加 Circle 类来继承 Shape 类，这个程序的特色是使用数组处理 Square 和 Circle 类，同时使用多态的概念，这个程序最重要是前 10 行，读者需学会向上转型的概念，同时使用数组概念来处理不同的类。

```
 1  // ch19_12
 2  Shape[] shapes =                          // 数组 Upcasting
 3  {
 4      new Square("正方形实例", 10),
 5      new Circle("圆形实例", 10)
 6  };
 7  foreach (Shape s in shapes)               // 遍历 shapes 数组
 8  {
 9      Console.WriteLine(s);
10  }
11
12  public abstract class Shape
13  {
14      public Shape(string shapeName)        // constructor
15      {
16          Name = shapeName;                 // 取得外形名称
17      }
18      public string Name                    // 属性 - 外形名称
19      { get; set; }
20      public abstract double Area           // 计算面积抽象方法
21      { get; }
22      public override string ToString()     // 重写输出 Shape 对象字符串
23      {
24          return $"{Name} 面积 = {Area}";
25      }
26  }
27  public class Square : Shape               // Square 继承 Shape
28  {
29      private int side;                     // 正方形 Square 边长
30      public Square(string square, int side) : base(square)
31      {
32          this.side = side;                 // 取得正方形边长
33      }
34      public override double Area
35      {
36          get { return side * side; }       // 重写计算面积
37      }
38  }
39  public class Circle : Shape               // Circle 继承 Shape
40  {
41      private int r;                        // 圆形 Circle 半径
42      public Circle(string circle, int r) : base(circle)
43      {
44          this.r = r;                       // 取得圆形半径
45      }
46      public override double Area
47      {
48          get { return Math.PI * r * r; }   // 重写计算面积
49      }
50  }
```

执行结果

```
Microsoft Visual Studio 调试控制台
正方形实例 面积 = 100
圆形实例 面积 = 314.1592653589793

C:\C#\ch19\ch19_12\ch19_12\bin\Debug\net6.0\ch19_12.exe
按任意键关闭此窗口. . .
```

习题实操题

方案 ex19_1.sln：请扩充设计 ch19_5.sln，增加计算圆周长和矩形周长的方法。注：圆半径请使用 10 来进行测试。(19-3 节)

```
Microsoft Visual Studio 调试控制台
矩形面积 : 6
矩形周长 : 10
圆形面积 : 314.1592653589793
圆形周长 : 62.83185307179586

C:\C#\ex\ex19_1\ex19_1\bin\Debug\net6.0\ex19_1.exe
按任意键关闭此窗口. . .
```

方案 ex19_2.sln：请扩充设计 ch19_5.sln，Circle 类增加子类 Cylinder(圆柱)，Circle 类变为抽象类，同时定义 Volumn( ) 抽象方法，其计算圆柱体积，所以 Cylinder 类需要重写 Volumn( )。假设此圆柱底面半径是 10，高度是 10。(19-3 节)

```
Microsoft Visual Studio 调试控制台
矩形面积 : 6
圆柱面积 : 314.1592653589793
圆柱体积 : 3141.5926535897934

C:\C#\ex\ex19_2\ex19_2\bin\Debug\net6.0\ex19_2.exe
按任意键关闭此窗口. . .
```

方案 ex19_3.sln：请修改 ch19_8_1.sln，使其最后可以输出以下结果。(19-5 节)

```
Microsoft Visual Studio 调试控制台
Peter目前正在旅行  汽车加油
Peter目前正在旅行  安全驾驶中 ...

C:\C#\ex\ex19_3\ex19_3\bin\Debug\net6.0\ex19_3.exe
按任意键关闭此窗口 . . .
```

方案 ex19_4.sln：请扩充设计 ch19_10.sln，增加定义抽象方法 Sub( )——减法、Mod( )——求余数和 Div( )——整数除法，同时将所有方法的参数第一个改为 10，第 2 个改为 3。(19-7 节)

```
Microsoft Visual Studio 调试控制台
我的计算器
加法结果 : 13
减法结果 : 7
乘法结果 : 30
余数结果 : 1
整数除法 : 3

C:\C#\ex\ex19_4\ex19_4\bin\Debug\net6.0\ex19_4.exe
按任意键关闭此窗口 . . .
```

方案 ex19_5.sln：请修订设计 ch19_10.sln，改为 3 个参数的抽象方法。

```
abstract int add(int n1, int n2, int n3);

abstract int mul(int n1, int n2, int n3);
```

上述分别可以执行 3 个数字相加 (n1+n2+n3) 与相乘 (n1*n2*n2)，请用 2、3 和 5 来做测试。(19-7 节)

```
Microsoft Visual Studio 调试控制台
我的计算器
连续加法结果 : 10
连续乘法结果 : 30

C:\C#\ex\ex19_5\ex19_5\bin\Debug\net6.0\ex19_5.exe
按任意键关闭此窗口 . . .
```

方案 ex19_6.sln：请修改 ch19_12.sln，请在 Shape 类下增加 Rectangle 子类，请在原程序第 4 行和第 5 行间增加下列指令：

```
new Rectangle(" 矩形实例 ", 6, 8);
```

最后可以得到以下结果。(19-7 节)

```
Microsoft Visual Studio 调试控制台
正方形实例  面积 = 100
矩形实例  面积 = 48
圆形实例  面积 = 314.1592653589793

C:\C#\ex\ex19_6\ex19_6\bin\Debug\net6.0\ex19_6.exe
按任意键关闭此窗口 . . .
```

方案 ex19_7.sln：请修改 ex19_6.sln，改为 Cube(正方体)、RectangleCube(长方体) 和 Cylinder(圆柱体)，然后改为计算体积，下面是调用方法。

```
Shape[] shapes =
{
    new Cube("正方体实例", 10),
    new RectangleCube("长方体实例", 6, 8, 2),
    new Cylinder("圆柱体实例", 10, 10)
};
```

最后可以得到以下结果。(19-7 节)

```
Microsoft Visual Studio 调试控制台
正方体实例  体积 = 1000
长方体实例  体积 = 96
圆柱体实例  体积 = 3141.5926535897934

C:\C#\ex\ex19_7\ex19_7\bin\Debug\net6.0\ex19_7.exe
按任意键关闭此窗口 . . .
```

第 20 章
接口

第 19 章笔者讲解了抽象类，当普通类继承了抽象类后，其实就形成了 IS-A 关系。例如，我们声明鸟的抽象类 Bird，可以定义飞行抽象方法 Flying( )，现在我们创建一个老鹰类 Eagle 继承 Bird 类，然后可以让老鹰类重写 (override) 飞行方法 Flying( )，在这种关系下我们可以说老鹰是一种鸟，所以我们说这是 IS-A 关系。

本章所要说明的接口 (interface) 就比较像是 "有同类的行为"，例如，鸟会飞行，飞机也会飞行，然而这是两个完全不同的物种。如果只因为飞行就让鸟类去继承飞机类或是让飞机类去继承鸟类，都是不恰当的。这时就可以使用本章所介绍的接口解决这方面的问题，我们可以设计飞行接口 Fly，然后在这个接口内定义 Flying( ) 抽象方法，所定义的抽象方法让飞机类和鸟类去实现 (implement)，这也是接口的基本概念。

20-1 认识接口

20-1-1 基本概念

接口外观和类相似但是它不是类，C# 中接口的定义是 interface，特色如下：

1. 接口可以像类一样拥有方法、属性、索引器和事件，这些方法和属性只是抽象定义，没有主体内容。注：C# 8.0 以后的版本支持可以有主体内容。

2. 每个接口的属性和方法都只是定义，一定有类来实现属性或方法，实现也可想成是重写 (override)，但是省略 override 关键词。

3. 早期 C# 语言接口不可以有字段，注：C# 8.0 以后的版本则支持 static 字段。

4. 接口成员特色是 public 和 abstract，因为是默认的，所以程序设计时不用再注明是 public 和 abstract。注：C# 8.0 以后的版本有关接口存取修饰词的限制放宽了，也可以有 private、protected、internal、static、sealed、partial 和 virtual，但是默认还是 public。

5. 每个接口一定有类来实现其方法，实现方式和继承一样使用 ":" 符号。注：一个类实现了一个接口，又称一个类继承 (inherit) 了一个接口。

6. 接口不可以有建构方法 (Constructor)。

7. 不可以为接口创建对象 (object)。注：C# 8.0 后的版本可以使用 upcasting 声明对象，读者可以参考 20-1-2 节的实例。

程序定义接口时习惯会将第 1 个英文字母用大写，这是为了可以快速区分接口，例如下列接口定义 IAnimal 左边第 1 个英文字母是 I：

```
interface IAnimal          // 第 1 个英文字母用大写字母 I
{
    void Action( );        // 自动是 public 和 abstract
}
```

方案 ch20_1.sln：最基本的类实现接口的实例。

```
1  // ch20_1
2  Dog dog = new Dog();        // 创建 dog 对象
3  dog.Action();
4  interface IAnimal           // 接口 IAnimal
5  {
6      void Action();          // interface 的 Action 方法
7  }
8  class Dog : IAnimal         // 继承接口 IAnimal
9  {
10     public void Action()    // 不含 override
11     {
12         Console.WriteLine("狗 : 在跑步");
13     }
14 }
```

执行结果

```
Microsoft Visual Studio 调试控制台
狗 : 在跑步

C:\C#\ch20\ch20_1\ch20_1\bin\Debug\net6.0\ch20_1.exe
按任意键关闭此窗口. . .
```

20-1-2　使用 upcasting 实现接口

18-4-5 节笔者介绍了 upcasting，其可以翻译为向上转型，基本概念是一个类本质是子类，但是将它当作父类来看待，然后将父类的引用指向子类对象。这个概念也可以应用在接口中，详情可以参考下列实例。

方案 ch20_2.sln：使用 upcasting 概念重新设计 ch20_1.sln。

```
1  // ch20_2
2  IAnimal dog = new Dog();      // Upcasting
3  dog.Action();
4  interface IAnimal             // 接口 IAnimal
5  {
6      void Action();            // interface 的 Action 方法
7  }
8  class Dog : IAnimal           // 继承接口 IAnimal
9  {
10     public void Action()      // 不含 override
11     {
12         Console.WriteLine("狗 : 在跑步");
13     }
14 }
```

执行结果：与 ch20_1.sln 相同。

使用 upcasting 的限制是只可以调用接口有定义的方法，如果调用类内非接口定义的方法会产生编译错误 (Compile Error!)，可以参考下列实例。

方案 ch20_2_1.sln：扩充 ch20_2.sln，尝试调用非接口方法 Life 有错误产生，详情可以参考第 4 行。

```
1  // ch20_2_1
2  IAnimal dog = new Dog();      // Upcasting
3  dog.Action();
4  dog.Life();                   // error
5  interface IAnimal             // 接口 IAnimal
6  {
7      void Action();            // interface 的 Action 方法
8  }
9  class Dog : IAnimal           // 继承接口 IAnimal
10 {
11     public void Action()      // 不含 override
12     {
13         Console.WriteLine("狗 : 在跑步");
14     }
15     public void Life()        // Dog 自有方法
16     {
17         Console.WriteLine("主人的宠物");
18     }
19 }
```

执行结果：程序编译错误。

方案 ch20_3.sln：修订 ch20_2_1.sln，将 dog 改为是 Dog 类的对象，则程序可以正常运作。

```
1  // ch20_3
2  Dog dog = new Dog();          // 创建 Dog类对象 dog
3  dog.Action();
4  dog.Life();
5  interface IAnimal             // 接口 IAnimal
6  {
7      void Action();            // interface 的 Action 方法
8  }
9  class Dog : IAnimal           // 继承接口 IAnimal
10 {
11     public void Action()      // 不含 override
12     {
13         Console.WriteLine("狗 : 在跑步");
14     }
15     public void Life()        // Dog 自有方法
16     {
17         Console.WriteLine("主人的宠物");
18     }
19 }
```

执行结果

```
Microsoft Visual Studio 调试控制台
狗 : 在跑步
主人的宠物

C:\C#\ch20\ch20_3\ch20_3\bin\Debug\net6.0\ch20_3.exe
按任意键关闭此窗口. . .
```

20-1-3　为什么使用接口

每个面向对象的程序语言都有接口功能，这个功能的主要优点如下：

1. 安全理由，只显示调用方法的名称与参数，隐藏继承类的细节。

2. C# 不支持多重继承 (multiple inheritance)，一个类只能有一个父类，但是 C# 支持继承多个接口，使用上更具弹性。

20-2 接口实例

20-2 节会用多个实例讲解接口在不同状况下的应用。

20-2-1 两个类实现一个接口

方案 ch20_4.sln：创建一个 Fly 接口，此接口有 Flying( ) 方法，然后创建 Bird 和 Airplane 类实现 Fly 接口的 Flying( ) 方法。

```
1  // ch20_4
2  IFly bird = new Bird();          // upcasting
3  bird.Flying();
4  IFly airplane = new Airplane();  // upcasting
5  airplane.Flying();
6
7  interface IFly
8  {
9      void Flying();
10 }
11 class Bird : IFly
12 {
13     public void Flying()
14     {
15         Console.WriteLine("Flying:鸟在飞");
16     }
17 }
18 class Airplane : IFly
19 {
20     public void Flying()
21     {
22         Console.WriteLine("Flying:飞机在飞");
23     }
24 }
```

执行结果

```
Microsoft Visual Studio 调试控制台
Flying:鸟在飞
Flying:飞机在飞

C:\C#\ch20\ch20_4\ch20_4\bin\Debug\net6.0\ch20_4.exe
按任意键关闭此窗口. . .
```

可以用下图来说明上述程序实例。

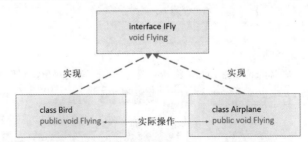

另外在声明对象时，笔者用了向上转型的方式声明对象，当然读者也可以使用下列方式分别声明 Bird 和 Airplane 类对象：

```
Bird fly1 = new Bird( );

Airplane fly2 = new Airplane( );
```

20-2-2 多层次继承与实现

一个接口可以继承另一个接口，使用的方法也是 "："，细节可以参考下列实例。

方案 ch20_5.sln：设计接口 IGrandfather，此接口有 GrandfatherMethod( ) 方法。然后设计接口 IFather，此接口有 FatherMethod( ) 方法，同时此接口继承 IGrandfather。然后设计 John 类，此类实现 IFather，同时重写 GrandfatherMethod( ) 和 FatherMethod( ) 方法。

```
1  // ch20_5
2  John john = new John();
3  john.GrandfatherMethod();
4  john.FatherMethod();
5
6  interface IGrandfather              // 祖父接口
7  {
8      void GrandfatherMethod();
9  }
10 interface IFather : IGrandfather    // 父接口继承祖父接口
11 {
12     void FatherMethod();
13 }
14 class John : IFather                // John类实实现父接口
15 {
16     public void GrandfatherMethod() // 实现祖父方法
17     {
18         Console.WriteLine("调用 GrandFatherMethod");
19     }
20     public void FatherMethod()      // 实现父方法
21     {
22         Console.WriteLine("调用 FatherMethod");
23     }
24 }
```

执行结果

```
■ Microsoft Visual Studio 调试控制台
调用 GrandFatherMethod
调用 FatherMethod

C:\C#\ch20\ch20_5\ch20_5\bin\Debug\net6.0\ch20_5.exe
按任意键关闭此窗口. . .
```

可以用下图来说明上述程序实例。

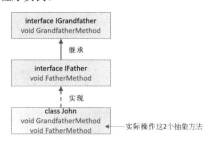

20-2-3　接口方法内含参数

至今所有实现的接口方法都未含参数，本节主要是创建内含参数的方法，让读者可以实际体验。

方案 ch20_6.sln：设计 IShape 接口，此接口有定义计算面积的方法 Area( )，然后设计 Rectangle 类实操 IShape 接口与其方法 Area( )。

```
1  // ch20_6
2  Rectangle rectangle = new Rectangle();
3  rectangle.Area(5, 10);
4  interface IShape                    // 定义接口 IShape
5  {
6      void Area(int a, int b);        // 定义计算面积
7
8  }
9  class Rectangle : IShape            // 实现 IShape
10 {
11     public void Area(int a, int b)  // 计算面积
12     {
13         int area = a * b;
14         Console.WriteLine($"矩形面积 : {area}");
15     }
16 }
```

执行结果

```
■ Microsoft Visual Studio 调试控制台
矩形面积 : 50

C:\C#\ch20\ch20_6\ch20_6\bin\Debug\net6.0\ch20_6.exe
按任意键关闭此窗口. . .
```

20-3　显式实现

一个类如果需要设计多个方法实现多个接口方法，使用显式实现可以让整个程序比较容易阅读与了解，显式实现的语法如下：

```
<InterfaceName>.<MemberName>
```

使用显式实现也是有限制的，非 upcasting 的对象无法调用实现的接口定义的方法，读者可以参考下列第 9 行和第 10 行的调用。

方案 ch20_7.sln：显式实现的实例，读者可以留意第 7 行、第 9 行和第 10 行的调用，如果省略前方的 "//" 则会有编译错误产生。

```
1  // ch20_7
2  IComputer com = new Software();      // upcasting
3  Software soft = new Software();      // Software类的soft对象
4
5  com.Office();
6  com.Programming("OK");
7  //com.Web("NO");                     // 编译错误
8
9  //soft.Office();                     // 编译错误
10 //soft.WriteFile("NO");              // 编译错误
11 soft.Web("OK");
12
13 interface IComputer
14 {
15     void Office();
16     void Programming(string text);
17 }
18 class Software : IComputer
19 {
20     void IComputer.Office()          // 显式实现
21     {
22         Console.WriteLine("适用一般职员");
23     }
24     void IComputer.Programming(string text)   // 显式实现
25     {
26         Console.WriteLine("适用程序设计师");
27     }
28     public void Web(string text)
29     {
30         Console.WriteLine("适用网页设计");
31     }
32 }
```

执行结果

```
■ Microsoft Visual Studio 调试控制台
适用一般职员
适用程序设计师
适用网页设计

C:\C#\ch20\ch20_7\ch20_7\bin\Debug\net6.0\ch20_7.exe
按任意键关闭此窗口...
```

20-4 接口属性实现

20-1 节～ 20-3 节重点说明了接口方法的实现，本节笔者将用实例解说属性的实现。

方案 ch20_8.sln：ICoord 接口属性 X、Y 和 Distance 的实现，设计一个 Point 类，此 Point 类实现了 X、Y 和 Distance 属性。

```
1  // ch20_8
2  ICoord p = new Point(6, 8);          // Upcasting
3  Console.WriteLine($"(x, y)点位置   x = {p.X}, y = {p.Y}");
4  Console.WriteLine($"与(0, 0)距离   dist = {p.Distance}");
5  interface ICoord                     // 接口
6  {
7      int X { get; set; }              // 属性 X
8      int Y { get; set; }              // 属性 Y
9      double Distance { get; }         // 属性 - 与(0, 0)的距离
10 }
11 class Point : ICoord                 // 实现ICoord
12 {
13     public Point(int x, int y)       // Constructor
14     {
15         X = x;
16         Y = y;
17     }
18     public int X { get; set; }       // 实现属性 X
19     public int Y { get; set; }       // 实现属性 Y
20     public double Distance =>         // 实现属性 Distance
21         Math.Sqrt(X * X + Y * Y);
22 }
```

执行结果

```
■ Microsoft Visual Studio 调试控制台
(x, y)点位置   x = 6, y = 8
与(0, 0)距离   dist = 10

C:\C#\ch20\ch20_8\ch20_8\bin\Debug\net6.0\ch20_8.exe
按任意键关闭此窗口...
```

上述程序第 2 行使用 Upcasting 创建对象 p 后，会对 (6, 8) 使用 Point 建构方法创建 X、Y 和 Distance 属性，程序第 2 行和第 3 行则分别输出这些属性。

20-5 多重继承与实现

所谓的多重继承是指一个类可以继承与实现多个接口，C# 语言的类是不支持多重继承的。不过在接口的实现中可以使用多重继承接口，所谓的多重继承接口的概念可参考下图，目前一个

类可以实现多个接口，一个接口可以继承多个接口。

基本程序设计概念与前文接口的继承与实现概念相同，当一个类继承实现多个接口时，需要实现这些接口的所有抽象方法。当一个接口继承多个接口时，继承此接口的类需要实现此接口及它所有继承接口的抽象方法。

假设 A 类同时继承 B 与 C 接口，整个语法如下：

```
interface IB {
    void b();                      // 抽象方法 b( )
}
interface IC {
    void c;                        // 抽象方法 c( )
}
class A implements IB, IC {        // 请留意语法
                                   // 实现 b 和 c;
}
```

相当于被继承或实操的多个接口之间要有逗号隔开，至于其他规则则不变。

方案 ch20_9.sln：扩充 ch20_6.sln，增加 IColor 接口，这个接口定义颜色。

```
1  // ch20_9
2  Rectangle rectangle = new Rectangle();
3  rectangle.Area(5, 10);
4  rectangle.Color();
5  interface IShape                   // 定义接口 IShape
6  {
7      void Area(int a, int b);       // 定义计算面积
8
9  }
10 interface IColor                   // 定义色彩
11 {
12     void Color();
13 }
14 class Rectangle : IShape, IColor   // 实现 IShape 和 IColor
15 {
16     public void Area(int a, int b) // 计算面积
17     {
18         int area = a * b;
19         Console.WriteLine($"矩形面积 : {area}");
20     }
21     public void Color()            // 定义色彩
22     {
23         Console.WriteLine("矩形色彩 : 蓝色");
24     }
25 }
```

执行结果

```
Microsoft Visual Studio 调试控制台
矩形面积 : 50
矩形色彩 : 蓝色

C:\C#\ch20\ch20_9\ch20_9\bin\Debug\net6.0\ch20_9.exe
按任意键关闭此窗口 . . .
```

上述程序的接口与类概念图如下所示。

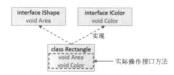

方案 ch20_10.sln：一个接口 IFly 继承了 IBird 和 IAirplane 接口的应用，InfoFly 类将实现 IFly 接口的 PediaFly 抽象方法，以及它所继承的 IAirplane 接口的 AirplaneFly 抽象方法和 IBird 接口的 BirdFly 方法。

```
1  // ch20_10
2  InfoFly infofly = new InfoFly();
3  infofly.BirdFly();
4  infofly.AirplaneFly();
5  infofly.PediaFly();
6  interface IBird                          // 定义接口 IBird
7  {
8      void BirdFly();
9  }
10 interface IAirplane                      // 定义接口 IAirplane
11 {
12     void AirplaneFly();
13 }
14 interface IFly : IBird, IAirplane        // 界面IFly继承IBird和IAirplane
15 {
16     void PediaFly();
17 }
18 class InfoFly : IFly                     // 定义类 InfoFly 实作 IFly
19 {
20     public void BirdFly()                // 实作 BirdFly
21     {
22         Console.WriteLine("鸟用翅膀飞");
23     }
24     public void AirplaneFly()            // 实作 AirplaneFly
25     {
26         Console.WriteLine("飞机用引擎飞");
27     }
28     public void PediaFly()               // 实作 PediaFly
29     {
30         Console.WriteLine("飞行百科");
31     }
32 }
```

执行结果

```
Microsoft Visual Studio 调试控制台
鸟用翅膀飞
飞机用引擎飞
飞行百科

C:\C#\ch20\ch20_10\ch20_10\bin\Debug\net6.0\ch20_10.exe
按任意键关闭此窗口. . .
```

上述程序的接口与类概念图如下所示。

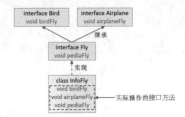

20-6 虚拟接口方法

第 20-2 节～ 20-5 节所介绍的接口方法均是抽象方法，这些方法需要在继承的类内实现，C#
从 8.0 版本起支持虚拟接口方法，这个方法又称默认 (default) 方法，虚拟接口方法可以有完整的
实体内容，同时此方法不需要在类内实现。

使用时需要留意，类并没有继承接口的虚拟接口方法，所以类对象无法调用虚拟接口方法。

方案 ch20_11.sln：虚拟方法的说明，这个程序的重点是类对象无法调用虚拟方法，所以第
10 行若是拿掉 "//" 会有错误产生。

```
1  // ch20_11
2  IComputer com = new Software();         // Upcasting
3  com.Office();
4  com.Programming("OK");
5  com.Life();
6
7  Software soft = new Software();         // Software类的soft物件
8  soft.Office();
9  soft.Programming("OK");
10 //soft.Life();                          // 编译错误
11
12 interface IComputer
13 {
14     void Office();                       // 定义 Office
15     void Programming(string text);       // 定义 Programming
16     void Life()                          // virtual 方法
17     {
18         Console.WriteLine("已经是生活必需品");
19     }
20 }
21 class Software : IComputer
22 {
23     public void Office()                 // 实作 Office
24     {
25         Console.WriteLine("适用一般职员");
26     }
27     public void Programming(string text) // 实作 Programming
28     {
29         Console.WriteLine("适用程序设计师");
30     }
31 }
```

执行结果

```
Microsoft Visual Studio 调试控制台
适用一般职员
适用程序设计师
已经是生活必需品
适用一般职员
适用程序设计师

C:\C#\ch20\ch20_11\ch20_11\bin\Debug\net6.0\ch20_11.exe
按任意键关闭此窗口. . .
```

20-7 专题

20-7-1 接口有相同的抽象方法

接口可以多重继承的另一个原因是其不会产生模糊的现象，例如，即使碰上两个接口有相同的抽象类名称，程序也可以执行。

方案 ch20_12.sln：Bird 和 Airplane 接口有同样名称的抽象方法 Flying( )，InfoFly 类实现了 Bird 和 Airplane 接口，此时对象调用 Flying( ) 方法时不会有冲突与模糊，因为所执行的 Flying( ) 方法是 Fly 类重写的方法。

```
1  // ch20_12
2  Fly fly = new Fly();
3  fly.Flying();
4  interface IBird                    // 定义接口 IBird
5  {
6      void Flying();
7  }
8  interface IAirplane                // 定义接口 IAirplane
9  {
10     void Flying();
11 }
12 class Fly : IBird, IAirplane       // Fly继承IBird和IAirplane
13 {
14     public void Flying()
15     {
16         Console.WriteLine("正在飞行");
17     }
18 }
```

执行结果

```
■ Microsoft Visual Studio 调试控制台
正在飞行

C:\C#\ch20\ch20_12\ch20_12\bin\Debug\net6.0\ch20_12.exe
按任意键关闭此窗口 . . .
```

上述程序的接口与类的概念图如下所示。

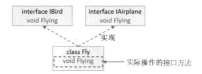

20-7-2 事务历史记录

方案 ch20_13.sln：设计事务历史记录，这个程序会设计一个 ITransactions 接口，此接口定义 ShowTransaction( ) 方法，然后设计 Transaction 类来实现此接口的方法，此外，这个类设定了 Account(账号)、DateInfo(交易时间)、Money(交易金额) 属性，这些属性使用建构方法设定。同时类会实现 Transaction( ) 方法，此方法会输出事务历史记录。

```
1  // ch20_13
2  Transaction t1 = new Transaction("001-3001", "8/10/2022", 88800.00);
3  Transaction t2 = new Transaction("001-3002", "9/10/2022", 91200.00);
4  t1.ShowTransaction();
5  t2.ShowTransaction();
6  interface ITransactions                    // 交易接口
7  {
8      void ShowTransaction();                // 显示交易信息
9  }
10 public class Transaction : ITransactions
11 {
12     private string Account { get; set; }
13     private string DateInfo { get; set; }
14     private double Money { get; set; }
15     public Transaction(string c, string d, double a)
16     {
17         Account = c;
18         DateInfo = d;
19         Money = a;
20     }
21     public void ShowTransaction()
22     {
23         Console.WriteLine($"账号:{Account}\t日期:{DateInfo}\t金额:{Money}");
24     }
25 }
```

执行结果

```
■ Microsoft Visual Studio 调试控制台
账号:001-3001    日期:8/10/2022    金额:88800
账号:001-3002    日期:9/10/2022    金额:91200

C:\C#\ch20\ch20_13\ch20_13\bin\Debug\net6.0\ch20_13.exe
按任意键关闭此窗口 . . .
```

20-7-3 将虚拟接口方法应用在交通工具上

方案 ch20_14.sln：接口是交通工具 IVehicle，这个交通工具接口目前有 Getbrand( ) 取得车辆品牌与 Run( )(安全驾驶中…) 两个方法，同时在 Vehicle 接口内设计虚拟接口方法 AlarmOn( )
和 AlarmOff( ) 方法。最后，这个程序会设计 Car 类继承与实现 IVehicle 接口，因为有虚拟接口
方法，所以需要使用 upcasting 对象。

```
1   // ch20_14
2   IVehicle car = new Car("Nissan");
3   Console.WriteLine(car.GetBrand());
4   Console.WriteLine(car.Run());
5   Console.WriteLine(car.AlarmOn());
6   Console.WriteLine(car.AlarmOff());
7   interface IVehicle                      // 定义 IVehicle 接口
8   {
9       string GetBrand();                  // 定义取得车辆品牌
10      string Run();                       // 定义安全驾驶中 ...
11      string AlarmOn()                    // 默认方法 打开警告灯
12      {
13          return " 打开警告灯";
14      }
15      string AlarmOff()                   // 默认方法 关闭警告灯
16      {
17          return "关闭警告灯";
18      }
19  }
20  class Car : IVehicle
21  {
22      private string _brand;
23      public Car(string brand)            // Constructor 设置品牌
24      {
25          _brand = brand;
26      }
27      public string GetBrand()            // 取得车辆品牌
28      {
29          return _brand;
30      }
31      public string Run()                 // 实际操作 安全驾驶
32      {
33          return "安全驾驶中 ...";
34      }
35  }
```

执行结果

```
Microsoft Visual Studio 调试控制台
Nissan
安全驾驶中 ...
开启警告灯
关闭警告灯

C:\C#\ch20\ch20_14\ch20_14\bin\Debug\net6.0\ch20_14.exe
按任意键关闭此窗口. . .
```

习题实操题

方案 ex20_1.sln：创建一个接口 IDrawable，此接口有 Draw( ) 方法，请创建 Square 类和
Circle 类来实现 IDrawable 接口，Square 类的 Draw( ) 方法可以输出 "绘制正方形"，Circle 类的
Draw( ) 方法可以输出 "绘制圆形"，请为 Circle 和 Square 类创建实体对象 circle 和 square，然后
输出。(20-1 节)

```
Microsoft Visual Studio 调试控制台
绘制正方形
绘制圆形

C:\C#\ex\ex20_1\ex20_1\bin\Debug\net6.0\ex20_1.exe
按任意键关闭此窗口. . .
```

方案 ex20_2.sln：扩充设计 ch20_6.sln，改为设计长方体的体积，请将第 6 行的 Area( ) 定
义改为 Volumn( )，调用方式如下：

```
rectangle.Volumn(5, 10, 2);
```

其他修改细节可以自行定义。(20-2 节)

```
Microsoft Visual Studio 调试控制台
长方体的体积 : 100

C:\C#\ex\ex20_2\ex20_2\bin\Debug\net6.0\ex20_2.exe
按任意键关闭此窗口. . .
```

方案 ex20_3.sln：设计 3 个接口，分别是 IPhone、IVolumn、IPlugLine，这 3 个接口分别定
义下列 6 个抽象方法：

```
void TurnOn( );          // IPhone 接口
void TurnOff( );              // IPhone 接口
```

```
void VolumnUp( );          // IVolumn 接口
void VolumnDown( );        // IVolumn 接口
void PlugIn( );            // IPlugLine 接口
void PlugOff( );                   // IPlugLine 接口
```

然后分别调用上述方法，可以得到下列结果。(20-5 节)

```
🏷 Microsoft Visual Studio 调试控制台
开机
关机
放大音量
缩小音量
插电源线
拉电源线

C:\C#\ex\ex20_3\ex20_3\bin\Debug\net6.0\ex20_3.exe
按任意键关闭此窗口...
```

方案 ex20_4.sln：扩充设计 ch20_9.sln，在 **IShape** 接口内增加下列抽象方法：

```
void Perimeter(int a, int b);
```

然后使用下列语句调用：

```
rectangle.Perimeter(5, 10);
```

可以得到下列结果。(20-5 节)

```
🏷 Microsoft Visual Studio 调试控制台
矩形面积 : 50
矩形周长 : 30
矩形色彩 : 蓝色

C:\C#\ex\ex20_4\ex20_4\bin\Debug\net6.0\ex20_4.exe
按任意键关闭此窗口...
```

方案 ex20_5.sln：请扩充设计 ch20_14.sln，在 **IVehicle** 接口中增加下列抽象方法：

String starting( )：可以输出"车辆启动系统检查中 … "。

String ending( )：可以输出"车辆停驻完成，车辆保全启动中 … "。

当然你必须在主程序中调用以上功能。(20-7 节)

```
🏷 Microsoft Visual Studio 调试控制台
Nissan
安全驾驶中 ...
打开警告灯
关闭警告灯
车辆启动系统检查中 ...
车辆停驻完成，车辆保全启动中 ...

C:\C#\ex\ex20_5\ex20_5\bin\Debug\net6.0\ex20_5.exe
按任意键关闭此窗口...
```

第 21 章
认识泛型

笔者在第 11 章介绍了 .NET 的传统集合后，没有再做更进一步介绍，因为 C# 官方建议若是要更进一步使用其他集合，请用泛型集合。

本章笔者先介绍泛型，当读者有泛型的知识后，就可以更进一步认识泛型的集合，然后笔者会进一步带领读者学习 C# 浩瀚的世界，然后踏入无限宽广的应用中。

21-1 从重载定义说起

第 17-2 节笔者曾介绍过重载的概念，我们认识了 Console.WriteLine( ) 方法，在此方法内可以放入任何类型的数据，此 Console.WriteLine 皆可以输出，使用上非常方便。一个方法的参数如何可以接受不同类型的数据，究竟这是如何做到的？

21-1-1 交换函数 Swap( )

方案 ch12_18.sln 中笔者设计了一个交换函数，该函数可以执行整型数据的交换，假设笔者要求读者设计可以执行 double 型数据交换、字符 char 型数据交换或字符串型数据交换的程序，读者要如何处理？

最直觉的方法是设计两个函数，此函数参数需分别处理整数和字符数据。

方案 ch21_1.sln：设计函数执行整数 5 和 6 交换，字符 'a' 和 'b' 交换，最直觉的方法是设计两个函数，分别接收整数和字符然后交换。

```
1  // ch21_1
2  void SwapInt(ref int x, ref int y)
3  {
4      int tmp;
5      tmp = x;
6      x = y;
7      y = tmp;
8  }
9  void SwapChar(ref char x, ref char y)
10 {
11     char tmp;
12     tmp = x;
13     x = y;
14     y = tmp;
15 }
16 int x1 = 5;
17 int x2 = 1;
18 Console.WriteLine($"对调前  x1 = {x1} \t  x2 = {x2}");
19 SwapInt(ref x1, ref x2);
20 Console.WriteLine($"对调后  x1 = {x1} \t  y2 = {x2}");
21 char ch1 = 'a';
22 char ch2 = 'b';
23 Console.WriteLine($"对调前 ch1 = {ch1} \t ch2 = {ch2}");
24 SwapChar(ref ch1, ref ch2);
25 Console.WriteLine($"对调后 ch1 = {ch1} \t ch2 = {ch2}");
```

执行结果

```
Microsoft Visual Studio 调试控制台
对调前   x1 = 5      x2 = 1
对调后   x1 = 1      y2 = 5
对调前  ch1 = a      ch2 = b
对调后  ch1 = b      ch2 = a

C:\C#\ch21\ch21_1\ch21_1\bin\Debug\net6.0\ch21_1.exe
按任意键关闭此窗口. . .
```

注 上述 SwapInt( ) 和 SwapChar( )，不在类内，笔者将其称为函数 (function)，不过有的人将其称为方法 (method)。在特定类内的函数，称为方法 (method)。

上述程序可以执行，但是需要设计两个函数，从程序设计观点比较不方便。

21-1-2 object 数据类型

如果现在要求读者只能设计一个函数，要完成整数或字符数据的交换，读者可以思考要如何处理？

第 3-9 节笔者介绍了 object 数据类型，这个数据类型可以存储所有 C# 的数据，所以整个设计如下列方案 ch21_2.sln 所示。

方案 ch21_2.sln：设计数据交换函数，参数是使用 object 数据类型。

```
1  // ch21_2
2  void SwapObj(ref object x, ref object y)
3  {
4      object tmp;
5      tmp = x;
6      x = y;
7      y = tmp;
8  }
9
10 object x1 = 5;
11 object x2 = 1;
12 Console.WriteLine($"对调前  x1 = {x1} \t  x2 = {x2}");
13 SwapObj(ref x1, ref x2);
14 Console.WriteLine($"对调后  x1 = {x1} \t  y2 = {x2}");
15 object ch1 = 'a';
16 object ch2 = 'b';
17 Console.WriteLine($"对调前 ch1 = {ch1} \t ch2 = {ch2}");
18 SwapObj(ref ch1, ref ch2);
19 Console.WriteLine($"对调后 ch1 = {ch1} \t ch2 = {ch2}");
```

执行结果

```
Microsoft Visual Studio 调试控制台
对调前   x1 = 5      x2 = 1
对调后   x1 = 1      y2 = 5
对调前   ch1 = a     ch2 = b
对调后   ch1 = b     ch2 = a

C:\C#\ch21\ch21_2\ch21_2\bin\Debug\net6.0\ch21_2.exe
按任意键关闭此窗口 . . .
```

上述方法的确可行，可是会有装箱 (boxing，3-9-3 节) 和拆箱 (unboxing，3-9-4 节) 问题，程序执行效率不高，为了更有效率地处理上述问题，因此计算机领域有了泛型 (generic) 的概念产生。

21-2　认识泛型

21-2-1　基础应用

泛型的概念是用通用类型代表所有可能的数据类型，习惯上用尖括号 "＜＞" 内放置 T 来表示，如下：

　＜T＞

然后我们可以针对这个通用类型设计相关数据类型的变量，将泛型应用到函数 (或方法) 中，基础语法如下：

　存取运算符　函数类型　函数名称 ＜T＞(T　参数名称)

　　{

　　　　…

　　}

程序设计的术语称上述是泛型函数 (Generic function)，上述方法名称后面加上 ＜T＞，是在标记这是泛型函数，有了这个定义后，函数的类型参数 (Type parameter) 就可以使用泛型参数，详情可以参考下列实例。

方案 ch21_3.sln：使用泛型概念重新设计 ch21_2.sln。

```
1  // ch21_3
2  void Swap<T>(ref T x, ref T y)
3  {
4      T tmp;
5      tmp = x;
6      x = y;
7      y = tmp;
8  }
9
10 int x1 = 5;
11 int x2 = 1;
12 Console.WriteLine($"对调前  x1 = {x1} \t  x2 = {x2}");
13 Swap<int>(ref x1, ref x2);        // <int> 可以省略
14 Console.WriteLine($"对调后  x1 = {x1} \t  y2 = {x2}");
15 char ch1 = 'a';
16 char ch2 = 'b';
17 Console.WriteLine($"对调前 ch1 = {ch1} \t ch2 = {ch2}");
18 Swap(ref ch1, ref ch2);           // 省略 <char>
19 Console.WriteLine($"对调后 ch1 = {ch1} \t ch2 = {ch2}");
```

执行结果

```
Microsoft Visual Studio 调试控制台
对调前   x1 = 5      x2 = 1
对调后   x1 = 1      y2 = 5
对调前   ch1 = a     ch2 = b
对调后   ch1 = b     ch2 = a

C:\C#\ch21\ch21_3\ch21_3\bin\Debug\net6.0\ch21_3.exe
按任意键关闭此窗口 . . .
```

从上述第 13 行可以看到调用 Swap( )<int> 函数如下：

```
Swap<int>(ref x1, ref x2);
```

这表示告诉编译程序参数使用 int 类型调用此程序第 2 行的 Swap( )<T> 函数。第 13 行中的 <int> 可以省略，所以也可以用下列方式调用 Swap<T>( )：

```
Swap(ref x1, ref x2);
```

这时编译程序会根据传递来的参数推断调用 Swap( )<T> 方法的数据类型。第 18 行所传递的是 char 数据类型，就是采用省略 <char> 方式调用，如下：

```
Swap(ref ch1, ref ch2);
```

编译程序会根据参数类型推断需要调用 Swap( )<T> 的方法。

设计泛型函数时，我们使用尖括号 < >，内含大写英文字母 T，来作为泛型数据类型，T 有 Type 的意思，所以程序设计师喜欢用 T 来作为泛型的数据类型，其实我们也可以用其他字母替换，下列是常见的泛型英文字母：E: Element，K: Key，N: Number，V: Value。

当然也可以使用其他英文字母，在本书的 ch21_3_1.sln 中，笔者使用 U 当作泛型数据类型的定义，执行结果与 ch21_3.sln 相同，如下所示 (列出部分程序内容)。

```
1  // ch21_3_1
2  void Swap<U>(ref U x, ref U y)
3  {
4      U tmp;
5      tmp = x;
6      x = y;
7      y = tmp;
8  }
```

从上述实例我们可以体会到泛型有一个最大的优点是，可以重复使用代码，提高程序撰写的效率。

21-2-2 泛型函数——参数是数组

方案 ch21_4.sln：设计泛型函数，传递来的参数是泛型数组，这个函数可以输出数组内容，此程序实例会用整型数组与字符串数组进行测试。

```
1  // ch21_4
2  void PrintArray<T>(T[] arr)
3  {
4      foreach (var item in arr)
5      {
6          Console.WriteLine(item);
7      }
8  }
9
10 int[] x = { 5, 7, 9 };
11 PrintArray(x);
12 string[] str = { "C#", "Python", "Java" };
13 PrintArray(str);
```

执行结果

```
Microsoft Visual Studio 调试控制台
5
7
9
C#
Python
Java

C:\C#\ch21\ch21_4\bin\Debug\net6.0\ch21_4.exe
按任意键关闭此窗口 . . .
```

21-3 泛型类

泛型类的定义如下：

存取修饰词 class 泛型名称 <T>

{

    // 字段、属性和方法

}

如果有两个泛型数据类型，则此类的定义如下：

```
存取修饰词 class 泛型名称 <T, U>
{
    // 字段、属性和方法
}
```

21-4 泛型类——字段与属性

21-4-1 定义泛型类——内含一个字段

最简单的泛型类，假设只有一个类型参数是定义字段，定义如下：

```
存取修饰词 class 泛型名称 <T>
{
    存取修饰词 T 域名；
}
```

例如，有一个泛型类与对象的程序如下所示。

```
DataBank<int> x = new DataBank<int>( );
...
public class DataBank<T>
{
    public T db;
}
```

在程序编译阶段，泛型 T 将会被 int 替换，这时 db 字段将是整型变量 db。

方案 ch21_5.sln：定义泛型类，设定整数然后输出，读者可以从程序认识整个泛型的流程。

```
1  // ch21_5
2  DataBank<int> x = new DataBank<int>();
3  x.db = 5;
4  Console.WriteLine($"x = {x.db}");
5
6  public class DataBank<T>
7  {
8      public T db;
9  }
```

执行结果

```
Microsoft Visual Studio 调试控制台
x = 5

C:\C#\ch21\ch21_5\ch21_5\bin\Debug\net6.0\ch21_5.exe
按任意键关闭此窗口. . .
```

有时候在设计程序时，程序设计师喜欢用下列方式设计第 8 行：

```
public T? db;
```

上述是 Microsoft 公司建议的：需要声明的 db 字段可以为 Null，这可以让程序有比较大的弹性，整个设计可以参考 ch21_5_1.sln，这对程序执行结果没有影响。

```
1  // ch21_5_1
2  DataBank<int> x = new DataBank<int>();
3  x.db = 5;
4  Console.WriteLine($"x = {x.db}");
5
6  public class DataBank<T>
7  {
8      public T? db;
9  }
```

方案 ch21_6.sln：泛型类主要可以用于处理不同类型的数据，本实例是定义泛型类，设定整型与字符串型数据然后输出。

```
1  // ch21_6
2  DataBank<int> x = new DataBank<int>();
3  x.db = 5;
4  Console.WriteLine($"x = {x.db}");
5  DataBank<string> str = new DataBank<string>();
6  str.db = "C#";
7  Console.WriteLine($"str = {str.db}");
8
9  public class DataBank<T>
10 {
11     public T? db;
12 }
```

执行结果

```
Microsoft Visual Studio 调试控制台
x = 5
str = C#

C:\C#\ch21\ch21_6\ch21_6\bin\Debug\net6.0\ch21_6.exe
按任意键关闭此窗口...
```

21-4-2　定义泛型类——内含一个属性

其实在面向对象的程序设计的概念下，为了数据的安全，鼓励程序设计师在类内多多使用属性概念，详情可以参考下列实例。

方案 ch21_7.sln：使用属性概念重新设计 ch21_6.sln。

```
1  // ch21_7
2  DataBank<int> x = new DataBank<int>();
3  x.Db = 5;
4  Console.WriteLine($"x = {x.Db}");
5  DataBank<string> str = new DataBank<string>();
6  str.Db = "C#";
7  Console.WriteLine($"str = {str.Db}");
8
9  public class DataBank<T>
10 {
11     public T? Db { get; set; }        // Db 属性
12 }
```

执行结果：与 ch21_6.sln 相同。

21-4-3　定义泛型类——内含多种数据类型

第 21-4-1 节我们介绍了泛型类内含一种泛型数据类型的情况，我们可以将泛型类扩充为含多笔泛型数据类型，例如字典数据就是配对存在的泛型数据类型，读者可以参考下列实例。

方案 ch21_8.sln：使用泛型创建字典类型的数据。

```
1  // ch21_8
2  DataPair<string, int> noodle = new DataPair<string, int>();
3  noodle.Key = "牛肉面";
4  noodle.Value = 180;
5  Console.WriteLine($"{noodle.Key} : {noodle.Value}");
6
7  DataPair<string, string> season = new DataPair<string, string>();
8  season.Key = "春天";
9  season.Value = "Spring";
10 Console.WriteLine($"{season.Key} : {season.Value}");
11
12 public class DataPair<TKey, TValue>
13 {
14     public TKey? Key { get; set; }
15     public TValue? Value { get; set; }
16 }
```

执行结果

```
Microsoft Visual Studio 调试控制台
牛肉面 : 180
春天 : Spring

C:\C#\ch21\ch21_8\ch21_8\bin\Debug\net6.0\ch21_8.exe
按任意键关闭此窗口...
```

有的 C# 程序设计师会在第 2 ～ 第 4 行 (或第 7 ～ 第 9 行) 声明与创建类对象 noodle(dict) 时，采用以下编码方式。

```
1  // ch21_8_1
2  DataPair<string, int> noodle = new DataPair<string, int>
3  {
4      Key = "牛肉面",
5      Value = 180
6  };
7  Console.WriteLine($"{noodle.Key} : {noodle.Value}");
8
9  DataPair<string, string> season = new DataPair<string, string>
10 {
11     Key = "春天",
12     Value = "Spring"
13 };
14 Console.WriteLine($"{season.Key} : {season.Value}");
15
16 public class DataPair<TKey, TValue>
17 {
18     public TKey? Key { get; set; }
19     public TValue? Value { get; set; }
20 }
```

21-4-4　定义泛型类——内含数组字段

假设泛型内含数组 DataBank，此数组名是 arr，数组大小是 5，则该泛型类的声明方式如下：

```
public class DataBank<T>
{
    public T[ ] arr = new T[5];
}
```

方案 ch21_9.sln：声明含数组字段的泛型类，设定数组元素和输出。

```
1  // ch21_9
2  DataBank<int> data = new DataBank<int>();
3  data.arr[0] = 5;
4  data.arr[1] = 10;
5  data.arr[3] = 20;
6  foreach (var item in data.arr)
7      Console.WriteLine(item);
8
9  public class DataBank<T>
10 {
11     public T[] arr = new T[5];
12 }
```

执行结果

```
Microsoft Visual Studio 调试控制台
5
10
0
20
0

C:\C#\ch21\ch21_9\ch21_9\bin\Debug\net6.0\ch21_9.exe
按任意键关闭此窗口. . .
```

上述我们没有设定 data.arr[2] 和 data.arr[4] 的值，因为数组是整型的，系统使用整型数据的默认值 0，所以可以得到上述结果。

方案 ch21_10.sln：扩充设计 ch21_9.sln，增加字符串型数据做测试，同时输出索引值对照。

```
1  // ch21_10
2  DataBank<int> data = new DataBank<int>();
3  data.arr[0] = 5;
4  data.arr[1] = 10;
5  data.arr[3] = 20;
6  Console.WriteLine("以下是整数数组");
7  for (int i = 0; i < data.arr.Length; i++)
8      Console.WriteLine($"arr[{i}] = {data.arr[i]}");
9
10 DataBank<string> str = new DataBank<string>();
11 str.arr[0] = "C#";
12 str.arr[1] = "C++";
13 str.arr[4] = "Java";
14 Console.WriteLine("以下是字符串数组");
15 for (int i = 0; i < str.arr.Length; i++)
16     Console.WriteLine($"arr[{i}] = {str.arr[i]}");
17
18 public class DataBank<T>
19 {
20     public T[] arr = new T[5];
21 }
```

执行结果

```
Microsoft Visual Studio 调试控制台
以下是整数数组
arr[0] = 5
arr[1] = 10
arr[2] = 0
arr[3] = 20
arr[4] = 0
以下是字符串数组
arr[0] = C#
arr[1] = C++
arr[2] =
arr[3] =
arr[4] = Java

C:\C#\ch21\ch21_10\ch21_10\bin\Debug\net6.0\ch21_10.exe
按任意键关闭此窗口. . .
```

对于字符串数组而言，从上述索引 2 和 3 的执行结果可以看到，如果没有设定，那么产生的就是空字符串。

21-5　泛型类——方法

21-5-1　泛型方法的参数是泛型

泛型类内可以设计泛型方法，下列将以实例解说。

方案 ch21_11.sln：在泛型类内使用泛型方法 AddItem( )，创建泛型数组 arr[ ]。

读者需留意的是，在 ch21_3.sln 第 2 行创建泛型函数时，内容如下：

```
void Swap<T>(ref T x, ref T y)
```

上述 Swap 右边的 <T> 不可以省略，因为这是注明 Swap<T>( ) 是泛型函数，所传递的是泛型 <T>，如果省略 <T> 会造成编译程序无法识别 Swap( ) 函数的参数 ref T x 和 ref T y 的 T，造成编译错误。

```
1  // ch21_11
2  DataBank<int> x = new DataBank<int>();
3  x.AddItem(5);
4  x.AddItem(6);
5  x.AddItem(7);
6  x.PrintInfo();
7  public class DataBank<T>
8  {
9      private T[] arr = new T[5];
10     static int index = 0;              // 静态索引变量
11     public void AddItem(T item)        // 泛型方法，建立数组元素
12     {
13         arr[index++] = item;
14     }
15     public void PrintInfo()            // 输出泛型数组
16     {
17         for (int i = 0; i < arr.Length; i++)
18             Console.WriteLine($"arr[{i}] = {arr[i]}");
19     }
20 }
```

执行结果

```
Microsoft Visual Studio 调试控制台
arr[0] = 5
arr[1] = 6
arr[2] = 7
arr[3] = 0
arr[4] = 0

C:\C#\ch21\ch21_11\ch21_11\bin\Debug\net6.0\ch21_11.exe
按任意键关闭此窗口. . .
```

对于 ch21_11.sln 程序而言，声明泛型类时上述实例第 11 行的泛型方法内容如下：

```
public void AddItem(T item)
```

因为第 7 行声明类时已经定义了泛型 <T>，同时第 9 行也定义了泛型 T 是数组，所以 AddItem 右边不用 <T>，编译程序也可以辨识参数 T item 的数据类型。

21-5-2 泛型方法内有一般参数

泛型方法内可以有泛型参数与一般参数并存，详情可以参考下列实例。

方案 ch21_12.sln：更新 ch21_11.sln，创建泛型数组时，第 1 个参数是索引，第 2 个参数是泛型。

```
1  // ch21_12
2  DataBank<int> x = new DataBank<int>();
3  x.AddItem(0, 5);
4  x.AddItem(2, 6);
5  x.AddItem(4, 7);
6  x.PrintInfo();
7  public class DataBank<T>
8  {
9      private T[] arr = new T[5];
10     public void AddItem(int index, T item)  // 泛型方法，创建数组元素
11     {
12         arr[index] = item;
13     }
14     public void PrintInfo()            // 输出泛型数组
15     {
16         for (int i = 0; i < arr.Length; i++)
17             Console.WriteLine($"arr[{i}] = {arr[i]}");
18     }
19 }
```

执行结果

```
Microsoft Visual Studio 调试控制台
arr[0] = 5
arr[1] = 0
arr[2] = 6
arr[3] = 0
arr[4] = 7

C:\C#\ch21\ch21_12\ch21_12\bin\Debug\net6.0\ch21_12.exe
按任意键关闭此窗口. . .
```

上述程序第 10 行泛型方法的声明如下：

```
public void AddItem(int index, T item)
```

第 1 个参数 int index 是索引，第 2 个参数 T item 是泛型。

21-5-3 泛型方法的数据类型是泛型

如果我们设计的泛型方法需要回传泛型数据，那么可以将泛型方法的数据类型设为泛型，详情可以参考下列实例。

方案 ch21_13.sln：设定泛型方法回传数据为泛型。

```
1  // ch21_13
2  DataBank<int> x = new DataBank<int>();
3  x.AddItem(0, 5);
4  x.AddItem(2, 6);
5  x.AddItem(4, 7);
6  for (int i = 0; i < 5; i++)
7      Console.WriteLine($"arr[{i}] = {x.GetArr(i)}");
8
9  public class DataBank<T>
10 {
11     private T[] arr = new T[5];
12     public void AddItem(int index, T item)  // 泛型方法，创建数组元素
13     {
14         arr[index] = item;
15     }
16     public T GetArr(int index)         // 回传泛型数组特定内容
17     {
18         if (index >= 0 && index < arr.Length)
19             return arr[index];
20         else
21             return default(T);         // 如果超出索引回传泛型默认 T
22     }
23 }
```

执行结果

```
Microsoft Visual Studio 调试控制台
arr[0] = 5
arr[1] = 0
arr[2] = 6
arr[3] = 0
arr[4] = 7

C:\C#\ch21\ch21_13\ch21_13\bin\Debug\net6.0\ch21_13.exe
按任意键关闭此窗口. . .
```

上述程序第 7 行，泛型类对象 x 调用泛型方法 GetArr( )，其所回传的数据就是泛型，所以第 16 行设定泛型方法 GetArr( ) 的数据类型是泛型 T。

方案 ch21_13_1.sln：重新设计 ch21_13.sln，增加测试输出超出泛型索引的结果，同时设定泛型的类型增加 ?，这是为了可能有 Null 的参考回传。

```
1  // ch21_13_1
2  DataBank<int> x = new DataBank<int>();
3  x.AddItem(0, 5);
4  x.AddItem(2, 6);
5  x.AddItem(4, 7);
6  for (int i = 0; i < 5; i++)
7      Console.WriteLine($"arr[{i}] = {x.GetArr(i)}");
8  Console.WriteLine($"arr[100] = {x.GetArr(100)}");
9  public class DataBank<T>
10 {
11     private T[] arr = new T[5];
12     public void AddItem(int index, T item)  // 泛型方法，建立数组元素
13     {
14         arr[index] = item;
15     }
16     public T? GetArr(int index)               // 回传泛型数组特定内容
17     {
18         if (index >= 0 && index < arr.Length)
19             return arr[index];
20         else
21             return default(T);                // 如果超出索引则回传泛型默认为 T
22     }
23 }
```

执行结果

```
Microsoft Visual Studio 调试控制台
arr[0]   = 5
arr[1]   = 0
arr[2]   = 6
arr[3]   = 0
arr[4]   = 7
arr[100] = 0

C:\C#\ch21\ch21_13_1\ch21_13_1\bin\Debug\net6.0\ch21_13_1.exe
按任意键关闭此窗口...
```

21-6 含有泛型方法的一般类

C# 也允许一般类内含有泛型方法，前面笔者介绍了在类外创建的泛型函数，在泛型类内创建的泛型方法，其实也可以在一般类内创建泛型方法，详情可以参考下列实例。

方案 ch21_14.sln：在一般类 MyTest 内创建泛型方法。

```
1  // ch21_14
2  MyTest obj = new MyTest();
3  obj.PrintInfo<int>(50);                     // 由 <int> 推断数据类型是 int
4  obj.PrintInfo(60);                          // 由参数 60 推断数据类型是 int
5  obj.PrintInfo<string>("Hello C#");          // 由 <string> 推断数据类型是 string
6  obj.PrintInfo("Going to C# World!");        // 由参数 Go .. 推断数据类型是 string
7  public class MyTest
8  {
9      public void PrintInfo<T>(T data)
10     {
11         Console.WriteLine(data);
12     }
13 }
```

执行结果

```
Microsoft Visual Studio 调试控制台
50
60
Hello C#
Going to C# World!

C:\C#\ch21\ch21_14\ch21_14\bin\Debug\net6.0\ch21_14.exe
按任意键关闭此窗口...
```

21-7 泛型方法重载

本节将分成两小节：一般类中的泛型方法重载与泛型类中的泛型方法重载，来进行说明。

21-7-1 一般类中的泛型方法重载

方案 ch21_15.sln：在一般类中创建泛型方法重载。

```
1  // ch21_15
2  MyTest obj = new MyTest();
3  obj.Data("Going to C# World");
4  obj.Data<string>("王者归来");
5  obj.Data(50);
6  obj.Data<int>(100);                         // 使用Data<T>
7
8  public class MyTest
9  {
10     public void Data<T>(T t)
11     {
12         Console.WriteLine($"使用Data<T> : {t.GetType().Name} : {t}");
13     }
14     public void Data(int a)
15     {
16         Console.WriteLine($"使用Data    : {a.GetType().Name} : {a}");
17     }
18 }
```

执行结果

```
Microsoft Visual Studio 调试控制台
使用Data<T> : String : Going to C# World
使用Data<T> : String : 王者归来
使用Data    : Int32 : 50
使用Data<T> : Int32 : 100

C:\C#\ch21\ch21_15\ch21_15\bin\Debug\net6.0\ch21_15.exe
按任意键关闭此窗口...
```

上述需要留意的是第 6 行 obj.Data<int>(100)，其参数是整数，但是因为已经有 <int> 定义，所以调用的是 Data<T> 方法。

21-7-2　泛型类中的泛型方法重载

方案 ch21_16.sln：泛型类中的泛型方法重载。

```
1  // ch21_16
2  MyTest<int> xInt = new MyTest<int>();
3  xInt.Data(10);
4  xInt.Data("10");                    // 使用Data(string)
5  MyTest<string> xString = new MyTest<string>();
6  xString.Data("Going to C#");
7
8  public class MyTest<T>
9  {
10     public void Data(T item)
11     {
12         Console.WriteLine($"使用Data T : {item}");
13     }
14     public void Data(string item)
15     {
16         Console.WriteLine($"使用DAta string : {item}");
17     }
18 }
```

执行结果

```
Microsoft Visual Studio 调试控制台
使用Data T : 10
使用DAta string : 10
使用DAta string : Going to C#
C:\C#\ch21\ch21_16\ch21_16\bin\Debug\net6.0\ch21_16.exe
按任意键关闭此窗口...
```

上述必须留意的是第 4 行，虽然使用 xInt 对象，代表这是整数泛型，但是参数实际上是字符串，这会调用第 14 行的字符串 Data(string item) 方法。

21-8　专题

21-8-1　创建数组与输出数组

方案 ch21_17.sln：使用泛型类创建数组并输出数组，这个程序会创建整型数组，同时利用字符特性创建罗马数字数组。

```
1  // ch21_17
2  // 建构方法一整数数组
3  GenericArray<int> intArray = new GenericArray<int>(5);
4  for (int c = 0; c < 5; c++)              // 实际创建整数数组
5  {
6      intArray.SetArray(c, c * 10);
7  }
8  for (int c = 0; c < 5; c++)              // 输出整数数组
9  {
10     Console.Write(intArray.GetArray(c) + " ");
11 }
12 Console.WriteLine();
13 // 建构方法一字符数组
14 GenericArray<char> charArray = new GenericArray<char>(5);
15 for (int c = 0; c < 5; c++)              // 实际创建罗马数字数组
16 {
17     charArray.SetArray(c, (char)(c + 0x2160));
18 }
19 for (int c = 0; c < 5; c++)              // 输出罗马数字字符数组
20 {
21     Console.Write(charArray.GetArray(c) + " ");
22 }
23
24 public class GenericArray<T>
25 {
26     private T[] array;
27     public GenericArray(int size)
28     {
29         array = new T[size + 1];
30     }
31     public T GetArray(int index)
32     {
33         return array[index];
34     }
35     public void SetArray(int index, T value)
36     {
37         array[index] = value;
38     }
39 }
```

执行结果

```
Microsoft Visual Studio 调试控制台
0 10 20 30 40
Ⅰ Ⅱ Ⅲ Ⅳ Ⅴ
C:\C#\ch21\ch21_17\ch21_17\bin\Debug\net6.0\ch21_17.exe
按任意键关闭此窗口...
```

21-8-2　仿真栈操作

方案 ch21_18.sln：栈是一种先进后出的数据结构，这个程序会创建栈，然后分别输入 5、6 和 7 这三个数字，然后将数字分别用先进后出的方式输出。

```
1   // ch21_18
2   MyStack<int> st = new MyStack<int>(10);
3   st.Push(5);
4   st.Push(6);
5   st.Push(7);
6   Console.WriteLine($" Pop数据 {st.Pop()} 成功");
7   Console.WriteLine($" Pop数据 {st.Pop()} 成功");
8   Console.WriteLine($" Pop数据 {st.Pop()} 成功");
9
10  public class MyStack<T>
11  {
12      T[] stack;
13      int index;
14      public MyStack(int size)
15      {
16          index = 0;
17          stack = new T[size];
18      }
19      public void Push(T num)
20      {
21          stack[index++] = num;
22          Console.WriteLine($"Push数据 {num} 成功");
23      }
24      public T Pop()
25      {
26          return stack[--index];
27      }
28  }
```

执行结果

```
Microsoft Visual Studio 调试控制台
Push数据 5 成功
Push数据 6 成功
Push数据 7 成功
 Pop数据 7 成功
 Pop数据 6 成功
 Pop数据 5 成功

C:\C#\ch21\ch21_18\ch21_18\bin\Debug\net6.0\ch21_18.exe
按任意键关闭此窗口. . .
```

习题实操题

方案 ex21_1.sln：设计 void Max<T>(ref T _x, ref T _y) 泛型函数，这个函数可以比较 _x 和 _y，然后将较大值放在 _x 中，利用这个特性，我们的程序可以列出较大值。注：可以使用 dynamic 关键词，读者可以参考 12-10 节。(21-2 节)

```
Microsoft Visual Studio 调试控制台
3 与 5 的较大值是 5
3.5 与 2.5 的较大值是 3.5
a 与 d 的较大值是 d

C:\C#\ex\ex21_1\ex21_1\bin\Debug\net6.0\ex21_1.exe
按任意键关闭此窗口. . .
```

方案 ex21_2.sln：重新设计 ch21_9.sln，改为输出最大值。(21-4 节)

```
Microsoft Visual Studio 调试控制台
最大值是 ：20

C:\C#\ex\ex21_2\ex21_2\bin\Debug\net6.0\ex21_2.exe
按任意键关闭此窗口. . .
```

方案 ex21_3.sln：重新设计 ch21_13.sln，改为输出最大值索引和最大值。(21-5 节)

```
Microsoft Visual Studio 调试控制台
最大值索引 ：4，最大值 ：7

C:\C#\ex\ex21_3\ex21_3\bin\Debug\net6.0\ex21_3.exe
按任意键关闭此窗口. . .
```

方案 ex21_4.sln：请参考 ch21_17.sln，输出罗马数字 Ⅰ ～ Ⅹ。(21-8 节)

```
Microsoft Visual Studio 调试控制台
Ⅰ Ⅱ Ⅲ Ⅳ Ⅴ Ⅵ Ⅶ Ⅷ Ⅸ Ⅹ
C:\C#\ex\ex21_4\ex21_4\bin\Debug\net6.0\ex21_4.exe
按任意键关闭此窗口. . .
```

方案 ex21_5.sln：重新设计 ch21_18.sln，使用春天、夏天、秋天和冬天代替数字。(21-8 节)

```
Microsoft Visual Studio 调试控制台
Push数据 春天 成功
Push数据 夏天 成功
Push数据 秋天 成功
Push数据 冬天 成功
 Pop数据 冬天 成功
 Pop数据 秋天 成功
 Pop数据 夏天 成功
 Pop数据 春天 成功

C:\C#\ex\ex21_5\ex21_5\bin\Debug\net6.0\ex21_5.exe
按任意键关闭此窗口. . .
```

第 22 章
泛型集合

11-1 节中笔者介绍了 .NET 的集合，第 11 章主要是介绍 System.Collections 类的传统集合，本章则是介绍 System.Collections.Generic 类的泛型集合，由于泛型对于数据的使用比较有弹性，因此 Microsoft 公司也建议使用者未来应该多多利用泛型集合，替换原先的传统集合。

22-1　System.Collections.Generic

在 System.Collections.Generic 命名空间内常用的集合类主要叙述了计算机科学领域中与数据结构有关的知识，当读者了解这些集合后，就可以将工作上的数据依据特性，用这些类组织起来，方便未来存取。这些集合类如下：

List：列表。

Stack：栈。

Queue：队列。

LinkedList：链表。

SortedSet：排序集合。

Dictionary：字典。

SortedList：排序列表。

SortedDictionary：排序字典。

22-2　List 列表

9-6 节中笔者介绍过 Array，11-3 节介绍了 ArrayList，本节是在介绍泛型的 List 类，其实 List 是泛型版本的 ArrayList，两者都是数组结构的数据，在连续的内存空间，不过 List 在数据元素的应用上更具弹性。

22-2-1　创建 List 对象

如果只是创建 List 对象，则可以使用下列语法：

```
List<T> 对象名称 = new List<T>( );
```

如果要创建 List 对象，同时还要设定此对象的容量，则可以增加 Int32 参数，详情可以参考下列语法：

```
List<T> 对象名称 = new List<T>(Int32);
```

如果要创建 List 对象，同时设置初始值，则可以使用下列语法：

```
List<int> 对象名称 = new List<int> { 系列初始值 }
```

方案 ch22_1.sln：创建整型和字符串型的 List 对象，然后输出。

```
1  // ch22_1
2  List<int> sc = new List<int> { 5, 7, 9 };
3  foreach (var s in sc)
4      Console.Write($"{s}  ");
5  Console.WriteLine();                         // 换行输出
6  List<string> book = new List<string> { "Python", "C#" };
7  foreach (var b in book)
8      Console.Write($"{b}  ");
9  Console.WriteLine();                         // 换行输出
10 var cities = new List<string> { "Taipei", null, "Tainan" };
11 foreach (var c in cities)
12     Console.Write($"{c}  ");
```

执行结果

```
Microsoft Visual Studio 调试控制台
5 7 9
Python C#
Taipei   Tainan
C:\C#\ch22\ch22_1\ch22_1\bin\Debug\net6.0\ch22_1.exe
按任意键关闭此窗口. . .
```

上述程序请读者留意第 6 行和第 10 行的声明方式，此外第 10 行笔者故意使用 null 作为数据也是可以的。如果要创建 List 对象，同时将指定项目复制至此对象，可以使用下列语法：

```
List<T> 对象名称 = new List<T>(IEnumerable<T>);
```

注 1　上述 IEnumerable 是源自 System.Collections 命名空间的接口，这个接口的定义是元素可以被迭代。所以在此 IEnumerable<T> 是指可以迭代的数据类型，均可以当作指定项目复制到 List 对象名称内。

注 2　在 11-3-1 节介绍了 ICollection，这是一个接口，这个接口继承 IEnumerable，这类集合的内容可以编辑修改。

方案 ch22_2.sln：创建 List 对象，同时将可以列举的数据复制至此对象，此例中可以列举的数据是指 books 字符串数组。

```
1   // ch22_2
2   string[] books = { "C 王者归来",
3                      "算法图解逻辑思维 + Python实作",
4                      "C# 王者归来" };
5
6   List<string> mybooks = new List<string>(books);
7   foreach (string m in mybooks)
8   {
9       Console.WriteLine(m);
10  }
```

执行结果

```
Microsoft Visual Studio 调试控制台
C 王者归来
算法图解逻辑思维 + Python实作
C# 王者归来

C:\C#\ch22\ch22_2\ch22_2\bin\Debug\net6.0\ch22_2.exe
按任意键关闭此窗口. . .
```

22-2-2　List 的属性

List 的常用属性如下：

1. Capacity：设定或是取得 List 对象的元素个数的容量。

2. Count：获得 List 对象的元素个数。

方案 ch22_3.sln：认识 Capacity 和 Count 属性。

```
1   // ch22_3
2   List<string> mylist = new List<string>();
3   Console.WriteLine("输出空List变量的Capacity和Count属性");
4   Console.WriteLine(mylist.Capacity);
5   Console.WriteLine(mylist.Count);
6
7   Console.WriteLine("输出有数据List变量的Capacity和Count属性");
8   string[] books = { "C 王者归来",
9                      "算法图解逻辑思维 + Python实作",
10                     "C# 王者归来" };
11  List<string> mybooks = new List<string>(books);
12  Console.WriteLine(mybooks.Capacity);
13  Console.WriteLine(mybooks.Count);
```

执行结果

```
Microsoft Visual Studio 调试控制台
输出空List变量的Capacity和Count属性
0
0
输出有数据List变量的Capacity和Count属性
3
3
C:\C#\ch22\ch22_3\ch22_3\bin\Debug\net6.0\ch22_3.exe
按任意键关闭此窗口. . .
```

22-2-3　List 方法

List 的常用方法如下：

1. List<T>.Add(T)：在对象末端增加元素。

2. List<T>.Insert(Int32, T)：在对象指定索引位置插入元素。

3. List<T>.Contains(T)：回传元素是否存在，如果存在则回传 true，反之则回传 false。

4. List<T>.Clear( )：清除所有元素。

5. List<T>.Remove(T)：删除第一个相符的元素。

6. List<T>.RemoveAt(Int32)：删除指定索引的元素。

7. List<T>.RemoveRange(Int32, Int32)：删除指定范围的元素。

8. List<T>.IndexOf(T)：回传元素第一次出现的索引。

9. List<T>.LastIndexOf(T)：回传最后出现字符串的索引位置。

10. List<T>.Sort( )：元素排序。

List<T>.Reverse( )：元素反转排列。

上述方法的使用说明可以参考 11-3-3 节。

方案 ch22_4.sln：Add( )、Sort( ) 和 Reverse( ) 方法的应用。

```
1   // ch22_4
2   List<int> number = new List<int>();
3   number.Add(10);
4   number.Add(20);
5   number.Add(5);
6   Console.WriteLine("依据创建顺序输出");
7   foreach (int n in number)
8   {
9       Console.Write(n + " ");
10  }
11  Console.WriteLine("\n依据反向排列输出");
12  number.Reverse();
13  foreach (int n in number)
14  {
15      Console.Write(n + " ");
16  }
17  Console.WriteLine("\n依据排序输出");
18  number.Sort();
19  foreach (int n in number)
20  {
21      Console.Write(n + " ");
22  }
```

执行结果

```
Microsoft Visual Studio 调试控制台
依据创建顺序输出
10 20 5
依据反向排列输出
5 20 10
依据排序输出
5 10 20
C:\C#\ch22\ch22_4\ch22_4\bin\Debug\net6.0\ch22_4.exe
按任意键关闭此窗口. . ._
```

22-3 Stack 栈

栈是一个线性的数据结构，特色是由下往上堆放数据，如下所示。

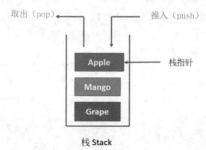

栈 Stack

将数据插入栈的动作称为推入 (push)，动作是由下往上堆放。将数据从栈中读取的动作称为取出，动作是由上往下读取，数据经读取后同时从栈中移除。由于每一笔数据都在同一端进入与离开栈，整个过程有先进后出 (first in last out) 的特征，在这个数据结构下有一个栈指针恒指向栈最上方的位置。

22-3-1 创建 Stack 对象

如果只是创建 Stack 对象，则可以使用下列语法：

```
Stack<T> 对象名称 = new Stack<T>( );
```

如果要创建 Stack 对象，同时还要设定此对象的容量，则可以增加 Int32 参数，详情可以参考下列语法：

```
Stack<T> 对象名称 = new Stack<T>(Int32);
```

如果要创建 Stack 对象，同时将指定项目复制至此对象，则可以使用下列语法：

```
Stack<T> 对象名称 = new Stack<T>(IEnumerable<T>);
```

方案 ch22_5.sln：创建元素是字符串的 Stack 对象，然后输出。

```
1  // ch22_5
2  string[] str = new string[] { "one", "five", "ten" };
3  Stack<string> number = new Stack<string>(str);
4  foreach (var n in number)              // 后进先出
5      Console.Write($"{n} ");
```

执行结果

```
ten  five  one
C:\C#\ch22\ch22_5\bin\Debug\net6.0\ch22_5.exe
按任意键关闭此窗口. . .
```

22-3-2 Stack 的属性

Stack 的属性为，Count，其可以获得 Stack 对象的元素个数。

方案 ch22_6.sln：创建 Stack 对象然后输出元素个数。

```
1  // ch22_6
2  string[] books = { "C 王者归来",
3                     "算法图解逻辑思维 + Python实作",
4                     "C# 王者归来" };
5
6  Stack<string> mybooks = new Stack<string>(books);
7  Console.WriteLine($"栈元素数量 : {mybooks.Count}");
```

执行结果

```
栈元素数量 : 3

C:\C#\ch22\ch22_6\bin\Debug\net6.0\ch22_6.exe
按任意键关闭此窗口. . .
```

22-3-3 Stack 方法

Stack 的常用方法如下：

1. Stack<T>.Push(T)：在栈顶端增加元素。

2. Stack<T>.Pop( )：读取和移除栈顶端元素。

3. Stack<T>.Peek( )：读取栈顶端元素，但是不移除此元素。

4. Stack<T>.Contains(T)：回传元素是否存在，如果存在则回传 true，反之则回传 false。

5. Stack<T>.Clear( )：清除所有元素。

6. Stack<T>.ToArray(T)：将栈复制到数组。

7. Stack<T>.Copyto(T[ ] array, int arrayIndex)：复制栈到数组指定索引位置。

方案 ch22_7.sln：创建栈数据，然后测试 Push( ) 和 Pop( ) 方法。

```
1  // ch22_7
2  Stack<string> numbers = new Stack<string>();
3  numbers.Push("one");
4  numbers.Push("two");
5  numbers.Push("three");
6  Console.WriteLine($"栈元素数量        : {numbers.Count}");
7  Console.WriteLine($"Peek() 资料       : {numbers.Peek()}");
8  Console.WriteLine($"Peek()后栈元素数量 : {numbers.Count}");
9  Console.WriteLine($"Pop() 资料        : {numbers.Pop()}");
10 Console.WriteLine($"Pop()后栈元素数量  : {numbers.Count}");
11 Console.WriteLine($"Pop() 资料        : {numbers.Pop()}");
```

执行结果

```
栈元素数量         : 3
Peek() 资料        : three
Peek()后栈元素数量  : 3
Pop()  资料        : three
Pop() 后栈元素数量  : 2
Pop()  资料        : two

C:\C#\ch22\ch22_7\bin\Debug\net6.0\ch22_7.exe
按任意键关闭此窗口. . .
```

方案 ch22_8.sln：测试 ToArray( ) 和 CopyTo( ) 方法，因为 numberArray 数组是从索引 3 开始放置栈数据的，所以索引 0、1、2 都是空白的。

```
1  // ch22_8
2  Stack<string> numbers = new Stack<string>();
3  numbers.Push("one");
4  numbers.Push("two");
5  numbers.Push("three");
6  var numberArray1 = numbers.ToArray();          // ToArray()
7  foreach (var n in numberArray1)                // 输出字符串数组 1
8      Console.Write(n + " ");
9  Console.WriteLine();
10 string[] numberArray2 = new string[numbers.Count * 2];
11 numbers.CopyTo(numberArray2, numbers.Count);   // CopyTo()
12 foreach (var n in numberArray2)                // 输出字符串数组 2
13     Console.Write(n + " ");
```

执行结果

```
three two one
   three two one
C:\C#\ch22\ch22_8\bin\Debug\net6.0\ch22_8.exe
按任意键关闭此窗口. . .
```

22-4 Queue 队列

队列 (queue) 也是一个线性的数据结构，特色是从一端插入数据至队列，插入数据至队列的动作称为 enqueue；从队列另一端读取 (或取出) 数据，读取队列数据称为 dequeue，数据读取后就将数据从队列中移除。由于每一笔数据都从一端进入队列，从另一端离开队列，因此整个过程有先进先出 (first in first out) 的特征。

队列(queue)

队列执行过程读者可以想象为，当进入麦当劳点餐时，柜台端接受不同客户点餐，先点的餐点会先被处理，供客户享用，同时此已供应的餐点就会从点餐流程中移除。

点餐流程

22-4-1　创建 Queue 对象

如果只是创建 Queue 对象，则可以使用下列语法：

```
Queue<T> 对象名称 = new Queue<T>( );
```

如果要创建 Queue 对象，同时还要设定此对象的容量，则可以增加 Int32 参数，详情可以参考下列语法：

```
Queue<T> 对象名称 = new Queue<T>(Int32);
```

如果要创建 Queue 对象，同时将指定项目复制至此对象，则可以使用下列语法：

```
Queue<T> 对象名称 = new Queue<T>(IEnumerable<T>);
```

方案 ch22_9.sln：创建元素是字符串的 Queue 对象，然后输出。

```
1  // ch22_9
2  string[] str = new string[] { "one", "five", "ten" };
3  Queue<string> number = new Queue<string>(str);
4  foreach (var n in number)              // 先进先出
5      Console.Write($"{n} ");
```

执行结果

```
Microsoft Visual Studio 调试控制台
one  five  ten
C:\C#\ch22\ch22_9\ch22_9\bin\Debug\net6.0\ch22_9.exe
按任意键关闭此窗口. . .
```

22-4-2　Queue 的属性

Queue 的属性为，Count，其可以获得 Queue 对象的元素个数。

方案 ch22_10.sln：创建 Queue 对象然后输出元素个数。

```
1  // ch22_10
2  string[] books = { "C 王者归来",
3                     "算法图解逻辑思维 + Python实作",
4                     "C# 王者归来" };
5
6  Queue<string> mybooks = new Queue<string>(books);
7  Console.WriteLine($"Queue元素数量 : {mybooks.Count}");
```

执行结果

```
Microsoft Visual Studio 调试控制台
Queue元素数量 : 3

C:\C#\ch22\ch22_10\ch22_10\bin\Debug\net6.0\ch22_10.exe
按任意键关闭此窗口. . .
```

22-4-3 Queue 方法

Queue 的常用方法如下：

1. Queue<T>.Enqueue(T)：在队列增加元素。

2. Queue<T>.Dequeue( )：读取和移除队列前端元素。

3. Queue<T>.Peek( )：读取队列前端元素，但是不移除此元素。

4. Queue<T>.Contains(T)：回传元素是否存在，如果存在则回传 true，反之则回传 false。

5. Queue<T>.Clear( )：清除所有元素。

6. Queue<T>.ToArray(T)：将队列复制到数组。

7. Queue<T>.Copyto(T[ ] array, int arrayIndex)：复制队列到数组指定索引位置。

方案 ch22_11.sln：创建队列数据，然后测试 Enqueue( ) 和 Dequeue( ) 方法。

```
1  // ch22_11
2  Queue<string> numbers = new Queue<string>();
3  numbers.Enqueue("one");
4  numbers.Enqueue("two");
5  numbers.Enqueue("three");
6  Console.WriteLine($"队列元素数量        : {numbers.Count}");
7  Console.WriteLine($"Peek() 资料         : {numbers.Peek()}");
8  Console.WriteLine($"Peek()后队列元素数量 : {numbers.Count}");
9  Console.WriteLine($"Dequeue() 资料      : {numbers.Dequeue()}");
10 Console.WriteLine($"Dequeue()后队列元素数量 : {numbers.Count}");
11 Console.WriteLine($"Dequeue() 资料      : {numbers.Dequeue()}");
```

执行结果

```
Microsoft Visual Studio 调试控制台
队列元素数量            : 3
Peek() 资料           : one
Peek()后队列元素数量    : 3
Dequeue() 资料         : one
Dequeue()后队列元素数量 : 2
Dequeue() 资料         : two

C:\C#\ch22\ch22_11\ch22_11\bin\Debug\net6.0\ch22_11.exe
按任意键关闭此窗口...
```

方案 ch22_12.sln：测试 Contains( ) 方法。

```
1  // ch22_12
2  Queue<int> queue = new Queue<int>();
3  queue.Enqueue(1);
4  queue.Enqueue(2);
5  queue.Enqueue(3);
6
7  Console.WriteLine($"queue.Contains(2) : {queue.Contains(2)}");
8  Console.WriteLine($"queue.Contains(4) : {queue.Contains(4)}");
```

执行结果

```
Microsoft Visual Studio 调试控制台
queue.Contains(2) : True
queue.Contains(4) : False

C:\C#\ch22\ch22_12\ch22_12\bin\Debug\net6.0\ch22_12.exe
按任意键关闭此窗口...
```

22-5 LinkedList 链表

链表 (linked list) 表面上看是一串数据，但是列表内的数据可能散布在内存的各个地方。更明确地说，链表与数组最大的不同是，数组数据元素在内存的连续空间中，链表数据元素则散布在内存各个地方。

此外，链表与 List 最大差异是，链表可以从头部或是从尾部加入与删除元素。

22-5-1 创建 LinkedList 对象

如果只是创建 LinkedList 对象，则可以使用下列语法：

```
LinkedList<T> 对象名称 = new LinkedList<T>( );
```

如果要创建 LinkedList 对象，同时还要设定此对象的容量，则可以增加 Int32 参数，详情可以参考下列语法：

```
LinkedList<T> 对象名称 = new LinkedList<T>(Int32);
```

如果要创建 List 对象，同时设置初始值，则可以使用下列语法：

```
List<T> 对象名称 = new List<T>(IEnumerable<T>);
```

方案 ch22_13.sln：创建元素是字符串的 LinkedList 对象，然后输出。

```
1  // ch22_13
2  string[] str = new string[] { "one", "five", "ten" };
3  LinkedList<string> number = new LinkedList<string>(str);
4  foreach (var n in number)                    // 先进先出
5      Console.Write($"{n} ");
```

执行结果

```
Microsoft Visual Studio 调试控制台
one  five  ten
C:\C#\ch22\ch22_13\ch22_13\bin\Debug\net6.0\ch22_13.exe
按任意键关闭此窗口...
```

22-5-2　LinkedList 的属性

LinkedList 的常用属性如下：

1. Count：获得 LinkedList 对象的元素个数。

2. First：LinkedList 对象的最前面节点，需加上 Value 属性才可以显示内容。

3. Last：LinkedList 对象的最后面节点，需加上 Value 属性才可以显示内容。

方案 ch22_14.sln：认识 Count、First 和 Last 属性。

```
1  // ch22_14
2  string[] books = { "C 王者归来",
3                     "算法图解逻辑思维 + Python实作",
4                     "C# 王者归来" };
5
6  LinkedList<string> mybooks = new LinkedList<string>(books);
7  Console.WriteLine($"LinkedList元素数量    : {mybooks.Count}");
8  Console.WriteLine($"LInkedList第 1 个元素  : {mybooks.First.Value}");
9  Console.WriteLine($"LInkedList最后元素     : {mybooks.Last.Value}");
```

执行结果

```
Microsoft Visual Studio 调试控制台
LinkedList元素数量    : 3
LinkedList第 1 个元素  : C 王者归来
LinkedList最后元素     : C# 王者归来
C:\C#\ch22\ch22_14\ch22_14\bin\Debug\net6.0\ch22_14.exe
按任意键关闭此窗口...
```

22-5-3　LinkedList 方法

LinkedList 的常用方法如下：

1. LinkedList<T>.AddFirst(LinkedListNode <T>)：在对象前端增加节点。

2. LinkedList<T>.AddAfter(LinkedListNode <T>, LinkedListNode <T>)：在现有节点后增加节点。

3. LinkedList<T>.AddBefore(LinkedListNode <T>, LinkedListNode <T>)：在现有节点前增加节点。

4. LinkedList<T>.AddLast(LinkedListNode <T>)：在对象末端增加节点。

5. LinkedList<T>.Contains(T)：回传节点元素是否存在。

6. LinkedList<T>.Clear( )：清除所有节点。

7. LinkedList<T>.Remove(LinkedListNode <T>)：删除第一个相符的节点。

8. LinkedList<T>.RemoveFirst( )：删除最前端的节点。

9. LinkedList<T>.RemoveLast( )：删除最后面的节点。

方案 ch22_15.sln：创建并输出链表，然后列出最前方节点与最后方节点的元素，接着将最后节点移到最前方，然后再输出链表。

```
1  // ch22_15
2  LinkedList<String> lList = new LinkedList<String>();
3  lList.AddLast("red");
4  lList.AddLast("green");
5  lList.AddLast("blue");
6  Console.WriteLine("输出 LinkedList ");
7  foreach (string str in lList)
8      Console.Write(str + " ");
9  Console.WriteLine($"\nlList最前方节点元素 : {lList.First.Value}");
10 Console.WriteLine($"lList最后方节点元素 : {lList.Last.Value}");
11 // 最后节点移到最前面
12 LinkedListNode<string> mark = lList.Last;    // 最后节点
13 lList.RemoveLast();                          // 移除最后节点
14 lList.AddFirst(mark);                        // 加到最前方
15 Console.WriteLine("最后节点移到最前面，重新输出 LinkedList");
16 foreach (string str in lList)
17     Console.Write(str + " ");
```

执行结果

```
Microsoft Visual Studio 调试控制台
输出 LinkedList
red green blue
lList最前方节点元素 : red
lList最后方节点元素 : blue
最后节点移到最前面，重新输出 LinkedList
blue red green
C:\C#\ch22\ch22_15\ch22_15\bin\Debug\net6.0\ch22_15.exe
按任意键关闭此窗口...
```

22-6　SortedSet 集合

这是一个保持排序、数据不重复出现的集合。

22-6-1　创建 SortedSet 对象

如果只是创建 SortedSet 对象，则可以使用下列语法：

```
SortedSet<T> 对象名称 = new SortedSet<T>( );
```

如果要创建 SortedSet 对象，同时还要设定此对象的容量，则可以增加 Int32 参数，详情可以参考下列语法：

```
SortedSet<T> 对象名称 = new SortedSet<T>(Int32);
```

如果要创建对象，同时设置初始值，则可以使用下列语法：

```
SortedSet<int> 对象名称 = new SortedSet<int> { 系列初始值 }
```

方案 ch22_16.sln：创建整数和字符串的 SortedSet 对象，然后输出，因为数据不重复，所以第 2 行有 2 个 7，最后输出只有 1 个 7。第 6 行有 2 个 "C#"，最后输出只有 1 个 "C#"。

```
1  // ch22_16
2  SortedSet<int> sc = new SortedSet<int> { 8, 7, 9, 7, 5};
3  foreach (var s in sc)
4      Console.Write($"{s} ");
5  Console.WriteLine();                    // 换行输出
6  SortedSet<string> book = new SortedSet<string> { "Python", "C#", "C#" };
7  foreach (var b in book)
8      Console.Write($"{b} ");
```

执行结果

```
Microsoft Visual Studio 调试控制台
5 7 8 9
C# Python
C:\C#\ch22\ch22_16\ch22_16\bin\Debug\net6.0\ch22_16.exe
按任意键关闭此窗口...
```

如果要创建 SortedSet 对象，同时将指定项目复制至此对象，则可以使用下列语法：

```
SortedSet<T> 对象名称 = new SortedSet<T>(IEnumerable<T>);
```

```
SortedSet<T> 对象名称 = new SortedSet<T>(IComparer<T>);
```

注　上述 IComparer 是源自 System.Collections 命名空间的接口，这个接口的定义是可以使用 Compare(T obj1, T obj2) 作比较。所以在此 IComparer<T> 是指可以比较的数据类型，均可以作为指定项目复制到 SortedSet 对象名称内。

方案 ch22_17.sln：创建 SortedSet 对象，同时将可以列举的数据复制至此对象中，此例中可以列举的数据是指 program 字符串数组。注：其实字符串也是可以比较的数据类型。

```
1  // ch22_17
2  string[] program = { "Java", "Python", "C#" };
3
4  SortedSet<string> programs = new SortedSet<string>(program);
5  foreach (string p in programs)
6  {
7      Console.WriteLine(p);
8  }
```

执行结果

```
Microsoft Visual Studio 调试控制台
C#
Java
Python
C:\C#\ch22\ch22_17\ch22_17\bin\Debug\net6.0\ch22_17.exe
按任意键关闭此窗口...
```

22-6-2　SortedSet 的属性

SortedSet 的常用属性如下：

1. Count：获得 SortedSet 对象的元素个数。

2. Max：元素的最大值。

3. Min：元素的最小值。

方案 ch22_18.sln：认识 Count、Max 和 Min 属性。

```
1   // ch22_18
2   int[] number = { 9, 7, 3, 7, 9 };
3
4   SortedSet<int> num = new SortedSet<int>(number);
5   Console.WriteLine($"元素数量    : {num.Count}");
6   Console.WriteLine($"元素最大值  : {num.Max}");
7   Console.WriteLine($"元素最小值  : {num.Min}");
```

执行结果

```
Microsoft Visual Studio 调试控制台
元素数量    : 3
元素最大值  : 9
元素最小值  : 3

C:\C#\ch22\ch22_18\ch22_18\bin\Debug\net6.0\ch22_18.exe
按任意键关闭此窗口. . .
```

22-6-3 SortedSet 方法

SortedSet 的常用方法如下：

1. SortedSet<T>.Add(T)：将元素加入，同时回传是否加入成功。

2. SortedSet<T>.Contains(T)：回传元素是否存在。

3. SortedSet<T>.IntersectWith(IEnumerable<T>)：与另一个 SortedSet 对象作交集。

4. SortedSet<T>.UnionWith(IEnumerable<T>)：与另一个 SortedSet 对象作并集。

5. SortedSet<T>.Remove(T)：删除指定元素。

6. SortedSet<T>.Clear( )：清除所有元素。

7. SortedSet<T>.IsSubsetOf(IEnumerable<T>)：是否指定 SortedSet 对象的子集合。

8. SortedSet<T>.IsSupersetOf(IEnumerable<T>)：是否指定 SortedSet 对象的父集合。

9. SortedSet<T>.Reverse( )：元素反向排列。

方案 ch22_19.sln：以问答方式创建 SortedSet 对象。

```
1   // ch22_19
2   int n;                            // 读取输入数字
3   string yesno = "Y";               // 是否继续读取字符串
4   SortedSet<int> num = new SortedSet<int> ();
5   Console.WriteLine("创建 SortedSet");
6   while (yesno == "y" || yesno == "Y")
7   {
8       Console.Write("请输入数字 : ");
9       n = Convert.ToInt32(Console.ReadLine());
10      if (num.Add(n))               // 如果不存在则继续
11          Console.WriteLine($"加入数字 : {n} 成功");
12      Console.Write("是否继续 ?(y/n)");
13      yesno = Console.ReadLine();
14  }
15  Console.WriteLine("你所创建的 SortedSet 如下 : ");
16  foreach (var x in num)
17      Console.Write(x + " ");
```

执行结果

```
Microsoft Visual Studio 调试控制台
创建 SortedSet
请输入数字 : 5
加入数字 : 5 成功
是否继续 ?(y/n)y
请输入数字 : 9
加入数字 : 9 成功
是否继续 ?(y/n)y
请输入数字 : 3
加入数字 : 3 成功
是否继续 ?(y/n)n
你所创建的 SortedSet 如下 :
3 5 9
C:\C#\ch22\ch22_19\ch22_19\bin\Debug\net6.0\ch22_19.exe
按任意键关闭此窗口. . .
```

22-7 Dictionary 集合

这是一个字典格式的集合，每个字典元素都由 <TKey, TValue> 组成，可以想成 < 键 , 值 >
配对元素，其中键是唯一的不可以是 null，值则是可以重复的或是 null。

> 注 11-4 节笔者介绍了哈希表，其实字典 Dictionary 的格式就是哈希表。

22-7-1 创建 Dictionary 对象

如果只是创建 Dictionary 对象，则可以使用下列语法：

```
Dictionary<TKey, TValue> 对象名称 = new Dictionary<TKey, TValue>( );
```

如果要创建 Dictionary 对象，同时还要设定此对象的容量，则可以增加 Int32 参数，详情可以参考下列语法：

```
Dictionary<TKey, TValue> 对象名称 = new Dictionary<TKey, TValue>(Int32);
```

如果要创建对象，同时设置初始值，则可以使用下列语法。

```
Dictionary<TKey, TValue> 对象名称 = new Dictionary<TKey, TValue> { 系列初值 }
```

方案 ch22_20.sln：创建键是整数和字符串，值则是字符串的 Dictionary 对象，然后输出，声明时第 2 行采用标准声明，第 10 行采用 var 简化声明。输出时第 8 行笔者使用中规中矩的方式来声明 n，第 17 行则使用简化 var 方式来声明 n，当输出时 n.Key 表示输出元素的键，n.Value 表示输出元素的值。

```
1  // ch22_20
2  Dictionary<int, string> number = new Dictionary<int, string>()
3  {
4      {1, "one"},
5      {2, "two"},
6      {3, "three"}
7  };
8  foreach (KeyValuePair<int, string> n in number)
9      Console.WriteLine($"Key:{n.Key}, Value:{n.Value}");
10 var season = new Dictionary<string, string>()
11 {
12     {"春季", "Spring"},
13     {"夏季", "Summer"},
14     {"秋季", "Autumn"},
15     {"冬季", "Winter"}
16 };
17 foreach (var n in season)
18     Console.WriteLine($"Key:{n.Key}, Value:{n.Value}");
```

执行结果

```
Microsoft Visual Studio 调试控制台
Key:1, Value:one
Key:2, Value:two
Key:3, Value:three
Key:春季, Value:Spring
Key:夏季, Value:Summer
Key:秋季, Value:Autumn
Key:冬季, Value:Winter

C:\C#\ch22\ch22_20\ch22_20\bin\Debug\net6.0\ch22_20.exe
按任意键关闭此窗口. . .
```

22-7-2 Dictionary 的属性

Dictionary 的常用属性如下：

1. Count：获得 Dictionary 对象的元素个数。

2. Keys：获得键集合，对一个字典变量，此变量的 Keys 属性就包含了所有键的内容，我们可以使用 foreach 遍历此键的内容。

3. Values：获得值集合，对一个字典变量，此变量的 Values 属性就包含了所有值的内容，我们可以使用 foreach 遍历此值的内容。

方案 ch22_21.sln：获得 Dictionary 对象的 Keys 属性，注：其实参考方案 ch22_20.sln 的第 8 ～ 第 9 行，使用 n.Key 方式也可以获得所有的键。

```
1  // ch22_21
2  Dictionary<int, string> number = new Dictionary<int, string>()
3  {
4      {1, "one"},
5      {2, "two"},
6      {3, "three"}
7  };
8  Dictionary<int, string>.KeyCollection numberKeys = number.Keys;
9  foreach (int n in numberKeys)
10     Console.WriteLine($"Key:{n}");
11 var season = new Dictionary<string, string>()
12 {
13     {"春季", "Spring"},
14     {"夏季", "Summer"},
15     {"秋季", "Autumn"},
16     {"冬季", "Winter"}
17 };
18 Dictionary<string, string>.KeyCollection seasonKeys = season.Keys;
19 foreach (string n in seasonKeys)
20     Console.WriteLine($"Key:{n}");
```

执行结果

```
Microsoft Visual Studio 调试控制台
Key:1
Key:2
Key:3
Key:春季
Key:夏季
Key:秋季
Key:冬季

C:\C#\ch22\ch22_21\ch22_21\bin\Debug\net6.0\ch22_21.exe
按任意键关闭此窗口. . .
```

上述读者需要留意的是第 8 行声明键值的变量 numberKeys，如下：

```
Dictionary<int, string>.KeyCollection numberKeys = number.Keys;
```

第 18 行声明键值的变量 seasonKeys，如下：

```
Dictionary<string, string>.KeyCollection seasonKeys = season.Keys;
```

其实上述第 8 行和第 18 行的声明可以省略，在第 9 行和第 19 行的 foreach 内，直接可以遍历 number.Keys 和 season.Keys 即可。

方案 ch22_21_1.sln：简化方式设计 ch22_21.sln。

```
1  // ch22_21_1
2  Dictionary<int, string> number = new Dictionary<int, string>()
3  {
4      {1, "one"},
5      {2, "two"},
6      {3, "three"}
7  };
8  // Dictionary<int, string>.KeyCollection numberKeys = number.Keys;
9  foreach (int n in number.Keys)
10     Console.WriteLine($"Key:{n}");
11 var season = new Dictionary<string, string>()
12 {
13     {"春季", "Spring"},
14     {"夏季", "Summer"},
15     {"秋季", "Autumn"},
16     {"冬季", "Winter"}
17 };
18 // Dictionary<string, string>.KeyCollection seasonKeys = season.Keys;
19 foreach (string n in season.Keys)
20     Console.WriteLine($"Key:{n}");
```

执行结果：与 ch22_21.sln 相同。

方案 ch22_22.sln：获得 Dictionary 对象的 Values 属性，注：其实参考方案 ch22_20.sln 的第 8 ~ 第 9 行，使用 n.Value 方式也可以获得所有的值。

```
1  // ch22_22
2  Dictionary<int, string> number = new Dictionary<int, string>()
3  {
4      {1, "one"},
5      {2, "two"},
6      {3, "three"}
7  };
8  Dictionary<int, string>.ValueCollection numberValues = number.Values;
9  foreach (string n in numberValues)
10     Console.WriteLine($"Value:{n}");
11 var season = new Dictionary<string, string>()
12 {
13     {"春季", "Spring"},
14     {"夏季", "Summer"},
15     {"秋季", "Autumn"},
16     {"冬季", "Winter"}
17 };
18 Dictionary<string, string>.ValueCollection seasonValues = season.Values;
19 foreach (string n in seasonValues)
20     Console.WriteLine($"Value:{n}");
```

执行结果

```
Microsoft Visual Studio 调试控制台
Value:one
Value:two
Value:three
Value:Spring
Value:Summer
Value:Autumn
Value:Winter
C:\C#\ch22\ch22_22\ch22_22\bin\Debug\net6.0\ch22_22.exe
按任意键关闭此窗口. . .
```

上述读者需要留意的是第 8 行声明键值的变量 numberValues，如下：

```
Dictionary<int, string>.ValueCollection numberValues = number.Values;
```

第 18 行声明键值的变量 seasonValues，如下：

```
Dictionary<string, string>.KeyCollection seasonValues = season.Values;
```

其实上述第 8 和 18 行声明是可以省略，在第 9 和 19 行的 foreach 内，直接可以遍历 number. Values 和 season.Values 即可。

方案 ch22_22_1.sln：简化方式设计 ch22_22.sln。

```
1  // ch22_22_1
2  Dictionary<int, string> number = new Dictionary<int, string>()
3  {
4      {1, "one"},
5      {2, "two"},
6      {3, "three"}
7  };
8  //Dictionary<int, string>.ValueCollection numberValues = number.Values;
9  foreach (string n in number.Values)
10     Console.WriteLine($"Value:{n}");
11 var season = new Dictionary<string, string>()
12 {
13     {"春季", "Spring"},
14     {"夏季", "Summer"},
15     {"秋季", "Autumn"},
16     {"冬季", "Winter"}
17 };
18 //Dictionary<string, string>.ValueCollection seasonValues = season.Values;
19 foreach (string n in season.Values)
20     Console.WriteLine($"Value:{n}");
```

执行结果：与 ch22_22.sln 相同。

22-7-3 Dictionary 方法

Dictionary 的常用方法如下：

1. Dictionary<TKey, TValue>.Add(TKey, TValue)：将键值配对元素加入。

2. Dictionary<TKey, TValue>.Clear( )：删除字典元素。

3. Dictionary<TKey, TValue>.ContainsKey(TKey)：回传键是否存在。

4. Dictionary<TKey, TValue>.Contains(TValue)：回传值是否存在。

5. Dictionary<TKey, TValue>.Remove(TKey)：将含特定键的元素删除。

6. Dictionary<TKey, TValue>.TryGetValue(TKey, TValue)：取得指定键的值。

除了上述方法，还可以使用下列方式取得并设定字典配对值：

```
字典变量 [Key] = xx;
```

方案 ch22_23.sln：创建 Dictionary 对象。

```
1  // ch22_23
2  Dictionary<int, string> number = new Dictionary<int, string>();
3  number.Add(1, "One");            // 使用 Add() 方法
4  number.Add(2, "Two");
5  number.Add(3, "Three");
6  Console.WriteLine($"number[1] : {number[1]}");
7  Console.WriteLine($"number[2] : {number[2]}");
8  Console.WriteLine($"number[3] : {number[3]}");
9  Dictionary<string, string> season = new Dictionary<string, string>();
10 season.Add("春季", "Spring");    // 使用 Add() 方法
11 season.Add("夏季", "Summer");
12 Console.WriteLine($"season[春季] : {season["春季"]}");
13 Console.WriteLine($"season[夏季] : {season["夏季"]}");
```

执行结果

```
Microsoft Visual Studio 调试控制台
number[1] : One
number[2] : Two
number[3] : Three
season[春季] : Spring
season[夏季] : Summer

C:\C#\ch22\ch22_23\ch22_23\bin\Debug\net6.0\ch22_23.exe
按任意键关闭此窗口...
```

方案 ch22_24.sln：使用直接设定方式创建字典内容。

```
1  // ch22_24
2  Dictionary<int, string> number = new Dictionary<int, string>();
3  number.Add(1, "One");            // 使用 Add() 方法
4  number.Add(2, "Two");
5  number[3] = "three";             // 直接设置
6  Console.WriteLine($"number[1] : {number[1]}");
7  Console.WriteLine($"number[2] : {number[2]}");
8  Console.WriteLine($"number[3] : {number[3]}");
9  Dictionary<string, string> season = new Dictionary<string, string>();
10 season.Add("春季", "Spring");    // 使用 Add() 方法
11 season["夏季"] = "Summer";       // 直接设置
12 Console.WriteLine($"season[春季] : {season["春季"]}");
13 Console.WriteLine($"season[夏季] : {season["夏季"]}");
```

执行结果

```
Microsoft Visual Studio 调试控制台
number[1] : One
number[2] : Two
number[3] : three
season[春季] : Spring
season[夏季] : Summer

C:\C#\ch22\ch22_24\ch22_24\bin\Debug\net6.0\ch22_24.exe
按任意键关闭此窗口...
```

读者需留意第 5 行和第 11 行字典内容的设定。

22-8　SortedList 集合

这是一个保持排序、数据不重复出现的排序列表集合。每个元素都由 <TKey, TValue> 组成，与字典对象相同，相当于创建此集合后，此集合会自动依据键做排序。

22-8-1　创建 SortedList 对象

如果只是创建 SortedList 对象，则可以使用下列语法：

```
SortedList<TKey, TValue> 对象名称 = new SortedList<TKey, TValue>( );
```

如果要创建 SortedList 对象，同时还要设定此对象的容量，则可以增加 Int32 参数，详情可以参考下列语法：

```
SortedList<TKey, TValue> 对象名称 = new SortedList<TKey, TValue>(Int32);
```

如果要创建对象，同时设置初始值，则可以使用下列语法：

```
SortedList<TKey, TValue> 对象名称 = new SortedList<TKey, TValue> { 系列初始值 }
```

方案 ch22_25.sln：重新设计 ch22_20.sln，但是对键值做修改，读者可以发现输出时会依键

值排序输出。

```
1   // ch22_25
2   SortedList<int, string> number = new SortedList<int, string>()
3   {
4       {9, "nine" },
5       {1, "one"},
6       {6, "six" },
7       {3, "three"}
8   };
9   foreach (KeyValuePair<int, string> n in number)
10      Console.WriteLine($"Key:{n.Key}, Value:{n.Value}");
11  var season = new SortedList<string, string>()
12  {
13      {"Spring", "春季"},
14      {"Summer", "夏季"},
15      {"Autumn", "秋季"},
16      {"Winter", "冬季"}
17  };
18  foreach (var n in season)
19      Console.WriteLine($"Key:{n.Key}, Value:{n.Value}");
```

执行结果

```
■ Microsoft Visual Studio 调试控制台
Key:1, Value:one
Key:3, Value:three
Key:6, Value:six
Key:9, Value:nine
Key:Autumn, Value:秋季
Key:Spring, Value:春季
Key:Summer, Value:夏季
Key:Winter, Value:冬季

C:\C#\ch22\ch22_25\ch22_25\bin\Debug\net6.0\ch22_25.exe
按任意键关闭此窗口. . .
```

如果要创建 SortedList 对象，同时将指定项目复制至此对象，可以使用下列语法：

```
SortedList<TKey, TValue> 对 象 名 称 = new SortedList<TKey,
TValue>(IDictionary);
```

注 上述 IDictionary 是源自 System.Collections 命名空间的接口，这个接口的功能是元素以 <键，值>组成，可以想成元素是字典数据。上述 IDictionary 是指字典的数据类型，可以作为指定项目复制到 SortedList 对象名称内。

方案 ch22_26.sln：创建 SortedList 对象，同时将字典数据复制至此对象。

```
1   // ch22_26
2   var season = new SortedList<string, string>()
3   {
4       {"Spring", "春季"},
5       {"Summer", "夏季"},
6       {"Autumn", "秋季"},
7       {"Winter", "冬季"}
8   };
9   SortedList<string, string> sortS = new SortedList<string, string>(season);
10  foreach (var s in sortS)
11      Console.WriteLine($"Key:{s.Key}, Value:{s.Value}");
```

执行结果

```
■ Microsoft Visual Studio 调试控制台
Key:Autumn, Value:秋季
Key:Spring, Value:春季
Key:Summer, Value:夏季
Key:Winter, Value:冬季

C:\C#\ch22\ch22_26\ch22_26\bin\Debug\net6.0\ch22_26.exe
按任意键关闭此窗口. . .■
```

22-8-2 SortedList 的属性

SortedList 的常用属性如下：

1. Capacity：SortedList 对象的元素容量。

2. Count：获得 SortedList 对象的元素个数。

3. Keys：获得键集合，对一个 SortedList 变量，此变量的 Keys 属性就包含了所有键的内容，我们可以使用 foreach 遍历此键的内容。

4. Values：获得值集合，对一个 SortedList 变量，此变量的 Values 属性就包含了所有值的内容，我们可以使用 foreach 遍历此值的内容。

方案 ch22_27.sln：输出 SortedList 的元素个数，同时输出所有键与值。

```
1   // ch22_27
2   SortedList<int, string> number = new SortedList<int, string>()
3   {
4       {9, "nine" },
5       {1, "one"},
6       {6, "six" },
7       {3, "three"}
8   };
9   Console.WriteLine($"元素个数：{number.Count}");
10  Console.WriteLine("元素键的内容如下：");
11  foreach (int n in number.Keys)
12      Console.WriteLine($"Key:{n}");
13  Console.WriteLine("元素值的内容如下：");
14  foreach (string n in number.Values)
15      Console.WriteLine($"Value:{n}");
```

执行结果

```
■ Microsoft Visual Studio 调试控制台
元素个数：4
元素键的内容如下：
Key:1
Key:3
Key:6
Key:9
元素值的内容如下：
Value:one
Value:three
Value:six
Value:nine

C:\C#\ch22\ch22_27\ch22_27\bin\Debug\net6.0\ch22_27.exe
按任意键关闭此窗口. . .
```

22-8-3 SortedList 方法

SortedList 的常用方法如下：

1. SortedList<TKey, TValue>.Add(TKey, TValue)：将键值配对元素加入。

2. SortedList<TKey, TValue>.Clear( )：删除 SortedList 对象的所有元素。

3. SortedList<TKey, TValue>.ContainsKey(TKey)：回传键是否存在。

4. SortedList<TKey, TValue>.Contains(TValue)：回传值是否存在。

5. SortedList<TKey, TValue>.Remove(TKey)：将含特定键的元素删除。

6. SortedList<TKey, TValue>.GetKeyAtIndex(Int32)：取得特定索引的键。

7. SortedList<TKey, TValue>.GetValueAtIndex(Int32)：取得特定索引的值。

8. SortedList<TKey, TValue>.IndexOfKey(TKey)：取得特定键的索引。

9. SortedList<TKey, TValue>.IndexOfValue(TValue)：取得特定值的索引。

10. SortedList<TKey, TValue>.TryGetValue(TKey, TValue)：取得指定键的值。

除了上述方法，还可以使用下列方式取得与设定 SortedList 配对值：

```
字典变量 [Key] = xx;
```

方案 ch22_28.sln：以不同方式创建 SortedList 对象，然后删除含键 2 的元素，同时将输出结果做比较。

```
1   // ch22_28
2   SortedList<int, string> num = new SortedList<int, string>();
3   num.Add(3, "Three");
4   num.Add(1, "One");
5   num[2] = "Two";              // 用不同方式创建元素
6   num[5] = "Five";
7   num[4] = "Four";
8   foreach (var n in num)
9       Console.Write($"{n.Key}:{n.Value, 6},     ");
10  num.Remove(2);               // 删除成功
11  num.Remove(10);              // 键不存在，但是程序没有错误
12  Console.WriteLine("\n删除元素 2 后");
13  foreach (var n in num)
14      Console.Write($"{n.Key}:{n.Value, 6},     ");
```

执行结果

```
Microsoft Visual Studio 调试控制台
1:   One,    2:   Two,    3: Three,    4:  Four,    5:  Five,
删除元素 2 后
1:   One,    3: Three,    4:  Four,    5:  Five,
C:\C#\ch22\ch22_28\ch22_28\bin\Debug\net6.0\ch22_28.exe (进程 140
按任意键关闭此窗口...
```

方案 ch22_29.sln：Contains( ) 和 TryGetValue( ) 函数的应用。

```
1   // ch22_29
2   SortedList<int, string> num = new SortedList<int, string>();
3   num.Add(3, "Three");
4   num.Add(1, "One");
5   num[2] = "Two";              // 用不同方式创建元素
6   num[5] = "Five";
7   num[4] = "Four";
8   if (!num.ContainsKey(9))     // 如果不含 Key 是 9
9   {
10      num[9] = "Nine";         // 创建此元素
11  }
12  string result;
13  if (num.TryGetValue(9, out result))
14      Console.WriteLine($"9:{result}");
```

执行结果

```
Microsoft Visual Studio 调试控制台
9:Nine

C:\C#\ch22\ch22_29\ch22_29\bin\Debug\net6.0\ch22_29.exe
按任意键关闭此窗口...
```

22-9 SortedDictionary 集合

这个集合的用法和 22-8 节的 SortedList 相同，所不同的是内存的使用方式不同，执行速度也不相同。

SortedList：使用比较少的内存空间。

SortedDictionary：执行插入与删除元素速度比较快。

对读者而言只要将 22-8 节的程序 SortedList 改为 SortedDictionary 即可。

方案 ch22_30.sln：使用 SortedDictionary 集合重新设计 ch22_27.sln。

```
1   // ch22_30
2   SortedDictionary<int, string> number = new SortedDictionary<int, string>()
3   {
4       {9, "nine" },
5       {1, "one"},
6       {6, "six" },
7       {3, "three"}
8   };
9   Console.WriteLine($"元素个数 : {number.Count}");
10  Console.WriteLine("元素键的内容如下 : ");
11  foreach (int n in number.Keys)
12      Console.WriteLine($"Key:{n}");
13  Console.WriteLine("元素值的内容如下 : ");
14  foreach (string n in number.Values)
15      Console.WriteLine($"Value:{n}");
```

执行结果：与 ch22_27.sln 相同。

习题实操题

方案 ex22_1.sln：有 6 个城市 Taipei、Chicago、Singapore、Hsinchu、Tainan 和 Tokyo，请依次创建后输出，然后反向输出，最后排序输出。(22-2 节)

```
■ Microsoft Visual Studio 调试控制台
依据创建顺序输出
Taipei Chicago Singapore Hsinchu Tainan Tokyo
依据反向排列输出
Tokyo Tainan Hsinchu Singapore Chicago Taipei
依据排序输出
Chicago Hsinchu Singapore Tainan Taipei Tokyo
C:\C#\ex\ex22_1\ex22_1\bin\Debug\net6.0\ex22_1.exe
按任意键关闭此窗口...
```

方案 ex22_2.sln：创建 List 对象，内容是 1、3、5、7，请输出此对象。然后在索引 2 插入 9，请输出插入结果。注：插入可以使用 Insert( ) 方法，此方法的用法可以参考 11-3-7 节。(22-2 节)

```
■ Microsoft Visual Studio 调试控制台
1   3   5   7   在索引 2 位置插入 9
1   3   9   5   7
C:\C#\ex\ex22_2\ex22_2\bin\Debug\net6.0\ex22_2.exe
按任意键关闭此窗口...
```

方案 ex22_3.sln：创建栈依次含有 Apple、Mango 和 Grape，然后用循环输出此栈的数据，每次输出皆会显示栈剩余数量，直到栈中没有数据为止。(22-3 节)

```
■ Microsoft Visual Studio 调试控制台
Pop 数据 : Apple
栈剩 2 笔数据
Pop 数据 : Mango
栈剩 1 笔数据
Pop 数据 : Grape
栈剩 0 笔数据

C:\C#\ex\ex22_3\ex22_3\bin\Debug\net6.0\ex22_3.exe
按任意键关闭此窗口...
```

方案 ex22_4.sln：创建 Queue 对象，此对象的每个元素都是一个英文字母，这个 Queue 对象有 6 个元素，分别是 "H" "e" "l" "l" "o" "!"，请用 Enqueue( ) 方法创建此对象，完成后请输出对象元素数量，再请用 Dequeue( ) 方法输出此对象，最后再列出元素数量。

```
■ Microsoft Visual Studio 调试控制台
Queue元素数量 : 6
输出Queue元素
H
e
l
l
o
!
Queue元素数量 : 0

C:\C#\ex\ex22_4\ex22_4\bin\Debug\net6.0\ex22_4.exe
按任意键关闭此窗口...
```

方案 ex22_5.sln：重新设计 ch22_15.sln，将最前方节点移到最后面。(22-5 节)

```
Microsoft Visual Studio 调试控制台
输出 LinkedList
red green blue
IList最前方节点元素 : red
IList最后方节点元素 : blue
最前节点移到最后面，重新输出 LinkedList
green blue red
C:\C#\ex\ex22_5\ex22_5\bin\Debug\net6.0\ex22_5.exe
按任意键关闭此窗口...
```

方案 ex22_6.sln：请创建含 9、7、3、1、5 的 SortedSet，然后输入数字做测试，如果存在则告知此数字已经存在，如果此数字不存在则会询问是否将此数字加入 SortedSet，最后输出结果。(22-6 节)

```
Microsoft Visual Studio 调试控制台
请输入要侦测数字 : 5
5 已经存在
最后 SortedSet 如下 :
1 3 5 7 9
C:\C#\ex\ex22_6\ex22_6\bin\Debug\net6.
按任意键关闭此窗口...
```
```
Microsoft Visual Studio 调试控制台
请输入要侦测数字 : 6
6 不存在, 是否加入 SortedSet ?(y/n)y
最后 SortedSet 如下 :
1 3 5 6 7 9
C:\C#\ex\ex22_6\ex22_6\bin\Debug\net6.
按任意键关闭此窗口...
```

方案 ex22_7.sln：使用 Dictionary 创建并输出水果价格，可以参考下列输出，然后更改 orange 价格为 100 元，再重新输出水果价格。(22-7 节)

```
Microsoft Visual Studio 调试控制台
水果价格
 Apple : 80
Orange : 50
 Grape : 60
请输入 Orange 新价格 : 100
最新水果价格
 Apple : 80
Orange : 100
 Grape : 60

C:\C#\ex\ex22_7\ex22_7\bin\Debug\net6.0\ex22_7.exe
按任意键关闭此窗口...
```

方案 ex22_8.sln：请使用 SortedList 集合重新设计 ex22_7.sln，最后可以得到下列结果。(22-8 节)

```
Microsoft Visual Studio 调试控制台
水果价格
 Apple : 80
 Grape : 60
Orange : 50
请输入 Orange 新价格 : 100
最新水果价格
 Apple : 80
 Grape : 60
Orange : 100

C:\C#\ex\ex22_8\ex22_8\bin\Debug\net6.0\ex22_8.exe
按任意键关闭此窗口...
```

方案 ex22_9.sln：请使用 SortedDictionary 集合重新设计 ex22_7.sln，最后可以得到与 ex22_8.sln 相同的结果。(22-9 节)

第 23 章
元组 (Tuple)

元组 (Tuple) 是 C# 4.0 以后的新功能，是引用数据类型 (reference type)。后来在 C# 7.0 提供改良版本，称为 ValueTuple，是值数据类型 (value type)。

对于程序设计师而言，其实可以忽略是 C# 4.0 的 Tuple 还是 C# 7.0 以后的版本 ValueTuple，因为在 2023 年的今天，对于 C# 10 和 11 或未来更高阶版本，这两个版本都可以执行。

23-1　元组的功能

元组主要处理不同类型的多数值运算，可以应用在下列场合：
1. 代表单一数据集，内含不同数据类型。
2. 可以将单一元组参数 (内含多个数据) 传给方法。
3. 可以替换 out，回传单一元组参数 (内含多个数据)。

注　当今热门语言 Python 也有元组，可是彼此功能不相同。

23-2　元组声明

23-2-1　早期 C# 4.0 的 Tuple

除了可以使用 Tuple 关键词，还可以使用我们熟悉的 var 来声明元组，下列是 C# 4.0 时使用 Tuple 声明含 3 个元素的元组，重点是使用 "<>" 尖括号声明元组每个元素的数据类型。

```
Tuple<string, char, int> person = new Tuple<string, char, int>("Hung", 'M', 45);
```

使用 var 关键词可以简化声明方式，Tuple 使用 Create( ) 创建元组内容：

```
var person = Tuple.Create("Hung", 'M', 45);
```

注　这个版本的 Tuple 元组限制最多可以有 8 个元素。

23-2-2　C# 7.0 至今的 Tuple

Tuple. 在 C# 4.0 时期使用 Tuple.Create( ) 方法创建元组，在 C# 7.0 后可以简化声明如下：

```
var person = ("Hung", 'M', 45);                    // 建议使用方式
```

或是使用下列方式声明：

```
(string, char, int) person = ("Hung", 'M', 45);
```

注　ValueTuple 关键词依旧可以用于声明元组，读者也可以使用下列方式声明元组：

```
ValueTuple<string, char, int> person = ("Hung", 'M', 45);
```

23-3　存取元组元素内容

23-3-1　Item 属性

元组创建后，未来可以使用 Item<elementNumber> 属性，如 Item1、Item2 等，取得属性内容。

方案 ch23_1.sln：使用 C# 4.0 方式声明元组 Tuple，然后输出。

```
1  // ch23_1
2  Tuple<string, char, int> person1 =              // C# 4.0 声明
3      new Tuple<string, char, int>("Hung", 'M', 45);
4  Console.WriteLine(person1.Item1);
5  Console.WriteLine(person1.Item2);
6  Console.WriteLine(person1.Item3);
7
8  var person2 = Tuple.Create("Hung", 'M', 45);    // C# 4.0 声明
9  Console.WriteLine(person2.Item1);
10 Console.WriteLine(person2.Item2);
11 Console.WriteLine(person2.Item3);
```

执行结果

```
Microsoft Visual Studio 调试控制台
Hung
M
45
Hung
M
45

C:\C#\ch23\ch23_1\ch23_1\bin\Debug\net6.0\ch23_1.exe
按任意键关闭此窗口. . .
```

方案 ch23_1_1.sln：使用 C# 7.0 方式声明元组 Tuple，然后输出。

```
1  // ch23_1_1
2  (string, char, int) person1 = ("Hung", 'M', 45);  // C# 7.0 声明
3  Console.WriteLine(person1.Item1);
4  Console.WriteLine(person1.Item2);
5  Console.WriteLine(person1.Item3);
6
7  var person2 = ("Hung", 'M', 45);                   // C# 7.0 声明
8  Console.WriteLine(person2.Item1);
9  Console.WriteLine(person2.Item2);
10 Console.WriteLine(person2.Item3);
11
12 ValueTuple<string, char, int> person3 = ("Hung", 'M', 45); // C# 7.0
13 Console.WriteLine(person3.Item1);
14 Console.WriteLine(person3.Item2);
15 Console.WriteLine(person3.Item3);
```

执行结果：多一组输出，程序第 12 行是让读者知道可以使用此创建元组，一般建议使用第 2 行或第 7 行的方法即可，其他与 ch23_1.sln 相同。

上述两个程序笔者分别使用了 C# 4.0 和 7.0 版本创建元组，在后文笔者则倾向于使用 C# 7.0 方式声明和创建元组。

23-3-2 Rest 属性

尽管从 C# 7.0 起已经解除了元组内只能含 8 个元素的限制，但是第 8 个以后的元素 C# 会用嵌套方式处理。元组有提供 Rest 属性，可以用小括号列出第 8(含) 个以后的元素。

方案 ch23_2.sln：使用 Rest 属性输出第 8 个及以后的元素，这个程序也测试了 Item8、Item9 和 Item10 属性。

```
1  // ch23_2
2  var number = ("one",2,3,4,5,6,"seven",8,9,10);
3  Console.WriteLine(number.Item1);
4  Console.WriteLine(number.Item2);
5  Console.WriteLine(number.Item8);
6  Console.WriteLine(number.Item9);
7  Console.WriteLine(number.Item10);
8  Console.WriteLine(number.Rest);
```

执行结果

```
Microsoft Visual Studio 调试控制台
one
2
8
9
10
(8, 9, 10)

C:\C#\ch23\ch23_2\ch23_2\bin\Debug\net6.0\ch23_2.exe
按任意键关闭此窗口. . .
```

从上述执行结果可以看到 number.Rest 获得的输出是 (8, 9, 10)，如果要输出嵌套的内容可以使用 Rest.Item1、Rest.Item2 等。

方案 ch23_3.sln：使用 Rest.Item1、Rest.Item2 等，输出嵌套的元组内容。

```
1  // ch23_3
2  var number = ("one", 2, 3, 4, 5, 6, "seven", 8, 9, 10);
3  Console.WriteLine(number.Rest.Item1);
4  Console.WriteLine(number.Rest.Item2);
5  Console.WriteLine(number.Rest.Item3);
```

执行结果

```
Microsoft Visual Studio 调试控制台
8
9
10

C:\C#\ch23\ch23_3\ch23_3\bin\Debug\net6.0\ch23_3.exe
按任意键关闭此窗口. . .
```

23-4　创建嵌套元组

如果要创建嵌套元组，可以在小括号内部使用 Tuple.Create( ) 方法。

方案 ch23_4.sln：创建嵌套元组，同时输出做测试。

```
1  // ch23_4
2  var number = ("one", 2, Tuple.Create(3, 4, 5, 6, "seven"), 8, 9, 10);
3  Console.WriteLine(number.Item1);
4  Console.WriteLine(number.Item2);
5  Console.WriteLine(number.Item3);
6  Console.WriteLine(number.Item3.Item1);   // 3
7  Console.WriteLine(number.Item3.Item5);   // seven
8  Console.WriteLine(number.Item4);         // 8
```

执行结果

```
Microsoft Visual Studio 调试控制台
one
2
(3, 4, 5, 6, seven)
3
seven
8

C:\C#\ch23\ch23_4\ch23_4\bin\Debug\net6.0\ch23_4.exe
按任意键关闭此窗口...
```

上述程序第 2 行笔者使用了 Tuple.Create( ) 方法创建嵌套元组内容，其实省略此方法，可以得到一样的结果，详情可以参考 ch23_4_1.sln。

方案 ch23_4_1.sln：省略 Tuple.Create( ) 方法创建嵌套元组。

```
1  // ch23_4_1
2  var number = ("one", 2, (3, 4, 5, 6, "seven"), 8, 9, 10);
3  Console.WriteLine(number.Item1);
4  Console.WriteLine(number.Item2);
5  Console.WriteLine(number.Item3);
6  Console.WriteLine(number.Item3.Item1);   // seven
7  Console.WriteLine(number.Item3.Item5);   // seven
8  Console.WriteLine(number.Item4);         // 8
```

执行结果：与 ch23_4.sln 相同。

读者应该可以体会 ch23_4_1.sln 简便许多。

23-5　设定元素名称

元组可以有元素名称，详情可以参考下列实例：

```
(string Name, char Gender, int age) person = ("Hung", 'M', 45);
```

也可以使用下列方式为元素命名：

```
var person = (Name:"Hung", Gender:"M", Age:45);
```

方案 ch23_5.sln：设定元素名称的应用。

```
1  // ch23_5
2  (string Name, char Gender, int Age) person1 = ("Hung", 'M', 45);
3  Console.WriteLine(person1.Name);
4  Console.WriteLine(person1.Gender);
5  Console.WriteLine(person1.Age);
6
7  var person2 = (Name:"Hung", Gender:'M', Age:45);
8  Console.WriteLine(person2.Name);
9  Console.WriteLine(person2.Gender);
10 Console.WriteLine(person2.Age);
```

执行结果

```
Microsoft Visual Studio 调试控制台
Hung
M
45
Hung
M
45

C:\C#\ch23\ch23_5\ch23_5\bin\Debug\net6.0\ch23_5.exe
按任意键关闭此窗口...
```

我们也可以先设定元素内容给变量，然后将此变量设定给元组。

方案 ch23_6.sln：设定变量给元组的应用。

```
1  // ch23_6
2  string title = "C# 王者归来";
3  int price = 980;
4  var book = (Title:title, Price:price);
5  Console.WriteLine($"书名:{book.Title}\t售价:{book.Price}");
```

执行结果

```
Microsoft Visual Studio 调试控制台
书名:C# 王者归来        售价:980

C:\C#\ch23\ch23_6\ch23_6\bin\Debug\net6.0\ch23_6.exe
按任意键关闭此窗口...
```

也可以直接在元组内将值设定给变量，然后解析元组变量，这个动作称为元组解构 (Tuple deconstruction)，详情可以参考下列实例。

方案 ch23_7.sln： 元组解构，将元组解构成变量并输出。

```
1  // ch23_7
2  var (Title, Price) = ("C# 王者归来", 980);
3  Console.WriteLine((Title, Price));
4  Console.WriteLine($"书名:{Title}\t售价:{Price}");
```

执行结果

```
Microsoft Visual Studio 调试控制台
(C# 王者归来, 980)
书名:C# 王者归来        售价:980

C:\C#\ch23\ch23_7\ch23_7\bin\Debug\net6.0\ch23_7.exe
按任意键关闭此窗口. . .
```

23-6 元组赋值设定

元组可以通过等号执行赋值的设定，详情可以参考下列实例。

方案 ch23_8.sln： 使用等号执行赋值的设定。

```
1  // ch23_8
2  (int, double) x1 = (5, 3.14159);
3  (double First, double Second) x2 = (2.0, 1.0);
4  x2 = x1;
5  Console.WriteLine($"x2: {x2.First} 和 {x2.Second}");
6
7  (double A, double B) x3 = (5.5, 6.2);
8  x3 = x2;
9  Console.WriteLine($"x3: {x3.A} 和 {x3.B}");
```

执行结果

```
Microsoft Visual Studio 调试控制台
x2: 5 和 3.14159
x3: 5 和 3.14159

C:\C#\ch23\ch23_8\ch23_8\bin\Debug\net6.0\ch23_8.exe
按任意键关闭此窗口. . .
```

23-7 将 == 和 != 符号用于元组比较

等号 (==) 或不等号 (!=) 也可以用于元组的比较，即使数据名称与类型不相同也可以比较，在比较时只看数据位置。

方案 ch23_9.sln： 元组比较的实例。

```
1   // ch23_9
2   (int a, byte b) x = (3, 6);
3   (long a, int b) y = (3, 6);
4   Console.WriteLine(x == y);        // True
5   Console.WriteLine(x != y);        // False
6
7   var x1 = (A: 9, B: 6);
8   var x2 = (B: 9, A: 6);
9   Console.WriteLine(x1 == x2);      // True
10  Console.WriteLine(x1 != x2);      // False
```

执行结果

```
Microsoft Visual Studio 调试控制台
True
False
True
False

C:\C#\ch23\ch23_9\ch23_9\bin\Debug\net6.0\ch23_9.exe
按任意键关闭此窗口. . .
```

23-8 把元组当作方法的参数进行传递

元组也可以作为方法的参数，详情可以参考下列实例。

方案 ch23_10.sln： 把元组当作方法的参数进行传递。

```
1  // ch23_10
2  void ShowInfo((string Name, int Age, string Occupation) u)
3  {
4      Console.WriteLine($"{u.Name} 今年 {u.Age} 岁是 {u.Occupation}");
5  }
6  ShowInfo(("洪锦魁", 45, "计算机书籍作家"));
7  ShowInfo(("洪冰儒", 30, "工程师"));
8  ShowInfo(("洪冰雨", 15, "学生"));
```

执行结果

```
Microsoft Visual Studio 调试控制台
洪锦魁 今年 45 岁是 计算机书籍作家
洪冰儒 今年 30 岁是 工程师
洪冰雨 今年 15 岁是 学生

C:\C#\ch23\ch23_10\ch23_10\bin\Debug\net6.0\ch23_10.exe
按任意键关闭此窗口. . .
```

23-9　把元组当作方法的回传值

元组也可以作为方法的回传值，详情可以参考下列实例。

方案 ch23_11.sln：元组当作方法回传值的应用。

```
1  // ch23_11
2  var u = GetData();
3  Console.WriteLine($"{u.Name} 今年 {u.Age} 岁是 {u.Occupation}");
4
5  (string Name, int Age, string Occupation) GetData()
6  {
7      return ("洪锦魁", 45, "计算机书籍作家");
8  }
```

执行结果

```
Microsoft Visual Studio 调试控制台
洪锦魁 今年 45 岁是 计算机书籍作家

C:\C#\ch23\ch23_11\ch23_11\bin\Debug\net6.0\ch23_11.exe
按任意键关闭此窗口. . .
```

23-10　专题

23-10-1　到学校的距离

方案 ch23_12.sln：输出到学校的距离。

```
1  // ch23_12
2  var t = ("学校", 4.8);
3  (string destination, double distance) = t;
4  Console.WriteLine($"到 {destination} 的距离是 {distance} 千米");
```

执行结果

```
Microsoft Visual Studio 调试控制台
到 学校 的距离是 4.8 千米

C:\C#\ch23\ch23_12\ch23_12\bin\Debug\net6.0\ch23_12.exe
按任意键关闭此窗口. . .
```

上述程序第 3 行也可以在小括号外加上 var，然后省略括号内的数据类型声明，这相当于让编译程序隐性推测数据类型，详情可以参考下列实例。

方案 ch23_12_1.sln：增加 var 让编译程序隐性推测元组数据类型。

```
1  // ch23_12_1
2  var t = ("学校", 4.8);
3  var (destination, distance) = t;
4  Console.WriteLine($"到 {destination} 的距离是 {distance} 千米");
```

执行结果：与 ch23_12.sln 相同。

23-10-2　数据交换程序设计

方案 ch12_18.sln 笔者使用 ref 参数设计了 Swap( ) 来执行数据交换，方案 ch21_2.sln 笔者用泛型概念也设计了 SwapObj( ) 执行数据交换，其实还可以使用元组来设计数据交换程序。

方案 ch23_13.sln：数据交换程序设计。

```
1  // ch23_13
2  (int x, int y) Swap((int x, int y) data)
3  {
4      int tmp = data.x;
5      data.x = data.y;
6      data.y = tmp;
7      return (data);
8  }
9  var (x, y) = (3, 8);
10 Console.WriteLine("数据交换前");
11 Console.WriteLine($"x = {x}, y = {y}");
12 Console.WriteLine("数据交换后");
13 var s = Swap((x, y));
14 Console.WriteLine($"x = {s.x}, y = {s.y}");
```

执行结果

```
Microsoft Visual Studio 调试控制台
数据交换前
x = 3, y = 8
数据交换后
x = 8, y = 3

C:\C#\ch23\ch23_13\ch23_13\bin\Debug\net6.0\ch23_13.exe
按任意键关闭此窗口. . .
```

其实如果读者对 C# 元组概念认识得彻底，就可以使用下列方式执行数据交换。

方案 ch23_14.sln：高手的数据交换。

```
1  // ch23_14
2  var (x, y) = (3, 8);
3  Console.WriteLine("数据交换前");
4  Console.WriteLine($"x = {x}, y = {y}");
5  (x, y) = (y, x);
6  Console.WriteLine("数据交换后");
7  Console.WriteLine($"x = {x}, y = {y}");
```

执行结果

```
🖥 Microsoft Visual Studio 调试控制台
数据交换前
x = 3, y = 8
数据交换后
x = 8, y = 3

C:\C#\ch23\ch23_14\ch23_14\bin\Debug\net6.0\ch23_14.exe
按任意键关闭此窗口...
```

23-10-3　计算最大值与最小值

方案 ch23_15.sln：输出最大值与最小值。

```
1  // ch23_15
2  (int min, int max) FindMinMax(int[] input)
3  {
4      var min = int.MaxValue;
5      var max = int.MinValue;
6      foreach (var i in input)
7      {
8          if (i < min)
9              min = i;
10         if (i > max)
11             max = i;
12     }
13     return (min, max);
14 }
15 int[] xarr = new[] { 12, 0, 76, 50 };
16 var (min, max) = FindMinMax(xarr);
17 Console.WriteLine($"最大值：{max}");
18 Console.WriteLine($"最小值：{min}");
```

执行结果

```
🖥 Microsoft Visual Studio 调试控制台
最大值：76
最小值：0

C:\C#\ch23\ch23_15\ch23_15\bin\Debug\net6.0\ch23_15.exe
按任意键关闭此窗口...
```

习题实操题

方案 ex23_1.sln：请参考 23-10 节使用元组创建员工数据，然后输出。(23-8 节)

```
🖥 Microsoft Visual Studio 调试控制台
洪锦魁-男性-总经理-0918353100
洪冰儒-男性-工程师-0952101010
洪冰雨-女性-财务部-0928833000
晨星发-女性-业务部-0928833110
张家敏-女性-业务部-0928833222

C:\C#\ex\ex23_1\ex23_1\bin\Debug\net6.0\ex23_1.exe
按任意键关闭此窗口...
```

方案 ex23_2.sln：请参考 ch23_12.sln，必须从屏幕输入地点和距离，然后组成元组，最后再输出，下列是输出的指令。

```
Console.WriteLine($"到 {t.place} 的距离是 {t.dist} 千米");
```

下面是执行结果。(23-10 节)

```
🖥 Microsoft Visual Studio 调试控制台
请输入地点：Taipei Train Station
请输入距离：5.5
到 Taipei Train Station 的距离是 5.5 千米

C:\C#\ex\ex23_2\ex23_2\bin\Debug\net6.0\ex23_2.exe
按任意键关闭此窗口...
```

方案 ex23_3.sln：请参考 ch23_13.sln 或是 ch23_14.sln，要交换的数字数据 x 和 y 是从屏幕输入的，可以得到下面的结果。(23-10 节)

```
■ Microsoft Visual Studio 调试控制台
请输入数字 1 : 30
请输入数字 2 : 60
数据交换前
x = 30, y = 60
数据交换后
x = 60, y = 30

C:\C#\ex\ex23_3\ex23_3\bin\Debug\net6.0\ex23_3.exe
按任意键关闭此窗口. . .
```

　　方案 ex23_4.sln：请参考 ch23_13.sln 或是 ch23_14.sln，要交换的字符串数据 x 和 y 是从屏幕输入的，可以得到下面的结果。(23-10 节)

```
■ Microsoft Visual Studio 调试控制台
请输入字符串 1 : abc
请输入字符串 2 : def
数据交换前
字符串 1 = abc, 字符串 2 = def
数据交换后
字符串 1 = def, 字符串 2 = abc

C:\C#\ex\ex23_4\ex23_4\bin\Debug\net6.0\ex23_4.exe
按任意键关闭此窗口. . .
```

　　方案 ex23_5.sln：请参考 ch23_15.sln，增加输出总计。(23-10 节)

```
■ Microsoft Visual Studio 调试控制台
最大值 : 76
最小值 : 0
总计   : 138

C:\C#\ex\ex23_5\ex23_5\bin\Debug\net6.0\ex23_5.exe
按任意键关闭此窗口. . .
```

第 24 章
程序调试与异常处理

24-1 **程序异常**

　　有时也可以将程序错误 (error) 称为程序异常 (exception)，相信每一位写程序的人都会常常碰上程序错误。过去碰上这类情况程序将终止执行，同时出现错误信息，错误信息内容通常显示 Unhandled exception.，然后列出异常报告。C# 提供功能可以让我们捕捉异常并撰写异常处理程序，当发生的异常被我们捕捉后会去执行异常处理程序，然后程序可以继续执行。

24-1-1　一个除数为 0 的错误

　　本节将以一个除数为 0 的错误为例开始说明。

　　方案 ch24_1.sln：创建一个除法运算的函数，这个函数将接受两个参数，然后用第一个参数除以第二个参数。注：double? 多了 "?" 表示可以回传 null。

```
1  // ch24_1
2  double? Division(int x, int y)
3  {
4      return x / y;
5  }
6  Console.WriteLine(Division(9, 3));    // 输出 9 / 3
7  Console.WriteLine(Division(3, 0));    // 输出 3 / 0
8  Console.WriteLine(Division(4, 2));    // 输出 4 / 2
```

执行结果

```
Microsoft Visual Studio 调试控制台
3
Unhandled exception. System.DivideByZeroException: Attempted to divide by zero.
   at Program.<Main>$g__Division|0_0(Int32 x, Int32 y) in C:\C#\ch24\ch24_1\ch24_1\Program.
   at Program.<Main>$(String[] args) in C:\C#\ch24\ch24_1\ch24_1\Program.cs:line 7

C:\C#\ch24\ch24_1\ch24_1\bin\Debug\net6.0\ch24_1.exe (进程 15636)已退出，代码为 -1073741676。
按任意键关闭此窗口. . .
```

　　上述程序在执行第 6 行时，一切还是正常。但是到了执行第 7 行时，因为第 2 个参数是 0，导致发生 "DivideByZeroException" 也就是尝试除以 0 的错误，所以整个程序就执行终止了。其实对于上述程序而言，若是程序可以执行第 8 行，是可以正常得到执行结果的，可是程序第 7 行已经造成程序终止了，所以无法执行第 8 行。

24-1-2　撰写异常处理程序 try-catch

　　本节笔者将讲解如何捕捉异常并设计异常处理程序，发生的异常被捕捉后程序会执行异常处理程序，然后跳开异常位置，再继续往下执行。这时要使用 try-catch 指令，它的语法格式如下：

```
try
{
        系列工作指令          // 预先设想可能引发错误异常的指令
}
catch ( ExceptionName )
{
        异常处理程序          // 通常是指出异常原因方便修正
}
```

　　上述语句会执行 try 下面的区块指令，如果正常则跳离 catch 部分，如果指令有错误异常，则检查此异常是否为 ExceptionName 所指的错误，如果是则代表异常被捕捉了，这时会执行 catch 下面区块的异常处理指令。

方案 ch24_2.sln：重新设计 ch24_1.sln，增加异常处理程序。

```
1  // ch24_2
2  double? Division(int x, int y)
3  {
4      try
5      {
6          return x / y;
7      }
8      catch (DivideByZeroException)
9      {
10         Console.WriteLine("除数不可为 0");
11         return null;
12     }
13 }
14 Console.WriteLine(Division(9, 3));    // 输出 9 / 3
15 Console.WriteLine(Division(3, 0));    // 输出 3 / 0
16 Console.WriteLine(Division(4, 2));    // 输出 4 / 2
```

执行结果

```
Microsoft Visual Studio 调试控制台
3
除数不可为 0          ←── 其实这个就是输出 null
2
C:\C#\ch24_2\ch24_2\bin\Debug\net6.0\ch24_2.exe
按任意键关闭此窗口. . .
```

上述程序执行第 14 行时，会将参数 (9, 3) 带入 Division( ) 函数，由于执行 try 的指令的 "x / y" 没有问题，所以可以执行 "return x / y"，这时 C# 将跳过 catch 的指令。当程序执行第 15 行时，会将参数 (3, 0) 带入 Division( ) 函数，由于执行 try 的指令的 "x / y" 产生了除数为 0 的 "DivideByZeroException" 异常，这时 C# 会找寻是否有处理这类异常的 catch（DivideByZeroException）存在，如果有就表示此异常被捕捉，就去执行相关的错误处理程序，此例中是执行第 10 ～ 第 11 行，输出 "除数不可为 0" 的错误，同时因为 Division( ) 函数是 double?，所以必须要有回传值，此例回传 null。函数返回然后打印出结果 null，None 是一个对象表示结果不存在，所以输出空白行，最后返回程序第 16 行，继续执行相关指令。

从上述可以看到，程序增加了 try-catch 后，若是异常被 catch 捕捉，出现的异常信息就比较友善了，同时不会有程序中断的情况发生。

特别需留意的是在 try-catch 的使用中，如果在 try 后面的指令产生异常时，这个异常不是我们设计的 catch 异常对象，表示异常没被捕捉到，这时程序依旧会像 ch24_1.sln 一样，直接出现错误信息，然后程序终止。

方案 ch24_3.sln：程序第 8 行改为捕捉 "IndexOutOfRangeException" 错误，因为捕捉错误，造成程序异常。

```
1  // ch24_3
2  double? Division(int x, int y)
3  {
4      try
5      {
6          return x / y;
7      }
8      catch (IndexOutOfRangeException)
9      {
10         Console.WriteLine("除数不可为 0");
11         return null;
12     }
13 }
14 Console.WriteLine(Division(9, 3));    // 输出 9 / 3
15 Console.WriteLine(Division(3, 0));    // 输出 3 / 0
16 Console.WriteLine(Division(4, 2));    // 输出 4 / 2
```

执行结果

```
Microsoft Visual Studio 调试控制台
3
Unhandled exception. System.DivideByZeroException: Attempted to divide by zero.
   at Program.<<Main>$>g__Division|0_0(Int32 x, Int32 y) in C:\C#\ch24_3\ch24_3\Program.
   at Program.<Main>$(String[] args) in C:\C#\ch24_3\ch24_3\Program.cs:line 15
C:\C#\ch24_3\ch24_3\bin\Debug\net6.0\ch24_3.exe (进程 9320)已退出，代码为 -1073741676.
按任意键关闭此窗口. . .
```

24-1-3 try-catch-finally

C# 在 try-catch 中又增加了 finally 区块，不论是否捕捉到错误 C# 都会执行此 finally 区块的内容。

```
try
{
        系列工作指令          // 预先设想可能引发错误异常的指令
}

catch ( ExceptionName)
{
    异常处理程序           // 通常是指出异常原因方便修正
```

```
}
finally
{
    一定要执行的内容
}
```

方案 ch24_4.sln：使用 try-catch-finally 重新设计 ch24_2.sln。

```
1  // ch24_4
2  double? Division(int x, int y)
3  {
4      try
5      {
6          return x / y;
7      }
8      catch (DivideByZeroException)
9      {
10         Console.WriteLine("除数不可为 0");
11         return null;
12     }
13     finally
14     {
15         Console.WriteLine("Division()测试结束");
16     }
17 }
18 Console.WriteLine(Division(9, 3));    // 输出 9 / 3
19 Console.WriteLine(Division(3, 0));    // 输出 3 / 0
20 Console.WriteLine(Division(4, 2));    // 输出 4 / 2
```

执行结果

```
Microsoft Visual Studio 调试控制台
Division()测试结束
3
除数不可为 0
Division()测试结束
Division()测试结束
2

C:\C#\ch24\ch24_4\ch24_4\bin\Debug\net6.0\ch24_4.exe
按任意键关闭此窗口. . .
```

上述 try-catch-finally 内一定会执行 finally 区块的内容，所以一定会先执行第 15 行的输出 "Division( ) 测试结束" 字符串，然后再结束 Division( ) 函数。

24-2　C# 的异常信息

在先前所有实例中，当发生异常且异常被捕捉时都是使用我们自建的异常处理程序，Python 也支持发生异常时使用系统内建的异常处理信息。此时语法格式如下：

```
try
{
    系列工作指令                    // 预先设想可能引发错误异常的指令
}
catch ( ExceptionName e )
{
    Console.WriteLine(e.Message)    // 输出系统异常说明文字
}
```

上述 e.Message 是系统内建的异常处理信息，e 可以是任意字符，笔者此处使用 e 是因为代表 error 的内涵。当然，也有些程序设计师常使用 ex。

方案 ch24_5.sln：重新设计 ch24_2.sln，使用 C# 内建的错误信息。

```
1  // ch24_5
2  double? Division(int x, int y)
3  {
4      try
5      {
6          return x / y;
7      }
8      catch (DivideByZeroException e)
9      {
10         Console.WriteLine(e.Message);
11         return null;
12     }
13 }
14 Console.WriteLine(Division(9, 3));    // 输出 9 / 3
15 Console.WriteLine(Division(3, 0));    // 输出 3 / 0
16 Console.WriteLine(Division(4, 2));    // 输出 4 / 2
```

执行结果

```
Microsoft Visual Studio 调试控制台
3
Attempted to divide by zero.
2

C:\C#\ch24\ch24_5\ch24_5\bin\Debug\net6.0\ch24_5.exe
按任意键关闭此窗口. . .
```

24-3 设计多组异常处理程序

在程序设计时，有太多不可预期的异常发生，所以我们需要知道设计程序时需要同时设计多个异常处理程序。

24-3-1 常见的异常对象

异常对象名称	说　　明
ArgumentException	非空参数传递给方法
ArgumentNullException	空参数传递给方法
ArgumentOutOfRangeException	参数超出有效范围
DivideByZeroException	整数除以 0
FileNotFoundException	文件不存在
FormatException	格式错误，如字符串转整数格式错误
IndexOutOfRangeException	索引超出范围
IndexOperationException	对象状态是无效的
KeyNotFoundException	键不存在
NotSupportedException	方法或操作目前没有支持
NullReferenceException	程序存取空对象
OverflowException	代数运算或转换发生溢位
OutOfMemoryException	内存不足
StackOverflowException	栈溢出
TimeoutException	配置操作的时间区段结束

24-3-2 设计捕捉多个异常的程序

在 try - catch 的使用中，可以设计多个 catch 捕捉多种异常，此时语法如下：

```
try
{
        系列工作指令                      // 预先设想可能引发错误异常的指令
}
catch ( ExceptionName e1)
{
    Console.WriteLine(e1.Message)      // 输出系统异常说明文字
}
catch ( ExceptionName e2)
{
    Console.WriteLine(e2.Message)      // 输出系统异常说明文字
}
```

当然也可以视情况设计更多异常处理程序。

方案 ch24_6.sln：重新设计 ch24_5.sln 捕捉两个异常对象，可参考第 8 行和第 13 行。

```
1  // ch24_6
2  double? Division(int x, int y)
3  {
4      try
5      {
6          return x / y;
7      }
8      catch (DivideByZeroException e1)
9      {
10         Console.WriteLine(e1.Message);
11         return null;
12     }
13     catch (ArgumentOutOfRangeException e2)
14     {
15         Console.WriteLine(e2.Message);
16         return null;
17     }
18 }
19 Console.WriteLine(Division(9, 3));      // 输出 9 / 3
20 Console.WriteLine(Division(3, 0));      // 输出 3 / 0
21 Console.WriteLine(Division(4, 2));      // 输出 4 / 2
```

执行结果：与 ch24_5.sln 相同。

上述第 13 ～ 第 17 行就是第 2 组用来捕捉错误信息的。

24-4 捕捉所有异常

24-4-1 再谈 try-catch

程序设计时的许多异常是我们不可预期的，很难一次设想周到，C# 提供语法让我们可以一次捕捉所有异常，此时 try-catch 语法如下：

```
try
{
        系列工作指令          // 预先设想可能引发错误异常的指令
}
catch
{
        异常处理程序          // 输出系统异常说明文字
}
```

上述 catch 右边没有任何异常对象名称，表示如果发生异常会自动执行此区块指令。

方案 ch24_7.sln：重新设计 ch24_2.sln，设计可以捕捉所有异常的程序。

```
1  // ch24_7
2  double? Division(int x, int y)
3  {
4      try
5      {
6          return x / y;
7      }
8      catch
9      {
10         Console.WriteLine("异常发生");
11         return null;
12     }
13 }
14 Console.WriteLine(Division(9, 3));      // 输出 9 / 3
15 Console.WriteLine(Division(3, 0));      // 输出 3 / 0
16 Console.WriteLine(Division(4, 2));      // 输出 4 / 2
```

执行结果

```
Microsoft Visual Studio 调试控制台

3
异常发生

2

C:\C#\ch24\ch24_7\ch24_7\bin\Debug\net6.0\ch24_7.exe
按任意键关闭此窗口. . .
```

24-4-2 Exception

在 try-catch 语法中，如果在 catch 右边的小括号内放"Exception e"，也可以捕捉所有的异常，此时语法如下：

```
try
{
        系列工作指令                    // 预先设想可能引发错误异常的指令
}
catch (Exception e)
{
        异常处理程序                    // 输出系统异常说明文字
}
```

方案 ch24_8.sln：重新设计 ch24_7.sln，使用 Exception 捕捉所有的异常。

```
1   // ch24_8
2   double? Division(int x, int y)
3   {
4       try
5       {
6           return x / y;
7       }
8       catch (Exception e)
9       {
10          Console.WriteLine(e.Message);
11          return null;
12      }
13  }
14  Console.WriteLine(Division(9, 3));      // 输出 9 / 3
15  Console.WriteLine(Division(3, 0));      // 输出 3 / 0
16  Console.WriteLine(Division(4, 2));      // 输出 4 / 2
```

执行结果

```
Microsoft Visual Studio 调试控制台
3
Attempted to divide by zero.
2
C:\C#\ch24\ch24_8\ch24_8\bin\Debug\net6.0\ch24_8.exe
按任意键关闭此窗口. . .
```

24-5 抛出异常

前面所介绍的异常都是 C# 编译程序发现异常时，自行抛出异常对象，如果我们不处理，程序就会终止执行；如果我们使用 try-catch 处理，程序就可以在异常中继续执行。本节要探讨的是，我们设计程序时如果发生某些状况，可以我们自己将它定义为异常然后抛出异常信息，程序不再正常往下执行，同时让程序跳到我们自己设计的 catch 去执行。它的语法如下：

```
throw new Exception('msg')        # 调用 Exception，msg 是传递错误信息
```

这时的 try-catch 语法如下：

```
try
{
        系列工作指令                    // 预先设想可能引发错误异常的指令
}
catch (Exception e)
{
        异常处理程序                    // 输出系统异常说明文字
}
```

方案 ch24_9.sln：设计程序要求输入年龄，如果年龄不满 18 岁，则程序输出异常，同时输出警语："不到购买彩票的年龄"。

```
1  // ch24_9
2  void CheckAge(int age)
3  {
4      if (age < 18)
5      {
6          throw new Exception("不到购买彩票的年龄");
7      }
8      else
9      {
10         Console.WriteLine("欢迎购买彩票");
11     }
12 }
13 Console.Write("请输入年龄 : ");
14 int age = Convert.ToInt32(Console.ReadLine());
15 try
16 {
17     CheckAge(age);
18 }
19 catch (Exception e)
20 {
21     Console.WriteLine($"年龄检查异常 : {e.Message}");
22 }
```

执行结果

```
Microsoft Visual Studio 调试控制台
请输入年龄 : 18
欢迎购买彩票

C:\C#\ch24\ch24_9\bin
按任意键关闭此窗口. . .
```

```
Microsoft Visual Studio 调试控制台
请输入年龄 : 15
年龄检查异常 : 不到购买彩票的年龄

C:\C#\ch24\ch24_9\bin\Debug
按任意键关闭此窗口. . .
```

24-6　创建自己的异常名称

24.5 节抛出异常时使用的是 Exception( )，其实我们可以创建异常名称，要创建异常名称可以先创建此名称的类，然后让此类继承 Exception 类，细节可以参考下列实例。

方案 ch24_10.sln：设计 AgeTooLowException 异常名称替换 Exception，然后重新设计 ch24_9.sln，当输入年龄小于 18 岁时，抛出 AgeTooLowException 异常。

```
1  // ch24_10
2  void CheckAge(int age)
3  {
4      if (age < 18)
5      {
6          throw new AgeTooLowException("不到购买彩票的年龄");
7      }
8      else
9      {
10         Console.WriteLine("欢迎购买彩票");
11     }
12 }
13 Console.Write("请输入年龄 : ");
14 int age = Convert.ToInt32(Console.ReadLine());
15 try
16 {
17     CheckAge(age);
18 }
19 catch (AgeTooLowException e)
20 {
21     Console.WriteLine($"年龄检查异常 : {e.Message}");
22 }
23
24 public class AgeTooLowException : Exception
25 {
26     public AgeTooLowException(string message) : base(message)
27     {
28     }
29 }
```

执行结果：与方案 ch24_9.sln 相同。

上述程序的重点是第 24 ～ 第 29 行，设计 AgeTooLowException 类，此类继承 Exception。

24-7　程序调试的典故

通常我们又将程序调试称为 debug，de 是除去的意思，bug 是指小虫，其实这是有典故的。1944 年 IBM 和哈佛大学联合开发了 Mark I 计算机，此计算机重 5 吨，有 8 英尺高，51 英尺长，内部线路总长是 500 英里，其没有中断地使用了 15 年，以下是此计算机图片。

本图片转载自 http://www.computersciencelab.com

在当时有一位女性程序设计师 Grace Hopper，发现了第一个计算机虫 (bug)：一只死的蛾 (moth) 的双翅卡在继电器 (relay) 中，致使数据读取失败，下图是当时 Grace Hopper 记录此事件的数据。

本图片转载自 http://www.computersciencelab.com

当时 Grace Hopper 写下了下列两句话：

```
Relay #70 Panel F (moth) in relay.
```

```
First actual case of bug being found.
```

大意是编号 70 的继电器出问题 (因为蛾)，这是真实计算机上所发现的第一只虫。自此，计算机界认定用 debug 描述 "找出及删除程序错误"，这应归功于 Grace Hopper。

24-8 专题

24-8-1 函数的参数是 null 时将产生异常

方案 ch24_11.sln：使用 3 个字符串进行测试，如果数据是 null 将产生异常。

```
1  // ch24_11
2  static void ProcessString(string s)
3  {
4      if (s == null)
5      {
6          throw new Exception($"{nameof(s)} 参数不可为 null");
7      }
8      else
9          Console.WriteLine(s);
10 }
11
12 string[] strs = { "Love Taiwan", null, "明志工专" };
13 foreach (string str in strs)
14 {
15     try
16     {
17         ProcessString(str);
18     }
19     catch (Exception e)
20     {
21         Console.WriteLine($"参数错误 : {e.Message}");
22     }
23 }
```

执行结果

```
Microsoft Visual Studio 调试控制台
Love Taiwan
参数错误 : s 参数不可为 null
明志工专

C:\C#\ch24\ch24_11\ch24_11\bin\Debug\net6.0\ch24_11.exe
按任意键关闭此窗口 . . .
```

上述程序第 6 行使用 nameof( ) 函数，这个函数会回传变量名称。

24-8-2　银行密码长度测试

方案 ch24_12.sln：银行的密码一般来说要求长度必须大于 4 个字符，这个程序会检查密码长度，如果不大于 4 个字符则输出密码长度错误的相关信息。

```
1  // ch24_12
2  static void ProcessString(string s)
3  {
4      if (s.Length < 5)
5      {
6          throw new Exception($"密码长度必须大于 4 个字符");
7      }
8      else
9          Console.WriteLine("密码长度测试成功");
10 }
11
12 string[] strs = { "aaabbb", "aaa", "aabbcc" };
13 foreach (string str in strs)
14 {
15     try
16     {
17         ProcessString(str);
18     }
19     catch (Exception e)
20     {
21         Console.WriteLine($"密码长度错误 : {e.Message}");
22     }
23 }
```

执行结果

```
Microsoft Visual Studio 调试控制台
密码长度测试成功
密码长度错误 : 密码长度必须大于 4 个字符
密码长度测试成功

C:\C#\ch24\ch24_12\ch24_12\bin\Debug\net6.0\ch24_12.exe
按任意键关闭此窗口 . . .
```

24-8-3　温度异常

方案 ch24_13.sln：温度异常测试，当输入的现在温度小于 10℃时，输出"今天气温太低比赛取消"的信息。这个程序的另一个特色是，创建了 TempTooLowException 异常类，详情可以参考第 24 ～第 29 行。

```
1  // ch24_13
2  void CheckTemperature(int t)
3  {
4      if (t < 10)
5      {
6          throw new TempTooLowException("今天气温太低");
7      }
8      else
9      {
10         Console.WriteLine("今天天气适宜比赛");
11     }
12 }
13 Console.Write("请输入现在天气温度 : ");
14 int temp = Convert.ToInt32(Console.ReadLine());
15 try
16 {
17     CheckTemperature(temp);
18 }
19 catch (TempTooLowException e)
20 {
21     Console.WriteLine($"天气异常 : {e.Message} 比赛取消");
22 }
23
24 public class TempTooLowException : Exception
25 {
26     public TempTooLowException(string message) : base(message)
27     {
28     }
29 }
```

执行结果

```
Microsoft Visual Studio 调试控制台
请输入现在天气温度 : 15
今天天气适宜比赛

C:\C#\ch24\ch24_13\ch24_13\b
按任意键关闭此窗口 . . .
```

```
Microsoft Visual Studio 调试控制台
请输入现在天气温度 : 8
天气异常 : 今天气温太低 比赛取消

C:\C#\ch24\ch24_13\ch24_13\bin\Debug
按任意键关闭此窗口 . . .
```

习题实操题

方案 ex24_1.sln：修改 ch24_2.sln，将除数与被除数改为屏幕输入，如果除数是 0 将输出 "异常发生：除数不可为 0"。(24-1 节)

方案 ex24_2.sln：扩充设计 ch24_12.sln，设计密码长度大于 8 个字符也会发生异常，下列是测试字符串。

```
string[] strs = { "aaabbb", "aaa", "aabbcc12345" };
```

下面是执行结果。(24-8 节)

方案 ex24_3.sln：重新设计 ex24_2.sln，将密码改为屏幕输入。(24-8 节)

方案 ex24_4.sln：创建 PwdLengthException 异常类重新处理 ex24_3.sln。(24-8 节)

方案 ex24_5.sln：扩充设计 ch24_13.sln，当温度小于 10 度或是大于 35 度时，都会产生 TemperatureException 异常类。(24-8 节)

第 25 章
正则表达式

正则表达式 (regular expression) 的发明人是美国数学家、逻辑学家史提芬克莱尼 (Stephen Kleene)，正则表达式主要功能是执行模式的比对与搜寻，使用正则表达式处理这类问题，读者会发现整个工作变得更简洁容易。

25-1　正则表达式基础

正则表达式的方法属于 System.Text.RegularExpressions 命名空间，所以程序前方要加上下列指令：

```
using System.Text.RegularExpressions;
```

25-1-1　认识 Regex.IsMatch( ) 方法

方法 IsMatch( ) 最常用的语法如下：

```
public static bool IsMatch(string input, string pattern, options);
```

上述 input 是要比对的原始字符串，pattern 是搜寻正则表达式的字符串，options 则是比对的选项，如果 input 字符串内有符合 pattern 格式，IsMatch( ) 会回传 true，否则回传 false。

注1　pattern 的内容，是一种字符串规则的表达式，又称正则表达式。

注2　最常用的 options 是 RegexOptions.IgnoreCase，表示忽略大小写。

25-1-2　正则表达式基础

正则表达式是一种文本模式的表达方法，在这个方法中使用 \d 表示 0 ～ 9 的数字字符。由转义字符的概念可知，将 \d 表达式当作字符串放入字符串内需增加 "\"，所以整个正则表达式的使用方式是 "\\d"。

方案 ch25_1.sln：用正则表达式的字符串 "\\d"，判断输入是否内含 0 ～ 9 的数字。

```
1   // ch25_1
2   using System.Text.RegularExpressions;
3
4   Console.Write("请输入任意字符串 : ");
5   string pattern = "\\d";
6   string str = Console.ReadLine();
7   bool check = Regex.IsMatch(str, pattern);
8   if (check)
9       Console.WriteLine($"{str} 有内含 0 - 9 数字");
10  else
11      Console.WriteLine($"{str} 没有含 0 - 9 数字");
```

执行结果

上述程序的正则表达式的字符串 pattern 在第 5 行设定，输入会以字符串方式读入并存储在 str 字符串对象中，经过第 7 行的 Regex.IsMatch(str, pattern) 方法处理后，如果输入内含 0 ～ 9 的数字，则回传 true，否则回传 false。

注　转义字符使用 "\\d"，参考 3-7-2 节的 @ 符号，也可以使用 @ "\d" 替换，读者可以参考 ch25_1_1.sln 的第 5 行。

```
5   string pattern = @"\d";
```

在 ch25_1.sln 第 5 行，我们用 "\\d" 代表一个数字，以这个概念我们可以使用 4 个 "\\d" 处理 4 个数字。

方案 ch25_2.sln：判断输入的数字是不是内含 4 个 0 ～ 9 的数字。

```
1  // ch25_2
2  using System.Text.RegularExpressions;
3
4  string pattern = "\\d\\d\\d\\d";
5  Console.Write("请输入任意字符串 : ");
6  string str = Console.ReadLine();
7  bool check = Regex.IsMatch(str, pattern);
8  if (check)
9      Console.WriteLine($"{str} 有内含 4 个 0 ～ 9 数字");
10 else
11     Console.WriteLine($"{str} 没有含 4 个 0 ～ 9 数字");
```

执行结果

```
Microsoft Visual Studio 调试控制台
请输入任意字符串 : a1234kk
a1234kk 有内含 4 个 0 ～ 9 数字
C:\C#\ch25_2\ch25_2\bin\Deb
按任意键关闭此窗口...
```

```
Microsoft Visual Studio 调试控制台
请输入任意字符串 : abcdef99
abcdef99 没有含 4 个 0 ～ 9 数字
C:\C#\ch25_2\ch25_2\bin\Debug
按任意键关闭此窗口...
```

扩充上述实例概念我们可以将手机号码 xxxx-xxx-xxx 改用下列正则表达式的字符串式表示：

`"\\d\\d\\d\\d-\\d\\d\\d-\\d\\d\\d"`

方案 ch25_3.sln：对字符串是否为中国台湾手机号码的判断。

```
1  // ch25_3
2  using System.Text.RegularExpressions;
3
4  string str1 = "I love C#";
5  string str2 = "0952-909-123";
6  string str3 = "1111-111111";
7  string pattern = "\\d\\d\\d-\\d\\d\\d-\\d\\d\\d";
8  Console.WriteLine($"{str1,12} 是手机号码:{Regex.IsMatch(str1,pattern)}");
9  Console.WriteLine($"{str2,12} 是手机号码:{Regex.IsMatch(str2, pattern)}");
10 Console.WriteLine($"{str3,12} 是手机号码:{Regex.IsMatch(str3, pattern)}");
```

执行结果

```
Microsoft Visual Studio 调试控制台
   I love C# 是手机号码:False
0952-909-123 是手机号码:True
1111-111111 是手机号码:False
C:\C#\ch25\ch25_3\ch25_3\bin\Debug\net6.0\ch25_3.exe
按任意键关闭此窗口...
```

25-1-3　使用大括号 { } 处理重复出现的字符串

下列是我们目前搜寻正则表达式的字符串：

`"\\d\\d\\d\\d-\\d\\d\\d-\\d\\d\\d"`

其中可以看到"\d"重复出现，重复出现的字符串可以用大括号内部加上重复次数方式表达，所以上述可以用下列方式表达：

`"\\d{4}-\\d{3}-\\d{3}"`

方案 ch25_4.sln：用大括号 {} 处理重复出现的字符串，重新设计 ch25_3.sln。

```
1  // ch25_4
2  using System.Text.RegularExpressions;
3
4  string str1 = "I love C#";
5  string str2 = "0952-909-123";
6  string str3 = "1111-111111";
7  string pattern = "\\d{4}-\\d{3}-\\d{3}";
8  Console.WriteLine($"{str1,12} 是手机号码:{Regex.IsMatch(str1, pattern)}");
9  Console.WriteLine($"{str2,12} 是手机号码:{Regex.IsMatch(str2, pattern)}");
10 Console.WriteLine($"{str3,12} 是手机号码:{Regex.IsMatch(str3, pattern)}");
```

执行结果：与 ch25_3.sln 相同。

25-1-4　处理市区电话字符串的方式

先前我们所用的实例是手机号码，我们也可以改用市区电话号码进行比对，假设有一个台北市的电话号码区域是 02，号码是 28350000，说明如下：

```
02-28350000        // 可用 xx-xxxxxxxx 表达
```

此时正则表达式的字符串可以用下列方式表示：

`"\\d{2}-\\d{8}"`

方案 ch25_5.sln：用正则表达式 `"\\d{2}-\\d{8}"`，判断字符串是不是台北市的电话号码。

```
1  // ch25_5
2  using System.Text.RegularExpressions;
3
4  string str1 = "I love C#";
5  string str2 = "02-28350000";
6  string str3 = "1111-111111";
7  string pattern = "\\d{2}-\\d{8}";
8  Console.WriteLine($"{str1,11} 是台北市区号码:{Regex.IsMatch(str1, pattern)}");
9  Console.WriteLine($"{str2,11} 是台北市区号码:{Regex.IsMatch(str2, pattern)}");
10 Console.WriteLine($"{str3,11} 是台北市区号码:{Regex.IsMatch(str3, pattern)}");
```

执行结果

```
Microsoft Visual Studio 调试控制台
   I love C# 是台北市区号码:False
02-28350000 是台北市区号码:True
1111-111111 是台北市区号码:False
C:\C#\ch25\ch25_5\ch25_5\bin\Debug\net6.0\ch25_5.exe
按任意键关闭此窗口...
```

25-1-5　用括号分组

　　所谓括号分组是用小括号隔开群组，这样一方面可以让正则表达式更加清晰易懂，另一方面可以对分组的正则表达式执行更进一步的处理，可以用下列方式重新规划程序实例 ch25_4.sln 的表达式：

　　"\\d{4}(-\\d{3}){2}"

　　上述是用小括号分组"-\\d{3}"，此分组需重复 2 次。

　　方案 ch25_6.sln：重新设计 ch25_4.sln，用括号分组正则表达式的 pattern 字符串内容。

```
1  // ch25_6
2  using System.Text.RegularExpressions;
3
4  string str1 = "I love C#";
5  string str2 = "0952-909-123";
6  string str3 = "1111-111111";
7  string pattern = "\\d{4}(-\\d{3}){2}";
8  Console.WriteLine($"{str1,12} 是手机号码:{Regex.IsMatch(str1, pattern)}");
9  Console.WriteLine($"{str2,12} 是手机号码:{Regex.IsMatch(str2, pattern)}");
10 Console.WriteLine($"{str3,12} 是手机号码:{Regex.IsMatch(str3, pattern)}");
```

　　执行结果：与 ch25_4.sln 相同。

　　其实上述程序的重点是第 7 行，在这里笔者列出了如何使用小括号来对正则表达式的字符串内容进行分组。上述待比对的字符串在 4 个 0 ~ 9 数字字符后，需有连续两个"-ddd"，d 是 0 ~ 9 的数字字符，正则表达式才会认可其是正确的。

25-1-6　用小括号处理区域号码

　　在一般电话号码的使用中，常看到区域号码用小括号包夹，如下所示：

　　(02)-26669999

　　在处理小括号时，如果字符串含此小括号，正则表达式处理方式是加上"\\"字符串，如："\\(" 和 "\\)"，详情可参考下列实例。

　　方案 ch25_7.sln：在区域号码中加上括号，重新处理 ch25_5.sln。

```
1  // ch25_7
2  using System.Text.RegularExpressions;
3
4  string str1 = "02-28350000";
5  string str2 = "(02)-28350000";
6  string str3 = "1111-111111";
7  string pattern = "\\(\\d{2}\\)-\\d{8}";
8  Console.WriteLine($"{str1,13} 是台北市区号码:{Regex.IsMatch(str1, pattern)}");
9  Console.WriteLine($"{str2,13} 是台北市区号码:{Regex.IsMatch(str2, pattern)}");
10 Console.WriteLine($"{str3,13} 是台北市区号码:{Regex.IsMatch(str3, pattern)}");
```

执行结果

```
Microsoft Visual Studio 调试控制台
  02-28350000 是台北市区号码:False
(02)-28350000 是台北市区号码:True
1111-111111 是台北市区号码:False

C:\C#\ch25\ch25_7\ch25_7\bin\Debug\net6.0\ch25_7.exe
按任意键关闭此窗口...
```

　　上述待比对的区域号码加上了括号，正则表达式才会认可其是正确的，甚至 str1 其实也是正确的区域号码，但是这个程序限制区域号码需加上括号，所以 str1 比对的结果仍回传 false。

25-1-7　使用管道 |

　　|(pipe) 在正则表达式中称为管道，使用管道我们可以同时搜寻比对多个字符串，例如想要搜寻 Mary 和 Tom 字符串时，可以使用下列表示。

　　pattern = "Mary|Tom"　　　　　　　　// 注意管道 "|" 旁不可留空白

　　方案 ch25_8.sln：重新设计 ch25_6.sln 和 ch25_7.sln，让含括号的区域号码与不含括号的区域号码皆可被视为是正确的电话号码。

　　该程序的重点是第 7 行，由以下执行结果可以得到第 8 行区域号码没有括号回传 true，第 9 行区域号码有括号也回传 true。

```
1   // ch25_8
2   using System.Text.RegularExpressions;
3
4   string str1 = "02-28350000";
5   string str2 = "(02)-28350000";
6   string str3 = "1111-111111";
7   string pattern = "\\(\\d{2}\\)-\\d{8}|\\d{2}-\\d{8}";
8   Console.WriteLine($"{str1,13} 是台北市区号码:{Regex.IsMatch(str1, pattern)}");
9   Console.WriteLine($"{str2,13} 是台北市区号码:{Regex.IsMatch(str2, pattern)}");
10  Console.WriteLine($"{str3,13} 是台北市区号码:{Regex.IsMatch(str3, pattern)}");
```

执行结果

```
 Microsoft Visual Studio 调试控制台
  02-28350000  是台北市区号码:True
(02)-28350000  是台北市区号码:True
  1111-111111  是台北市区号码:False

C:\C#\ch25\ch25_8\ch25_8\bin\Debug\net6.0\ch25_8.exe
按任意键关闭此窗口. . .
```

25-1-8　使用？号做搜寻

在正则表达式中若是某些括号内的字符串或正则表达式可有可无 (如果有，最多一次)，那么执行？号搜寻时都算成功，例如，na 字符串可有可无的表达方式是 (na)?。

方案 ch25_9.sln：使用？搜寻的实例，这个程序会测试 3 个字符串。

```
1   // ch25_9
2   using System.Text.RegularExpressions;
3
4   string str1 = "Johnson";
5   string str2 = "Johnnason";
6   string str3 = "John";
7   string pattern = "John((na)?son)";       // na 可有可无
8   Console.WriteLine($"{str1,10} : {Regex.IsMatch(str1, pattern)}");
9   Console.WriteLine($"{str2,10} : {Regex.IsMatch(str2, pattern)}");
10  Console.WriteLine($"{str3,10} : {Regex.IsMatch(str3, pattern)}");
```

执行结果

```
 Microsoft Visual Studio 调试控制台
   Johnson : True
 Johnnason : True
      John : False

C:\C#\ch25\ch25_9\ch25_9\bin\Debug\net6.0\ch25_9.exe
按任意键关闭此窗口. . .
```

25-1-9　使用 * 号做搜寻

在正则表达式中若是某些字符串可出现 0 到多次，那么执行 * 号搜寻时都算成功，例如，na 字符串可出现 0 到多次的正则表达式是 (na)*。

方案 ch25_10：这个程序的重点是第 7 行的正则表达式，其中字符串 na 的出现次数可以是 0 次到多次。

```
1   // ch25_10
2   using System.Text.RegularExpressions;
3
4   string str1 = "Johnson";
5   string str2 = "Johnnason";
6   string str3 = "Johnnananason";
7   string pattern = "John((na)*son)";       // na 由 0 到多都可
8   Console.WriteLine($"{str1,13} : {Regex.IsMatch(str1, pattern)}");
9   Console.WriteLine($"{str2,13} : {Regex.IsMatch(str2, pattern)}");
10  Console.WriteLine($"{str3,13} : {Regex.IsMatch(str3, pattern)}");
```

执行结果

```
 Microsoft Visual Studio 调试控制台
      Johnson : True
    Johnnason : True
Johnnananason : True

C:\C#\ch25\ch25_10\ch25_10\bin\Debug\net6.0\ch25_10.exe
按任意键关闭此窗口. . .
```

25-1-10　使用 + 号做搜寻

在正则表达式中若是某些字符串出现 1 到多次，那么执行 + 号搜寻时都算成功，例如，na 字符串可从 1 到多次的正则表达式是 (na)+。

方案 ch25_11：这个程序的重点是第 7 行的正则表达式，其中字符串 na 的可以出现 1 次到多次。由于第 4 行的 str1 字符串 Johnson 不含 na，所以第 8 行回传 false。

```
1   // ch25_11
2   using System.Text.RegularExpressions;
3
4   string str1 = "Johnson";
5   string str2 = "Johnnason";
6   string str3 = "Johnnananason";
7   string pattern = "John((na)+son)";       // na由 1 到多皆可
8   Console.WriteLine($"{str1,13} : {Regex.IsMatch(str1, pattern)}");
9   Console.WriteLine($"{str2,13} : {Regex.IsMatch(str2, pattern)}");
10  Console.WriteLine($"{str3,13} : {Regex.IsMatch(str3, pattern)}");
```

执行结果

```
 Microsoft Visual Studio 调试控制台
      Johnson : False
    Johnnason : True
Johnnananason : True

C:\C#\ch25\ch25_11\ch25_11\bin\Debug\net6.0\ch25_11.exe
按任意键关闭此窗口. . .
```

25-1-11　大小写忽略 RegexOptions.IgnoreCase

使用 Regex.IsMatch( ) 还可以使用第 3 个参数 RegexOptions.IgnoreCase，如果加上此参数，

则可以忽略大小写。

　　方案 ch25_12.sln：重新设计 ch25_11.sln，但是将 pattern 改为 "john((na)+son)"，相当于第一个字母是小写 "j"。

```
1  // ch25_12
2  using System.Text.RegularExpressions;
3
4  string str1 = "Johnson";
5  string str2 = "Johnnason";
6  string str3 = "Johnnananason";
7  string pattern = "john((na)+son)";        // na由 1 到多皆可
8  Console.WriteLine($"{str1,13} : {Regex.IsMatch(str1, pattern)}");
9  Console.WriteLine($"{str2,13} : {Regex.IsMatch(str2, pattern)}");
10 Console.WriteLine($"{str3,13} : {Regex.IsMatch(str3, pattern)}");
```

执行结果

```
Microsoft Visual Studio 调试控制台
        Johnson : False
      Johnnason : False
  Johnnananason : False

C:\C#\ch25\ch25_12\ch25_12\bin\Debug\net6.0\ch25_12.exe
按任意键关闭此窗口. . .
```

　　若是和 ch25_11.sln 比较可以发现，pattern 的第 1 个字母设为 "j"，因此造成 str2 和 str2 的比对失败，下面实例增加 RegexOptions.IgnoreCase 参数后可以忽略大小写，因此可以改良此结果。

　　方案 ch25_13.sln：增加 RegexOptions.IgnoreCase 参数，重新设计 ch25_12.sln。

```
1  // ch25_13
2  using System.Text.RegularExpressions;
3
4  string str1 = "Johnson";
5  string str2 = "Johnnason";
6  string str3 = "Johnnananason";
7  string pattern = "john((na)+son)";        // na由 1 到多都可
8  Console.WriteLine($"{str1,13} : " +
9      $"{Regex.IsMatch(str1, pattern, RegexOptions.IgnoreCase)}");
10 Console.WriteLine($"{str2,13} : " +
11     $"{Regex.IsMatch(str2, pattern, RegexOptions.IgnoreCase)}");
12 Console.WriteLine($"{str3,13} : " +
13     $"{Regex.IsMatch(str3, pattern, RegexOptions.IgnoreCase)}");
```

执行结果

```
Microsoft Visual Studio 调试控制台
        Johnson : False
      Johnnason : True
  Johnnananason : True

C:\C#\ch25\ch25_13\ch25_13\bin\Debug\net6.0\ch25_13.exe
按任意键关闭此窗口. . .
```

25-1-12　正则表达式量次的表

　　下表是前述各节有关正则表达式量次的符号表。

正则表达式	说　　明
X?	X 出现 0 次至 1 次
X*	X 出现 0 次至多次
X+	X 出现 1 次至多次
X{n}	X 出现 n 次
X{n,}	X 出现 n 次至多次
X{,m}	X 出现 0 次至 m 次
X{n,m}	X 出现 n 次至 m 次

25-2　正则表达式的特殊字符

　　为了不让一开始学习的正则表达式太复杂，在 25-1 节笔者只介绍了 \d，同时穿插介绍一些字符串的搜寻。我们知道 \d 代表的是数字字符，也就是从 0 ～ 9 的阿拉伯数字，如果使用管道 | 的概念，\d 相当于下列正则表达式：

```
(0|1|2|3|4|5|6|7|8|9)
```

本节将针对正则表达式的特殊字符做一个完整的说明。

25-2-1 特殊字符表

字　符	使用说明
.	任何除换行符之外的单个字符都可
\d	0 ～ 9 的整数字符
\D	除了 0 ～ 9 的整数字符以外的其他字符
\s	空白、定位、Tab 键、换行、换页字符
\S	除了空白、定位、Tab 键、换行、换页字符以外的其他字符
\w	数字、字母和下画线 _ 字符，[A-Za-z0-9_]
\W	除了数字、字母和下画线 _ 字符，[a-Za-Z0-9_]，以外的其他字符
\b	边界字符，例如，\b[M] 或 [M]\b 表示找寻 M 开头或结束的字符
$	字符串结尾必须匹配，例如，ab$ 表示结尾要 ab
^	开头必须匹配，例如，^ab 表示开头要 ab

下列是一些使用上述表格概念的正则表达式的实例说明：

```
pattern = "\\w+"           // 意义是不限长度的数字、字母和下画线字符当作匹配搜寻
pattern = "John\\w*"       // John 开头后面接 0 到多个数字、字母和下画线字符
```

方案 ch25_14.sln：测试正则表达式 "\\w+"。

```
1  // ch25_14
2  using System.Text.RegularExpressions;
3
4  string str1 = "98a_d";
5  string str2 = "@#$%^";
6  string pattern = "\\w+";
7  Console.WriteLine($"{str1} : {Regex.IsMatch(str1, pattern)}");
8  Console.WriteLine($"{str2} : {Regex.IsMatch(str2, pattern)}");
```

执行结果

```
Microsoft Visual Studio 调试控制台

98a_d : True
@#$% : False

C:\C#\ch25\ch25_14\ch25_14\bin\Debug\net6.0\ch25_14.exe
按任意键关闭此窗口 . . .
```

Regex.IsMatch( ) 的比对是只要字符串内容匹配正则表达式，就回传 true，可以参考下列 ch25_14_1.sln，笔者将 str 字符串设为 "@#$%^6"，将回传 true，因为其中的 6 匹配正则表达式。

```
1  // ch25_14_1
2  using System.Text.RegularExpressions;
3
4  string str1 = "98a_d";
5  string str2 = "@#$%^6";
6  string pattern = "\\w+";
7  Console.WriteLine($"{str1, 6} : {Regex.IsMatch(str1, pattern)}");
8  Console.WriteLine($"{str2, 6} : {Regex.IsMatch(str2, pattern)}");
```

执行结果

```
Microsoft Visual Studio 调试控制台

  98a_d : True
@#$% 6 : True

C:\C#\ch25\ch25_14_1\ch25_14_1\bin\Debug\net6.0\ch25_14_1.exe
按任意键关闭此窗口 . . .
```

pattern = "\\d+"：表示不限长度的数字。

pattern = "\\s"：表示空格。

pattern = "\\w+"：表示不限长度的数字、字母和下画线字符连续字符。

方案 ch25_15.sln：测试正则表达式 "\\d+\\s+\\w+"。

```
1  // ch25_15
2  using System.Text.RegularExpressions;
3
4  string str1 = "1 cats";
5  string str2 = "32 dogs";
6  string str3 = "a pigs";
7  string pattern = "\\d+\\s+\\w+";
8  Console.WriteLine($"{str1} : {Regex.IsMatch(str1, pattern)}");
9  Console.WriteLine($"{str2} : {Regex.IsMatch(str2, pattern)}");
10 Console.WriteLine($"{str3} : {Regex.IsMatch(str3, pattern)}");
```

执行结果

```
Microsoft Visual Studio 调试控制台

1 cats : True
32 dogs : True
a pigs : False

C:\C#\ch25\ch25_15\ch25_15\bin\Debug\net6.0\ch25_15.exe
按任意键关闭此窗口 . . .
```

25-2-2　单一字符使用通配符中的 "."

通配符 (wildcard) 中的 "." 表示可以搜寻除了换行字符以外的所有字符，但是只限定一个字符。

方案 ch25_16.sln：测试正则表达式 ".at"。

```
1   // ch25_16
2   using System.Text.RegularExpressions;
3
4   string str1 = "cat";
5   string str2 = "hat";
6   string str3 = "flat";            // lat 匹配
7   string str4 = "at";              // false
8   string str5 = " at";
9   string pattern = ".at";
10  Console.WriteLine($"cat  : {Regex.IsMatch(str1, pattern)}");
11  Console.WriteLine($"hat  : {Regex.IsMatch(str2, pattern)}");
12  Console.WriteLine($"flat : {Regex.IsMatch(str3, pattern)}");
13  Console.WriteLine($"at   : {Regex.IsMatch(str4, pattern)}");
14  Console.WriteLine($" at  : {Regex.IsMatch(str5, pattern)}");
```

执行结果

```
Microsoft Visual Studio 调试控制台
cat  : True
hat  : True
flat : True
at   : False
 at  : True

C:\C#\ch25\ch25_16\ch25_16\bin\Debug\net6.0\ch25_16.exe
按任意键关闭此窗口. . .
```

25-2-3　字符分类

C# 可以使用中括号来设定字符区间，可参考下列范例。

[a-z]：代表 a~z 的小写字符。

[A-Z]：代表 A~Z 的大写字符。

[aeiouAEIOU]：代表英文发音的元音字符。

[2-5]：代表 2~5 的数字。

方案 ch25_17.sln：测试正则表达式 "[A-Z]" 和 "[2-5]"。

```
1   // ch25_17
2   using System.Text.RegularExpressions;
3
4   string str1 = "c";
5   string str2 = "K";
6   string str3 = "1";
7   string str4 = "3";
8   string pattern1 = "[A-Z]";
9   Console.WriteLine($"c {Regex.IsMatch(str1, pattern1)}");
10  Console.WriteLine($"K {Regex.IsMatch(str2, pattern1)}");
11  string pattern2 = "[2-5]";
12  Console.WriteLine($"1 : {Regex.IsMatch(str3, pattern2)}");
13  Console.WriteLine($"3 : {Regex.IsMatch(str4, pattern2)}");
```

执行结果

```
Microsoft Visual Studio 调试控制台
c : False
K : True
1 : False
3 : True

C:\C#\ch25\ch25_17\ch25_17\bin\Debug\net6.0\ch25_17.exe
按任意键关闭此窗口. . .
```

25-2-4　字符分类的 ^ 字符

在 25-2-3 节字符的处理中，如果在中括号内的左方加上 ^ 字符，则意义是搜寻不在这些字符内的所有字符。

方案 ch25_18.sln：测试正则表达式 "[^A-Z]" 和 "[^2-5]"。

```
1   // ch25_18
2   using System.Text.RegularExpressions;
3
4   string str1 = "c";
5   string str2 = "K";
6   string str3 = "1";
7   string str4 = "3";
8   string pattern1 = "[^A-Z]";
9   Console.WriteLine($"c {Regex.IsMatch(str1, pattern1)}");
10  Console.WriteLine($"K {Regex.IsMatch(str2, pattern1)}");
11  string pattern2 = "[^2-5]";
12  Console.WriteLine($"1 : {Regex.IsMatch(str3, pattern2)}");
13  Console.WriteLine($"3 : {Regex.IsMatch(str4, pattern2)}");
```

执行结果

```
Microsoft Visual Studio 调试控制台
c : True
K : False
1 : True
3 : False

C:\C#\ch25\ch25_18\ch25_18\bin\Debug\net6.0\ch25_18.exe
按任意键关闭此窗口. . .
```

25-2-5　所有字符使用通配符中的 ".*"

若是将通配符中的 "." 与 "*" 组合，可以搜寻所有字符，具体意义是搜寻 0 到多个字符（换行字符除外）。

方案 ch25_19.sln：测试正则表达式 ".*"。

```
1  // ch25_19
2  using System.Text.RegularExpressions;
3
4  string str1 = "cd%@_";
5  string str2 = "K***p";
6  string pattern = ".*";
7  Console.WriteLine($"{str1} : {Regex.IsMatch(str1, pattern)}");
8  Console.WriteLine($"{str2} : {Regex.IsMatch(str2, pattern)}");
```

执行结果

```
Microsoft Visual Studio 调试控制台
cd%@_  : True
K***p  : True
C:\C#\ch25\ch25_19\ch25_19\bin\Debug\net6.0\ch25_19.exe
按任意键关闭此窗口...
```

25-2-6 特殊字符 $

字符 $ 设定正则表达式的尾端，表示字符串的尾端必须匹配，例如 "-\d{3}$"，表示尾端必须是 "-" 符号加上 3 个阿拉伯数字才算匹配。

方案 ch25_19_1.sln：正则表达式末端加上 $ 符号，了解其对手机号码匹配的影响。

```
1  // ch25_19_1
2  using System.Text.RegularExpressions;
3
4  string str = "0952-909-123456";
5  string pattern1 = "\\d{4}-\\d{3}-\\d{3}";
6  Console.WriteLine($"{str} 是手机号码:{Regex.IsMatch(str, pattern1)}");
7  string pattern2 = "\\d{4}-\\d{3}-\\d{3}$";     // 增加 $
8  Console.WriteLine($"{str} 是手机号码:{Regex.IsMatch(str, pattern2)}");
```

执行结果

```
Microsoft Visual Studio 调试控制台
0952-909-123456 是手机号码:True
0952-909-123456 是手机号码:False
C:\C#\ch25\ch25_19_1\ch25_19_1\bin\Debug\net6.0\ch25_19_1.exe
按任意键关闭此窗口...
```

上述第 5 行的正则表达式末端没有 $ 符号，所以由 0952-909-123 匹配，变成整个字符串 0952-909-123456 匹配，因此第 6 行输出 True。第 7 行的正则表达式末端有 $ 符号，表示最右端必须匹配 "-ddd"，d 是阿拉伯数字，也就是刚好有 3 位阿拉伯数字才算匹配，str 字符串不匹配，所以第 8 行输出 False。

25-2-7 特殊字符 ^

这是设定正则表达式的开头必须匹配，例如 "^\d{4}-"，表示开头必须是 4 个阿拉伯数字再加上 "-" 才算匹配。

方案 ch25_19_2.sln：正则表达式开头加上 ^ 符号，了解其对手机号码匹配的影响。

```
1  // ch25_19_2
2  using System.Text.RegularExpressions;
3
4  string str = "09520-909-123";
5  string pattern1 = "\\d{4}-\\d{3}-\\d{3}";
6  Console.WriteLine($"{str} 是手机号码:{Regex.IsMatch(str, pattern1)}");
7  string pattern2 = "^\\d{4}-\\d{3}-\\d{3}";     // 开头增加 ^
8  Console.WriteLine($"{str} 是手机号码:{Regex.IsMatch(str, pattern2)}");
```

执行结果

```
Microsoft Visual Studio 调试控制台
09520-909-123 是手机号码:True
09520-909-123 是手机号码:False
C:\C#\ch25\ch25_19_2\ch25_19_2\bin\Debug\net6.0\ch25_19_2.exe
按任意键关闭此窗口...
```

上述第 5 行的正则表达式开始没有 ^ 符号，所以由 9520-909-123 匹配，变成整个字符串 09520-909-123 匹配，所以第 6 行输出 True。第 7 行的正则表达式前端有 ^ 符号，表示最前端必须匹配 "dddd"，d 是阿拉伯数字，也就是有 4 位阿拉伯数字加上 "-" 才算匹配，因为 str 字符串开头是 5 个阿拉伯数字加上 "-"，所以不匹配。

25-3 IsMatch( ) 方法的万用程序与功能扩充

其实我们也可以使用现有知识设计一个 IsMatch( ) 方法的万用程序，也就是读者可以用输入方式先输入正则表达式，程序将此作为 pattern 字符串对象，然后读者可以输入任意字符串，此程序可以回应其是否符合正则表达式。

方案 ch25_20：设计比对正则表示法的万用程序，这个程序会要求输入正则表达式，然后要求输入任意字符串，最后告知所输入的任意字符串是否符合正则表达式。

```
1  // ch25_20
2  using System.Text.RegularExpressions;
3
4  bool MyMatch(string s, string pat)
5  {
6      return (Regex.IsMatch(s, pat));
7  }
8
9  Console.Write("请输入正则表达式字符串 : ");
10 string pattern = Console.ReadLine();
11 Console.Write("请输入测试字符串      : ");
12 string str = Console.ReadLine();
13 Console.WriteLine($"比对结果 : {MyMatch(str, pattern)}");
```

执行结果

```
Microsoft Visual Studio 调试控制台
请输入正则表达式字符串 : [0-7]
请输入测试字符串      : 8ab
比对结果 : False

C:\C#\ch25\ch25_20\ch25_20\bin\
按任意键关闭此窗口. . .
```

```
Microsoft Visual Studio 调试控制台
请输入正则表达式字符串 : [0-7]
请输入测试字符串      : 1p9
比对结果 : True

C:\C#\ch25\ch25_20\ch25_20\bin\
按任意键关闭此窗口. . .
```

25-4 找出第一个匹配搜寻规则的内容 Regex.Match( )

这个方法在 System.Text.RegularExpressions 命名空间中，可以在字符串内找出第一次出现的匹配搜寻规则的内容，以及此内容的索引位置。如果要找出后续的内容可以使用回传对象，调用 NextMatch( ) 方法，详情可以参考 25-4-2 节。

25-4-1 搜寻第一次出现的内容

Regex.Match( ) 的语法如下：

```
public static Match = public static Match(string input, string pattern, options);
```

上述 input 是要搜寻的字符串，pattern 是搜寻规则的正则表达式，options 则是比对的选项，如果 input 字符串内有匹配 pattern 格式的字符，则会回传到 Match 对象，假设 Match 对象名称是 match，在 Match 对象内有下列属性可以应用：

1. match.Success：如果搜寻成功，回传 true，否则回传 false。

2. match.Value：搜寻成功的内容。

3. match.Index：搜寻成功内容的索引。

方案 ch25_21.sln：在字符串内找出第一次出现的手机号码和此号码所在的索引位置。

```
1  // ch25_21
2  using System.Text.RegularExpressions;
3
4  string str = "请参加教师节晚宴, 可用 0933-122-123 " +
5               "或是 0933-133-456 联系我";
6  string pattern = "\\d{4}-\\d{3}-\\d{3}";
7  Match match = Regex.Match(str, pattern);
8  if (match.Success)
9      Console.WriteLine($"{match.Value}, {match.Index}");
```

执行结果

```
Microsoft Visual Studio 调试控制台
0933-122-123, 13

C:\C#\ch25\ch25_21\ch25_21\bin\Debug\net6.0\ch25_21.exe
按任意键关闭此窗口. . .
```

上述程序找到了手机号码 0933-122-123，0 的索引是 13。

25-4-2 Match 对象的 NextMatch( ) 方法

方案 ch25_21.sln 在找手机号码时，回传的对象是 match，这个对象可以调用 NextMatch( ) 方法，如果找到下一个手机号码，可以回传 true，根据此概念就可以设计程序找出字符串内所有匹配正则表达式规则的手机号码。

方案 ch25_22.sln：扩充 ch25_21.sln，搜寻所有手机号码。

```
1  // ch25_22
2  using System.Text.RegularExpressions;
3
4  string str = "请参加教师节晚宴, 可用 0933-122-123 " +
5               "或是 0933-133-456 联系我";
6  string pattern = "\\d{4}-\\d{3}-\\d{3}";
7  Match match = Regex.Match(str, pattern);
8  while (match.Success)
9  {
10     Console.WriteLine($"手机号码:{match.Value}, 索引位置:{match.Index}");
11     match = match.NextMatch();
12 }
```

执行结果

```
Microsoft Visual Studio 调试控制台
手机号码:0933-122-123, 索引位置:13
手机号码:0933-133-456, 索引位置:29

C:\C#\ch25\ch25_22\ch25_22\bin\Debug\net6.0\ch25_22.exe
按任意键关闭此窗口. . .
```

25-5 找出所有匹配搜寻规则的内容 Regex.Matches( )

这个 Regex.Matches( ) 方法在 System.Text.RegularExpressions 命名空间中，可以在字符串内找出所有出现的匹配搜寻规则的内容，此方法的语法如下：

```
public static MatchCollection = public static Matches(string input, string pattern,
options);
```

上述 input 是要搜寻的字符串，pattern 是搜寻规则的正则表达式，options 则是比对的选项，如果 input 字符串内有匹配 pattern 格式的内容，则会回传到 MatchCollection 对象，假设 MatchCollection 的对象名称是 match。可以声明 Match 对象遍历 match，这时有下列属性可以应用：

1. match.Success：如果搜寻成功，回传 true，否则回传 false。

2. match.Value：搜寻成功的内容。

3. match.Index：搜寻成功内容的索引。

方案 ch25_23.sln：使用两个调用 Regex.Matches( ) 的方法重新设计 ch25_22.sln。

```
1  // ch25_23
2  using System.Text.RegularExpressions;
3
4  string str = "请参加教师节晚宴，可用 0933-122-123 " +
5              "或是 0933-133-456 联系我";
6  string pattern = "\\d{4}-\\d{3}-\\d{3}";
7  // 方法 1
8  MatchCollection match = Regex.Matches(str, pattern);
9  foreach (Match m in match)
10     Console.WriteLine($"手机号码:{m.Value}, 索引位置:{m.Index}");
11 // 方法 2
12 foreach (Match m in Regex.Matches(str, pattern))
13     Console.WriteLine($"手机号码:{m.Value}, 索引位置:{m.Index}");
```

执行结果

```
Microsoft Visual Studio 调试控制台
手机号码:0933-122-123, 索引位置:13
手机号码:0933-133-456, 索引位置:29
手机号码:0933-122-123, 索引位置:13
手机号码:0933-133-456, 索引位置:29

C:\C#\ch25\ch25_23\ch25_23\bin\Debug\net6.0\ch25_23.exe
按任意键关闭此窗口. . .
```

在使用 Regex.Matches( ) 方法搜寻正则表达式格式的字符串时，如果这些字符串格式以数组的形式存储，且 MatchCollection 对象是 match，那么要取得所搜寻的字符串内容可以使用 match[index] 方式，如下所示：

match[index].Success：如果搜寻成功，回传 true，否则 false。

match[index].Value：搜寻成功的内容。

match[index].Index：搜寻成功内容的索引。

方案 ch25_23_1.sln：重新设计 ch25_22.sln。

```
1  // ch25_23_1
2  using System.Text.RegularExpressions;
3
4  string str = "请参加教师节晚宴，可用 0933-122-123 " +
5              "或是 0933-133-456 联系我";
6  string pattern = "\\d{4}-\\d{3}-\\d{3}";
7  // 方法 1
8  MatchCollection match = Regex.Matches(str, pattern);
9  for (int i = 0; i < match.Count; i++)
10     Console.WriteLine($"手机号码:{match[i].Value}, 索引位置:{match[i].Index}");
```

执行结果：与 ch25_22.sln 相同。

25-6 字符串修改 Regex.Replace( )

在 System.Text.RegularExpressions 命名空间中有 Regex.Replace( ) 方法，可以执行字符串的修改，语法如下：

```
public static string Regex.Replace(string input, string pattern, string
replacement)
```

上述 input 是要搜寻的原始字符串，pattern 是搜寻规则的正则表达，replacement 是要替换的新字符串。

方案 ch25_24.sln：有一个句子字母间有太多空白，设计程序可以让字母间只有一个空格符。

```
1  // ch25_24
2  using System.Text.RegularExpressions;
3
4  string input = "This is    C#   language    book   " +
5                "by JK   Hung.";
6  string pattern = "\\s+";          // 空白部分
7  string replacement = " ";         // 只空 1 格
8  string result = Regex.Replace(input, pattern, replacement);
9  Console.WriteLine($"原始字符串: {input}");
10 Console.WriteLine($"结果字符串: {result}");
```

执行结果

```
Microsoft Visual Studio 调试控制台
原始字符串: This is    C#   language    book   by JK   Hung.
结果字符串: This is C# language book by JK Hung.

C:\C#\ch25\ch25_24\ch25_24\bin\Debug\net6.0\ch25_24.exe (进程 20
按任意键关闭此窗口. . . ■
```

方案 ch25_24_1.sln：路径字符 "\" 改为 "/"。

```
1  // ch25_24_1
2  using System.Text.RegularExpressions;
3
4  string src = @"C:\C#\ch25\ch25_1";
5  string dst = Regex.Replace(src, @"\\", "/");
6
7  Console.WriteLine($"原始路径: {src}");
8  Console.WriteLine($"结果路径: {dst}");
```

执行结果

```
Microsoft Visual Studio 调试控制台
原始路径: C:\C#\ch25\ch25_24_1
结果路径: C:/C#/ch25/ch25_24_1

C:\C#\ch25\ch25_24_1\ch25_24_1\bin\Debug\net6.0\ch25_24_1.exe
按任意键关闭此窗口. . . ■
```

25-7 正则表达式的分割 Regex.Split( )

这个功能可以将输入的字符串分割成子字符串数组，此方法的语法如下：

```
public string[ ] Split(string input, string pattern, options);
```

参数 input 是要分割的字符串，pattern 是要分割的正则表达式字符串，回传是数组，options 是比对的选项。

方案 ch25_24_2.sln：字符串内含系列水果分割应用，分割的正则表达式字符串使用 "-"。

```
1  // ch25_24_2
2  using System.Text.RegularExpressions;
3
4  string pattern = "-";
5  string[] fruits = Regex.Split("Apple--Orange-Grape", pattern);
6  foreach (string match in fruits)
7  {
8      Console.WriteLine($"'{match}'");
9  }
```

执行结果

```
Microsoft Visual Studio 调试控制台
'Apple'
''
'Orange'
'Grape'

C:\C#\ch25\ch25_24_2\ch25_24_2\bin\Debug\net6.0\ch25_24_2.exe
按任意键关闭此窗口. . . ■
```

如果分割时正则表达式分割字符串增加小括号，则分割时出现分割符号也会回传作为字符串数组的一部分。

方案 ch25_24_3.sln：使用 "/" 当作正则表达式分割字符串。

```
1  // ch25_24_3
2  using System.Text.RegularExpressions;
3
4  string input = @"10/15/2023";
5  string pattern1 = @"/";                    // 没有小括号
6  foreach (string result in Regex.Split(input, pattern1))
7  {
8      Console.WriteLine($"'{result}'");
9  }
10 Console.WriteLine();
11 string pattern2 = @"(/)";                  // 增加小括号
12 foreach (string result in Regex.Split(input, pattern2))
13 {
14     Console.WriteLine($"'{result}'");
15 }
```

执行结果

```
Microsoft Visual Studio 调试控制台
'10'
'15'
'2023'

'10'
'/'
'15'
'/'
'2023'

C:\C#\ch25\ch25_24_3\ch25_24_3\bin\Debug\net6.0\ch25_24_3.exe
按任意键关闭此窗口. . . ■
```

上述分割的正则表达式字符串比较简单，下列是使用系列阿拉伯数字作为分割字符串的实例。

方案 ch25_24_4.sln：使用系列阿拉伯数字当作分割字符串。

```
1  // ch25_24_4
2  using System.Text.RegularExpressions;
3
4  string pattern = @"\d+";
5  string input = "749FGHA45BCDEI23MNJ7089PQKL912";
6  foreach (string result in Regex.Split(input, pattern))
7      Console.WriteLine($"'{result}'");
```

执行结果

```
Microsoft Visual Studio 调试控制台
''
'FGHA'
'BCDEI'
'MNJ'
'PQKL'
''

C:\C#\ch25\ch25_24_4\ch25_24_4\bin\Debug\net6.0\ch25_24_4.exe
按任意键关闭此窗口...
```

25-8 专题

25-8-1 搜寻 A 开头的国际品牌

方案 ch25_25.sln：搜寻 A 开头的国际品牌产品。

```
1  // ch25_25
2  using System.Text.RegularExpressions;
3
4  string pattern = @"\b[A]\w+";   // \b 是边界字符, 告知第 1 个字符是 A
5  string brands = "Acer NB, iPhone, Asus PC, Samgsung TV";
6  MatchCollection matchedAuthors = Regex.Matches(brands, pattern);
7  // 输出所有 A 开头的品牌
8  for (int count = 0; count < matchedAuthors.Count; count++)
9      Console.WriteLine(matchedAuthors[count].Value);
```

执行结果

```
Microsoft Visual Studio 调试控制台
Acer
Asus

C:\C#\ch25\ch25_25\ch25_25\bin\Debug\net6.0\ch25_25.exe
按任意键关闭此窗口...
```

> **注** 上述第 4 行字符 "\b[A]"，表示最左边的字符是 A，也就是起始字符必须是 A。这个实例若是省略 "\b"，可以得到一样的结果，不过若是将 iPhone 改为 iPhAone，则 Aone 会被视为匹配省略后的条件。所以 "\b" 字符在此是必需的，其被当作边界字符 (boundary character)，特别强调边界的起始字符。有时候，也会将 \b 用在边界的终止符，例如，正则表达式最右边是 "[s]\b" 则表示终止符是 s。

25-8-2 电话号码的隐藏

方案 ch25_26.sln：搜寻字符串内的电话号码，同时隐藏 0930 开头的后续号码。

```
1  // ch25_26
2  using System.Text.RegularExpressions;
3
4  string input = "请用 0930-919-919 或是 0952-001-001通知我";
5  string pattern = @"0930(-\d{3}){2}";
6  string replacement = "0930-***-***";
7  string result = Regex.Replace(input, pattern, replacement);
8  Console.WriteLine($"原始字符串: {input}");
9  Console.WriteLine($"结果字符串: {result}");
```

执行结果

```
Microsoft Visual Studio 调试控制台
原始字符串: 请用 0930-919-919 或是 0952-001-001通知我
结果字符串: 请用 0930-***-*** 或是 0952-001-001通知我

C:\C#\ch25\ch25_26\ch25_26\bin\Debug\net6.0\ch25_26.exe
按任意键关闭此窗口...
```

25-8-3 删除英文称呼

方案 ch25_27.sln：英文称呼常会用 Mr.、Mrs.、Ms.、Miss 等，这个程序会使用正则表达式来删除这些称谓。

```
1  // ch25_27
2  using System.Text.RegularExpressions;
3
4  string pattern = @"(Mr. |Mrs. |Miss |Ms. )";
5  string[] names = { "Mr. Henry Kevin", "Ms. Tracy GaGa",
6                     "George Adams", "Ms. Jame Norris",
7                     "Ms. Linda Tsai", "Miss Christy"};
8  foreach (string name in names)
9      Console.WriteLine(Regex.Replace(name, pattern, String.Empty));
```

执行结果

```
Microsoft Visual Studio 调试控制台
Henry Kevin
Tracy GaGa
George Adams
Jame Norris
Linda Tsai
Christy

C:\C#\ch25\ch25_27\ch25_27\bin\Debug\net6.0\ch25_27.exe
按任意键关闭此窗口. . .
```

25-8-4　测试网址是否正确

方案 ch25_28.sln：设计网址判断程序，这个程序可以将正则表达式分成下列几段来进行判断：

^www.：开头必须是 www。

[a-zA-Z0-0]{3,20}.：字符必须是 a ～ z、A ～ Z、0 ～ 9，长度必须是 3 ～ 20 个字符。

(com|org|edu)：必须是这 3 单位，注：目前实务上有更多单位。

([\.])?："." 可有可无。

([a-zA-Z]{2,4})?：这是国别可有可无。

这个程序会将符合要求的网址输出。

```
1  // ch25_28
2  using System.Text.RegularExpressions;
3
4  string[] wwwmsg = { "www.deepmind.com.tw",
5                      "www.dd.kk",
6                      "www.deepmind.com",
7                      "aaa.bbb.com",
8                      "www.mcut.edu.tw" };
9  string pattern = @"^www.[a-zA-Z0-9]{3,20}.(com|org|edu)([\.])?([a-zA-Z]{2,4})?";
10 foreach (string str in wwwmsg)
11 {
12     if (Regex.IsMatch(str, pattern))
13         Console.WriteLine(str);
14 }
```

执行结果

```
Microsoft Visual Studio 调试控制台
www.deepmind.com.tw
www.deepmind.com
www.mcut.edu.tw

C:\C#\ch25\ch25_28\ch25_28\bin\Debug\net6.0\ch25_28.exe
按任意键关闭此窗口. . .
```

25-8-5　信息加密

方案 ch25_29.sln：字符串替换的应用，程序第 8 行会将全部比对成功的字符串用 "C*A **" 替换。

```
1  // ch25_29
2  using System.Text.RegularExpressions;
3
4  string src = "CIA Mark told CIA Linda that secret USB " +
5               "had given to CIA Peter";
6  string pattern = "CIA \\w*";
7  string replace = "C*A ***";
8  string dst = Regex.Replace(src, pattern, replace);
9  Console.WriteLine($"原始字符串: {src}");
10 Console.WriteLine($"结果字符串: {dst}");
```

执行结果

```
Microsoft Visual Studio 调试控制台
原始字符串: CIA Mark told CIA Linda that secret USB had given to CIA Peter
结果字符串: C*A *** told C*A *** that secret USB had given to C*A ***

C:\C#\ch25\ch25_29\ch25_29\bin\Debug\net6.0\ch25_29.exe （进程 8628）已退出,
按任意键关闭此窗口. . .
```

该程序第 6 行正则表达式是 CIA 加上空格后的一个单词，第 7 行则定义替换的字符串。

习题实操题

方案 ex25_1.sln：有一系列文件如下，请将 jpg 和 png 文件筛选出来。(25-2 节)

data1.txt, data2.jpg, data3.png, data4.py, data5.cs, data6.jpg, d7.jpgpng, d8.pngjpg

```
Microsoft Visual Studio 调试控制台
data2.jpg
data3.png
data6.jpg

C:\C#\ex\ex25_1\ex25_1\bin\Debug\net6.0\ex25_1.exe
按任意键关闭此窗口. . .
```

方案 ex25_2.sln：验证 ch25_19_1.sln 匹配的字符串，如果正则表达式没有在结尾加上 "?" 符号，0952-909-123 是匹配的字符串，请用 Regex.Match( ) 验证和输出此字符串。(25-4 节)

```
Microsoft Visual Studio 调试控制台
0952-909-123

C:\C#\ex\ex25_2\ex25_2\bin\Debug\net6.0\ex25_2.exe
按任意键关闭此窗口. . .
```

方案 ex25_3.sln：验证 ch25_19_2.sln 匹配的字符串，如果正则表达式没有在开始加上 "?" 符号，9520-909-123 是匹配的字符串，请用 Regex.Match( ) 验证和输出此字符串。(25-4 节)

```
Microsoft Visual Studio 调试控制台
9520-909-123

C:\C#\ex\ex25_3\ex25_3\bin\Debug\net6.0\ex25_3.exe
按任意键关闭此窗口. . .
```

方案 ex25_4.sln：有一串行，详情可以参考下列输出，找出 A 或 B 开头的水果单词，可以忽略大小写。(25-5 节)

```
Microsoft Visual Studio 调试控制台
原始系列水果字符串 : Apple blackberry watermelon Banana Grapes Orange almond
Apple
blackberry
Banana
almond

C:\C#\ex\ex25_4\ex25_4\bin\Debug\net6.0\ex25_4.exe (进程 17976)已退出，代码为
按任意键关闭此窗口. . .
```

方案 ex25_5.sln：有一串行，详情可以参考下列输出，找出 m 开头与 e 结尾的单词。(25-5 节)

```
Microsoft Visual Studio 调试控制台
m开头e结尾的单词
原始字符串 : make maze and build magazine, finally manage it
make
maze
magazine
manage

C:\C#\ex\ex25_5\ex25_5\bin\Debug\net6.0\ex25_5.exe (进程 15668)
按任意键关闭此窗口. . .
```

方案 ex25_6.sln：修改设计 ch25_24.sln，删除汉字间的空白。(25-6 节)

```
Microsoft Visual Studio 调试控制台
原始字符串: C# 最强入门  迈向顶尖高手  之路 王 者 归来作者    洪 锦 魁
结果字符串: C#最强入门迈向顶尖高手之路王者归来作者洪锦魁

C:\C#\ex\ex25_6\ex25_6\bin\Debug\net6.0\ex25_6.exe (进程 19148)已退出，代码为 0。
按任意键关闭此窗口. . .
```

方案 ex25_7.sln：扩充设计 ch25_25.sln，增加输出品牌内容。(25-8 节)

```
Microsoft Visual Studio 调试控制台
Acer NB
Asus PC

C:\C#\ex\ex25_7\ex25_7\bin\Debug\net6.0\ex25_7.exe
按任意键关闭此窗口. . .
```

第 26 章
委托

委托 (delegate) 在 C# 进阶程序设计扮演一个非常重要的角色，认识了委托读者才可以了解第 27 章的 Lambda 表达式，以及第 28 章的事件，本章和先前章节一样会从简单程序开始，一步一步引导读者学习。

26-1 认识委托

其实 C# 的委托是一种对方法的引用，类似于 C/C++ 的函数指针 (function pointer)，但是 C# 的委托与 C 的不同在于其面向对象，安全性较佳。所谓的委托从程序设计端的观点来看，就是将一个方法 (method) 或函数当作参数，传递给另一个方法 (method)。

简单地说，就是一个方法的参数是方法。

过去我们设计方法时，所传递的参数有 int、double、string 等对象。如果设计的方法比较复杂，就会传递多个不同类型的参数，这时在方法内会有 if 的条件判断语句，然后在不同的 if 条件区块内完成这些参数的工作。

本章将介绍另一个方法：我们将 if 条件区块内完成的工作放在一个方法内，然后将此方法当作参数传递，这就是所谓的委托。

26-2 委托操作

委托操作有 4 个步骤：

1：声明委托，这是类型声明，所以顶级语句必须在此委托声明前面。

2：设计目标方法。

3：创建委托对象实例并将此实例绑定目标方法，也可以说是引用方法 (reference the method)。

4：调用 (invoke) 委托。

26-2-1 声明委托

声明委托的关键词是 delegate，语法如下：

[存取修饰词] delegate 数据类型 委托名称 (系列参数);

上述 [存取修饰词] 是可选项，其他是必需的，下列是声明委托 NumOperation( ) 的实例：

```
public delegate int NumOperation(int x, int y);
```

注 委托声明必须在顶级语句后面，在顶级语句设计中来说委托一般都放在程序后方，但是在类声明之前。

26-2-2 设计目标方法

可以创建目标方法，下列是实例：

```
public static int Add(int a, int b)
{
    return a + b;
}
```

```
public static int Sub(int a, int b)
{
    return a - b;
}
```

所设计的目标方法与委托必须符合下列条件：

1：有相同的数据类型，此例中 NumOperation( ) 委托数据类型是 int，Add( ) 和 Sub( ) 数据类型也都是 int。

2：目标方法与委托声明有相同的方法签名 (method singature)，也就是参数数目与类型需要相同。Add( ) 和 Sub( ) 方法所传递的参数都是 (int, int)，这也和 NumOperation( ) 相同。

26-2-3　创建委托对象实例并设定目标方法——常见用法

我们可以使用 new 关键词创建委托对象，设定目标方法，例如，26-2-2 节我们创建了两个目标方法，当我们创建委托对象时需要设定此对象的方法，下列是实例。

```
NumOperation opAdd = new NumOpertion(Add);

NumOperation opSub = new NumOpertion(Sub);
```

上述 opAdd 的目标方法是 Add，opSub 的目标方法是 Sub。当委托对象 opAdd 经过委托设定目标是 Add 方法后，这个 opAdd 对象就有和 Add 方法相同的能力。

注　opSub 的概念相同。

26-2-4　创建委托对象实例并设定目标方法——简化用法

还可以将创建委托对象实例简化如下：

```
NumOperation opAdd = Add;

NumOperation opSub = Sub;
```

有的程序设计师会分段撰写，先创建委托对象，再绑定方法实例化，如下：

```
NumOperation opAdd, opSub;

opAdd = Add;

opSub = Sub;
```

26-2-5　调用委托

可以使用 Invoke( ) 或是直接使用 ( ) 调用委托，下列是实例。

```
opAdd.Invoke(5, 2);
```

或是

```
opAdd(5, 2);
```

26-2-6　简单的委托实例

因为顶级语句必须在类型声明前方，所以委托是在程序下方声明。

方案 ch26_1.sln：简单委托的实例，笔者分别使用完整与简化声明委托目标对象，同时调用时也使用 Invoke( ) 和简化 ( ) 方法。

注　26-2-1 节有说明，委托必须是放在顶级语句后面，所以此例中委托放在第 17 行。

```
1  // ch26_1
2  static int Add(int a, int b)
3  {
4      return a + b;
5  }
6  static int Sub(int a, int b)
7  {
8      return a - b;
9  }
10
11 NumOperation opAdd = new NumOperation(Add);    // 创建对象与目标是Add
12 NumOperation opSub = Sub;                       // 创建对象与目标是Sub
13 // 使用委托对象调用方法
14 Console.WriteLine($"Delegate Add 结果 {opAdd.Invoke(5, 2)}");
15 Console.WriteLine($"Delegate Sub 结果 {opSub(5, 2)}");
16
17 delegate int NumOperation(int x, int y);        // 声明委托
```

执行结果

```
Microsoft Visual Studio 调试控制台
Delegate Add 结果 7
Delegate Sub 结果 3

C:\C#\ch26\ch26_1\ch26_1\bin\Debug\net6.0\ch26_1.exe
按任意键关闭此窗口 . . .
```

读者可以留意第 11 行和第 12 行创建委托目标对象的方法，第 11 行 Add 方法是委托
NumOperation( ) 的参数，第 12 行是简化写法，Sub 方法是委托 NumOpertion( ) 的参数。另外第
14 行和第 15 行也使用两种方式传递参数调用委托。

方案 ch26_1_1.sln：重新设计 ch26_1.sln 先声明委托对象，再绑定方法的写法。

```
1  // ch26_1_1
2  static int Add(int a, int b)
3  {
4      return a + b;
5  }
6  static int Sub(int a, int b)
7  {
8      return a - b;
9  }
10
11 NumOperation opAdd, opSub;         // 创建委托对象 opAdd 和 opSub
12 opAdd = Add;                        // 设置 opAdd 委托目标方法是 Add
13 opSub = Sub;                        // 设置 opSub 委托目标方法是 Sub
14 // 使用委托对象调用方法
15 Console.WriteLine($"Delegate Add 结果 {opAdd.Invoke(5, 2)}");
16 Console.WriteLine($"Delegate Sub 结果 {opSub(5, 2)}");
17
18 delegate int NumOperation(int x, int y);    // 声明委托
```

执行结果：与 ch26_1.sln 相同。

上个程序的重点是第 11 ～ 第 13 行，在面向对象的概念中，委托的目标方法大多在类内声
明，详情可以参考下列实例。

方案 ch26_2.sln：使用 MyDelegate 类创建方法，然后让顶级语句设定委托对象目标方法，
再予以调用，这个程序多设计了回传静态变量的方法。

```
1  // ch26_2
2  NumOperation opAdd = MyDelegate.Add;       // 创建对象与目标是Add
3  NumOperation opSub = MyDelegate.Sub;       // 创建对象与目标是Sub
4  // 使用委托对象调用方法
5  opAdd(5, 2);
6  Console.WriteLine($"Delegate Add 结果 {MyDelegate.getNum()}");
7  opSub(5, 2);
8  Console.WriteLine($"Delegate Sub 结果 {MyDelegate.getNum()}");
9
10 delegate int NumOperation(int x, int y);    // 声明委托
11 public class MyDelegate
12 {
13     static int result = 0;                  // 静态变量
14     public static int Add(int a, int b)     // 加法
15     {
16         result = a + b;
17         return result;
18     }
19     public static int Sub(int a, int b)     // 减法
20     {
21         result = a - b;
22         return result;
23     }
24     public static int getNum()              // 回传静态变量
25     {
26         return result;
27     }
28 }
```

执行结果：与 ch26_1.sln 相同。

26-2-7　调整委托指向

当委托声明后同时会绑定此委托的目标，也就是将委托目标封装在对象内，但是程序执行过
程我们仍是可以将委托指向其他目标方法。

方案 ch26_3.sln：将委托指向其他方法。

```
1  // ch26_3
2  SampleMethod sm = new SampleMethod();      // 创建类 SampleMethod 对象
3  MyDelegate obj = sm.InstanceMethod;        // 目标是 InstanceMethod 方法的委托
4  obj();                                     // 执行 obj()
5
6  obj = SampleMethod.StaticMethod;           // 将委托指向 StaticMethod 方法
7  obj();                                     // 执行 obj()
8
9  delegate void MyDelegate();                // 声明委托
10 public class SampleMethod
11 {
12     public void InstanceMethod()
13     {
14         Console.WriteLine("我是 InstanceMethod 方法");
15     }
16     public static void StaticMethod()
17     {
18         Console.WriteLine("我是 StaticMethod 方法");
19     }
20 }
```

执行结果

```
■ Microsoft Visual Studio 调试控制台
我是 InstanceMethod 方法
我是 StaticMethod 方法
C:\C#\ch26\ch26_3\ch26_3\bin\Debug\net6.0\ch26_3.exe
按任意键关闭此窗口. . .
```

上述程序第 2 行先创建类对象，第 3 行创建委托对象 obj，同时委托目标指向 InstanceMethod( )，这是非静态方法，需使用类对象 sm 才可以委托，程序第 4 行执行委托 obj( )，可以得到第 1 行的输出。程序第 6 行将委托指向 SampleMethod 类的静态方法 StaticMethod( )，程序第 7 行执行委托 obj( )，可以得到第 2 行的输出。

26-3 把委托当作方法的参数

委托也可以被当作方法的参数，详情可以参考下列实例。

方法 ch26_4.sln：委托当作方法的参数。

```
1  // ch26_4
2  static void InvokeDelegate(MyDelegate delegateObj)
3  {
4      delegateObj("认识 C# delegate 委托对象当作方法的参数");
5  }
6
7  MyDelegate objA = JobA.MethodA;            // 创建委托当作与目标
8  InvokeDelegate(objA);                      // 调用 InvokeDelegate()方法
9  MyDelegate objB = JobB.MethodB;            // 创建委托当作与目标
10 InvokeDelegate(objB);                      // 调用 InvokeDelegate()方法
11
12 public delegate void MyDelegate(string message);  // 声明委托
13 public class JobA                          // 类  JobA
14 {
15     public static void MethodA(string msg)
16     {
17         Console.WriteLine($"调用 MethodA : {msg}");
18     }
19 }
20 public class JobB                          // 类  JobB
21 {
22     public static void MethodB(string msg)
23     {
24         Console.WriteLine($"调用 MethodB : {msg}");
25     }
26 }
```

执行结果

```
■ Microsoft Visual Studio 调试控制台
调用 MethodA : 认识 C# delegate 委派对象当作方法的参数
调用 MethodB : 认识 C# delegate 委派对象当作方法的参数
C:\C#\ch26\ch26_4\ch26_4\bin\Debug\net6.0\ch26_4.exe
按任意键关闭此窗口. . .
```

上述程序第 7 行声明委托对象 objA 时，就已经将 JobA.MethodA 的方法封装在此 objA 对象内了。同样第 9 行声明委托对象 objB 时，就已经将 JobB.MethodB 的方法封装在此 objB 对象内了。所以第 8 行和第 10 行对象 objA 和 objB 分别调用 InvokeDelegate( )，可以得到不同的内容。

26-4 多播委托

委托可以指向多个方法，这个概念称为多播委托 (multicast delegate)，在这个概念下可以用"+"或是"+="将方法加到调用列表中，使用"-"或是"-="则是将特定方法删除。

方法 ch26_5.sln：使用两个委托，然后用 "+" 创建多播委托，然后用 "-" 移除多播委托中的一个委托，分别调用这些委托同时观察执行结果。

```
1  // ch26_5
2  MultiDelegate hiDel, byeDel, multiDel, subHiDel;
3
4  hiDel = Greeting.Hi;        // 设置委托 hiDel 的引用方法为 Hi
5  byeDel = Greeting.Goodbye;  // 设置委托 byeDel 的引用方法为 Goodbye
6
7  // 两个委托相加，创建多拨委托(Multicast Delegate)
8  multiDel = hiDel + byeDel;
9  // 从多播委托 (Multicast Delegate) 中移除 hiDel 委托
10 subHiDel = multiDel - hiDel;
11
12 Console.WriteLine("启动 delegate hiDel:");
13 hiDel("Person A");
14 Console.WriteLine("启动 delegate byeDel:");
15 byeDel("Person B");
16 Console.WriteLine("启动 delegate multiDel:");
17 multiDel("Person C");
18 Console.WriteLine("启动 delegate subHiDel:");
19 subHiDel("Person D");
20
21 delegate void MultiDelegate(string s);        // 声明委托
22 public class Greeting
23 {
24     // Define two methods that have the same signature as CustomDel.
25     public static void Hi(string name)         // 定义 Hi()方法
26     {
27         Console.WriteLine($" 早安, {name}!");
28     }
29     public static void Goodbye(string name)    // 定义 Goodbye()方法
30     {
31         Console.WriteLine($" 再见, {name}!");
32     }
33 }
```

执行结果

```
Microsoft Visual Studio 调试控制台
启动 delegate hiDel:
 早安, Person A!
启动 delegate byeDel:
 再见, Person B!
启动 delegate multiDel:
 早安, Person C!
 再见, Person C!
启动 delegate subHiDel:
 再见, Person D!

C:\C#\ch26\ch26_5\ch26_5\bin\Debug\net6.0\ch26_5.exe
按任意键关闭此窗口. . .
```

26-5 泛型委托

本书第 21 章笔者介绍了泛型 (generic)，也可以将泛型应用到委托中，定义泛型委托 (generic delegate)，这时设定委托对象的目标方法时需指定数据类型。

方案 ch26_6.sln：声明泛型委托，然后分别使用 int 和 string 数据类型实体化此泛型委托对象。

```
1  // ch26_6
2  Add<int> sum = MyAdd.Sum;      // 声明泛型委托对象和目标方法
3  Console.WriteLine(sum(3, 6));
4
5  Add<string> cat = MyAdd.Concat;  // 声明泛型委托对象和目标方法
6  Console.WriteLine(cat("C# ", "是面向对象程序语言"));
7
8  public delegate T Add<T>(T x, T y);    // 声明泛型委托 Add
9  public class MyAdd
10 {
11     // 参数是 int
12     public static int Sum(int a, int b)
13     {
14         return a + b;
15     }
16     // 参数是 string
17     public static string Concat(string str1, string str2)
18     {
19         return str1 + str2;
20     }
21 }
```

执行结果

```
Microsoft Visual Studio 调试控制台
9
C# 是面向对象程序语言

C:\C#\ch26\ch26_6\ch26_6\bin\Debug\net6.0\ch26_6.exe
按任意键关闭此窗口. . .
```

26-6 匿名方法

26-6-1 基础匿名方法

第 12 章笔者介绍了函数，其也可想成方法，每个方法都有一个名称，C# 从 2.0 起就提供一种没有名称的方法称为匿名方法 (anonymous method)。匿名方法使用 delegate 关键词定义，然后再为此委托的对象设计方法的内容，整个语法定义如下：

```
delegate( 参数列 )
{
xxxx;          // 相关程序代码
};
```

方案 ch26_7.sln：创建含一个参数的匿名方法。

```
1  // ch26_7
2  ComputerLang program = delegate(string lang)    // 含一个参数的匿名方法
3  {
4      Console.WriteLine($"我最爱的程序语言 : {lang}");
5  };
6  program("C#");
7
8  public delegate void ComputerLang(string x);    // 声明委托
```

执行结果

```
Microsoft Visual Studio 调试控制台
我最爱的程序语言 : C#

C:\C#\ch26\ch26_7\ch26_7\bin\Debug\net6.0\ch26_7.exe
按任意键关闭此窗口. . .
```

26-6-2　匿名方法引用外部的变量

匿名方法内可以引用外部的变量，详情可以参考下列实例。

方案 ch26_8.sln：匿名方法引用外部变量 bonus，所以实际成绩是 sc 加上 bonus 的结果。

```
1  // ch26_8
2  int bonus = 10;
3  FinalScore score = delegate (int sc) {
4      sc += bonus;                        // bonus是外部变量
5      Console.WriteLine($"最后成绩 : {sc}");
6  };
7  score(80);
8
9  public delegate void FinalScore(int value);
```

执行结果

```
Microsoft Visual Studio 调试控制台
最后成绩 : 90

C:\C#\ch26\ch26_8\ch26_8\bin\Debug\net6.0\ch26_8.exe
按任意键关闭此窗口. . .
```

26-6-3　把匿名方法当作参数传送

匿名方法也可以作为另一个方法的参数传送。

方案 ch26_9.sln：把匿名方法当作参数传送的实例。

```
1  // ch26_9
2  static void MyPet(ShowPet pet, string color)
3  {
4      color = " 棕色" + color;              这是匿名方法当作参数
5      pet(color);
6  }
7  MyPet(delegate (string color)
8  {
9      Console.WriteLine($"我的宠物是 {color}");
10  }
11  ," + 浅灰色");
12
13 public delegate void ShowPet(string x);
```

执行结果

```
Microsoft Visual Studio 调试控制台
我的宠物是 棕色 + 浅灰色

C:\C#\ch26\ch26_9\ch26_9\bin\Debug\net6.0\ch26_9.exe
按任意键关闭此窗口. . .
```

26-7　Func 委托

C# 内置泛型的委托 Func 和 Action，程序设计师可以很容易地使用，省去了自定义委托，让工作更便利。本节将介绍 Func，Func 被定义在 System 命名空间内，可以有 0 到多个输入参数和 1 个输出参数，在系列参数中最后 1 个参数被视为是输出参数。此定义如下：

```
namespace System

{

Public delegate Tresult Func<in T, Tresult>(T arg);

}
```

方案 ch26_10.sln：这是一个一般委托，将字符串改为大写的实例。

```
1  // ch26_10
2  static string UpperString(string inputString)
3  {
4      return inputString.ToUpper();
5  }
6  ConvertMethod convertBrand = UpperString;   // 实体化委托和指定引用方法
7  string brand = "bmw";
8  Console.WriteLine(convertBrand(brand));
9
10 delegate string ConvertMethod(string str);  // 声明委托
```

执行结果

```
Microsoft Visual Studio 调试控制台
BMW

C:\C#\ch26\ch26_10\ch26_10\bin\Debug\net6.0\ch26_10.exe
按任意键关闭此窗口。. .
```

方案 ch26_11.sln：将 ch26_10.sln 改为 Func 委托重新设计。

```
1  // ch26_11
2  static string UpperString(string inputString)
3  {
4      return inputString.ToUpper();
5  }
6  Func <string, string> convertBrand = UpperString;   // Func委托
7  string brand = "bmw";
8  Console.WriteLine(convertBrand(brand));
```

执行结果：与 ch26_10.sln 相同。

从上述程序可以看到我们省略了声明委托。

26-8 Action 委托

Action 委托和 Func 委托相同，也是在 System 命名空间内定义的，其实功能也相同，两者的不同点主要是 Action 没有回传值，也就是说数据类型是 void。

方案 ch26_12.sln：使用 Action 设计 Add( ) 和 Sub( ) 委托。

```
1  // ch26_12
2  static void Add(int x, int y)
3  {
4      Console.WriteLine($"{x} + {y} = {x + y}");
5  }
6  static void Sub(int x, int y)
7  {
8      Console.WriteLine($"{x} - {y} = {x - y}");
9  }
10
11 Action<int, int> Math;          // Action委托
12 Math = Add;
13 Math(4, 3);     // Add(4, 3)
14 Math = Sub;
15 Math(4, 3);     // Sub(4, 3)
```

执行结果

```
Microsoft Visual Studio 调试控制台
4 + 3 = 7
4 - 3 = 1

C:\C#\ch26\ch26_12\ch26_12\bin\Debug\net6.0\ch26_12.exe
按任意键关闭此窗口。. .
```

26-9 Predicate 委托

Predicate 委托类似 Func 和 Action 委托，不过这个方法的内容是一个标准，然后回传参数是否符合这个标准。Predicate 委托必须有一个参数并且是 bool 数据类型。整个方法签名如下：

```
public delegate bool Predicate<in T>(P obj);
```

方案 ch26_13.sln：请设计传统 delegate 委托执行，检查输入字符串长度是不是大于 10 个字符。

```
1   // ch26_13
2   static bool myfun(string str)
3   {
4       if (str.Length > 10)
5       {
6           return true;
7       }
8       else
9       {
10          return false;
11      }
12  }
13  Console.Write("请输入任意字符串 : ");
14  string mystr = Console.ReadLine();   // 读取字符串
15  my_delegate strObj = myfun;          // 声明委托对象与指定方法
16  Console.WriteLine($"字符串长度大于 10 : {strObj(mystr)}");
17
18  public delegate bool my_delegate(string mystring);
```

执行结果

请输入任意字符串 ： C#
字符串长度大于 10 ： False

C:\C#\ch26\ch26_13\ch26_13\b
按任意键关闭此窗口. . .

请输入任意字符串 ： I love C# very much
字符串长度大于 10 ： True

C:\C#\ch26\ch26_13\ch26_13\bin\Debug\net
按任意键关闭此窗口. . .

方案 ch26_14.sln：请使用 Predicate delegate 委托重新设计 ch26_13.sln。

```
1   // ch26_14
2   static bool myfun(string str)
3   {
4       if (str.Length > 10)
5       {
6           return true;
7       }
8       else
9       {
10          return false;
11      }
12  }
13  Console.Write("请输入任意字符串 : ");
14  string mystr = Console.ReadLine();   // 读取字符串
15  Predicate<string> strObj = myfun;
16  Console.WriteLine($"字符串长度大于 10 : {strObj(mystr)}");
```

执行结果：与 ch26_13.sln 相同。

如果要更进一步学习，读者可以思考应如何使用匿名方法搭配 Predicate 委托设计上述实例，这将是读者的习题。

习题实操题

方案 ex26_1.sln：请参考 ch26_2.sln，增加设计 Mul 乘法和 Mod 余数方法的委托，一样使用 (5, 2) 去调用。(26-2 节)

Microsoft Visual Studio 调试控制台

Delegate Add 结果 7
Delegate Sub 结果 3
Delegate Mul 结果 10
Delegate Mod 结果 1

C:\C#\ex\ex26_1\ex26_1\bin\Debug\net6.0\ex26_1.exe
按任意键关闭此窗口. . .

方案 ex26_2.sln：请参考 ch26_2.sln，调整 Add( ) 和 Sub( ) 方法为只含一个 int 参数，Add(int a) 方法是将静态变量 result 加 a，Sub(int a) 方法是将静态变量 result 减 a，使用 opAdd(5) 和 opSub(2) 去调用。(26-2 节)

Microsoft Visual Studio 调试控制台

Delegate Add 结果 5
Delegate Sub 结果 3

C:\C#\ex\ex26_2\ex26_2\bin\Debug\net6.0\ex26_2.exe
按任意键关闭此窗口. . .

方案 ex26_3.sln：请参考 ex26_2.sln，但是将 Sub(int a) 方法改为 Mul(int a)，这个方法会将

静态变量 result 乘以 a，请设计 opAdd( ) 和 opMul( )，最后设计 op 如下：

```
op = opAdd;

op += opMul;
```

然后输出 op(5) 的结果。(26-4 节)

```
Microsoft Visual Studio 调试控制台
Delegate opAdd + opMul 结果 25

C:\C#\ex\ex26_3\ex26_3\bin\Debug\net6.0\ex26_3.exe
按任意键关闭此窗口 . . .
```

方案 ex26_4.sln：请扩充设计 ch26_6.sln，增加 double Fsum(double a, double b) 方法的加法运算，请使用 (3.5, 6.6) 去测试。(26-5 节)

```
Microsoft Visual Studio 调试控制台
9
C# 是面向对象程序语言
10.1

C:\C#\ex\ex26_4\ex26_4\bin\Debug\net6.0\ex26_4.exe
按任意键关闭此窗口 . . .
```

方案 ex26_5.sln：请将 ch26_7.sln 改为屏幕输入，然后将输出改为全部大写。(26-6 节)

```
Microsoft Visual Studio 调试控制台
请输入你最喜欢的程序语言 : python
我最爱的程序语言 : PYTHON

C:\C#\ex\ex26_5\ex26_5\bin\Debug\net6.0\ex26_5.exe
按任意键关闭此窗口 . . .
```

方案 ex26_6.sln：请参考 26_11.sln，将单一车子品牌改为数组品牌，然后全部改为大写。(26-7 节)

```
Microsoft Visual Studio 调试控制台
BMW
BENZ
NISSAN

C:\C#\ex\ex26_6\ex26_6\bin\Debug\net6.0\ex26_6.exe
按任意键关闭此窗口 . . .
```

方案 ex26_7.sln：请参考 ch26_12.sln，将 x 和 y 数字由屏幕输入，同时增加 Mul(乘法计算)。(26-8 节)

```
Microsoft Visual Studio 调试控制台
请输入第 1 个数字 : 8
请输入第 1 个数字 : 3
8 + 3 = 11
8 - 3 = 5
8 * 3 = 24

C:\C#\ex\ex26_7\ex26_7\bin\Debug\net6.0\ex26_7.exe
按任意键关闭此窗口 . . .
```

方案 ex26_8.sln：请使用匿名方法搭配 Predicate 委托的概念重新设计 ch26_14.sln，但是改为输入的字符数小于 10 则响应 true，否则响应 false。(26-9 节)

```
Microsoft Visual Studio 调试控制台
请输入任意字符串 : abc
字符串长度小于 10 : True

C:\C#\ex\ex26_8\ex26_8\bin\D
按任意键关闭此窗口 . . .
```
```
Microsoft Visual Studio 调试控制台
请输入任意字符串 : I love C# very much
字符串长度小于 10 : False

C:\C#\ex\ex26_8\ex26_8\bin\Debug\net6.0\
按任意键关闭此窗口 . . .
```

第 27 章
Lambda 表达式

Lamdba 表达式是 C# 3.0 起开始支持的工具，其实这是委托的进一步应用，这是一种匿名的方法，使用上更具有弹性。

27-1　Lambda 表达式定义

Lambda 表达式的核心是运算符"=>"，这个运算符又称 Lambda 运算符，由这个运算符区分输入参数和 Lambda 主体：

　输入参数 => Lambda 主体

Lambda 有两种表达方式。

1：表达式的 Lambda，概念如下：

```
(input - parameters) => expression
```

实例 1：x => x + 2

2：语句 (Statement) 的 Lambda，概念如下：

```
(input - parameters) => { <sequence-of-statements> }
```

实例 2：x => { Console.WriteLine(x + 2); }

注　语句的 Lambda 与表达式的 Lambda 的最大差异在于，语句的 Lambda 可能会有 2 ～ 3 行主体内容。

27-2　Lambda 基础语法

27-2-1　没有输入参数的 Lambda

如果 Lambda 没有输入参数，输入参数区可以使用空的小括号替代，这时语法如下：

```
( ) => expression;
```

27-2-2　有 1 个输入参数的 Lambda

如果 Lambda 表达式只有 1 个输入参数，则可以省略小括号，这时语法如下：

```
parameter => expression;
```

27-2-3　有多个参数的 Lambda

如果 Lambda 表达式有多个输入参数，假设有 3 个参数，这时语法如下：

```
(p1, p2, p3) => expression;
```

27-3　Lambda 基础实例

27-3-1　表达式的 Lambda

本节将从最基础的表达式的 Lambda 说起。

方案 ch27_1.sln：用传统概念设计计算平方的 Lambda 表达式。

```
1  // ch27_1
2  var square = (int x) => x * x;
3  Console.WriteLine(square(5));
```

执行结果

```
Microsoft Visual Studio 调试控制台
25

C:\C#\ch27\ch27_1\ch27_1\bin\Debug\net6.0\ch27_1.exe
按任意键关闭此窗口. . .
```

上述程序中框起来的部分就是表达式的 Lambda，所以整个程序可以说是声明了一个变量 square。这个变量是匿名的，相当于 Lambda 表达式。

```
(int x) => x * x;
```

程序 var 声明的 square 不是一般值的变量，这是一个 var 声明的 Lambda 表达式变量，此变量有回传值，由第 3 行所输入的参数 5，代入 square( ) 后决定最后回传的值，所以 square( ) 其实是一个参考方法。同时所输入的参数必须是整数 int，回传的是该 x 值的平方。

上述程序的 Lambda 表达式并没有明确指出回传值的数据类型，Lambda 表达式可以明确地设定回传值的数据类型，可以参考下列实例。

方案 ch27_2.sln：重新设计 ch27_1.sln，明确指定 Lambda 表达式的数据类型。

```
1  // ch27_2
2  var square = int (int x) => x * x;
3  Console.WriteLine(square(5));
```

执行结果：与 ch27_1.sln 相同。

27-3-2　语句的 Lambda

方案 ch27_1.sln 是表达式的 Lambda，可以参考下列实例将其改为语句的 Lambda。

方案 ch27_3.sln：将 ch27_1.sln 改为语句的 Lambda 重新设计。

```
1  // ch27_3
2  var square = (int x) =>
3  {
4      return x * x;
5  };
6  Console.WriteLine(square(5));
```

执行结果：与 ch27_1.sln 相同。

27-4　Lambda 就是委托指定引用的匿名方法

其实 Lambda 就是一个匿名方法，是委托指定引用的方法的实例。先不考虑 Lambda，笔者先用委托设计 ch27_1.sln。

方案 ch27_4.sln：使用委托搭配匿名方法设计 ch27_1.sln。

```
1  // ch27_4
2  MySquare square = delegate (int x) { return x * x; };   // 匿名方法
3  Console.WriteLine(square(5));
4
5  delegate int MySquare(int i);                            // 声明委托
```

执行结果：与 ch27_1.sln 相同。

方案 ch27_5.sln：使用委托，搭配 Lambda 表达式重新设计 ch27_1.sln。

```
1  // ch27_5
2  MySquare square = int (int x) => x * x;    // Lambda方法
3  Console.WriteLine(square(5));
4
5  delegate int MySquare(int i);              // 声明委托
```

执行结果：与 ch27_1.sln 相同。

如果将 ch27_4.sln 和 ch27_5.sln 做比较，可以发现 ch27_4.sln 第 2 行的委托的匿名方法内容如下：

```
MySquare square = delegate (int x) { return x * x; };
```

上述程序代码对 ch27_5.sln 的 Lambda 表达式而言，相当于第 2 行的内容：

```
MySquare square = int (int x) => x * x;
```

其实可以省略 Lambda 表达式详情可以参考 ch27_5_1.sln，省略号的语句如下：

```
MySquare square = x => x * x;
```

这就是说 Lambda 表达式就是委托指定引用的匿名方法的原因，当然另外要留意的是，第 2 行 Lambda 的参数与回传值需要和第 5 行声明委托 MySquare( ) 相同。

27-5　将 Lambda 表达式转换成 delegate 委托类型

26-7 节和 26-8 节分别介绍了 C# 内置的泛型委托 Func 和 Action，所有的 Lambda 都可以转换成委托类型，由参数和回传值决定委托类型。如果有回传值的 Lambda 表达式，使用 Func 委托。如果没有回传值的 Lambda 表达式，使用 Action 委托。

27-5-1　将 Lambda 转成 Func 委托

下列是 0 ～ 2 个输入参数的 Lambda 转换成 Func 委托的说明和实例。

❑ 0 个输入参数，基本类型 Func<Tresult>

```
Func<string> myfun = ( ) => "Hello! C#";                // 回传字符串
```

上述 Func<string> 因为没有输入参数，所以角括号内的 string 代表是回传值类型。

❑ 1 个输入参数，基本类型 Func<T, Tresult>

```
Func<int, int> myfun = x => x * x;                      // 回传平方
```

在上述语句中因为 Func<int, int> 角括号的第 1 个 int 已经告知输入参数是整数，所以 Lambda 可以不必特别标记 x 变量是整数，另外角括号的第 2 个 int 是回传值数据类型。

❑ 两个输入参数，基本类型 Func<T1, T2, Tresult>

```
Func<int, int, bool> myfun = (x, y) => x == y;          // 比较是否相同
```

上述 Func<int, int, bool> 角括号内的前两个 int 代表输入数据是整数，回传值数据类型是布尔值。

方案 ch27_6.sln：0 ～ 2 个输入参数的测试。

```
1   // ch27_6
2   // 0 个输入参数
3   Func<string> rtnString = () => "Hello! C#";     // 回传字符串
4   Console.WriteLine(rtnString());
5
6   // 1 个输入参数
7   Func<int, int> cube = x => x * x * x;            // 回传立方
8   Console.WriteLine(cube(5));
9
10  // 两个输入参数
11  Func<int, int, bool> equal = (x, y) => x == y;   // 回传比较结果
12  Console.WriteLine(equal(5, 7));
```

执行结果

```
Microsoft Visual Studio 调试控制台
Hello! C#
125
False

C:\C#\ch27\ch27_6\ch27_6\bin\Debug\net6.0\ch27_6.exe
按任意键关闭此窗口. . .
```

其实 Lambda 表达式和 Func 委托组合，可以让整个程序设计简洁许多，例如，上述程序的第 11 行，如果使用一般语法设计则需要 4 行，如下：

```
bool Equal(int x, int y)
{
    return x == y;
}
```

但是现在使用 1 行就完成了过去要 4 行的程序代码。

注 从 C# 9.0 开始可以使用下画线 (_) 舍弃没有使用的输入参数，舍弃参数对于事件处理程序会有帮助。

```
Func<int, int, int> constant = (_, _) => 50;        // 回传常数值 50
```

27-5-2 将 Lambda 转成 Action 委托

下列是 0 ～ 1 个输入参数的 Lambda 转换成 Action 委托的说明和实例。

注 Action 委托是 void 的回传类型。

❏ 0 个输入参数，基本类型 Action

```
Action myfun = ( ) => Console.WriteLine("Hello! C#"); // 输出字符串
```

❏ 1 个输入参数，基本类型 Action<T>

```
Action<int> myfun = x => Console.WriteLine(x * x);  // 输出平方
```

方案 ch27_7.sln：Lambda 转成 Action 委托的实例。

```
1  // ch27_7
2  // 0 个输入参数
3  Action noinput = () => Console.WriteLine("Action Lambda没有输入参数");
4  noinput();
5
6  // 1 个输入参数
7  Action<string> greet = name =>
8  {
9      string greeting = $"顶尖科大 {name}!";
10     Console.WriteLine(greeting);
11 };
12 greet("明志工专");
```

执行结果

```
■■ Microsoft Visual Studio 调试控制台
Action Lambda没有输入参数
顶尖科大 明志工专!
C:\C#\ch27_7\ch27_7\bin\Debug\net6.0\ch27_7.exe
按任意键关闭此窗口...
```

27-6 外在变量对 Lambda 表达式的影响

Lambda 表达式可以引用局部变量的内容，这些被引用的变量称为外部变量 (outer variable)，Lambdaxh 引用到外部变量时称为捕获变量 (captured variable)。当 Lambda 表达式捕获到变量时，Lambda 表达式被称为闭包 (closure)，必须特别留意的是，外部变量并不是在捕获时计算值，而是在实际调用时才会计算值。

方案 ch27_8.sln：测试 delta 变量对 Lambda 表达式的影响。

```
1  // ch27_8
2  int delta = 10;
3  Func<int, int> mul = (int x) => x * delta;
4  delta = 5;
5  var result = mul(5);
6  Console.WriteLine(result);
```

执行结果

```
■■ Microsoft Visual Studio 调试控制台
25
C:\C#\ch27_8\ch27_8\bin\Debug\net6.0\ch27_8.exe
按任意键关闭此窗口...
```

上述第 3 行声明 Lambda 表达式时 delta 值是 10，但是第 4 行 delta 值改为 5，第 5 行实际调用

mul(5) 时，因为 delta 是 5，所以代入公式 "x * delta"，可以得到公式 "5 * 5"，最后结果是 25。

方案 ch27_9.sln：Lambda 表达式也可以时时更新捕获变量的值，读者可以参考本实例的输出。

```
1  // ch27_9
2  int outerVariable = 1;
3  Func<int> lambda = () => outerVariable++;
4  Console.WriteLine(lambda());
5  Console.WriteLine(lambda());
6  Console.WriteLine(lambda());
7  Console.WriteLine(outerVariable);
```

执行结果

```
Microsoft Visual Studio 调试控制台
1
2
3
4

C:\C#\ch27\ch27_9\ch27_9\bin\Debug\net6.0\ch27_9.exe
按任意键关闭此窗口. . .
```

注 上述程序中在执行 lambda 后 outerVariable 才加 1。

27-7 专题

27-7-1 创建产生随机数的 Lambda 表达式

方案 ch27_10.sln：产生 1 ~ 6(含) 的随机数。

```
1  // ch27_10
2  Func<int> getRandom = () => new Random().Next(1, 7);
3  int rnd = getRandom();
4  Console.WriteLine(rnd);
```

执行结果

```
Microsoft Visual Studio 调试控制台
1

C:\C#\ch27\ch27_10\ch27_10\bin\Debug\net6.0\ch27_10.exe
按任意键关闭此窗口. . .
```

27-7-2 创建计算圆面积的 Lambda 表达式

方案 ch27_11.sln：设计计算圆面积的 Lambda 表达式。

```
1  Func<int, double> area = r => Math.PI * r * r;
2  double circleArea = area(10);
3  Console.WriteLine(circleArea);
```

执行结果

```
Microsoft Visual Studio 调试控制台
314.1592653589793

C:\C#\ch27\ch27_11\ch27_11\bin\Debug\net6.0\ch27_11.exe
按任意键关闭此窗口. . .
```

上述程序第 1 行的 Func<int, double> 中，int 是输入参数数据类型，double 是输出面积数据类型。

27-7-3 基础数学运算的 Lambda 表达式

方案 ch27_12.sln：设计加法与减法的 Lambda 表达式。

```
1  // ch27_12
2  Func<int, int, int> add = (a, b) => a + b;
3  Func<int, int, int> sub = (a, b) => a - b;
4  Console.WriteLine($"add(5, 3) = {add(5, 3)}");
5  Console.WriteLine($"sub(5, 3) = {sub(5, 3)}");
```

执行结果

```
Microsoft Visual Studio 调试控制台
add(5, 3) = 8
sub(5, 3) = 2

C:\C#\ch27\ch27_12\ch27_12\bin\Debug\net6.0\ch27_12.exe
按任意键关闭此窗口. . .
```

27-7-4 创建账号长度测试

方案 ch27_13.sln：创建账号测试，如果账号长度超过 8 个字符就输出创建账号失败，否则输出创建账号成功。

```
1  // ch27_13
2  Func<int, string, bool> isTooLong = (int len, string s) => s.Length > len;
3  Console.Write("请创建账号 : ");
4  string account = Console.ReadLine();
5  if (isTooLong(8, account))
6      Console.WriteLine("账号长度超过规定，创建账号失败");
7  else
8      Console.WriteLine(" 创建账号成功");
```

执行结果

27-7-5 Lambda 应用在筛选数据中

方案 ch27_14.sln：从数组内筛选含 "C#" 数据。

```
1  // ch27_14
2  string[] books = new string[]
3  {
4      "C#最强入门", "C#最强实战", "Python最强入门"
5  };
6  string[] lists = Array.FindAll(books, s => (s.IndexOf("
7  foreach (string book in lists)
8      Console.WriteLine(book);
```

执行结果

```
Microsoft Visual Studio 调试控制台
C#最强入门
C#最强实战

C:\C#\ch27\ch27_14\bin\Debug\net6.0\ch27_14.exe
按任意键关闭此窗口. . .
```

习题实操题

方案 ex27_1.sln：创建 Lambda 的 Func 委托，可以回传 1 ～ 99 的随机数，请产生 5 组输出。注：有关随机函数类 Random 请参考 8-7 节。(27-5 节)

```
Microsoft Visual Studio 调试控制台
28    4    91    93    5
C:\C#\ex\ex27_1\ex27_1\bin\Debug\net6.0\ex27_1.exe
按任意键关闭此窗口. . .
```

方案 ex27_2.sln：创建 Lambda 的 Func 委托，可以计算矩形的面积，请输入矩形的长和宽，然后输出面积。(27-5 节)

```
Microsoft Visual Studio 调试控制台
请输入矩形宽 : 10
请输入矩形高 : 20
矩形宽:10，矩形高:20，矩形面积 = 200

C:\C#\ex\ex27_2\ex27_2\bin\Debug\net6.0\ex27_2.exe
按任意键关闭此窗口. . .
```

方案 ex27_3.sln：创建两个 Lambda 的 Func 委托，可以分别计算圆柱底盘面积和圆柱体积，请输入圆柱的半径和高度进行测试。(27-5 节)

```
Microsoft Visual Studio 调试控制台
请输入圆柱半径 : 10
请输入圆柱高度 : 2
圆柱底盘圆面积 = 314.1592653589793
圆柱体积      = 628.3185307179587

C:\C#\ex\ex27_3\ex27_3\bin\Debug\net6.0\ex27_3.exe
按任意键关闭此窗口. . .
```

方案 ex27_4.sln：创建 Lambda 的 Action 委托，请输入姓名，程序会输出欢迎信息。(27-5 节)

```
请输入姓名 ：洪锦魁
早安 ：洪锦魁!
欢迎进入深智数字网页

C:\C#\ex\ex27_4\bin\Debug\net6.0\ex27_4.exe
按任意键关闭此窗口. . .
```

方案 ex27_5.sln：扩充 ch27_12.sln，增加乘法 (mul)、除法 (div) 和余数 (mod) 运算，其中除法运算必须可以处理 double 数据类型。(27-7 节)

```
add(5, 3) = 8
sub(5, 3) = 2
mul(5, 3) = 15
div(5, 3) = 1.6666666666666667
mod(5, 3) = 2

C:\C#\ex\ex27_5\ex27_5\bin\Debug\net6.0\ex27_5.exe
按任意键关闭此窗口. . .
```

方案 ex27_6.sln：扩充 ch27_13.sln，除了有 ch27_13.sln 功能外，还需增加如果账号小于 4 个字符，则会输出"账号长度太短，创建账号失败"信息的功能。(27-7 节)

```
请建立账号 ：jin
账号长度太短，创建账号失败

C:\C#\ex\ex27_6\ex27_6\bin\Debug\net6.0\ex27_6.exe
按任意键关闭此窗口. . .
```

第 28 章
事件

用户操作计算机时，移动鼠标、点击鼠标、按特定键、单击窗口特定按钮、收到提示信息等，都算是一个事件，本章先讲解 C# 处理事件的基本原理，奠定未来读者学习设计进阶应用程序的基础。

28-1 认识事件

简单来说，事件就是一件事情发生，然后有一个响应通知 (notify) 外界此事情发生了。

我们设计程序时会将不同的状况设计成一个事件，然后会针对此事件设计处理程序 (Handler)，同时将事件与处理程序绑在一起，这样事件发生时，会触发我们设计的处理程序去处理这个事件。

上图是一个简单的概念，在真实的程序设计环境中，引发事件的称为发布者 (publisher)，收到事件通知的称订阅者 (subscriber)，一个事件可能有多个订阅者，有兴趣处理事件的订阅者，需要注册事件，然后定义当事件发生时要处理的程序，也就是设计处理程序 (Handler) 可以响应事件。

Event Handler 和 delegate 有相同的方法签名

C# 将事件封装在委托 (delegate) 中，此委托定义方法签名，也就是方法的参数类型和回传数据类型，所以设计事件处理程序时，需遵照方法签名的要求。

28-2 第一个 C# 事件与处理程序

28-2-1 声明一个事件

声明一个事件可以分成两个步骤：

1：声明一个委托 delegate。

2：使用关键词 event 和步骤 1 的委托，声明事件名称。

下列是一个实例：

```
public delegate void Notify( );          // 声明委托
public class Publisher                    // 发布者 Publisher 类
{
    public event Notify EventA;           // 声明事件名称
    ...
}
```

28-2-2 设计事件触发位置

事件触发位置通常是在 Publisher 类内设定的方法。在笔者的第 1 个实例中采用下列方式设计。

```
public class Publisher                      // 发布者 Publisher 类
{
    public event Notify EventA;             // 声明事件名称
    ...
    Public void EventAHappened( )
    {
        // 若是没有注册事件，可以避免触发 null 错误，所以下列有 ？
        EventA?.Invoke( );                  // 事件名称 ?.Invoke 可触发事件管理程序
    }
}
```

28-2-3　注册事件

在过去的 C# 语法中，Main( ) 方法是 C# 程序入口点，这是在一个类内，这个类就是订阅者 Subscriber 类。顶级语句的设计则省略了订阅者 Subscriber 类，所以顶级语句就扮演订阅者的角色。这个部分设计的重点如下：

```
Stativ void EventAHandler( )               // EventA 事件管理程序
{
...
}
...
Publisher obj = new Publisher( );          // 实体化 Publisher 对象
Obj.EventA += EventAHandler;               // 注册事件管理程序
```

28-2-4　第 1 个事件实例

为了简单，本章的第 1 个方案会先假设委托没有传递任何参数。

方案 ch28_1.sln：我的第 1 个事件程序，从这个程序读者可以认识声明事件、注册事件管理程序、触发事件过程，以及执行事件管理程序。

执行结果

上述程序基本上分成 3 块，上半部是订阅者，中间是发布者在声明委托 delegate，最下方是发布者。这个程序的执行过程如下：

C# 内置的事件处理程序委托

C# 内置了适合大多数事件的 EventHandler 和 EventHandler<TEventArgs> 委托，通常任何事件均需要传递两个参数，分别是事件来源和事件数据，EventHandler 可以对不包含事件数据的所有事件执行委托。如果需要传递数据给事件处理程序，则使用 EventHandler<TEventArgs> 执行委托。

方案 ch28_2.sln：使用 C# 内置的 EventHandler 委托，替换委托 delegate，重新设计 ch28_1.sln，这个实例仍是没有传递任何数据 (EventArgs.Empty)。

```
1  // ch28_2
2  // 最上层语句扮演 Subscriber
3  static void EventAHandler(object sender, EventArgs e) // EventA 事件处理程序
4  {
5      Console.WriteLine("EventA 事件处理完成");
6  }
7
8  Publisher obj = new Publisher();          // 实体化 Publisher 对象 obj
9  obj.EventA += EventAHandler;              // 注册事件处理程序
10 obj.StartEventA();                        // 开始 EventA
11 // --------- 以上是 Subscriber ---------
12
13 // --------- 以下是 Publisher ---------
14 public class Publisher                     // 扮演 Publisher
15 {
16     public event EventHandler EventA;      // 宣告事件 EventA
17     public void StartEventA()
18     {
19         Console.WriteLine("EventA 事件触发");
20         // 执行工作
21         EventAHappened(EventArgs.Empty);   // EventA 发生了，没有数据
22     }
23     protected virtual void EventAHappened(EventArgs e)
24     {
25         EventA?.Invoke(this, e);           // 触发EventA 事件处理程序
26     }
27 }
```

执行结果：与 ch28_1.sln 相同。

上述程序使用了 C# 内置的 EventHandler 替换了自行声明委托 delegate，让程序变得更单纯，因为上述程序假设没有传递任何事件数据，所以执行第 21 行调用 EventAHappened( ) 方法时参数是 EventArgs.Empty，当执行第 23 行时参数 EventArgs e 的 e 是空的，第 25 行触发 EventA 事件处理程序时，参数 this 是扮演传递者 (sender) 的角色。然后执行第 3 行 EventAHandler( )，第 1 个参数就是 this，第 2 个参数是空值 e，最后程序输出 "EventA 事件处理完成"。

传递事件数据

大多数的事件会向订阅者传送数据，EventArgs 是所有事件数据的基类 (Base class)，.NET 也包含许多内置事件的类，此外，你也可以通过对 EventArgs 类进行派生来自行定义数据类。

方案 ch28_3.sln：重新设计 ch28_2.sln，传递 true 信息给事件处理程序，然后事件处理程序输出成功字样。

```
1  // ch28_3
2  // 最上层语句扮演 Subscriber
3  static void EventAHandler(object sender, bool IsSuccess)  // EventA 事件处理程序
4  {
5      Console.WriteLine("EventA 事件处理 " + (IsSuccess ? "成功" : "失败"));
6  }
7
8  Publisher obj = new Publisher();                  // 实体化 Publisher 对象 obj
9  obj.EventA += EventAHandler;                      // 注册事件处理程序
10 obj.StartEventA();                                // 开始 EventA
11 // --------- 以上是 Subscriber ---------
12
13 // --------- 以下是 Publisher ---------
14 public class Publisher                            // 扮演 Publisher
15 {
16     public event EventHandler<bool> EventA;       // 声明事件 EventA
17     public void StartEventA()
18     {
19         Console.WriteLine("EventA 事件触发");
20         // 执行工作
21         EventAHappened(true);                     // EventA 发生了，传送 true
22     }
23     protected virtual void EventAHappened(bool IsSuccess)
24     {
25         EventA?.Invoke(this, IsSuccess);          // 触发 EventA 事件处理程序
26     }
27 }
```

执行结果

```
Microsoft Visual Studio 调试控制台
EventA 事件触发
EventA 事件处理 成功

C:\C#\ch28\ch28_3\ch28_3\bin\Debug\net6.0\ch28_3.exe
按任意键关闭此窗口. . .
```

上述程序第 21 行笔者传送 true 给 EventAHappened( )，通过触发 EventA 事件处理程序，第 3 行的参数 IsSuccess 是 true，所以最后可以得到"成功"字样。

28-5 传送自定义时间数据

这一节笔者要传送多个数据给事件处理程序，这时就需要定义类，同时这个类需要继承 EventArgs 基类，如下所示：

```
class DataEventArgs : EventArgs
{
    public bool IsSuccess { get; set; }
    public DateTime HappenTime { get; set; }
}
```

下列实例主要讲解如何传递上述类数据。

方案 ch28_4.sln：传递 true 与 DateTime.Now 时间数据，时间是指当下 EventA 的完成时间数据。

```
1  // ch28_4
2  // 最上层语句扮演 Subscriber
3  static void EventAHandler(object sender, DataEventArgs e)  // EventA 事件处理程序
4  {
5      Console.WriteLine("EventA 事件处理 " + (e.IsSuccess ? "成功" : "失败"));
6      Console.WriteLine("EventA 完成时间 " + (e.HappenTime.ToLongDateString()));
7  }
8
9  Publisher obj = new Publisher();                  // 实体化 Publisher 对象 obj
10 obj.EventA += EventAHandler;                      // 注册事件处理程序
11 obj.StartEventA();                                // 开始 EventA
12 // --------- 以上是 Subscriber ---------
13
14 public class DataEventArgs : EventArgs            // 定义要传送的数据
15 {
16     public bool IsSuccess { get; set; }          // true 或是 false
17     public DateTime HappenTime { get; set; }     // 时间数据
18 }
19
20 // --------- 以下是 Publisher ---------
21 public class Publisher                            // 扮演 Publisher
22 {
23     public event EventHandler<DataEventArgs> EventA;  // 声明事件 EventA
24     public void StartEventA()
25     {
26         var msg = new DataEventArgs();
27         Console.WriteLine("EventA 事件触发");     // 传送 true
28         msg.IsSuccess = true;                     // 传送现在时间
29         msg.HappenTime = DateTime.Now;
30         EventAHappened(msg);                      // EventA 发生了，传送 msg
31     }
32     protected virtual void EventAHappened(DataEventArgs e)
33     {
34         EventA?.Invoke(this, e);                  // 触发 EventA 事件处理程序
35     }
36 }
```

执行结果

```
Microsoft Visual Studio 调试控制台
EventA 事件触发
EventA 事件处理 成功
EventA 完成时间 2023年8月11日

C:\C#\ch28\ch28_4\ch28_4\bin\Debug\net6.0\ch28_4.exe
按任意键关闭此窗口. . .
```

上述是传送类数据的实例，读者可以从程序的箭头了解数据传送方式。

28-6　专题

方案 ch28_5.sln：重新设计 ch28_3.sln，设定临界值是 50，当监测值大于 50 时，会触发超出临界值事件。

程序第 7 行实体化对象时会同时设定临界值为 50，第 9 ～ 第 12 行的循环会传送数值给 StartEventA( ) 方法，然后由此方法做监测 MonitorValue 数值的变化。

习题实操题

方案 ex28_1.sln：重新设计 ch28_5.sln，将程序调整为监测值最初是 25，当监测值大于临界值时触发事件处理程序，此时会将监测值减去 20，同时输出调整结果。(28-5 节)

方案 ex28_2.sln：扩充设计 ex28_1.sln，详情可以参考 ch28_4.sln，传递数据给临界值事件处理程序时，需增加事件处理时间。

第 29 章
基础 Windows 窗口设计

前面 28 章内容讲解了 C# 的基础知识，本章将讲解使用 C# 设计 Windows 窗口应用程序最基础的窗体 (Form) 设计，同时解说如何使用工具箱在窗体内设计控件。Visual Studio 是一个整合式的开发环境，要开发 Windows 窗口应用程序可以使用 Windows Forms 应用程序，笔者将一步一步地进行解说。Visual Studio 提供两种窗体设计，一种是 .NET 6.0(或 5.0) 起的设计，另一种是 .NET Framework 4.8，这两者的项目模板如下：

1：.NET 7.0(或 5.0 或 6.0) - Windows Forms 应用程序。

2：.NET Framework 4.8 – Windows Forms App(.NET Framework)

两者概念相同，接口类似，本书则以 .NET 6.0 为主要撰写依据。

注 1　英文 Form 可以翻译为窗体，也可以译为窗口。

注 2　先前所述的控制台应用程序是以文字码为主的程序设计，窗口设计则是以窗体为主的程序代码设计。

29-1　创建新的项目

要创建 Windows 窗口应用程序一样是从创建新的项目开始，在 Visual Studio 窗口环境可以执行 "文件" | "新建" | "项目"。

注　也可以参考 1-9-2 节。

或是进入 Visual Studio 时可以看到下列窗口。

请直接单击 "创建新项目"，在项目模板请选择 Windows Forms 应用程序，即在窗口右半部分别选择 C#、Windows 和桌面，如下所示。

请单击右下方的"下一步"按钮。

请将项目名称设为 ch29_1.sln，如上所示，然后请单击右下方的"下一步"按钮，这样将看到下列信息。

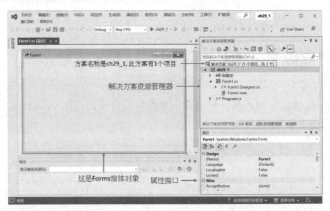

请单击右下方的"创建"按钮，可以进入下列 Visual Studio 窗口。

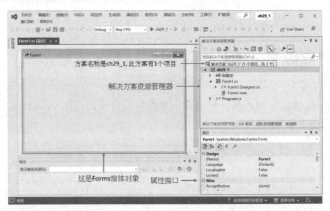

29-2 认识 Visual Studio 窗口环境

29-2-1 认识 Visual Studio 窗口

29-1 节在创建项目时，方案名称和项目名称都是 ch29_1，所以可以在解决方案资源管理器窗口看到方案名称是 ch29_1 和项目名称也是 ch29_1。

上述 Visual Studio 窗口几个重要区块如下：

1：主要窗口区域：目前显示 Form1 窗体对象，我们将窗口方块称为窗体对象。注：在控制台应用程序环境，这是程序设计区。

2：解决方案资源管理器窗口：显示方案名称 ch29_1，一个方案可以有多个项目，目前这个方案只有一个项目，项目名称是 ch29_1。在项目名称下方可以看到下列文件：

Form1.cs：这是 Windows Forms 的 C# 文件。

C# Form1.Designer.cs：表单控件属性设定会存放在此文件。

Form1.resx：资源文件存放的位置，有外部图像或文件时，可在此看到。

C# Program.cs：这是方案的入口点程序。

上述文件都是系统自动产生的，将来笔者会介绍这些文件的功能。

3：属性窗口：显示且可以编辑目前所选对象的属性。

上述解说是基本环境认识，未来还会进一步解说。

29-2-2　切换程序设计区内容

程序设计区基本上是显示项目窗口所选的内容，默认是显示项目 ch29_1 的内容，因为默认是创建 Windows Forms 应用程序，目前显示的是 Form1 窗体属性。如果在解决方案资源管理器窗口单击不同选项，可以显示不同的内容，例如，单击"Form1.Designer.cs"可以看到下列 C# 程序内容。

如果单击 ch29_1 项目内的"Program.cs"可以看到下列 C# 程序内容。

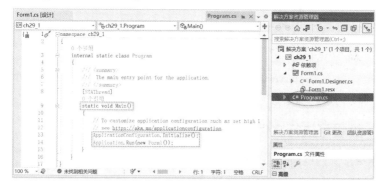

从上述项目可以看到许多文件，但是在上述 Program.cs 程序中可以看到 static void Main( )，这就是项目 ch29_1 的入口点。

29-2-3　执行方案 ch29_1

类似执行控制台应用程序的方式，读者执行"调试"|"开始执行 (不调试)"就可以执行方案 ch29_1，得到如下所示本书的第一个应用程序结果。

注　建议使用"调试"|"开始执行 (不调试)"指令执行程序，可以节省调试的时间。

29-3 查看 ch29_1 文件夹

29-3-1 查看方案文件夹

在方案 ch29_1 内可以看到下列文件夹内容。

未来可以双击 ch29_1.sln 打开此方案。

29-3-2 查看项目文件夹

双击 29-3-1 节中的 ch29_1 项目文件夹可以看到下列文件夹内容。

框起来的是 C# 文件

上图中框起来的是 C# 文件。

29-3-3 查看可执行文件的文件夹

查看本地磁盘（C：）C#/ch29/ch29_1/ch29_1/bin/Debug/net6.0-windows 文件夹，可以看到下列文件夹内容。

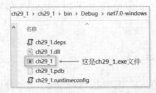

上述文件夹内的 ch29_1 文件，全名是 ch29_1.exe，双击此文件就可以执行方案 ch29_1。

注　未来如果加载图像，想要省去完整路径，改为直接写文件名称，需将图像文件放在与可执行文件相同的文件夹。

29-4 认识主要窗口区域

进入 Windows Forms 应用程序环境后，可以看到 Forms 窗体，Forms 窗体有下列两种模式：

1：窗体设计模式，默认显示 Form1.cs[设计]，这也是我们看到的内容。

2：窗体程序代码设计模式，默认显示 Form1.cs。

当然在主要窗口区域也可以显示方案的其他文件内容，下面将分成 3 个小节说明。

29-4-1 从窗体设计模式到窗体程序代码模式

窗体设计模式到窗体程序代码模式，其步骤如下：

1：将鼠标光标放在 Form1 窗体内。

2：鼠标右击，执行"查看代码"。

3：可以得到在主窗口区域看到 Form1.cs 程序代码内容，这也是设计窗体时的 C# 程序代码。

这时可以在主窗口区域看到多了 Form1.cs 标签，这也是 Form1 的程序代码内容。

29-4-2 从窗体程序代码设计模式切换回窗体设计模式

目前主要窗口显示窗体程序代码模式，如果想要切换回显示窗体设计模式，可以执行下列任意一种方法。

方法 1：单击主要窗口的 Form1.cs[设计] 标签。

方法 2：双击解决方案资源管理器的 Form1.cs。

方法 3：执行"视图"|"设计器"。

29-4-3 主要窗口显示更多程序内容

一个方案由多个项目所组成，每个项目又有多个程序文件，单击解决方案资源管理器窗口的其他项目程序，可以显示所选的程序，读者可以参考 29-2-2 节。

29-4-4　关闭主要窗口的标签内容

主要窗口会显示项目的内容，在显示的标签右边可以看到☒图标，点此图标可以关闭该标签内容。例如，目前显示 Form1.cs，点选此图示右边的☒图示，可以关闭 Form1.cs 内容。

执行后可以看到 Form1.cs 关闭了。

29-5　工具箱

Visual Studio 默认不显示工具箱，本节将讲解工具箱相关知识。

29-5-1　显示工具箱

执行"视图"|"工具箱"可以显示工具箱，工具箱如下所示。

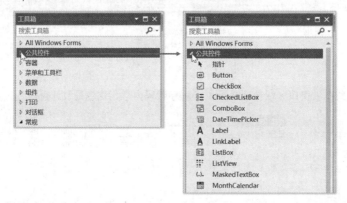

工具箱内将显示所有控件的内容，所谓的控件就是设计 Windows Form 时的窗口组件，这也是 Windows 窗口设计的重点。工具箱内最常用的公共控件将是本书的重点，原则上工具箱是浮动窗口，可以用鼠标拖曳到适当的位置。

29-5-2　固定工具箱位置

当拖曳工具箱时，可以看到以下界面。

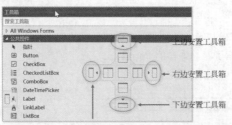

下面是将工具箱拖曳至 图示的结果，这相当于将工具箱放在左边位置，以下是结果界面。

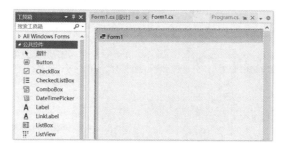

上述工具箱固定放置，优点是可以方便地使用工具箱的控件。

29-5-3　浮动工具箱

当工具箱是固定的时，拖曳工具箱标题区，可以将工具箱改为浮动显示。

读者拖曳上述工具箱标题即可体会。

29-6　新增或删除窗体

一个项目可能有许多窗体，本节将讲解新增与删除窗体的知识。

29-6-1　新增窗体

执行"项目"|"添加窗体 (windows 窗体)"。

可以看到"添加新项"窗口。

左下方可以更改名称，此例使用默认，请选择"窗体 (Windows Forms)"，然后单击右下方的"添加"按钮，就可以新增窗体了。

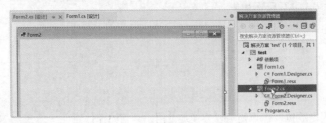

29-6-2　删除窗体

如果想要删除窗体 Form2.cs[设计]，可以将鼠标光标移到解决方案资源管理器窗口的 Form2.cs，右击，然后执行"删除"指令。

将出现询问是否永久删除 Form2.cs 的对话框，请单击"确定"按钮，就可以删除 Form2. cs[设计] 窗体。

29-7　窗体属性

属性窗口可以设定窗体或控制项目的属性。

上述属性窗口可以看到下列两大类数据：

1：属性，是指所选择窗体或控件的属性，此例是窗体。

2：事件，是指所选择窗体或控件的事件 (event)，此例是窗体事件。

当选择显示属性或事件后，可以选择如何显示项目，有分类显示方法，这是默认的显示方法。也可以选择依照英文字母顺序显示。

　　窗体或是控件的属性可以使用属性窗口或是程序代码设定，当使用程序代码设定时，基本语法如下：

```
ControlName.Property = xx;
```

　　本章讲解的窗体，读者可以想成基类，设定窗体的属性时，同一类存取属性，语法如下：

```
this.Property = xx;
```

　　也可以省略 this，本书程序设计大都采用省略 this 关键词的词句来设定属性，不过读者看许多别人设计的程序时，要知道 this 是省略的。省略了 this 的语句如下：

```
Property = xx;
```

　　程序细节可以参考方案 ch29_5.sln，或是复习 17-1-2 节。

29-7-1　窗体设计属性

❑ Name
表单控件名称，默认是 Form1。
❑ Language
Windows 操作系统的地区及语言设定。
❑ Locked
是否可以移动或调整控件大小，默认是 False，表示不锁定。

29-7-2　窗体杂项 Misc

❑ AcceptButton
取得或设定用户按下 Enter 时，所按下窗体的按钮，默认是 none。
❑ CancelButton
取得或设定用户按下 Esc 时，所按下窗体的按钮，默认是 none。
❑ KeyPreview
指出窗体是否在传送至焦点所在的控件前接收按键事件，默认是 False。

29-7-3　窗体外观属性

　　本节起将讲解常用窗体 (Form) 的属性设定，以下笔者开始讨论属性的更改，为了方便精准学习，每次进入下一个属性主题时，会改回默认的设定。

❑ BackColor
窗体背景色彩，默认是 Control。

　　上述默认是系统标签，可以从系列色彩中选择一种色彩，以下是实例，下图是选择 ControlLight 的窗体界面。

如果单击"自定义"标签，可以从调色盘中选择一种色彩。

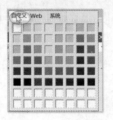

如果使用程序代码，则可以用 FromArgb( ) 方法设定颜色，语法和实例如下所示：

```
BackColor = Color.FromArgb(int red, int green, int blue);
BackColor = Color.FromArgb(int alpha, int red, int green, int blue);// alpha 是透明度
BackColor = Color.FromArgb(0, 255, 0);          // 前景是绿色
```

上述不论是 alpha、red、green 还是 blue 值都在 0 ～ 255 间，alpha 代表透明度，其值为 0 是透明，其值为 255 是不透明。有关 FromArgb( ) 方法 red、green、blue 的数值色彩组成可以参考附录 E。此外，上述 Color 其实是列举 (enum) 结构，完整 C# 概念如下：

```
BackColor = Color.成员;
```

成员除了是上述 FromArgb( ) 方法所组的色彩，还可以是色彩的英文单词，读者可以参考附录 E。例如，读者也可以使用下列方式设定背景是黄色。

```
BackColor = Color.Yellow;
```

❑ BackgroundImage

窗体背景图案，默认是 None。

除了可以在属性窗口选择图像，也可以用程序代码设定。下列是在 Form1.cs 程序设定图像的实例。

```
BackgroundImage = Image.FromFile("C:\\C#\\ch29\\ch29_2\\southpole.jpg");
```

注 省略路径也可以，不过需将图像文件放在 ch29_2.exe 相同目录。

❑ Cursor

窗体执行时的鼠标光标，默认是 ，这是 Default 选项，可以参考下图。

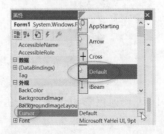

下列是设定光标是 IBeam 的实例。

```
Cursor = Cursors.IBeam;
```

❑ Font

窗口内字体和大小，默认是 Microsoft JhengHei UI(微软正黑体)，大小是 9 点，如果更改此设定，会直接影响未来在此窗体创建控件的字体，笔者建议不更改此设定，未来针对所创建的控件更改即可，下列是设定字体的语法与实例：

```
Font = new Font(FontFamily, Single, FontStyle);          // 语法
Font = new Font("Arial", 12, FontStyle.Bold);
```

有关 FontFamily 读者可以参考 C:\Windows\Fonts 文件夹，字号可以自行设定，字体样式可以使用 FontStyle.Bold(粗体)、FontStyle.Italic(斜体)、FontStyle.Regular(正常字体)、FontStyle.Strikeout(删除线)、Fontstyle.Underline(下画线)。

❑ ForeColor

窗体前景色彩，默认是 ControlText，也就是黑色。

如果使用程序代码，则可以用 FromArgb( ) 方法设定颜色，语法和实例如下所示：

```
ForeColor = Color.FromArgb(int red, int green, int blue);
ForeColor = Color.FromArgb(int alpha, int red, int green, int blue);// alpha 是透明度
ForeColor = Color.FromArgb(0, 255, 0);                          // 前景是绿色
```

❑ FormBorderStyle

窗体的框线样式，默认是 Sizeable 表示可以重设大小，如果选 None，窗体会变得没有边框和标题。

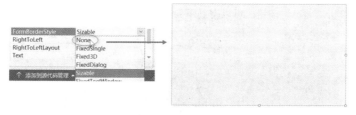

选项与程序代码意义如下所示。

属 性	值	意 义
FormBorderStyle.None	0	没有边框
FormBorderStyle.FixedSingle	1	固定单行边框
FormBorderStyle.Fixed3D	2	固定三维边框
FormBorderStyle.FixedDialog	3	固定对话框式的粗边框

属　　性	值	意　　义
FormBorderStyle.Sizeable	4	这是默认，可调整大小的边框
FormBorderStyle.FixedToolWindow	5	不可调整大小的工具窗口
FormBorderStyle.SizeableToolWindow	6	可调整大小的工具窗口

❑ Text

窗体标题，默认是 Form1，下图是改为洪锦魁的结果。

下列是使用程序代码设定与实例：

```
Text = " 洪锦魁 ";
```

❑ UseWaitCursor

是否将 ○ 等待光标用于目前窗体和所有子控件，默认是 False。

方案 ch29_2.sln：请使用属性窗口，设计背景图案为 southpole.jpg、Cursor 为 IBeam、窗口标题为洪锦魁。请参考 29-1 节使用默认环境创建方案 ch29_2.sln，然后分成下列 3 个项目，7 个步骤处理此方案。

1：请单击"BackgroundImage"按钮，然后单击右边的 ⁝ 图标。

2：出现"选择资源"对话框，请单击"导入"按钮。

3：出现"打开"对话框，请选择 C#/ch29_2/southpole.jpg，然后单击"打开"按钮。

4：上述请单击"确定"按钮，可以得到下列引用图像的结果。

5：请单击"Cursor"按钮，然后单击右边的 ⌄ 图标，然后选择 IBeam。

6：请双击 Text 右边的"Form1"按钮，然后将"Form1"改为"洪锦魁"。

7：单击 Visual Studio 工具栏的 "全部保存" 按钮。

执行结果：执行调试 / 开始执行 (不调试)，可以得到下列结果。

29-7-4　窗体行为

❑ AllowDrop

指出窗体可否接受用户拖曳放上数据，默认是 False。

❑ Enabled

窗体可否和用户互动，默认是 True。

❑ ImeMode

指出窗体被选取时，输入法状态设定，默认是 NoControl，表示不设定。

29-7-5　窗体布局

❑ AutoScroll

窗体是否自动显示滚动条，默认是 False。

❑ Location

屏幕左上角是 (0, 0)，往右是 x 轴 (水平) 递增，往下是 y 轴 (垂直) 递增，可以单击 Location 左边的 田 图标，然后设定窗体 (x, y) 位置。

⊟ Location	0, 0
X	0
Y	0

下列是程序代码设定实例：

```
Location = new Point(100, 200);        // Point 是坐标数据
```

433

❏ MaximumSize

窗体大小 (Width 和 Height) 的上限。

❏ MinimumSize

窗体大小 (Width 和 Height) 的下限。

❏ Size

默认窗体的宽和高，默认宽是 822，高是 506。

单击 Size 左边的⊞图标，可以看到 Width 和 Height 字段，在此也可以更改窗体的宽和高。

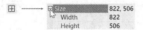

程序代码也可以设定，下列是实例：

```
Size = new Size(822, 506);        // Size 是 (int, int) 或是 Size(Point) 结构
```

❏ StartPosition

窗体在执行初开始时的位置，默认是 WindowsDefaultLocation，左上角窗口 (0, 0) 位置，也可以有下列选择：

Manual：选择手动。

CenterScreen：窗口中间。

CenterParent：父窗口中间。

WindowsDefaultBound：默认边界位置。

❏ WindowState

有 3 个列举选项，详情可以参考下表。

属　　性	值	意　　义
FormWindowState.Maximized	2	最大化窗口
FormWindowState.Minimized	1	最小化窗口
FormWindowState.Normal	0	默认窗口大小

方案 ch29_3.sln：设计窗体宽 Width 为 300，高 Height 为 100，执行时候在屏幕中间。请参考 29-1 节使用默认环境创建方案 ch29_3.sln，然后分成下列两个项目，4 个步骤处理此方案。

1：请单击属性窗口 Size 左边的⊞图标。

2：请在 Width 字段输入 300，在 Height 字段输入 100。

```
⊟ Size          300, 100
   Width        300
   Height       100
```

3：请单击属性窗口的"StartPosition"再单击其右边的 ⌄ 图标，然后选择 CenterScreen。

4：单击 Visual Studio 工具栏的 回 "全部保存"按钮。

执行结果：执行"调试"|"开始挂靠（不调试）"指令，可以在屏幕中央得到下列结果。

29-7-6　窗口样式属性

❑ ControlBox

窗体是否显示控制图标，默认是 True，下列是控制图示。

❑ MaximizeBox

是否显示 回 最大化按钮，默认是 True。

❑ MinimizeBox

是否显示 — 最小化按钮，默认是 True。

❑ HelpButton

是否显示 ？ 辅助说明按钮，默认是 False。注：要启动此功能必须 MaximizeBox 和 MinimizeBox 属性都是 False。

❑ Icon

图标，图标文件的扩展名是 ico。

可更改图示

❑ ShowInTaskbar

窗体是否在 Windows 任务栏中，默认是 True。

❑ TopMost

是否要将此窗体设成最上层窗体，默认是 False。

29-8　窗体事件

本节介绍打开窗体事件的程序方法，这个概念未来可以应用到其他控件上。

29-8-1　打开窗体事件的方法

Windows 系统是一个事件驱动的操作系统，窗体在 C# 语言是 Form 类，这个类或是未来要介绍的控制组件类内部存在大量的事件，程序设计师使用这些类和事件设计 Windows 窗口程序。类是在属性窗口内，请同时让 Visual Studio 显示窗体 Form1.cs[设计] 和此窗体的程序 Form1.cs。

注　没有打开 Form1.cs 也可以，笔者主要是让读者了解 Visual Studio 会瞬间在 Form1.cs 内插入 Form1_Load( ) 方法。

然后点选属性窗口的 ⚡ 图标，切换到窗体标签如下所示。

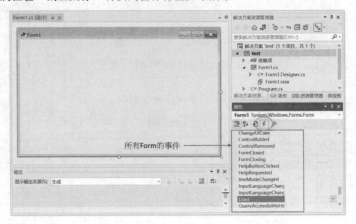

现在在属性窗口可以看到一系列的窗体事件，对任意一个事件双击，可以自动将这个事件的方法插入 Form1.cs 程序代码内，例如，笔者双击 Load 事件，可以在 Form1.cs 看到此事件的方法 Form1_Load( )，如下所示。

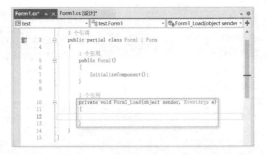

注　如果没有事先加载 Form1.cs，插入 Form1_Load( ) 方法后，Form1.cs 也会被载入。

从上图可以看到事件方法的结构如下：

```
private void Form1_ 事件名称 (object sender, EventArgs e)
{
    xxx;            // 事件处理程序内容
}
```

我们可以在上述 Form1_Load( ) 内插入适当的程序代码，这个程序代码就是事件处理程序的内容，然后就可以完成 Load 事件驱动工作，所以对程序设计师而言，要了解每个控件有哪些事件，然后针对每个事件设计适当的程序代码，这就是 Windows 窗口设计的核心。

在 Form1_Load( ) 方法内可以看到 object sender 和 EventArgs e 参数，object sender 主要判断是经由哪一个控件产生此事件的，更详细的实操解说在 30-2-6 节。EventArgs e 主要记录产生此事件的额外信息，其最常看到的应用是当我们使用鼠标按下按钮产生事件时，可以由 EventArgs e

参数获得是按下哪一个鼠标键，以及当时的鼠标坐标，更详细的实操解说在 30-13 节。或是有键盘按键发生时，侦测所按的键，可以参考 30-14 节。

29-8-2 常见的窗体事件

从 Visual Studio 窗口可以看到窗体事件有许多，下面将列举几个最常用的事件作说明。

❑ Load

启动窗体程序时，会自动产生此事件，一般来说可以用此事件分配系统资源，或是给使用者一些提示信息。

❑ Click

单击窗体可以产生此事件。

❑ FormClosing

关闭窗体时可以触发此事件。

本节对事件做了基础介绍，下一章当读者学会更多控件知识后，笔者会介绍更多事件，如鼠标事件、键盘事件等。

29-8-3 输出对话框

为了可以讲解实例，本节将快速讲解输出对话框的方法，语法如下：

```
MessageBox.Show(" 输出字符串 ");
```

方案 ch29_4.sln：方案启动时会输出"欢迎进入深智系统"。

```
1  namespace ch29_4
2  {
3      public partial class Form1 : Form
4      {
5          public Form1()
6          {
7              InitializeComponent();
8          }
9
10         private void Form1_Load(object sender, EventArgs e)
11         {
12             MessageBox.Show("欢迎进入深智系统");
13         }
14     }
15 }
```

执行结果：程序执行时会看到下列对话框。

29-9 解析 Windows Forms 窗口项目程序

29-8-3 节的项目 ch29_4，是由 3 个 C# 程序文件组成的，文件名称如下：

```
Form1.cs
Form1.Designer.cs              // Visual Studio 自动产生
Program.cs                     // Visual Studio 自动产生
```

本节将解析这 3 个文件内容。

29-9-1　解析 Form1.cs 和 Form1.Designer.cs

在上述 Form1.cs 的第 1 行看到 namespace ch29_4，表示这个程序在 ch29_4 命名空间内，同时第 3 行起看到下列程序代码：

```
public partial class Form1:Form
{
    InitializeComponent( );        // 最初化控件
    xxx;
}
```

上述 InitializeComponent( ) 是 Visual Studio 自行产生的，主要是初始化控件。

上述 partial class 的概念可以参考 16-9 节，是部分类。另一个部分类是在 Form1.Designer.cs 内，详情可以参考下列界面。

这个 Form1.Designer.cs 是由 Visual Studio 自动产生的，主要用来存放 Form 与未来更多控件的相关设定，在上图第 1 行可以看到 namespace ch29_4，其表示命名空间也是 ch29_4，这表示方案的 Form1.cs 和 Form1.Designer.cs 有相同的命名空间。在第 3 行看到 partial class Form1，其也是部分类，因此可以知道方案 ch29_4 的窗体 Form1 类是分散在两个文件内。

现在请看 Form1.Designer.cs 文件，可以在第 23 行看到下列程序代码。

```
Windows Form Deisgner generated code
```

鼠标光标移到此处，可以看到隐藏显示，即 Visual Studio 自动创建的程序代码，名称是 private void InitializeComponent( ) 方法。详情可以参考下列界面。

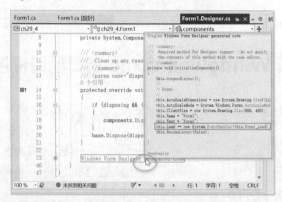

上述自动产生的程序代码是窗体属性设定和 Load 事件设定。

29-9-2　解析 Program.cs

过去我们在控制台应用程序中，使用 Program.cs 设计所有程序内容，而在 Windows Froms 应用程序中，如方案 ch29_4，虽然不用设计任何内容，但 Program.cs 仍然存在，其内容如下所示。

```
1  namespace ch29_4
2  {
3      internal static class Program
4      {
5          /// <summary>
6          ///  The main entry point for the application.
7          /// </summary>
8          [STAThread]
9          static void Main()
10         {
11             // To customize application configuration such
12             // see https://aka.ms/applicationconfiguration.
13             ApplicationConfiguration.Initialize();
14             Application.Run(new Form1());
15         }
16     }
17 }
```

程序第 8 行 [STAThread] 的完整写法应该是 STAThreadAttribute，表示应用程序是单线程。

从上述程序可以看到命名空间仍是 ch29_4，特别需要注意的是，由于 Windows Forms 应用程序是由多个文件的部分类 (partial class) 组成的，因此目前 Windows Forms 的程序模板并不存在顶级语句 (top-level statement)。在此 Program.cs 程序中可以看到第 9 行有 Main( )，这也是整个项目 ch29_4 的入口点，因为 Program.cs 也是由 Visual Studio 自动产生的，所以有的人会忽略此程序的存在。这个程序目前的两道指令如下：

```
ApplicationConfiguration.Initialize( );

Application.Run(new Form1( ));
```

上述"ApplicationConfiguration.Initialize( );"是 C# 模板应用程序启动程序，第 2 道指令"Application.Run(new Form1( ));"是启动窗体目前线程 Form1 应用程序的信息循环。

29-10　在窗体内创建与布局控件

29-10-1　创建控件的方法

工具箱内控件创建的规则大致一样，有两种方式。

方法 1：使用拖曳方式，步骤如下：

1：单击工具箱的控件。

2：将鼠标光标移到窗体适当位置，此时每个控件有不同的鼠标光标外形。

3：单击即可以创建默认大小的控件。

方法 2：双击工具箱的控件图标。

29-10-2　使用方法 1 创建 Button 控件实例

本节使用方法 1 创建 Button 控件，请单击 Button，将鼠标光标移到要创建 Button 控件的位置。

单击，可以在鼠标光标位置创建 Button 控件，可参考下方左图。

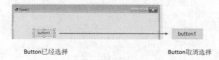

上述左图可以看到控件上、下、左、右有小方框，这表示此控件被选择。将鼠标光标移到其他位置，单击，就可以取消选择，这时控件就没有小方框了，可以参考上方右图。

29-10-3 使用方法 2 创建 Label 控件

请不要选取 Button，当双击某特定控件时，就可以在窗体左上角创建此控件，下面是双击 Labal 的结果。

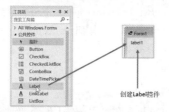

29-10-4 控件的大小调整

当选取一个控件后，将鼠标光标移到其四周小方框，可以看到鼠标光标变双向箭头，此时可以拖曳更改控件的大小。

29-10-5 控件位置的调整

将鼠标光标移到控件，鼠标光标会变成四向箭头，这时拖曳鼠标也可以拖曳控件，用户可以将控件拖曳到适当的位置。

29-10-6 创建多个相同的控件

原则上第 1 个创建的控件编号是 1，第 2 个是 2，可以以此类推。例如，现在创建第 2 个控件，可以得到以下结果。

原先编号 1 的 Button 已经有了，名称是 button1。当创建新的 Button 时，新的 Button 是编号是 2，所以名称是 button2。

29-10-7　删除与撤消删除控件

当选取控件后，若是按键盘的 Del 键或是执行"编辑"|"剪切"，可以删除此控件。

控件剪下后，如果想复原，可以执行"编辑"|"撤消"。第 30 章开始，会介绍更多控件的完整应用。

29-10-8　对齐窗体中央

Visual Studio 环境可以使用"格式"|"窗体内居中"|"水平对齐"指令，让控件水平置中对齐。

可以使用"格式"|"窗体内居中"|"垂直对齐"指令，让控件垂直置中对齐。

29-10-9　调整水平间距

"格式"|"对齐"|"水平间距"内有"相同间隔""递增""递减"和"移除"指令，如下所示。

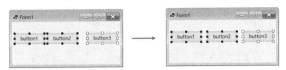

下列是使用"相同间隔"，设定相同水平间距的实例。

29-10-10　调整垂直间距

"格式"|"对齐"|"垂直间距"内有"相同间隔""递增""递减"和"移除"指令，如下所示。

下列是使用"相同间隔"，设定相同垂直间距的实例。

29-10-11 多个控件的对齐

当创建多个控件时，可以使用"格式"|"对齐"指令执行控件之间的对齐。

根据上述菜单可以执行多个控件的左（靠左）、居中、右（靠右）、顶端（靠上）、中间、底端（靠下）对齐。

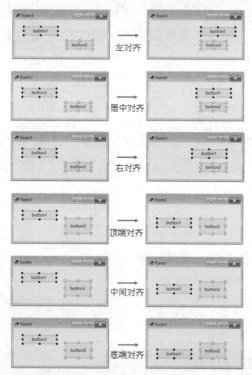

29-11 专题

29-11-1 用程序设计属性

方案 ch29_5.sln – Form1.cs(窗体程序是 Form1.cs，未来将不再注明)：使用程序代码重新设计 ch29_2.sln。

```
1  namespace ch29_5
2  {
3      public partial class Form1 : Form
4      {
5          public Form1()
6          {
7              InitializeComponent();
8              BackgroundImage = Image.FromFile("D:\\C#\\ch29\\ch29_5\\southpole.jpg");
9              Cursor = Cursors.IBeam;
10         }
11     }
12 }
```

执行结果：与 ch29_2.sln 相同。

因为是同一类的属性数据，所以上述程序第 8 行和第 9 行，也可以使用增加 this 方式来设定属性值。

```
this.BackgroundImage = …;        // 第 8 列
this.Cursor = Cursors.IBeam;     // 第 9 列
```

若是读者忘记了 this 概念，可以参考 17-1-2 节的方案 ch17_4.sln，未来实例中的 this 概念也一样。

29-11-2　启动窗口有对话框

方案 ch29_6.sln：启动窗口有对话框，输出 "C# 王者归来"，同时设置窗体大小为宽 600，高 200，窗体底色为黄色。

```
1  namespace ch29_6
2  {
3      public partial class Form1 : Form
4      {
5          public Form1()
6          {
7              InitializeComponent();
8              BackColor = Color.FromArgb(255, 255, 0);   // 建立黄色背景
9              Size = new Size(600, 200);                 // 窗体 600 x 200
10         }
11
12         private void Form1_Load(object sender, EventArgs e)
13         {
14             MessageBox.Show("C# 王者归来");            // 输出对话框
15         }
16     }
17 }
```

执行结果

29-11-3　创建多个窗体

Form 是窗体类，我们也可以用下列方式创建新的窗体。

```
Form myForm = new Form( );
```

要显示所创建的窗体可以用 Show( ) 方法，下列是显示 myForm 的语句：

```
myForm.Show( );
```

方案 ch29_7.sln：创建两个窗体的实操，第 2 个窗体使用 Form 类创建，然后显示这两个窗体。

```
1  namespace ch29_7
2  {
3      public partial class Form1 : Form
4      {
5          public Form1()
6          {
7              InitializeComponent();
8              Form myForm = new Form();            // 建立新的窗体
9              myForm.Size = new Size(500, 200);    // 设定窗体大小
10             myForm.Text = "洪锦魁建立的 Form";   // 窗体标题
11             myForm.Show();                       // 显示窗体
12         }
13     }
14 }
```

执行结果

习题实操题

方案 ex29_1.sln：使用程序代码重新设计 ch29_2.sln，但是将鼠标光标改为手形 (Hand)。(29-7 节)

方案 ex29_2.sln：创建大小为 (600, 200) 的窗体，程序设计后会出现对话框显示 "C# 最强入门"，然后出现 Aqua 背景色的窗体，鼠标单击 Form1 可以将 Aqua 底色改为 YellowGreen 背景色。

注　单击窗体内部会产生 Click 事件。(29-8 节)

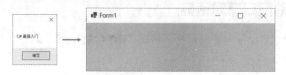

单击上述 Form1 窗体，可以看到背景色改为 YellowGreen。

方案 ex29_3.sln：创建大小为 (600, 200) 的窗体，程序执行后会出现对话框显示 "感谢进入深智购物网"，结束使用窗体后，单击此窗体右上方的关闭按钮，会出现对话框显示 "感谢使用深智购物网"。

注　单击此窗体右上方的关闭按钮，会产生 Form1_FormClosing( ) 事件。(29-8 节)

方案 ex29_4.sln：设计含辅助说明按钮的窗体，此窗体背景色是 (255, 255, 192)，在此窗体创建一个 Text 是 "显示" 的 Button 控件，其大小是 (145, 49)。同时窗体内有 MonthCalendar 控件，大小是 (305, 235)。(29-10 节)

方案 ex29_5.sln：增加 this 关键词重新设计 ch29_5.sln，执行结果与 ch29_5.sln 相同。(29-11 节)

第 30 章
基础控件设计

本章将对 Windows 窗口设计基础的控件做解说，在第 29 章介绍设计窗体时，重点是窗体 Form，本章重点则是在窗体内创建一系列基础的控件。

30-1 控件设定知识的复习

第 29 章我们设定窗体属性时，公式如下：

```
PropertyName = xx;                    // xx 是设定窗体属性内容
```

例如，29-7-3 节设定窗体标题为洪锦魁：

```
Text = " 洪锦魁 ";
```

或是

```
this.Text = " 洪锦魁 ";
```

在设定控件的属性时，必须指出设置的是哪一个控件，所以设定控件属性公式应该如下：

```
ControlName.PropertyName = xx;        // xx 是设定控件属性内容
```

ControlName 是控件的名称 (Name) 属性

30-2 Button 功能按钮

Button 我们可以翻译为功能按钮或按钮，图标为 ▣ Button，这个控件可以创建功能按钮。单击此控件后，将鼠标光标移到窗体区可以看到 ▣ 图标，可以拖曳此图标创建不同大小的功能按钮。或是双击 ▣ Button 图标，来创建默认大小的功能按钮，这个方式也可以应用在其他控件上。功能按钮的默认名称 (Name) 是 button1，阿拉伯数字 1 是功能按钮的编号。这是窗体最常见的功能，按此按钮可以执行指定的工作。

30-2-1 Button 常用属性

Button 的许多属性和窗体相同，并且和窗体一样可以在属性窗口设定，或使用程序代码设定，下面是其几个常用的属性。

Button 属性名称	说明
Enabled	目前功能按钮是否有效，默认有效，下列是有效与无效的 button 样式与设定 `button1.Enabled = true;` button1 `button1.Enabled = false;` button1
FlatStyle	功能按钮样式，默认 Standard(立体)，可以选择 Flat(平面)、Popup(平面，鼠标经过时转为立体)、System(使用操作系统样式)
Image	功能按钮上可以有图案
ImageAlign	功能按钮图案位置，有 9 个井形位置可选择，默认是 MiddleCenter
TabIndex	窗体按 Tab 键时，控制焦点 (focus) 的停驻顺序，默认是 0，会递增
TabStop	窗体案 Tab 键时，控制焦点是否可以停驻，默认是 true
Text	功能按钮标题，默认是 button1，数字 1 会递增

Button 属性名称	说　　明
TextAlign	功能按钮标题的对齐方式，有 9 个位置可选择，默认是 MiddleCenter
Visible	功能按钮是否显示，默认是 true

上述功能按钮图案或标题的 9 个井字对齐方式英文如下所示。

TopLeft	TopMiddle	TopRight
MiddleLeft	MiddleCenter	MiddleRight
BottomLeft	BottomMiddle	BottomRight

下列是设定标题在左上角的实例，这个方法可以应用在其他控件上。

```
button1.TextAlign = ContentAlignment.TopLeft;
```

30-2-2　Button 常用事件

Button 控件最常用的事件是单击此功能按钮，这个动作会产生 Click 事件。Visual Studio 设计事件处理程序 (方法或函数)，但不会自行在 Form1.cs 内创建事件处理程序，而是必须在属性窗口选择所要创建的事件，然后双击该事件，这时会自动产生事件处理程序。例如，要想创建 Click 事件处理程序，请将鼠标光标移到属性窗口的 Click，再双击。

未来如果这个事件管理程序不再需要，想要删除，也必须回到属性窗口，选取该事件管理程序，右击，再执行删除指令，程序代码会被自动清除。

30-2-3　Button 项目实例

方案 ch30_1.sln：设计当单击 Button 按钮后，会更改窗体背景颜色，控件窗体与功能按钮属性如下所示。

注：设计的程序是 Form1.cs，这个方法可以应用在其他方案中。

控　　件	名　　称	标题 (Text)	大小 (Size)	位置 (Location)
Form	Form1	ch30_1	(822, 250)	(0, 0)
Button	button1	绿色	(112, 34)	(196, 117)
Button	button2	黄色	(112, 34)	(347, 117)
Button	button3	结束	(112, 34)	(494, 117)

```
1  namespace ch30_1
2  {
3      public partial class Form1 : Form
4      {
5          public Form1()
6          {
7              InitializeComponent();
8          }
9
10         private void button1_Click(object sender, EventArgs e)
11         {
12             BackColor = Color.Green;     // 设定绿色背景
13         }
14
15         private void button2_Click(object sender, EventArgs e)
16         {
17             BackColor= Color.Yellow;     // 设定黄色背景
18         }
19
20         private void button3_Click(object sender, EventArgs e)
21         {
22             Application.Exit();          // 程序结束
23         }
24     }
25 }
```

执行结果：首先读者可以按 Tab 键，这时可以看到蓝色框在 Button 间移动，有这个蓝色框的 Button 称为焦点控件，如果我们按 Enter 键，就是执行此控件的程序。当然窗口程序的重点是，用鼠标控制单击不同的功能按钮，下面是黄色背景的窗体。

若是按结束按钮，会执行 Application.Exit( ) 让方案结束，Application 是窗体对象程序，Exit( ) 则是执行结束。

30-2-4　新增快捷键

上述我们创建 Button 时，使用了单击 (Click) 的方式更改窗体背景颜色，还可以使用 Alt 快捷键方式更改窗体背景颜色。具体为，使用 "&" 外加上英文字母，可以让接在 "&" 符号后的字母含下画线，未来可以使用 Alt + 该字母，执行快捷键功能。

方案 ch30_1_1.sln：修订 ch30_1.sln，将 Button 的 Text 属性改为以下内容。

绿色：&Green　　　　黄色：&Yellow　　结束：E&xit

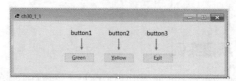

注　程序内容与 ch30_1.sln 相同。

执行结果：测试时需要先按 Alt 键，按钮才会显示快捷键的下画线。

然后上述程序就可以用 Alt + G 创建绿色背景，其他快捷键也可以执行。注：如果要使用程序代码来设定，可以使用下列语法：

```
button1.Text = "&Green";                    // 设定 Green 的功能按钮
```

30-2-5　Name 属性

现在我们设计了 3 个按钮，使用默认的 button1、button2 和 button3 作为名称，短时间内我们可以记得这些按钮名称和功能，但时间一久难免会忘记，这时可以使用 Name 属性为功能按钮创建容易记住的名称，例如，绿色按钮使用 btnGreen，结束按钮使用 btnExit 等。

方案 ch30_1_2.sln：扩充设计 ch30_1.sln，为功能按钮取容易记住的变量名称，同时将 Button 的 Text 属性改为下列内容：

绿色：&Green　　　　　　黄色：&Yellow　　　　　　结束：E&xit

Button 的 Name 属性更改如下：

button1：btnGreen　　　button2：btnYellow　　　button3：btnExit

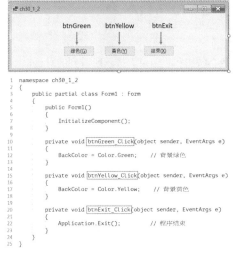

从上述实例可以看到当将原先 Button1 的 Name 改为 btnGreen 之后，看到了 btnGreen_Click( ) 方法时，比较容易和绿色功能按钮联想在一起，程序的可读性就提高了。

30-2-6　认识事件处理程序的参数 object sender

前面实例是很简单的程序，读者可能会好奇当单击"绿色""黄色"或是"结束"按钮时，事件处理程序的参数 sender 到底是什么？

private void btnGreen_Click(object sender, EventArgs e)

sender 参数　　e 参数

注 e 参数将在 30-13 节和 30-14 节解说。

其实 sender 代表的是按钮，在此例中，单击"绿色"按钮 sender 就是 btnGreen，单击"黄色"按钮 sender 就是 btnYellow，单击"结束"按钮 sender 就是 btnExit。我们可以用下列程序代码测试是否按绿色按钮：

```
if (sender.Equals(btnGreen))
    MessageBox.Show("绿色按钮 - btnGreen");
```

读者也可以直接用 sender.ToString( ) 获得 sender 信息。

方案 ch30_1_3.sln：扩充 ch30_1_2.sln，使得单击任一按钮，都会出现对话框输出按钮的名称。

```
1  namespace ch30_1_3
2  {
3      public partial class Form1 : Form
4      {
5          public Form1()
6          {
7              InitializeComponent();
8          }
9
10         private void btnGreen_Click(object sender, EventArgs e)
11         {
12             if (sender.Equals(btnGreen))
13                 MessageBox.Show("绿色钮 - btnGreen");
14             BackColor = Color.Green;      // 背景绿色
15         }
16
17         private void btnYellow_Click(object sender, EventArgs e)
18         {
19             if (sender.Equals(btnYellow))
20                 MessageBox.Show("黄色钮 - btnYellow");
21             BackColor = Color.Yellow;     // 背景黄色
22         }
23
24         private void btnExit_Click(object sender, EventArgs e)
25         {
26             if (sender.Equals(btnExit))
27                 MessageBox.Show("结束钮 - btnExit");
28             Application.Exit();           // 程序结束
29         }
30     }
31 }
```

执行结果：下列是分别单击"绿色"按钮、"黄色"按钮和"结束"按钮所看到的对话框。

30-2-7 执行系统应用程序

.NET 的 System.Diagonstics.Process.Start(path) 方法可以执行计算机扩展名为 .exe 的应用程序，如写字板、计算器等，甚至也可以是我们自己设计的 C# 程序，参数 path 就是应用程序的文件路径。

方案 ch30_1_4.sln：在窗体内创建桌面工具应用程序，计算器 (calc.exe)、记事本 (notepad.exe) 和画图 (mspaint.exe)，这些文件都在 C:\Windows\System32 文件夹内。

```
1  namespace ch30_1_4
2  {
3      public partial class Form1 : Form
4      {
5          public Form1()
6          {
7              InitializeComponent();
8          }
9          private void btnCalc_Click(object sender, EventArgs e)
10         {
11             string calc = @"C:\Windows\system32\calc.exe";
12             System.Diagnostics.Process.Start(calc);
13         }
14         private void btnNotepad_Click(object sender, EventArgs e)
15         {
16             string notepad = @"C:\Windows\system32\notepad.exe";
17             System.Diagnostics.Process.Start(notepad);
18         }
19         private void btnMspaint_Click(object sender, EventArgs e)
20         {
21             string mspaint = @"C:\Windows\system32\mspaint.exe";
22             System.Diagnostics.Process.Start(mspaint);
23         }
24     }
25 }
```

执行结果：单击"记事本"按钮可以启动应用程序示范输出，读者可以自行测试。

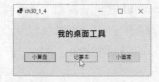

30-3 Label 标签

Label 可以翻译为标签，图标为 **A** Label，这个控件常用于显示提示信息，或显示程序的输出结果。单击此控件后，将鼠标光标移到窗体区可以看到 **A** 图标，可以拖曳此图标创建标签，标签的默认名称 (Name) 是 label1，阿拉伯数字 1 是标签的编号。

30-3-1 Label 常用属性

Label 许多属性和窗体相同，并且和窗体一样可以在属性窗口设定，或使用程序代码设定，下面是其几个常用的属性。

Label 属性名称	说　明
AutoSize	是否依照字号自动调整标签大小，默认是 true，如果想要可以拖曳重设大小，则请设定此为 false，如下所示： `label1.AutoSize = false`
BorderStyle	默认是 None 没有框线，也可以选择 FixedSingle 固定单行边框，或是 Fixed3D 固定三维边框，下列是设定固定三维边框的实例： `Label1.BorderStyle = Fixed3D`
Image	标签区可以有图案
ImageAlign	图案对齐方式，有 9 个井形位置可选择，可以参考 Button
Text	标签显示的文字，默认是 label1，数字 1 会递增
TextAlign	标签文字对齐方式，有 9 个井形位置可选择，可以参考 Button

30-3-2 Label 常用事件

Label 控件一般用来显示用户的提示信息，或输出指定的结果，所以是被动呈现数据。不过这个控件也提供了一系列事件，例如，单击此标签区域，也会产生 Click 事件，如果你想设计一些与众不同的效果，也可以设计单击此标签可以产生的 Click 事件的应用。

30-3-3 Label 项目实例

方案 ch30_2.sln：设计当单击 Button 控件后，会更改标签文字，控件窗体、功能按钮与标签属性如下所示。

控　件	名　　称	标题 (Text)	大小 (Size)	位置 (Location)
Form	Form1	ch30_1	(822, 250)	(0, 0)
Button	button1	我的最爱	(112, 34)	(220, 123)
Button	button2	恢复	(112, 34)	(464, 123)
Label	label1	程序语言	(112, 34)	(358, 59)

```
1  namespace ch30_2
2  {
3      public partial class Form1 : Form
4      {
5          public Form1()
6          {
7              InitializeComponent();
8          }
9
10         private void button1_Click(object sender, EventArgs e)
11         {
12             label1.Text = "C#  语言";           // 设定最爱程序语言
13         }
14
15         private void button2_Click(object sender, EventArgs e)
16         {
17             label1.Text = "程序语言";           // 复原文字
18         }
19     }
20 }
```

执行结果：下列是程序执行时的界面，单击"恢复"按钮可以复原显示"程序语言"。

单击"我的最爱"按钮，可以得到标签显示"C# 语言"。

方案 ch30_3.sln：设计当单击"Button"后，会在水平与上下置中位置，填上微软正黑体、大小是 20、粗体和斜体的标签文字，控件窗体、功能按钮与标签属性如下所示，这个程序的特色是将标签的 AutoSize 设为 False，同时设定标签的框线是 Fixed3D。

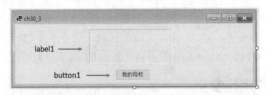

控　　件	名　　称	标题 (Text)	大小 (Size)	Location	AutoSize	BorderStyle
Form	Form1	ch30_3	(822, 250)	(0, 0)		
Button	button1	我的母校	(112, 34)	(339, 148)		
Label	label1		(279, 110)	(249, 18)	False	Fixed3D

```
1  namespace ch30_3
2  {
3      public partial class Form1 : Form
4      {
5          public Form1()
6          {
7              InitializeComponent();
8          }
9
                                                              同时有粗体和斜体
10         private void button1_Click(object sender, EventArgs e)
11         {
12             label1.Font = new Font("微软正黑体", 20, FontStyle.Bold | FontStyle.Italic);
13             label1.TextAlign = ContentAlignment.MiddleCenter;   // 水平与上下置中
14             label1.Text = "明志工专";
15         }
16     }
17 }
```

执行结果：下列是程序执行时的界面。

单击"我的母校"按钮，可以得到标签显示"明志工专"。

请读者留意程序第 12 行，如何让文字同时具有粗体和斜体特性。

30-4　TextBox 文本框

TextBox 可以翻译为文本框，图标为 🔤 TextBox，30-3 节笔者介绍了 Label 主要用来显示信息，而 TextBox 除了可以显示信息，还可以让用户编辑或是输入文字信息。单击此 TextBox 控件后，将鼠标光标移到窗体区可以看到 🔤 图标，可以拖曳此图标创建文本框，文本框的默认名称 (Name) 是 textBox1，阿拉伯数字 1 是文本框的编号。

30-4-1　TextBox 常用属性

TextBox 的许多属性和标签 (Label) 的相同，和其他控件一样可以在属性窗口设定，或是使用程序代码设定，下面是其几个常用的属性。

TextBox 属性名称	说　　明
MaxLength	设定文本框最大长度，默认是 32767，下列是改为 12： textBox1.MaxLength = 12
MultiLine	是否多行显示文字，默认是 False，可用下列语句改为 True： textBox1.MultiLine = True
PasswordChar	如果是密码字段，可以在此输入 "*" 字符，未来输入文字时会由 "*" 替换输入文字
ReadOnly	内容只读默认是 False，可用下列语句将文本框内容改成只读： textBox1.ReadOnly = True
ScrollBars	如果是多行文字，可以由此设定滚动条，有下列几个选项： None：这是默认，没有滚动条 Horizontal：设定水平滚动条 Vertical：设定垂直滚动条 Both：有水平和垂直滚动条 也可用下列程序代码更改： textBox1.ScrollBars = Vertical;　　// 设定垂直滚动条
SelectedText	所选取的字符串
Text	文本框的内容，这是字符串
TextAlign	文字对齐方式，默认是靠左 (Left)，也可选 Right 和 Center
UseSystemPasswordChar	默认是 False，若是设为 True，则密码使用系统默认字符
WordWrap	如果是多行文字，可以设定是否自动换行，默认是 True

30-4-2　TextBox 常用事件

TextBox 控件可以显示信息，或是输出信息，常用的事件有下列 3 项。

❏ Enter 事件

当文本框取得焦点停驻时会有 Enter 事件发生。

❏ Leave 事件

当焦点停驻离开文本框时会有 Leave 事件发生。

❏ TextChanged 事件

当文本框内容有更改时会有 TextChanged 事件发生。

30-4-3　TextBox 显示文字的实例

方案 ch30_4.sln：创建可以输入账号和密码的文本框，这个程序代码使用默认。

控　　件	名　　称	标题 (Text)	大小 (Size)	位置 (Location)
Form	Form1	ch30_4	(822, 250)	(0, 0)
Label	label1	账号：	(60, 23)	(295, 52)
Label	label2	密码：	(60, 23)	(295, 116)
TextBox	textBox1		(150, 30)	(409, 49)
TextBox	textBox2		(150, 30)	(409, 109)

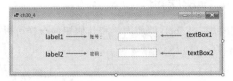

执行结果：下列是笔者在文本框输入账号和密码的实例。

方案 ch30_5.sln：设计输入程序时，密码使用"*"显示，这个程序中控件的所有属性与 ch30_4.sln 相同。

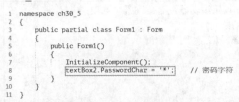

执行结果

```
1  namespace ch30_5
2  {
3      public partial class Form1 : Form
4      {
5          public Form1()
6          {
7              InitializeComponent();
8              textBox2.PasswordChar = '*';      // 密码字符
9          }
10     }
11 }
```

方案 ch30_5_1.sln：重新设计 ch30_5.sln，设定 UseSystemPasswordChar 属性为 True，所以密码字段将使用系统默认的字符显示。

```
1  namespace ch30_5_1
2  {
3      public partial class Form1 : Form
4      {
5          public Form1()
6          {
7              InitializeComponent();
8              textBox2.UseSystemPasswordChar = true;
9          }
10     }
11 }
```

执行结果

方案 ch30_6.sln：随意创建 Size 是 (612, 30)，Location 在 (96, 25) 的文本框，然后在程序代码内调整为多行，同时设定文本框的高度为 120，最后放置唐朝李商隐的诗。

```
1  namespace ch30_6
2  {
3      public partial class Form1 : Form
4      {
5          public Form1()
6          {
7              InitializeComponent();
8              textBox1.Multiline = true;        // 设定多行
9              textBox1.Height = 120;            // 设定高度
10             textBox1.Text = "李商隐" +
11                 "\r\n昨夜星辰昨夜风，画楼西畔桂堂东。" +
12                 "\r\n身无彩凤双飞翼，心有灵犀一点通。" +
13                 "\r\n隔座送钩春酒暖，分曹射覆蜡灯红。" +
14                 "\r\n嗟余听鼓应官去，走马兰台类转蓬。";
15         }
16     }
17 }
```

执行结果

30-4-4 数值转换的应用

方案 ch30_7.sln：输入摄氏温度然后将其转成华氏温度。这个程序刚执行时要将焦点放在摄氏温度输入区，单击"摄氏转华氏"按钮后，在华氏温度文本框输出华氏温度，然后重新将焦点放在摄氏温度输入区。

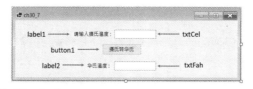

控　件	名　称	标题 (Text)	大小 (Size)	位置 (Location)
Form	Form1	ch30_7	(822, 250)	(0, 0)
Label	label1	请输入摄氏温度：	(145, 23)	(207, 36)
Label	label2	华氏温度：	(96, 23)	(256, 147)
Button	button1	摄氏转华氏	(140, 38)	(315, 82)
TextBox	txtCel		(150, 30)	(358, 33)
TextBox	txtFah		(150, 30)	(358, 144)

```
1  namespace ch30_7
2  {
3      public partial class Form1 : Form
4      {
5          public Form1()
6          {
7              InitializeComponent();
8              txtCel.TabIndex = 0;      // 摄氏温度文本框为焦点控件
9          }
10
11         private void button1_Click(object sender, EventArgs e)
12         {
13             double cel = Convert.ToDouble(txtCel.Text); // 读取摄氏温度
14             double fah = cel * (9 / 5.0) + 32;      // 转成华氏温度
15             txtFah.Text = fah.ToString();           // 转成字符串输出
16             txtCel.Focus();            // 摄氏温度文本框重新取得焦点
17         }
18     }
19 }
```

执行结果

上述程序第 8 行使用了 txtCel.TabIndex = 0，这可以让此文本框先取得焦点，第 16 行使用了 Focus( ) 方法，这个方法也可以取得焦点，因为是 txtCel 文本框调用，txtCel 文本框在执行转换后可以重新取得焦点，所以我们可以重新输入摄氏温度做转换。

方案 ch30_8.sln：扩充设计 ch30_7.sln，增加清除按钮，此按钮的 Location 是 (604, 144)，Name 是 btnClear( )，可以删除输入数据。

```
1   namespace ch30_8
2   {
3       public partial class Form1 : Form
4       {
5           public Form1()
6           {
7               InitializeComponent();
8               txtCel.TabIndex = 0;        // 摄氏温度文本框为焦点控件
9           }
10
11          private void button1_Click(object sender, EventArgs e)
12          {
13              double cel = Convert.ToDouble(txtCel.Text); // 读取摄氏温度
14              double fah = cel * (9 / 5.0) + 32;          // 转成华氏温度
15              txtFah.Text = fah.ToString();               // 转成字符串输出
16              txtCel.Focus();             // 摄氏温度文本框重新取得焦点
17          }
18
19          private void btnClear_Click(object sender, EventArgs e)
20          {
21              txtCel.Clear();             // 清除摄氏温度文本框内容
22              txtFah.Text = "";           // 清除华氏温度文本框内容
23              txtCel.Focus();             // 摄氏温度文本框重新取得焦点
24          }
25      }
26  }
```

上述程序第 21 行使用 Clear( ) 方法清除 txtCel 文本框内容，第 22 行则直接设定 txtFah 文本框为空字符串。

30-4-5　异常发生

如果我们现在执行 ch30_7.sln，数据输入错误，如下所示。

上面的输入温度为 "a40"，单击 "摄氏转华氏" 按钮，将获得以下结果。

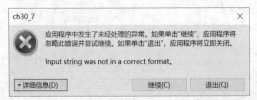

这是系统错误异常信息，读者可以复习第 24 章，设计自己的异常处理程序。

方案 ch30_9.sln：重新设计 ch30_7.sln，设计属于自己的异常处理程序。

```
1  namespace ch30_9
2  {
3      public partial class Form1 : Form
4      {
5          public Form1()
6          {
7              InitializeComponent();
8              txtCel.TabIndex = 0;        // 摄氏温度文本框为焦点控件
9          }
10
11         private void button1_Click(object sender, EventArgs e)
12         {
13             try
14             {
15                 double cel = Convert.ToDouble(txtCel.Text); // 读取摄氏温度
16                 double fah = cel * (9 / 5.0) + 32;           // 转成华氏温度
17                 txtFah.Text = fah.ToString();               // 转成字符串输出
18                 txtCel.Focus();                             // 摄氏温度文本框重新取得焦点
19             }
20             catch
21             {
22                 MessageBox.Show("输入温度错误 !!");
23                 txtCel.Clear();          // 清除摄氏温度文本框
24                 txtFah.Clear();          // 清除华氏温度文本框
25                 txtCel.Focus();          // 摄氏温度文本框取得焦点
26             }
27         }
28     }
29 }
```

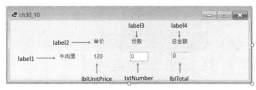
执行结果

30-4-6 TextChanged 事件实例

方案 ch30_10.sln：结账系统设计，当 TextBox 的内容变更时会产生 TextChanged 事件，我们可以利用此特性创建结账系统，这个程序的特色是输入错误会提示输入错误，然后可以重新输入。

控　件	名　　称	标题 (Text)	大小 (Size)	位置 (Location)
Form	Form1	ch30_10	(822, 250)	(0, 0)
Label	label1	牛肉面	(64, 23)	(160, 106)
Label	label2	单价	(46, 23)	(275, 57)
Label	label3	份数	(46, 23)	(403, 57)
Label	label4	总金额	(64, 23)	(539, 57)
Label	lblUnitPrice	120	(40, 23)	(275, 106)
Label	lblTotal	0	(61, 30)	(542, 103)
TextBox	txtNumber	0	(61, 30)	(403, 103)

```
1  namespace ch30_10
2  {
3      public partial class Form1 : Form
4      {
5          public Form1()
6          {
7              InitializeComponent();
8              txtNumber.Focus();                  // 设定 txtNumber 取得焦点
9          }
10
11         private void txtNumber_TextChanged(object sender, EventArgs e)
12         {
13             try
14             {
15                 int unitPrice = Convert.ToInt32(lblUnitPrice.Text);     // 单价
16                 int total = unitPrice * Convert.ToInt32(txtNumber.Text); // 总价
17                 lblTotal.Text = total.ToString();                       // 输出
18             }
19             catch
20             {
21                 MessageBox.Show("输入错误");
22                 txtNumber.Text = "";         // 清除份数内容
23                 lblTotal.Text = "";          // 清除总金额内容
24             }
25         }
26     }
27 }
```

执行结果

30-4-7　选取文件实例

方案 ch30_11.sln：选取文件内容的实例，这个程序会将选取的字符串在下方显示。

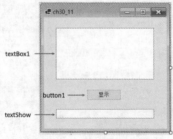

控　件	名称 (Name)	标题 (Text)	大小 (Size)	位置 (Location)	Multiline
Form	Form1	ch30_11	(429, 414)	(0, 0)	
TextBox	textBox1		(324, 265)	(40, 34)	True
TextBox	txtShow		(324, 30)	(40, 295)	False
Button	button1	显示	(112, 34)	(142, 232)	

```
1  namespace ch30_11
2  {
3      public partial class Form1 : Form
4      {
5          public Form1()
6          {
7              InitializeComponent();
8              textBox1.Text = "李商隐" +
9                  "\r\n昨夜星辰昨夜风，画楼西畔桂堂东。" +
10                 "\r\n身无彩凤双飞翼，心有灵犀一点通。" +
11                 "\r\n隔座送钩春酒暖，分曹射覆蜡灯红。" +
12                 "\r\n嗟余听鼓应官去，走马兰台类转蓬。";
13         }
14
15         private void button1_Click(object sender, EventArgs e)
16         {
17             txtShow.Text = textBox1.SelectedText;
18         }
19     }
20 }
```

执行结果

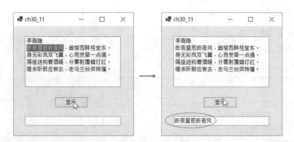

执行上述程序时，读者可以选取上方文本框内容，如果按显示按钮，就可以将所选内容 (textBox1.SelectedText) 在下方文本框显示。

30-5　MessageBox 消息框

29-8-3 节起笔者已经多次使用 MessageBox( ) 方法创建消息框，但使用的是最基础的语法，本节将对此消息框做一个完整的说明。

MessageBox( ) 方法的语法如下：

```
result = Message(message, Caption, MessageBoxButtons, MessageBoxIcon,
                 MessageBoxDefaultButton, MessageBoxOptions]);
```

上述语句除了 message 是要告诉使用者信息，必须要有此项此方法才有意义外，其他都是可选项，所有参数与回传值的意义如下。

❑ Caption

消息框的标题。

❑ MessageBoxButtons

MessageBox 的按钮样式，这是列举 (enum) 格式，有以下几个选项。

MessageBoxButtons 列举常数	数　值	说　　明
OK	0	显示 确定 按钮
OKCancel	1	显示 确定 和 取消 按钮
AbortRetryIgnore	2	显示 中止(A) 、 重试(I) 和 略过(I) 按钮
YesNoCancel	3	显示 是(Y) 、 否(N) 和 取消 按钮
YesNo	4	显示 是(Y) 和 否(N) 按钮
RetryCancel	5	显示 重试(R) 和 取消 按钮
CancelTryContinue	6	显示 取消 、 重试(R) 和 继续(C) 按钮

❑ MessageBoxIcon

消息框的图示，这是列举 (enum) 格式，有以下几个选项。

MessageBoxIcon 列举常数	数　值	说　　明
None	0	消息框没有任何符号
Error 或 Stop 或 Hand	16	消息框有⊗符号
Question	32	消息框有❓符号
Exclamation 或 Warning	48	消息框有⚠符号
Information	64	消息框有ℹ符号

❑ MessageBoxDefaultButton

消息框第几个按钮是默认按钮，这是列举 (enum) 格式，有以下几个选项。

MessageBoxDefaultButton 列举常数	数　值	说　　明
Button1	0	第 1 个按钮是默认按钮
Button2	256	第 2 个按钮是默认按钮
Button3	512	第 3 个按钮是默认按钮
Button4	768	说明按钮是默认按钮

❑ MessageBoxOptions

消息框使用的选项，这是列举 (enum) 格式，有以下几个选项。

MessageBoxOptions 列举常数	数　值	说　　明
DefaultDesktopOnly	131072	消息框显示在使用桌面上
RightAlign	524288	消息框靠右对齐
RtlReading	1048176	消息框从右到左显示

续表

MessageBoxOptions 列举常数	数　值	说　明
ServiceNotification	2097152	消息框显示在使用桌面上，调用者通知使用者发生事件的服务

MessageBox 的回传值 DigalogResult，也是使用列举 (enum) 回传，代表消息框各种按钮回传的结果。

DialogResult 列举常数	数　值	说　明
None	0	消息框回传 Nothing，对话框继续执行
OK	1	消息框单击"确定"按钮
Cancel	2	消息框单击"取消"按钮
Abort	3	消息框单击"中止"按钮
Retry	4	消息框单击"重试"按钮
Ignore	5	消息框单击"掠过"按钮
Yes	6	消息框单击"是"按钮
No	7	消息框单击"否"按钮
TryAgain	10	消息框单击"重试"按钮
Continue	11	消息框单击"继续"按钮

方案 ch30_12.sln：这个程序如果单击"关闭"按钮，会出现消息框，询问是否真的要结束此窗体，单击"是"按钮可以关闭窗体，如果单击"否"按钮可以取消关闭窗体。

```
1  namespace ch30_12
2  {
3      public partial class Form1 : Form
4      {
5          public Form1()
6          {
7              InitializeComponent();
8          }
9
10         private void Form1_FormClosing(object sender, FormClosingEventArgs e)
11         {
12             string message = "是否关闭窗体";
13             string caption = "关闭窗体提醒";
14             var result = MessageBox.Show(message, caption,
15                             MessageBoxButtons.YesNo,
16                             MessageBoxIcon.Question);
17
18             if (result == DialogResult.No)    // 如果单击"否"按钮
19             {
20                 e.Cancel = true;              // 取消关闭窗体
21             }
22         }
23     }
24 }
```

执行结果

30-6　RadioButton 单选按钮

RadioButton 可以翻译为单选按钮，图标为 ◉ RadioButton，单选按钮 Radio Buttons 名称的由来是无线电的按钮，在收音机时代可以用无线电的按钮选择特定频道。单选按钮最大的特色是可以单击选取此选项，同时一次只能有一个选项被选取，例如，在填写学历栏时，如果一系列选项是要求输入学历，你可能会看到一系列选项：高中、大学、硕士、博士，此时你只能选择一个项目。

30-6-1 RadioButton 常用属性

RadioButton 的属性和其他控件的一样可以在属性窗口设定，或是使用程序代码设定，下面是其几个常用的属性。

RadioButton 属性名称	说　　明
Appearance	单选按钮的外观，默认是 Normal 外观○ radioButton1 也可以选 Button 外观 radioButton1
CheckAlign	单选按钮对齐方式，有 9 个井形位置可选择，可以参考 Button
Checked	属性值是否选取，默认是 False，如果是 True 表示选取
Enabled	默认是 True 表示可以选取。若设为 False 表示无法选取，这时呈现浅灰色
Text	单选按钮的内容，如果想用快捷键选取，可以用 "&" 加英文字符，这时英文字符会含下画线

30-6-2 RadioButton 常用事件

RadioButton 控件主要用来在一系列选项中只能选择某一项目，其常用的事件有下列两项。

❑ CheckedChanged 事件

当单击某项目造成所选的项目 Checked 属性值有更改时，会有 CheckedChanged 事件发生。

❑ Click 事件

当单击某选项时会有 Click 事件。

某个项目 Checked 属性值如果已经被选取，当再点一次时，因为选项不会改变，这时不会有 CheckedChanged 事件，只会有 Click 事件。

30-6-3 单选按钮的基础实例

方案 ch30_13.sln：选择男生或女生，程序刚执行时单选按钮内 TabIndex 比较小的会被当作预选项目，然后 label2 会显示所选项目。

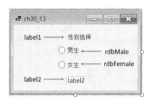

控　件	名称 (Name)	标题 (Text)	大小 (Size)	位置 (Location)	BorderStyle
Form	Form1	ch30_14	(400, 250)	(0, 0)	
Label	label1	性别选择	(82, 23)	(161, 25)	None
Label	label2	label2	(63, 25)	(161, 152)	Fix3D
控件	名称 (Name)	标题 (Text)	大小 (Size)	位置 (Location)	TabIndex
RadioButton	rdbMale	男生	(71, 27)	(137, 62)	0
RadioButton	rdbFemale	女生	(71, 27)	(137, 105)	1

注　上述 RadioButton 的 TabIndex 分别是 0 和 1。

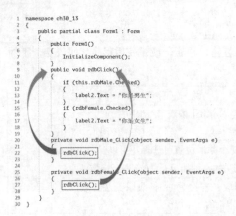

上述程序原理是当单选按钮有 Click 事件发生时，会由该事件去调用 rdbClick( ) 方法，此方法可以知道哪一个单选按钮是 True，然后在下方输出所选项目。程序执行初，会先用比较小的 TabIdex 作为被选取的，所以会先显示"你是男生"。

注　上述程序主要是教读者认识 this.rdbMale.Checked 和 rdbFemale.Checked 的用法，还可以省略 this，写成 rdbMale.Checked。未来如果设计复杂的程序，可以用这种方式侦测哪一个选项被选定。如果程序功能只显示基本的"你是男生"或"你是女生"信息，可以省略 void rdbClick( ) 方法，可以参考实例 ch31_13_1.sln，重点程序代码如下。

```
10      private void rdbMale_Click(object sender, EventArgs e)
11      {
12          label2.Text = "你是男生";
13      }
14
15      private void rdbFemale_Click(object sender, EventArgs e)
16      {
17          label2.Text = "你是女生";
18      }
```

方案 ch30_14.sln：使用 CheckedChanged 事件替换 Click 事件，同时将单选按钮的 Appearance 属性改为 Button，重新设计 ch30_13.sln。

读者从上述程序的执行结果可以看到单选按钮以 Button 外观显示时的样貌，同时当单选按钮内容改变时会产生 CheckedChanged 事件，这与单击时产生 Click 事件，设计原理是一样的。当有 Click 或是 CheckedChanged 事件产生时，重新查看选项内容，然后输出。

30-7 CheckBox 复选框

CheckBox 可以翻译为复选框，其图标为 ☑ CheckBox。复选框在屏幕上是一个方框，它与单选按钮最大的差异在于它是复选的。在设计复选框时，最常见的方式是让复选框以文字方式存在。

30-7-1 CheckBox 常用属性

CheckBox 的属性和其他控件的一样可以在属性窗口设定，或是使用程序代码设定，下面是其几个常用的属性。

CheckBox 属性名称	说　　明
Appearance	单选按钮的外观，默认是 Normal 外观 ☐ checkBox1 也可以选 Button 外观 [checkBox1]
AutoCheck	默认是 True，复选框会自动检查是否勾选。如果设为 False，则不会自动检查，需要使用程序设定是勾选
CheckAlign	单选按钮对齐方式，有 9 个井形位置可选择，可以参考 Button
Checked	是否选取，默认是 False，如果是 True 表示选取
Enabled	默认是 True 表示可以选取。若设为 False 表示无法选取，这时呈现浅灰色
ThreeState	默认是 False，表示复选框只有 True 或是 False。如果选择 True，则除了有 True 或是 False，还有 Indeterminate。表示未定状态，这是一种灰阶目前无法使用，通常比较少使用

30-7-2 CheckBox 常用事件

CheckBox 控件主要是在系列选项中复选多个项目，常用的事件有下列两项。

❑ CheckedChanged 事件

当单击某项目造成所选的项目的属性值更改时会有 CheckedChanged 事件发生。

❑ Click 事件

当单击某选项时会有 Click 事件发生，每单击一次项目都会造成属性值的改变，如果属性值是 True 会变为 False，如果属性值是 False 会变为 True。

30-7-3 复选框的基础实例

方案 ch30_15.sln：使用复选框单击喜欢的运动，单击"确定"按钮后，可以用消息框列出所喜欢的运动。

控　　件	名称 (Name)	标题 (Text)	大小 (Size)	位置 (Location)
Form	Form1	ch30_15	(400, 270)	(0, 0)
Label	label1	请选择喜欢的运动	(154, 23)	(112, 10)
CheckBox	chkFootball	美式足球	(108, 27)	(115, 48)
CheckBox	chkBasketball	篮球	(72, 27)	(115, 81)
CheckBox	chkBaseball	棒球	(72, 27)	(115, 114)
Button	button1	确定	(112, 34)	(127, 156)

```
1  namespace ch30_15
2  {
3      public partial class Form1 : Form
4      {
5          public Form1()
6          {
7              InitializeComponent();
8          }
9
10         private void button1_Click(object sender, EventArgs e)
11         {
12             string msg = "";
13             if (chkFootball.Checked == true)
14             {
15                 msg = " 美式足球";
16             }
17             if (chkBasketball.Checked == true)
18             {
19                 msg = msg + " 篮球";
20             }
21             if (chkBaseball.Checked == true)
22             {
23                 msg = msg + " 棒球";
24             }
25
26             if (msg.Length > 0)
27             {
28                 MessageBox.Show("你喜欢的运动是" + msg, "ch30_15");
29             }
30             else
31             {
32                 MessageBox.Show("上述运动你不喜欢 ?", "ch30_15");
33             }
34         }
35     }
36 }
```

执行结果

30-8 容器——GroupBox 分组框

30-6 节笔者介绍了单选按钮 RadioButton，单选按钮的特性是一次只能选取一个选项，假设现在要设计性别选项和学历选项两组选项，因为每一个组别必须有一项被选取，所以这时会产生问题。碰上这类问题，可以使用容器 GroupBox 分组框 GroupBox，将每一个组别放在一个分组框中，这时会产生区分效果，每一个组别可以有一项被选取。此外，一个窗体如果有多个控件，使用容器将功能相同的控件归类，也可以让窗体有美观的效果。

创建 GroupBox 时需留意：创建 GoupBox 后，将所创建的单选按钮拖曳至 GroupBox 内，然后拖曳 Groupbox 时，GroupBox 内的单选按钮可以随之移动，这表示在 GroupBox 内创建单选按钮成功。

使用 GroupBox 容器时，常使用的属性是 Text，这可以设定容器的标题。

方案 ch30_16.sln：容器 GroupBox 分组单选按钮的应用，在这个实例中，读者可以选择不同组别的选项，单击"确定"按钮后可以输出选项。

控　　件	名称 (Name)	标题 (Text)	大小 (Size)	位置 (Location)
Form	Form1	ch30_16	(600, 360)	(0, 0)
Label	label1	个人数据调查表	(136, 23)	(222, 36)
GroupBox	groupBox1	性别	(145, 150)	(94, 73)
GroupBox	groupBox2	婚姻状态	(145, 150)	(344, 73)
RadioButton	rdbMale	男性	(71, 27)	(26, 45)
RadioButton	rdbFemale	女性	(71, 27)	(26, 92)
RadioButton	rdbMarried	已婚	(71, 27)	(37, 45)
RadioButton	rdbUnmarried	未婚	(71, 27)	(37, 92)
Button	button1	确定	(112, 34)	(233, 251)

```
1  namespace ch30_16
2  {
3      public partial class Form1 : Form
4      {
5          public Form1()
6          {
7              InitializeComponent();
8              rdbMale.Checked = true;     // 预选 男性
9              rdbMarried.Checked = true;  // 预选 已婚
10         }
11
12         private void button1_Click(object sender, EventArgs e)
13         {
14             string msgSex = string.Empty;
15             string msgMarried = string.Empty;
16             if (rdbMale.Checked)
17             {
18                 msgSex = "男性";
19             }
20             if (rdbFemale.Checked)
21             {
22                 msgSex = "女性";
23             }
24             if (rdbMarried.Checked)
25             {
26                 msgMarried = "已婚";
27             }
28             if (rdbUnmarried.Checked)
29             {
30                 msgMarried = "未婚";
31             }
32             MessageBox.Show("你是" + msgSex + msgMarried, "ch30_16");
33         }
34     }
35 }
```

执行结果

30-9 容器——Pane 面板控制

Pane 面板控制的用法和 GroupBox 一样，不过外形不一样。使用 Pane 容器▣ Panel 时，没有属性 Text，比较常使用的是 BorderStyle，其可以设定面板的框线外形，这个属性可以参考 30-3-1 节。

方案 ch30_17.sln：使用容器 Pane 重新设计 ch30_16.sln，在这个实例中，读者可以选择不同组别的选项，单击"确定"按钮后可以输出选项。

注　窗体与控件除了用 Pane 替换 GroupBox，同时将 BorderStyle 设为 Fixed3D 外，其他控件一样，程序内容也没有修改。

执行结果

465

30-10 ListBox 清单

ListBox 可以翻译为清单，图标为  ListBox，程序设计时可以将相同属性的项目数据放在一个列表内，可以单选或是复选。如果项目数据太多时，ListBox 会自动产生滚动条，这样可以避免清单外框占据太大的空间。

30-10-1 ListBox 常用属性

ListBox 的属性和其他控件的一样可以在属性窗口设定，或是使用程序代码设定，下列是其几个常用的属性。

ListBox 属性名称	说　　明
Items	这个属性是存放所有项目数据的集合，单击此属性右边的图标，可以看到字符串集合编辑器，在这里可以输入字符串（可想成项目）
MutiColumn	ListBox 可以多字段显示，默认是 False，表示 1 个字段。如果更改此字段属性为 True，表示使用多字段显示
SelectedIndex	被选取列表项目的索引，索引值从 0 开始计数
SelectedIndices	当列表是多重选取时，可以由此属性取得所有被选取的索引，此外，也可以使用 SelectedIndices.Count 获得被选项目的数量
SelectedItem	列表项目被选取的项目名称
SelectedItems	当列表是多重选取时，可以由此属性取得所有被选取的项目，此外，也可以使用 SelectedItems.Count 获得被选项目数量
SelectionMode	默认是 One，表示只能选取一个项目，可以有下列选项： None：不能选取。 MultiSimple：简单多重选取，单击未选项目可以选取，某项目选取后再按一此项目可以取消选取。 MultiExtended：可以使用 Shift 做连续项目区间选取和单独复选项目时要同时按 Ctrl 键
Sorted	是否将列表项目排序，默认是 False，表示不排序
TopIndex	如果设为 0，可以将列表选项卷动到最上方，适用在有滚动条清单

30-10-2 使用字符串集合编辑器创建列表

方案 ch30_18.sln：使用字符串编辑器创建列表，窗体名称是 ch30_18。

首先请使用  ListBox 工具在窗体内创建列表，结果如下所示。

然后请单击属性窗口 Items 属性右边的 图标，就可以创建字符串集合编辑器。

上述每一行请输入一个项目数据，下面是笔者的输入实例，输入完单击"确定"按钮后，清单就创建完成。

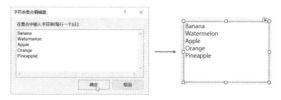

执行结果：下列是单击不同项目的列表界面。

注　当 SelectionMode 是 One 时，某项目被选取后，单击此项目无法取消选取，如果单击其他项原先被选取的会被取消选取，因为会保持一个项目被选取。

方案 ch30_19.sln：扩充 ch30_18.sln 实例，将列表 listBox1 的 SelectionMode 属性改为 MultiSimple，列表内容则是一样，同时 Sorted 属性改为 True。

执行结果：因为没有程序，笔者简化程序，可以看到列表项目已经自动排序，结果如下所示。

30-10-3　ListBox 常用的方法

在本书第 11 章和第 22 章，介绍了许多一般集合或泛型集合，这些章节说明了 Add( )、Insert( ) 方法等，这些方法可以用来创建列表项目或进行更多操作，此时语法如下：

```
listBox1.Items.Add( 项目 );                    // 增加清单
listBox1.Items.AddRange( 项目数组 );            // 增加项目数组
listBox1.Items.Insert(index, 项目 );           // 在特定索引插入项目
listBox1.Items.Clear( );                       // 清除列表项目
listBox1.Items.Remove( 项目 );                 // 删除特定项目
listBox1.Items.RemoveAt(index);                // 删除特定索引的项目
bool rtn = listBox1.Items.Contains( 项目 );    // 是否列表包含此项目
```

另外，为了方便可以先创建字符串数组，再使用循环，整个清单的创建就会变得很容易。

方案 ch30_20.sln：使用程序概念重新设计 ch30_19.sln。

执行结果：与 ch30_19.sln 相同。

此程序的一个特色是有 From1_Load 事件，程序开始执行时会自动启动 Form1 窗体的 Load 事件，这个程序用此事件调用 InitializeMyListBox( ) 方法。这个方法内笔者使用程序可以复选、排序和循环创建列表数据。

```
1  namespace ch30_20
2  {
3      public partial class Form1 : Form
4      {
5          public Form1()
6          {
7              InitializeComponent();
8          }
9          private void Form1_Load(object sender, EventArgs e)
10         {
11             InitializeMyListBox();
12         }
13         private void InitializeMyListBox()
14         {
15             string[] fruits = {"Banana", "Watermelon",
16                                "Apple", "Orange", "Pineapple"};
17             // 可以复选
18             listBox1.SelectionMode = SelectionMode.MultiSimple;
19             listBox1.Sorted = true;          // 排序
20             // 将水果列表加入listBox1
21             for (int i = 0; i < fruits.Length; i++)
22                 listBox1.Items.Add(fruits[i]);
23         }
24     }
25 }
```

当然上述程序第 21 ～ 第 22 行笔者使用循环，循环内有 Add( ) 方法可将水果数组加入列表，更简洁的方式是使用 AddRange( ) 方法，详情可以参考下列实例。

方案 ch30_21.sln：使用 Insert( ) 方法插入列表项目的应用，这一个方案基本上重新了设计 ch3_20.sln，但是将水果改为中文名称，取消排序和复选，同时增加指定索引位置在该位置插入水果；让水果项目超出 listBox1 的高度，这时可以看到 listBox1 自动出现垂直滚动条。

```
1  namespace ch30_21
2  {
3      public partial class Form1 : Form
4      {
5          public Form1()
6          {
7              InitializeComponent();
8          }
9
10         private void Form1_Load(object sender, EventArgs e)
11         {
12             InitializeMyListBox();
13         }
14         private void InitializeMyListBox()
15         {
16             string[] fruits = {"香蕉", "西瓜",
17                                "苹果", "橘子", "菠萝"};
18             // 将水果列表加入listBox1
19             listBox1.Items.AddRange(fruits);
20
21             listBox1.Items.Insert(1, "芒果");  // 索引 1 插入芒果
22             listBox1.Items.Insert(3, "葡萄");  // 索引 3 插入葡萄
23             listBox1.Items.Insert(5, "草莓");  // 索引 5 插入草莓
24         }
25     }
26 }
```

30-10-4　使用程序选取或取消选取项目

下列是常用的选取清单的方法：

```
bool rtn = listBox1.GetSelected(index);          // 取得 index 索引是否选取
listBox1.SetSelected(index, true | false);       // true 选取，false 取消选取
listBox1.ClearSelected( );                        // 全部取消选取
```

方案 ch30_21_1.sln：反转选取、取消选取和卷到上方，本程序执行初会创建含 8 个水果的项目，同时选取索引 3、5、7 的水果。"反转选取"按钮可以将选取水果改为没有选取，没有选取水果改为选取。"取消选取"按钮可以取消所有选取的水果。"卷到上方"按钮可以将列表项目卷动到最上方。

控　　件	名称 (Name)	标题 (Text)	大小 (Size)	位置 (Location)
Form	Form1	ch30_21_1	(500, 250)	(0, 0)
ListBox	listBox1		(180, 142)	(66, 25)

控　　件	名称 (Name)	标题 (Text)	大小 (Size)	位置 (Location)
Button	button1	反转选取	(112, 34)	(303, 25)
Button	button2	取消选取	(112, 34)	(303, 80)
Button	button3	卷到上方	(112, 34)	(303, 133)

```
1  namespace ch30_21_1
2  {
3      public partial class Form1 : Form
4      {
5          public Form1()
6          {
7              InitializeComponent();
8          }
9          private void Form1_Load(object sender, EventArgs e)
10         {
11             InitializeMyListBox();
12         }
13         private void InitializeMyListBox()
14         {
15             string[] fruits = {"香蕉", "西瓜", "苹果", "橘子",
16                                "菠萝", "芒果", "葡萄", "草莓"};
17             listBox1.SelectionMode = SelectionMode.MultiExtended;  // 复选
18             listBox1.Items.AddRange(fruits);        // 水果加入清单
19             listBox1.SetSelected(3, true);          // 选取索引 3 水果
20             listBox1.SetSelected(5, true);          // 选取索引 5 水果
21             listBox1.SetSelected(7, true);          // 选取索引 7 水果
22         }
23         private void button2_Click(object sender, EventArgs e)
24         {
25             listBox1.ClearSelected();   // 全部取消选取
26         }
27         private void button3_Click(object sender, EventArgs e)
28         {
29             listBox1.TopIndex = 0;      // 卷动到清单最上方
30         }
31         private void button1_Click(object sender, EventArgs e)
32         {
33             for (int i = 0; i < listBox1.Items.Count; i++)
34             {
35                 if (listBox1.GetSelected(i) == true)    // 如果选取
36                     listBox1.SetSelected(i, false);     // 选取改取消选取
37                 else
38                     listBox1.SetSelected(i, true);      // 未选取改选取
39             }
40         }
41     }
42 }
```

上述程序第 17 行设定列表为 MultiExtended 模式，在此模式下要单一复选需单击同时按 Ctrl 键，如果单击时同时按 Shift 键可以选取区间项目。另外，第 29 行设定 listBox1 的 TopIndex = 0，可以将清单卷动到最上方。

30-10-5　ListBox 常用事件

ListBox 可以创建列表，在列表中我们可以单选或是复选项目，每次有更动选取后，SelectedIndex 和 SelectedItem 属性值就会改变，我们可以由这两个属性值了解到哪些项目被选取。同时因为这两个属性值的改变会触发 SelectedIndexChanged 事件，所以我们可以用这个事件设计相关应用。

注　如果没有项目被选取，如在项目刚执行时，则 SelectedIndex 的值是 -1。

方案 ch30_21_2.sln：使用 SelectedIndexChanged 事件和 SelectedItem 属性，列出选取的项目。

注　因为 label1 没有 Text，所以可能会看不到，这时单击属性窗口右上方的图标，就可以显示。

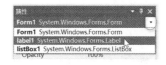

控件	名称	标题 (Text)	大小 (Size)	位置 (Location)
Form	Form1	ch30_21_2	(500, 300)	(0, 0)
ListBox	listBox1		(180, 142)	(149, 26)
Label	label1		(0, 23)	(207, 197)

```
1  namespace ch30_21_2
2  {
3      public partial class Form1 : Form
4      {
5          public Form1()
6          {
7              InitializeComponent();
8          }
9
10         private void Form1_Load(object sender, EventArgs e)
11         {
12             InitializeMyListBox();
13         }
14         private void InitializeMyListBox()
15         {
16             string[] fruits = {"香蕉", "西瓜",
17                                 "苹果", "橘子", "菠萝"};
18             // 将水果串行加入listBox1
19             listBox1.Items.AddRange(fruits);
20         }
21
22         private void listBox1_SelectedIndexChanged(object sender, EventArgs e)
23         {
24             if (listBox1.SelectedItem != null)            // 如果有选取
25                 label1.Text = listBox1.SelectedItem.ToString();   // 输出选取项目
26         }
27     }
28 }
```

执行结果：下列左图是程序刚执行的列表，右图是选取水果后的清单。

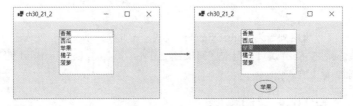

上述单击清单中的苹果，下方会显示所选的项目。

30-10-6　综合应用

方案 ch30_22.sln：文本框、功能按钮与列表的综合应用，如果在文本框输入项目，再单击"增加"按钮，可以将文本框项目移到列表。如果在列表选择项目，单击"删除"按钮可以删除该项目。

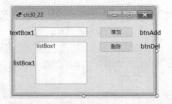

控件	名称 (Name)	标题 (Text)	大小 (Size)	位置 (Location)
Form	Form1	ch30_22	(500, 300)	(0, 0)
TextBox	textBox1		(180, 30)	(71, 25)
ListBox	listBox1		(180, 142)	(71, 74)
Button	button1	增加	(112, 34)	(296, 25)
Button	button2	删除	(112, 34)	(296, 74)

```
1  namespace ch30_22
2  {
3      public partial class Form1 : Form
4      {
5          public Form1()
6          {
7              InitializeComponent();
8          }
9          private void btnAdd_Click(object sender, EventArgs e)
10         {
11             if (textBox1.Text != string.Empty)
12             {
13                 listBox1.Items.Add(textBox1.Text);      // 列表增加项目
14                 textBox1.Text = string.Empty;           // 清除文本框资料
15             }
16         }
17
18         private void btnDel_Click(object sender, EventArgs e)
19         {
20             if (listBox1.SelectedIndex != -1)           // 如果有选取项目
21             // 删除选取项目
22                 listBox1.Items.RemoveAt(listBox1.SelectedIndex);
23         }
24     }
25 }
```

执行结果：下列是加入项目与删除列表项目的界面。

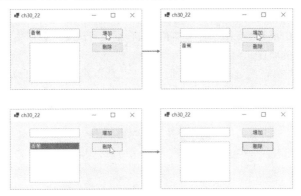

30-11 ComboBox 下拉组合框

ComboBox 可以翻译为下拉组合框，图标为 🗒 ComboBox，又称下拉列表，这个控件基本上是列表 (ListBox) 功能的扩充，兼具文本框 (TextBox) 和列表 (ListBox) 功能。下拉组合框与清单的最大差异是，当未选择时，下拉组合框像文本框，清单部分是隐藏的。选择后，所选项目会出现在文本框中。此外，下拉组合框右边有⊡按钮，按此按钮可以出现下拉组合框，可以由此选择想要的列表项目。

此外，所选择的项目会在上方的文本框中显示，如果在下拉组合框找不到项目，也可以在上方的文本框中自行创建此项目。

30-11-1 ComboBox 常用属性

由于 ComboBox 的功能和 ListBox 功能有许多类似，因此也有许多属性功能是一样的。与其他控件一样 ComboBox 可以在属性窗口设定其属性，或是使用程序代码设定，下面是其几个常用的属性。

ComboBox 属性名称	说　　明
Items	可以创建下拉式列表项目，请参考 30-10-1 节
DropDownStyle	这是下拉组合框的外观与功能格式，有下列 3 种格式： Simple：看起来就像是 TextBox。 DropDownList：只能在下拉组合框选择列表项目。 DropDown：这是默认，可从下拉组合框选择，也可以手动输入
DroppedDown	程序设计阶段才可以使用，如果是 True 会主动显示下拉组合框，默认是 False
MaxDropDownItems	下拉组合框显示的列表项目数量，超出此数量时会有滚动条
MaxLength	指定下拉组合框中最大的字符数目
Text	下拉组合框上方文本框的内容

30-11-2　ComboBox 事件

设计 ComboBox 时常用的事件有下列两种。

1：SelectedIndexChanged 事件：当选取下拉组合框项目改变时会产生此事件，这时可以用 Text 属性取得新选取的项目。

2：TextChanged 事件：当选择项目改变时，会产生此事件。另外，手动输入项目时也会产生此事件。

方案 ch30_23.sln：在 ComboBox 创建选择列表项目，其下方使用标签列出所选的项目。

控　　件	名称 (Name)	标题 (Text)	大小 (Size)	位置 (Location)
Form	Form1	ch30_23	(400, 250)	(0, 0)
ComboBox	comboBox1		(198, 31)	(90, 26)
Label	label1	尚未选取	(82, 23)	(148, 140)

```
1  namespace ch30_23
2  {
3      public partial class Form1 : Form
4      {
5          public Form1()
6          {
7              InitializeComponent();
8          }
9
10         private void comboBox1_SelectedIndexChanged(object sender, EventArgs e)
11         {
12             label1.Text = comboBox1.Text;
13         }
14
15         private void Form1_Load(object sender, EventArgs e)
16         {
17             string[] cards = {"金卡会员",
18                               "银卡会员",
19                               "普通卡会员"};
20             comboBox1.Items.AddRange(cards);    // 创建列表项目
21         }
22     }
23 }
```

执行结果

方案 ch30_24.sln：结账系统，这个程序可以点选 cboCoffee 下拉组合框的咖啡品项，然后右边会跳出单价，这个 cboCoffee 无法自行增加品项，所以设计时采用 DropDownList 属性，可以参考程序第 17 行的设定。当选择咖啡品项后，可以选择 cboNumber 下拉组合框的数量，这个

cboNumber 可以自行增加数量，所以设计时采用默认的 **DropDown** 属性。单击"结账"按钮，可以结账。单击"清除"按钮，可以复原程序执行初的设定。

控　　件	名称 (Name)	标题 (Text)	大小 (Size)	位置 (Location)
Form	Form1	ch30_24	(560, 330)	(0, 0)
Label	label1	品项	(46, 23)	(77, 39)
Label	label2	单价	(46, 23)	(380, 39)
Label	labUnitPrice	0	(23, 23)	(432, 39)
Label	label4	数量	(46, 23)	(77, 99)
Label	label5	总金额	(64, 23)	(362, 152)
Label	lblTotal	0	(20, 23)	(432, 152)
Button	button1	结账	(112, 34)	(127, 201)
Button	button2	清除	(112, 34)	(300, 201)

```
1  namespace ch30_24
2  {
3      public partial class Form1 : Form
4      {
5          public Form1()
6          {
7              InitializeComponent();
8          }
9          private void Form1_Load(object sender, EventArgs e)
10         {
11             string[] coffees = {"尚未选择",
12                                 "义式咖啡",
13                                 "美式咖啡",
14                                 "拿铁"};
15             cboCoffee.Items.AddRange(coffees);      // 创建咖啡项目
16             // 咖啡品项无法更改 DropDownList
17             cboCoffee.DropDownStyle = ComboBoxStyle.DropDownList;
18             cboCoffee.SelectedIndex = 0;            // 显示索引 0
19
20             for (int i = 0; i <= 5; i++)            // 建立数量项目
21                 cboNumber.Items.Add(i.ToString());
22             cboNumber.SelectedIndex = 0;            // 显示索引 0
23         }
24         private void button2_Click(object sender, EventArgs e)
25         {
26             // 按清除钮执行
27             cboCoffee.SelectedIndex = 0;            // 创建索引 0
28             cboNumber.SelectedIndex = 0;            // 创建索引 0
29             lblUnitPrice.Text = "0";                // 创建单价
30             lblTotal.Text = "0";                    // 显示总金额
31         }
32         private void cboCoffee_SelectedIndexChanged(object sender, EventArgs e)
33         {
34             if (cboCoffee.Text.Equals("义式咖啡"))
35                 lblUnitPrice.Text = "120";
36             else if (cboCoffee.Text.Equals("美式咖啡"))
37                 lblUnitPrice.Text = "100";
38             else if (cboCoffee.Text.Equals("拿铁"))
39                 lblUnitPrice.Text = "150";
40         }
41         private void button1_Click(object sender, EventArgs e)
42         {
43             // 结账
44             int n = Convert.ToInt32(cboNumber.Text);     // 单价
45             int u = Convert.ToInt32(lblUnitPrice.Text);  // 数量
46             lblTotal.Text = (n * u).ToString();          // 总价
47         }
48     }
49 }
```

执行结果

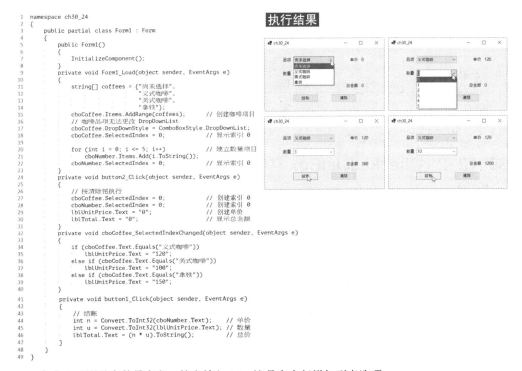

上方右下图是在数量字段，笔者输入 10，这是在自行增加列表选项。

30-12 CheckedListBox 复选框清单

CheckedListBox 可以翻译为复选框清单，图标为  CheckedListBox，这个控件基本上也是列表 (ListBox) 功能的扩充，不过每个清单左边多了复选框。

比较特别的是，要勾选项目，必须要双击项目，第一下是选取项目，第二下是执行勾选。

30-12-1 CheckedListBox 常用属性

由于 CheckedListBox 的功能和 ListBox 功能有许多类似，因此也有许多属性功能是一样的。与其他控件一样 CheckedListBox 可以在属性窗口设定，或是使用程序代码设定，下面是其几个常用的属性。

CheckedListBox 属性	说　明
Items	可以创建 CheckedListBox 列表项目
CheckedItems	已经勾选项目的集合
CheckedIndices	已经勾选项目索引的集合
CheckOnClick	默认是 False，表示必须双击才可以勾选列表项目。如果改为 True，则按一次就可以勾选列表项目
SelectionMode	默认是 One，表示只能选取 1 个项目。如果想选取多个项目，可以选择 MultiSimple 或是 MultiExtended，详情可以参考 30-10-1 节

注　选取项目程序在设计时如果只是为了选取项目，那么 SelectedItems 属性是所选取项目的集合，SelectedIndices 属性是选取项目索引的集合。

30-12-2 CheckedListBox 常用的方法

有关创建 CheckedListBox 复选框列表项目的方法可以参考 30-10-2 节，如 Add( )、AddRange( )、Insert( ) 等，下列是几个常用的方法：

```
checkedListBox1.SetItemChecked(index, true | false);// 勾选或不勾选

bool rtn = checkedListBox1.GetItemChecked(index);    // index 索引是否选取
```

30-12-3 CheckedListBox 事件

设计 CheckedListBox 时常用的事件有下列两种。

1：SelectedIndexChanged 事件：当选择的项目改变时会产生此事件，如果第 2 次选择造成勾选或不勾选，也会产生此事件。

2：ItemCheck 事件：当勾选状态变更时会产生此事件。

方案 ch30_25.sln：笔者"王者归来"系列著作勾选，单击"输出"按钮可以输出到列表，列表下方的总数标签会列出著作数量。

控　　件	名称 (Name)	标题 (Text)	大小 (Size)	位置 (Location)
Form	Form1	ch30_25	(520, 330)	(0, 0)
Label	label1	总数	(46, 23)	(337, 180)
CheckedListBox	checkedListBox1		(215, 193)	(26, 21)
ListBox	listBox1		(215, 142)	(258, 21)
Button	button1	输出	(112, 34)	(193, 250)

```
1  namespace ch30_25
2  {
3      public partial class Form1 : Form
4      {
5          public Form1()
6          {
7              InitializeComponent();
8          }
9          private void Form1_Load(object sender, EventArgs e)
10         {
11             string[] programming = { "C王者归来",
12                                      "C#王者归来",
13                                      "Java王者归来",
14                                      "Python王者归来",
15                                      "C++王者归来",
16                                      "R王者归来"};
17             // 创建CheckedListBox的列表项目
18             checkedListBox1.Items.AddRange(programming);
19         }
20         private void button1_Click(object sender, EventArgs e)
21         {
22             foreach (var book in checkedListBox1.CheckedItems)
23             {
24                 listBox1.Items.Add(book);    // 勾选项目加入列表
25             }
26             int count = checkedListBox1.CheckedItems.Count; // 数量
27             // 组合输出卷标的字符串
28             label1.Text = label1.Text + " " + count.ToString() + "本";
29         }
30     }
31 }
```

执行结果

方案 ch25_26.sln：图书馆借书系统，这个程序会创建两个 CheckedListBox，勾选左边 checkedListBox1 的复选框后，按借出按钮，可以将该项目移到右边的 checkedListBox2。如果勾选右边 checkedListBox2 的复选框后，按归还按钮，可以将该项目移到左边的 checkedListBox1。

控　　件	名称 (Name)	标题 (Text)	大小 (Size)	位置 (Location)
Form	Form1	ch30_26	(707, 367)	(0, 0)
CheckedListBox	checkedListBox1		(180, 220)	(61, 45)
CheckedListBox	checkedListBox2		(180, 220)	(440, 45)
Button	btnBorrow	借出 >>>	(112, 34)	(284, 84)
Button	btnReturn	<<< 归还	(112, 34)	(284, 197)

```
1  namespace ch30_26
2  {
3      public partial class Form1 : Form
4      {
5          public Form1()
6          {
7              InitializeComponent();
8          }
9          private void Form1_Load(object sender, EventArgs e)
10         {
11             string[] programming = { "C王者归来",
12                                      "C#王者归来",
13                                      "Java王者归来",
14                                      "Python王者归来",
15                                      "C++王者归来",
16                                      "R王者归来"};
17             // 创建CheckedListBox的列表项目
18             checkedListBox1.Items.AddRange(programming);
19         }
20         private void btnBorrow_Click(object sender, EventArgs e)
21         {
22             // 勾选项目加入checkedListBox2列表
23             // 勾选项目从checkedListBox1列表删除
24             foreach (int i in checkedListBox1.CheckedIndices)
25             {
26                 checkedListBox2.Items.Add((string) checkedListBox1.Items[i]);
27                 checkedListBox1.Items.Remove(checkedListBox1.Items[i]);
28             }
29         }
30         private void btnReturn_Click(object sender, EventArgs e)
31         {
32             // 勾选项目加入checkedListBox1列表
33             // 勾选项目从checkedListBox2列表删除
34             foreach (int i in checkedListBox2.CheckedIndices)
35             {
36                 checkedListBox1.Items.Add((string)checkedListBox2.Items[i]);
37                 checkedListBox2.Items.Remove(checkedListBox2.Items[i]);
38             }
39         }
40     }
41 }
```

执行结果：下列是借书的执行界面。

这个程序有错误，当勾选多本书时，因为删除前面索引的书会造成索引更改，所以要删除后面勾选索引的书会造成错误，如下所示。

上面勾选了索引 3 的"Python 王者归来"，但是却删除了索引 4 的"C++ 王者归来"，如何修正上述错误将是读者的习题。

30-13 鼠标事件

学习至此相信读者一定已经学会了 Click 事件，其实这是最常用的鼠标事件，当我们设计窗口应用程序，使用鼠标时其实还会有下列常见的事件：

DoubleClick：双击事件。

MouseDown：按下鼠标产生此事件。

MouseEnter：当鼠标光标进入控件时产生此事件。

MouseHover：当鼠标光标暂停在控件时产生此事件。

MouseMove：当鼠标移动时产生此事件。

MouseUp：当放开所按的鼠标按钮时会产生此事件。

MouseLeave：当鼠标光标离开控件时产生此事件。

当有鼠标事件产生时，相关的鼠标事件管理程序的第二个参数类型会由 EventArgs e 改为 MouseEventArgs e，由这个参数我们可以获得鼠标按键的相关信息。

30-13-1 体会鼠标事件实例

方案 ch30_27.sln：使用 ListBox 列表记录鼠标在 TextBox 的操作事件，如果双击"测试鼠标事件"标签，此标签会用蓝色显示。

```
1  namespace ch30_27
2  {
3      public partial class Form1 : Form
4      {
5          public Form1()
6          {
7              InitializeComponent();
8          }
9          private void label1_DoubleClick(object sender, EventArgs e)
10         {
11             label1.ForeColor = Color.Blue;      // 标签颜色改为蓝色
12         }
13         private void textBox1_MouseEnter(object sender, EventArgs e)
14         {
15             listBox1.Items.Add("鼠标进入TextBox");
16         }
17         private void textBox1_MouseLeave(object sender, EventArgs e)
18         {
19             listBox1.Items.Add("鼠标离开TextBox");
20         }
21         private void textBox1_Click(object sender, EventArgs e)
22         {
23             listBox1.Items.Add("鼠标单击TextBox");
24         }
25         private void textBox1_DoubleClick(object sender, EventArgs e)
26         {
27             listBox1.Items.Add("鼠标双击TextBox");
28         }
29     }
30 }
```

30-13-2 事件的 EventArgs e 参数

至今我们已经学习了控件的基础知识，也认识了事件处理程序的 sender 参数，事件处理程序的第 2 个参数是 EventArgs e 参数，在鼠标事件中此参数的类型是 MouseEventArgs，这个参数其实记录了按了鼠标的哪一个键，同时回传鼠标光标的坐标，e 参数的属性如下：

X：鼠标光标的 X 坐标。

Y：鼠标光标的 Y 坐标。

Button：可以了解是按了鼠标的哪一个按钮，C# 是用列举 (Enum)MouseButtons 处理按钮值，相关参数值如下：

Left：按鼠标左边按钮。

Middle：按鼠标的滚轮。

Right：按鼠标右边按钮。

None：没有按鼠标按钮。

方案 ch30_28.sln：创建 TextBox 进行测试，在此控件单击，可以在标签字段记录所按的按钮，同时输出鼠标光标在 TextBox 的坐标。此 TextBox 的 BorderStyle 属性是 Fixed3D，Mutiline 属性是 True。lblEButton 的 AutoSize 属性是 False，BorderStyle 属性是 Fixed3D。

```
1  namespace ch30_28
2  {
3      public partial class Form1 : Form
4      {
5          public Form1()
6          {
7              InitializeComponent();
8          }
9          private void textBox1_MouseUp(object sender, MouseEventArgs e)
10         {
11             string buttonMsg = string.Empty;
12             switch (e.Button)
13             {
14                 case MouseButtons.Left:
15                     buttonMsg = "按左键";
16                     break;
17                 case MouseButtons.Right:
18                     buttonMsg = "右键单击";
19                     break;
20                 case MouseButtons.Middle:
21                     buttonMsg = "按中间键";
22                     break;
23             }
24             string loc = "X = " + e.X + ", " + "Y = " + e.Y;
25             lblEButton.Text = buttonMsg + loc;
26         }
27     }
28 }
```

30-14 键盘事件

当某一控件取得焦点时，若按了键盘键则会产生键盘事件。

KeyDown：控件取得焦点，有键盘按下时则会产生此事件。

KeyUp：控件取得焦点，放开键盘按键时则会产生此事件。

KeyPress：控件取得焦点时，有键盘处于被按着的状态时则会产生此事件。

键盘事件是先有 KeyDown 事件，然后有 KeyPress 事件，最后是 KeyUp 事件，当有键盘事件发生时，对于 KeyDown 和 KeyUp 事件而言，事件管理程序所传递的第 2 个参数是 KeyEventArgs e。如果是 KeyPress 事件，则传递 KeyPressEventArgs e 参数。

30-14-1 KeyDown 和 KeyUp 事件

当有键盘按键产生时，KeyEventArgs e 的属性如下：

Alt：回传是否按 Alt 键。

Ctrl：回传是否按 Ctrl 键。

Shift：回传是否按 Shift 键。

KeyCode：回传所按的键，可以由 Keys 列举常数得知所按的键，如 F1 到 F12，D0 到 D9(代表数字键)，A 到 Z(英文字母键)，Up、Down、Left、Right(代表箭头键)。

方案 ch30_29.sln：设计会动的功能按钮，这个程序在功能按钮取得焦点后，若是按 Alt、Ctrl 或是 Shift 键则将功能按钮名称改为标记所按的键名称。同时按 Up、Down、Left 和 Right 可以移动功能按钮，每次移动 10 个像素。

```
1  namespace ch30_29
2  {
3      public partial class Form1 : Form
4      {
5          public Form1()
6          {
7              InitializeComponent();
8          }
9          private void button1_KeyUp(object sender, KeyEventArgs e)
10         {
11             switch (e.KeyCode)
12             {
13                 case Keys.Up:
14                     button1.Top -= 10;       // 往上移 10 像素
15                     break;
16                 case Keys.Down:
17                     button1.Top += 10;       // 往下移 10 像素
18                     break;
19                 case Keys.Left:
20                     button1.Left -= 10;      // 往左移 10 像素
21                     break;
22                 case Keys.Right:
23                     button1.Left += 10;      // 往右移 10 像素
24                     break;
25             }
26         }
27         private void button1_KeyDown(object sender, KeyEventArgs e)
28         {
29             if (e.Alt)
30                 button1.Text = "按 Alt 键";
31             if (e.Shift)
32                 button1.Text = "按 Shift 键";
33             if (e.Control)
34                 button1.Text = "按 Ctrl 键";
35         }
36     }
37 }
```

执行结果

30-14-2 KeyPress 事件

当产生 KeyPress 事件后，事件处理程序产生的参数是 KeyPressEventArgs e，这个 e 的属性如下：

KeyChar：用户所按的字符。

Handled：默认是 false，表示不阻挡输入。如果设为 true 则阻挡输入。

方案 ch30_30.sln：设计成绩输入程序，这个程序在分数成绩部分只能输入 0 ～ 9 的数字，英文等级只能输入 A、B、C 和 F。输入如果错误，则会被阻挡，同时出现对话框告知输入错误发生。

```
1  namespace ch30_30
2  {
3      public partial class Form1 : Form
4      {
5          public Form1()
6          {
7              InitializeComponent();
8          }
9
10         private void txtScore_KeyPress(object sender, KeyPressEventArgs e)
11         {
12             int data = Convert.ToInt32(e.KeyChar);
13             if (data == 13 || data == 8)     // Enter 或 Backspace 键被按
14                 return;
15             // 0 的 ASCII 码是 48, 9 的 ASCII 码是 57
16             if (data < 48 || e.KeyChar > 57)
17             {
18                 e.Handled = true;
19                 MessageBox.Show("输入错误,只能输入 0 ~ 9数字", "ch30_30");
20             }
21         }
22
23         private void txtGrade_KeyPress(object sender, KeyPressEventArgs e)
24         {
25             int data = Convert.ToInt32(e.KeyChar);
26             if (data == 13 || data == 8)     // Enter 或 Backspace 键被按
27                 return;
28             // A 的 ASCII 码是 65, F 的 ASCII 码是 70
29             // D 的 ASCII 码是 68, E 的 ASCII 码是 69
30             if ((data < 65 || e.KeyChar > 70) || (data >= 68 && data <= 69))
31             {
32                 e.Handled = true;
33                 MessageBox.Show("输入错误,只能输入 A, B, C, F", "ch30_30");
34             }
35         }
36     }
37 }
```

执行结果

习题实操题（本章习题控件大小、位置可以自行设定）

方案 ex30_1.sln：重新设计 ch30_1.sln，增加复原按钮，可以恢复系统设定背景色。(30-2 节)

方案 ex30_2.sln：扩充设计 ch30_3.sln，下列是示范输出界面。(30-3 节)

方案 ex30_3.sln：银行账号系统设计，如果输入账号密码正确，则输出"欢迎进入深智银行系统"的消息框。如果账号错误，则输出"账号错误"。如果账号正确但是密码错误，则输出"账号正确，密码错误"。账号是 abcdefgh，密码是 12345678。下面是输入正确账号与密码的界面。(30-4 节)

下面是输入账号与密码错误的界面。

方案 ex30_4.sln：将 ch30_8.sln 改为多一个按钮，有"华氏转摄氏"按钮和"摄氏转华氏"按钮。如果输入错误则会指出是哪一个字段输入错误。(30-4 节)

如果摄氏字段输入错误

如果华氏字段输入错误

方案 ex30_5.sln：BMI(Body Mass Index) 指数即身体质量指数 (又称体重指数)，由比利时的科学家凯特勒 (Lambert Quetelet) 最先提出，也是世界卫生组织认可的健康指数，它的计算方式如下：

BMI = 体重 (kg) / 身高 ^{2}(m)

如果 BMI 是 18.5 ～ 23.9，表示这是健康的 BMI 值。请输入自己的身高和体重，然后求出自己是否在健康的范围，国际健康组织针对 BMI 指数公布更进一步数据如下所示。

分　　类	BMI
体重过轻	BMI < 18.5
正常	18.5 ≤ BMI < 24
超重	24 ≤ BMI < 28
肥胖	BMI ≥ 28

如果身高字段输入错误或是体重字段输入错误，将输出输入错误。BMI 值将取到小数第 2 位。可以使用 Math.Round( ) 方法，请参考 6-7-3 节。(30-4 节)

注　标题栏可以使用 Font 属性设定字体、字体大小。

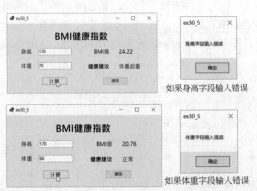

如果身高字段输入错误

如果体重字段输入错误

　　方案 ex30_6.sln：请参考 6-8-5 节的房屋贷款 ch6_25.sln，如果贷款金额、贷款年限或年利率字段输入错误，将列出输入错误，每月还款金额和总共还款金额将取到小数第 2 位。(30-4 节)

如果贷款金额输入错误

　　方案 ex30_7.sln：扩充设计 ch30_16.sln，填完数据按数据输出按钮，可以用消息框输出所填写的数据。(30-5 节)

　　方案 ex30_8.sln：扩充设计 ch30_24.sln，增加会员和打折券 ComboBox，如下所示：

下面分别是程序执行初界面与示范输出。(30-11 节)

　　方案 ex30_9.sln：请修改 ch30_26.sln 的错误，并扩充程序的标题，可以得到下列结果。(30-12 节)

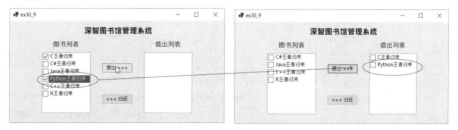

　　方案 ex30_10.sln：扩充 ch30_28.sln，当鼠标光标离开 textBox1 时，lblEButton 复原显示记录 e.Button 字符串，执行结果界面基本上和 ch30_28.sln 相同。

第 31 章
静态图像迈向动态图像设计

本章将介绍在窗口设计时，与图像有关的控件，同时讲解如何将图像应用在功能按钮和标签中，让整个窗口程序设计更精彩。

31-1 PictureBox 图片框

PictureBox 我们可以翻译为图片框，图标为  PictureBox，这个控件可以创建图片框。单击此控件后，将鼠标光标移到窗体区可以看到图标，可以拖曳此图标创建不同大小的图片框，图片框的默认名称 (Name) 是 pictureBox1。窗口设计时使用 PictureBox 控件可以让界面更精彩，我们可以在创建窗体阶段加载图像，也可以在程序设计阶段加载图像，甚至还可以使用 PictureBox 设计动态图像。目前 PictureBox 图片框可以接受位图 (.bmp)、中继文件 (.wmf)、图标 (.ico)、JPEG 图片 (.jpg 或 .jpeg)、PNG 图片 (.png)、GIF 文件 (.gif) 等。

31-1-1 PictureBox 常用属性

PictureBox 的许多属性和窗体的相同，下面是其几个常用的属性。

PictureBox 属性名称	说　明
Image	图像文件
SizeMode	图像在图片框的显示方式，有 5 种显示方式： Normal：这是默认，图像以正常大小显示在图片框左上角。 StretchImage：自动将图像放大到和图片框相同。 AutoSize：自动将图片框放大到和图像相同。 CenterImage：图像会在图片框中央。 Zoom：在不超出方块的范围内将图像宽和高用相同比例放大
Left 和 Top	Left 表示图片框左边距离窗体左边的距离。 Top 表示图片框上边距离窗体上边的距离

Normal　　StretchImage　　AutoSize　　CenterSize　　Zoom

31-1-2 程序设计图片框位置

阅读至此章节，读者应该很熟悉 Location 属性，在设计时我们可以使用 Location.X 和 Location.Y 代表水平 (X 轴) 和垂直 (Y 轴) 的位置。也可以使用 Point 对象设定图片框坐标，如下所示：

```
pictureBox1.Location.X = 20;

pictureBox1.Location.Y = 10;
```

上述可以用下列 Point 对象简化程序设计：

```
pictureBox1.Location = new Point(20, 10);
```

此外，PictureBox 也有提供 Left 和 Top，所以上述程序也可以使用下列语句表示：

```
pictureBox1.Left = 20;

pictureBox1.Top = 10;
```

31-1-3　程序设计图像大小

当 SizeMode 属性设定为 AutoSize 时，就可以让图像和图片框大小相同。在第 30 章相信读者也熟悉了 Size 的设定，我们可以使用 Size.Width 和 Size.Height 属性设定图片框的大小如下所示：

```
pictureBox1.Size.Width = 200;
pictureBox1.Size.Height = 100;
```

也可以使用 Size 对象设计，如下所示：

```
pictureBox1.Size = new Size(200, 100);
```

31-1-4　加载与删除图像

❑ 加载图像

可以使用 Image 属性取得加载图像的对象。

```
pictureBox1.Image = Image.FromFile(图像路径);
```

或是

```
pictureBox1.Image = new Bitmap(图像路径);
```

注　为了图片可移植性，建议将图片放在以后可执行文件相同的文件夹中，这也可以简化程序，只要写明图片名称即可。

❑ 删除图像

```
pictureBox1.Image = null;
```

31-1-5　静态到动态图像实例

方案 ch31_1.sln：加载与删除图像的实例，这个程序同时可以设定 4 种 SizeMode。

注　读者阅读至此应该已经熟悉了控件标题 (Text)、名称 (Name)、位置 (Location) 与大小 (Size)，所以不再赘述，读者可以将程序加载在 Visual Studio 中进行查阅。

执行结果

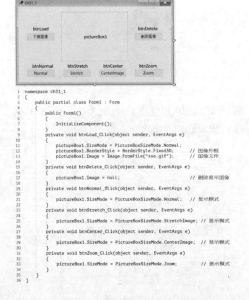

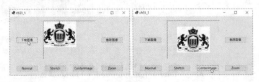

```
1  namespace ch31_1
2  {
3      public partial class Form1 : Form
4      {
5          public Form1()
6          {
7              InitializeComponent();
8          }
9          private void btnLoad_Click(object sender, EventArgs e)
10         {
11             pictureBox1.SizeMode = PictureBoxSizeMode.Normal;
12             pictureBox1.BorderStyle = BorderStyle.Fixed3D;         // 图像外框
13             pictureBox1.Image = Image.FromFile("sse.gif");         // 图像文件
14         }
15         private void btnDelete_Click(object sender, EventArgs e)
16         {
17             pictureBox1.Image = null;                              // 删除显示图像
18         }
19         private void btnNormal_Click(object sender, EventArgs e)
20         {
21             pictureBox1.SizeMode = PictureBoxSizeMode.Normal;      // 显示模式
22         }
23         private void btnStretch_Click(object sender, EventArgs e)
24         {
25             pictureBox1.SizeMode = PictureBoxSizeMode.StretchImage; // 显示模式
26         }
27         private void btnCenter_Click(object sender, EventArgs e)
28         {
29             pictureBox1.SizeMode = PictureBoxSizeMode.CenterImage;  // 显示模式
30         }
31         private void btnZoom_Click(object sender, EventArgs e)
32         {
33             pictureBox1.SizeMode = PictureBoxSizeMode.Zoom;         // 显示模式
34         }
35     }
36 }
```

上述程序第 11 行设定 SizeMode 为 Normal，第 12 行设定图片框外框为 Fixed3D，第 13 行显示图片 sse.gif，这个图片没有设定路径，所以必须与可执行文件 ch31_1.exe 放在相同路径。其他方法则是依据功能按钮，然后设定图片在图片框显示的方法。

方案 ch31_2.sln：从压缩到解压缩的图像实例，这个实例可以使用 comboBox1 选择图像文件，单击"上到下"按钮可以从上到下解压缩图像，单击"左到右"按钮可以从左到右解压缩图像。此程序的工作原理是当图片框的高度 (Height) 从小逐步变大时，或是图片框的宽度 (Width) 从小逐步变大时，有类似解压缩的效果。

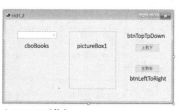

执行结果

```
1   namespace ch31_2
2   {
3       public partial class Form1 : Form
4       {
5           public Form1()
6           {
7               InitializeComponent();
8           }
9           private void Form1_Load(object sender, EventArgs e)
10          {
11              InitialCboBooks();              // 初始化cboBooks
12              // 初始化 pictureBox1
13              pictureBox1.SizeMode = PictureBoxSizeMode.StretchImage;
14          }
15          private void InitialCboBooks()
16          {
17              string[] books = {"Python王者归来",
18                                "算法",
19                                "C王者归来"};
20              cboBooks.Items.AddRange(books);         // 创建书籍项目
21              // 书籍品项无法更改 DropDownList
22              cboBooks.DropDownStyle = ComboBoxStyle.DropDownList;
23              cboBooks.SelectedIndex = 0;             // 显示索引 0
24          }
25          private void cboBooks_SelectedIndexChanged(object sender, EventArgs e)
26          {
27              if (cboBooks.Text.Equals("Python王者归来"))
28              {
29                  pictureBox1.Image = Image.FromFile("python.jpg");
30              }
31              if (cboBooks.Text.Equals("算法"))
32              {
33                  pictureBox1.Image = Image.FromFile("algorithm.jpg");
34              }
35              if (cboBooks.Text.Equals("C王者归来"))
36              {
37                  pictureBox1.Image = Image.FromFile("clang.jpg");
38              }
39          }
40          // 从上到下解压缩图像
41          private void btnTopToDown_Click(object sender, EventArgs e)
42          {
43              int width = pictureBox1.Size.Width;     // pictureBox1原先宽度
44              int height = pictureBox1.Size.Height;   // pictureBox1原先高度
45              for (int h = 0; h <= height; h += 10)   // 上到下每次增加 10
46              {
47                  pictureBox1.Size = new Size(width, h);  // 重设pictureBox1高度
48                  DateTime now = DateTime.Now;            // 记录目前时间
49                  do                                      // 设置 100 毫秒
50                  {
51                      Application.DoEvents();             // 系统控制交给操作系统
52                  } while ((DateTime.Now - now).TotalMilliseconds < 100);
53              }
54          }
55          // 从左到右解压缩图像
56          private void btnLeftToRight_Click(object sender, EventArgs e)
57          {
58              int width = pictureBox1.Size.Width;     // pictureBox1原先宽度
59              int height = pictureBox1.Size.Height;   // pictureBox1原先高度
60              for (int w = 0; w <= width; w += 10)    // 左到右每次增加 10
61              {
62                  pictureBox1.Size = new Size(w, height); // 重设pictureBox1宽度
63                  DateTime now = DateTime.Now;            // 记录目前时间
64                  do                                      // 设置 100 毫秒
65                  {
66                      Application.DoEvents();             // 系统控制交给操作系统
67                  } while ((DateTime.Now - now).TotalMilliseconds < 100);
68              }
69          }
70      }
71  }
```

上述程序第 51 行和第 66 行有 Application.DoEvents( ) 这是将控制权交给操作系统，这个阶段操作系统可以执行其他工作。注：8-8 节有介绍 Thread.Sleep( ) 方法可以让程序在指定时间休息，设计比较简单，使用 Application.DoEvents( ) 的好处是操作系统可以在此执行其他工作。

31-2 把图像应用在窗体背景中

29-7-3 节有说明可以使用 Visual Studio 的编辑环境设定窗体背景，其实也可以使用 BackgroundImage 属性设定窗体背景，此时语法如下：

```
BackgroundImage = Image.FromFile(图像路径);
```

或是

```
BackgroundImage = new Bitmap(图像路径);
```

BackgroundImageLayout 则是可以设定图像在窗体的显示方式，有以下 5 种显示方式：

None：这是默认，表示没有图像。

Tile：当图像比较小时，以方砖方式从左上角开始放置，依次往右再往下。

Center：图像会在图片框中央。

Stretch：自动将图像放大到和窗体大小相同。

Zoom：在不超出图片框范围内将图像宽和高用相同比例放大。

方案 ch32_2_1.sln：单击功能按钮可以创建窗体背景图案。

执行结果

```
1  namespace ch31_2_1
2  {
3      public partial class Form1 : Form
4      {
5          public Form1()
6          {
7              InitializeComponent();
8              BackgroundImageLayout = ImageLayout.Stretch;
9          }
10
11         private void btnSouthpole_Click(object sender, EventArgs e)
12         {
13             BackgroundImage = new Bitmap("southpole.jpg");
14         }
15
16         private void btnJapan_Click(object sender, EventArgs e)
17         {
18             BackgroundImage = new Bitmap("japan.jpeg");
19         }
20
21         private void btnNull_Click(object sender, EventArgs e)
22         {
23             BackgroundImage = null;
24         }
25     }
26 }
```

31-3 把图像应用在 Button 中

图像也可以应用在 Button 中，这时需要的属性是 Image，将图像放在 Button 中的语法如下：

```
button1.Image = Image.FromFile(图像路径);
```

或是

```
button1.Image = new Bitmap(图像路径);
```

属性 ImageAlign 可以设定图像在 Button 中的位置，有 9 个井形位置可以设定，默认是 MiddleCenter，9 个属性位置值可以参考 30-2-1 节。

方案 ch31_2_2.sln：将 sun.gif 图像放在 Button 的应用。

```
1  namespace ch31_2_2
2  {
3      public partial class Form1 : Form
4      {
5          public Form1()
6          {
7              InitializeComponent();
8          }
9
10         private void Form1_Load(object sender, EventArgs e)
11         {
12             button1.Image = new Bitmap("sun.gif");
13         }
14     }
15 }
```

31-4　内含图像的标签

图像也可以应用在 Label，这时需要的属性是 Image，将图像放在 Label 的语法如下：

```
label1.Image = Image.FromFile(图像路径);
```

或是

```
label1.Image = new Bitmap(图像路径);
```

属性 ImageAlign 可以设定图像在 Label 标签的位置，有 9 个井形位置可以设定，默认是 MiddleCenter，9 个属性位置值可以参考 30-2-1 节。

方案 ch31_2_3.sln：将 sse.gif 图像放在 Label 标签的应用，这个程序需要点一下标签才可以显示标签内容，主要是让读者学会 Click 标签事件。

注　AutoSzie 设为 False。

```
1  namespace ch31_2_3
2  {
3      public partial class Form1 : Form
4      {
5          public Form1()
6          {
7              InitializeComponent();
8          }
9
10         private void label1_Click(object sender, EventArgs e)
11         {
12             label1.Text = "SSE国际证照";
13             label1.TextAlign = ContentAlignment.TopCenter;
14             label1.Image = new Bitmap("sse.gif");
15         }
16     }
17 }
```

上述笔者没有特别设定 label1.ImageAlign，因为使用了默认的 MiddleCenter 属性。

31-5　ImageList 图像列表

31-5-1　创建控件与图像列表关联

Imagelist 可以翻译为图像列表，图标为 ⚏ ImageList 。这个工具是在"工具箱" | "组件"选项内，可以参考下图左侧。

这个不是应用在窗体 (Form) 的工具，而是供控件使用的幕后工具，如图片框、功能按钮、标签等。创建 ImageList 对象成功后，此对象也不在窗体内显示，而在窗体的下方显示，可以参考上图右侧。程序设计时可以将多张图像同时加载到 ImageList 内，然后将控件与 ImageList 做关联，假设控件是 PictureBox 工具，可以用下列方式做关联：

```
pictureBox1.ImageIndex = imageList1.Images[index]
```

上述方式相当于让 pictureBox1 显示图像列表索引 index 的图像。未来程序设计时，可以用 pictureBox1 切换显示不同索引的图像，这可以简化设计，同时达到设计动画的目的。

31-5-2 创建图像列表内容

默认图像列表的图像大小 ImageSize 是 16×16 像素，建议改为 255×255 像素，当我们要创建图像列表时，可以依照图像大小重新设定图像。下面是笔者绘制的，130×210 的火柴人系列图像。

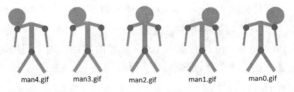

未来可以使用图像集合编辑器，将上述图像文件加载到图像列表 ImageList 中。

31-5-3 创建动态火柴人

方案 ch31_3.sln：要创建动态火柴人，请先创建窗体 ch31_3，在此窗体内创建 pictureBox1 和 button1，然后创建 imageList1，请单击 imageList1，然后将 ImageSize 改为 140, 230。程序设计的目标是单击 button1 后可以让头像往左移动 10 次，每次可以回到右边。

接下来单击"Images"｜"(Collection)"右边的 ⋯ 图标，可以打开图像集合编辑器，在本书代码资源中的 ch31_3\bin\Debug\net6.0-windows 文件夹内有从 man0.gif 到 man4.gif 的文件，请单击"添加"按钮新增这些文件。

创建完成后请单击"确定"按钮，接着设计下列程序就可以有动画的火柴人。

```
namespace ch31_3
{
    public partial class Form1 : Form
    {
        public Form1()
        {
            InitializeComponent();
        }
        static int index = 0;
        private void Form1_Load(object sender, EventArgs e)
        {
            pictureBox1.SizeMode = PictureBoxSizeMode.CenterImage;
            pictureBox1.Image = imageList1.Images[index]; // 显示索引 0 的图像
        }

        private void button1_Click(object sender, EventArgs e)
        {
            for (int loop = 0; loop < 10; loop++)
            {
                index = 0;
                while (index <= 4)
                {
                    pictureBox1.Image = imageList1.Images[index++];
                    DateTime now = DateTime.Now;          // 记录目前时间
                    do                                     // 设定 100 毫秒
                    {
                        Application.DoEvents();            // 系统控制交给操作系统
                    } while ((DateTime.Now - now).TotalMilliseconds < 200);
                }
            }
        }
    }
}
```

执行结果

31-6　Timer 定时器控件

31-6-1　创建控件与图像列表关联

Timer 可以翻译为定时器，图标为 ⏱ Timer。这个工具在"工具箱"｜"组件"选项内，可以参考下图的左侧。

这个工具和 ImageList 一样不是应用在窗体 (Form) 的工具，而是供控件使用的幕后工具，主要是做计时工作，相当于是每隔一段时间，执行特定的工作一次。创建 Timer 对象成功后，此对象也不是在窗体内显示，而是在窗体的下方显示，可以参考上图右侧。

31-6-2　启动与结束计时功能

启动计时功能可以使用 Start( ) 方法，结束计时功能可以使用 Stop( ) 方法。

注　创建计时控件对象后，Enabled 属性默认是 false，表示定时器尚未启动。也可以设定 Enabled 属性为 true，启动定时器。

31-6-3　定时器原理

在 31-5 节中，笔者使用 do 循环，让时间停顿，达到设计动画的目的。有了定时器控件，可以使用 Interval 属性设定时间间隔，触动定时器的 Tick 事件。若是想要不再触动 Tick 事件，可以使用 Stop( ) 方法或是将 Enabled 属性设为 False。使用定时器可以让程序设计比较简单。

31-6-4　走马灯的设计

方案 ch31_4.sln：这个程序若是单击"左到右"按钮，可以让"C# 王者归来"从左到右移动。若是单击"暂停"按钮，可以暂停走马灯运作，这个程序每 0.2 秒 (第 13 行) 触动一次计时方法 timer1_Tick( )(第 26 ～ 第 35 行)，每次移动 10 像素 (第 33 行)。注：程序界面有"右到左"按钮，这将是读者的习题，让走马灯从右到左移动。

```
1  namespace ch31_4
2  {
3      public partial class Form1 : Form
4      {
5          public Form1()
6          {
7              InitializeComponent();
8          }
9          private int xpos, ypos;        // label1坐标
10         public string mode;            // label1移动概式
11         private void Form1_Load(object sender, EventArgs e)
12         {
13             timer1.Interval = 200;       // 每隔 0.2 秒触动 Tick事件
14         }
15         private void btnLeftToRight_Click(object sender, EventArgs e)
16         {
17             xpos = label1.Location.X;    // 设定 xpos 坐标
18             ypos = label1.Location.Y;    // 设定 ypos 坐标
19             mode = "左到右";             // 走马灯卷动模式
20             timer1.Start();              // 开启定时器
21         }
22         private void btnStop_Click(object sender, EventArgs e)
23         {
24             timer1.Stop();               // 关闭定时器
25         }
26         private void timer1_Tick(object sender, EventArgs e)
27         {
28             if (mode == "左到右")
29             {
30                 if (xpos >= this.ClientSize.Width - label1.Width)  // 超出窗体宽度
31                     xpos = 0;            // 设定最左边
32                 label1.Location = new Point(xpos, ypos);  // 标签位置
33                 xpos += 10;              // 每次增加 10
34             }
35         }
36     }
37 }
```

执行结果：下面是标签字符串移动到不同位置的界面。

31-7　专题

本节将使用已经介绍的 ImageList 和 Timer 控件设计飞舞的蝴蝶。

31-7-1　先前准备工作

在 ch31 文件夹有 fly1.png、fly2.png、fly3.png 和 fly4.png 文件，如下所示。

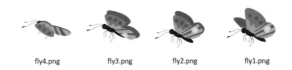

fly4.png   fly3.png   fly2.png   fly1.png

31-7-2　摆翅的蝴蝶

方案 ch31_5.sln：在 31-5-3 节的方案 ch31_3.sln 中笔者设计了动态火柴人，参考该实例，将 pictureBox1 的大小改为 255×255，同时用 fly1.png ～ fly4.png 图像，就可以完成摆动翅膀的蝴蝶。

注　程序与 ch31_3.sln 相同。

执行结果

31-7-3　移动的蝴蝶 —— 翅膀没有摆动

方案 ch31_6.sln：31-6-4 节使用定时器 (Timer) 设计走马灯程序，本程序是使用该原理，设计每 0.2 秒蝴蝶往左移动 20 个像素。注：这个程序已经将 4 只蝴蝶加载到 imageList1 中，但是没有切换蝴蝶，所以只看到蝴蝶方块移动。

执行结果

```
1  namespace ch31_6
2  {
3      public partial class Form1 : Form
4      {
5          public Form1()
6          {
7              InitializeComponent();
8          }
9          static int index = 0;                          // 图像索引 0
10         private int xpos, ypos;                         // 图片框 X 和 Y坐标
11         private void Form1_Load(object sender, EventArgs e)
12         {
13             pictureBox1.SizeMode = PictureBoxSizeMode.CenterImage;
14             pictureBox1.Image = imageList1.Images[index];  // 显示索引 0 的图像
15             timer1.Interval = 200;                          // 每隔 0.2 秒触动 Tick事件
16         }
17         private void timer1_Tick(object sender, EventArgs e)
18         {
19             if (xpos <= 0)                                  // 超出窗体最左位置
20                 xpos = this.ClientSize.Width - pictureBox1.Width; // 设定链右边
21             pictureBox1.Location = new Point(xpos, ypos);  // 图片框重新定位
22             xpos -= 20;                                     // 每次左移 20
23         }
24         private void button1_Click(object sender, EventArgs e)
25         {
26             xpos = pictureBox1.Location.X;      // 取得蝴蝶图像方块 X 坐标
27             ypos = pictureBox1.Location.Y;      // 取得蝴蝶图像方块 Y 坐标
28             timer1.Start();                     // 启动定时器
29         }
30     }
31 }
```

上述程序中每 0.2 秒 (可以参考第 15 行) 蝴蝶向左移动 20 像素 (可以参考第 22 行)。

31-7-4　飞舞的蝴蝶

方案 ch3 日 1_7.sln：设计飞舞的蝴蝶，本程序基本上是 ch31_5.sln 和 ch31_6.sln 的组合，也就是翅膀会摆动，同时蝴蝶会向左移动。这个程序使用了两个 Timer，一个 Timer 每 0.2 秒控制蝴蝶移动称为 tmrMove(可以参考第 18 ～ 第 24 行)，另一个 Timer 每 0.1 秒控制翅膀摆动称为 tmrFly(可以参考第 25 ～ 第 32 行)，当单击 "蝴蝶飞" 按钮，可以看到蝴蝶往左飞，飞到左边尽头后会从右边重新开始。

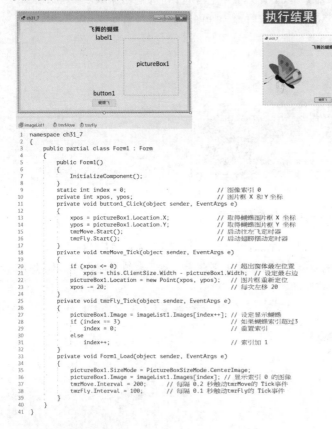

```
1   namespace ch31_7
2   {
3       public partial class Form1 : Form
4       {
5           public Form1()
6           {
7               InitializeComponent();
8           }
9           static int index = 0;                              // 图像索引 0
10          private int xpos, ypos;                            // 图片框 X 和 Y 坐标
11          private void button1_Click(object sender, EventArgs e)
12          {
13              xpos = pictureBox1.Location.X;                 // 取得蝴蝶图片框 X 坐标
14              ypos = pictureBox1.Location.Y;                 // 取得蝴蝶图片框 Y 坐标
15              tmrMove.Start();                               // 启动往左飞定时器
16              tmrFly.Start();                                // 启动翅膀摆动定时器
17          }
18          private void tmrMove_Tick(object sender, EventArgs e)
19          {
20              if (xpos <= 0)                                 // 超出窗体最左位置
21                  xpos = this.ClientSize.Width - pictureBox1.Width;  // 设定最右边
22              pictureBox1.Location = new Point(xpos, ypos);  // 图片框重新定位
23              xpos -= 20;                                    // 每次左移 20
24          }
25          private void tmrFly_Tick(object sender, EventArgs e)
26          {
27              pictureBox1.Image = imageList1.Images[index++]; // 设定显示蝴蝶
28              if (index == 3)                                // 如果蝴蝶索引超过3
29                  index = 0;                                 // 重置索引
30              else
31                  index++;                                   // 索引加 1
32          }
33          private void Form1_Load(object sender, EventArgs e)
34          {
35              pictureBox1.SizeMode = PictureBoxSizeMode.CenterImage;
36              pictureBox1.Image = imageList1.Images[index]; // 显示索引 0 的图像
37              tmrMove.Interval = 200;        // 每隔 0.2 秒触动tmrMove的 Tick事件
38              tmrFly.Interval = 100;         // 每隔 0.1 秒触动tmrFly的 Tick事件
39          }
40      }
41  }
```

习题实操题

方案 ex31_1.sln：扩充设计 ch31_2.sln，增加设计预览图片框，也可以单击图片框达到切换图片的目的，下列是切换显示的界面和选择不同界面的结果，本书图片文件在 ch31 文件夹。(31-1 节)

方案 ex31_2.sln：设计按钮依据按钮名称配置图案 sun.gif，然后单击该按钮，可以调整 sse.

gif 位置，程序开始时图案默认位置在 MiddleCenter。(31-4 节)

　　方案 ex31_3.sln：重新设计 ch31_2_3.sln，增加"图靠右"按钮，单击此按钮可以让右边出现 sse.gif 图像，左边出现文字。单击"图靠左"按钮可以让左边出现 sse.gif 图像，右边出现文字。(31-4 节)

　　方案 ex31_4.sln：扩充设计 ch31_4.sln，为"右到左"功能按钮增加功能，可以让走马灯字符串往左移动。(31-6 节)

　　方案 ex31_5.sln：更改设计 ch31_7.sln，在 ch31 文件夹有 butterFly1.png ～ butterFly5.png 等 5 只蝴蝶，请设计程序使得蝴蝶可以向右飞，同时单击"暂停飞"按钮可以暂时停止飞行。(31-7 节)

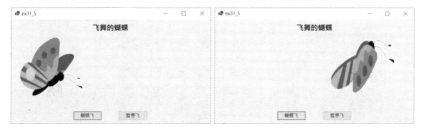

第 32 章
常用的控件

本章将针对设计窗口应用程序常用的控件做解说。

32-1　ToolTip 提示说明

ToolTip 可以翻译为提示说明，图标为 ToolTip，当鼠标光标放在该控件上时，会出现小矩形弹出窗口显示控件的简短说明，这个工具图标的位置可以参考下图。

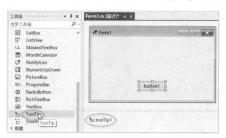

这个不是应用在窗体 (Form) 上的工具，而是供控件使用的幕后工具。和 ImageList 一样，创建 ToolTip 对象成功后，此对象也不在窗体内显示，而在窗体的下方显示，可以参考上图右侧。

32-1-1　ToolTip 常用属性

ToolTip 的许多属性和其他控件的相同，可以在属性窗口设定，或是使用程序代码设定。比较不一样的是，创建 ToolTip 工具后，原先窗体的控件会增加 ToolTip 属性，用户可以在此输入该控件的提示说明。下列是 ToolTip 控件几个常用的属性。

ToolTip 属性名称	说　　　明
Active	是否有作用，默认是 true。如果是 false，则此工具没有作用。如果要将其设定为 false，则程序如下所示： toolTip1.Active = false
AutomaticDelay	设定自动延迟时间显示 ToolTip 文字。单位是毫秒，1000 等于 1 秒，这个时间单位可以应用在 AutoPopDelay 和 InitialDelay 中
AutoPopDelay	可以设定显示提示说明文字的时间长度
InitialDelay	设定光标指向控件的时间必须满足一定的长度，才会显示提示说明文字
IsBalloon	默认是 false，表示提示文字是用小矩形窗口显示。如果设为 true，提示文字是用气球样式窗口显示
ReshowDelay	当光标从一个控件移到另一个控件，显示后面提示文字所花费的时间，单位是毫秒数
ToolTipTitle	提示信息的标题

32-1-2　ToolTip 常用方法

使用 SetToolTip( ) 方法可以为特定控件创建提示说明，语法如下：

```
toolTip1.SetToolTip( 控件 , 提示说明文字 );
```

方案 ch32_1.sln：提示说明文字在显示按钮 (btnShow) 和 pictureBox1 中的应用。读者可以看到执行结果中有关闭按钮，这将是读者的习题。

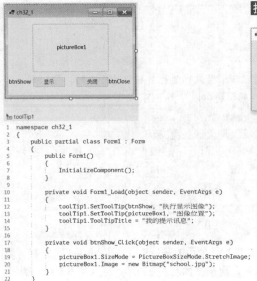

执行结果

```
1    namespace ch32_1
2    {
3        public partial class Form1 : Form
4        {
5            public Form1()
6            {
7                InitializeComponent();
8            }
9
10           private void Form1_Load(object sender, EventArgs e)
11           {
12               toolTip1.SetToolTip(btnShow, "执行显示图像");
13               toolTip1.SetToolTip(pictureBox1, "图像位置");
14               toolTip1.ToolTipTitle = "我的提示讯息";
15           }
16
17           private void btnShow_Click(object sender, EventArgs e)
18           {
19               pictureBox1.SizeMode = PictureBoxSizeMode.StretchImage;
20               pictureBox1.Image = new Bitmap("school.jpg");
21           }
22       }
23   }
```

32-2 DateTimePicker 日期时间选择器

DateTimePicker 可以翻译为日期时间选择器，图标为 DateTimePicker，我们可以利用这个控件选择日期，然后执行更多与日期和时间有关的操作，如设定日历、闹钟或其他操作。

如果没有选择并更改日期，默认显示今天日期。

32-2-1 DateTimePicker 最重要的属性 Value

DateTimePicker 控件最重要的属性是 Value，这个属性可以设定日期与时间显示的方式，同时也可以使用这个属性，配合 15-1-2 节的 DateTime 对象属性获得更详细的日期与时间信息，下列是常用的日期与时间信息。

```
int year = dateTimePicker1.Value.Year;        // 回传年

int month = dateTimePicker1.Value.Month;      // 回传月

int day = dateTimePicker1.Value.Day;          // 回传日

int hour = dateTimePicker1.Value.Hour;        // 回传时

int minute = dateTimePicker1.Value.Minute;    // 回传分

int second = dateTimePicker1.Value.Second;    // 回传秒
```

方案 ch32_2.sln：创建 DateTimePicker 控件，同时显示年、月、日、时、分和秒。

执行结果

```
1  namespace ch32_2
2  {
3      public partial class Form1 : Form
4      {
5          public Form1()
6          {
7              InitializeComponent();
8          }
9
10         private void Form1_Load(object sender, EventArgs e)
11         {
12             txtYear.Text = dateTimePicker1.Value.Year.ToString();
13             txtMonth.Text = dateTimePicker1.Value.Month.ToString();
14             txtDay.Text = dateTimePicker1.Value.Day.ToString();
15             txtHour.Text = dateTimePicker1.Value.Hour.ToString();
16             txtMinute.Text = dateTimePicker1.Value.Minute.ToString();
17             txtSecond.Text = dateTimePicker1.Value.Second.ToString();
18         }
19     }
20 }
```

注　这个程序只是让读者体会 DateTimePicker 控件的 Value 属性，更好的设计是在重新选择
日期时，窗体可以同步更新数据，32-2-4 节会扩充此程序。

32-2-2　DateTimePicker 格式化的属性 Format

DateTimePicker 控件有 4 种显示日期和时间的方式：

Long：长日期格式 `2023年 1月12日`，这是默认项。

Short：短日期格式 `2023/ 1/12`。

Time：显示时间 `下午 03:55:57`。

Custom：可以自行设定输出格式，格式设定可以使用 DateTime 对象，详情可以参考 15-2 节。
下列使用短日期和时间格式输出 DateTimePicker 的日期和时间：

```
dateTimePicker1.Format = DateTimePickerFormat.Short;        // 短日期格式
```

```
dateTimePicker1.Format = DateTimePickerFormat.Time;         // 时间格式
```

方案 ch32_3.sln：创建按钮设定 DateTimePicker 控件对日期和时间有不同输出的格式。

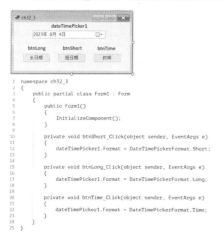

执行结果

```
1  namespace ch32_3
2  {
3      public partial class Form1 : Form
4      {
5          public Form1()
6          {
7              InitializeComponent();
8          }
9
10         private void btnShort_Click(object sender, EventArgs e)
11         {
12             dateTimePicker1.Format = DateTimePickerFormat.Short;
13         }
14
15         private void btnLong_Click(object sender, EventArgs e)
16         {
17             dateTimePicker1.Format = DateTimePickerFormat.Long;
18         }
19
20         private void btnTime_Click(object sender, EventArgs e)
21         {
22             dateTimePicker1.Format = DateTimePickerFormat.Time;
23         }
24     }
25 }
```

当将 DateTimePicker 对象的 Format 设为 Custom 后，如下所示：

```
dateTimePicker1.Format = DateTimePickerFormat.Custom;
```

就可以使用 CustomerFormat 属性搭配 15-2 节中设定日期和时间的显示方式，设定自己的日期和时间格式，下列是同时显示日期与时间的语句：

dateTimePicker1.CustomerFormat = "yyyy 年 MM 月 dd 日 hh 时 mm 分 ss 秒"；

方案 ch32_4.sln：设计含有日期与时间格式的 DateTimePicker。

执行结果

```
1   namespace ch32_4
2   {
3       public partial class Form1 : Form
4       {
5           public Form1()
6           {
7               InitializeComponent();
8           }
9
10          private void Form1_Load(object sender, EventArgs e)
11          {
12              dateTimePicker1.Format = DateTimePickerFormat.Custom;
13              dateTimePicker1.CustomFormat = "yyyy年MM月dd日hh时mm时ss秒";
14          }
15      }
16  }
```

32-2-3　几个其他常用的属性

下列是 DateTimePicker 其他常用的属性。

ShowCheckBox 属性：默认是 false，如果设为 true 可以显示复选框。

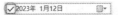

Checked 属性：当 ShowCheckBox 属性是 true 时，可以由此了解是否勾选了复选框。

ShowUpDown 属性：默认是 false，代表读者不可以使用右边的上下按钮 图标来选择日期。如果是 true，则可以使用上下按钮来选择日期。

2023年 1月12日

MaxDate 属性：可以选择日期的最晚时间，默认是 12/31/9998 12 am。

MinDate 属性：可以选择日期的最早时间，默认是 1/1/1753 00:00:00。

32-2-4　常使用的事件

如果控件的日期和时间改变则会产生 ValueChanged 事件。

方案 ch32_4_1.sln：重新设计 ch32_2.sln，当有新选择的日期时，会更新显示。

```
1   namespace ch32_4_1
2   {
3       public partial class Form1 : Form
4       {
5           public Form1()
6           {
7               InitializeComponent();
8           }
9           private void dateTimePicker1_ValueChanged(object sender, EventArgs e)
10          {
11              ShowDate();          // 显示日期信息
12          }
13          private void ShowDate()
14          {
15              txtYear.Text = dateTimePicker1.Value.Year.ToString();
16              txtMonth.Text = dateTimePicker1.Value.Month.ToString();
17              txtDay.Text = dateTimePicker1.Value.Day.ToString();
18              txtHour.Text = dateTimePicker1.Value.Hour.ToString();
19              txtMinute.Text = dateTimePicker1.Value.Minute.ToString();
20              txtSecond.Text = dateTimePicker1.Value.Second.ToString();
21          }
22          private void Form1_Load(object sender, EventArgs e)
23          {
24              ShowDate();          // 显示日期信息
25          }
26      }
27  }
```

执行结果：建议读者重新选择日期，体会 ValueChanged 事件。

这个程序在加载和重新选择日期时，会更新显示所选日期的信息。

32-2-5 定时器应用

方案 ch32_5.sln：单击"10 秒"按钮，可以开始计时 10 秒，时间到会产生蜂鸣声。

执行结果

```
1  namespace ch32_5
2  {
3      public partial class Form1 : Form
4      {
5          public Form1()
6          {
7              InitializeComponent();
8          }
9          private void Form1_Load(object sender, EventArgs e)
10         {
11             dateTimePicker1.Format = DateTimePickerFormat.Custom;
12             dateTimePicker1.CustomFormat = "yyyy-MM-dd hh:mm:ss";
13         }
14         private void timer1_Tick(object sender, EventArgs e)
15         {
16             if (DateTime.Now > dateTimePicker1.MinDate)
17             {
18                 timer1.Stop();                              // timer1 结束
19                 textBox1.Text = "10秒时间到了";              // 显示时间到了
20                 System.Media.SystemSounds.Beep.Play();       // 产生蜂鸣
21                 MessageBox.Show("时间到", "ch32_5");
22             }
23         }
24         private void button1_Click(object sender, EventArgs e)
25         {
26             dateTimePicker1.Enabled = false;                // Diable DateTimePicker
27             dateTimePicker1.MinDate = DateTime.Now.AddSeconds(10);
28             timer1.Interval = 1000;                         // 每秒触动一次
29             timer1.Start();                                 // 启动 timer1
30         }
31     }
32  }
```

第 20 行的 System.Media.SystemSounds.Beep.Play( ) 会产生蜂鸣声。

32-3 MonthCalendar 月历

MonthCalendar 可以翻译为月历，图标为 📅 MonthCalendar，我们可以利用这个控件选择日期区间，然后执行更多与日期区间有关的操作，例如使用这个功能设计旅馆或民宿的订阅网站。程序执行时，这个控件直接呈现月历，今天的日期会有外框，可以用鼠标拖曳选择日期区间，如下所示。

32-3-1 MonthCalendar 的属性 —— 粗体设定日期

下列是设定日期使用粗体的属性。

❏ AnnuallyBoldedDates 属性

MonthCalendar 在显示日期时，除了今天的日期有外框标记，其他日期没有特别标记，这个属性可以让我们特别标记每年的重要日期并用粗体显示。例如，可以标记重要人物的生日、公司创立日期、国家庆典等。可以使用 DateTime 集合编辑器标记，也可以使用程序标记。属性窗口 AnnuallyBoldedDates 最右边有 ⋯ 图标，单击其可以启动 DateTime 集合编辑器，如下所示。

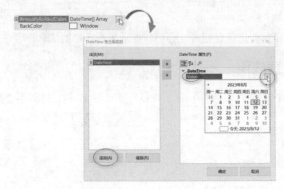

上述选择后，可以看到未来每年的同一日期都用粗体显示。

如果要在程序设计时标记特别日期，可以使用 AddAnnuallyBoldedDate( ) 方法，完成标记后要使用 UpdateBoldedDates( ) 更新日历设定，下列是使用程序设定每年 1 月 1 日是粗体的语句：

```
monthCalendar1.AddAnnuallyBoldedDate(new DateTime(2023, 1, 1));
monthCalendar1.UpdateBoldedDates(n);          // 更新设定
```

❏ MonthlyBoldedDates 属性

这个属性和 AnnuallyBoldedDates 属性类似，不过其用于设定每个月重要日期并用粗体显示。读者可以使用属性窗口的 MonthlyBoldedDates 属性来设定，也可以用程序来设定，下列是使用程序设定每个月 10 日是粗体的语句：

```
monthCalendar1.AddMonthlyBoldedDate(new DateTime(2023, 1, 10));
monthCalendar1.UpdateBoldedDates(n);          // 更新设定
```

❏ BoldedDates 属性

这个属性和 AnnuallyBoldedDates 属性类似，不过这是应用在设定重要日期以粗体显示。读者可以使用属性窗口的 BoldedDates 属性设定，也可以用程序设定，下列是使用程序设定 2023 年 1 月 15 日用粗体显示的语句：

```
monthCalendar1.AddBoldedDate(new DateTime(2023, 1, 15));
monthCalendar1.UpdateBoldedDates(n);          // 更新设定
```

方案 ch32_6.sln：设定每年 1 月 1 日、每个月 10 日、1 月 15 日用粗体显示日期。

```
1   namespace ch32_6
2   {
3       public partial class Form1 : Form
4       {
5           public Form1()
6           {
7               InitializeComponent();
8           }
9
10          private void Form1_Load(object sender, EventArgs e)
11          {
12              monthCalendar1.AddAnnuallyBoldedDate(new DateTime(2023, 1, 1));
13              monthCalendar1.AddMonthlyBoldedDate(new DateTime(2023, 1, 10));
14              monthCalendar1.AddBoldedDate(new DateTime(2023, 1, 15));
15              monthCalendar1.UpdateBoldedDates();
16          }
17      }
18  }
```

执行结果：下面是两个不同年份的显示结果。

32-3-2　MaxDate 和 MinDate 属性

这两个属性可以选取日期区间，例如，设计民宿网站，可以要求消费者订购入住日期必须在从今天算起的 3 天 (MinDate) 到 90 天 (MaxDate) 之间，详情可以参考下列程序代码：

```
monthCalendar1.MaxDate = DateTime.Today.AddDay(90);        // 最晚日期

monthCalendar1.MinDate = DateTime.Today.AddDay(3);         // 最早日期
```

当设定好可以选取日期区间后，日历将只显示这些可以选取的日期。

方案 ch32_7.sln：设定日历可以选取的日期在今天过后第 3 ～ 第 10 天的区间中。

```
1  namespace ch32_7
2  {
3      public partial class Form1 : Form
4      {
5          public Form1()
6          {
7              InitializeComponent();
8          }
9          private void Form1_Load(object sender, EventArgs e)
10         {
11             monthCalendar1.MaxDate = DateTime.Today.AddDays(10);
12             monthCalendar1.MinDate = DateTime.Today.AddDays(3);
13         }
14     }
15 }
```

执行结果

从上述执行结果中，读者可以观察到日历只显示可以选取的区间，框起来的是可以选取的第 1 天。

32-3-3　ShowToday 和 ShowTodayCircle 属性

从 ch32_7.sln 的执行结果可以看到日历下方显示今天的日期，这可以用 ShowToday 属性设定。这个属性可以设定是否显示今天日期，默认是 true。ShowTodayCircle 属性可以设定今天的日期是否加框，默认是 true。

32-3-4　选取日期相关属性

与选取日期有关的属性如下。

❑ MaxSelectionCount 属性

可以设定最多可以选取的天数，默认是 7 天。

❑ SelectionRange 属性

可以设定所选取日期的区间，例如，可以使用下列方式设定选取的区间是 2023 年 1 月 15 日至 2023 年 1 月 31 日。

```
DateTime dateStart = new DateTime(2023, 1, 15);

DateTime dateEnd = new DateTime(2023, 1, 31);

monthCalendar1.SelectionRange = new SelectionRange(dateStart, dateEnd);
```

不过这个属性主要用来读取所选的日期区间，具体可以使用下列程序代码：

```
DateTime dateStart = monthCalendar1.SelectionRange.Start;  // 开始日期
```

```
DateTime dateEnd = monthCalendar1.SelectionRange.Start;    // 结束日期
```

❑ SelectionStart 属性

可以设定或读取选取日期区间的起始日期，下列语句设定选取区间的起始日期为今天：

```
monthCalendar1.SelectionStart = DateTime.Today;
```

下列语句读取选取区间的起始日期：

```
DateTime dateStart = monthCalendar1.SelectionStart;
```

❑ SelectionEnd 属性

可以设定或读取选取日期区间的结束日期，下列语句设定选取区间的结束日期为 10 天后：

```
monthCalendar1.SelectionEnd = DateTime.Today.AddTodays(10);
```

下列语句读取选取区间的结束日期：

```
DateTime dateEnd = monthCalendar1.SelectionEnd;
```

32-3-5　日历常用事件

如果日历控件所选日期改变会产生 DateChanged 事件。

方案 ch32_8.sln：设计订房系统，默认今天的日期是入住日期，第 2 天是退房日期，住房天数是 1 天，当勾选日历日期区间改变时，可以重新显示这 3 个字段。

```
1  namespace ch32_8
2  {
3      public partial class Form1 : Form
4      {
5          public Form1()
6          {
7              InitializeComponent();
8          }
9
10         private void Form1_Load(object sender, EventArgs e)
11         {
12             monthCalendar1.MaxDate = DateTime.Today.AddDays(90);  // 最晚可选取时间
13             monthCalendar1.MinDate = DateTime.Today;              // 最早可选取时间
14             ShowReservedDate();
15         }
16         private void ShowReservedDate()
17         {
18             DateTime checkIn = monthCalendar1.SelectionStart;      // 住房日期
19             DateTime checkOut = monthCalendar1.SelectionEnd.AddDays(1);  // 退房日期
20             textCheckIn.Text = checkIn.ToString("yyyy/MM/dd");     // 输出住房日期
21             textCheckOut.Text = checkOut.ToString("yyyy/MM/dd");   // 输出退房日期
22             TimeSpan timeSpan = checkOut - checkIn;                // 计算天数
23             textDays.Text = timeSpan.Days.ToString();             // 输出天数
24         }
25
26         private void monthCalendar1_DateChanged(object sender, DateRangeEventArgs e)
27         {
28             ShowReservedDate();
29         }
30     }
31 }
```

执行结果：下列是选取 6 月 23 日 — 6 月 26 日为住房时间的结果。

32-4　NumericUpDown 控件

NumericUpDown 可以调节数字大小，图标为 NumericUpDown 。此控件创建成功后，可以单击此控件的上按钮▲图标减少数值，单击此控件的下按钮▼图标增加数值。

32-4-1　NumericUpDown 常用属性

下列是 NumericUpDown 几个常用的属性。

NumericUpDown 属性	说　明
DecimalPlaces	默认是 0，表示是整数。如果想要设有小数，可以在此设定小数的位数
Value	NumericUpDown 控件的值，默认是使用最小值，默认是 0
Maximum	NumericUpDown 控件的最大值，默认是 100
Minimum	NumericUpDown 控件的最小值，默认是 100
Increment	单击上按钮▲和下按钮▼时的差异值，默认是 1
ReadOnly	设定使用者可否在此输入数值，ReadOnly 是只读，其默认是 false 表示可以手动输入数值，如果设为 true 则无法手动输入数值

32-4-2　NumericUpDown 常用方法

UpButton( ) 方法相当于单击上按钮▲，可以根据 Increment 增加数值。DownButton( ) 方法相当于单击下按钮▼，可以根据 Increment 减少数值。

方案 ch32_9.sln：NumericUpDown 的体验，这个方案中笔者没有设计程序代码，纯粹使用属性窗口设定默认、Increment 是 2 与 Increment 是 0.2 等 3 个 NumericUpDown 控件。

执行结果：下方左图是屏幕启动后的画面，下方右图是使用上按钮和下按钮操作的示范输出。

32-4-3　NumericUpDown 常用事件

如果 NumericUpDown 控件的内容更改，则会产生 ValueChanged 事件。

32-4-4　定时器设计

方案 ch32_10.sln：定时器设计，当单击"开始计时"按钮，可以开始计时。如果单击"计时停止"按钮，可以结束计时同时计时结果字段会显示秒数。

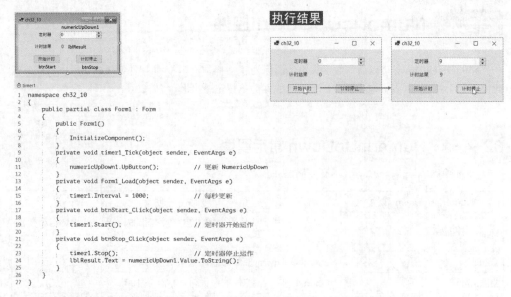

```
1  namespace ch32_10
2  {
3      public partial class Form1 : Form
4      {
5          public Form1()
6          {
7              InitializeComponent();
8          }
9          private void timer1_Tick(object sender, EventArgs e)
10         {
11             numericUpDown1.UpButton();          // 更新 NumericUpDown
12         }
13         private void Form1_Load(object sender, EventArgs e)
14         {
15             timer1.Interval = 1000;             // 每秒更新
16         }
17         private void btnStart_Click(object sender, EventArgs e)
18         {
19             timer1.Start();                     // 定时器开始运作
20         }
21         private void btnStop_Click(object sender, EventArgs e)
22         {
23             timer1.Stop();                      // 定时器停止运作
24             lblResult.Text = numericUpDown1.Value.ToString();
25         }
26     }
27 }
```

上述程序的缺点是想要重新计时时，无法将定时器归零，这将是读者的习题。

方案 ch32_11.sln：基础数学加法运算，这个程序可以使用小数字数字段选择 NumberUpDown 的小数字数，如果小数字数是 1 则 Increment 是 0.1，如果小数字数是 2 则 Increment 是 0.01。每当有 NumberUpDown 的 Value 改变时，会自动更新加法结果。

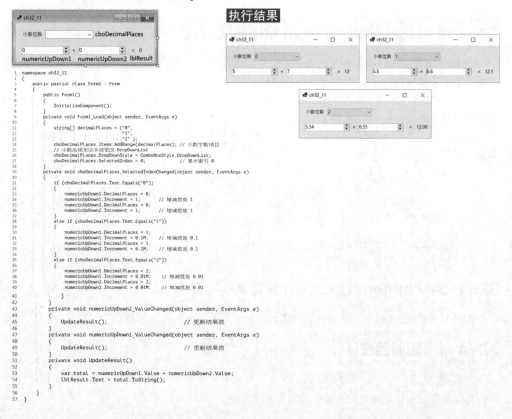

```
1  namespace ch32_11
2  {
3      public partial class Form1 : Form
4      {
5          public Form1()
6          {
7              InitializeComponent();
8          }
9          private void Form1_Load(object sender, EventArgs e)
10         {
11             string[] decimalPlaces = {"0",
12                                       "1",
13                                       "2" };
14             cboDecimalPlaces.Items.AddRange(decimalPlaces); // 小数字数项目
15             // 小数品项无法手动更改 DropDownList
16             cboDecimalPlaces.DropDownStyle = ComboBoxStyle.DropDownList;
17             cboDecimalPlaces.SelectedIndex = 0;             // 显示索引 0
18         }
19         private void cboDecimalPlaces_SelectedIndexChanged(object sender, EventArgs e)
20         {
21             if (cboDecimalPlaces.Text.Equals("0"))
22             {
23                 numericUpDown1.DecimalPlaces = 0;
24                 numericUpDown1.Increment = 1;       // 增减值是 1
25                 numericUpDown2.DecimalPlaces = 0;
26                 numericUpDown2.Increment = 1;       // 增减值是 1
27             }
28             else if (cboDecimalPlaces.Text.Equals("1"))
29             {
30                 numericUpDown1.DecimalPlaces = 1;
31                 numericUpDown1.Increment = 0.1M;    // 增减值是 0.1
32                 numericUpDown2.DecimalPlaces = 1;
33                 numericUpDown2.Increment = 0.1M;    // 增减值是 0.1
34             }
35             else if (cboDecimalPlaces.Text.Equals("2"))
36             {
37                 numericUpDown1.DecimalPlaces = 2;
38                 numericUpDown1.Increment = 0.01M;   // 增减值是 0.01
39                 numericUpDown2.DecimalPlaces = 2;
40                 numericUpDown2.Increment = 0.01M;   // 增减值是 0.01
41             }
42         }
43         private void numericUpDown2_ValueChanged(object sender, EventArgs e)
44         {
45             UpdateResult();                         // 更新结果值
46         }
47         private void numericUpDown1_ValueChanged(object sender, EventArgs e)
48         {
49             UpdateResult();                         // 更新结果值
50         }
51         private void UpdateResult()
52         {
53             var total = numericUpDown1.Value + numericUpDown2.Value;
54             lblResult.Text = total.ToString();
55         }
56     }
57 }
```

32-5 共享事件

32-5-1 用程序代码处理共享事件

上述 ch32_11.sln 可以看到 numberUpDown1 对象和 numberUpDown2 对象，发生 ValueChanged 事件时，所使用的程序代码是一样的，这种现象称为共享事件。我们可以让 numberUpDown2 对象使用 numberUpDown1 对象的事件，语法如下：

　　对象 . 事件 += 事件处理方法 ;

　　或是

　　对象 . 事件 += new EventHandler (事件处理方法) ;

　　若是以 ch32_11.sln 为例，则语法如下：

　　numberUpDown2.ValueChanged += numberUpDown1_ValueChanged;

　　或是

　　numberUpDown2.ValueChanged += new EventHandler(numberUpDown1_ValueChanged);

一般来说建议使用第 1 种方法，少了 EventHandler( ) 比较简单。上述程序代码可以写在 Public Form1( ) 方法内。

方案 ch32_12.sln：重新设计 numberUpDown1_ValueChanged( ) 方法，然后使用共享事件概念重新设计 ch32_11.sln，下列是 numberUpDown1_ValueChanged( ) 方法。

```
47      private void numericUpDown1_ValueChanged(object sender, EventArgs e)
48      {
49          var total = numericUpDown1.Value + numericUpDown2.Value;
50          lblResult.Text = total.ToString();
51      }
```

下列是 public Form1( ) 的内容。

```
5       public Form1()
6       {
7           InitializeComponent();
8           numericUpDown2.ValueChanged += numericUpDown1_ValueChanged;
9       }
```

这个程序省略了 numericUpDown2_ValueChanged( ) 和 UpdateResult( )，程序变得比较简洁，完整程序读者可以参考本书所附程序文件。

32-5-2 属性窗口处理共享事件

我们也可以使用属性窗口处理共享事件，若是以 ch32_12.sln 为例，可以单击 numericUpDown2 对象，然后单击属性窗口的事件标签，单击 ValueChanged 事件右边的 按钮，再单击 numericUpDown1_ValueChanged。

上述执行后就可以让 numericUpDown2 对象的 ValueChanged 事件发生时，执行 numericUpDown1_ValueChanged 事件。

习题实操题

方案 ex32_1.sln：扩充设计 ch32_1.sln，将鼠标光标移到"关闭"按钮可以显示"关闭图像"，同时这个功能可以关闭图片。(32-1 节)

方案 ex32_2.sln：扩充设计 ch32_3.sln，增加自定义日期格式，详情可以参考下列执行结果。(32-2 节)

方案 ex32_3.sln：扩充设计 ch32_8.sln，假设标准房一天是 3000 元、商务房一天是 4200 元、总统房一天是 8000 元，当选择住房区间或是选择房间等级后，系统都可以自动计算费用总计。

方案 ex32_4.sln：扩充设计 ch32_10.sln，增加设计重置按钮，单击"重置定时器"按钮可以将 NumreicUpDown 的 Value 属性设为 0，这样定时器可以重新开始。

第 33 章
创建菜单和工具栏

本章将讲解如何将窗体当作是一个窗口，然后为此窗口创建菜单、工具栏等相关工具。

33-1 MenuStrip 菜单

使用 C# 所提供的工具箱中的 MenuStrip 控件可以非常方便地创建菜单，本节将一步一步解说。若是以 Visual Studio 为例，其"文件""编辑""文件"|"新建""文件"|"打开"等都算是菜单。

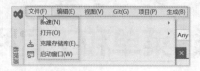

33-1-1 请创建 ch33_1.sln 方案

MenuStrip 控件在菜单与工具栏内，请读者先创建一个空的 ch33_1.sln 方案，窗体 Text 请改为 ch33_1，如下所示。

33-1-2 MenuStrip 工具

在"工具箱"的"菜单与工具栏"内部有 MenuStrip，其图标为  MenuStrip，这就是 Visual Studio 创建菜单的控件，也是背景控件，因此双击创建此控件后，控件是在窗体的下方，如下所示。

创建 MenuStrip 控件成功后，默认对象名称是 menuStrip1。

33-1-3 创建菜单

将鼠标光标移到 ch33_1 下方菜单位置单击，或是单击 menuStrip1，可以在菜单位置出现"请在此处键入"方框，就可以在此框输入菜单标题 (Text)。

33-1-4 认识菜单

Windows 系统的菜单项有 3 种类型，分别是 MenuItem、ComboBox 和 TextBox，这 3 种类型若是以 Visual Studio 为例，可以看到如下内容。

如果单击"请在此处键入"右边的 ▾ 图标，可以创建上述 3 种类型的菜单项。

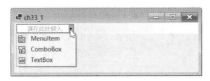

上述 MenuItem 就是文字的菜单项，我们直接输入菜单项标题即可。

33-1-5 创建文件菜单

在 Windows 操作系统中几乎所有的菜单，第一个标签都是"文件"菜单，例如 Visual Studio 的菜单是 _{图标}，如果要创建"文件"菜单，可以在"请在此处键入"处输入"文件"，下面是输入结果。

在输入过程可以看到"文件"右边有"请在此处键入"方框，这里可以创建与"文件"同层级的菜单项。"文件"下边有"请在此处键入"方框，这里可以创建"文件"子层级的菜单项。

33-1-6 创建文件同层级的项目

在文件右边依次输入编辑、说明等同层级项目，如下所示。

可以得到以下结果。

33-1-7 创建文件的子层级项目

如果要在文件下方创建子层级项目，可以单击文件，然后就会出现子层级空白框，可以在空白框位置一次输入子层级项目，在输入子层级项目框的右边，如果单击 ▾ 图标，可以看到以下界面。

上述层级多了 Separator 功能，这是在菜单项间创建分隔线，分隔线主要是对功能做区分，若是以 Visual Studio 窗口的"文件"菜单为例，分隔线如下所示。

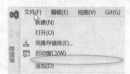

请在"文件"菜单的子项目，分别输入"新建""打开""保存""退出"，可以得到以下结果。

33-1-8　插入项目分隔线

33-1-7 节笔者有介绍分隔线 (Separator)，若当下没有插入此分隔线，可以在事后插入分隔线，假设想在"文件"|"保存"上方插入分隔线，那么请选择保存，右击，然后执行"插入"|"Separator"，就可以得到以下结果。

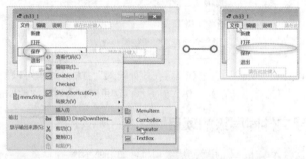

"保存"项目和"退出"项目，也是属于性质不相同的项目，可以插入分隔线，插入方法请参考上述实例，可以得到以下结果。

33-1-9　插入、移动和删除项目

❑ 插入

33-1-9 节执行"Insert"时，可以看到"MenuItem"，执行此可以插入项目，假设要在"保

存"上方插入"另存为"，请右击"保存"，然后执行"插入"|"MenuItem"，可以得到以下结果。

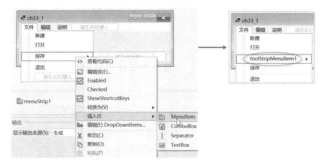

上述插入默认名称 toolStripMenuItem1，请单击"toolStripMenuItem1"按钮，然后改为"另存为"，可以得到以下结果。

❑ 移动

想要移动项目，可以单击该项目，然后拖曳到指定位置即可。如果想要将"保存"移到"另存为"上方，可以得到以下结果。

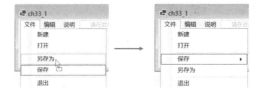

❑ 删除

想要删除特定项目，可以将鼠标光标移到该项目，右击，再执行"删除"指令即可。如果想要删除"另存为"，请将鼠标光标移到该项目，右击，再执行"删除"指令，可以得到下方右图"另存为"已被删除的结果。

33-1-10　创建更深一层的菜单项

如果读者单击 Visual Studio 的"文件"|"新建"菜单，可以看到更深一层的"项目""仓库"等菜单项。

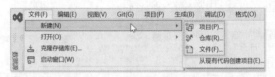

假设我们想在"文件"｜"打开"下增加网络、文件夹等两个项目，请将鼠标光标移到"文件"｜"打开"，单击，就可以在右边输入，如下所示。

下面是输入结果。

33-1-11　查看菜单项的 Name 和 Text 属性

在 Visual Studio 窗口，每个菜单的项目都是一个控件。控件的命名规则是，所输入的标题就是 Text 属性。菜单项的 Name 属性默认如下：

项目标题 ToolStripMenuItem

目前 ch31_1.sln 已经创建了下列菜单项，这些项目及它们控件的 Name 属性如下：

文件：文件 ToolStripMenuItem。

文件 / 新建：新建 ToolStripMenuItem。

文件 / 打开：打开 ToolStripMenuItem。

文件 / 打开 / 网络：网络 ToolStripMenuItem。

文件 / 打开 / 文件夹：文件夹 ToolStripMenuItem。

文件 / 保存：保存 ToolStripMenuItem。

文件 / 退出：退出 ToolStripMenuItem。

编辑：编辑 ToolStripMenuItem。

说明：说明 ToolStripMenuItem。

读者可以单击项目标题，然后在属性窗口验证，如下所示。

注　上述 Name 属性和 Text 属性是默认的，我们可以像操作其他控件名称一样，自行更改上述默认名称。

33-1-12　项集合编辑器

❑ 认识项集合编辑器

Visual Studio 提供了项集合编辑器窗口，这个窗口可以用来查看、编辑 Form 窗体的菜单。从前面各小节我们已经创建了菜单项了，请单击 ch33_1 窗口下方的 menuStrip1 控件，在属性窗口请点选 Items 最右边的 ⋯ 图标。

然后可以看到项集合编辑器窗口。

选择项目再单击"添加"按钮可以添加菜单项目前所选菜单项的名称

此窗口成员字段显示所创建的菜单项，右边则是目前所选菜单项的属性窗口内容，属性窗口按功能显示，也可以单击 ↴ 按钮，改为依照英文字母排序显示。中间字段可以控制所选菜单项上移 ↑ 、下移 ↓ 、或是删除 ✕ 该菜单。

❑ 增加菜单项

以下是创建菜单的实例，假设目前成员框字段选择文件 toolStripMenuItem1，请单击"添加"按钮。

可以看到新增了 toolStripMenuItem1 菜单项。

❑ 移动菜单项

如果想要将 toolStripMenuItem1 菜单项移到编辑和说明之间，请选择该项目，可以参考上方右图，再单击上移按钮 ↑ ，可以得到下列结果。

❑ 更改菜单项属性 Text 和 Name

上述所创建的菜单项 Text 属性仍是默认的 toolStripMenuItem1，我们可以参考更改控件 Text 属性的方式更改此名称。下列是将 Text 属性改为查看，如下所示。

上述更改完成后，成员窗口的菜单项，仍是显示 Name 属性，如下所示。

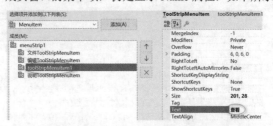

更改 Text 属性的方式可以应用到 Name 属性或是其他菜单项的更改上。请更改 Name 属性，这样就可以同步更改成员字段的内容。

先前说过菜单项就是一个控件，所以我们可以依照更改控件属性的方式更改菜单项。在项集合编辑器窗口，单击"确定"按钮就可以看到窗体更改的结果。

❏ 删除菜单项

请参考本小节开始的内容重新打开项集合编辑器窗口，请选取查看 toolStrip MenuItem1 项目，然后单击 × 按钮，就可以删除菜单项。

33-1-13 菜单项的属性

菜单项就是一个控件，和其他控件一样可以使用属性窗口设定或是编辑属性，也可以使用程序代码设定或是编辑属性，本节将对菜单项常用的属性做说明。

❏ Enabled 属性

在使用 Windows 操作系统时，可以看到许多功能项目是浅灰色的，这表示当下环境无法使用该项目，程序设计时可以将当下无法使用的项目设为 false，在 C# 中就是将 Enabled 设为 False。默认 Enabled 属性是 true，如果设为 false，就表示目前无法使用。

　　有两个方法可以设定属性，一个方法是选好项目后使用属性窗口设定，和设定控件方法一样。另一方法是将鼠标光标移到菜单项，右击鼠标打开快捷菜单，可以看到 Enabled 左边有☑图标表示 Enabled 是 true，单击其可以设为 false。

　　下面是"文件"｜"新建"默认是 true 与 false 的差异，false 时表示无法执行。

　　还可以使用下列程序代码设定其为 false：

新建 ToolStripMenuItem.Enabled = false;

❑ Image 属性

如果打开 Visual Studio 的菜单可以看到有些功能项目左边有图标，如下所示。

　　默认创建的功能项目是没有图标的，我们可以使用 Image 属性创建菜单项的图标，图标文件可以是 .gif、.jpg、.bmp、.png 等文件，在 ch33_1 文件夹中有一个 save.gif 图标文件，这个文件取材自 Visual Studio，下面是将此图标应用到"文件"｜"保存"的实例，请单击"文件"｜"保存"，请单击属性窗口 Image 最右边的⋯图标，出现"选择资源"对话框，请单击导入按钮，然后选择 ch33_1 文件夹的 save.gif，可以看到以下"选择资源"对话框。

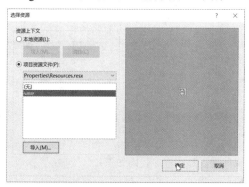

　　请单击"确定"按钮，回到 ch33_1 窗体，就可以看到"保存"指令左边有图标了。

❑ ShowcutKeys 属性

如果现在打开 Visual Studio 窗口，可以看到文件菜单内几乎每个功能右边都有内含英文字母的小括号，如文件 (F)、新建 (N) 等。

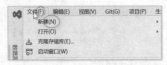

上图中按 Alt + F 键可以打开"文件"菜单，按 Ctrl + N 键可以执行"新建"指令，其中 Alt + F 或是 Ctrl + N 就是所谓的快捷键。假设笔者想将所设计的 ch33_1 窗体，也是设定为 Ctrl + X 可以执行"文件"｜"退出"，那么可以先单击"文件"｜"退出"，然后单击属性窗口 ShortcurKeys 属性最右边的 ∨ 图标，然后选择 Ctrl 和 X 键，如下所示。

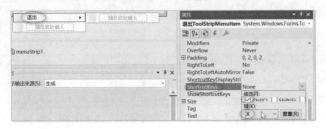

注　上述 Ctrl、Shift 和 Alt 复选框可以复选。

可以得到以下结果。

下一步是设定 Text 属性为"退出 (&X)"，就可以得到想要的结果。

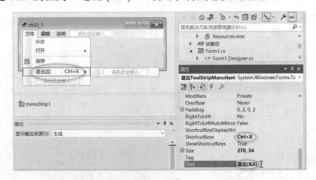

如果要使用程序设定快捷键，那么程序代码如下：

```
退出 ToolStripMenuItem.ShortcutKeys = Keys.Control | Keys.X;   // Ctrl+X
退出 ToolStripMenuItem.ShortcutKeys = Keys.Alt | Keys.X;       // Alt+X
```

33-1-14　菜单与事件

使用菜单的特定项目功能，就是一个 Click 事件，我们可以为该菜单项创建 Click 事件方法。

方案 ch33_2.sln：设计窗体含"文件""说明"菜单，如下所示。

上述执行"文件"|"新建"和"说明"|"版本"指令都可以出现对话框，执行"文件"|"退出"或是同时按 Ctrl + X 键则程序执行结束。

```
1  namespace ch33_2
2  {
3      public partial class Form1 : Form
4      {
5          public Form1()
6          {
7              InitializeComponent();
8          }
9
10         private void 退出ToolStripMenuItem_Click(object sender, EventArgs e)
11         {
12             Application.Exit();
13         }
14
15         private void 新建ToolStripMenuItem_Click(object sender, EventArgs e)
16         {
17             MessageBox.Show("文件\\新建", "ch33_2");
18         }
19
20         private void 版本ToolStripMenuItem_Click(object sender, EventArgs e)
21         {
22             MessageBox.Show("Aug., 2023", "ch33_2");
23         }
24     }
25 }
```

33-2 ContextMenuStrip 快捷菜单

C# 所提供工具箱的 ContextMenuStrip 控件，可以说是 MenuStrip 控件的功能的扩充，我们可以为已经创建的菜单项增加创建快捷菜单，本节将一步一步解说。若是以 Office 软件为例，将鼠标光标放在工作区并右击，可以看到菜单，这些菜单就是快捷菜单。

33-2-1 请创建 ch33_3.sln 方案

ContextMenuStrip 控件在"菜单与工具栏"内，请读者先创建一个空的 ch33_3.sln 方案，窗体 Text 请改为 ch33_3，如下所示。

33-2-2 ContextMenuStrip 工具

在工具箱的菜单与工具栏内部有 ContextMenuStrip，图标为 ContextMenuStrip，是 Visual Studio 创建菜单和快捷菜单的控件，也是背景控件，因此双击创建此控件后，ContextMenuStrip 控件出现在窗体的下方，如下所示。

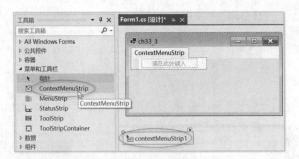

创建 ContextMenuStrip 控件成功后，对象名称是 contextMenuStrip1。

33-2-3　创建快捷菜单

请在 ContextMenuStrip 下方的"请在此处键入"处创建快捷菜单项，创建方式和 MenuStrip 控件创建菜单的方法相同，以下是创建的结果界面。

请存储上述方案，如果现在执行上述方案，在窗体内右击将看不到任何结果。

33-2-4　将控件与快捷菜单创建关联

工具箱的大多数控件都有 ContextMenuStrip 属性，这个属性默认是 (none)，详情可以参考下列 Form 表单控件的图。

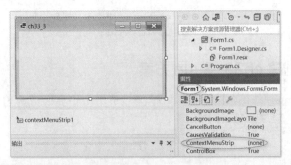

我们单击 ContextMenuStrip 属性右边的 (none)，就可以出现 图标，然后选择 contextMenuStrip1 对象，这样就可以将窗体和 contextMenuStrip1 对象的快捷菜单功能做链接，请存储这个结果，这样未来执行 ch33_3.sln 就可以得到下方右图的结果。

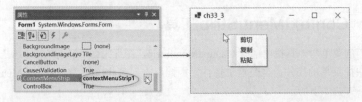

上述是以窗体为例的，我们可以将此下拉菜单的概念应用到标签 (Label)、文本框 (TextBox)、或是未来会介绍的 RichTextBox 中。

33-2-5　快捷菜单的实例

方案 ch33_4.sln：快捷菜单搭配菜单，执行标签文字的格式化。这个程序执行时可以看到以下菜单，菜单对象的名称是 menuStrip1。

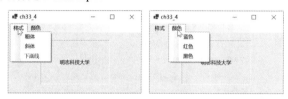

然后将鼠标光标移到标签，右击，可以打开快捷菜单。

执行粗体功能可以让标签内的字符串以粗体显示，再执行一次可以将粗体特性解除，这个方法也可以应用在斜体和下画线上。

同时标签文字可以同时有多种特性，例如以下标签文字含粗体、斜体和下画线。

执行颜色功能可以更改标签文字的颜色，如下所示。

设计这个程序时，读者可以先为菜单创建 Click 事件处理程序，因为快捷菜单的功能和菜单的事件处理程序相同，所以可以使用共享事件的概念。若是以"样式"｜"粗体"菜单项为例，其 Name 属性为粗体 ToolStripMenuItem。

快捷菜单的样式 / 粗体菜单项的 Name 属性，多了编号 1，为粗体 ToolStripMenuItem1。

我们可以使用下列程序代码，设定共享事件：

粗体 ToolStripMenuItem1.Click += 粗体 ToolStripMenuItem_Click;

至于其他 5 个菜单项的共享事件概念一样，下列程序代码的第 9 ～ 第 14 行就是在处理共享事件。

```
1   namespace ch33_4
2   {
3       public partial class Form1 : Form
4       {
5           public Form1()
6           {
7               InitializeComponent();
8               粗体ToolStripMenuItem1.Click += 粗体ToolStripMenuItem_Click;
9               斜体ToolStripMenuItem1.Click += 斜体ToolStripMenuItem_Click;
10              底线ToolStripMenuItem1.Click += 底线ToolStripMenuItem_Click;
11              蓝色ToolStripMenuItem1.Click += 蓝色ToolStripMenuItem_Click;
12              红色ToolStripMenuItem1.Click += 红色ToolStripMenuItem_Click;
13              黑色ToolStripMenuItem1.Click += 黑色ToolStripMenuItem_Click;
14          }
15
16          private void 粗体ToolStripMenuItem_Click(object sender, EventArgs e)
17          {
18              label1.Font = new Font(label1.Font, label1.Font.Style ^ FontStyle.Bold);
19          }
20
21          private void 斜体ToolStripMenuItem_Click(object sender, EventArgs e)
22          {
23              label1.Font = new Font(label1.Font, label1.Font.Style ^ FontStyle.Italic);
24          }
25
26          private void 底线ToolStripMenuItem_Click(object sender, EventArgs e)
27          {
28              label1.Font = new Font(label1.Font, label1.Font.Style ^ FontStyle.Underline);
29          }
30
31          private void 蓝色ToolStripMenuItem_Click(object sender, EventArgs e)
32          {
33              label1.ForeColor = Color.Blue;
34          }
35
36          private void 红色ToolStripMenuItem_Click(object sender, EventArgs e)
37          {
38              label1.ForeColor = Color.Red;
39          }
40
41          private void 黑色ToolStripMenuItem_Click(object sender, EventArgs e)
42          {
43              label1.ForeColor = Color.Black;
44          }
45      }
46  }
```

上述程序第 18 行 Font( ) 方法中有关粗体的语法如下：

```
label1.Font.Style ^ FontStyle.Bold
```

符号 "^" 是一个互斥功能，读者可以参考 5-2-1 节或 5-5 节，如果原先文字含粗体特性，再执行一次会造成其没有粗体特性。如果原先文字不含粗体特性，执行一次会造成其有粗体特性。至于第 22 行和第 26 行则是在分别处理斜体和下画线，原理是一样的。

注　你也可以使用属性窗口处理共享事件，若是以"样式"｜"粗体"菜单项为例，就是让"粗体 ToolStripMenuItem1"的 Click 事件，共享"粗体 ToolStripMenuItem"的 Click 事件，细节可以参考 32-5-2 节。

33-3　ToolStrip 工具栏

Windows 操作系统的菜单下方会有一系列的工具栏，工具箱中的 ToolStrip 控件，就是用来创建窗口下方的工具栏的，若是以 Visual Studio 窗口为例，工具栏内容如下所示。

工具栏

工具栏 ToolStrip 和窗体 Form 都是容器控件，我们可以在窗体内创建工具栏容器，未来再在此工具栏容器内创建工具。

33-3-1　ToolStrip 工具

在工具箱的"菜单与工具栏"内部有 ToolStrip 控件，图标为 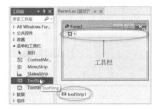 ToolStrip，就是 Visual Studio
创建工具栏的控件，也是背景控件，因此双击创建此控件后，ToolStrip 控件出现在窗体的下方，
如下所示。

上述工具栏内有 图标，单击其右侧的▼可以看到一系列的子工具，可以利用子工具，在
工具栏内创建控件。

33-3-2　在工具栏内创建控件

点选 图标右侧的▼，就可以选择工具，然后创建控件，下面是创建功能按钮的实例。

需留意 Button 功能按钮控件创建后的图标是 。

33-3-3　控件的属性设定

控件创建完成后，如果单击该控件，可以在属性窗口进一步执行该控件的属性设定。

从上图可以看到其所创建的功能按钮控件的 Name 属性是 toolStripButton1，未来可以在属性
窗口执行进一步的设定，这个概念可以应用到其他属性中。此外，使用工具栏内的工具控件时，
还常常会使用下列属性：

1. DisplayType：默认为 Image，表示显示图标，也可以选择 None、Text、ImageAndText。
2. Image：工具控件的图标，也可以自行设计图标。
3. Size：工具宽和高。

4. ToolTipText：设定鼠标光标移此时显示的文字。

33-3-4　工具栏的属性

在窗体内创建工具后，此工具也有属性可以设定，请单击此工具项目。

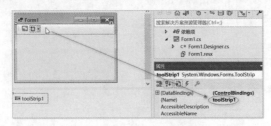

从上图可以看到工具的 Name 属性是 toolStrip1，ToolStrip 工具栏几个重要的属性如下：

1. Dock：可以设定工具栏在窗体中的位置，默认为 Top，也就是在窗体的上边，也可以选择 Left(左边)、Right(右边)、Bottom(下边)、Fill(填满) 或是 None(无，表示不存在)。其可以使用属性窗口设定，或是使用程序代码设定。下列是设定其在左边的实例：

```
toolstrip.Dock = DockStyle.Left;
```

2. Items：工具栏内所有项目的集合，如果单击 Items 属性 (Collection) 右边的 图标，则可以打开项集合编辑器，由此编辑工具。

33-3-5　工具栏实例

方案 ch33_5.sln：创建放大和缩小工具，鼠标光标移至此图标时会显示放大或缩小。注：ch33_5 文件夹有 enlarge.gif 和 narrow.gif 图标文件。

请先创建 ch33_5.sln 窗体，窗体 Size 是 (400, 200)，然后使用 ToolStrip 创建工具栏，然后创建 Button，可以参考下方左图，然后创建两次，可以得到下方右图的结果。

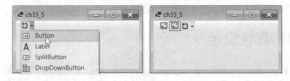

下一步是使用属性窗口设定 toolStripButton1 的 Image 为 enlarge.gif。请单击第 1 个 Button，单击 Image 右边的 图标，出现"选择资源"对话框，请选择"本地资源"，单击"导入"按钮，然后选择 ch33_5 文件夹的 enlarge.gif。请单击"打开"按钮，将此图标加载到"选择资源"对话框中显示，请单击"确定"按钮，得到下列结果。

请将上述 toolStripButton1 对象的 ToolTipText 属性改为"放大"。请用相同的步骤处理第 2 个 Button，但是用 narrow.gif 图文件，同时将 ToolTipText 属性改为"缩小"，未来执行程序可以

得到以下结果。

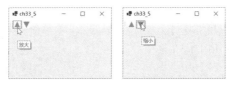

方案 ch33_6.sln：扩充 ch33_5.sln，使"放大"按钮可以放大标签字 1 个单位，"缩小"按钮可以缩小标签字 1 个单位，同时这个程序还可以使用程序代码设定"放大"和"缩小"按钮。

```
1   namespace ch33_6
2   {
3       public partial class Form1 : Form
4       {
5           public Form1()
6           {
7               InitializeComponent();
8           }
9
10          private void Form1_Load(object sender, EventArgs e)
11          {
12              toolStripButton1.Image = Image.FromFile("enlarge.gif");
13              toolStripButton1.ToolTipText = "放大";
14              toolStripButton2.Image = Image.FromFile("narrow.gif");
15              toolStripButton2.ToolTipText = "缩小";
16          }
17
18          private void toolStripButton1_Click(object sender, EventArgs e)
19          {
20              float currentSize = label1.Font.SizeInPoints;
21              currentSize += 1;
22              label1.Font = new Font(label1.Font.Name, currentSize,
23                  label1.Font.Style);
24          }
25
26          private void toolStripButton2_Click(object sender, EventArgs e)
27          {
28              float currentSize = label1.Font.SizeInPoints;
29              currentSize -= 1;
30              label1.Font = new Font(label1.Font.Name, currentSize,
31                  label1.Font.Style);
32          }
33      }
34  }
```

执行结果：下方左图是最初执行结果，右图是单击"放大"按钮多次后的结果。

上述程序的重点是第 18 行，使用 label1.Font.SizeInPoints 取得字号，这个属性数据类型是浮点数 float。

33-3-6　插入标准项

当创建工具栏后，将鼠标光标移到工具栏，然后右击，可以看到插入标准项指令，执行此指令可以插入标准工具栏如下所示。

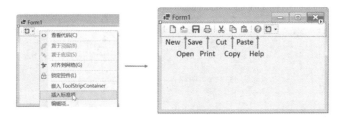

上述从左到右依次创建下列标准工具项：

新建 NToolStripButton：用于新建文件。

打开 OToolStripButton：用于打开文件。

保存 SToolStripButton：用于保存文件。

打印 PToolStripButton：用于打印文件。

剪切 UToolStripButton：用于剪切。

复制 CToolStripButton：用于复制。

粘贴 PToolStripButton：用于粘贴。

帮助 LToolStripButton：用于说明。

上述是工具栏的标准工具按钮，如果部分工具按钮不适用，可以将光标移此后右击，执行"删除"指令即可。

33-4 StatusStrip 状态栏

Windows 操作系统的窗口下方会有状态栏，主要用来说明目前窗口工作状态，如目前编辑页数、目前编辑模式、鼠标光标位置等。工具箱的 StatusStrip 控件，主要就是用来创建窗口下方的状态栏的。若是以 PowerPoint 为例，状态栏如下所示。

工具栏 StatusStrip 和窗体 Form 都是容器控件，我们可以在窗体内创建容器，未来再在此状态栏容器内创建工具。

33-4-1 StatusStrip 工具

在工具箱的"菜单与工具栏"内部有 StatusStrip 控件，图标为 StatusStrip，是 Visual Studio 创建状态栏的控件，也是背景控件，因此双击创建此控件后，StatusStrip 控件出现在窗体的下方，如下所示。

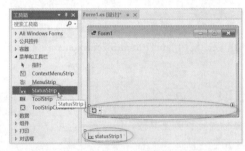

上述状态栏内有 图标，单击其右侧的▼可以看到一系列子工具，这些子工具的内容相较工具栏的比较少，可以利用子工具，在状态栏内创建控件。

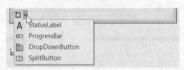

33-4-2 在状态栏内创建控件

单击 图标右侧的▼，就可以选择工具，然后创建控件，下面是创建 StatusLabel 状态标签的实例。

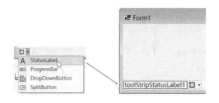

33-4-3 控件的属性设定

控件创建完成后，如果单击该控件，可以在属性窗口进一步执行该控件的属性设定。

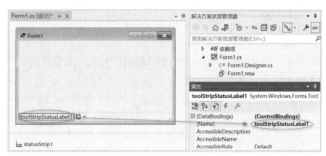

从上图可以看到其所创建的状态栏标签控件的 Name 属性是 toolStripStatusLabel1，未来可以在属性窗口进一步设定其他属性。

方案 ch33_7.sln：扩充设计 ch33_6.sln，程序执行初状态栏会显示使用中，按下工具栏的按钮时，状态栏会显示所按的工具。

```
1  namespace ch33_7
2  {
3      public partial class Form1 : Form
4      {
5          public Form1()
6          {
7              InitializeComponent();
8          }
9
10         private void Form1_Load(object sender, EventArgs e)
11         {
12             toolStripButton1.Image = Image.FromFile("enlarge.gif");
13             toolStripButton1.ToolTipText = "放大";
14             toolStripButton2.Image = Image.FromFile("narrow.gif");
15             toolStripButton2.ToolTipText = "缩小";
16             toolStripStatusLabel1.Text = "使用中";
17         }
18
19         private void toolStripButton1_Click(object sender, EventArgs e)
20         {
21             float currentSize = label1.Font.SizeInPoints;
22             currentSize += 1;
23             label1.Font = new Font(label1.Font.Name, currentSize,
24                 label1.Font.Style);
25             toolStripStatusLabel1.Text = "放大钮";
26         }
27
28         private void toolStripButton2_Click(object sender, EventArgs e)
29         {
30             float currentSize = label1.Font.SizeInPoints;
31             currentSize -= 1;
32             label1.Font = new Font(label1.Font.Name, currentSize,
33                 label1.Font.Style);
34             toolStripStatusLabel1.Text = "缩小钮";
35         }
36     }
37 }
```

上述程序的第 15 行、第 23 行和第 31 行是新增的内容，主要在发生特定事件时，更改状态栏 toolStripStatusLabel1.Text 的内容。

习题实操题

方案 ex33_1.sln：重新设计 ch33_1.sln，增加"另存为"指令，"保存"左边的图标的 save. gif 可以在 ch33 文件夹找到，设定"退出 (&X)"的 (X)，Ctrl+X 快捷键都使用程序代码设定。同时执行每一个功能，都可以出现对话框输出所执行的功能，执行"退出 (&X)"则程序可以结束。(33-1 节)

方案 ex33_2.sln：重新设计 ch33_4.sln，增加"编辑"菜单，此菜单内含"放大"与"缩小"功能，同时增加此菜单的快捷菜单。(33-3 节)

方案 ex33_3.sln：参考 33-3-6 节创建标准工具栏，如果单击工具栏上的按钮则可以在状态栏显示所单击的按钮，如果单击"说明"按钮同时还会显示对话框。程序刚开始执行时状态栏显示"No Action"，详情可以参考下方左图，下方右图是单击"Print"按钮的结果。(33-4 节)

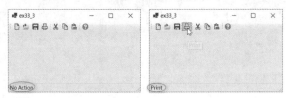

下面是单击"说明"按钮的结果。

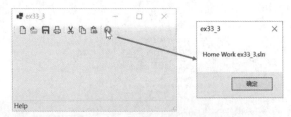

方案 ex33_4.sln：使用状态栏输出鼠标在窗体单击的坐标位置。

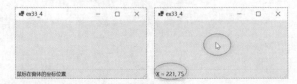

第 34 章
常用对话框的应用

本章将对工具箱支持的常用对话框进行说明。

34-1 FontDialog 字体对话框

文件编辑程序一般都有字体对话框，在这个对话框内用户可以进行字体、字体样式、字号、删除线或下画线的设定，工具箱也提供字体对话框功能让我们可以很方便地使用对话框对文本框、标签的文字作字体设定。

34-1-1 FontDialog 工具

在工具箱内部有 FontDialog 控件，其图标为 FontDialog，是 Visual Studio 创建字体对话框的控件，也是背景控件，双击创建此控件后，FontDialog 控件出现在窗体的下方，如下所示。

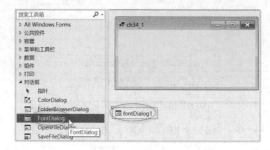

34-1-2 认识默认的 FontDialog 字体对话框

字体对话框的内容如下所示。

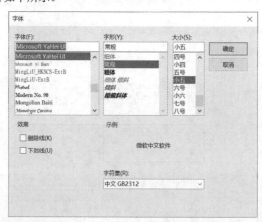

34-1-3 激活字体对话框

ShowDialog( ) 方法可以启动字体对话框，单击字体对话框的"确定"按钮或是"取消"按钮都可以关闭字体对话框。

方案 ch34_1.sln：使用字体按钮启动字体对话框，然后不论是单击"确定"按钮或是"取消"按钮，都可以关闭字体对话框。

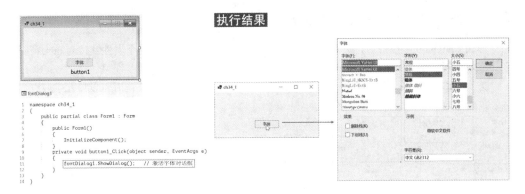

```
1  namespace ch34_1
2  {
3      public partial class Form1 : Form
4      {
5          public Form1()
6          {
7              InitializeComponent();
8          }
9          private void button1_Click(object sender, EventArgs e)
10         {
11             fontDialog1.ShowDialog();    // 激活字体对话框
12         }
13     }
14 }
```

34-1-4　字体对话框的回传值

在字体对话框中单击"确定"按钮，相当于回传 DialogResult.OK，所以可以执行下列设定：

```
if (fontDialog1.ShowDialog( ) == DialogResult.OK)
{
    xxx;                                    // 如果单击"确定"按钮就执行这个指令
}
```

字体对话框的设定结果是 Font 数据类型，有了这个概念，可以设定下列实例：

```
if (fontDialog1.ShowDialog( ) == DialogResult.OK)
{
    label1.Font = fontDialog1.Font;         // 单击"确定"按钮就设定 label1 字体
是 Font
}
```

方案 ch34_2.sln：使用对话框设定标签文字的字体。

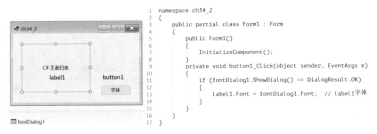

```
1  namespace ch34_2
2  {
3      public partial class Form1 : Form
4      {
5          public Form1()
6          {
7              InitializeComponent();
8          }
9          private void button1_Click(object sender, EventArgs e)
10         {
11             if (fontDialog1.ShowDialog() == DialogResult.OK)
12             {
13                 label1.Font = fontDialog1.Font;  // label1字体
14             }
15         }
16     }
17 }
```

执行结果：下面是设定粗体、斜体、字号为 16 的结果。

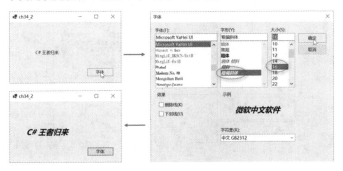

34-1-5　字体对话框的 ShowColor 属性

单击 fontDialog1 控件后，可以在属性窗口设定 ShowColor 属性，这个属性默认为 false，表示不显示色彩字段，如果设为 true 则可以显示色彩字段。

方案 ch34_3.sln：扩充 ch34_2.sln，在字体对话框内增加色彩字段，同时可以用此字段设定色彩。

```
1   namespace ch34_3
2   {
3       public partial class Form1 : Form
4       {
5           public Form1()
6           {
7               InitializeComponent();
8               fontDialog1.ShowColor = true;              // 显示色彩字段
9           }
10
11          private void button1_Click(object sender, EventArgs e)
12          {
13              if (fontDialog1.ShowDialog() == DialogResult.OK)
14              {
15                  label1.Font = fontDialog1.Font;           // label1字型
16                  label1.ForeColor = fontDialog1.Color;     // label1色彩
17              }
18          }
19      }
20  }
```

执行结果：下列是将字体设定为粗体、字号为 14、颜色为蓝色的结果。

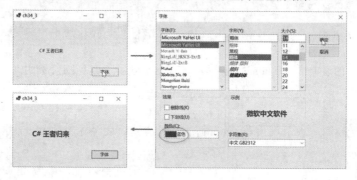

34-2　ColorDialog 颜色对话框

文件编辑程序一般都有颜色对话框，在这个对话框中用户可以选择颜色设定，工具箱也提供颜色对话框功能让我们可以很方便地使用对话框对颜色做设定。

34-2-1　ColorDialog 工具

在工具箱内部有 ColorDialog 控件，其图标为 🖼 ColorDialog，是 Visual Studio 创建颜色对话框的控件，也是背景控件，因此双击创建此控件后，ColorDialog 控件出现在窗体的下方，如下所示。

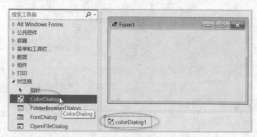

34-2-2　认识默认的 ColorDialog 颜色对话框

颜色对话框的内容如下所示。

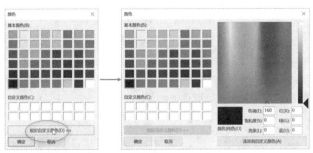

34-2-3　激活颜色对话框

ShowDialog( ) 方法可以启动颜色对话框，单击颜色对话框的"确定"按钮或是"取消"按钮皆可以关闭颜色对话框。

方案 ch34_4.sln：参考 ch34_1.sln，但是改为使用色彩按钮启动色彩对话框，然后不论是单击"确定"按钮或是"取消"按钮，都可以关闭颜色对话框。

```
1  namespace ch34_4
2  {
3      public partial class Form1 : Form
4      {
5          public Form1()
6          {
7              InitializeComponent();
8          }
9          private void button1_Click(object sender, EventArgs e)
10         {
11             colorDialog1.ShowDialog();        // 激活颜色对话框
12         }
13     }
14 }
```

执行结果

34-2-4　颜色对话框的回传值

颜色对话框单击"确定"按钮，相当于回传 DialogResult.OK，所以可以执行下列设定：

```
if (colorDialog1.ShowDialog( ) == DialogResult.OK)
{
    xxx;                                    // 如果单击"确定"按钮就执行这个指令
}
```

颜色对话框的设定结果是 Color 数据类型，有了这个概念，可以设定下列实例：

```
if (colorDialog1.ShowDialog( ) == DialogResult.OK)
{
    label1.BackColor = colorDialog1.Color; // 单击"确定"按钮设定 label1 背景色
}
```

方案 ch34_5.sln：重新设计 ch34_2.sln，使用对话框设定标签文字的背景颜色。

```
1  namespace ch34_5
2  {
3      public partial class Form1 : Form
4      {
5          public Form1()
6          {
7              InitializeComponent();
8          }
9
10         private void button1_Click(object sender, EventArgs e)
11         {
12             if (colorDialog1.ShowDialog() == DialogResult.OK)
13             {
14                 label1.BackColor = colorDialog1.Color;  // 背景颜色
15             }
16         }
17     }
18 }
```

执行结果：下面是设定背景颜色为黄色的结果。

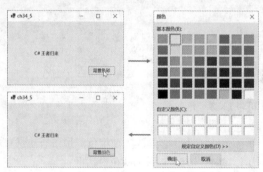

上述实例程序的第 14 行虽然是在设定背景颜色，但是也可以设定前景颜色，只要将变量改为 label1.ForeColor 即可。

方案 ch34_6.sln：窗体内有 4 个图片框，在图片框单击可以更改该图片框的背景颜色。

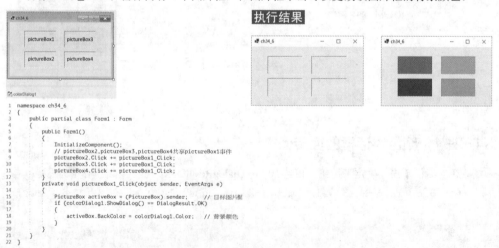

执行结果

```
1  namespace ch34_6
2  {
3      public partial class Form1 : Form
4      {
5          public Form1()
6          {
7              InitializeComponent();
8              // pictureBox2,pictureBox3,pictureBox4共享pictureBox1事件
9              pictureBox2.Click += pictureBox1_Click;
10             pictureBox3.Click += pictureBox1_Click;
11             pictureBox4.Click += pictureBox1_Click;
12         }
13         private void pictureBox1_Click(object sender, EventArgs e)
14         {
15             PictureBox activeBox = (PictureBox) sender;    // 目标图片框
16             if (colorDialog1.ShowDialog() == DialogResult.OK)
17             {
18                 activeBox.BackColor = colorDialog1.Color;  // 背景颜色
19             }
20         }
21     }
22 }
```

34-3 OpenFileDialog 打开文件对话框

文件编辑程序一般都有打开文件对话框，在这个对话框用户中可以选择文件并打开，工具箱也提供打开文件对话框功能让我们可以很方便地使用对话框来打开文件。

34-3-1　OpenFileDialog 工具

在工具箱内部有 OpenFileDialog 控件，其图标为  OpenFileDialog，是 Visual Studio 创建打开文件对话框的控件，也是背景控件，因此双击创建此控件后，OpenFileDialog 控件出现在窗体的下方，如下所示。

34-3-2　打开文件对话框的属性

打开文件对话框的常用属性如下。

❏ DefaultExt

所选取文件的扩展名。

❏ FileName

所选取的文件名称。

❏ Filter

筛选文件的类型，其语法如下：

```
openFileDialog1.Filter = "文字 1 | 筛选规则 1 | 文字 2 | 筛选规则 2 …";
```

下列是筛选文字文件的实例：

```
openFileDialog1.Filter = "Text Files(*.txt) | *.txt | 图档 (*.jpg) | *.jpg";
```

经过上述设定后，"Text Files(*.txt)" 成为索引 1(FileIndex)，"图档 (*.jpg)" 成为索引 2(FileIndex)。

❏ FilterIndex

Filter 的索引，可参考前面对 Filter 的语句，在打开文件对话框的文件名称右边的字段就是索引显示的内容。

❏ InitialDirectory

取得或是设定值，进入打开文件对话框最初的文件夹 (目录)。

❏ RestoreDirectory

取得或是设定一个值，如果用户在搜寻文件时更改了目录，那么，如果值为 true 则会将关闭对话框时的目录还原成先前的目录；默认其值是 false，则不会还原成先前的目录。

❏ Title

打开文件对话框默认的名称是"打开"，可以使用 Title 属性更改此属性。

34-3-3　打开文件对话框实操

openFileDialog1.ShowDialog( ) 方法可以启动打开文件对话框，在此对话框中单击"打开"按钮可以打开所选的文件，单击"取消"按钮则可以不打开文件同时关闭打开文件对话框。

方案 ch34_7.sln：参考 ch34_1.sln，但是改为使用"打开"按钮启动打开文件对话框，然后在此对话框中单击"打开"按钮可以打开所选的文件，单击"取消"按钮则可以不打开文件同时关闭打开文件对话框。

注　ch34_7/ 图片文件夹，有本实例可以使用的图片。

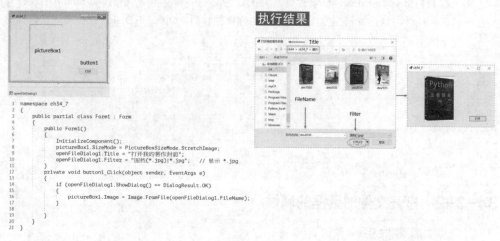

```
namespace ch34_7
{
    public partial class Form1 : Form
    {
        public Form1()
        {
            InitializeComponent();
            pictureBox1.SizeMode = PictureBoxSizeMode.StretchImage;
            openFileDialog1.Title = "打开我的著作封面";
            openFileDialog1.Filter = "图档(*.jpg)|*.jpg";    // 显示 *.jpg
        }
        private void button1_Click(object sender, EventArgs e)
        {
            if (openFileDialog1.ShowDialog() == DialogResult.OK)
            {
                pictureBox1.Image = Image.FromFile(openFileDialog1.FileName);
            }
        }
    }
}
```

方案 ch34_8.sln：打开文本文件 (*.txt) 的实例，这个程序会将 ch34\ch34_8 文件夹的 data34_8.txt 文本文件，在 textBox1 内打开。注：textBox1 的 Multiline 属性是 true。

执行结果

```
namespace ch34_8
{
    public partial class Form1 : Form
    {
        public Form1()
        {
            InitializeComponent();
            openFileDialog1.Filter = "txt files (*.txt)|*.txt|All files (*.*)|*.*";
            openFileDialog1.FilterIndex = 1;        // 使用txt files(*.txt)
        }
        private void button1_Click(object sender, EventArgs e)
        {
            var fileContent = string.Empty;

            if (openFileDialog1.ShowDialog() == DialogResult.OK)
            {
                var filename = openFileDialog1.FileName;        // 取得要打开的文件
                // 创建StreamReader对象
                using (StreamReader reader = new StreamReader(filename))
                {
                    fileContent = reader.ReadToEnd();        // 读文本文件
                }
                textBox1.Text = fileContent;        // 文本框显示内容
            }
        }
    }
}
```

上述程序第 17 ～ 第 22 行使用了尚未介绍的读取文件概念，第 17 行是取得要打开的文件名称，第 19 行把 using 当作语句使用，又称 using 区块，用这个方法创建 StreamReader 总线对象，第 20 ～ 第 22 行是配合 using 的大括号，未来读写数据完成会自动关闭文件，所以可以省略 Close( ) 关闭文件。第 21 行使用 StreamReader 类的 ReadToEnd( ) 方法可以读取目前读取位置到文件末端的所有内容，在这里相当于可以读取全部文件内容，有关文件输入与输出的概念，未来第 35-4 节会做更完整的介绍。

34-4　SaveFileDialog 保存文件对话框

文件编辑程序一般都有保存文件对话框，在这个对话框中用户可以选择文件并保存，工具箱也提供保存文件对话框功能让我们可以很方便地使用对话框来保存文件。

在工具箱内部有 SaveFileDialog 控件，其图标为 ，是 Visual Studio 创建保存文件对话框的控件，也是背景控件，因此双击创建此控件后，SaveFileDialog 控件出现在窗体的下方。

SaveFileDialog 控件的常用属性和方法和 OpenFileDialog 控件相同，所以本节将直接使用实例解说。

方案 ch34_9.sln：将 textBox1 文本框内容保存的实例，这个程序执行时，可以在 textBox1 内编辑文字。注：textBox1 的 Multiline 属性是 true。

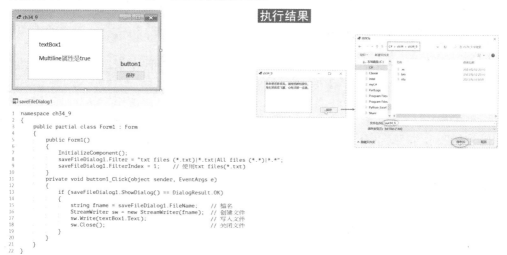

```
1  namespace ch34_9
2  {
3      public partial class Form1 : Form
4      {
5          public Form1()
6          {
7              InitializeComponent();
8              saveFileDialog1.Filter = "txt files (*.txt)|*.txt|All files (*.*)|*.*";
9              saveFileDialog1.FilterIndex = 1;      // 使用txt files(*.txt)
10         }
11         private void button1_Click(object sender, EventArgs e)
12         {
13             if (saveFileDialog1.ShowDialog() == DialogResult.OK)
14             {
15                 string fname = saveFileDialog1.FileName;        // 档名
16                 StreamWriter sw = new StreamWriter(fname);      // 创建文件
17                 sw.Write(textBox1.Text);                        // 写入文件
18                 sw.Close();                                     // 关闭文件
19             }
20         }
21     }
22 }
```

右下图是验证 out34_9.txt 的结果。

上述程序第 17 行使用 StreamWriter(输出总线) 的建构方法创建 sw 对象，然后用此对象调用 Write( ) 方法执行数据的写入，第 18 行是关闭文件，更多细节将在 35-4 节说明。

34-5　RichTextBox 富文本框

RichTextBox 目前没有统一的中文翻译，但是可以翻译为富文本框，其图标为 ，尽管可以如此翻译，不过本章还是使用 RichTextBox 称呼此控件。是加强功能的文本框 (TextBox)，默认就是用于执行简单的文件编辑，所以内部有比较多的编辑功能，一般双击此图标，就可以在窗体内创建此控件，然后可以依需要拖曳控件四周来更改 RictTextBox 的大小。

34-5-1　认识 RTF 文件格式

先前使用 Label 或是 TextBox 控件，所编辑的文字都是纯文本 (txt) 文件。本节所介绍的 RichTextFile 控件主要是可以编辑富文字格式 (Rich Text Format) 文件，简称 RTF 格式，也有人将其称为多文字格式，这是 Microsoft 公司开发的跨平台文件格式，大多数的编辑程序都可以读取，如 WordPad 或是 Word。下列是 RTF 代码的基础语法和实例：

```
{\rtf1\ansi
```

```
Hi! How are you?\par
Today is a sunny {\b bold} day.\par
}
```

上述字处理可以输出下列结果：

Hi! How are you?

Today is a sunny day.

RTF 文件是用"\rtf"开始的群组，反斜杠"\"是 RTF 句柄开始，"\par"可以开始新的一行，"\b"是粗体字，大括号"{}"定义一个群组，群组可以限制 \b 的作用范围。

34-5-2　RichTextBox 常用属性

RichTextBox 的许多属性和 TextBox 的相同，和其他控件一样可以在属性窗口设定，或是使用程序代码设定。下列是其不同于 TextBox 的常用属性。

❏ Dock

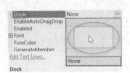

默认属性是 None，表示不占满窗体的空间，如果设为 Fill，则表示占满窗体空间，特别是设计文件编辑程序时，可以如此设定。可以用属性窗口方式设定，如右图所示。

也可以用下列程序代码设定：

```
richTextBox1.Dock = DockStyle.Fill;
```

❏ MultiLine

默认是 true，表示可以编辑多行文件。

❏ ScrollBars

取得或是设定一个值，值表示 RichTextBox 要显示的滚动条类型，有下列 7 种选项：

Both：默认，文字超出宽度时才会显示水平或是垂直滚动条。

None：不显示滚动条。

Horizontal：显示水平滚动条。

Vertical：显示垂直滚动条。

ForcedHorizontal：在 WordWrap 属性是 false 时，一律显示水平滚动条，如果文字未超过滚动条宽度，则此滚动条是暗灰色。

ForcedVertical：一律显示垂直滚动条，如果文字未超过滚动条高度时，则此滚动条是暗灰色。

ForcedBoth：在 WordWrap 属性是 false 时，一律显示垂直 / 水平滚动条，否则只显示垂直滚动条。如果文字未超过滚动条的宽度和高度，则此滚动条是暗灰色。

❏ SelectionBackColor

取得或是设定一个值，表示目前选择的文字或是插入点的背景色彩。

❏ SelectionBullet

取得或是设定一个值，表示样式符号是否套用目前选择的文字或是插入点。

❏ SelectionColor

取得或是设定一个值，表示目前选择的文字或是插入点的颜色。

❏ SelectionFont

取得或是设定一个值，表示目前选择的文字或是插入点的字体。

❏ SelectionLength

取得或是设定一个值，表示目前选择的文字的字符数。

❑ WordWrap

可以设定是否自动换行，默认是 true，表示在不使用水平滚动条时，如果文字超出该行范围就会自动换行。如果是 false，则不会自动换行，文字会向右卷动。

34-5-3 RichTextBox 常用方法

RichTextBox 控件常用方法如下：

Clear( )：清除 RichTextBox 的内容。

Copy( )：复制功能，可以将目前选取的文字复制到剪贴簿。

Cut( )：剪切功能，可以将目前选取的文字剪切下来，然后复制到剪贴簿。

Find( )：搜寻功能。

Paste( )：将剪贴板的内容复制到目前插入点位置。

Redo( )：重做上次编辑动作。

SelectAll( )：选取全部 RichTextBox 的内容。

Undo( )：取消上次编辑动作。

34-5-4 读取和保存文件

这里所谓的读取文件也可以称为下载文件，方法如下：

LoadFile( )：下载 (*.txt)、Unicode 纯文件或是 (*.rtf) 文件。

SaveFile( )：用 (*.txt)、Unicode 纯文件或是 (*.rtf) 格式保存文件。

LoadFile(filename, filetype) 和 SaveFile(filename, filetype) 方法的语法相同，这两个方法第 1 个参数是文件名称，这个比较容易了解。第 2 个参数则可以是下列 3 种：

RichTextBoxStreamType.PlainText：这是 txt 的文本文件。

RichTextBoxStreamType. UnicodePlainText：这是 Unicode 编码的文本文件。

RichTextBoxStreamType.RichText：这是 txt 的文本文件。

34-5-5 SelectionChanged 事件

当选择的内容更改时，会产生 SelectionChanged 事件。

方案 ch34_10.sln：RichTextBox 的基础应用，每当选择了文字时，会用下方的 TextBox 显示选择的文字。

```
1  namespace ch34_10
2  {
3      public partial class Form1 : Form
4      {
5          public Form1()
6          {
7              InitializeComponent();
8          }
9          private void richTextBox1_SelectionChanged(object sender, EventArgs e)
10         {
11             textBox1.Text = richTextBox1.SelectedText;
12         }
13     }
14 }
```

执行结果

建议读者可以不断按 a，观察 RichTextBox 的变化。下方左图中 ch34_10.sln 属性使用默认，可以看到当超出 RichTextBox 范围时，出现垂直滚动条。下方中间图是 ch34_10_1.sln 执行初的界面，有灰色的垂直滚动条，主要是增加指令将 ScrollBars 属性设为 ForcedVertical 时的界面，下列是程序代码的设定：

```
8          richTextBox1.ScrollBars = RichTextBoxScrollBars.ForcedVertical;
```

下方右图是不断按 a 的结果。

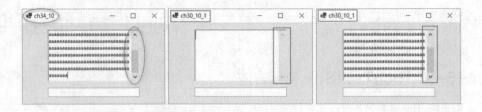

34-5-6　编辑图文并茂的文件 —— 插入图片

RichTextBox 也可以编辑图文并茂的文件，可以先将图片加载至 Clipboard 剪贴板中，然后贴入 RichTextBox，语法如下：

```
Clipboard.Clear( );                              // 清除剪贴板

Bitmap figure = new Bitmap( "figure file" );     // 创建图片对象

Clipboard.SetImage(figure);                      // 图片加载剪贴板

richTextBox1.Paste( );                           // 粘贴
```

方案 ch34_10_2.sln：将 sse.gif 图片加载至 RichTextBox 中，然后编辑文字。

```
1  namespace ch34_10_2
2  {
3      public partial class Form1 : Form
4      {
5          public Form1()
6          {
7              InitializeComponent();
8          }
9          private void button1_Click(object sender, EventArgs e)
10         {
11             Clipboard.Clear();                    // 清除剪贴板
12             Bitmap figure = new Bitmap("sse.gif"); // 建立图片对象
13             Clipboard.SetImage(figure);           // 加载对象到剪贴板
14             richTextBox1.Paste();                 // 剪贴板对象粘贴
15         }
16     }
17 }
```

执行结果

34-5-7　RichTextBox 编辑程序的设计

方案 ch34_11.sln：创建"编辑"菜单，此菜单内有"剪切""复制""粘贴""复原"和"重做"指令，"文件"菜单内则有"退出"指令。

```
1  namespace ch34_11
2  {
3      public partial class Form1 : Form
4      {
5          public Form1()
6          {
7              InitializeComponent();
8          }
9
10         private void 结束ToolStripMenuItem_Click(object sender, EventArgs e)
11         {
12             Application.Exit();
13         }
14
15         private void 剪切ToolStripMenuItem_Click(object sender, EventArgs e)
16         {
17             richTextBox1.Cut();
18         }
19
20         private void 复制ToolStripMenuItem_Click(object sender, EventArgs e)
21         {
22             richTextBox1.Copy();
23         }
24
25         private void 粘贴ToolStripMenuItem_Click(object sender, EventArgs e)
26         {
27             richTextBox1.Paste();
28         }
29
30         private void 复原ToolStripMenuItem_Click(object sender, EventArgs e)
31         {
32             richTextBox1.Undo();
33         }
34
35         private void 重做ToolStripMenuItem_Click(object sender, EventArgs e)
36         {
37             richTextBox1.Redo();
38         }
39     }
40 }
```

执行结果

方案 ch34_12.sln：扩充方案 ch34_11.sln 的功能，主要是增加设计"文件菜单使其内增加"新建""打开"和"另存为"功能。另外，再增加"文字"菜单，这个菜单内有"字体""文字颜色"和"背景颜色"指令。

执行结果

```
1   using System.Windows.Forms;
2
3   namespace ch34_12
4   {
5       public partial class Form1 : Form
6       {
7           public Form1()
8           {
9               InitializeComponent();
10          }
11
12          private void 新建ToolStripMenuItem_Click(object sender, EventArgs e)
13          {
14              richTextBox1.Clear();
15          }
16
17          private void 打开ToolStripMenuItem_Click(object sender, EventArgs e)
18          {
19              openFileDialog1.Filter = "rtf files (*.rtf)|*.rtf|All files (*.*)|*.*";
20              if (openFileDialog1.ShowDialog() == DialogResult.OK)
21              {
22                  string filename = openFileDialog1.FileName;      // 文件名
23                  richTextBox1.LoadFile(filename, RichTextBoxStreamType.RichText);
24              }
25          }
26
27          private void 另存为ToolStripMenuItem_Click(object sender, EventArgs e)
28          {
29              saveFileDialog1.Filter = "rtf files (*.rtf)|*.rtf|All files (*.*)|*.*";
30              if (saveFileDialog1.ShowDialog() == DialogResult.OK)
31              {
32                  string filename = saveFileDialog1.FileName;      // 文件名
33                  richTextBox1.SaveFile(filename, RichTextBoxStreamType.RichText);
34              }
35          }
36
37          private void 退出ToolStripMenuItem_Click(object sender, EventArgs e)
38          {
39              Application.Exit();
40          }
41
42          private void 剪切ToolStripMenuItem_Click(object sender, EventArgs e)
43          {
44              richTextBox1.Cut();
45          }
46
47          private void 复制ToolStripMenuItem_Click(object sender, EventArgs e)
48          {
49              richTextBox1.Copy();
50          }
51
52          private void 粘贴ToolStripMenuItem_Click(object sender, EventArgs e)
53          {
54              richTextBox1.Paste();
55          }
56
57          private void 复原ToolStripMenuItem_Click(object sender, EventArgs e)
58          {
59              richTextBox1.Undo();
60          }
61
62          private void 重做ToolStripMenuItem_Click(object sender, EventArgs e)
63          {
64              richTextBox1.Redo();
65          }
66
67          private void 字体ToolStripMenuItem_Click(object sender, EventArgs e)
68          {
69              if (fontDialog1.ShowDialog() == DialogResult.OK)
70              {
71                  richTextBox1.SelectionFont = fontDialog1.Font;      // 字体设定
72              }
73          }
74
75          private void 颜色ToolStripMenuItem_Click(object sender, EventArgs e)
76          {
77              if (colorDialog1.ShowDialog() == DialogResult.OK)
78              {
79                  richTextBox1.SelectionColor = colorDialog1.Color;   // 文字颜色
80              }
81          }
82
83          private void 背景颜色ToolStripMenuItem_Click(object sender, EventArgs e)
84          {
85              if (colorDialog1.ShowDialog() == DialogResult.OK)
86              {
87                  richTextBox1.SelectionBackColor = colorDialog1.Color; //背景色
88              }
89          }
90      }
91  }
```

习题实操题

方案 ex34_1.sln：扩充设计 ch34_2.sln，将使用功能按钮改为使用菜单，格式化标签文字。（34-1 节）

方案 ex34_2.sln：扩充设计 ex34_1.sln，增加文字颜色、背景颜色和退出指令。（34-2 节）

方案 ex34_3.sln：扩充设计 ex34_2.sln，但是内部改用 TextBox，增加文件菜单，同时在文件菜单内有打开文件和退出功能（原先"编辑" | "结束"功能改放此位置）。（34-3 节）

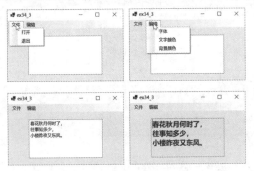

方案 ex34_4.sln：扩充设计 ex34_3.sln，文件菜单内增加下列功能：

新建：可以打开新的文本框，用来编辑新的文件。

另存为：可以保存无格式化的文字文件（.txt）。（34-4 节）

> **注** textBox1 文本框的 BorderStyle 是 FixedSingle。

方案 ex34_5.sln：扩充设计 ch34_12.sln，增加 Help 菜单和工具栏，此工具栏从左至右分别是新建文件、打开、另存为、剪切、复制、粘贴、说明，这些工具栏的功能都是共享事件，应该用共享事件概念处理。

第 35 章
文件的输入与输出

C# 用流 (stream) 的概念来处理文件的读取 (read) 和写入 (write)，所谓的流是指一系列二进制的数据，像流水一样在通道间流动，所以称为流。

至于 C# 有关文件与文件夹 (目录) 的操作，则是一般文件的概念处理。

35-1 认识 System.IO 命名空间

.NET 环境使用 System.IO 命名空间处理文件的输入与输出，下面是其常用的类。

类	说　明
File	File 是一个静态类，这个类提供复制 (copy)、创建 (create)、移动 (move)、删除 (delete)、打开文件 (open)、加密 (encrypt)、解密 (decrypt)、检查文件是否存在、将文字数据附加在原文件后面、取得文件最后访问时间等功能
FileInfo	FileInfo 类提供和 File 相同功能的方法，但是其需要先创建实体对象，并且有更多弹性来读取或写入文件
Directory	Directory 是一个静态类，这个类提供创建、移动、删除、和存取子文件夹的操作
DirectoryInfo	DirectoryInfo 类提供和 Directory 相同功能的方法，但是其需要先创建实体对象，并且有更多弹性来进行文件夹操作
Path	Path 是一个静态类，可以对扩展名和路径进行操作

下列是流在操作时常用的类。

类	说　明
FileStream	使用二进制的方式读取和写入文字 (.txt)、可执行文件 (.exe)、图档 (.jpg) 或其他类型的文件
StreamReader	这是一个辅助类，主要是从 FileStream 读取二进制数据，读取后会用特定编码方法将二进制数据转换成字符串
StreamWriter	这是辅助类，主要是将字符串转成二进制数据，然后写入 FileStream
BinaryReader	这是辅助类，主要是读取原始二进制的数据
BinaryWriter	这是辅助类，主要是以二进制的方式写入数据

我们可以用下图来说明流读取文件的过程。其具体为 FileStream 用二进制方式读取原始数据，然后 StreamReader 会将二进制数据转成字符串传送给 C# 程序处理。

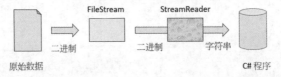

我们可以用下图来说明流写入文件的过程。其具体为 StreamWriter 将 C# 的执行结果字符串转成二进制数据，然后传送给 FileStream，FileStream 会将二进制数据传送给内存以文件方式存储。

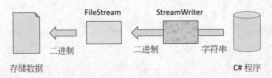

35-2　文件夹的操作

本节将分成两个小节来说明 Directory 类和 DirectoryInfo 类中有关文件夹的操作。

35-2-1　Directory 类

使用 Directory 类常用操作文件夹的方法如下所示。

名　　称	说　　明
CreateDirectory(String)	如果 String 文件夹不存在，则创建此文件夹
Delete(String)	删除空的 String 文件夹
Delete(String, Boolean)	如果 Boolean 是 true，则删除 String 文件夹与其子文件夹
Exists(String)	回传文件夹是否存在
GetCreationTime(String)	回传 String 文件夹创建的日期和时间
GetCurrentDirectory( )	回传目前应用程序所在的文件夹
GetDirectories(String)	回传 String 文件夹的子文件夹
SetCurrentDirectory(String)	设定 String 文件夹为目前工作的文件夹

方案 ch35_1.sln：创建文件夹 out35_1，同时输出此文件夹创建的日期和时间，以及应用程序的路径。

```
1  // ch35_1
2  string mydir = "out35_1";
3  Directory.CreateDirectory(mydir);
4  if (Directory.Exists(mydir))
5  {
6      DateTime dt = Directory.GetCreationTime(mydir);
7      Console.WriteLine(dt.ToString());
8  }
9  Console.WriteLine($"{Directory.GetCurrentDirectory()}");
```

执行结果

```
Microsoft Visual Studio 调试控制台
2023/8/7 5:52:32
C:\C#\ch35\ch35_1\bin\Debug\net6.0

C:\C#\ch35\ch35_1\bin\Debug\net6.0\ch35_1.exe
按任意键关闭此窗口. . .
```

35-2-2　DirectoryInfo 类

DirectoryInfo 类需要先用建构方法 (constructor) 声明并创建一个实体文件夹对象，然后才可以用这个对象操作类的方法。下列是声明并创建 "D:\\myC#\\test" 实体对象 mydir 的实例。

　　DirectoryInfo mydir = new DirectoryInfo（"D:\\myC#\\test"）;

或是

　　DirectoryInfo mydir = new DirectoryInfo(@"D:\myC#\test"）;// 加 @

有了上述 mydir 对象，可以使用对象得到下列属性：

CreatioinTime：创建此文件夹对象的时间。

Exists：此文件夹对象是否存在。

LastAccessTime：上次访问的时间。

Name：此对象的名称。

Root：此对象的根目录名。

下列是此文件夹对象常用的方法：

Create( )：创建此对象，如 mydir.Create( )。

Delete( )：删除空的文件夹对象，如 mydir.Delete( )。

Delete(Boolean)：如果布尔值是 true，则删除含内容的文件夹，如 mydir.Delete(true)。

GetDirectories( )：回传目前目录的子目录，如 mydir.GetDirectories( )。

GetFiles( )：回传目前目录的文件列表，如 mydir.GetFiles( )。

MoveTo(String)：文件夹对象移动到的 String 路径。如 mydir.MoveTo(String)。

方案 ch35_2.sln：创建文件夹，同时列出文件夹的属性。

```
1  // ch35_2
2  DirectoryInfo mydir = new DirectoryInfo("D:\\myC#\\test");
3  mydir.Create();                        // 创建文件夹
4  Console.WriteLine($"名 称  : {mydir.Name}");
5  Console.WriteLine($"日 期  : {mydir.CreationTime}");
6  Console.WriteLine($"存 在  : {mydir.Exists}");
7  Console.WriteLine($"根目录 : {mydir.Root}");
```

执行结果

```
Microsoft Visual Studio 调试控制台
名称   : test
日期   : 2023/8/12 20:53:30
存在   : True
根目录 : C:\

C:\C#\ch35\ch35_2\bin\Debug\net6.0\ch35_2.exe
按任意键关闭此窗口. . .
```

方案 ch35_3.sln：创建与删除文件夹的应用。

```
1   // ch35_3
2   string di = @"D:\C#\testch35_3";
3   DirectoryInfo mydir = new DirectoryInfo(di);
4   try
5   {
6       if (mydir.Exists)         // 检查文件夹是否存在
7       {
8           Console.WriteLine($"{di} 文件夹存在");
9           return;
10      }
11      else
12          Console.WriteLine($"{di} 文件夹目前不存在");
13
14      mydir.Create();           // 创建文件夹
15      Console.WriteLine($"创建 {di} 文件夹成功");
16      mydir.Delete();           // 删除文件夹
17      Console.WriteLine($"删除 {di} 文件夹成功");
18  }
19  catch (Exception e)
20  {
21      Console.WriteLine($"执行失败 : {e.ToString()}");
22  }
```

执行结果

```
Microsoft Visual Studio 调试控制台
C:\C#\testch35_3 文件夹目前不存在
创建 C:\C#\testch35_3 文件夹成功
删除 C:\C#\testch35_3 文件夹成功

C:\C#\ch35\ch35_3\bin\Debug\net6.0\ch35_3.exe
按任意键关闭此窗口. . .
```

上述程序第 3 行是在声明 mydir 文件夹实体对象，从第 6 ~ 第 12 行可以知道，声明不等于创建，所以获得了第 12 行 "文件夹目前不存在" 的输出。要等到第 14 行执行 Create( ) 后，整个文件夹才算是创建成功。

35-3 文件的操作

本节将分成两个小节说明 File 类和 FileInfo 类中有关文件的操作。

35-3-1 File 类

使用 File 类常用操作文件的方法如下所示。

名　　称	说　　明
AppendAllText( )	打开文件，将指定内容附加到该文件中，然后关闭文件。如果文件不存在，则创建一个文件存储该内容，然后关闭文件
AppendText( )	创建流文件 (StreamWriter)，将 UTF-8 编码附加到该文件中，然后关闭文件。如果流文件不存在，则创建一个文件存储该内容，然后关闭文件
Copy( )	复制现存文件内容到新文件中
Create( )	创建文件，如果文件已经存在就覆盖同名的文件
CreateText( )	创建文件用来写入 UTF-8 编码内容

名　　称	说　　明
Decrypt( )	使用 Encrypt 方法解密被加密的文件
Delete( )	删除指定的文件
Encrypt( )	加密文件
Exists( )	回传文件是否存在
GetCreationTime( )	回传文件的创建时间
GetLastAccessTime( )	回传文件的最后访问时间
Move( )	将文件移到新位置
Open( )	打开可擦写 byte 数据的流文件 (FileStream)
OpenText( )	打开可擦写 UTF-8 编码数据的流文件 (FileStream)
Peek( )	检查下一个要读取的字符，如果是文件末端则会回传 −1
Read( )	一次读取一个字符
ReadAllBytes( )	打开二进制文件，将内容读入 byte 数据，然后关闭文件
ReadAllText( )	打开文件，读取内容，然后关闭文件
ReadLine( )	一次读取一个字符，所读取的字符不包含换行字符，所以必须自行加上换行字符，"\r\n"
Replace( )	用新内容替换指定文件的内容
Write(String)	将 String 数据写入，写入后插入点停在文件末端，有新的写入，则会继续在插入点位置写入
WriteLine(String)	将 String 数据写入，写入后会有换行字符，插入点停在文件末端，有新的写入，则会在新的行写入
WriteAllBytes( )	创建文件然后写入二进制内容，如果文件已经存在则覆盖内容
WriteAllText( )	创建文件然后写入内容，如果文件已经存在则覆盖内容

方案 ch35_4.sln：File 类方法的测试，请先在 C 磁盘创建 tmp 文件夹。

```
1  // ch35_4
2  string file = @"D:\tmp\overWrite.txt";
3  File.AppendAllText(file, "附加内容");              // 附加
4  File.WriteAllText(@"D:\tmp\tmpNew.txt", "覆盖内容"); // 覆盖
5  if (File.Exists(file))                          // 文件是否存在
6      Console.WriteLine($"{file} 存在");
7  else
8      Console.WriteLine($"{file} 不存在");
9  File.Copy(file, @"D:\tmp\copyWrite.txt");       // 复制文件
10 if (File.Exists(@"D:\tmp\copyWrite.txt"))       // 文件是否存在
11     Console.WriteLine($"{@"D:\tmp\copyWrite.txt"} 存在");
12 else
13     Console.WriteLine($"{@"D:\tmp\copyWrite.txt"} 不存在");
14 File.Delete(@"D:\tmp\copyWrite.txt");           // 删除文件
15 if (File.Exists(@"D:\tmp\copyWrite.txt"))       // 文件是否存在
16     Console.WriteLine($"{@"D:\tmp\copyWrite.txt"} 存在");
17 else
18     Console.WriteLine($"{@"D:\tmp\copyWrite.txt"} 不存在");
19 Console.WriteLine($"{file} 创建时间 : {File.GetCreationTime(file)}");
```

执行结果

```
Microsoft Visual Studio 调试控制台
C:\tmp\overWrite.txt 存在
C:\tmp\copyWrite.txt 存在
C:\tmp\copyWrite.txt 不存在
C:\tmp\overWrite.txt 创建时间 : 2023/8/12 21:00:16

C:\C#\ch35\ch35_4\bin\Debug\net6.0\ch35_4.exe (进程
按任意键关闭此窗口. . .
```

35-3-2　FileInfo 类

FileInfo 类需要先用建构方法 (constructor) 来声明并创建一个实体文件对象，然后才可以用这个对象操作类方法。下列是声明并创建 "D:\\fileC#\\file.txt" 实体对象 myfile 的实例。

```
FileInfo myfile = new FileInfo( "D:\\fileC#\\file.txt" );
```

或是

```
DirectoryInfo myfile = new DirectoryInfo(@ "D:\\fileC#\\file.txt" );// 加 @
```

有了上述 myfile 文件对象，可以使用对象得到下列属性：

DirectoryName：文件夹名称。

Exists：回传文件是否存在。

Extension：回传扩展名。

FullName：回传完整文件路径。

CreationTime：创建时间。

Length：回传文件长度。

Name：文件名称。

下列是此文件对象常用的方法。

名　　称	说　　明
AppendText( )	使用 FileInfo 对象创建一个 StreamWriter 的写入对象，将文件内容附加在写入对象内。如果文件不存在则会创建新的文件来执行写入，如果文件存在则会将新的数据附加在文件末端
Close( )	关闭文件，也就是关闭 StreamWriter 或是 StreamReader 对象
CopyTo( )	将现有的文件内容复制到新文件中
Create( )	创建一个文件
CreateText( )	使用 FileInfo 对象创建一个 StreamWriter 的写入对象，将文件写入此对象内。如果文件不存在则会创建新的文件来执行写入，如果文件存在则原先内容会被清空再执行写入
Decrypt( )	解密文件
Delete( )	删除文件
Encrypt( )	加密文件
Flush( )	清空总线缓冲区内容
MoveTo( )	移动文件到新位置
Open( )	用特定模式打开文件
OpenRead( )	打开只读的 FileStream
OpenText( )	创建一个 StreamReader 的读取对象，可以读取 UTF-8 编码的文件
OpenWrite( )	创建一个唯写 (write-only) 的 FileStream
Replace( )	用 FileInfo 对象替换指定文件内容
ToString( )	回传文件路径
Write(String)	将 String 数据写入，写入后插入点停在文件末端，有新的写入，则会继续在插入点位置写入
WriteLine(String)	将 String 数据写入，写入后会有换行字符，插入点停在文件末端，有新的写入，则会在新的行写入

方案 ch35_5.sln： 创建文件的测试。

```
1  // ch35_5
2  string file = @"D:\tmp\tmp35_5.txt";
3  FileInfo fi = new FileInfo(file);    // 声明实体对象
4  fi.Create();                         // 创建文件
5  Console.WriteLine($"文件夹    ：{fi.DirectoryName}");
6  Console.WriteLine($"文件名    ：{fi.Name}");
7  Console.WriteLine($"扩展名    ：{fi.Extension}");
8  Console.WriteLine($"创建时间  ：{fi.CreationTime}");
9  Console.WriteLine($"长度      ：{fi.Length}");
10 Console.WriteLine($"存在      ：{fi.Exists}");
```

执行结果

```
文件夹    ：C:\tmp
文件名    ：tmp35_5.txt
扩展名    ：.txt
创建时间  ：2023/8/12 21:05:08
长度      ：0
存在      ：True

C:\C#\ch35\ch35_5\bin\Debug\net6.0\ch35_5.exe
按任意键关闭此窗口. . .
```

35-4 总线的输入与输出

在 35-3-2 节叙述 FileInfo 类方法时，内容出现了 StreamReader 和 StreamWriter，本节将对这两个类做实例解说。

35-4-1 总线的输出

要创建输出文件，会有几个步骤，下面将一一解说。

步骤 1：用 FileInfo( ) 建构方法创建实体对象

首先要确定输出文件的名称，然后使用 FileInfo( ) 建构方法创建实体对象，下列是创建输出文字文件 (txt) 的实例：

```
FileInfo data = new FileInfo(@ "D:\tmp\out35_6.txt" );
```

步骤 2：创建 StreamWriter 对象

如果这是新创建的文件，那么可以使用下列方式创建输出总线 StreamWriter 的对象：

```
StreamWriter sw = data.CreateText( );          // 写入对象
```

或是

```
StreamWriter sw = date.AppendText( );          // 附加对象
```

步骤 3：写入数据

可以用下列方式来写入文件：

```
sw.Write( "Welcome to C# World!" );
```

或是

```
sw.WriteLine( "Welcome to C# World!" );
```

步骤 4：关闭文件

上述完成后，我们需要使用 Close( ) 将文件关闭，才算完成写入文件工作。

方案 ch35_6.sln：总线输出数据到文件的应用。

```
1  // ch35_6
2  // 按部就班
3  string fn = @"D:\tmp\out35_6.txt";
4  FileInfo data = new FileInfo(fn);
5  StreamWriter sw1 = data.CreateText();
6  sw1.WriteLine("Welcome to C# World!");
7  sw1.WriteLine("C# 王者归来");
8  sw1.Close();
9
10 // 高手写法使用 using 指示词用法
11 string path = @"D:\tmp\out35_6_1.txt";
12 using (StreamWriter sw2 = File.CreateText(path))
13 {
14     sw2.WriteLine("Welcome to C# World!");
15     sw2.WriteLine("C# 王者归来");
16 }
```

执行结果

上述程序第 3 ～ 第 8 行笔者按部就班地完成了写入文件的工作，其实 C# 高手会用 using 语句完成上述工作，读者可以参考第 11 ～ 第 16 行，这才是本程序的重点。第 12 行使用 using 语句 (也可以说是 using 区块) 后，使用一行声明 StreamWriter 写入对象，然后可以省略 Close( ) 方法，因为在 using 区块的大括号区间执行完成后，就会自动关闭文件，所以其可以省略。

上述程序第 12 行笔者使用 File.CreateText(path) 创建 sw2 对象，也简化了原先第 4 ～ 第 5 行创建 sw1 对象的方式。另外，第 12 行还可以使用 StreamWriter 的建构方法创建 path 的写入对象，语法如下：

```
StreamWriter sw2 = new StreamWriter(path);
```

读者可以试着修改上述写法，这个语法实例放在 ch35_6_1.sln，读者可以自行参考。

35-4-2　使用总线读取文字文件

要创建读取文件对象，可以参考下列程序代码来声明 StreamReader 对象，然后读取。

创建读取目前工作区的 data.txt，语法如下：

```
string fn = "data.txt";
StreamReader sr = new StreamReader(fn);            // 流对象
```

或是

```
StreamReader sr = File.OpenText(fn);              // 流对象
```

然后可以使用下列方法读取文件：

Read( )：一次读取 1 个字符。

ReadLine( )：一次读取一行数据，所读取的数据没有换行字符。

Peek( )：如果读到文件末端则会回传 -1。

ReadToEnd( )：从目前流位置读到文件末端，这也是最常用的方法。

方案 ch35_7.sln：读取文字文件的应用，本节所读取的文件是在目前工作文件夹的文件，文件内容则是 ch35_6.sln 的执行结果。

```
1  // ch35_7
2  string fn = "out35_6.txt";
3  StreamReader sr1 = new StreamReader(fn);
4  char ch;
5  string msg = string.Empty;
6  while (!(sr1.Peek() == -1)) // 如果不是文件末端则循环继续
7  {
8      ch = (char)sr1.Read();
9      msg += ch;
10 }
11 Console.WriteLine(msg);
12 sr1.Close();
13 // 用ReadLine()读取
14 string path = "out35_6_1.txt";
15 StreamReader sr2 = File.OpenText(path);
16 string line = string.Empty;
17 string message = string.Empty;
18 while (!(sr2.Peek() == -1)) // 如果不是文件末端则循环继续
19 {
20     line = (string) sr2.ReadLine();
21     message += line + "\r\n";
22 }
23 Console.WriteLine(message);
24 sr2.Close();
```

执行结果

```
■ Microsoft Visual Studio 调试控制台
Welcome to C# World!
C# 王者归来

Welcome to C# World!
C# 王者归来

C:\C#\ch35\ch35_7\bin\Debug\net6.0\ch35_7.exe
按任意键关闭此窗口. . .
```

上述程序第 2 ～ 第 12 行使用读取字符方法 Read( ) 来读取文件，第 14 ～ 第 24 行用读取整行方法读取文件。这个程序另一个观察重点是其第 3 行使用 StreamReader 建构方法而第 15 行使用 File.OpenText( ) 方法，以不同的方式声明了 StreamReader 对象。

方案 ch35_8.sln：使用 using 搭配 ReadToEnd( ) 方法读取文件的应用，这个实例也是高手使用的方法。

```
1  // ch35_8
2  string path = "out35_6.txt";
3  string msg;
4  using (StreamReader sr = new StreamReader(path))
5  {
6      msg = sr.ReadToEnd();
7  }
8  Console.WriteLine(msg);
```

执行结果：与 ch35_7.sln 相同。

从上述可以看到整个程序实例较之 ch35_7.sln 变得简洁易懂。

35-5 **文件复制、删除与移动实操**

如果要操作文件，如复制 (CopyTo)、移动 (MoveTo) 等，则必须先为文件创建 FileInfo 对象，然后才可以用 FileInfo 对象调用 CopyTo( ) 或是 MoveTo( ) 方法，执行文件操作，详情可以参考下列实例。

方案 ch35_9.sln：文件复制方法的应用，读者须先创建 D:\tmp\data35_9.txt 做测试。

```
1   // ch35_9
2   string path1 = @"D:\tmp\data35_9.txt";
3   string path2 = @"D:\tmp\out35_9.txt";
4   FileInfo fi1 = new FileInfo(path1);
5   FileInfo fi2 = new FileInfo(path2);
6   if (File.Exists(path2))        // 如果存在
7   {
8       fi2.Delete();              // 删除 path2
9   }
10  fi1.CopyTo(path2);
```

执行结果：读者观察 D\tmp 文件夹可以看到 data35_9.txt 和 out35_9.txt 文件。

上述程序第 6 ~ 第 8 行是如果目标文档存在，则执行 Delete( ) 先删除此文件。

方案 ch35_10.sln：移动文件方法的应用，读者需先创建 D:\tmp\data35_10.txt 来进行测试。

```
1   // ch35_10
2   string path1 = @"D:\tmp\data35_10.txt";
3   string path2 = @"D:\tmp\out35_10.txt";
4   FileInfo fi1 = new FileInfo(path1);
5   FileInfo fi2 = new FileInfo(path2);
6   if (File.Exists(path2))        // 如果存在
7   {
8       fi2.Delete();              // 删除 path2
9   }
10  fi1.MoveTo(path2);
```

执行结果：读者观察 D\tmp 文件夹可以看到 out35_10.txt 文件。

习题实操题

方案 ex35_1.sln：目录检测工具，请输入目录然后单击"搜寻"按钮，如果目录存在则会输出目录的创建日期，如果目录不存在则会输出"目录不存在"，单击"清除"按钮可以清除显示的信息。(35-1 节)

方案 ex35_2.sln：文件检测工具，请输入文件名称，如果文件存在则会输出文件的相关信息，如果文件不存在则会输出"不存在"，单击"清除"按钮可以清除显示的信息。(35-3 节)

方案 ex35_3.sln：设计唐诗三百首浏览器，可以挑选诗名，然后列出内容，请至少编辑 10 首。(35-4 节)

方案 ex35_4.sln：设计文件复制器，可以输入源文档和目标文档，单击"复制"按钮可以复制文件，如果单击"清除"按钮可以清除源文档和目标文档内容。(35-5 节)

第 36 章
语音与影片

C# 还可以操作语音文件，本章将对这方面的应用设计实操与应用。

36-1 Console.Beep( )

36-1-1　认识 Beep( ) 参数

System 命名空间有 Console.Beep( ) 方法可以通过控制台喇叭播放蜂鸣声，此方法的语法如下：

```
Beep( );                          // 6-4 节已有说明
Beep(int32, int32);               // 本节的重点
```

6-4 节已对 Beep( ) 简单说明，本节将对 Beep(int32, int32) 进行说明，这个方法的语法如下：

```
Beep(int frequency, int duration);
```

参数 1 是蜂鸣声的频率，范围是从 37 ～ 32767 Hz。duration 是声音持续的时间，单位是毫秒 (1000 毫秒等于 1 秒)。

方案 36_1.sln：单击可以产生 300 Hz，持续 3 秒的蜂鸣声。

```
1  // ch36_1
2
3  Console.Beep(300, 3000);
```

执行结果：读者可以听到 3 秒的蜂鸣声。

36-1-2　认识 Do-Re-Mi 的频率

音乐中标准音所在八度的频率，省略小数的整数频率如下所示。

Do	Re	Mi	Fa	So	La	Si	Do(高音)
261	293	329	349	392	440	493	523

方案 36_2.sln：创造《两只老虎》前半段的音乐。

```
1  // ch36_2
2  Console.Beep((int)Music.Do, 500);
3  Console.Beep((int)Music.Re, 500);
4  Console.Beep((int)Music.Mi, 500);
5  Console.Beep((int)Music.Do, 500);
6  Console.Beep((int)Music.Do, 500);
7  Console.Beep((int)Music.Re, 500);
8  Console.Beep((int)Music.Mi, 500);
9  Console.Beep((int)Music.Do, 500);
10
11 Console.Beep((int)Music.Mi, 500);
12 Console.Beep((int)Music.Fa, 500);
13 Console.Beep((int)Music.So, 500);
14
15 Console.Beep((int)Music.Mi, 500);
16 Console.Beep((int)Music.Fa, 500);
17 Console.Beep((int)Music.So, 500);
18
19 public enum Music
20 {
21     Do = 261,
22     Re = 293,
23     Mi = 329,
24     Fa = 349,
25     So = 392,
26     La = 440,
27     Si = 493,
28 }
```

执行结果：读者可以听到《两只老虎》的前半段音乐。

36-1-3 创建 Do-Re 电子琴的键盘

方案 ch36_3.sln：创建 Do-Re 电子琴的键盘。

```
1  namespace ch36_3
2  {
3      public partial class Form1 : Form
4      {
5          public Form1()
6          {
7              InitializeComponent();
8          }
9          private void btnDo_Click(object sender, EventArgs e)
10         {
11             int Do = 261;
12             Console.Beep(Do, 500);
13         }
14         private void Re_Click(object sender, EventArgs e)
15         {
16             int Re = 293;
17             Console.Beep(Re, 500);
18         }
19     }
20 }
```

执行结果

36-2 SystemSounds 类

SystemSounds 类有 5 个与 Windows 操作系统有关的音效属性，Asterisk、Beep、Exclamation、Hand 和 Question，我们可以使用 Play( ) 方法启动这些系统声音。

方案 ch36_4.sln：测试 SystemSounds 类 5 个属性的音效，本程序必须有 using System.Media。

```
1  using System.Media;
2  namespace ch36_4
3  {
4      public partial class Form1 : Form
5      {
6          public Form1()
7          {
8              InitializeComponent();
9          }
10         private void btnAsterisk_Click(object sender, EventArgs e)
11         {
12             SystemSounds.Asterisk.Play();
13         }
14         private void btnBeep_Click(object sender, EventArgs e)
15         {
16             SystemSounds.Beep.Play();
17         }
18         private void btnExclamation_Click(object sender, EventArgs e)
19         {
20             SystemSounds.Exclamation.Play();
21         }
22         private void btnHand_Click(object sender, EventArgs e)
23         {
24             SystemSounds.Hand.Play();
25         }
26         private void btnQuestion_Click(object sender, EventArgs e)
27         {
28             SystemSounds.Question.Play();
29         }
30     }
31 }
```

执行结果

36-3 SoundPlayer 类 —— 播放 wav 文件

SoundPlayer 类可以很方便地播放 wav 波形声音文件，这个类的使用很容易，可以分成下列步骤来播放音效：

```
SoundPlayer player = new SoundPlayer( );      // 创建实体对象
player.SoundLocation = "声音文件";            // 实体文件或是网址文件链接
player.Load( );                               // 同步载入 .wav 文件
player.Play( );                               // 异步播放
```

WAV 文件的知识：这是 Microsoft 和 IBM 共同开发的用在个人计算机音频流的编码格式，目前主要应用在 Windows 操作系统中。这类音频因为没有压缩，所以不会有失真的问题，不过也会导致此类音频占用的内存空间较大。

36-3-1　Load( ) 和 LoadAsync( ) 解说

用 Load( ) 方法加载 .wav 文件时，会使用目前的线程加载文件，直到完全加载文件为止。使用 Load( ) 在加载大型 .wav 文件时，会产生延迟，或是因其他事件遭到封锁，直到加载完成。因此，加载大型程序时，可以使用 LoadAsync( ) 方法，其是异步方法加载 .wav 文件，可以让调用线程在不中断情况下继续。

36-3-2　Play( ) 和 PlaySync( ) 解说

Play( ) 方法会使用新的线程播放音效，也就是非同步播放音效，如果 .wav 文件尚未加载则会将其加载。不过建议使用 Play( ) 前先用 Load( ) 或 LoadAsync( ) 先将 .wav 文件加载。

注　如果执行此 Play( ) 前未指定 .wav 文件或是加载失败，Play( ) 会播放默认的哔声音效。

PlaySync( ) 使用目前的线程播放 .wav 文件，也就是同步播放。如果执行此 PlaySync( ) 前未指定 .wav 文件或是加载失败，PlaySync( ) 会播放默认的哔声音效。

方案 ch36_5.sln：设计英文听力练习程序，请选择单词，单击"播放"按钮可以播放该单词的发音。

```
1  using System.Media;
2  namespace ch36_5
3  {
4      public partial class Form1 : Form
5      {
6          public Form1()
7          {
8              InitializeComponent();
9          }
10         SoundPlayer player = new SoundPlayer();
11         private void Form1_Load(object sender, EventArgs e)
12         {
13             string[] fruits = {"Apple",
14                                "Orange",
15                                "Grape" };
16             cboFruits.Items.AddRange(fruits);      // 创建水果项目
17             // 水果品项无法修改 DropDownList
18             cboFruits.DropDownStyle = ComboBoxStyle.DropDownList;
19             cboFruits.SelectedIndex = 0;           // 显示索引 0
20         }
21         private void btnPlay_Click(object sender, EventArgs e)
22         {
23             player.SoundLocation = cboFruits.Text + ".wav";
24             player.Load();
25             player.Play();
26         }
27     }
28 }
```

执行结果

英文听力练习

单字列表　Apple

播放

上述程序第 10 行声明 SoundPlayer 类的 player 对象，然后单击"播放"按钮时，会执行第 21 ～ 第 26 行的 btnPlay_Click( ) 方法，第 23 行是声音文件，第 24 行是在下载此声音文件，第 25 行是在播放声音文件。这个程序在 ch36_5.exe 同一文件夹有 apple.wav、orange.wav 和 grape.wav 声音文件。

36-3-3　循环播放 PlayLooping( ) 和停止播放 Stop( )

方法 PlayLooping( ) 用新的循环播放所选的 .wav 文件，如果要停止播放，则需执行 Stop( ) 方法。如果读者喜欢一首音乐想要循环享受，或是练习听一段英文的听力，可以使用此循环播放功能。

方案 ch36_6.sln：循环播放音乐的应用。

```
1  using System.Media;
2  namespace ch36_6
3  {
4      public partial class Form1 : Form
5      {
6          public Form1()
7          {
8              InitializeComponent();
9          }
10         SoundPlayer player = new SoundPlayer();
11         private void button1_Click(object sender, EventArgs e)
12         {
13             player.SoundLocation = "pianomusic1.wav";
14             player.Load();
15             player.PlayLooping();    // 循环播放
16         }
17         private void button2_Click(object sender, EventArgs e)
18         {
19             player.Stop();           // 暂停播放
20         }
21     }
22 }
```

执行结果

音乐欣赏

Piano Music

循环播放　　暂停

36-4　Windows Media Player —— 播放 MP3 文件

使用 C# 也可以搭配 Windows Media Player 设计程序来播放 MP3 音乐文件或是播放 MP4 影片文件。

注　笔者测试目前 Windows Form App(.NET Framework) 使用 Window Forms App(.NET Framework) 才有支持，可以参考下图。

MP3 知识：MP3 的全称为 MPEG Audio Layer III，这是当今流行的数字音频编码。MPEG 的编码原理是抛弃人类听觉不重要的部分，完成文件压缩的目的。这是 1991 年德国 Fraunhofer-Gesellschaft 协会的一组工程师发明标准化的。

36-4-1　安装 Windows Media Player 工具

Windows Media Player 并不在 Visual Studio 的工具箱内，必须额外安装此控件。首先请执行"工具" | "选择工具箱项"指令，选择 COM 组件标签，勾选 Windows Media Player。

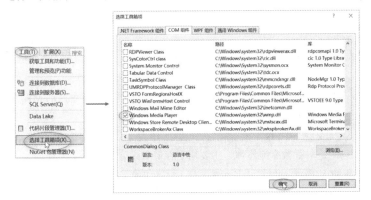

请单击"确定"按钮，然后在工具箱内就可以自动看到 Windows Media Player 工具。用户双击 Window Media Player 就可以在窗体内创建此工具。

36-4-2　播放 MP3 文件

首先要声明 WindowsMediaPlayer 对象，下列是实例：

```
WMPLib.WindowsMediaPlayer wplayer = new WMPLib.WindowsMediaPlayer( );
```

555

有了上述声明的 wplayer 对象，未来可以使用下列方法：

play( )：从目前位置播放 MP3 文件。

pause( )：暂停播放。

stop( )：停止播放。

方案 ch36_7.sln：播放 piano.mp3 文件的实例。

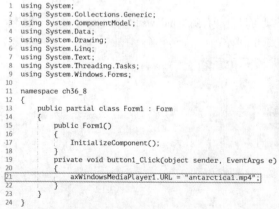

执行结果

```
1  using System;
2  using System.Collections.Generic;
3  using System.ComponentModel;
4  using System.Data;
5  using System.Drawing;
6  using System.Linq;
7  using System.Text;
8  using System.Threading.Tasks;
9  using System.Windows.Forms;
10
11 namespace ch36_7
12 {
13     public partial class Form1 : Form
14     {
15         public Form1()
16         {
17             InitializeComponent();
18         }
19         WMPLib.WindowsMediaPlayer wplayer = new WMPLib.WindowsMediaPlayer();
20         private void button1_Click(object sender, EventArgs e)
21         {
22             wplayer.URL = "piano1.mp3";
23             wplayer.controls.play();              // 播放
24         }
25         private void button2_Click(object sender, EventArgs e)
26         {
27             wplayer.controls.stop();              // 停止
28         }
29     }
30 }
```

36-5 Windows Media Player —— 播放 MP4 文件

请将 Windows Media Player 工具植入窗体，然后可以使用下列指令启动 MP4 影音文件。

```
axWindowsMediaPlayers.URL = "MP4 文件";
```

MP4 知识：MP4 又称 MPEG-4 第 14 部分，2001 年发表第 1 版，2003 年发表第 2 版，英文是 MPEG-4 Part 14，是一种数字流媒体，主要用于存储数字音频和数字影片。

方案 ch36_8.sln：播放 antarctica1.mp4 文件 (这是笔者到南极旅游所拍的影片) 的实例。

执行结果

```
1  using System;
2  using System.Collections.Generic;
3  using System.ComponentModel;
4  using System.Data;
5  using System.Drawing;
6  using System.Linq;
7  using System.Text;
8  using System.Threading.Tasks;
9  using System.Windows.Forms;
10
11 namespace ch36_8
12 {
13     public partial class Form1 : Form
14     {
15         public Form1()
16         {
17             InitializeComponent();
18         }
19         private void button1_Click(object sender, EventArgs e)
20         {
21             axWindowsMediaPlayer1.URL = "antarctica1.mp4";
22         }
23     }
24 }
```

使用 Windows Media Player 播放 MP4 文件的缺点是，Windows Media Player 在窗体内会变形，所以要小心地设定窗口大小。

习题实操题

方案 ex36_1.sln：设计电子琴。(36-1 节)

方案 ex36_2.sln：卡拉 OK 随你唱，用户可以选择音乐，然后单击"循环播放"按钮可以循环播放，单击"播放"按钮可以正常播放，单击"停止播放"按钮可以停止播放。(36-3 节)

方案 ex36_3.sln：扩充设计 ch36_7.sln，增加"暂停"按钮可以暂时停止播放、"继续"按钮可以从暂停位置复原播放。(36-4 节)

方案 ex36_4.sln：更改设计 ch36_8.sln，窗体右下方是"选择文件播放"按钮，单击此按钮可以出现打开对话框，然后可以选择要播放的文件。(36-5 节)

第 37 章
LINQ 查询

LINQ 全名为 Language Integrated Query，是 Microsoft 公司开发的语言集成查询，目前这项技术已经整合至 C# 语言。

37-1　认识 LINQ

过去我们学习数据库，如 SQL、XML 文件、各种 Web 服务等时，必须针对每一种数据库学习查询语言，现在 Microsoft 公司将查询功能整合，设计了 LINQ，在这个架构下有相同的类、方法和事件。因此可以使用 LINQ 技术同时应用在下列领域：

1. LINQ to Objects：又称 LINQ to Collection，笔者在第 11 章介绍了集合，第 22 章介绍了泛型集合，只要是属于 IEnumerable 或是 IEnumerable<T> 的集合都可以使用 LINQ 技术。

2. LINQ to SQL：可以处理 SQL 数据库的数据。

3. LINQ to XML：可以处理 XML 文件、XML 片段、XML 格式的字符串。

4. LINQ to DataSet：可以处理 DataSet 中的数据。

对于撰写数据库查询语言的程序设计师而言，LINQ 最明显的特色是使用声明式查询语法，通过使用查询语法，可以用最少的程序代码对数据来源进行排序、筛选或分组。当然其最大的特色是，相同的查询运算语法可以同时应用在 SQL 数据库、ADO.NET 数据集、XML 文件以及 .NET 集合中。

LINQ 已经是不同程序语言的共享技术，可以作为不同程序语言和不同数据库之间的桥梁，如下图所示。

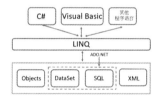

37-2　LINQ 语法

37-2-1　认识 LINQ 表达式

LINQ 有 8 个基本表达式，可以参考下表。

表 达 式	说　　　明
from	指定查询操作的数据来源，和变量的范围
select	筛选查询结果的类型和形式
where	筛选的逻辑条件
let	在数据查询过程中，我们可以使用 let 关键词创建和存储子表达式的结果，未来可以使用子表达式的结果做为查询的依据
orderby	针对查询结果排序操作
group … by	对查询结果分组，每个分组是一个数组，然后可以用 foreach 输出分组元素

表 达 式	说　明
into	创建暂时标识符，用于存储 group、join、select 子句的执行结果
join	依据键值连接多个序列，返回查询的结果

37-2-2　from/select/where 实例

使用 LINQ 习惯上会使用 var 来声明隐型变量，这可以简化设计，然后变量真正的数据类型由语句右边的类型决定，也就是在程序编译时决定数据类型。右边推断的类型可能是 C# 内建类型、匿名类型、使用者自定义的类型，或是 .NET 类库中定义的类型。

方案 ch37_1.sln：from 和 select 的基础应用，这个程序筛选出 (列出) 所有 arr 数组的内容，读者可以注意第 3 行，其使用 var 来声明查询结果变量 query。

```
1  // ch37_1
2  int[] arr = new int[] { 1, 3, 5, 11, 21, 12, 6, 9, 20};
3  var query = from n in arr
4              select n;
5  foreach (var q in query)
6      Console.Write($"{q}, ");
```

执行结果

```
Microsoft Visual Studio 调试控制台
1, 3, 5, 11, 21, 12, 6, 9, 20,
C:\C#\ch37\ch37_1\bin\Debug\net6.0\ch37_1.exe
按任意键关闭此窗口. . .
```

where 可以搭配关系表达式来筛选数据。

方案 ch37_2.sln：扩充 ch37_1.sln，增加 where，筛选小于 10 的数组内容。

```
1  // ch37_2
2  int[] arr = new int[] { 1, 3, 5, 11, 21, 12, 6, 9, 20 };
3  var query = from n in arr
4              where n < 10        // 筛选 n < 10
5              select n;
6  foreach (var q in query)
7      Console.Write($"{q}, ");
```

执行结果

```
Microsoft Visual Studio 调试控制台
1, 3, 5, 6, 9,
C:\C#\ch37\ch37_2\bin\Debug\net6.0\ch37_2.exe
按任意键关闭此窗口. . .
```

假设现在要求读者筛选大于 5 且小于 15 的数据，这时需要使用 C# 的逻辑运算符 "&&"，这将是读者的习题。where 可以搭配 bool 的条件式来筛选数据。

方案 ch37_3.sln：筛选偶数数据。

```
1  // ch37_3
2  int[] arr = new int[] { 1, 3, 5, 11, 21, 12, 6, 9, 20 };
3  var query = from n in arr
4              where (n % 2 == 0)     // 筛选偶数
5              select n;
6  foreach (var q in query)
7      Console.Write($"{q}, ");
```

执行结果

```
Microsoft Visual Studio 调试控制台
12, 6, 20,
C:\C#\ch37\ch37_3\bin\Debug\net6.0\ch37_3.exe
按任意键关闭此窗口. . .
```

我们也可以将类数据用于筛选数据。

方案 ch37_4.sln：筛选主修是 CS(Computer Science) 的学生。

```
1  // ch37_4
2  var students = new List<Student>() {
3                  new Student(){Id = 1, Name="Mary", Major="CS"},
4                  new Student(){Id = 2, Name="Tom", Major="EE"},
5                  new Student(){Id = 3, Name="Sam", Major="CS"},
6                  new Student(){Id = 4, Name="John", Major="CS"}
7              };
8  // 查询所有主修是 CS 的学生
9  var query = from s in students
10             where s.Major == "CS"
11             select s;
12 // 输出结果
13 foreach (var q in query)
14     Console.WriteLine($"{q.Id}, {q.Name}");
15
16 public class Student
17 {
18     public int Id { get; set; }
19     public string Name { get; set; }
20     public string Major { get; set; }
21 }
```

执行结果

```
Microsoft Visual Studio 调试控制台
1, Mary
3, Sam
4, John

C:\C#\ch37\ch37_4\bin\Debug\net6.0\ch37_4.exe
按任意键关闭此窗口. . .
```

37-2-3 let 实例

方案 ch37_5.sln：let 关键词的应用，这个程序会输出开头字母是 c ～ k 的英文单词。

```
1  // ch37_5
2  var keywords = new[]
3  {
4      "abstract", "as", "bool", "break", "byte",
5      "catch", "char", "delegate", "do", "double",
6      "else", "enum", "event", "explicit", "extern",
7      "false", "finally", "float", "for", "foreach",
8      "if", "lock", "long", "namespace", "new", "null",
9      "ref", "return", "short", "sizeof", "switch",
10     "this", "throw", "true", "try", "typeof",
11     "uint", "ulong", "ushort", "using",
12     "virtual", "void", "volatile", "while"
13 };
14 var query = from words in keywords
15             let firstLetter = words[0]  // 取第 1 个字母
16             where firstLetter >= 'c' && firstLetter <= 'd'
17             select words;
18 foreach (var q in query)
19     Console.Write($"{q}, ");
```

执行结果

```
catch, char, delegate, do, double,
C:\C#\ch37\ch37_5\bin\Debug\net6.0\ch37_5.exe
按任意键关闭此窗口. . .
```

方案 ch37_6.sln：将句子拆解为单词，然后输出以 a、i、t 开头的单词。

```
1  // ch37_6
2  string[] news =
3  {
4      "Apple introduced Safety Check.",
5      "This robust security setting.",
6      "You may stop sharing your information."
7  };
8  // 将句子拆成单字数组，选择'a', 'i', 't'开头的单词
9  var query =
10     from sentence in news
11     let words = sentence.Split(' ')  // 拆解句子成单词数组
12     from word in words
13     let w = word.ToLower()           // 单词转成全部小写
14     where w[0] == 'a' || w[0] == 'i'
15         || w[0] == 't'
16     select word;
17 // 输出结果
18 foreach (var v in query)
19 {
20     Console.WriteLine($"{v, 12} 是 a, i, t 开头单词");
21 }
```

执行结果

```
     Apple 是 a, i, t 开头单词
 introduced 是 a, i, t 开头单词
      This 是 a, i, t 开头单词
information. 是 a, i, t 开头单词
C:\C#\ch37\ch37_6\bin\Debug\net6.0\ch37_6.exe
按任意键关闭此窗口. . .
```

37-2-4 orderby 实例

使用 orderby 可以执行排序操作，默认是从小到大排序，使用关键词可以执行从大到小排序。

方案 ch37_7.sln：orderby 关键词的应用，第 3 ～ 8 行是执行从小到大排序，第 11 ～ 14 行是执行从大到小排序。

```
1  // ch37_7
2  int[] arr = new int[] { 8, 3, 5, 11, 21, 12, 6, 9, 20 };
3  var query1 = from n in arr
4               where n < 10          // 筛选 n < 10
5               orderby n             // 默认从小到大排序
6               select n;
7  foreach (var q in query1)
8      Console.Write($"{q}, ");
9
10 Console.WriteLine();              // 跳行输出
11 var query2 = from n in arr
12              where n < 10          // 筛选 n < 10
13              orderby n descending  // 从大到小排序
14              select n;
15 foreach (var q in query2)
16     Console.Write($"{q}, ");
```

执行结果

```
3, 5, 6, 8, 9,
9, 8, 6, 5, 3,
C:\C#\ch37\ch37_7\bin\Debug\net6.0\ch37_7.exe
按任意键关闭此窗口. . .
```

上述第 13 行也可以改为 orderbydescending

37-2-5 group … by 实例

分组是 LINQ 强大的功能之一，可以执行下列分组策略：

1. 根据单一属性。

2. 根据属性的第一个字母。

3. 根据数字区间。

4. 根据布尔值或其他表达式。

5. 根据复合索引键。

方案 ch37_8.sln：将 10 以下数字分奇数和偶数。

```
1  // ch37_8
2  int[] arr = new int[] { 8, 3, 5, 11, 21, 12, 6, 9, 20 };
3  var query = from n in arr
4                  where n < 10          // 筛选 n < 10
5                  group n by n % 2;     // 分组奇数和偶数
6
7  foreach(var element in query)        // 元素 element 是分组数组
8  {
9      foreach(var e in element)        // 列出分组数组内容
10     {
11         Console.WriteLine(e);
12     }
13     Console.WriteLine("===== group组别分隔线 =====");
14 }
```

执行结果

```
Microsoft Visual Studio 调试控制台
8
6
===== group组别分隔线 =====
3
5
9
===== group组别分隔线 =====
C:\C#\ch37\ch37_8\bin\Debug\net6.0\ch37_8.exe
按任意键关闭此窗口...
```

37-2-6 group ··· by/into 实例

当执行分组后，分组的键值可以用 Key 属性取得。

方案 ch37_9.sln：将 Student 类的数据依据科系主修分组。

```
1  // ch37_9
2  var students = new List<Student>() {
3                  new Student(){Id = 1, Name="Mary", Major="CS"},
4                  new Student(){Id = 2, Name="Tom", Major="EE"},
5                  new Student(){Id = 3, Name="Sam", Major="CS"},
6                  new Student(){Id = 4, Name="John", Major="CS"},
7                  new Student(){Id = 5, Name="Kevin", Major="EE"},
8                  new Student(){Id = 6, Name="Linda", Major="CS"}
9              };
10 // 依科系分组
11 var query = from student in students
12                  group student by student.Major into newGroup
13                  select newGroup;
14 // 输出结果
15 foreach (var qGroup in query)
16 {
17     Console.WriteLine($"科系 : {qGroup.Key}");  // Key 是分组属性
18     foreach (var student in qGroup)              // 遍历分组
19     {
20         Console.WriteLine($"\t{student.Id}, {student.Name}");
21     }
22 }
23 public class Student
24 {
25     public int Id { get; set; }
26     public string Name { get; set; }
27     public string Major { get; set; }
28 }
```

执行结果

```
Microsoft Visual Studio 调试控制台
科系 : CS
        1, Mary
        3, Sam
        4, John
        6, Linda
科系 : EE
        2, Tom
        5, Kevin
C:\C#\ch37\ch37_9\bin\Debug\net6.0\ch37_9.exe
按任意键关闭此窗口...
```

37-2-7 join 实例

关键词 join 用于连接数据，基本上需要外部序列 (outer sequence)、内部序列 (inner sequence)、键值 (key selector) 和结果选择，整个语法如下：

from ··· in 外部序列

join ··· in 内部序列

on 外部键值 equals 内部键值

select

方案 ch37_10.sln：join 方法的应用，这个程序会查询相同元素的内容。

```
1  // ch37_10
2  int[] outer = new int[] { 1, 2, 3, 4, 5, 6, 7 };
3  int[] inner = new int[] { 1, 3, 4, 7 };
4  var query = from a in outer        // 取得 outer
5                  join b in inner     // 连接 inner
6                  on a equals b       // 筛选元素 a = b
7                  select b;           // 筛选结果
8  foreach(var item in query)
9  {
10     Console.WriteLine(item);
11 }
```

执行结果

```
Microsoft Visual Studio 调试控制台
1
3
4
7
C:\C#\ch37\ch37_10\bin\Debug\net6.0\ch37_10.exe
按任意键关闭此窗口...
```

方案 ch37_10_1.sln：join 方法的应用，这个程序会列出 a 小于 5，b 大于 1，同时 a 等于 b 的结果。

```
1  // ch37_10_1
2  int[] outer = new int[] { 1, 2, 3, 4, 5, 6, 7 };
3  int[] inner = new int[] { 1, 3, 4, 7 };
4  var query = from a in outer        // 取得 outer
5              where a < 5            // 设定 a < 5
6              join b in inner        // 连接 inner
7              on a equals b          // 筛选元素 a = b
8              where b > 1            // 设定 b > 1
9              select b;              // 筛选结果
10 foreach (var item in query)
11 {
12     Console.WriteLine(item);
13 }
```

执行结果

```
Microsoft Visual Studio 调试控制台
3
4
C:\C#\ch37\ch37_10_1\bin\Debug\net6.0\ch37_10_1.exe
按任意键关闭此窗口. . .
```

方案 ch37_10_2.sln：join 方法的应用，这个程序会进行姓名 (Name) 和学院 (College) 的配对。

```
1  // ch37_10_2
2  IList<Student> studentList = new List<Student>() {
3      new Student() { ID = 1, Name = "Tom", Major = "CS" },
4      new Student() { ID = 2, Name = "Kevin", Major = "ME" },
5      new Student() { ID = 3, Name = "Bill", Major = "History" },
6      new Student() { ID = 4, Name = "Jonny", Major = "Language" },
7      new Student() { ID = 5, Name = "Mike", Major = "CS" }
8  };
9
10 IList<School> schoolList = new List<School>() {
11     new School(){ Major = "CS", College = "Engineering"},
12     new School(){ Major = "ME", College = "Engineering"},
13     new School(){ Major = "MBA", College = "Business"}
14 };
15 var query = from s in studentList           // outer
16             join st in schoolList           // inner
17             on s.Major equals st.Major      // 筛选科系相同
18             select new
19             {
20                 name = s.Name,              // 姓名
21                 major = s.Major,            // 主修
22                 college = st.College,       // 学院
23             };
24 foreach (var q in query)
25 {
26
27     Console.WriteLine($"{q.name, 5}就读{q.college}学院主修是{q.major}");
28 }
29 public class Student
30 {
31
32     public int ID { get; set; }              // 学生 ID
33     public string Name { get; set; }         // 姓名
34     public string Major { get; set; }        // 科系
35 }
36
37 public class School
38 {
39     public string Major { get; set; }        // 科系
40     public string College { get; set; }      // 学院
41 }
```

执行结果

```
Microsoft Visual Studio 调试控制台
  Tom就读Engineering学院主修是CS
Kevin就读Engineering学院主修是ME
 Mike就读Engineering学院主修是CS
C:\C#\ch37\ch37_10_2\bin\Debug\net6.0\ch37_10_2.exe
按任意键关闭此窗口. . .
```

37-3　LINQ 常用方法

LINQ 常用的方法如下表所示。

方　　法	说　　　　明
Average( )	查询结果的平均值
Count( )	查询结果的笔数
Max( )	查询结果的最大值
Min( )	查询结果的最小值
ToList( )	将查询结果转成 List 数据类型

方案 ch37_11.sln：输出查询结果的最大值、最小值和总计。

```
1  // ch37_11
2  int[] arr = new int[] { 1, 3, 5, 11, 21, 12, 6, 9, 20 };
3  var query = from n in arr
4              where n < 20
5              select n;
6  Console.WriteLine($"最大值 : {query.Max()}");
7  Console.WriteLine($"最小值 : {query.Min()}");
8  Console.WriteLine($"加　总 : {query.Sum()}");
```

执行结果

```
Microsoft Visual Studio 调试控制台
最大值 : 12
最小值 : 1
加　总 : 47
C:\C#\ch37\ch37_11\bin\Debug\net6.0\ch37_11.exe
按任意键关闭此窗口. . .
```

习题实操题

方案 ex37_1.sln：重新设计 ch37_2.sln，筛选大于 5 且小于 15 的数值。(37-2 节)

```
Microsoft Visual Studio 调试控制台
11, 12, 6, 9,
C:\C#\ex\ex37_1\bin\Debug\net6.0\ex37_1.exe
按任意键关闭此窗口...
```

方案 ex37_2.sln：扩充设计 ch37_4.sln，增加性别字段，除了 Mary 是女生其他人都是男生，请筛选主修是 CS 的男生。(37-2 节)

```
Microsoft Visual Studio 调试控制台
3, Sam
4, John

C:\C#\ex\ex37_2\bin\Debug\net6.0\ex37_2.exe
按任意键关闭此窗口...
```

方案 ex37_3.sln：重新设计 ch37_6.sln，筛选开头字母为 a 或是开头字母的 Unicode 码值大于或等于 t Unicode 码值的单词。(37-2 节)

```
Microsoft Visual Studio 调试控制台
Apple 是 a 或大于等于 t 开头单词
 This 是 a 或大于等于 t 开头单词
  You 是 a 或大于等于 t 开头单词
 your 是 a 或大于等于 t 开头单词
C:\C#\ex\ex37_3\bin\Debug\net6.0\ex37_3.exe
按任意键关闭此窗口...
```

方案 ex37_4.sln：扩充 ch37_8.sln，改为从小到大输出。(37-2 节)

```
Microsoft Visual Studio 调试控制台
3
5
9
===== group组别分隔线 =====
6
8
===== group组别分隔线 =====

C:\C#\ex\ex37_4\bin\Debug\net6.0\ex37_4.exe
按任意键关闭此窗口...
```

方案 ex37_5.sln：请扩充设计 ch37_9.sln，增加 3 个人，所增加的人可以参考下面的执行结果。(37-2 节)

```
Microsoft Visual Studio 调试控制台
科系 : CS
    1, Mary
    3, Sam
    4, John
    6, Linda
    8, Tracy
科系 : EE
    2, Tom
    5, Kevin
科系 : ME
    7, Mike
    9, Jimmy
C:\C#\ex\ex37_5\bin\Debug\net6.0\ex37_5.exe
按任意键关闭此窗口...
```

方案 ex37_6.sln：重新设计 ch37_11.sln，输出查询结果的最大值、最小值和总计。(37-3 节)

```
Microsoft Visual Studio 调试控制台
最大值 : 20
最小值 : 6
加  总 : 38
C:\C#\ex\ex37_6\bin\Debug\net6.0\ex37_6.exe
按任意键关闭此窗口...
```

第 38 章
大型程序 —— 多窗体的设计

至今我们所设计的程序都是在一个方案内有一个项目，一个项目内有一个窗体，实际上读者可能会设计程序让一个方案有多个项目，一个项目有多个窗体，本章将讲解一个项目有多个窗体的程序设计。

38-1 窗体架构

当在 C# 创建窗体成功后，读者将看到以下界面。

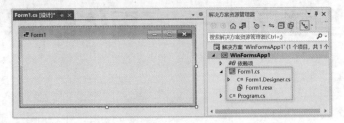

上述创建窗体成功后，系统自动创建 4 个文件，Program.cs、Form1.cs、Form1.Designer.cs 和 Form1.resx，下面将分成 4 小节分别解说。

38-1-1 Program.cs

这是整个项目的进入点，如果单击此程序，可以看到下列指令。

```
1    namespace WinFormsApp1
2    {
         0 个引用
3        internal static class Program
4        {
5            /// <summary>
6            ///  The main entry point for the application.
7            /// </summary>
8            [STAThread]
             0 个引用
9            static void Main()
10           {
11               // To customize application configuration such as
12               // see https://aka.ms/applicationconfiguration.
13               ApplicationConfiguration.Initialize();
14               Application.Run(new Form1());
15           }
16       }
17   }
```

如果读者使用的是旧版的 C#，程序中将没有 ApplicationConfiguration.Initialize( )。第 14 行是 Application.Run(new Form1( ))，从这可以看到 Form1 是最先被执行的窗体。

38-1-2 Form1.cs

Form1.cs 是我们先前章节的重点，我们在这里设计表单控件的应用程序。

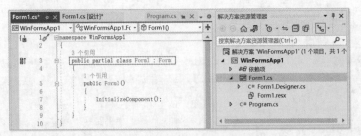

38-1-3　Form1.Designer.cs

Form1.cs 和 Form1.Designer.cs 其实是一个类，Visual Studio 为了方便管理用 partial 关键词将窗口类拆开了。

Form1.Designer.cs 主要存放窗体的布局。窗体内有哪些控件，控件的名称和属性等，都存放在这里，建议不要在此更改程序代码。

> 注　早期的 Visual Studio 没有 Form1.Designer.cs 文件。

38-1-4　Form1.resx

这个文件存放窗体的资源，如你在程序内增加图标文件或是图片文件等，就是存放在这里。

38-2　创建多窗体的项目

38-2-1　增加窗体

延续先前界面，若是要增加窗体请执行"项目"｜"添加新项"，然后选择窗体 (Windows 窗体)。

请单击右下方的"添加"按钮，可以得到新增加窗体，新增加的窗体标题 (Text) 和名称 (Name) 皆是 Form2。

新增加窗体后，会增加 Form2.cs、Form2.Designer.cs 和 Form2.resx 等 3 个文件，这 3 个文件的功能和 38-1 节所述内容相同，只不过是应用在 Form2 中。如果读者再回头单击 Program.cs 内容，可以看到此文件内容没有变化，由此我们可以知道，Program.cs 是项目程序的进入点，新增加的窗体与程序的进入点没有关系。

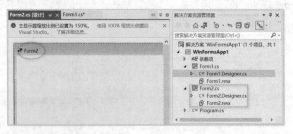

38-2-2 增加与删除窗体

假设现在再增加一个窗体，那么可以得到以下界面。

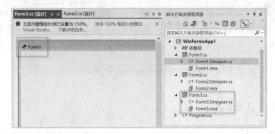

如果要删除 Form3.cs，请选中 Form3.cs，按 Delete 键，会出现对话框做确认，请单击"确定"按钮，就可以得到以下结果。

注　虽然我们是删除 Form3.cs，但其随附的 Form3.Designer.cs 和 Form3.resx 也将会一并删除。

38-2-3 切换显示窗体

现在 Visual Studio 窗口有两个窗体，Form1 和 Form2，如果要切换显示的窗体，可以在解决方案资源管理器窗口双击要显示的窗体，例如，现在显示 Form2，请将鼠标光标移到 Form1.cs 并双击，就可以切换到 Form1 窗体。

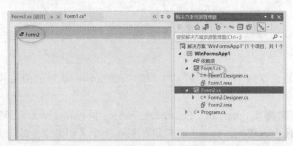

38-2-4　显示窗体或程序代码

Visual Studio 视图菜单有下列指令可以切换是显示窗体代码或是设计器。

38-3　更改窗体的名称

38-3-1　更改 Text、Name 和文件名称

在企业中一个项目可能由许多人合力撰写，如果大家都使用默认的名称，可能会造成名称冲突，本节将讲解窗体名称的更改。窗体名称默认是 Form1，这时有 3 个地方均是使用 Form1，如下：

属性 Text：Form1

属性 Name：Form1

文件名称：Form1.cs

下列是将属性 Text 改为客户关系管理、属性 Name 改为 FrmMain，文件名称改为 FrmMain.cs。Text 和 Name 属性可以直接在属性窗口更改，下图是在更改 Text 属性。

习惯上会将程序进入点的窗体文件名称改为 FrmMain.cs，Frm 表示窗体，Main 表示主程序进入点。请将文件名称改为 FrmMain.cs；请将鼠标移到解决方案资源管理器窗口的 Form1.cs 并右击，执行"重命名"指令，会出现下列对话框。

请单击"是"按钮，可以得到以下结果。

注　笔者使用时曾经发生，先更改文件名称结果无法撰写事件 (Click) 方法内容的情况，不知道是不是软件的问题，所以本章实例先撰写所有程序，才更改文件名称。

习惯上 Name 属性的名称会和文件名称保持一致，更改 (Name) 属性也是在属性窗口更改，下面是执行结果。

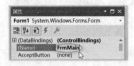

下面是更改结果。

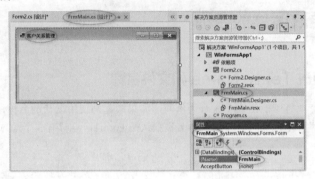

38-3-2　查看 Program.cs

38-1-1 节有说明项目的进入点是 Program.cs，此文件的第 14 行内容如下：

```
Application.Run(new Form1( ));
```

38-3-1 节我们将文件名称 Form1.cs 改为 FrmMain.cs 后，第 14 行的内容也同步更改，如下：

```
Application.Run(new FrmMain( ));
```

所以 38-3-1 节更改文件名称不会影响后续程序的执行。

38-4　操作多窗体的方法

38-4-1　创建窗体对象

有一个窗体名称是 From，如果要操作此窗体，则需为此窗体创建对象，假设创建对象名称是 frm，则语法如下：

```
Form frm = new Form( );
```

38-4-2　显示窗体

显示窗体有下列两个常见方法：

Show( )：显示窗体，原窗体仍可切换操作。

ShowDialog( )：显示窗体，原窗体无法操作。

上述两个方法需用窗体对象启动，如下所示：

```
frm.Show( );                 // 未来原窗体可以继续操作

frm.ShowDialog( );            // 未来原窗体无法继续操作
```

38-4-3　隐藏窗体

Hide( ) 方法可以隐藏窗体。

38-4-4　简单多窗体实操

方案 ch38_1.sln：多窗体的操作实例，这个程序有两个窗体，如下所示。

单击"编辑数据"按钮可以打开"编辑数据"窗体，因为这个程序使用 frm.Show( ) 调用"编辑数据"窗体，所以如果持续单击"编辑数据"按钮，可以不断地打开窗体。在"编辑数据"窗体如果单击"隐藏"按钮，可以隐藏"编辑数据"窗体。

❑ FrmMain.cs

```
1   namespace ch38_1
2   {
3       public partial class FrmCRM : Form
4       {
5           public FrmCRM()
6           {
7               InitializeComponent();
8           }
9
10          private void button1_Click(object sender, EventArgs e)
11          {
12              Form2 frm = new Form2();
13              frm.Show();
14          }
15
16          private void button2_Click(object sender, EventArgs e)
17          {
18              Application.Exit();
19          }
20      }
21  }
```

❑ Form2.cs

```
11  namespace ch38_1
12  {
13      public partial class Form2 : Form
14      {
15          public Form2()
16          {
17              InitializeComponent();
18          }
19
20          private void button1_Click(object sender, EventArgs e)
21          {
22              Hide();
23          }
24      }
25  }
```

38-4-5　银行贷款多窗体的实例

方案 ch38_2.sln：银行贷款多窗体的实操，这个实例其实是方案 ex30_6.sln 的扩充，主要是单击"计算"按钮后，多了一个 VIP 选单，由这个选单可以重新设定利率：金卡会员：0.96 折；银卡会员：0.98 折；普卡会员：0.99 折；非会员：不打折。

❏ FrmMain.cs

```
1  namespace ch38_2
2  {
3      public partial class FrmMain : Form
4      {
5          public FrmMain()
6          {
7              InitializeComponent();
8          }
9
10         private void btnCal_Click(object sender, EventArgs e)
11         {
12             double loan = 0.0;          // 贷款金额
13             double year = 0.0;          // 贷款年限
14             double rate = 0.0;          // 年利率
15             try
16             {
17                 loan = Convert.ToDouble(txtLoan.Text);
18             }
19             catch
20             {
21                 MessageBox.Show("贷款金额输入错误", "ch38_2");
22             }
23             try
24             {
25                 year = Convert.ToDouble(txtYear.Text);
26             }
27             catch
28             {
29                 MessageBox.Show("贷款年限输入错误", "ch38_2");
30             }
31             try
32             {
33                 rate = Convert.ToDouble(txtRate.Text);
34             }
35             catch
36             {
37                 MessageBox.Show("贷款利率输入错误", "ch38_2");
38             }
39             // 调整贷款利率
40             FrmVIP frm2 = new FrmVIP();          // 创建VIP窗体对象
41             frm2.ShowDialog();                    // 打开VIP窗体
42             rate *= frm2.vipDiscount;             // 计算优惠
43             txtRate.Text = rate.ToString();       // 调整利率
44             double monthrate = rate / (12 * 100); // 年利率改月利率
45             // 计算每月还款金额
46             double molecules = loan * monthrate;
47             double denominator = 1 - (1 / Math.Pow(1 + monthrate, (year * 12)));
48             double monthlyPay = Math.Round(molecules / denominator, 2);
49             lblMonth.Text = monthlyPay.ToString();
50             // 计算总还款金额
51             double totalPay = Math.Round(monthlyPay * year * 12, 2);
52             lblTotal.Text = totalPay.ToString();
53         }
54
55         private void btnClear_Click(object sender, EventArgs e)
56         {
57             txtLoan.Text = String.Empty;          // 清除贷款金额
58             txtRate.Text = String.Empty;          // 清除贷款利率
59             txtYear.Text = String.Empty;          // 清除贷款年限
60             lblMonth.Text = String.Empty;         // 清除每月还款金额
61             lblTotal.Text = String.Empty;         // 清除总还款金额
62         }
63     }
64 }
```

❏ FrmVIP.cs

```
11 namespace ch38_2
12 {
13     public partial class FrmVIP : Form
14     {
15         public FrmVIP()
16         {
17             InitializeComponent();
18         }
19         public double vipDiscount = 1.0;
20         private void Form2_Load(object sender, EventArgs e)
21         {
22             // 处理会员品项
23             string[] members = {"非会员",
24                                 "金卡会员",
25                                 "银卡会员",
26                                 "普卡会员"};
27             cboMember.Items.AddRange(members);    // 创建会员项目
28             // 会员品项无法更改 DropDownList
29             cboMember.DropDownStyle = ComboBoxStyle.DropDownList;
30             cboMember.SelectedIndex = 0;          // 显示索引 0
31         }
32
33         private void cboMember_SelectedIndexChanged(object sender, EventArgs e)
34         {
35             if (cboMember.Text.Equals("金卡会员"))
36                 vipDiscount *= 0.96;
37             else if (cboMember.Text.Equals("银卡会员"))
38                 vipDiscount *= 0.98;
39             else if (cboMember.Text.Equals("普卡会员"))
40                 vipDiscount *= 0.99;
41             else if (cboMember.Text.Equals("非会员"))
42                 vipDiscount *= 1;
43         }
44
45         private void btnConfirm_Click(object sender, EventArgs e)
46         {
47             Dispose();                 // 释回内存资源
48         }
49     }
50 }
```

上述 FrmVIP.cs 第 45 行的 Dispose( ) 方法可以释放内存资源。

38-5 创建 MDI 子窗体

所谓的 MDI 全称为 Multi Document Interface，表示在一个窗体内有多个窗体。一个窗体内有多个窗体，也可以说窗体是其子窗体的容器。创建容器窗体的特色是将 IsMdiContainer 属性设为 true。

38-5-1 新增子窗体与窗体的排列

创建子窗体可以用下列程序代码：

```
Form newMDIChild = new Form( );        // 创建窗体对象
newMDIChild.MdiParent = this;          // 当前窗体是父窗体
newMDIChild.Show( );
```

一个窗体内有多个窗体时，可以使用 Mdilayout 属性设定窗体的排列方式，此属性值的选项如下：

Cascade：栈排列子窗体。

TileHorizontal：水平排列子窗体。

TileVertical：垂直排列子窗体。

方案 ch38_3.sln：创建含 MDI 的子窗体，首先创建一个窗体，将此窗体的 Text 设为 ch38_3，IsMdiContainer 设为 true，同时可以选择子窗体的排列方式。单击"新增子窗口"可以增加子窗口，单击"窗口"菜单可以选择子窗口的排列方式。

38-5-2 创建含 RichTextBox 控件的子窗体

方案 ch38_4.sln：创建含 RichTextBox 控件的子窗体。

步骤 1：首先创建窗体，将此窗体的 Text 设为 ch38_4，IsMdiContainer 设为 true、WindowState 设为 Maximized。

步骤 2：创建 menuStrip 控件，控件内容是"文件"和"新建"，如下所示。

步骤 3：执行"项目"｜"添加新项"，选择窗体，窗体的 Text 设为文书编辑器。

步骤 4：将 RichTextBox 控件拖曳到 Form2 窗体，同时设定 Anchor 属性为 Top、Left，属性 Dock 为 Fill，这样此 RichTextBox 的大小就可以占据整个 Form2 空间。

步骤 5：创建"文件"｜"新建"的 Click 事件处理程序如下：

```
Form2 newMDIChild = new Form2( );          // 创建窗体对象
newMDIChild.MdiParent = this;              // 当前窗体是父窗体
newMDIChild.Show( );
```

未来执行此程序，再执行"文件"｜"新建"，可以得到以下结果。

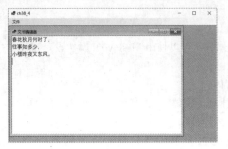

习题实操题

方案 ex38_1.sln：重新设计 ch38_1.sln，将 FrmMain.cs 的第 13 行改为 frm.ShowDialog( )，然后多单击几次"编辑数据"按钮，或是单击"退出"按钮，体会与 frm.Show( ) 的差异。

注 当打开"编辑数据"窗体后，客户关系管理系统窗体就无法操作了。

方案 ex38_2.sln：扩充设计 ch38_2.sln，银行贷款窗体增加"版本"按钮，单击可以增加显示版本信息，"结束"按钮则是让程序结束。